电力电容器技术及其应用

主　编　郭天兴

陕西新华出版传媒集团
陕西科学技术出版社
————西　安————

图书在版编目(CIP)数据

电力电容器技术及其应用 / 郭天兴主编. —西安：
陕西科学技术出版社，2020.10(2021.1 重印)

ISBN 978 - 7 - 5369 - 7223 - 0

Ⅰ. ① 电… Ⅱ. ① 郭… Ⅲ. ① 电力电容器
Ⅳ. ① TM531.4

中国版本图书馆 CIP 数据核字(2020)第 134723 号

电力电容器技术及其应用

Dianli Dianrongqi Jishu Jiqi Yingyong

郭天兴　主编

责任编辑 秦　延
封面设计 曾　珂

出　版　者 陕西新华出版传媒集团　陕西科学技术出版社
　　　　　　西安市曲江新区登高路 1388 号陕西新华出版传媒产业大厦 B 座
　　　　　　电话(029)81205187　传真(029)81205155　邮编 710061
　　　　　　http://www.snstp.com
发　行　者 陕西新华出版传媒集团　陕西科学技术出版社
　　　　　　电话(029)81205180　81206809
印　　刷 陕西金和印务有限公司
规　　格 787mm×1092mm　16 开本
印　　张 37.75
字　　数 806 千字
版　　次 2020 年 10 月第 1 版
　　　　　　2021 年 1 月第 2 次印刷
书　　号 ISBN 978 - 7 - 5369 - 7223 - 0
定　　价 480.00 元

《电力电容器技术及其应用》
参编单位

总编单位

　　陕西省电网节能与电能质量技术学会

　　西安布伦帕电能质量技术研究所有限公司

主编单位（以首字笔画排序）

　　山东康润电气股份有限公司

　　西安 ABB 电力电容器有限公司

　　西安布伦帕电力无功补偿技术有限公司

　　胜业电气股份有限公司

　　桂林电力电容器有限责任公司

编写单位（以首字笔画排序）

　　无锡锡容无功补偿成套设备有限公司

　　日新电机（无锡）有限公司

　　中铁第一勘察设计院集团有限公司

　　宁波大东南万象科技有限公司

　　宁波高云电气有限公司

　　宁波新容电气有限公司

　　西安九元高压电容器厂

　　西安西驰电气股份有限公司

　　西安交通大学

　　西安理工大学

　　合容电气股份有限公司

　　安徽铜峰电子股份有限公司

　　牡丹江电力电容器有限责任公司

　　陕西能源研究院有限公司

　　烟台金正精细化工有限公司

　　盘锦新森电器有限公司

　　深圳市三和电力科技有限公司

　　新疆升晟变压器有限公司

编 委 会

主　　编　郭天兴

编　　写　（以姓氏笔画排序）

王晓蓉　　王惠东　　王增文　　王　耀　　牛金平　　左知辰　　同向前

乔保振　　任　强　　任新军　　华启升　　刘贤斌　　刘　普　　许　伟

孙树敏　　孙振权　　杨兰均　　杨　斌　　李永华　　李兆林　　李怀玉

李宏文　　李德红　　吴建辉　　张　华　　张林忠　　陈才明　　陈　榕

周志刚　　周　陆　　郑　义　　孟金林　　姚勇健　　秦　斌　　贾　华

郭思达　　郭家玮　　黄文勋　　黄西雁　　黄有祥　　黄剑鹏　　储松潮

委　　员　（以姓氏笔画排序）

卢有盟　　同向前　　朱维杨　　许　伟　　孙振权　　杨兰均　　李怀玉

李　晋　　吴永德　　沙银冲　　张林忠　　陈　津　　房金兰　　贾申龙

高耀霞　　郭天兴　　黄剑鹏　　储松潮　　鲍贻清　　魏国峰

特邀顾问　（以姓氏笔画排序）

冯申荣　　李　秦　　陆祖怀　　房金兰　　常淑云

校　　对　高耀霞　　董　燕　　强冬寒　　牟　芸

前　言

中国的电力电容器是随着新中国成立而发展起来的，"一五"期间，在西安首先建成新中国第一个电力电容器厂以来，经历了最初的苏联援建、自我发展、技术引进、消化吸收、合资建厂、不断超越的 60 多年历史进程。到目前为止，中国的电力电容器的制造水平已达到国际先进水平，凝聚着中国电力电容器行业数代科技工作者的辛勤劳动与汗水，在这里我们向为中国电力电容器的发展和进步做出贡献的所有新老科技工作者致以崇高的敬意。

本书是在行业众多老专家的建议下开始编写的，旨在总结中国电力电容器几十年来的发展与技术进步历程。在业内各企业的大力支持下，经过业内 20 多位专家的共同努力，历时 4 年，完成了本书的编辑出版工作。

随着中国电力电容器的发展和进步，中国的电容器领域已经从技术引进逐步走向技术输出的时代，本书在新时代中国特色社会主义以及"一带一路"的大背景下出版，起着承上启下的重要作用。我们有必要总结和吸收先驱者的经验和教训，同时也更有必要鼓励年轻一代沿着前人的脚步继续前进、不断创新，使中国的电力电容器走出国门、迈向世界。

本书共有 3 大篇 22 章，分为基础篇、设计制造篇、成套应用篇，系统而全面地介绍了电力电容器的理论、设计制造以及成套应用的相关技术及发展，各章的编写情况如下。

1. 基础篇

基础篇包括 5 章，分别介绍了电容器的历史和发展、电容器的基本理论、电容器的介质材料、电容器的分类及应用，以及电力电容器的基本概念及相关的特性。其中第 1 章为电力电容器的历史和发展，主要由房金兰、郭天兴合著；第 2 章为电力电容器的基础理论，主要由郭天兴编著；第 3 章为电容器的介质材料，主要由李兆林编著；第 4 章为电力电容器的用途和分类，主要由贾华等编著；第 5 章为电力电容器的参数和性能，主要由郭天兴编著。

2. 设计制造篇

设计制造篇包括 9 章，对各种电力电容器的理论基础、应用条件、设计、工艺以及试验等进行了较为详细的介绍。其中第 6 章为高压壳式并联电容器，由李怀玉、李晋、黄文勋等编著。第 7 章为高压壳式电容器工艺及装备，由黄西雁编著；第 8 章为自愈式电力电容器，由陈才明、储松潮、陈榕等合作编著；第 9 章为集合式高压并联电容器，由王耀等编著；第 10 章为箱式高压并联电容器，由许伟等编著；第 11 章为耦合电容器与均压电容器，由郭天兴编著；第 12 章为标准电容器，由郭天兴、郭家玮等编著；第 13 章为陶瓷电容器，由杨斌、任新军等编著；第 14 章为电化学电容器概述，由吴永德、左知辰编著。

3. 成套应用篇

成套应用篇包括 8 章，主要介绍了电力电容器的各种应用，包括无功补偿装置、滤波成套装置、串联补偿装置，以及相关的电力电容器在脉冲功率装置、中频炉和直流输电中的应用等。第 15 章为并联无功补偿装置，由刘贤斌、李怀玉、张林忠等编著；第 16 章为调谐滤波器，由姚勇健、秦斌、郭天兴等编著；第 17 章为串联补偿装置与串联电容器，由任强、张华等编著；第 18 章为脉冲电容器及其应用，由郭天兴、杨兰均编著；第 19 章为中频电容器及其应用，由吴建辉等编著；第 20 章为电容式电压互感器，由王增文、郭天兴等编著；第 21 章为 SVG 与 APF 装置，由同向前、刘普等编著；第 22 章为直流输电系统中的电力电容器，由黄有祥等编著。

在本书的编著过程中，得到了行业很多老专家的大力支持，原西容所所长房金兰做了大量的审稿工作，中国电工技术委员会的李秦对本书的编写提出了很多的宝贵意见，本书的编辑工作也得到了行业各企业以及各界朋友的大力支持，陕西省电网能与电能质量技术学会秘书处的高耀霞等承担了大量的校对工作，这里一并表示感谢。

郭天兴

2020 年 9 月于西安

目　录

基础篇

设计制造篇

成套应用篇

基础篇

第1章 电力电容器的历史和发展

世界上第一台公认的电容器叫莱顿瓶,是 1745 年荷兰莱顿大学教授 Pieter van Musschenbroek 试验时发现的。随后,经过了一个漫长的研究与认识历程,到 20 世纪初才出现用于电报、电话等设备的低电压电容器,采用叠层牛皮纸浸渍石蜡作介质,两边突出的锡箔作为电极,这是电力电容器最早的商业化应用。电力电容器制造技术从此得到真正发展。在 1 个多世纪的发展中,全球电力电容器的发展经历了以下几个重要的历史阶段:

(1)20 世纪初期,开始了电力电容器技术的商业化应用;

(2)20 年代开始,油浸纸电力电容器在欧洲得到广泛应用;

(3)20 世纪 50 年代初,氯化联苯绝缘油开始应用于电力电容器;

(4)20 世纪 60 年代末,聚丙烯薄膜得以应用,膜纸复合电力电容器问世;

(5)20 世纪 70 年代中期,全膜电力电容器在美国开始应用;

(6)20 世纪 70 年代,金属化纸出现,低压电力电容器转向金属化纸、膜介质研究;

(7)20 世纪 70 年代末,氯化联苯绝缘油全球禁用,其他多种绝缘油诞生;

(8)20 世纪 80 年代中期,全膜电力电容器与苄基甲苯浸渍剂广泛应用;

(9)20 世纪 90 年代,聚丙烯薄膜粗化与全自动卷绕机应用,成套技术快速发展;

(10)21 世纪以来,随着中国经济的连续快速发展,中国电力电容器技术和制造工艺得到了空前发展,赶上了世界先进水平。

1.1 国外电力电容器的发展历史

从发现莱顿瓶开始,经过了 1 个多世纪的漫长历程,到 20 世纪初,低电压电容器开始应用于工业。首先用于电报、电话电路中,采用叠层牛皮纸浸渍石蜡作介质,电极是分别伸出到两边的锡箔。

随着研究和应用的发展,矿物油替代石蜡作为填充介质,作为电极的锡箔被铝箔替代。同时,油纸绝缘的绕卷式电容器元件问世。1920—1940 年之间,欧洲盛行一种由圆柱形元件组合而成的充油电力电容器,即箱式电容器,单台容量达到 500 kvar。起初,这种电力电容器只适用于中压,电容器元件为三角形连接;后来通过串并联组合,电容器可以应用到 6.6 kV,11 kV,最高到 33 kV。在英国,这种箱式电力电容器一直到 20 世纪 50 年代末还占据着市场的主导地位。而在美国,壳式单元电容器很早就形成了标准产品。

1951 年,氯化联苯(PCB)在美国首先被用作电力电容器的浸渍剂使用。PCB 是一种偶极性液体电介质,是以氯化铁为触媒对联苯进行氯化,并经减压分馏精制而成的,具有介电常数大(是矿物油的 2.7 倍)、化学稳定性好、耐高温性能好、耐电强度高、析气性能优良不易燃烧等优点,是绝好的电力电容器介质,在电力电容器技术的发展和进步中发挥了至关重要的作用。

木质纸浆制成的电容器纸的问世,淘汰了原来以破旧布片为原料制成的电容器纸。由于 PCB 的成本较高,欧洲的圆柱形元件制成的箱式电力电容器宣告停产。到 20 世纪 60 年代中期,由 PCB 浸渍纸介质的高压电力电容器单元容量达到 100 kvar,低压电力电容器容量达到 50 kvar。1967 年,聚丙烯薄膜作为介质开始应用于电力电容器,使得膜纸复合浸渍 PCB 的电容器单元容量进一步提高到 225 kvar,电容器的损耗也降低到 0.6 W/kvar。

随着 PCB 的毒性和不能生物降解等问题的陆续出现,特别是 1968 年在日本出现了由于 PCB 误掺入食品中造成人和动物中毒死亡的米糠油事件(被称为世界有名的"八大公害事件"之一),日本首先于 1972 年宣布禁止使用 PCB 作为电容器浸渍剂。1974 年、1978 年,中国、英国相继停止 PCB 的生产和使用,随后是美国等国家限制使用。这样,到 20 世纪 70 年代末,全世界先后停止了将 PCB 作为电力电容器浸渍剂的应用。

在此期间,电力电容器得到了更为广泛的应用,除无功补偿用途之外,出现了滤波、串联、电热、耦合等多品种的电力电容器及各种成套装置。

PCB 浸渍剂被禁用后,各国的电力电容器制造企业被迫寻找新的替代浸渍剂。电力电容器制造企业和绝缘材料生产企业共同努力,研制和应用了多种新型浸渍剂,最具代表性的有苄基新癸酸酯(BNC)、苯基二甲苯基乙烷(PXE)、烷基萘(DIPN)、异丙基联苯(MIPB)和苄基甲苯(M/DBT)等。这些新介质材料在性能上优于 PCB,最大的优点是可生物降解,对人体健康和环境无害,但缺点是都具有可燃性。经过 10 多年的应用实践,到 20 世纪 80 年代后期,从理化和电气性能、来源的可靠性以及材料成本角度,最终筛选出一种公认的优良浸渍剂——苄基甲苯(M/DBT)。它是以法国包特莱克(PRODELEC)研究所所长 P.JAY 博士为首的团队于 1982 年研制成功的,商品名叫 JARYLEC C101,在 1984 年投入使用后,逐步成为全世界公认的电力电容器主导浸渍剂。

20 世纪 70 年代,随着聚丙烯薄膜制造技术的进步,全膜电力电容器首先在美国 McGraw-Edison(现为 Cooper)公司研制成功。它具有耐电强度高、损耗小、外壳不易爆破等优点,电容器单位千乏数的重量大幅降低。到 80 年代中期,苄基甲苯(M/DBT)浸渍剂广泛使用,全膜电容器很快在全世界广泛生产和使用,形成了电力电容器发展史上的又一个里程碑——浸渍苄基甲苯的全膜电力电容器。

20 世纪 70 年代,低压电力电容器技术朝着另一个方向发展。由于金属化纸介质材料的出现,低压金属化电容器诞生,其优良的自愈性能,大大降低了生产成本,具有自愈功能的金属化纸浸油介质电力电容器得到发展和应用,在此基础上,进而发展到金属化薄膜电容器,为现代全膜自愈式电力电容器的发展打下了基础。

到 20 世纪 90 年代,电力电容器设计和制造工艺有了重大改进。主要体现在:①薄膜表面粗化代替铝箔压花;②铝箔凸出和折边技术的应用;③高性能的全自动卷制机和全自动真空浸渍设备的应用。到 1995 年全膜电力电容器技术成熟并快速发展。世界著名的电力电容器制造企业 ABB、Cooper 和 GE 公司电容器的设计场强都达到了 75 MV/m 以上,产品的重量比特性达到 0.1 kg/kvar 以下,单台容量可达到 1000 kvar。

20 世纪 90 年代后期,日本石油公司在美国生产了 SAS(PXE＋M/DBT)系列电力电容器新浸渍剂,2004 年后陆续在 ABB 公司和美国的电容器公司获得应用,与法国以 C101(M/DBT)油为代表的苄基甲苯并称为世界最先进的电力电容器浸渍剂。

进入 21 世纪,电力电容器主导产品总体上处于平稳发展的阶段,在提高产品质量和运行可靠性,以及在环境适应性方面仍然进行了大量的研究工作,内熔丝电容器、外熔丝电容器和无熔丝电容器 3 种代表类型竞相发展。

ABB 公司近年研制出了对环境无污染的高压干式自愈式电力电容器,并建立了专业化的生产线,其干式直流电容器已应用到轻型 SVC(static var compenstor)和轻型 HVDC(high voltage direct current);干式交流电容器样机已成功试运行,目前正在降低成本上进行研究工作。日本也生产出难燃油电容器和充氮气的电力电容器,以适应使用环境的要求。低压电容器方面则出现了适用于各种电力电子设备的“安全膜”电容器和用于内串的 T 型膜等。电力电容器在 SVC、STATCOM(static synchronous compensator)、有源滤波、可控串补以及柔性直流输电装置上获得了广泛应用。

1.2　中国电力电容器的发展历史

我国电力电容器的发展起步较晚,到 1945 年才有一家“谨记”电容器厂生产日光灯用蜡纸(后改为油纸)电容器。1949 年,中华人民共和国成立后的国民经济恢复时期,华东地区有了以震威无线电厂为代表的几家电讯电容器的生产企业。震威厂最初生产电解电容器,于 1952 年转产油纸高压直流电容器及并联电容器,可以说是中国生产电力电容器的先驱。当时卷制和浸渍工艺都非常落后,设备非常简陋,浸渍过程的真空度也很低,他们采用了仿美国西屋公司的外壳和铝引线片技术,电容器纸是从芬兰进口,生产小容量的低压和高压并联电力电容器。

1955 年,上海电机厂合并了震威电容器厂的相关技术和人员,在其变压器车间内建立了电力电容器工段,作为我国电力电容器的试生产基地,新建了 1100 m² 的厂房,设备配置较为先进。该基地开始小批量生产仿苏的 KM 型 10 kvar 并联电容器,一方面满足国家电力发展急需,另一方面还为新中国培养了一批电力电容器专业技术人员和技术工人。

西安电力电容器厂(现为西安西电电力电容器有限责任公司,简称西容公司)是我国“一五”计划期间,由苏联援建的 156 个重点项目之一。1953 年批准建厂,1956 年动工,1958 年正式投产,厂区面积 6.73 hm²,建筑 1.5 万 m²,设计生产能力 100 万 kvar,产品包括并联电容器、串联电容器、滤波电容器、水冷式电热电容器、脉冲电容器及耦合电容器等 8 大系列。中国也分批派出技术人员和工人到苏联谢尔普霍夫电容器厂实习,西容厂成为中国第一个专业化电力电容器生产研究基地。

起初,中国电容器生产的原材料主要靠进口,随着西容厂的建设,原材料国产化,浙江嘉兴民丰造纸厂、兰州炼油厂等原材料单位也积极参加到电容器原材料的开发研究中。1960 年研制出 MY30－19 等多种型号的脉冲电容器,1963 年研制成功国内首台 110

kV 及 220 kV 电容式电压互感器,1966 年研制成功 1000 kV 标准电容器,并于 1967 年在广西桂林开始建设我国第二个电力电容器厂——桂林电力电容器总厂(现为桂林电力电容器有限责任公司,简称桂容公司)。

在国外已普遍采用氯化联苯新浸渍剂的推动下,中国的电力电容器行业也开始紧追国外同行前进的步伐,学习国外的先进技术,西容厂与西安交通大学、西安化工厂等单位协作研究掌握了氯化联苯的合成技术,并于 1965 年应用于生产中,使我国电力电容器的生产进入氯化联苯时代。氯化联苯浸渍剂的使用,使并联电容器的体积大幅度减小,最大单台容量达到 75 kvar,并把氯化联苯推广应用到串联和电热电容器。氯化联苯的使用使西容厂 1971 年的产量达到 355 万 kvar,达到原设计能力的 3.5 倍。然而,随之而来的是逐渐显露的肝炎职业病,如肝炎病人增多,甚至有死亡案例。根据国家相关部委的文件,中国于 1974 年停止生产浸氯化联苯的电力电容器。

随后,苯甲基硅油、十二烷基苯用作电力电容器浸渍剂的应用研究取得可喜成果。在这期间新型的优质固体介质——聚丙烯薄膜的应用研究也趋于成熟,到 1980 年浸渍硅油和烷基苯的膜纸复合介质电力电容器形成批量生产,单台容量达到 100 kvar。

1980 年,电力电容器行业专业期刊《电力电容器》在陕西省新闻出版广电局注册,并正式在全国出版发行。1981 年,经中国机械工业部批准,在原西容厂电力电容器研究室的基础上扩建成立了西安电力电容器研究所,随后又筹建了国家电力电容器产品质量监督检验中心。至此,中国有了专业的电力电容器研究机构,专业从事电力电容器技术的研究、标准制修订,实验检测,行业技术交流等行业归口管理工作。国家电力电容器质量监督检验中心于 1995 年第 1 次通过实验室认证许可。西安电力电容器研究所和西安电力电容器厂新介质的开发应用研究成果曾获得了多项国家科技进步奖和发明奖项。

1978 年我国开始实施改革开放,打开国门,中国政府对于技术的发展采用了"走出去、请进来"的政策,中国的电力电容器也随之迎来了新的发展机遇。20 世纪 80 年代初期与国外技术交流活动十分频繁,先后与多个国家签订了技术引进合同:西容厂与美国 McGraw － Edison(现为 Cooper)公司、桂林电力电容器总厂与美国 GE 公司、上海电机厂电力电容器分厂与美国西屋公司(Westinghouse)先后签订了高压全膜电力电容器的技术引进合同。

通过国外技术的引进与消化吸收,最大的成果是膜纸复合介质的应用,使中国的电力电容器单元单台容量达到 334 kvar,并使异丙基联苯(MIPB)、苯基二甲苯基乙烷(PXE)新型浸渍剂开始应用于电力电容器。在消化吸收国外引进技术的基础上,中国的电容器也注重自身的发展,1989 年全膜电力电容器开始小批量生产,到 20 世纪 90 年代末已取代膜纸复合电力电容器,占据了市场的主导地位。

同时,低压电力电容器也经历了同样的过程:桂林电力电容器总厂、南京电力电容器厂、重庆电力电容器厂、无锡电力电容器厂、锦州电力电容器厂等也引进了意大利、法国、日本和比利时金属化膜自愈式电容器的技术和设备,到 20 世纪 90 年代初自愈式电容器已基本取代传统的油纸低压电容器,占据了市场的主导地位。

改革开放,促进了国内各行各业的飞速发展,电力电容器的市场需求量骤增,同时,也带来了激烈的市场竞争,曾经出现西安电力电容器厂、桂林电力电容器总厂、无锡电力电容器厂、锦州电力电容器厂四厂争霸的局面。市场竞争也促进了技术的发展和进步,形成了技术和市场并重的竞争形势。

随着中国经济的快速发展,市场和技术同时得以快速的提升,也吸引了国外的电容器企业。2000 年以来,国际著名的电力电容器制造企业 ABB、日本日新、美国 Cooer 等公司陆续来华投资建厂,西容公司与瑞典 ABB 合资,在保留原有西容公司的基础上,建起了西安 ABB 电力电容器有限公司;无锡电力电容器公司与日本日新公司首先建起了新的互感器合资企业,并将日新的箱式电力电容器技术引入中国,独资建厂,后与无锡电容器公司全面合资建立日新电机(无锡)有限公司;而美国 Cooer 公司则与上海电气集团公司合资建起了新的电力电容器公司(上海库柏电力电容器有限公司)。

合资在带来更激烈的市场竞争的同时,也带来了新的技术发展和进步,特别是西安 ABB 电力电容器合资公司的成立,将新的产品结构、制造技术及先进的管理引入中国,大大促进了中国电容器技术的全面发展,国内有能力的电力电容器企业纷纷进行技术改造,建设自动化的生产线,通过合资建设促进了国内原有企业技术及设备的发展和进步,也使中国电力电容器设计和制造水平快速提高,在短时间内达到国际先进水平。

目前,国内电力电容器制造业已广泛采用世界上先进的全膜浸渍苄基甲苯(M/DBT)介质,生产工艺装备达到了国际一流水平,我国已经成为世界上电力电容器生产大国,主要生产企业有 30 多家,电力电容器总产量达到 4.6 亿 kvar,产值达到近 60 亿元,最大单台容量提高到了 600 kvar 以上,损耗降低到 0.2 W/kvar 以下,重量比特性降低到 0.18kg/kvar 以下。

总之,从 1958 年我国第一个电力电容器专业化制造工厂投产到现在,60 年来电力电容器设计制造技术发生了巨大的变化,高压电容器单台容量从 10 kvar 增大到 600 kvar 以上,单位千乏的重量从 2.5 kg 下降到 0.18 kg 以下,如图 1-1~图 1-2 所示,电力电容器的总产值达到 50 多亿元。同时,随着我国高压、特高压交直流输电技术的发展,中国电力电容器的技术已经成熟,并达到国际先进水平,各电力电容器公司也正在逐步走出国门,开拓更大的国际市场。

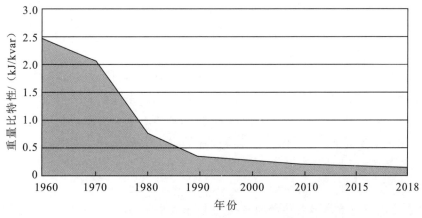

图 1-1　我国高压电容器重量比特性逐年降低的图示

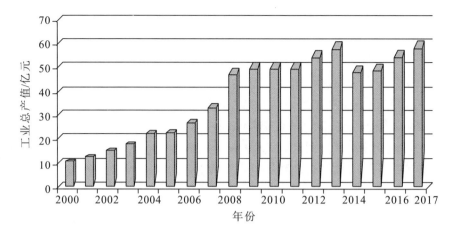

图 1-2　电力电容器工业总产值的增长速度

1.3　电力电容器技术的发展展望

中国的电力电容器技术在 60 年的发展历程中,经过了技术引进—消化吸收—自我发展—技术改造与设备引进—再次自我发展的历程,现在已经赶上世界先进水平。但是,电力电容器技术的发展没有止步,仍需广大技术人员不断地努力,促进电力电容器技术的进一步发展。

由于电力电容器产品本身的特殊性,除生产制造技术外,电力电容器的应用技术逐步显露其重要性,笔者认为,应将电力电容器的技术分为两个大类,一类为单元的制造技术,另一类为成套应用技术。由于电容器本身的特殊性,首当其冲地受到系统各种异常情况的影响,所以,电力电容器在系统运行的故障相对频繁。单元的制造技术是电容器技术的根本和基础,同样,成套应用技术是保证电力电容器安全运行的保障,其技术范畴更为广泛,这包括对于电力系统的研究、应用工况的分析、过电压以及电容器的耐冲击、耐涌流能力等各方面的技术。

中国改革开放以来,整体工业技术的进步,给电力电容器行业的发展提供了大量的商机,特别是 1998—2008 年的 10 年间,中国的电力电容器行业出现了前所未有的发展势头,每年几乎以 30%～40% 的速度快速增长,产值从 7.9 亿发展到 50 多亿,如图 1-2 所示。行业利润指标从 0.16 亿元快速增长到 4.8 亿元,如图 1-3 所示。市场这种快速增长的需求也促进了国外企业来华投资建厂,大大地促进了电力电容器行业的产能扩张及技术发展,使中国的电力电容器生产制造技术赶上国际先进水平。

电力电容器成套应用技术的快速发展和进步,使电容器更多地以集成化的方式供给用户,解决用户的实际问题,为电力电容器行业提供了大量商机。同时,近十几年来,随着我国超、特高压交、直流输电技术的发展,需要大量的无功补偿、滤波器等各种设备,为电力电容器行业提供了大量的机遇。

柔性直流输电技术是随着传统直流输电技术发展起来的另一种直流输电技术。整流侧与传统的直流输电相同,但逆变侧需要大量的 DC-Link 电容器。目前国内的柔性直流输电中使用的 DC - Link 电容器主要是欧洲品牌,国内有实力的企业应加紧研制该类电容器。

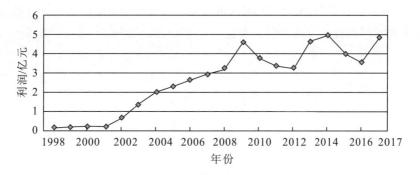

图 1-3　电容器行业利润增长情况

近年来,一些新的技术不断发展,超级电容器作为储能新技术在相关的行业将会有大量的实际应用。该技术和传统的电容器有所不同,属于双电层电容器,电容量极大,储能比也很高,在能量储存方面将会有较好的前景。

中国的电力电容器技术经过半个多世纪的发展和进步,目前已经和国际水平相当,下一步应该走出国门,从技术引进向技术出口转换,这也正好符合习主席提出的"一带一路"的大方针。从商业意义上,就是要抢占国际市场,可在一些经济较落后的国家投资或合资建立企业,逐步进入国际大市场。但是,技术与市场均在不断地发展和进步中,事物总是在不断地发展和认识中进步,现有的技术需要发展,新的技术需要攻关,还有大量的研究工作需要进行。从技术角度考虑,我们仍需在以下几个方面努力:

(1)电容器的原材料以及元件结构研究是电力电容器技术最基础的研究工作,也是电容器行业永久的研究课题,电容器的性能,最终决定于介质的电气性能和基础的元件结构。

(2)电容器的可靠性能研究,实际上包括了 2 个层次的问题,其一是在运行可靠的前提下,改善电容器的比特性,这就需要改进设计,严格工艺管理和质量控制,利用先进的生产设备,加强企业管理水平;其二则是对于一些运行工况和应用环境的研究,对于不同工况的电容器进行不同的设计,提高整体设备的安全运行水平。

(3)加强直流输电用直流电容器以及柔性直流输电中的 DC-Link 电容器的研究与开发。直流输电用电容器种类繁多,用途不一,由于整个行业对直流电容器的研究相对较少,各企业已经加紧了基础研究工作,充分认识到传统直流电容器和柔性直流输电的特点及工作特性,开展基础的研究工作。

(4)高比能脉冲电容器的研究,发展高储能密度的脉冲电容器。目前,激光装置用自愈式脉冲电容器单台储能达到 50 kJ,储能密度达到 500 J/L,充放电寿命 20000 次。虽然近几年在技术上有了重大突破,但距国外先进水平还有较大差距,通过设计和工艺改进,有可能进一步将储能密度提高到 750 J/L。

(5)对于超级电容器需进行大量的基础和应用研究工作,该类电容器由于储能效率高将会在储能市场上占据一定的优势。

（6）开展电能质量相关产品的研究工作。由于现代工业负荷的复杂性，电力电子设备、电弧设备等非线性负荷对于工业电网的影响越来越大，不同的工况对电容器及其保护装置都有着不同的性能要求，所以，在进行成套设备设计时，需要对系统及应用工况进行具体的分析研究，在此基础上，对电容器的参数进行合理选取，才能保证设备安全运行。

第2章 电力电容器的基础理论

电容器是电路的基本元件之一,是一种能够储存静电场能量的元件。电容器是通过极板上聚集电荷来储存能量的。其聚集电荷的能力取决于极板之间介质的介电性能,同时与极板之间施加的电压有关。

电容器的最基本参量是电容量和额定电压,这两个参量代表着电容器储存电荷的能力。除以上2个参量外,在实际的工程应用中,电容器的损耗、充放电性能、局部放电性能等都是需要研究的基本内容。

2.1 电荷

在自然界中,经常会有自然的电容存在。我们生活的空间本身就是一个巨大的电容,我们生活的地球就是一个大的电极,空气就是介质,空间任何电荷的积聚,将会与大地之间存储能量。比如我们常见的自然现象雷电就是一个很好的实例。由于某种特殊原因,比如由于空气的运动摩擦等原因,空间的正负电荷分离,使云层带有正电荷或负电荷,带电的云团会对大地形成一个巨大的电容,在这些电荷的作用下,大地形成电荷的积聚,从而使这个巨大的电容充电,并形成一个电场,在这个电场的作用下,空气电离形成放电通道,从而出现雷电放电现象,如图2-1所示。

图2-1 雷电现象

在自然界中,物质是由原子或分子组成的,由于各种物质的原子或分子结构不同,有些原子核或分子对于外层电子的吸引力较弱,在外力的作用下容易失去电子。电子是一种负电荷,经常以"一"号表示,而失去电子的原子或分子变成带正电荷的离子,以"十"号表示。1 个正电荷和 1 个负电荷所带电量是相同的,也就是 1 个电子的电量。电量通常以 Q 表示,单位为 C(库仑),1 个电子带的电量通常用 e 来表示。

$$e = 1.6021892 \times 10^{-19} C \tag{2-1}$$

电荷之间存在相互作用力,正电荷与负电荷相互吸引,同性电荷总是相互排斥。其相互作用力的大小与正负电荷的电量以及之间的距离有关。假如,在真空中存在两个点电荷,其所带电量分别为 Q_1 和 Q_2,2 个点电荷之间的距离为 R,2 个点电荷的相互作用力为 F,则有:

$$F = K \frac{Q_1 Q_2}{R^2} \tag{2-2}$$

式中,如果电量的单位为 C,距离的单位用 m,力的单位用 N,则系数 K 为:

$$K = \frac{1}{4\pi \varepsilon_0} \tag{2-3}$$

式中,ε_0 为真空(空气)的介电常数,也叫电容率。

$$\varepsilon_0 = 8.8542 \times 10^{-12} F/m \tag{2-4}$$

给电容器两端施加直流电压后,在电容器的 2 个极板上分别聚集正负电荷,聚集电荷量的大小,与施加电压、极板的面积以及介电常数成正比,与极间介质的厚度成反比。

2.2　电介质及其极化

物质分为固体、液体及气体 3 种状态,任何电介质根据其极化特性可分为非极性电介质、极性电介质和离子性电介质 3 个类型。电介质之所以具有介电性能与其介质微观结构有关,其内部束缚电荷在电场的作用下会发生一定的微观变化,这种变化就是电介质的极化。由于电介质的微观结构不同,其极化性能不同,而其电气性能也随之变化。虽然电介质不必一定是绝缘体,但绝缘体都是典型的电介质。本节所述电介质主要指电力电容器中使用的绝缘材料。

由于电介质的微观结构决定着它的介电性能和导电性能,因此,了解电介质的分子组成、原子结构和电子行为是必要的。原子和离子均是由带正电的原子核和绕核运动的带负电的电子组成,原子(或离子)之间有吸引力,但过于接近时,它们之间又会产生排斥力,当这两个力达到平衡时,就形成了稳定结合的分子结构。

2.2.1　电介质的化学键

分子中相邻 2 个或多个原子(或离子)之间主要的相互吸引作用,形成化学键。化学键的强度可用键能来表示,将 1 mol 物质的化学键全部析离而分解成气态原子时所需的能量称为键能,它的单位是 J/mol。键能越大,分子越稳定,一般键能约为几电子伏(eV)。这种化学键主要有离子键、共价键和金属键。

1)离子键

由于原子之间相互作用产生电子的转移,形成正、负离子,随后由正、负离子之间的库仑引力的作用而形成的化学键称为离子键。由离子键构成的化合物称离子型化合物。

由于离子的电荷呈球形对称分布,它在各个方向都可以和相反极性的离子相互吸引,这就使得离子键没有方向性。离子之间以库仑引力相互作用,使得每个离子可以同时与几个异极性离子作用,并在空间 3 个方向延伸下去,形成一个巨大的离子型晶体,故离子键的另一个特点是没有饱和性。

要使离子型化合物的晶体熔化或气化,需用很大的能量来破坏它们之间强烈的吸引力,所以离子型化合物具有较高的熔点、沸点。

2)共价键

相同(或不同的)元素的原子由于价电子对为两原子所共有而形成的化学键叫作共价键。由共价键形成的化合物称共价型化合物,例如 Cl_2、HCl 等,如图 2-2 所示。

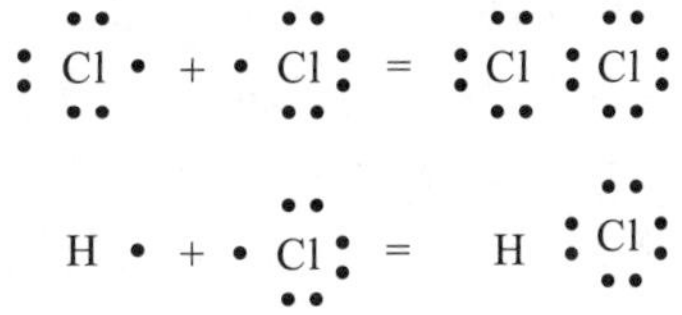

图 2-2　HCl、Cl_2 形成示意图

共价键是由元素的原子中未成对且自旋相反的电子配对而成的键。因此,未成对电子一旦配对成键,就不能继续与其他的原子成键,即共价键具有饱和性和方向性。

由共价键构成的物质种类很多,大致可以分为 2 类:一类是分子型物质,另一类是原子型物质。分子型物质(如 CH_4、CO_2 等)是以共价型分子为基本结构质点,通过分子间的相互作用力而联结起来的。这类共价键物质的固体(或液体)熔化(或气化)时,分子内的共价键并不破坏,只是克服分子之间的微弱作用力,所需的能量很小,因此这类共价键物质具有较低的熔点和沸点。原子型物质(即原子晶体)的基本结构质点是原子(如金刚石),原子间的共价键是非常牢固的,要破坏这种共价键,需要的能量很大,所以这类共价键物质具有极高的熔点和沸点。

当氢原子与非金属性强的原子,如氧(或氟)以共价键结合成 H_2O(或 HF)分子时,由于 O(或 F)原子对电子的吸引力较 H 大得多,所以它们的共有价电子对就明显地偏向 O(或 F)原子,而使氢原子的核几乎"裸露"出来,这样带正电的氢原子核就能与另一个水分子(或 HF 分子)中的氧原子的孤对电子相互作用形成第二键,称为氢键。这种键力比分子之间的范德华力大,但比共价键或离子键力小。分子间氢键的形成,使得物质的熔点和沸点升高。

3)金属键

与共价键相比,在金属晶体中,价电子的波函数扩大到更多的原子,所以价电子为这些原子所共有,带正电的原子核以库仑引力排列在电子的负电荷中,这种相互作用形成的化学键,称为金属键。由于价电子不为特定的原子所束缚,故成为自由电子。在电场作用下,这些自由电子能做定向运动而产生电流,故金属具有导电性。

2.2.2　电介质的分类

电介质可以是气态、液态或固态,绝缘体的电击穿过程及其原理关系到束缚电荷在强电场作用下的极化限度,这是要研究的主要内容。任何电介质的分子均由原子或离子组成,而每个原子或离子均由带正电的原子核和绕核运动的带负电的电子组成,所以电介质的每个分子是一些正负电荷组成的系统。根据这些电荷在分子中的分布特性,把电介质分为 3 类:非极性电介质、极性电介质和离子性电介质。

1)非极性电介质

在无外电场作用时,分子的正电荷和负电荷中心相重合,故分子的电偶极矩等于零,这种分子称为非极性分子,由非极性分子组成的电介质称为非极性电介质或中性电介质。

属于这一类电介质的分子一般具有对称的化学结构,例如,单原子分子(He,Ne,Ar,Kr,Xe),相同原子组成的双原子分子(H_2,N_2,CL_2 等)以及对称结构的多原子分子(CO_2,C_6H_6,CCL_4,烷系碳氢化合物分子 C_nH_{2n+2} 等)为非极性分子。应用于绝缘技术中的有机材料如聚丙烯、聚乙烯、聚四氟乙烯、石蜡等为非极性电介质材料。

由于非极性电介质的上述结构特点,所以它的介电常数一般不大,$\varepsilon_r = 2.0 \sim 2.5$,体积电阻率很高,$\rho_V = 10^{14} \sim 10^{16}(\Omega \cdot m)$,而且具有化学惰性,性能稳定。

2)极性电介质

无外电场作用时,分子的正电荷和负电荷中心不相重合,即分子具有偶极矩,称为分子的固有偶极矩,这种分子称为偶极分子或极性分子,由极性分子组成的电介质称为极性电介质。又根据分子固有偶极矩 μ_0 的大小,极性电介质一般分为 3 种:$\mu_0 \leqslant 0.5D$(德拜)的为弱极性电介质,$\mu_0 > 1.5D$ 的为强极性电介质,$0.5D < \mu_0 \leqslant 1.5D$ 的为中极性电介质。

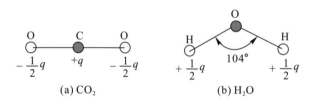

图 2-3　CO_2 和 H_2O 分子的结构

属于这一类电介质的分子的化学结构不对称。例如,CO_2 和 H_2O 从分子式来看,似乎有类似的结构,其实不然。如图 2-3 所示,CO_2 具有对称的分子结构,分子偶极矩等于零,为非极性分子结构;

而 H_2O 具有等腰三角形的结构,两个 H 键间夹角约为 104°,分子固有偶极矩为 1.85D,为强极性分子。

又例如,非极性的烷系碳氢化合物分子中的氢原子被卤族元素或 OH,NH_2,NO_2 基团所替代,就成为极性化合物。以甲烷为例,由于它具有四面体对称结构,为非极性电介质,当分子中氢原子被卤素 Cl 所取代,则 CH_3Cl,CH_2Cl_2,$CHCl_3$ 的固有偶极矩分别为 1.86D、1.55D、1.14D,而 CCl_4 又具有对称结构,分子偶极矩等于零。

属于这一类介质的还有植物油、合成液体介质、天然树脂和合成树脂、纤维、聚二氯乙烯等。极性电介质的介电常数比非极性电介质介电常数高,$\varepsilon_r = 2.6 \sim 80$,而体积电阻率比非极性电介质低。

3)离子性电介质

属于这一类的有离子型晶体介质(如碱卤晶体、石英、云母、二金红石型离子晶体)、玻璃、陶瓷以及其他一些无机电介质。

这类电介质的介电常数较大,且变化范围很大($\varepsilon_r = 4.5 \sim 100$ 以上),具有较高的机械强度。与非极性电介质和极性电介质不同,离子型晶体电介质通常由正负离子组成,此时已没有分子,存在于介质中的只是离子。

2.2.3　电介质的极化过程

无论是哪一种电介质,在外电场作用下,均会产生极化,这是电介质在电场作用下的一个基本特性。在外电场的作用下,电介质内部沿电场方向出现宏观偶极矩,在电介质表面出现束缚电荷,就是电介质的极化过程。

当电容器极板间充以非极性电介质时,在无外电场作用时非极性介质分子的正负电荷中心相重合,分子偶极矩等于零。在外电场作用下,由于分子内的正负电荷彼此强烈地束缚着,围绕原子核的电子云相对原子核发生弹性位移而形成偶极矩,如图 2-4 所示。由于该偶极矩是在外电场作用下感应产生的,随着外电场的移去而消失,故称为感应偶极矩。于是,在电介质内部形成沿电场方向的感应偶极矩,在电介质表面上,出现极化电荷。与极板上的自由电荷相比,极化电荷不能自由移动,故又称为束缚电荷,且极性相反。

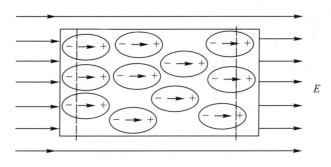

图 2-4　非极性电介质的极化

当电容器极板间充以极性电介质时,即使没有外电场的作用,极性分子的正负电荷中心是不相重合的,即分子具有固有偶极矩。但由于分子不规则的热运动,分子在各个方向分布的概率是相等的,因此,就介质的整体而言,介质的宏观偶极矩等于零。但在外电场作用下,除了分子正负电荷中心的相对弹性位移以外,每个分子都要受到电场力矩的作用,趋于转向外电场方向。但由于分子的热运动及分子之间的相互作用,并不能使所有分子都沿外电场方向整齐地排列起来,这时介质内部沿电场方向的电力矩不等于零,在介质表面也出现束缚电荷,如图 2-5 所示。

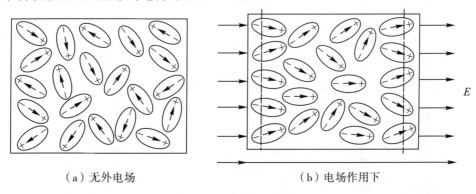

（a）无外电场　　　　　　　　　　（b）电场作用下

图 2-5　极性电介质的极化

2.2.4 电介质的极化强度

电介质的极化程度是用单位体积电介质内沿电场方向的电偶极矩总和,即所谓的极化强度矢量来度量的,即

$$P = \frac{\sum \mu_i}{\Delta V} \qquad (2-5)$$

式中,$\sum \mu_i$ 为小体积元 ΔV 内沿电场方向感应偶极矩之和。

由于极化强度 P 是介质小体积元 ΔV 内大量分子沿电场方向感应偶极矩的平均值,所以 P 是一个宏观物理量,它的大小与电场强度有关。根据静电场中关于电介质极化的论述,在各向同性的线性介质中,各点极化强度 P 与宏观电场强度 E 成正比,即

$$P = \varepsilon_0 (\varepsilon_r - 1) E \qquad (2-6)$$

式中,ε_0 为真空介电常数;$\varepsilon_0 = 8.8542 \times 10^{-12}$ F/m;ε_r 为电介质的相对介电常数。

电介质在电场作用下,一方面内部感应偶极矩,另一方面在表面感应束缚电荷。显然,表面束缚电荷的大小亦表征电介质在电场作用下极化的程度,因此极化强度 P 与感应的表面束缚电荷面密度大小必有一定的联系。

2.3 介质的介电常数

如图 2-6 所示,当电压施加于电容器的两金属电极之间形成的空间时,由于其间介质的微观变化,而使电介质表面出现极化的束缚电荷。同时,由于金属体内的电子是可以运动的,使金属板表面聚集同等数量的反极性的电荷,静电能量就会被存储于该空间系统中。这 2 个金属板被叫作电极,而在它们之间的空间称为电介质。这空间可以是空气,也可以是单层或多层的绝缘材料。

当 2 个金属板上分别聚集了正电荷和负电荷后,电场能量就被存储于这个系统中,其中这些绝缘材料不同,存储的能量的能力也不同,一般用绝缘材料的介电性能来衡量,绝缘材料的介电性能用一个常数来表示,即介电常数,由于这个常数也代表了绝缘材料存储静电能量的能力,所以也被称为电容率。

在实际应用中,把真空(空气)的介电常数作为一个基准值,绝缘材料的介电常数与真空的介电常数的比值称为相对介电常数,而把绝缘材料的介电常数称为材料的绝对介电常数。有了相对介电常数的概念,就能很方便地比较不同材料储存电能的能力,介质的储存能力与介电常数成正比,如果某种材料的相对介电常数是 6,那么,它存储静电能量的能力将是真空的 6 倍。

真空的介电常数用 ε_0 表示,$\varepsilon_0 = 8.8542 \times 10^{-12}$ F/m,绝缘材料的绝对介电常数用 ε 表示,相对介电常数用 ε_r 表示。绝缘材料的介电性能决定着电容器的电容

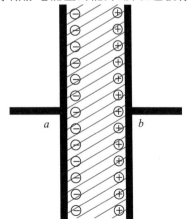

图 2-6 平行板电容器示意图

量,电容器的电容量与其材料的介电常数成正比,如平板电极的电容量为:

$$C=\varepsilon_0\varepsilon_r S/d \qquad (2-7)$$

式中,ε_0 为自由空间的介电常数;ε_r 为相对介电常数;S 为极板有效面积;d 为平板电极之间的距离。

一些材料的相对介电常数与电导率如表 2-1 所示。

表 2-1　常用介质材料的平均相对介电常数与电导率

材料		名称	相对介电常数 (工频,20℃)	电导率 γ (20℃,S/cm)
气体介质		空气	1.0059	接近 0
		氢气(N_2)	1.00068	接近 0
		六氟化硫(SF_6)	1.002094	接近 0
液体介质	弱极性	变压器油	2.1~2.3	$10^{-15}\sim10^{-12}$
		有机硅有机油	2.2~2.8	$10^{-15}\sim10^{-14}$
		苄基甲苯	2.45~2.65	$10^{-14}\sim10^{-13}$
		二芳基乙烷	2.40~2.60	$10^{-15}\sim10^{-14}$
	极性	蓖麻油	4.2~4.7	$10^{-14}\sim10^{-11}$
		氯化联苯	4.6~5.2	$10^{-12}\sim10^{-10}$
固体介质	非极性	聚丙烯薄膜	2.00~2.40	$10^{-18}\sim10^{-17}$
		石蜡	1.9~2.1	$10^{-19}\sim10^{-13}$
		聚苯乙烯	2.4~2.7	$10^{-18}\sim10^{-17}$
		聚四氟乙烯	1.8~2.2	$10^{-18}\sim10^{-17}$
		纤维素	6.5~7.0	$10^{-16}\sim10^{-14}$
		聚氯乙烯	5.0~6.0	$10^{-14}\sim10^{-13}$
		聚酯薄膜	3.0~3.2	$10^{-17}\sim10^{-16}$
	离子性	云母	5.4~8.7	$10^{-17}\sim10^{-14}$
		电瓷	6~7	$10^{-15}\sim10^{-14}$

2.4　电介质的电导

2.4.1　概述

电介质并不是完全的绝缘体,都有一定的电导,在电场作用下会有一定的电流通过,这就是电介质的电导。电导一般用 S(西门子)作为单位来描述;对于电介质,一般用体积电阻率或体积电导率来描述,其电阻率单位为 $\Omega\cdot m$,电导率单位为 S/cm。电阻率和电导率是表征材料导电性能的基本参数,它与材料的几何尺寸无关。

由于电介质中存在能自由迁移的带电质点,也称其为载流子。电介质在电场作用

下,正电荷沿电场方向运动,负电荷沿电场反方向运动,从而出现电流。按导电载流子种类、电介质的电导可分为:

(1)电子电导(包括空穴电导):载流子是带负电荷的电子(或带正电荷的空穴)。

(2)离子电导:载流子是离解了的原子或原子团(离子),它们可以带正电荷,也可以带负电荷,如 Na^+、Cl^-、OH^- 等。离子导电时,伴随有电解现象发生。

(3)胶粒电导:载流子是带电的分子团即胶粒,如油中处于乳化状态的水等。

根据在常温、常压条件下电导率和电阻率的大小,材料可分为导体、半导体和绝缘体。电工学中规定,电导率 $\gamma \geqslant 10^7$ S/m 的材料为导体,电导率 $\gamma \leqslant 10^{-8}$ S/cm 的材料定为绝缘体,而电导率介于其间的为半导体。

物质的导电性能与其凝聚状态及组成结构有关,如金属在液态和固态下是典型的导体,但在气体状态下却可能是绝缘体。如晶体锗在常温下为固态状态,属于半导体,但在液态时是导体,而在温度为 $0\,℃$ 附近又成为绝缘体,气态时又是绝缘体;碳在非晶态和片状晶态(石墨)时是导体,但其同素异构体,即正四面体结构的金刚石,却是绝缘体;NaCl 在常压下为绝缘体,但在极高压力下则变为导体,甚至成为超导体。因此,不考虑物质的结构和所处的条件,笼统地说,某种物质是导体、半导体或绝缘体,不是很确切的。电介质一般是绝缘体,但广义的电介质还包括半绝缘体和某些处于特殊状态下的半导体。物质的导电性能主要取决于其间的载流子,其导电性能与物质的状态关系很大。

2.4.2　气体电介质的电导

常温、常压下的气体在较低电场强度下都是优良的绝缘体,能够通过气体的电流极其微弱,只有采用很高灵敏度的静电计才能检测出来。

气体的电导主要来自气体中的载流子,气体中的载流子的浓度与外界影响因素密切相关,如气体受到光、热、辐射等外因作用时,分子发生电离而产生正、负离子。气体中载流子浓度的大小往往取决于光、热、辐射等外界因素。

常温、常压下,气体导电性能如图 2-7 所示,其中横坐标为电场强度,纵坐标为电流密度,图中曲线可分为 3 个区域。

区域Ⅰ:电场强度很小,电流密度随电场强度呈正比增加,符合欧姆定律,这就是气体电容器在低电压下损耗角正切值大的原因。

区域Ⅱ:电流密度保持恒定,其大小与电场强度无关。

区域Ⅲ:电流密度再度随电场强度的增加而上升。最后,当电场强度增加到某一临界值 E_b 时,电流密度无限增大,气体丧失绝缘性能而被击穿。

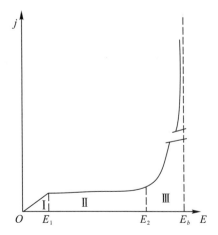

图 2-7　常温常压下气体导电性能

对于标准状态下的空气而言,当电场强度很小,约为 1 V/m 时,电流就达到饱和,饱和电流密度值很小,约为 $10^{-16}\sim10^{-14}$ A/m;在场强约为 10^5 V/m 时,电流密度开始重新上升;当场强达到 3×10^6 V/m 时,空气就发生击穿。

从图 2-7 中可以看出,在电场强度较低时,由于外界因素使气体中产生一定数量的载流子,使气体具有较弱的导电性能,随着电场强度的增加,由于载流子是有限的,其导电性能出现了饱和区;随着电场强度的进一步增加,在电场作用下载流子加速运动,并积累较大的能量;当载流子与分子或原子发生激烈碰撞,将使分子或原子发生电离,发生"碰撞电离"。它使载流子数急剧增加,因而气体电导显著增长。

2.4.3　液体电介质的电导

在电力电容器等电器设备中,使用了大量的液体电介质,如各种矿物油、植物油(如蓖麻子油),这些液体电介质都具有良好的电气性能,电导率较小,在 $10^{-13}\sim10^{-9}$ S/m 的范围内。极性液体电介质的电导率一般比非极性液体电介质电导率高。液体介质的电导按载流子的不同亦可区分为离子电导、胶粒电导和电子电导 3 种。

1)液体电介质的离子电导

根据液体介质中离子来源的不同,离子电导可分为本征离子电导和杂质离子电导 2 种。本征离子是指由组成液体本身的基本分子热离解而产生的离子。在强极性液体介质中(如有机酸、醇、酚、酯类等),才明显地存在这种离子。

杂质离子是指由外来杂质分子(如水、酸、碱、有机盐等)或液体的基本分子老化的产物(如有机酸、醇、酚、酯等)离解而生成的离子,它是液体介质中离子的主要来源。

设分子是由原子团或原子 A 和 B 结合而成。分子(AB)出于分子的热振动可离解成正、负离子 A^+、B^-,另一方面离解的正、负离子 A^+、B^- 相互碰撞亦能复合成 AB 分子,这种分子离解过程和复合过程处于动态平衡,不断地发生这种离解和复合。

液体是介于气体和固体之间的一种物质状态,分子之间的距离远小于气体而与固体的相接近,其微观结构与非晶态固体类似,通过 X 射线的研究发现,液体分子的结构具有短程有序性。另外,液体分子的热运动比固体强,因而没有固体那样稳定的结构,分子有强烈的迁移现象。可以认为,液体中的分子在一段时间内是与几个邻近分子束缚在一起,在某一平衡位置附近作振动;而在另一段时间,分子因碰撞得到较大的动能,使它与相邻分子分开,迁移至与分子尺寸可比较的一段路径后,再次被束缚。液体中的离子所处的状态与分子相似,一般可用如图 2-8 所示的势能图来描述液体中离子的运动状态。

在无外电场作用时,离子向每个方向迁移概率均相等,因此,不形成离子电流。当液体介质加上电压时,由于电场的作用使势垒发生变化,沿电场方向引起较多的离子迁移,从而产生离子电导。

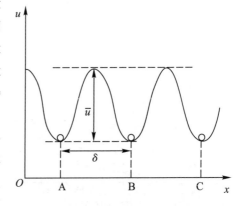

图 2-8　液体电介质中的离子势能图

液体电介质的电导率与温度有关,随着温度的升高,电介质的电导率增大,也就是电介质的电阻率减小。这与液体介质在不同温度下离子的浓度是不同的,从微观的分析而言,是一个非常复杂的过程。大量的实验研究证明,液体的电阻率与温度有如图2-9所示的关系。

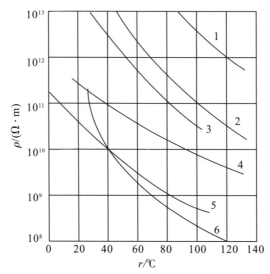

1.高纯净变压器油;2.纯净变压器油;3.矿物油;4.工程纯变压器油;5.蓖麻油;6.五氯联苯

图2-9　几种液体电介质的电阻率与温度的关系

$$\gamma = Ae^{\frac{B}{T}}$$

$$\ln\gamma = \ln A - \frac{B}{T} \tag{2-8}$$

式中,γ为电介质的电导率,T为电介质的温度,A、B为2个与离子形成过程有关的量值。实验证明,环己烷在不同场强下,其电导率的对数$\ln\gamma$与$1/T$的关系为一条直线。

其关系曲线有时成为由两条直线构成的折线,这可用杂质离子电导与本征离子电导同时存在来说明,这时,电导率与温度的关系曲线可用下式说明。

$$\gamma = A_ie^{-\frac{B_1}{T}} + A_2e^{-\frac{B_2}{T}} \tag{2-9}$$

图2-9给出了几种液体电介质的电阻率与温度的关系曲线,图2-10给出了二甲苯的电流与电场强度关系,图2-11给出了环己烷在不同电场强度下的电流与电场强度的关系曲线。

2)液体绝缘介质的电泳电导

为了改善液体介质的某些物理化学性能(如提高黏度和抗氧化稳定性等),往往在液体介质中添加一定量的树脂(如在矿物油中混入松香),这些树脂在液体介质中部分呈溶解状态,而部分可能呈胶粒

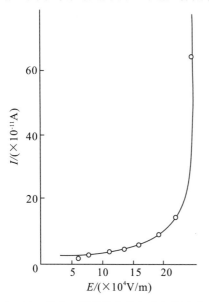

图2-10　纯净二甲苯的电流与电场强度关系

状态,造成胶体溶液。此外,水分进入某些液体介质也可能造成乳化状态的胶体溶液。此胶粒均带有一定的电荷,当胶粒的介电常数大于液体的介电常数时,胶粒带正电;反之,胶粒带负电。胶粒相对于液体的电位 U_0 一般是恒定值(为 $0.05 \sim 0.07$ V)。胶粒在电场作用下作定向的迁移构成"电泳电导"。胶粒为液体介质中导电的载流子之一。

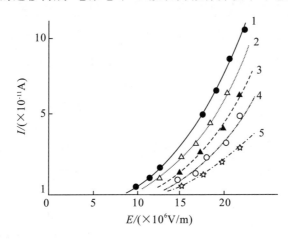

1. 420 μm; 2. 330 μm; 3. 250 μm; 4. 125 μm; 5. 55μm
图 2-11　净化环己烷的电流与电场强度关系(不同电极距离)

3)液体电介质在强电场下的电导

在强电场下,液体电介质中的电流与电场强度的关系与在气体中类似,但也有一些区别,在弱电场区,液体介质的电流正比于电场强度,即遵循欧姆定律;而在 $E \geqslant 10^7$ V/m 的强电场区,电流随电场强度呈指数关系增长,除极纯净的液体介质外,一般不像气体电导那样,存在明显的饱和电流区。这可能与离子在液体中的迁移率远比在气体中的小,液体中的离子不易全部到达电极复合有关。

实验结果证明,液体介质在强电场区的电导电流密度随着电场强度的增加按指数规律增长。

许多实验表明,液体电介质在强电场下的电导具有电子碰撞电离的特点。如图 2-11 所示为净化过的环己烷在强电场下的电流与电场强度的关系,与电极间的距离有关,随着极间距离的增加,电流增加,曲线上移。这表明液体介质在强电场下的电导可能是电子电导引起的。

实验还表明,在纯净的 n-己烷中加入 5% 的乙醇,结果在弱电场下的电导增加,但在强电场下的电导反比纯 n-己烷为低。这说明强极性的乙醇加入使弱电场下的离子电导增加,而在强电场可能主要是电子电导。由于乙醇对电子有强烈的吸附作用,因而加入乙醇使电子电导下降。

2.4.4　固体电介质的电导

固体电介质的电导按导电载流子种类可分为离子电导和电子电导 2 种,在弱电场中,主要是离子电导。

1）固体电介质的离子电导

固体电介质按其结构可分为晶体和非晶体 2 大类，对于晶体，特别是离子晶体的离子电导机理研究得比较多，然而在绝缘技术中使用极其广泛的高分子非晶体材料，其电导机理仍需深入研究。

（1）晶体无机电介质的离子电导

晶体介质的离子来源有 2 种：本征离子和弱束缚离子。本征离子电导是由于离子晶体点阵上的基本质点（离子）在热振动下，离开点阵形成载流子，构成离子电导。这种电导在高温下才比较显著，因此有时亦称为"高温离子电导"；弱束缚离子电导是由于与晶体点阵联系较弱的离子活化而形成载流子，这是杂质离子和晶体位错或宏观缺陷处的离子引起的电导。它往往决定了晶体的低温电导。

晶体介质中的离子电导机理与液体中离子电导机理相似，具有热离子跃迁电导的特性，而且参与电导的也只是晶体的部分活化离子（或空位）。

本征离子电导：离子晶体内正、负离子是以离子键相结合，并周期性地排列成点阵。晶体中的离子大部分都处于晶格的格点上做热振动，并不参与导电。参与导电的载流子只是由于热激发形成的点阵间填隙离子和点阵空位，从而构成离子电导和离子空位电导。

弱束缚离子电导：晶体（包括离子晶体和非离子晶体）中往往含有少量活化势垒较低的杂质，它们在较低温度下即能活化，并参与电导，这称为"杂质离子电导"。在离子晶体中还由于晶格位错等因素作用，使得晶体点阵上的局部位置离子活化能下降，这部分离子易于活化而参与电导，这是弱束缚的本征离子所引起的电导。以上 2 种电导统称弱束缚离子电导。这种电导在非离子晶体中是主要导电成分，而在离子晶体中是低温电导的主要成分。

实验表明，碱卤晶体的低温电导明显地与杂质含量有关，而且势垒较低，其高温电导则与杂质含量无关。

（2）有机电介质的离子电导

非极性有机电介质中不存在本征离子，导电载流子来源于杂质，通常纯净的非极性有机介质的电导率极低，如聚苯乙烯在室温下 $\gamma = 10^{-17} \sim 10^{-16}$ S/m。在工程上，为了改善这类介质的力学、物理和老化性能，往往要引入极性的增塑剂、填料、抗氧化剂、抗电场老化稳定剂等添加物，这类添加物的引入将造成有机材料电导率的增加。一般工程用塑料（包括极性有机介质虫胶、松香等）的电导率 $\gamma = 10^{-13} \sim 10^{-11}$ S/m。

有机固体材料电阻率与温度的关系，往往只能在较小的温度范围符合 $\rho = A' e^{B/T}$ 的变化规律。因为有机材料的结构随温度的变化较大，离子电导势垒 u 及温度指数 B 随温度均有较大变化。此外，u、B 往往与压强有关。压强增强电导率下降，这可能是由于压强加大，使分子之间的间隙减小，离子在分子之间跃迁的势垒增加的缘故，因此，ρ 随温度和压强的变化的规律可用下式表示。

$$\rho = A' e^{\frac{B+CP}{T}} \tag{2-10}$$

式中：B 为与压强无关的温度指数；C 为压力系数；P 为外压力强度。

2）固体电介质的电子电导

固体电介质在强电场下，往往主要是电子电导，这在禁带宽度较小的介质和薄层介质中更为明显。电介质中导电电子包括来自电极和介质体内的热电子发射,场致冷发射及碰撞电离,而其导电机构则有自由电子气模型、能带模型和电子跳跃模型等。

（1）晶体电介质的电子电导

根据晶体结构的能带模型,离子晶体（如 NaCl）和分子晶体（如蒽）中的电子多处于价带之中,只有极少量的电子由于热激发作用跃迁到导带,成为参与导电的载流子,并在价带中出现空穴载流子。导带上的电子数和价带上的空穴数主要取决于温度和晶体的禁带宽度 u_g 及费米能级 u_F。

电介质晶体中电子电导一般亦主要由杂质引起。电介质晶体本征电子浓度极低,因此本征电子导电可以忽略。电子电导只能在强光激发或强场电离以及电极效应引入大量电子时才能明显存在,而半导体的本征电导却很明显不可忽略。然而实用的半导体材料亦多掺杂半导体,它们的电导主要由杂质或电极注入等因素决定。

（2）电介质中的电子跳跃电导

常用的绝缘高分子介质材料多由非晶体或非晶体与晶体共存构成,从整体来看,其原子分布是不规则的,但在局部区域却是有规则排列的,即有近规则的排列,较大区域才失去其规则性。因此,由原子周期性排列所形成的能带仅能在各个局部区域中存在,在不规则的原子分布区域能带间断,在具有非晶态结构的区域电子不能像在晶体导带中那样自由运动,电子从一个小晶区的导带迁移到相邻小晶区的导带要克服一势垒。这时电子的迁移可通过热电子跃迁或隧道效应通过势垒。在电场强度不十分强（$E<10^8$ V/m）的情况下,隧道效应不明显,主要是局部能带的导带上电子在热振动的作用下,跃过势垒向相邻的微晶带跃迁而形成电子跳跃电导。

（3）热电子发射电流

电介质中的电子被强烈地束缚在介质分子上,从能带论观点来看,即禁带宽度较宽,u_g 值较大,所以从价带热激发到导带而引起本征电子电导电流极小。除杂质能使介质中导带电子增多电子电导增加外,电极上的电子向介质中的发射（或注入）亦是介质中导电电子的重要来源之一。就电极上的电子向介质中发射的机理而言,可分为热电子发射和场致发射两种。

金属电极中具有大量的自由电子,但由于金属表面的影响,在电子离开金属时必须克服一势垒（相对于金属中的费米能级）。金属中的电子能量大多处于费米能级以下,只有少部分电子由于热的作用具有较高的能量,当其能量超过一定值时,才可能超过势垒脱离金属向介质或真空中发射,并引起发射电流。显然,此发射电流与温度有关,它随着温度的升高而增加,故被称为热电子发射电流。

另外,在强电场下,当电子能量低于势垒高度不很大,而势垒厚度又很薄时,电子就可能由于量子隧道效应穿过势垒场致发射电流。

2.4.5　固体电介质的表面电导

固体电介质除了其内部电导外,还关注电介质的表面电导,其表面电导率或电阻率的数值不仅与介质的性质有关,而且强烈地受到周围环境的湿度、温度、表面结构和形状以及表面沾污情况的影响。

1）电介质表面吸附的水膜对表面电导率的影响

介质的表面电导受环境湿度的影响极大。任何介质处于干燥的情况下，介质的表面电导率 γ 都很小，但一些介质处于潮湿环境中受潮以后，往往 γ 有明显的上升。可以假定，由于湿气中的水分子被吸附于介质的表面，形成一层很薄的水膜，因为水本身为半导体（$\rho_v=10^5\,\Omega\cdot m$），所以介质表面的水膜将引起较大的表面电流，使其表面电导增加。图 2-12 是几种电介质表面电阻率与空气相对湿度的关系。

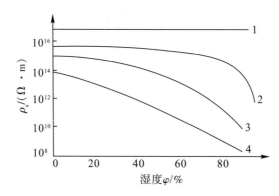

1.石蜡；2.琥珀；3.虫胶；4.陶瓷上的珐琅层

图 2-12 几种电介质表面电阻率 ρ_s 与空气相对湿度的关系

电介质可分为亲水电介质和疏水电介质，亲水电介质包括离子晶体、含碱金属的玻璃以及极性分子所构成的介质等，它们对水分子有强烈的吸引作用。由于这类介质分子具有很强的极性，对水分子的吸引力超过了水分子之间的内聚力，因而水很容易被吸附到介质表面形成连续水膜，故表面电导率大。特别是一些含有碱金属离子的介质（如碱卤晶体，含碱金属玻璃），介质中的碱金属离子还会进入水膜，降低水的电阻率，使表面电导率进一步上升，甚至丧失其绝缘性能。

一些非极性介质，如石蜡、聚苯乙烯、聚四氯乙烯和石英等属于疏水介质。这些介质分子为非极性分子所组成，它们对水的吸引力小于水分子的内聚力，所以吸附在这类介质表面的水往往成为孤立的水滴，其接触角 $\theta>90°$，不能形成连续的水膜。如图 2-13 所示，故电导率很小，且大气的湿度影响较小。表 2-2 给出了一些电介质水的接触角、大气湿度以及表面电阻率的影响关系。

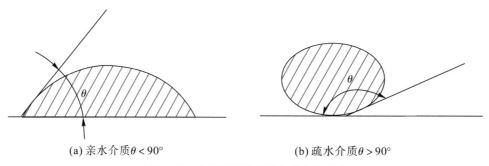

(a) 亲水介质 $\theta<90°$ (b) 疏水介质 $\theta>90°$

图 2-13 水滴在两类介质上的分布状态

表 2-2　不同材料的接触角 θ 及大气湿度对其表面电阻率的影响

材　　料	接触角 $\theta/(°)$	ρ_i/Ω	
		$\varphi=0\%$	$\varphi=98\%$
聚四氟乙烯	113	5×10^{17}	5×10^{17}
聚苯乙烯	98	5×10^{17}	3×10^{15}
有机玻璃	73	5×10^{15}	1.5×10^{15}
氨基薄片	65	6×10^{14}	3×10^{13}
高频瓷	50	1×10^{16}	1×10^{13}
熔融石英	27	1×10^{17}	6.5×10^{10}

2)电介质表面清洁度对表面电导率的影响

介质表面电导率除受介质结构、环境湿度的激烈影响外,介质表面的清洁度对电导率影响非常大。表面沾污特别是含有电解质的沾污,会引起介质表面导电水膜的电阻率下降,从而使表面电导率升高,所以,要保持电介质表面的洁净。

2.5　电介质的损耗

2.5.1　电介质损耗概述

电介质在电压作用下会有一定的能量损耗,一种是由电导引起的损耗,另一种是由松弛极化引起的能量损耗。电介质单位时间内消耗的能量,称为电介质的损耗。

在恒定电场作用下,由于电介质中没有周期性的极化过程,因此介质损耗仅指介质电导引起的损耗,取决于电介质材料的体积电导率。而在交变电场作用下,除了电介质的电导损耗以外,周期性的极化过程使介质中的原子或分子产生相应的运动,也就是电介质极化过程中产生的能量损耗。电介质的损耗是指在交流电场作用下,电介质的电导损耗和极化损耗之和。

为了更好地表征电介质的性能,引入了电介质的介质损耗的概念。它以流过介质的有功功率和容性功率的比值来定义,其物理意义如图 2-14 所示。一平板介质电容器两端施加交变电压 U,由于介质有能量损耗,所以,流过电介质的电流分为 2 部分,即容性电流 I_C 和阻性电流 I_R。

$$\dot{I}=\dot{I}_R+\dot{I}_C \qquad (2-11)$$

这时,电介质的有功功率为:

$$P=UI_R=UI_C\tan\delta=U^2\omega C\tan\delta \qquad (2-12)$$

无功功率为:

$$Q=UI_C=U^2\omega C \qquad (2-13)$$

则:

$$\tan\delta=P/Q=I_R/I_C \qquad (2-14)$$

把电流$\dot{I}$与$\dot{I_C}$的夹角叫作介质的损耗角。在实际的工程应用中,常用电介质的损耗角的正切值来表示介质的损耗特性,以表示介质的损耗电流与电容电流的比值的大小,或电容器或介质单位无功容量的有功损耗值,也叫作介质的损耗角正切值,也常用百分数来表示。

可以看出,用介质损耗p作为描述介质损耗的参数是不方便的,它与外施电压、材料尺寸等因素有关,不能表征介质的基本特性。而用介质损耗角正切$\tan\delta$来描述电介质在交变电压下的损耗,只与电介质的性能有关,与其他因素无关,所以$\tan\delta$能够准确表述电介质的性能,$\tan\delta$仅取决于材料特性而与材料尺寸、形状无关。

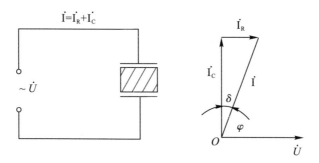

图 2 - 14　电介质在交变电压下的电流相量图

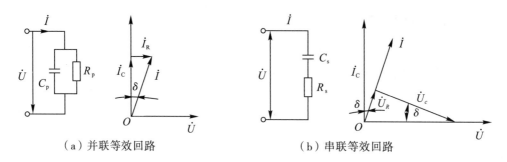

（a）并联等效回路　　　　　（b）串联等效回路

图 2 - 15　电介质损耗的等效电路图和相量图

电介质的损耗,可用一个电容与电阻并联或与电阻串联的等效回路来表示。如图2-15所示,图中的相量电路图的夹角δ为损耗角,对于并联等效回路为复电流与容性电流分量的夹角,对于串联等效回路为复电压与容性电压分量的夹角。

由图2-15(a)并联等效电路和向量图可知,电介质的损耗P和$\tan\delta$可用下式表示:

$$\tan\delta=\frac{U/R_P}{U\omega C_P}=\frac{1}{R_P\omega C_P} \tag{2-15}$$

$$P=\frac{U^2}{R_P}=U^2\omega C_P\tan\delta \tag{2-16}$$

由图2-15(b)串联等效电路和向量图可知,电介质的损耗P和$\tan\delta$可用下式表示:

$$\tan\delta=\frac{IR_s}{I/(\omega C_s)}=R_s\omega C_s \tag{2-17}$$

$$P=I^2R_s=\frac{U^2\omega C_s\tan\delta}{1+\tan\delta^2}\qquad(2-18)$$

由于电容器主要输出无功功率,其有功损耗很低,所以,$\tan\delta$ 很小,$1+\tan\delta$ 接近 1,所以,并联回路 C_p 和串联回路 C_s 也很接近,这样,电容器的有功损耗就可用下式表示:

$$P=U^2\omega C\tan\delta\qquad(2-19)$$

如果电压 U 的单位为 kV,损耗 P 的单位为 W,电容量 C 的单位为 F,损耗角正切值 $\tan\delta$ 为百分值,则每千乏的损耗则为:

$$P=10\tan\delta\ (\text{W})\qquad(2-20)$$

2.5.2　恒定电场下电介质的损耗

电介质在电场作用下,建立极化通常需要经过一定的时间才能达到稳定状态,这对于恒定电场中的电介质是不成问题的,总有足够的时间让极化建立完全而到其稳定状态,相应恒定电场中的介电常数称为静态介电常数。然而在交变电场中电介质的极化情况就不同了,极化将随着电场的变化而变化,如果电场随时间的变化很快,可以与极化建立的时间相比拟,极化就可能跟不上电场的变化了。这样,介质在交变电场下的动态介电常数与静态介电常数是不同的,并引起介质的极化损耗。

根据极化建立所需的时间,可以将极化分为瞬时位移极化和松弛极化 2 类。建立电子位移极化和离子位移极化,到达其稳态所需时间为 $10^{-16}\sim10^{-12}$ s,在无线电频率范围(5×10^{12} Hz 以下),仍可以认为是极短的时间,故这类极化被称为瞬时位移极化,即这类极化建立的时间可以忽略不计。而另一类极化,例如转向极化、热离子极化和界面极化,在电场作用下则要经过相当长的时间(10^{-8} s 或更长)才能达到其稳态,故这类极化称为松弛极化。如图 2-16 所示。电介质的极化强度 P 一般可用下式表示:

$$P=P_\infty+P_r\qquad(2-21)$$

式中,P_∞ 为位移极化强度;P_r 为松弛极化强度。

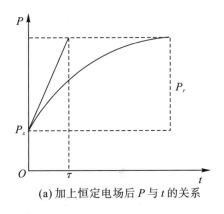
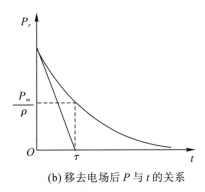

(a) 加上恒定电场后 P 与 t 的关系　　　　(b) 移去电场后 P 与 t 的关系

图 2-16　电介质极化强度与时间的关系曲线

由图 2-16 可见,位移极化强度是瞬时建立的,可认为与时间无关,而松弛极化强度与时间的关系是很复杂的,但电介质中只有一种形式的松弛极化时,一般可用下式近似地表示极化强度与时间的关系：

$$P_r = P_{rm}(1 - e^{-t/\tau}) \qquad (2-22)$$

式中，τ 为松弛极化的松弛时间；t 为加压后经过的时间；P_{rm} 为稳态（$t=\infty$）松弛极化强度。

当松弛极化强度到达其稳态值后，移去电场，则松弛极化强度 P_r 将随时间的增加而减小，经过相当长的时间后，P_r 将降低到实际上等于零。如图 2-17(b)，一般亦可用下式近似地表示：

$$P_r = P_{rm}e^{-t/\tau} \qquad (2-23)$$

在恒定电场作用下，电介质的极化电流有怎样的变化过程，设一平板电容器，极板面积为 S，两极板间距为 d，且其中充以光频介电常数为 ε_∞，静态介电常数为 ε_a 的均匀线性介质。在某一时刻 t_1 加上阶跃电压，则可以发现电容器电路中有电流流过。多数的情况下，在流过瞬时充电电流后，可以观察到随时间而逐渐减小的电流，并最后趋近于某一恒定值，该定值电流就是介质的电导电流，这表明电介质中通过的总电流中，除了位移电流外，还应加上由电导引起的电导电流，这时的电流由 3 部分组成，即

$$i = I_R + i_\infty + i_a \qquad (2-24)$$

式中，I_R 为电导电流；i_∞ 为瞬时充电电流；i_a 为吸收电流。

由此可见，实际介质的电容器和理想电容器不同，缓慢的松弛极化形成了滞后于电压并随时间衰减的吸收电流，这就是介质的松弛现象。需要指出，吸收电流只有当电压发生变化时才存在，它是介质在交变电场作用下引起介质损耗的重要来源。

2.5.3 交变电场下电介质的损耗

在交变电场作用下介质的吸收电流也是交变的，它的大小和相位均与外施电场的频率和温度有关。吸收电流有功分量的存在表明介质有能量损耗，这就是交变电场作用下介质松弛极化引起的介质损耗，与介质电导的存在无关。

如果计及介质在交变电场产生的电导电流及超前 90° 的瞬时充电电流（即纯电容电流），则它们的复指数形式为

$$I = I_P e^{j\omega t} + j I_q e^{j\omega t} \qquad (2-25)$$

式中，I_p、I_q 为交变电场下介质总电流的有功、无功分量有效值。

2.6 介质性能与频率以及温度的关系

2.6.1 概述

当给平板电容器施加交流电压时，其中的电介质中有位移极化、松弛极化和贯穿电导时，则在交变电场作用下，介质的动态相对介电常数为：

$$\varepsilon_r = \varepsilon_\infty + \frac{\varepsilon_s - \varepsilon_\infty}{1 + \omega^2\tau^2} \qquad (2-26)$$

式中，ε_∞ 是位移极化的贡献，与频率、温度无关；$(\varepsilon_s - \varepsilon_\infty)/(1 + \omega^2\tau^2)$ 是松弛极化的贡献，

与频率和温度相关,其中 τ 为松弛极化的松弛时间,ε_s 为介质的静态相对介电常数,即介质在恒定电场作用下的相对介电常数。

$$\varepsilon_s = (\gamma + g)E^2 Sd \qquad (2-27)$$

单位体积的介质损耗 p 为:

$$p = (\gamma + g)E^2 \qquad (2-28)$$

介质损耗角正切值为:

$$\tan\delta = \frac{\gamma + g}{\omega\varepsilon_0\varepsilon_r} \qquad (2-29)$$

式中,E 为宏观平均场强的有效值;g 为介质松弛极化损耗的等效电导率;γ 为介质的电导率。

有了以上式(2-26)到式(2-29)几个关系式,就可以进一步讨论相对介电常数、介质单位体积的损耗,以及介质损耗角正切值在不同的频率及温度下的变化规律。

2.6.2　ε_r、p、$\tan\delta$ 与频率的关系

介电常数、介质损耗和 $\tan\delta$ 与频率、温度密切相关。先讨论当松弛时间 τ 一定时,它们与频率的关系,再讨论当频率一定时,它们与温度的关系。

在低频区即 $\omega\tau \ll 1$ 时,各种极化均来得及建立,$\varepsilon_r \to \varepsilon_s$;单位体积的介质损耗 p 与恒定电场下的相近,全由电导损耗贡献,显然,$\omega \to 0$ 时,$\tan\delta \to \infty$。

在松弛区即 $\omega\tau = 1$ 时,外施电场的周期可与松弛时间相比拟,在松弛极化建立过程中介质的 ε 显著减小,而介质损耗增加。当温度恒定时,可以由 $\partial^2\varepsilon_r/\partial\omega^2 = 0$,也即 $\omega\tau = 1/\sqrt{3} \approx 1$ 时,ε_r 随 ω 的变化最快。

在松弛区如忽略电导损耗,则有:

$$\tan\delta = \frac{(\varepsilon_s - \varepsilon_\infty)\omega\tau}{\varepsilon_s + \varepsilon_\infty\omega^2\tau^2} \qquad (2-30)$$

当 $\partial^2\varepsilon_r/\partial\omega^2 = 0$,也即 $\omega\tau = 1/\sqrt{3} \approx 1$ 时,$\tan\delta$ 出现最大值为:

$$\tan\delta_m = \frac{(\varepsilon_s - \varepsilon_\infty)}{2\sqrt{\varepsilon_s\varepsilon_\infty}} \qquad (2-31)$$

在高频区即 $\omega\tau \gg 1$ 时,松弛极化来不及建立,介质的极化全由位移极化贡献,$\varepsilon_r \to \varepsilon_s$,这时也不会产生松弛报耗,所以每周内引起的损耗减小,但每秒内的周波数增加,介质损耗还是增加,并逐渐趋于稳定值。

2.6.3　ε_r、p、$\tan\delta$ 与温度的关系

ε_r、p、$\tan\delta$ 与温度密切相关,但温度并不显涵于式中,如认为 ε_r 随温度的变化相对 τ 随温度的变化可以忽略时,则 ε_r、p、$\tan\delta$ 与温度的关系主要是通过 τ 与温度的相关来体现的,松弛时间 τ 与温度 T 近似地成指数关系($\tau \propto e^{u/kT}$,k 为玻耳兹曼常数,u 为分子的活化能,与温度基本无关),因此在一般情况下,可以粗略地做出 ε_r、p、$\tan\delta$ 与温度的关系如图 2-17、图 2-18 所示。

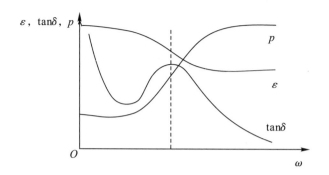

图 2-17 一般情形下 ε_r、p、$\tan\delta$ 与 ω 的关系

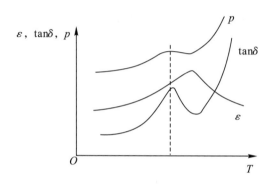

图 2-18 一般情形下 ε_r、p、$\tan\delta$ 与 T 的关系

在低温区即 $\omega\tau\gg1$ 时,极性分子热运动很弱,处于冻结状态,松弛时间很大,来不及随外加交变电场定向,这时仅出现电子位移极化,$\varepsilon_r\to\varepsilon_\infty$;介质损耗和 $\tan\delta$ 亦很小,低温下电导损耗与松弛损耗相比可以忽略,而松弛损耗与 g(即与 $e^{-u/kT}$)成正比,使介质损耗随温度呈指数曲线增大,又因 ε_r 几乎是恒定不变的,故 $\tan\delta$ 亦正比于 g,并随温度升高而增大。当温度升高时,分子热运动增加,松弛时间减小,在 $\omega\tau\approx1$ 附近,与热运动有关的松弛极化得以很快建立,ε_r 随温度升高变化很快,并出现介质损耗 P 和 $\tan\delta$ 的最大值。同样在 $\omega\tau=1/\sqrt{3}\approx1$ 附近,$\partial^2\varepsilon_r/\partial\omega^2=0$,出现 ε_r 随温度变化很快的情形,忽略电导损耗后,同样也在其附近出现 $\tan\delta$ 最大值。随着温度继续升高,分子完全获释而松弛时间减小,以致在外加交变电场下极化完全建立,而使 $\varepsilon_r\to\varepsilon_s$ 达到最大值,而松弛极化的损耗及 $\tan\delta$

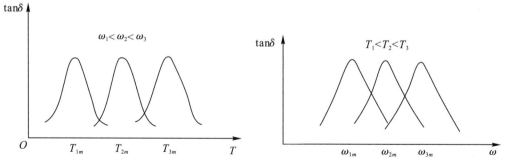

图 2-19 $\tan\delta$ 与 T、ω 的关系曲线

则由于极性分子的定向能及时跟上电场变化而随着温度升高而减小。需要指出,$\tan\delta$ 最大值并不出现在 ε_r 达最大值的温度,因为极化建立的速度很快并不表示极化已完全建立,只有当温度升高到使极化完全建立时 ε_r 才能达到最大值。

图 2-19 给出了 $\tan\delta$ 与 T、ω 的关系曲线。从曲线中可以看出,ω 不同时,$\tan\delta$ 出现最大值的温度 T 也不同,ω 越大,出现 $\tan\delta$ 最大值的相应的温度也越高。

在高温区即 $\omega\tau\ll1$ 时,分子热运动加剧反而阻碍偶极分子在电场方向的定向,所以 ε_r 反而减小,而电导电流因电导率随温度指数上升而剧增。相应的,介质损耗和 $\tan\delta$ 随温度的升高而呈指数上升。

图 2-20 给出不同电导率的电介质的 $\tan\delta$ 与 T、ω 的关系曲线,曲线 1~5 对应电导率由小到大的不同介质。

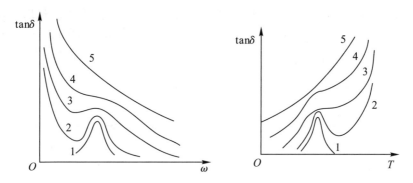

图 2-20 不同电导率的电介质的 $\tan\delta$ 与 T、ω 的关系曲线

2.7 电介质的耐电强度与击穿[1]

2.7.1 电介质的耐电强度

当一电压施加于一平板电容时,其间的电介质就会在电压的作用下产生极化,介质中的束缚电子将受到电场力的作用,施加电压越高,束缚电子受力越大。对于束缚电子的受力的大小,用电场强度来衡量。电场强度就是以电荷在电场中所受的力来定义,如果 1 C 的电荷在电场中所受的力为 1 N,就认为这个电荷所处位置的电场为 1 kV/m,这就是电场强度量化的基本定义,就有:

$$E=\frac{F}{q} \tag{2-32}$$

式中,F 为电荷在电场中所受的力,N;E 为电场强度,V/m;q 为电荷电量,C。

上述电场强度的公式实际上很难实际应用,当电压施加到一种绝缘材料时,电介质随之产生极化,分子或原子有序排列,这种介质排列的程度与外施电压和电介质的厚度有关,所以,在一定的电压下,电介质电场强度可用下式进行计算:

$$E=\frac{U}{d} \tag{2-33}$$

式中,U 为加在介质两端的电压;d 为介质厚度;E 为电场强度。

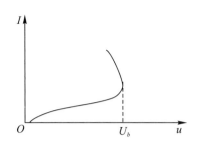

图 2-21 电介质击穿时的伏安特性示意图

对于每一种电介质,均有其所能承受的极限电场强度,当介质上电场强度增加到一定值时,其束缚电荷受到电场力的作用将大于其分子或原子对其的束缚力,使电子逸出,从而使电介质绝缘失败,介质发生击穿。发生击穿时,通过介质的电流剧烈增加,通常以介质伏安特性斜率趋于∞(即 $dI/dU=\infty$)作为击穿发生的标志。如图 2-21 所示。发生击穿时的临界电压 U_b 称为电介质的击穿电压,相应的电场强度称为电介质的击穿场强。

电介质的击穿是电介质的基本电性能之一,它决定了电介质在电场作用下保持绝缘性能的极限能力。电介质结构及电介质的物态不同,击穿机理是不同的,以下几节就气体介质、液体介质、固体介质分别进行分析。

2.7.2 常用电介质的击穿场强

在实际的电场应用中,绝缘材料的电场强度往往是不均匀的,如介质厚度的均匀性。多种绝缘材料的问题,即使是平板电极,也会有边沿效应等问题,所以,在产品的设计中,没有纯粹的均匀电场。

表 2-3 中给出了交流电压下的电场强度和介电强度,单位为 SI 国际单位制 MV/m,通常用 kV/mm。在电容器应用中,介质的厚度约为几微米到几十微米。以下列表是一些常规的数据。

表 2-3 实际使用材料的介电强度与介质强度比较

材料	应用电场强度 /（MV/m）	介电强度 /（MV/m）
空气	2～3	4～9
氮气（N_2）	2～3	4～9
六氟化硫（SF_6）	6	≤16
钛酸钡（陶瓷）	0.35	9.4
电容器纸(浸渍液体介质)	16～18	200～220
苄基甲苯	≥52	≤70
苯基二甲苯基己烷	≥40	≤60
矿物油	16～18	≤60
云母	80～100	150.00
聚丙烯	55～65	400
聚酯	一般不用于交流系统	300

这里应该说明,表 2-3 给出的数据为近似值,但在实际使用中,测试条件、样品厚度和检测电极的形状,对测试结果都有一定的影响,在实际应用中应充分考虑。

2.8　电介质的局部放电

电介质局部放电是指在电介质内部局部发生的重复击穿和熄灭的放电现象,它是由于设备绝缘内部存在弱点或生产过程中造成的缺陷造成。典型的绝缘介质局部放电的特征是在固体或液体介质内部存在小气泡,这种小气泡的存在使局部电场集中,从而引起局部击穿放电。这种放电的能量是很小的,所以它的短时存在并不会影响到电气设备的绝缘失效。但若电气设备绝缘介质在运行电压下不断出现局部放电,这些微弱的放电将产生累积效应使绝缘的介电性能逐渐劣化,并使局部缺陷扩大,最后导致整个绝缘击穿。

局部放电是一种复杂的物理过程,往往伴随着电荷的转移和电能的损耗,以及电磁辐射、超声波、光、热和新的生成物等。如果绝缘中存在有气泡,当工频高压施加于绝缘体的两端时,如果气泡上承受的电压达到气泡的击穿电压,气泡内部会发生局部放电。气泡发生放电时,气泡中的气体分子发生电离,变成正离子和电子或负离子,形成大量的空间电荷,这时气泡的电压降低,气泡内的正负离子或电子在电场作用下将会发生运动,正负电荷中和后,气泡电压恢复,将发生第二次放电,如此不断重复,这种放电呈现一种脉冲电流信号。

局部放电的发生机理可以用放电间隙和电容组合的电气等值回路来代替,在电极之间放有绝缘物,对它施加交流电压时,电极之间局部出现的放电现象,可以看成是在导体之间串联放置着 2 个以上的电容,其中一个发生了火花放电。按照这样的考虑方法,电极组合的等值回路如图 2-22 所示。

在这样的等值回路中,当对电极间施加交流电压 U 时,由于气体的相对介电常数小,一般约为 1,而一般的固体介质与液体介质的介电常数为 2 以上,这样造成 C_g 上的电场强度约为固体或液体介质电场强度的 2 倍以上,而一般情况下,气体介质的耐电强度要低于固体或液体介质的耐电强度。所以,一旦固体或液体介质中含有气泡,一般均会发生局部放电。

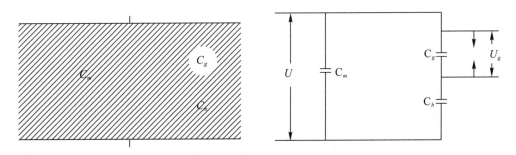

图 2-22　电介质内部气泡放电等效电路图

在图 2-22 中,C_g 代表绝缘介质中缺陷(比如气饱)的电容,C_b 代表和绝缘缺陷沿电场方向完好部分的电容,C_m 是除 C_g 和 C_b 以外的剩余部分的电容。

这样,两个电极之间的总电容为:

$$C_z = C_m + \frac{C_g C_b}{C_g + C_b} \tag{2-34}$$

在这样的等值回路中,当对电极间施加交流电压 U 时,在电压瞬时值较低时,C_g 上不发生放电,加在 C_g 上的电压 U_g 由下式表示:

$$U_g = U \frac{\varepsilon_b d_g}{\varepsilon_g d_b + \varepsilon_b d_g} \tag{2-35}$$

式中,ε_g 和 ε_b 分别为气泡和绝缘介质的介电常数,d_g 和 d_b 分别为气泡和绝缘介质的沿电压方向的高度。

从式中可以看出,如果气泡的介电常数与介质的介电常数相同,其电压按其高度进行分布。但是由于气体的介电常数低于液体和固体的介电常数,这样由上式可以看出,气泡的电场强度明显高于液体或固体介质的电场强度,而气体的耐电强度一般也低于液体或固体的耐电强度,这样,气泡很容易放电,其放电能量小于或等于气泡所能储存的能量。

随着外施电压瞬时值的升高,间隙上的电压达到放电电压时,间隙出现放电现象,这时,由于放电的原因,间隙上的电压会迅速降低到放电的残余电压。在这个放电过程中,通过间隙放电量可用 $Q(t)$ 来表示,其量值可用下式计算。

$$U_g - U_r = \frac{Q_t}{C_g} \tag{2-36}$$

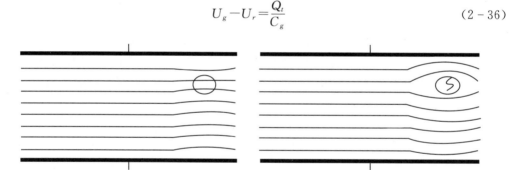

图 2-23　局部放电模型

没有放电时,由于气体的介电常数较小,气泡内的电场强度较高;放电时,由于气体中造成绝缘材料内部电荷重新分布,电极出现了微弱的高频电流的变化,局部放电测量实际检测的是这种电流的变化,通过电路变换后把这种放电电流产生的放电量以电压的方式检测出来,就是局部放电测量的原理。通过对于这种微弱变化信号的检测,最终以放电量的检测来表征介质的局部放电情况,一般用 pC(皮库)来表示。

2.9　电介质搭配与复合电介质

对于 2 种以上的介质的复合,各层介质上的电场强度会随着介电常数的不同而不同,在实际应用中,需要计算其复合电导率。如一平板电容器,其间有 3 层不同的介质,分别为 1、2、3,其相对介电常数分别为 ε_1、ε_2、ε_3,其厚度分别为 d_1、d_2、d_3,极板面积均为 S,则有:

$$C_1 = \varepsilon_1 \varepsilon_0 \frac{S}{d_1} \tag{2-37}$$

$$C_2 = \varepsilon_2 \varepsilon_0 \frac{S}{d_2} \tag{2-38}$$

$$C_3 = \varepsilon_3 \varepsilon_0 \frac{S}{d_3} \tag{2-39}$$

由 C_1, C_2, C_3 串联得到：

$$\frac{1}{C} = \frac{1}{C_1} + \frac{1}{C_2} + \frac{1}{C_3} \tag{2-40}$$

则有复合介电常数为：

$$\varepsilon_f = \frac{\varepsilon_1 \varepsilon_2 \varepsilon_3 (d_1 + d_2 + d_3)}{d_1 \varepsilon_2 \varepsilon_3 + d_2 \varepsilon_1 \varepsilon_3 + d_3 \varepsilon_1 \varepsilon_2} \tag{2-41}$$

复合介质的电容量为

$$C = \varepsilon_f \varepsilon_0 \frac{S}{d} \tag{2-42}$$

由于各层介质上的电压与电容量成反比,则有：

$$E_1 : E_2 : E_3 = \frac{1}{\varepsilon_1} : \frac{1}{\varepsilon_2} : \frac{1}{\varepsilon_3} \tag{2-43}$$

所以,对于多层介质的复合而言,其间的电场与介电常数有关,介电常数越大,其上的电场强度越小。

2.10　电容器与电容

2.10.1　电容器的基本概念

以平行极板构成的电场为例,设有两平行极板 a 和 b,如图 2-24 所示,其上分别带有等量的正负电荷 Q,其间的距离为 d,当极板的长度和宽度相对于 d 来说很大时,可以认为它们之间的电场是均匀的。这两极板之间的场强为：

$$E = \frac{Q}{\varepsilon S} \tag{2-44}$$

式中,ε 为极板之间的电介质的电容率;S 为极板的有效面积。

极板 a 与极板 b 之间的电压为：

$$U_{ab} = Ed = \frac{Qd}{\varepsilon S} \tag{2-45}$$

由此可见,两极板之间的电压 U_{ab} 与极板上的电荷量 Q 成正比,Q 越大则 U_{ab} 也越大。如果图 2-24 的尺寸和介质材料确定,就可以取：

$$C = \varepsilon \frac{S}{d} \tag{2-46}$$

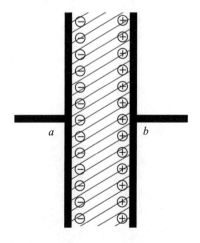

图 2-24　平板电容器示意图

则有：

$$Q=CU \tag{2-47}$$

这就是电容器的电容的概念,所以,电容器就是存储电能的"容器",其储存电能的能力就是电容量(C),它只与电容器本身的结构和所使用的介质材料有关,如果介质材料和结构确定,它存储电荷的多少只与施加到电容器两端的电压有关。

在国际单位制中,电容的单位为法拉,当一个电容器存储的电荷的量为1C,所施加的电压为1V,则这个电容器的电容则为1F,所以,1F就等于1C/V。

在实际的应用中,电容常用大写英文字母 C 来代表,实际使用中常用微法(μF),纳法或毫微法(nF)和微微法(pF)来表示。它们之间量的关系为:$1F = 10^6 \mu F = 10^9 nF = 10^{12} pF$。

2.10.2 平行板电容器

平行板电容器是其最基本的电容结构,主要在低电压、大容量的标准电容器中经常使用,其电容的计算公式为:

$$C=\varepsilon_r\varepsilon_0\frac{S}{d} \tag{2-48}$$

式中,ε_r 为介质的相对介电常数(电容率);ε_0 为真空的电容率,F/m;$\varepsilon_0 = 8.8542 \times 10^{-12}$ F/m;S 为极板之间的有效面积,m^2;d 为极板间电介质的厚度,m。

在实际的使用中,长度单位常用 mm,面积单位用 mm^2,而电容的单位常用 μF 或 pF,为了使用方便常使用下列公式计算:

$$C=8.8542\times10^{-12}\varepsilon_r\frac{S}{d}(pF) \tag{2-49}$$

$$C=8.8542\times10^{-6}\varepsilon_r\frac{S}{d}(\mu F) \tag{2-50}$$

平行板电容器的电场强度为

$$E=\frac{U}{d}(kV/mm) \tag{2-51}$$

2.10.3 同轴圆柱形电容器

同轴圆柱电容器的应用很广,很多电气设备的电气绝缘结构往往为同轴圆柱结构,如单相电力电缆、通信同轴电缆、电容型套管、电流互感器主绝缘,等等。在电力电容器的应用中,主要是气体绝缘的高压标准电容器。

图 2-25 为同轴圆柱电容器的横截面,其电极一般分为内电极和外电极,如果其内电极外半径和外电极内半径分别为 r_1 和 r_2,其极板有效宽度为 B,当其电极的长度远远大于半径时,就可以认为,沿其

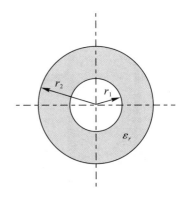

图 2-25 同轴圆柱电容器截面图

长度方向的任一圆柱截面的电位分布是相同的。其电容量用下列公式进行计算：

$$C = \frac{2\pi \varepsilon_r \varepsilon_0 B}{\ln\left(\dfrac{r_2}{r_1}\right)} \qquad (2-52)$$

为了使用和计算方便，也可以将上述公式进行简化。如果长度的单位均用 mm，电容量的单位用 pF 来计算，可将公式简化为：

$$C = \frac{0.05563\,\varepsilon_r B}{\ln\left(\dfrac{r_2}{r_1}\right)} \qquad (2-53)$$

如果长度的单位均用 km，上述公式计算的电容量的单位为 μF。

同轴圆柱电容器的电场强度，内电极表面的电场强度最大，其最大电场强度可用下列公式进行计算。如果半径的单位为 mm，电压的单位为 kV，则有：

$$E_{max} = \frac{U}{r_1 \ln\left(\dfrac{r_2}{r_1}\right)} (\mathrm{kV/mm}) \qquad (2-54)$$

对于介质中半径为 r_x 的任何一点，其电场强度为：

$$E_x = \frac{U}{r_x \ln\left(\dfrac{r_2}{r_1}\right)} \qquad (2-55)$$

由上式可以看出，沿其半径方向电场强度与其半径成反比，其电场变化曲线如图 2-26 所示，r_1，r_2 分别为 100 mm 和 200 mm，电压为 200 kV 的沿半径方向的同轴圆柱电场的变化曲线。

如果对于一个外径 r_2 为 200 mm，内部半径 r_1 变化时，内电极表面的电场强度，也就是最大电场强度的变化曲线如图 2-27 所示。从图中可以看出，随着内电极半径的变化，有一个电场强度的最低值，这个最低值的意义是仅当 r_2/r_1 的比值等于自然常数 e 时，其最大电场强度最低，其中 $e \approx 2.718$。

但是对于边沿部分的电场，很难进行计算，一般需要借助计算机工具进行电场分析。

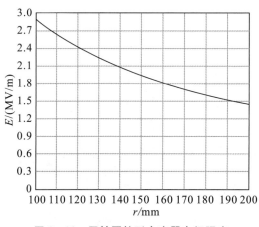

图 2-26　同轴圆柱形电容器电场强度

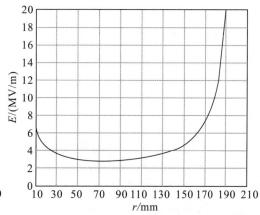

图 2-27　内电极半径变化时最大场强的变化

2.10.4　同心球面电容器

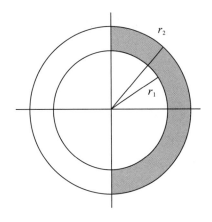

对同心圆球的电场和电容的分析,在实际的应用中也会遇到,但一般不会遇到完整的球面,通常是半球或部分球体的情况会出现。如图 2－28 所示,设同心球的外表面半径分别为 r_1 和 r_2,面 a 与 b 上分别带有 $+Q$ 及 $-Q$（C）的电荷,在介质中任何一点 p 距球心的距离为 r,则 p 点的场强为:

$$E = \frac{Q}{4\pi\varepsilon r^2} \qquad (2-56)$$

其电极之间的电压为:

$$U = \int_{r1}^{r2} \frac{Q}{4\pi\varepsilon r^2}\mathrm{d}r = \frac{Q}{4\pi\varepsilon}\left(\frac{1}{r_1} - \frac{1}{r_2}\right) \qquad (2-57)$$

图 2－28　同心球型电极剖面图

故同心球面电容器的电容为:

$$C = \frac{Q}{U} = \frac{4\pi\varepsilon}{\dfrac{1}{r_1} - \dfrac{1}{r_2}} \qquad (2-58)$$

如果将半径的单位用 m,电容量的单位用 pF,可将公式简化为:

$$C = \frac{Q}{U} = 111.27\,\frac{\varepsilon_r}{\dfrac{1}{r_1} - \dfrac{1}{r_2}}(\mathrm{pF}) \qquad (2-59)$$

2.10.5　多层卷绕电容器

在实际的工程应用中,无论是高压还是低压电容器,为了保证电容器质量,减小其体积,都采用多层卷绕工艺:高压电容器的元件是用多层薄膜作为介质,铝箔作为电极卷绕而成,压扁后再进行串并联;低压电容器一般采用金属化薄膜进行卷绕,芯轴比较细,卷绕的层数较多,元件不压扁,保持圆柱形结构。

1)多层卷绕圆柱形电容器元件

低压金属化膜电容器元件为多层绕卷的圆柱形结构,图 2－29 所示为其内部电极结构示意图(部分尺寸放大),其内部的电极卷绕为一渐开线,一般为双层并绕,极板为膜上镀层。如图中的极板 1 和极板 2,两个极板之间为介质。

由于极间介质很薄,目前金属化元件电容及电场的分析计算多为展开后等效计算的方法。随着计算机的应用,电容和电场的分析计算应该采取更为准确的计算方法。

金属化元件电场的分析计算,如图 2－29 所示,在卷绕过程中,卷绕第一圈时两个电极之间只有一

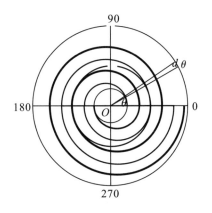

图 2－29　圆柱形卷绕元件示意图

个绝缘层有电容存在,从第二圈开始,每卷绕一圈增加的电容为 2 层。其电容可以用极坐标积分的方法进行计算。

如图 2-29 所示,如果两个极板有效宽度为 B,基膜的厚度为 h_m,镀层厚度为 h_d,起绕时的轴半径为 r_0,当 $\mathrm{d}\theta$ 很小时,把两段弧等效为两个同心圆弧,其间的电容则为:

$$\frac{\mathrm{d}C_1}{\mathrm{d}\theta} = 0.05563\varepsilon_r \frac{\dfrac{B}{2\pi}}{\ln\left[\dfrac{r_0 + \dfrac{2(h_m+h_d)\theta}{2\pi} + h_m}{r_0 + \dfrac{2(h_m+h_d)\theta}{2\pi}}\right]} \tag{2-60}$$

对式(2-60)进行变换,则有,对于第一层电容:

$$\frac{\mathrm{d}C_1}{\mathrm{d}\theta} = 0.05563\varepsilon_r \frac{\dfrac{B}{2\pi}}{\ln\left[1 + \dfrac{h_m\pi}{r_0\pi + (h_m+h_d)\theta}\right]} \tag{2-61}$$

对于第二层电容有:

$$\frac{\mathrm{d}C_2}{\mathrm{d}\theta} = 0.05563\varepsilon_r \frac{\dfrac{B}{2\pi}}{\ln\left[1 + \dfrac{h_m\pi}{[r_0 + (h_m+h_d)]\pi + (h_m+h_d)\theta}\right]} \tag{2-62}$$

如果卷制圈数为 p,则第一圈的有效电容为 p 圈,第二圈的有效电容圈数为 $p-1$ 圈,如果有效宽度的单位为 mm,则有:

$$\frac{\mathrm{d}C_1}{\mathrm{d}\theta} = 8.8542\varepsilon_r B\ 10^{-9} \int_0^{2\pi p} \frac{1}{\ln\left[1 + \dfrac{h_m\pi}{r_0\pi + (h_m+h_d)\theta}\right]} \tag{2-63}$$

$$\frac{\mathrm{d}C_2}{\mathrm{d}\theta} = 8.8542\varepsilon_r B\ 10^{-9} \int_0^{2\pi p} \frac{1}{\ln\left[1 + \dfrac{h_m\pi}{r_0\pi + (h_m+h_d)(\theta+\pi)}\right]} \tag{2-64}$$

如果一个金属化元件基膜的厚度 h_m 为 7 μm,镀层厚度 h_d 为 0.04 μm,内部最小半径为 4 mm,最大外径为 30 mm,极板有效宽度 B 为 100 mm,如果不考虑卷绕时拉紧程度的影响,金属化膜 2 层并绕圈数 p 约为 1846.59 圈,则通过积分运算得到的计算结果为 33.918 μF。

另一种计算方法是把电极等效为多个同心圆电极并联,把电容分为 2 部,以电极 1 为内电极的电容为 C_1,以电极 2 为内电极的电容为 C_2,C_1 的第一个电极半径取平均值为 $r_0 + h_m + h_d$,C_2 的第一个半径 $r_0 + 2h_m + 2h_d$,其他的每个同心圆半径增加 $2(h_m + h_d)$,如果并绕圈数为 p,C_1 的有效电容为 p 个电容并联,C_2 的有效电容为 $p-1$ 个电容并联,那么,C_1 和 C_2 的公式如下:

$$C_1 = \sum_{i=1}^{p} \frac{5.563\,\varepsilon_r B\ 10^{-8}}{\ln\left[\dfrac{r_0 + 2h_m + h_d + 2(i-1)(h_m+h_d)}{r_0 + h_m + h_d + 2(i-1)(h_m+h_d)}\right]} \tag{2-65}$$

$$C_2 = \sum_{i=1}^{p-1} \frac{5.563\,\varepsilon_r B\ 10^{-8}}{\ln\left[\dfrac{r_0 + 3h_m + 2h_d + 2(i-1)(h_m+h_d)}{r_0 + 2h_m + 2h_d + 2(i-1)(h_m+h_d)}\right]} \tag{2-66}$$

对上述元件等效计算的结果为 33.875 μF,比积分的计算结果略小。实际计算时,C_1 和 C_2 计算的结果实际相差很小,总体计算结果又比积分计算结果小,所以建议实际计算时,用 C_1 部分乘以 2 来计算。

如果电压为 380 V,通过同轴圆柱电场分析。其电容和电场计算如下:

其最内层和最外层的最大和最小电场强度分别为 E_{max1}、E_{min1} 和 E_{max2}、E_{min2},则有:

$$E_{max1} = \frac{U}{r_1 \ln\left(\frac{r_1 + h_m}{r_1}\right)} = \frac{0.38}{4\ln\left(\frac{4.007}{4}\right)} = 54.33 \ (\text{kV/mm}) \qquad (2-67)$$

$$E_{min1} = \frac{U}{(r_1 + h_m)\ln\left(\frac{r_1 + h_m}{r_1}\right)} = \frac{0.38}{4.007\ln\left(\frac{4.007}{4}\right)} = 54.24 \ (\text{kV/mm}) \qquad (2-68)$$

$$E_{max2} = \frac{U}{(r_2 - h_m)\ln\left(\frac{r_2}{r_2 - h_m}\right)} = \frac{0.38}{4\ln\left(\frac{4.007}{4}\right)} = 54.29 \ (\text{kV/mm}) \qquad (2-69)$$

$$E_{min2} = \frac{U}{r_2 \ln\left(\frac{r_2}{r_2 - h_m}\right)} = \frac{0.38}{30\ln\left(\frac{30}{30 - 0.007}\right)} = 54.28 \ (\text{kV/mm}) \qquad (2-70)$$

最大电场和最小电场的差别不大,主要的原因是随着每层元件半径的变大,其半径比值的自然对数在变小,随着 r_2 的增加,外层电容越来越接近平板电容,其极限值为 $E = U/h_m$。所以,r_1 不能过小,r_1 过小时,其最大电场强度会比较大。

2)多层卷绕压扁电容器元件

实际的工程应用中,高压电力电容器的元件是用多层或单层薄膜作为介质,铝箔作为电极卷绕而成,压扁后再进行串并联,其结构如图 2-30 所示,为 3 层膜结构。图2-30中 1 为绝缘介质即薄膜,2 为电极即铝箔。对于绕卷式元件,实际上一个极板的内外均有电容存在,一个极板当两个极板使用,在实际计算中,它的电容相当于把元件展开后构成的平板电容器电容的两倍,一般用下式进行计算:

$$C = 2 \times 8.8542 \, \varepsilon_r \frac{S}{d} (\mu\text{F}) \qquad (2-71)$$

式中,S 为有效极板的面积,m^2;d 为极间介质厚度,μm。

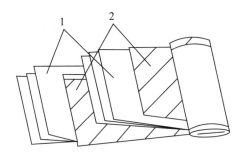

1. 聚丙烯薄膜;2. 铝箔

图 2-30 电容器元件结构示意图

对于压扁元件的结构,平面部分的电场强度很容易计算,但是对于其压扁后的两边

部分,其形状实际上接近半个圆柱结构。圆柱部分的电场分析如下:

元件绕制时,内部首先用薄膜绕制大约 2 圈,假如绝缘层的厚度 h_m 为 40 μm,铝箔厚度 h_d 为 7 μm,双层绕制,心轴的直径 D_0 为 ϕ 90 mm,一般为 ϕ 50～ϕ 110 mm。

未压扁之前,把元件等效为多个同心圆柱电容并联,以最内层的电容为例进行计算,具体如下:

内电极外径和周长分别为:

$$D_n = D_0 + 2 \times 2 \times 2h_m + 2h_d = 90.334$$

$$L_n = D_n \pi = 283.793$$

外电极的内径和周长分别为:

$$D_w = D_n + 2h_m = 90.414$$

$$L_w = D_w \pi = 284.044$$

压扁后的内电极厚度:

$$H_y = 2 \times 2 \times 2h_m + 2h_d = 0.334$$

如果认为压扁后,内电极中间为平板,两端为圆弧,则有圆弧半径为:

$$r_1 = \frac{H_y}{2} = 0.167$$

平板部分的宽度:

$$L_p = \frac{L_n - 2\pi r_1}{2} = 282.743$$

假设外层电极平板部分相同,外侧极板剩余的圆弧部分长度为:

$$L_{wy} = L_w - 2L_p = 1.301$$

则其半径为:

$$r_2 = \frac{L_{wy}}{2\pi} = 0.207$$

内外电极的半径差为:

$$\Delta r = r_2 - r_1 = 0.04 = h_m$$

从计算分析来看,如果元件卷绕过程中,薄膜和铝箔的卷绕张力适当并一致,那么,元件压扁后的形状与平板部分的宽度均相同,圆弧部分均为同心圆。因此,如果元件的额定电压为 $U_e = 2.3$ kV,则有:

平板部分电场强度:

$$E_p = \frac{U_e}{h_m} = 57.5 \text{ (kV/mm)}$$

最内层圆弧部分电场强度:

$$E_{ymax} = \frac{U_e}{r_1 \ln\left(\dfrac{r_2}{r_1}\right)} = 64.14 \text{ (kV/mm)}$$

从计算可以看出,元件部分最内层可能出现的最大电场强度比平板部分要大一些。把圆弧部分的电场计算公式加以变形,则有:

$$E_{ymax} = \frac{Ue}{r_1 \ln\left(\frac{r_1 + h_m}{r_1}\right)} \tag{2-72}$$

元件上可能出现的最大电场强度除了与元件电压有关外,同时与压扁后的元件圆弧部分的半径和介质厚度有关。上述元件平板部分的电场强度和圆弧部分的电场强度随r_1的变化曲线如图2-31所示,从图中可以看出,元件从内到外,随着圆弧半径的增大,电场强度越来越接近平板部分的电场强度。

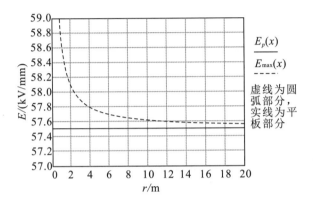

图 2-31 元件电场强度的变化曲线

同样,元件电容的计算,也可用3种方法进行分析计算,其一为理想状态下的准确计算方法,压扁后的元件极板的形状为如图2-32的布置结构;其二为将其等效为多层的同心扁圆进行计算;其三为系数修正后展开的计算公式。

如果设一个元件介质厚度$h_m = 0.04$ mm,极板厚度$h_d = 0.005$ mm,心轴直径$D_0 = \phi 90$ mm,起头空绕圈数$nk = 2$,绕制的电极有效宽度$B = 250$ mm,绕制圈数$p = 50$,将该元件用3种计算方式的计算结果比较如下:

图2-32示意图是理想状态下的元件形状,将金属化元件的电容分为3部分,C_0为平板部分的电容量,C_1为极板1作为内电极的渐开线电容量,C_2为极板2作为内电极的渐开线电容量,则有:

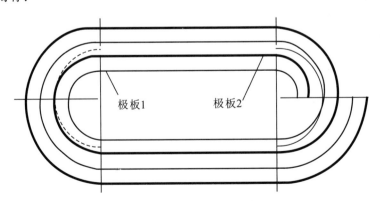

图 2-32 元件压扁后的形状示意图

$$C_0 = 5.563\, \varepsilon_r B\, 10^{-8} \frac{D_0 P}{h_m} \tag{2-73}$$

$$C_1 = 8.8542\, \varepsilon_r B\, 10^{-9} \int_0^{2\pi p} \frac{1}{\ln\left[1 + \dfrac{h_m \pi}{(2nkh_m + h_d)\pi + (h_m + h_d)\theta}\right]} d\theta \tag{2-74}$$

$$C_2 = 8.8542\, \varepsilon_r B\, 10^{-9} \int_0^{2\pi p-1} \frac{1}{\ln\left[1 + \dfrac{h_m \pi}{(2nkh_m + h_d)\pi + (h_m + h_d)(\theta + \pi)}\right]} d\theta$$

$$\tag{2-75}$$

把电极等效为多个同心扁圆,把电容按 3 部分进行计算,圆弧半径按其渐开线的平均半径计算,计算公式如下:

$$C_0 = 5.563 \varepsilon_r B\, \frac{D_0 P}{h_m} \tag{2-76}$$

$$C_1 = 5.563 \varepsilon_r B\, 10^{-8} \sum_{i=1}^{p} \frac{1}{\ln\left(\dfrac{(2nk+1)h_m + h_d + 2(i-1)(h_m + h_d)}{2nkh_m + h_d + 2(i-1)(h_m + h_d)}\right)} \tag{2-77}$$

$$C_2 = 5.563 \varepsilon_r B\, 10^{-8} \sum_{i=1}^{p-1} \frac{1}{\ln\left(\dfrac{(2nk+2)h_m + 2h_d + 2(i-1)(h_m + h_d)}{(2nk+1)h_m + 2h_d + 2(i-1)(h_m + h_d)}\right)} \tag{2-78}$$

按金属化膜元件优化计算的方法对箔式压扁结构的电容器进行简化,一可使计算更为简单,同时可使计算误差更小。简化后的计算公式为:

$$C_1 = 5.563\, \varepsilon_r B p\, 10^{-8} \left[\frac{D_0}{h_m} + \frac{1}{\ln\left(\dfrac{(2nk+1)h_m + h_d}{2nkh_m + h_d}\right)} + \frac{1}{\ln\left(\dfrac{2nkh_m + 2p(h_m + h_d)}{(2nk-1)h_m + 2p(h_m + h_d)}\right)}\right]$$

$$\tag{2-79}$$

按常用的计算方法将电极展开后,按平板电容的公式计算,但把电容计算公式中的系数进行了调整,由原来的 8.8542 调整到 8.86,其展开长度及电容的计算公式如下:

$$L = \sum_{i=1}^{p} \pi\left[D_0 + 4nkh_m + 2(i-1)(h_m + h_d)\right] \tag{2-80}$$

$$C = 2 \times 8.86\, \varepsilon_r \frac{b_{jb} L}{h_m} \tag{2-81}$$

就上述元件用 3 种方法分别进行了计算,3 种计算结果分别为 3.6295 μF,3.6231 μF,3.5368 μF。就计算结果而言,第一种的计算是最准确的,因为没有任何等效的成分,其他计算结果是有误差的。产生误差的原因是圆弧部分的等效计算影响因素很多,每个参数的变化都会有所影响。总体而言,常用的最简单的计算公式,其影响有以下 2 个基本的规律:

(1)心轴直径越大,平板部分的比例更大,计算的结果越准确。

(2)元件层数越少,计算结果越准确。

从理论上讲,第一种计算方法准确,但是,这里没有考虑铝箔折边等因素的影响。影响介电常数的因素也很多,比如介质的干燥程度、温度等。介电常数不准确等,也会影响计算的结果。无论怎样,随着现代计算技术的发展,采用更准确地计算方法成为可能,所以,可以通过 Excel 或其他的编程工具使计算结果更为准确。

2.10.6 其他常见电极结构的电场分析

对于电场强度的分析计算,由于一些电场的结构较为复杂,对于复杂的电场,可以通过一些现代的计算手段进行计算分析,如 Ansys 等,如图 2-33 为标准电容器的一个标准的电位分布云图。但是,这种计算和分析所费的精力和时间太多,难度也较大,需要明白的是哪种情况会影响到电场的畸变,致使局部的电场变大,这是工作中应该注意的问题。几种常见的电场结构如下。

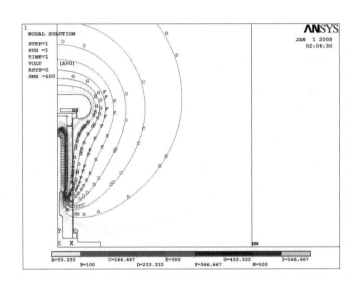

图 2-33　Ansys 标准电容器电位分布云图

1)平板电场的边沿电场分析

2 个相对的平板电场,宽度相同与宽度不同的情况比较如图 2-34 所示。图中,边沿的电场会发生畸变,如 2-34 图中的 A 点和 B 点,其电场强度大于中间部位。而图中的 C 点和 D 点,C 点的电场大于 D 点。2 种情况比较,C 点的电场强度最高,A、B 点次之,而 D 点的电场强度最低。对于这种电场,量化难度很大,必须借助计算机工具软件分析计算。但是,必须定性地了解,注意这其中的关系,在实际的工作中得到应用。

2)圆棒对圆环的电场分析

圆棒对圆环的电场结构,在电容器的套管出线方面会经常用到。如图 2-35 所示,为标准的棒对环的一个电场结构,棒的表面的电场强度较高,由于电极结构尺寸和结构的不同,对各个部位的电场都有较大的影响。比如 2-35 图中,除了中心轴表面的点上的电场强度较大外,图中的 B 点由于中心轴较长,电场强度也会比较大,会影响到 A 点的电场高强度,如果存在一个像 C 点的零电位面(如大地),又在一定程度上对 A 点的电场会有较大的影响,均与其相对的尺寸有关。

3)电场的相互屏蔽作用

对于如图 2-36 所示的 2 组电场结构分析,左边为标准的球对板的电场结构,而右边则是较宽的平板,平板部分会对突出圆弧的电场起到一定的屏蔽作用,那么很明显,图中 B 点的电场强度明显小于 A 点的电场强度。

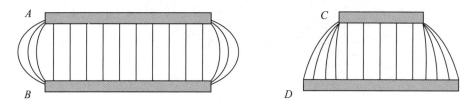

图 2-34　平板电极边沿电场分析图

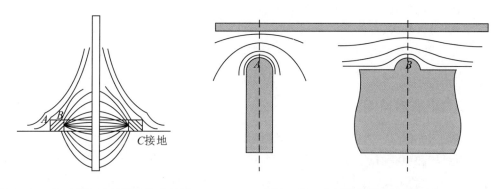

图 2-35　棒对圆环电场的结构分析图　　　　图 2-36　电场的屏蔽作用示意图

2.11　电容器的储能

2.11.1　电容器的储能原理

存储静电能量是电容器的最基本的功能,图 2-37 给出了电容器储能的原理图,图中有 1、2、3 共 3 个极板,实际上为 2 组串联的电容,其中 2 是上面一个电容器的负极板,也是下面一个电容器的正极板,实际的卷绕电容器中,这是一个常见的现象。4 和 5 为绝缘介质,k 为开关。当图中的开关 k 合上时,图中的直流电源会快速地给电容器充电,极板 1 中的电子会快速移动到极板 3 上,使极板 1 上只有正电荷,而极板 3 上只有负电荷,由于有绝缘介质 4 和 5 的存在,电子无法通过绝缘介质,所以,在极板 2 上,既有正电荷也有负电荷,只是其正负电荷对应地分布于极板 2 的两侧。

如果这时,把开关 k 再打开,这个电容器上就存储了一定量的电能,但是,就电容器内部本身来说,电荷是平衡的,只不过把正负电荷分配到不同的极板 1 和极板 3 上,极板 2 由于极板 1 和极板 3 的作用,极板 2 会保持原来的状态。

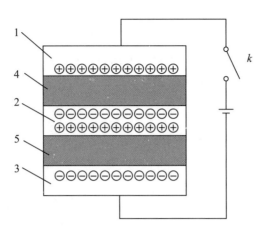

1,2,3.三个极板；4,5.绝缘介质

图 2-37　电容器储能原理图

这样就将静电能量存储到电容器中,这种能量来自正负电荷之间的相互吸引力,距离越小,吸引力越大,存储的能量就越大,所以,这种能量属于静电能量,也是一种势能。这种能量与其电荷量有关,电荷量越大,其吸引力越大,储存的能量就越大。这种能量的大小与电压的平方和电容量均成正比,可用式(2-82)进行计算。

2.11.2　电容器储能因数

实际上,如图 2-37 中的平板电容器极板 1 和极板 3 上存储电荷的多少,不只与其电压、极间距离和面积有关,还有一个关键的因素就是与极间介质的分子或原子结构有关。如图 2-37 中的极板,对于每个分子及原子结构而言,在电场的作用下,其内部的束缚电子的位置会发生变化,偶极矩规则排列。对于不同的介质,由于其内部结构不同,变化的程度也不一样,这就影响到导体中正负电荷的数量,材料的这一特征用介电常数来表征。对于电容器而言,极板距离、极板面积以及介质介电性能可以用电容量来表征。那么,电容器存储的静电能量就可用下式来计算:

$$W=\frac{1}{2}CU^2 \tag{2-82}$$

式中,C 为电容器的电容,F;U 为电容器上的电压,V;W 为电容器上存储的能量,J。

从前面的分析可知,电容器内部的电荷是平衡的,只不过是把其电荷分离,从而产生了一种势能,本质上,是将静电能量存入电容器中。

将电容器的储能公式进一步推导,有:

$$W=\frac{1}{2}CU^2=\frac{1}{2}\varepsilon\frac{S}{d}(Ed)^2=\frac{1}{2}\varepsilon SdE^2 \tag{2-83}$$

式中,S 为介质的有效体积,d 为板极间介质厚度。

所以,如果电场强度 E 保持不变,电容器存储的能量与其介质的体积成正比,则其单位体积介质存储的能量为:

$$Wp=\frac{W}{Sd}=\frac{1}{2}\varepsilon E^2 \tag{2-84}$$

在交流电压下,电容器单位介质体积产生的无功功率为:

$$\frac{Q}{V} = \frac{2\pi f C U^2}{S d} = 2\pi f \varepsilon E^2 \qquad (2-85)$$

交、直流单位介质体积的储能和产生的无功功率,都与 εE^2 有关,所以,将 εE^2 叫作电容器的储能因数。储能因数表征了介质存储静电能量的能力。

2.12　电容器的充放电

2.12.1　电容器充电过程

如图 2-38 所示,当图中的开关 K_1 闭合,那么,电源 U 就会通过电阻 R_1 给电容器 C 充电,自 K_1 闭合的一瞬间开始,这个过程就是电容器充电的过渡过程。

电容器充电过程可以通过微分方程进行分析和计算:

$$U = Uc(t) + i(t)R_1$$

$$i(t) = C\frac{\mathrm{d}Uc(t)}{\mathrm{d}t}$$

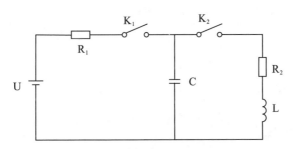

图 2-38　电容器充放电回路

则有:

$$CR_1\frac{\mathrm{d}Uc(t)}{\mathrm{d}t} + Uc(t) - U = 0$$

通过解一阶微分方程得到电容器在充电过程中的电压和电流随时间变化的公式如下:

$$U_c(t) = U(1 - e^{\frac{-t}{CR_1}}) \qquad (2-86)$$

$$i(t) = C\frac{\mathrm{d}Uc(t)}{\mathrm{d}t} = \frac{U}{R_1}e^{\frac{-t}{CR_1}} \qquad (2-87)$$

式中,R_1 为充电电阻,Ω;C 为电容器的电容,F;U 为电源的电压,V;t 为充电的时间,s。

例如电容器的电容量为 50 μF,充电电阻为 100 Ω,充电电压为 100 V 时,其充电电压与充电电流的过渡过程如图 2-39 所示。对于充电回路而言,如果其电容和电阻的乘积已定,无论电源电压 U 幅值为多少,每个时刻充到电容器的电压与电源电压的比值是一定的,电流与 U/R 的幅值之比也是一定的,这取决于电容和电阻的乘积 RC。所以,RC 代表了充电回路的充电速度特性,这就是充电回路的时间常数,一般用 $\tau = RC$ 来表示,电容 C 的单位为 F,电阻 R 的单位为 Ω 时,τ 的单位为 s。对于图 2-39 而言,其时间常数为

5×10^{-5} s。其充电电压和电流随着 τ 的整数倍的时间的变化如表 2 - 4 所示,这说明,无论电容量及电阻怎样变化,只要时间常数 τ 一定,在任一时刻其电压、电流达到的幅值比例是相同的。

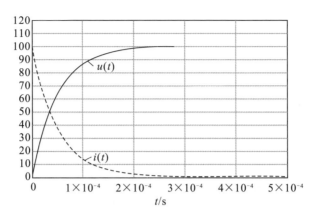

图 2 - 39　电容器充电电压和充电电流图

表 2 - 4　充电电压与电流随时间常数的变化

充电时间/s	0τ	1τ	2τ	4τ	6τ
$U_c(t) / U$ /%	0	63.21	86.47	98.17	99.75
$i(t)/(U/R)$ /%	100	36.79	13.53	1.83	0.25

2.12.2　电容器放电过程

如图 2 - 38 所示,电容器 C 充电时间足够长,当 $U_c = U$ 时,将开关 K_1 打开,并将开关 K_2 合闸,电容器就通过电阻 R_2 和电感 L 形成放电回路,通过一段时间后,电容器上所存储的能量将被电阻 R_2 吸收,电压也会逐步降到 0,这就是电容器的放电过程。

电容器放电的过程也通过微积分方程进行分析。电压电流平衡方程,具体分析如下:

$$U_c(t) = L\frac{\mathrm{d}i(t)}{\mathrm{d}t} + i(t)R_2 \qquad (2-88)$$

$$i(t) = C\frac{\mathrm{d}U_c(t)}{\mathrm{d}t} \qquad (2-89)$$

通过上两式变换后得

$$LC\frac{\mathrm{d}^2 U_c(t)}{\mathrm{d}t^2} + CR_2\frac{\mathrm{d}U_c(t)}{\mathrm{d}t} - U_c(t) = 0 \qquad (2-90)$$

对微分方程求解,在合闸的瞬间,电容器的电压为 $U_c(0) = U$,由于回路串联有电感,电容器的电压不能突变,所以,电压的导数 $U_c{}'(0) = 0$。根据上述初始条件,对微分方程求解得到电容器的放电电压以及放电电流的计算公式如下:

$$U_c(t) = \frac{U\left[-\left(\dfrac{R}{L}\right) - \sqrt{\left(\dfrac{R}{L}\right)^2 - \dfrac{4}{LC}}\right]}{-2\sqrt{\left(\dfrac{R}{L}\right)^2 - \dfrac{4}{LC}}} e^{\frac{-\left(\frac{R}{L}\right) + \sqrt{\left(\frac{R}{L}\right)^2 - \frac{4}{LC}}}{2}t}$$

$$+ \frac{U\left[-\left(\dfrac{R}{L}\right)+\sqrt{\left(\dfrac{R}{L}\right)^2-\dfrac{4}{LC}}\right]}{-2\sqrt{\left(\dfrac{R}{L}\right)^2-\dfrac{4}{LC}}}e^{\frac{-\left(\frac{R}{L}\right)-\sqrt{\left(\frac{R}{L}\right)^2-\frac{4}{LC}}}{2}t} \tag{2-91}$$

$$i(t)=\frac{U\left[-\left(\dfrac{R}{L}\right)-\sqrt{\left(\dfrac{R}{L}\right)^2-\dfrac{4}{LC}}\right]}{-2\sqrt{\left(\dfrac{R}{L}\right)^2-\dfrac{4}{LC}}}e^{\frac{-\left(\frac{R}{L}\right)+\sqrt{\left(\frac{R}{L}\right)^2-\frac{4}{LC}}}{2}t}$$

$$+ \frac{U\left[-\left(\dfrac{R}{L}\right)+\sqrt{\left(\dfrac{R}{L}\right)^2-\dfrac{4}{LC}}\right]}{-2\sqrt{\left(\dfrac{R}{L}\right)^2-\dfrac{4}{LC}}}e^{\frac{-\left(\frac{R}{L}\right)-\sqrt{\left(\frac{R}{L}\right)^2-\frac{4}{LC}}}{2}t} \tag{2-92}$$

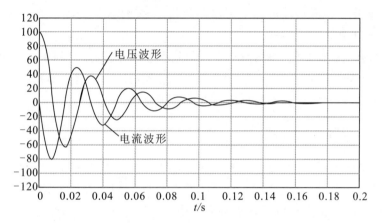

图 2-40　电容器放电电压电流波形

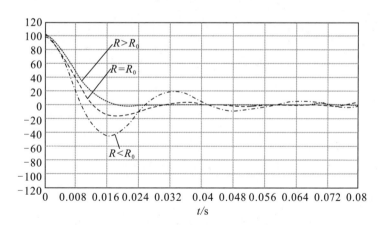

图 2-41　回路电阻变化时,波形曲线的变化

　　标准的放电振荡波形如图 2-40 所示,电容器放电分为阻尼振荡(或非振荡)放电和振荡放电,其振荡的临界值条件为:

$$\left(\frac{R}{L}\right)^2-\frac{4}{LC}=0$$

即有

$$R_0 = 2\sqrt{\frac{L}{C}} \qquad (2-93)$$

当 $R > R_0$ 时为阻尼振荡,当 $R < R_0$ 时为振荡波形。当 $R = R_0$, $R > R_0$ 以及 $R < R_0$ 时的波形的比较如图 2 - 41 所示。

当 $R < R_0$ 时,其振荡角频率为:

$$f = \frac{1}{2\pi}\left|\frac{\sqrt{\left(\dfrac{R}{L}\right)^2 - \dfrac{4}{LC}}}{2}\right| \qquad (2-94)$$

在实际工程应用中,电容器的充电放电经常用到,特别是脉冲电容器,其工作特点就是不断地充电和放电。比如冲击电压、冲击电流发生器,地震探矿、矿石破碎等装置中的贮能电容器,放电多是阻尼性的。用于振荡回路、受控核聚变磁场激光炮等装置中的贮能电容器,其放电都是振荡性的。

用于振荡放电运行的电容器,对于不同的工程应用,放电振荡的条件差别很大,包括放电振荡频率和阻尼情况,对电容器的影响和要求各不相同。需要根据电容器上出现的电压和电流情况,以及振荡频率综合考虑电容器的设计。

2.12.3 串补装置放电回路

如图 2 - 42 所示,给出了另一种典型的放电回路,这种放电回路在串联补偿回路中经常会遇到。在这个回路中,电容器 C 已预先充电至 U_0,然后,开关 K 合闸,电容器开始通过电阻 R_1,R_2,R_3 以及 L 放电。在串补回路中,R_1 为回路电阻,一般较小,R_2 为电抗器的等效串联电阻,R_3 为吸收电容器上能量的电阻。具体的分析如下:

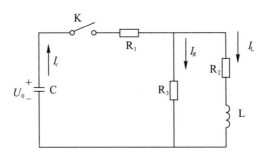

图 2 - 42 串补装置放电回路模型

列出回路的微分方程如下:

$$U_c(t) + R_1 I_c(t) + R_2 I_L(t) + L\frac{\mathrm{d}}{\mathrm{d}t}I_L(t) = 0 \qquad (2-95)$$

$$I_c(t) = C\frac{\mathrm{d}}{\mathrm{d}t}U_c(t) \qquad (2-96)$$

$$I_L(t) = I_c(t) - \frac{U_c(t) - R_1 I_c(t)}{R_3} \qquad (2-97)$$

经过三式替代得微分方程如下:

$$(LCR_3 + LR_1 C)\frac{d^2}{d t^2}U_c(t) + [(R_1 R_2 + R_2 R_3 + R_3 R_1)C + L]\frac{d}{dt}U_c(t) + (R_3 - R_2)U_c(t) = 0$$

设微分方程的解为:

$$U_c(t) = C_1 e^{a_1 t} + C_1 e^{a_2 t}$$

并根据初始条件 $U_c(0) = U_0$ 和其导数等于 0,得到微分方程的参数 a_1, a_2, C_1, C_2 分别为:

$$(2-98)$$

$$a_1 = \frac{-[(R_1 R_2 + R_2 R_3 + R_3 R_1)C + L]}{2(LCR_3 + LR_1 C)}$$

$$+ \frac{\sqrt{[(R_1 R_2 + R_2 R_3 + R_3 R_1)C + L]^2 - 4[(R_1 R_2 + R_2 R_3 + R_3 R_1)C + L](R_3 - R_2)}}{2(LCR_3 + LR_1 C)}$$

$$(2-99)$$

$$a_2 = \frac{-[(R_1 R_2 + R_2 R_3 + R_3 R_1)C + L]}{2(LCR_3 + LR_1 C)}$$

$$- \frac{\sqrt{[(R_1 R_2 + R_2 R_3 + R_3 R_1)C + L]^2 - 4[(R_1 R_2 + R_2 R_3 + R_3 R_1)C + L](R_3 - R_2)}}{2(LCR_3 + LR_1 C)}$$

$$(2-100)$$

$$C_1 = \frac{U_0 a_2}{a_2 - a_1}$$

$$C_2 = \frac{-U_0 a_1}{a_2 - a_1}$$

振荡的条件比较复杂,当符合下式条件时:

$$\sqrt{\frac{(R_3 - R_2)}{(R_1 R_2 + R_2 R_3 + R_3 R_1)C + L}} < \frac{1}{2}$$

其中:一般情况下, R_1, R_2 值过大就很难振荡, R_3 过小也会失去振荡条件,所以, R_3 要大于 R_1 和 R_2,比较复杂。

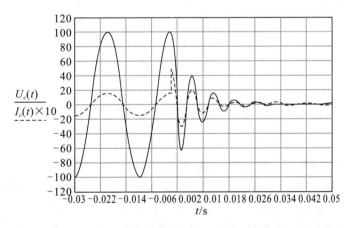

图 2-43　串补装置保护动作时电容器电压电流波形

振荡频率为:

$$f=\frac{1}{2\pi}\left|\frac{\sqrt{[(R_1R_2+R_2R_3+R_3R_1)C+L]^2-4[(R_1R_2+R_2R_3+R_3R_1)C+L](R_3-R_2)}}{2(LCR_3+LR_1C)}\right|$$

$$(2-101)$$

图 2-43 为串联补偿装置动作时的标准波形,在串补装置的放电回路的设计中,需将放电电流控制在电容器可承受的范围内,但放电时间也不宜过长,需要根据具体的工程合理计算。

2.13 直流电压下的电容器

电容器最基本的功能就是储能。在实际的工程应用也比较多,主要集中于将大量的能量存储于电容器中,并按一定的要求快速放电,另外,随着我国直流输电技术的发展,直流电容器应用更为广泛,电容器在直流电压与交流电压下,有着不同的性能表现,在实际应用中,根据不同的应用工况进行设计。

2.13.1 电容器的储能

能量是守恒的,电容器储能的过程实际上就是能量的转化或转移的过程,把一个直流电压施加到电容器上时,在电场力的作用下,电介质产生极化,同时极板上的电子发生运动,两个极板上分别聚集了正负电荷,而这些正负电荷相互吸引,使两个极板之间产生了吸引力。电容器存储的能量就是这种吸引力的能量。所以,电容器存储的是一种静电能量,也是一种力量。

在直流电压下,电容器极板上的正电荷或负电荷与其电容量和电压成正比。所以,当 Q 为电容器正负极板上存储的电荷量(C),U 为电容器上的电压(V),C 为电容器的电容量(F),F 为极板上电荷之间的吸引力(N),S 为极板的面积(m^2),d 为极板之间的距离(m),W 为电容器存储的能量(J)时,有:

$$Q=CU \tag{2-102}$$

对于平板电容器,其正负电荷之间的吸引力为:

$$F=EQ=\varepsilon_r\varepsilon_0 S\left(\frac{U}{d}\right)^2(\text{N}) \tag{2-103}$$

而电容器上存储的能量为:

$$W=\frac{1}{2}CU^2(\text{J}) \tag{2-104}$$

2.13.2 直流下电容器的绝缘特性

由于电容器的电容量一般比较大,在交流电场下,电容器的电压分布只取决于电容器内部元件的电压分布,外部杂散电容对于其电压分布的影响很小。但在直流电压下,电容器的电场分布基本上取决于极间介质电导以及心子对外壳的杂散电导,由于电容器极间介质多为薄膜材料,心子外包封一般采用电缆纸绝缘。虽然元件一般为很多层绕制,电极面积很大,极间距离又很小,但是,一般情况下极间的电导与杂散电导相比要小一些,这样,周围杂散的电导的影响会比较大,必要时需采用并联电阻,改善电容器各串段之间的电压分布。

直流电容器对其内部液体填充介质的要求会更高,希望液体的电导要小一些,同时,油中纤维性的杂质或极性的介质微粒杂质,会在外电场的作用下,搭成"小桥",形成导电通道,使产品形成微小的放电。长时间作用会将相关的部件慢慢"电蚀",特别是在一些电场集中的部位,更容易形成"小桥"。

从过去遇到的一些直流输电设备故障的实例就能说明一些问题。比如直流电压下,元件的圆弧部分会出现放电痕迹,元件引线片上布满孔洞,套管型耦合电容器瓷套管的"电蚀"损坏,使瓷质套管壁出现电蚀孔洞等问题。

所以,在直流电压下的电位分布主要按其电阻分布,包括其内部液体介质的电导性能,外部电场的电导分布,等等。绝缘油的洁净度要非常高,对于尖端部位要特别注意,对于外露油中的金属表面需特别处理,必要时可采取一些隔板措施。

直流输电系统中,电容器故障时,故障电流比较小,放电通道提供的能量都很小,一般不会发生大的爆炸现象,可能会出现瓷套管穿洞或开裂现象,但是,由于有可燃的液体介质,可能会引起明火。

2.13.3　各种直流工况对电容器的要求

直流电容器的用途很广,工况的一致性很差,这里包括电容器承受直流电压的持续时间,冲放电时回路的反峰电压,放电的特性,振荡放电的频率和要求的持续时间等。应用不同,对于电容器的要求千差万别,所以,对于同一型号的脉冲电容器,应用环境不同,设计完全不同,包括对于外绝缘的引线套管,放电电流幅值很大时,必须考虑电动力的作用。

用于直流输电系统的电力电容器,一般不考虑放电的问题,系统的过电压是主要的考虑因素。还必须考虑直流下的内部电场及电位分布问题,绝缘油的净化问题以及外绝缘的污秽问题等。

直流工况下,电容器一般需根据不同的工况进行个性化的设计,直流电容器原则上首先要考虑直流电压下电场的分布情况。但是,对于不同的放电特点,影响因素就很多,比如,放电频率接近工频,衰减很慢,持续的时间较长时,可能会比对交流电容器进行设计。但必须注意的是,在某些工况下,不存在系统的过电压问题、交流有效值和峰值的影响因素。需要在掌握一定规律的前提下,根据工况进行具体的分析。

2.14　交流电压下的电容器

由于交流电压的交变作用,正负极板的电荷不停地随着电压在正负极板上交替移动,也可以说电容器处于连续变化的充电和放电的过程中。在这个过程中,电子或者说电流并没有通过介质。形象地说,这个过程并没有真正意义上的做功,能量也在不停地存储和释放,把这个功率转换的过程叫作无功。

电抗器与电容器有类似的储能过程,只不过电抗器存储的是一种磁场能量。由于电抗器在能量的存储过程中,其电流相位落后电压相位 $90°$,而电容器的电流相位超前电压相位 90°,在正弦交流电压下,电流相位相反。

在电力系统中,由于电能转换到机械能的过程往往需要磁场能量的驱动,如电动机,在做功的过程中,也需要一种磁场能量的驱动,所以,在电能的使用过程中,也需要磁场能量,那么,就产生了有功功率和感性无功功率,这种无功电流流过线路时,也会在线路阻抗上产生有功损耗。减小这种损耗的方法就是减小这种无功电流,电力电容器刚好能提供这种电流,这就是交流电压下无功补偿的概念。

在交流系统中,电力电容器有 2 个最基本的功能,其一为并联补偿,提高功率因数,降低回路的损耗;其二为串联补偿,提高功率因数,稳定系统电压。除此之外还有很多其他的功能,如滤波电容器用于改善电能质量、滤除系统的谐波、防护电容器限制来自系统的陡波冲击电压、标准电容器用于高压试验室,对其他设备的绝缘进行检测等。

2.14.1　并联补偿的基本原理

电容器在交流电压下的首要用途是并联无功补偿,其原理如图 2 - 44 所示,其中 U 为交流正弦电压,R_x 为线路电阻,R_f 为负荷的等效电阻,L_f 为负荷的等效并联电感,C 为补偿电容,K 为电容器投切开关。图 2 - 45 列出了图 2 - 44 所示回路电压、电流的波形图及幅值。从图 2 - 45 可以看出,补偿前的电流幅值较大,且电流相位超前电压相位一定的角度,当图 2 - 44 中的开关 K 在 0.03 s 合闸后,回路的电流幅值明显减小,相位接近电压相位,提高了功率因数,这就是无功补偿的基本原理。

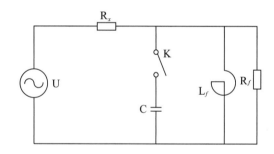

图 2 - 44　并联电容器无功补偿原理图

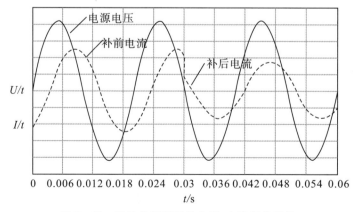

图 2 - 45　无功补偿前后的电压、电流相位变化

在实际的无功补偿的设计中,按照国家电网公司要求用户进行无功补偿。从线路节能降耗的角度考虑,对于无功补偿容量的计算,分为两种基本的情况,第一种情况是输变电线路的无功补偿,没有具体的功率因数的要求,一般按主变压器容量的 15%～20% 进行配置,主要对线路和变压器产生的无功功率进行补偿,也可作为用户无功补偿的补充;对于用户的用电管理,对功率因数有着明确的规定,考核点的功率因数应达到 0.9 以上,有些地方要达到 0.92 以上。

对于用户的无功补偿,一般根据用户的实际用电情况进行补偿,用电高峰和低谷兼顾,综合考虑设备的容量和分组,以简单为基本原则,但不能出现无功倒送。以负载的有功功率 P,目前的功率因数 $\cos\varphi_1$ 和要达到的功率因数 $\cos\varphi_2$,计算所需输出的无功功率 Q_{out},一般可按如下公式进行。

$$Q_{out} = P(\tan\varphi_1 - \tan\varphi_2) \tag{2-105}$$

2.14.2　串联补偿的基本原理

电容器在交流电力系统的第二个作用是将电容器串入电力系统线路中,稳定电力系统的电压,平衡系统功率,扩大系统容量,其原理图如图 2-46 所示。R_x 和 L_x 为线路的电阻和电感,在交流电力系统中 R_f 和 L_f 为负荷的电阻和电感,C 为串联补偿电容,K 为串联电容的旁路开关,当电容器故障或其他原因需要退出时,需要旁路开关将其短接。

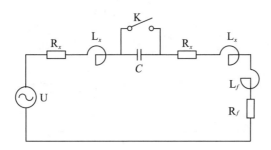

图 2-46　串联补偿回路原理图

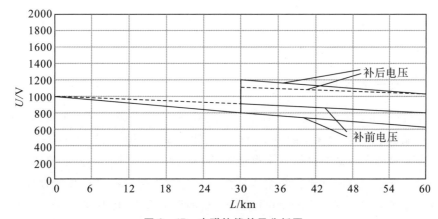

图 2-47　串联补偿效果分析图

串联电容器的主要目的是稳定系统电压,如图 2-47 所示,为安装串联补偿后系统沿线的电压分布,图中为两种负荷下的沿线电压。从图中可以看出,补偿前,两种负荷下,线路始端的电压为 1000 V,而末端的电压分别降到 800 V 和 600 V,通过补偿后,两种负荷下末端的电压基本上稳定在 1000 V 左右,这就是串联补偿的主要作用。另外,末端电压过低时,负荷难以送出,而电压升高,电流相同时,输送电能的能力也会大幅提高。

并联补偿也可对末端电压有所提升,但是由于无功功率不能倒送的原因,并联补偿对于电压的提升是有限的,而串联补偿不受其限制,甚至在配电网络常常会把线路阻抗补成容性。

2.14.3　电容器对陡波的抑制作用

在 35 kV 以下配电网络系统,经常会用到一种电容器,叫作防护电容器,并联安装于系统对地之间,用于限制浸入系统对地的陡波冲击过电压。如图 2-48 所示,接入防护电容器后,其波形的变化有以下特点:

(1)波形有一定的时延。

(2)波形更为圆滑,波长拉长,陡度降低。

(3)峰值会明显降低,电容量越大,效果越好。

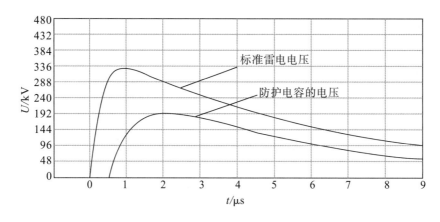

图 2-48　安装防护电容后的陡波电压变化

但是,由于 35 kV 以下系统不接地,而防护电容器必须连接于系统对地之间,所以,一般情况下,容量不宜过大,多用于保护发电机和电动机。

2.14.4　滤波器基本原理

电力系统中,由于整流负荷等非线性负荷的存在,在负荷侧产生一定量的谐波电流,谐波电流在流过系统时,会在系统阻抗上产生谐波压降,影响供电的电压质量。

滤波器的目的是为谐波提供一个电流通路,使谐波电流通过滤波器通路回到负荷,从而减小流入系统的谐波电流。滤波器分为 C 型滤波支路、单调谐、高通滤波支路以及多调谐支路多种形式。图 2-49 给出了几种主要的调谐形式,其中,单调谐主要针对某次谐波进行调谐,其特点是调谐频率的阻抗小,滤波效果好;对于高通滤波支路,主要用于多个较高频率的滤波,在较高频率下,由于系统阻抗比较大,而谐波含量比较小,高通滤波器的谐波效果一般没有单调谐好,但是,适合于滤除多种较高频率的谐波;双调谐和多调谐滤波器回路较为复杂,占地面积小,适于大容量的滤波场合。给出了三调谐滤波器的阻频特性如图 2-50 所示。

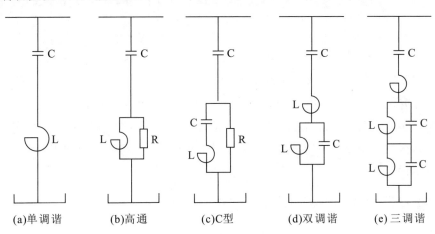

图 2-49　滤波器的主要形式

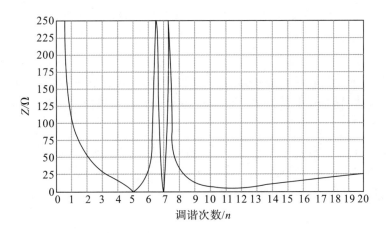

图 2-50　三调谐滤波器的阻频特性

第3章 电容器的介质材料

介质材料是电容器最基本的功能性材料,是其核心部分,介质材料的介电性能决定着电容器储存电荷的能力。介质材料除了储存电荷的作用外,其理化性能、电气性能等对于电容器也非常重要,可以说,介质材料的性能决定着电容器的性能。因此,介质材料的研究是永久的最基础的研究课题,介质材料的进步是电容器更新换代的根本,是电力电容器技术经济性能的保证。

3.1 电容器介质材料的通用要求

电介质是能够被电场极化的物质,在特定频带内,时变电场在其内给定方向上产生的传导电流密度分矢量值远小于在该方向上的位移电流密度的分矢量值。对于电容器而言,其电介质材料除储存电荷能力、耐受电场能力的研究外,要实现工程应用,还有大量的其他应用性能需要研究,比如材料之间的相容性能、复合结构的性能、复合结构老化以及环保性能等。

电容器用电介质材料,要达到实际的应用要求,以下几类指标要有优良的表现:

(1)基本性能:相对介电常数(ε_r)大,电气强度(E)高,介质损耗因数($\tan\delta$)小,体积电阻率(ρ_v)高。

(2)环保性能:对环境无污染,能生物降解;低毒或无毒,对人无危害,在人体内不积聚,短期内可通过人体器官排除。

(3)长期稳定性能:耐电、耐热老化性能好,在电、热的长期作用下,性能稳定,不发生劣变。

(4)温度特性:一般要求在$-50\sim90℃$范围内能满足电容器的使用性能要求。

(5)相容性能:电容器使用的各种材料相互相容,在电和热的作用下彼此性能不会受到不良影响。

除以上基本的性能外,对于电容器的材料,必须来源充沛,价格便宜,易于加工。

介质材料按其极化后的状态,可分为极性介质和非极性介质,对于极性介质又可分为强极性介质和弱极性介质;按电介质存在的物态,可将电介质分为固体电介质、液体电介质和气体电介质。本章按照固体、液体和气体电介质分别描述。

3.2 固体电介质材料

在电力电容器近代发展中,电容器的固体介质是由亚麻纸浆纸→改良亚麻纸浆纸→电容器纸→高温低损耗电容器纸→聚丙烯薄膜逐步发展的。对固体电介质,除了要满足电容器介质材料的通用要求外，还要满足以下要求：

（1）厚度薄且均匀，偏差小。

（2）张力均匀，卷绕性好。

（3）薄弱点少，浸渍性好。

（4）与液体介质相容性好。

目前，电力电容器使用的固体介质形成了以聚丙烯薄膜占绝对优势的态势，由于聚丙烯薄膜温度系数的原因，在一些电容器中，比如电容式电压互感器的电容分压器中仍然使用薄膜与电容器纸搭配的绝缘结构，以改善电容分压器的电容温度特性。

本书中将电容器用的固体介质材料分为 2 类，第一类是电容器薄膜，第二类是电容器纸，其中电容器用薄膜主要指聚丙烯薄膜、聚酯薄膜。

3.2.1　电容器用薄膜的理化、电气性能[1-6]

薄膜是由颗粒状粒子经双轴定向拉伸而成。供需双方对所生产或使用的薄膜需要进行性能检测，检测的方法对于性能的分析和判断至关重要，因此，试验应采用国家标准推荐的方法或双方进行协商取得一致性的方法进行，数据和结果才能指导使用。

1992 年以前，薄膜的性能测试是依据我国第一机械工业部标准 JB 1260－1973 和 JB 1260－1978《有机薄膜电性能试验方法》，以及 JB 1493－1499－1974《有机薄膜物理机械性能试验方法》进行。1979 年，我国在从日本信越株式会社购置生产线的同时，也引进了聚丙烯薄膜生产技术和测试技术，为我国推广和确定聚丙烯薄膜的测试起到了积极的作用。到了 1990 年，参照采用国际标准 IEC60674－2：1988《电气用塑料薄膜第 2 部分试验方法》制定了首版 GB/T 13541－1992《电气用薄膜试验方法》，到了 2009 年，根据多年的测试技术的经验积累，又制定了 GB/T 13542.2－2009 代替 GB/T 13541－1992，使薄膜的测试更规范、更严谨、更有操作性，同时也标志着我国电工用薄膜的测试技术进入世界先进国家的行列。

GB/T 13541－1992 中，首次把模型电容器法（元件法）测试电性能 4 大参数引进标准；在 GB/T 13542.2－2009 的标准中，把不接触电极的测试方法引进标准，一版比一版有大的进步和提高。

在聚丙烯薄膜、聚酯薄膜的国家标准 GB/T 13542.3－2009 和 GB/T 13542.4－2009 规定的性能要求中，这 2 种膜有共同要求的测试项目，也有各自规定的项目，可根据规定和需要选用。

1）密度

薄膜的密度是指在 23±0.5℃下，单位体积物质的质量。密度用来表征物体的固有性能，了解其物理结构状态。质量密度法厚度、空隙率的计算都需要应用它来进行。密度的测试一般采用悬浮法。

2）厚度

电容器的设计一般是以标称厚度来进行各参数的计算（特殊情况例外），厚度与电容器的电容量和装配工艺的执行有着密切的关系。在同等设计的条件下，元件极间材料的厚度直接影响电容器的电容量变化,因此对于薄膜的厚度偏差及均匀度要求都很高。厚度的测试方法有叠层法和质量密度法,叠层法是采用10层厚度进行测试,报告单层厚度值;质量密度法是根据测定试样的质量、面积和密度后按公式(1)计算得到厚度。对于表面粗化的薄膜,这2种方法的测试结果是有差异的,其差异如表3-1所示。

质量密度法厚度按式(3-1)计算

$$t_g = \frac{m \times 10^4}{dS} \tag{3-1}$$

式中,t_g 为试样的质量密度法厚度,μm;m 为试样的质量,g;S 为试样的面积,cm²;d 为试样的密度,g/cm³,取 0.910。

表 3-1　质量密度法标称厚度与叠层法标称厚度关系

叠层法/μm	8	9	10	11	12	13	14	15	16	17	18	20
质量密度法/μm	7.4	8.2	9.0	10.1	11.0	12.0	12.7	13.6	14.4	15.2	16.2	17.8

3)抗拉强度和断裂伸长率

在规定的试验条件下,对试样沿纵向按规定速度施加拉伸载荷,使其断裂,此时试样受到的最大应力叫作抗拉强度,其单位为 MPa,试样被测部分的相对伸长率叫作断裂伸长率,以%表示。

薄膜的抗拉强度反映了薄膜拉伸的倍数及不变形的力,断裂伸长率反映了薄膜的韧性,控制好这2个指标,影响电容器元件的卷制质量。

抗拉强度和断裂伸长率测试用合适的拉力机进行,按公式(3-2)和公式(3-3)计算。

$$\sigma = \frac{P}{b \cdot h} \tag{3-2}$$

式中,σ 为拉伸强度,MPa;P 为最大负荷,N;h 为试样厚度,mm;b 为试样宽度,mm。

$$e = \frac{L_2 - L_1}{L_1} \times 100 \tag{3-3}$$

式中,e 为断裂伸长率,%;L_1 为试样在拉伸前夹具间的距离,mm;L_2 为试样断裂时夹具间的距离,mm。

抗拉强度和断裂伸长率的测试中,取样是很重要的,取纵向或横向试样时,一定要垂直不能斜,试样边沿不能有毛刺。

4)表面粗糙度

表面粗糙度是表征薄膜表面凹凸不平的程度,粗化薄膜表面密密麻麻凹凸不平的粗化纹不是机械加工而成的,而是物理变化的结果。聚丙烯在熔融聚集状态下厚片的2个面中,一个面是急速冷却,另一个面是缓慢冷却,这2种冷却过程会生成 α 型晶体和 β 型晶体,α 型晶体为单斜晶体,密度为 0.905 g/cm³,熔点为165℃,比较稳定;而 β 晶体密度为 0.80 g/cm³,体积大,熔点为140～145℃,稳定性差,易转变为 α 晶体。当 β 型晶体向 α 型晶体转变时,体积变小,密度发生变化,使薄膜表面产生凹凸不平的粗化纹,这种粗化纹即是表面粗糙度。

用粗糙度测试仪进行表面粗糙度的测试。即利用仪器的触针(或擦头)在薄膜的表面上移动,从而测出薄膜的平均粗糙度 R_a,单位为 μm。

5)空隙率

空隙率在很大程度上表征了结晶颗粒基本转化的大小。由表面粗糙引起的空隙率,是以叠层法(千分尺)测得的厚度超过重量密度法测得的厚度的增量的百分数表示。空隙率按公式(3-4)计算。

$$SF = \frac{t_b - t_g}{t_b} \times 100\% \tag{3-4}$$

式中,SF 为薄膜空隙率,$\%$;t_b 为薄膜的叠层法厚度,μm;t_g 为薄膜的质量密度法厚度,μm。

GB/T 13542.3-2006 和 JB/T 11051-2010 对于薄膜表面粗糙度和空隙率都规定有一个控制范围,其主要目的是在薄膜的浸渍性能得到改善的同时,优良的介电强度性能得以保持,表面粗糙度和空隙率都是保证电容器性能的重要指标。此外,还要求薄膜表面的微观结构中粗糙的沟槽要相互连通,有利于电容器的真空浸渍。

6)相对电容率(ε_r)和介质损耗因数($\tan\delta$)

相对电容率和介质损耗因数均为电介质非常重要的性能指标。对于电力电容器而言,这 2 个指标尤为重要,决定着电容器的电容量和损耗指标,所以,要求绝缘材料的相对介电常数要大,介质损耗因数要低,但应注意介质的搭配,固体材料和液体材料复合时,相对介电常数要适宜才能有利于电压的分配。

薄膜的 ε_r 和 $\tan\delta$ 随着材料及加工工艺的不同会有所变化,对于每批材料需要进行检测,一般有 3 种常用的测试方法。

第 1 种是接触电极法。接触电极法有 2 种基本的测试方法,其一是由极薄的铅、锡、铝、银等金属箔或导电橡皮组成组合电极,这种组合电极与试样间需涂少量石油润滑脂或硅脂,样品层间也存在气隙,这会对 ε_r 和 $\tan\delta$ 测试带来一定的影响。其二为蒸发或真空喷镀电极法,是用蒸镀或真空喷镀的方法直接把电极蒸镀或喷镀到薄膜上,极板间试样层数取 1~2 层,这样虽然排除了试样与电极间的气体,但蒸镀或喷镀后实际测试面积大于电极面积而使测试结果偏大,而且蒸镀或喷镀试样成功率不高。一般用电桥进行测试电容和 $\tan\delta$,ε_r 用公式(3-5)来计算。

$$\varepsilon_r = \frac{CS}{\varepsilon_0 H} \tag{3-5}$$

式中,ε_r 为薄膜的相对电容率;C 为测得薄膜的电容,pF;S 为电极的有效面积,m^2;H 为薄膜厚度,m;ε_0 为真空介电常数,取 8.85×10^{-12} F/m。

第 2 种是模型电容器法。试样为模型电容器元件,一般采用铝箔突出型结构,极板间试样层数取 1 层,电容量在 0.5 μF 左右,并需采取加热的方法排出元件层间气体,因此测试需要的时间较长,但测试数据较准确,一般用电桥测试电容和 $\tan\delta$,ε_r 也按公式(3-5)进行计算。

第 3 种是不接触式电极法。该方法又分变间距法和变电容法,变距法是保持电容量不变,在有薄膜和无薄膜 2 情况下通过改变电极之间的距离进行测量的方法,变容法是保持电极之间的距离不变,通过有薄膜和无薄膜 2 种情况下测量电容量的方法进行测量,这两种方法操作简单方便,测试数据准确。这种方法主要通过测量极间距离的方法进行测试,变间距法的 ε_r 计算如式(3-6),$\tan\delta$ 计算如式(3-7),变电容法的 ε_r 计算如式(3-8),$\tan\delta$ 计算如式(3-9)所示。

$$\varepsilon_r = \frac{t_g}{t_g - (t_1 - t_2)} \tag{3-6}$$

式中,ε_r 为薄膜的相对电容率;t_1 为有试样时两电极间距离,μm;t_2 为无试样时两电极间距离,μm;t_g 为试样的质量密度法厚度,μm。

$$\tan\delta = (\tan\delta_1 - \tan\delta_2) \cdot \frac{t_2}{t_g - (t_1 - t_2)} \tag{3-7}$$

式中,$\tan\delta$ 为薄膜介质损耗因数;$\tan\delta_1$ 为有试样时测得介质损耗因数值;$\tan\delta_2$ 为无试样时测得介质损耗因数值;t_1 为有试样时两电极间距离,μm;t_2 为无试样时两电极间距离,μm;t_g 为试样的质量密度法厚度,μm。

$$\varepsilon_r = \frac{1}{1 - (1 - \frac{C_2}{C_1}) \times \frac{t_0}{t_g}} \tag{3-8}$$

式中,ε_r 为薄膜的相对电容率;C_1 为有试样时测得的电容,μF;C_2 为无试样时测得的电容;μF;t_0 为有试样时两电极间距离,μm;t_g 为试样的质量密度法厚度,μm。

$$\tan\delta = \tan\delta_1 + \varepsilon_r \times \Delta\tan\delta \times (\frac{t_0}{t_g} - 1) \tag{3-9}$$

式中,$\tan\delta$ 为薄膜介质损耗因数;$\tan\delta_1$ 为有试样时测得的介质损耗因数值;$\Delta\tan\delta$ 为有无试样时测得的介质损耗因数值之差;ε_r 为薄膜的相对介电常数;t_0 为有试样时两电极间距离,μm;t_g 为试样的质量密度法厚度,μm。

7)体积电阻率

体积电阻率是材料单位体积的电阻,是电介质的 4 大参数之一,绝缘材料的电阻是施加于绝缘体上 2 个导体之间的直流电压与流过绝缘体的泄漏电流之比,其电阻不仅与绝缘材料的性能有关,而且还决定于绝缘系统的形状和尺寸,而其电阻率完全决定于绝缘材料的性能。固体绝缘材料的实际测试中,材料的表面泄漏电阻影响很大。由于表面电阻率对外界的影响很敏感,因此,绝缘材料的电阻一般指体积电阻率。绝缘材料电阻率越低,泄漏电流越大,介质的损耗越大,同时引起介质发热严重时会造成介质绝缘失败。

当电容器的结构尺寸一定时,其绝缘电阻主要决定于介质的体积电阻率。体积电阻率受温度、湿度、电场强度、辐射的影响较明显。温度使材料的极化的松弛频率向高温方向移动,使其自身的体积和参与漏导的离子发生变化,从而使绝缘结构的绝缘电阻随着温度的上升而明显下降,尤其是当有外来杂质影响时,这种影响将会无数倍地放大;绝缘材料吸潮后,电阻率会明显下降;电场强度不高时,电阻率几乎与电场强度无关,但当电场强度较高时,电子电导起明显作用,电阻率会明显下降。另外,当电压升高,绝缘材料中的裂纹、气泡可能产生放电,这时,电阻率也会下降;辐射的强光、X 射线和 γ 射线使绝缘材料电阻率明显下降。

薄膜体积电阻率测试有 2 种方法,一种是电极法,另一种是元件法。电极法测试时,由于表面泄漏电阻等影响较大,往往测试误差较大。元件法能够有效减小表面泄漏电阻的影响。电极法的计算按公式(3-10),元件法的计算按公式(3-11),单位为 Ω·m。

$$\rho_V = R_V \frac{S}{d} \tag{3-10}$$

式中,ρ_V 为薄膜体积电阻率,Ω·m;R_V 为测得的薄膜体积电阻,Ω;S 为测量电极的有效面积,m^2;d 为薄膜厚度,m。

$$\rho_V = \frac{CR}{\varepsilon_r \varepsilon_0} \tag{3-11}$$

式中,ρ_V 为薄膜体积电阻率,Ω·m;C 为元件的电容,F;R 为元件电阻测量值,Ω;ε_r 为被试薄膜的相对电容率的理论值;ε_0 为真空介电常数,取 8.85×10^{-12} F/m。

8)介电强度

介电强度也是电介质的 4 大介电性能之一,根据其厚度的不同,技术指标也不一样。

薄膜的介电强度测试有 2 种方法,一种为电极法,另一种为元件法。电极法均采用黄铜电极。在 1981 年以前,上电极 $\Phi25$ mm,下电极 $\Phi50$ mm,仅测试 10 点,试验的层数是:厚度大于 20 μm,单层;厚度在 10~20 μm 之间,2 层;厚度在 10 μm 以下,3 层。1981 年后,引进了聚丙烯薄膜测试方法,是 50 点直流电极法,单层测试,上电极是 $\Phi25$ mm 黄铜电极,下电极为一张退火铝箔,铝箔下面铺上一张邵氏硬度为 60°~70°的橡胶板,这样缓解了上、下电极硬对硬对单层薄膜测试数据的影响,使测试数据更准确。1992 年,首版 GB/T 13541-1992《电气用薄膜试验方法》提出了元件法测试介电强度,这是一种全新的方法,能更紧密地结合薄膜应用情况测试薄膜的介电强度。在 GB/T 12802-1996 中规定元件法测试的技术要求,在 GB/T 13542.3-2006 和 JB/T 11051-2010 中明确规定元件法测试数据作为电容器用聚丙烯薄膜出厂或进厂的判断依据。

同一个试样的测试值,元件法测得的介电强度是 50 点电极法的 75%~85%。这说明元件法对介电强度的测试更为准确。作为电容器用薄膜,希望介电强度最低点要高,因为最低点,往往决定元件的击穿点。薄膜的介电强度是产品设计中场强选取时考虑的关键指标。介电强度的计算按公式(3-12):

$$E_b = \frac{U}{d} \tag{3-12}$$

式中,E_b 为薄膜的介电强度,V/μm;U 为薄膜的击穿电压,V;d 为薄膜试品极间厚度,μm。

9)电气弱点数

薄膜电气弱点是在规定的电极、受测试面积和测试系统下每微米的厚度所不能承受 200 V 电压的个数。电弱点的形成除与聚丙烯薄膜在纵向和横向拉伸过程中的分子取向无法做到完全的规整排列,薄膜中存在晶区和非晶区(非晶区域也即薄膜中的空洞)外,还与薄膜在拉伸过程中各环节的清洁程度密切相关。

此外,薄膜在生产的过程中是纵向拉伸后再横向拉伸,纵向拉伸为 5~6 倍,横向拉伸为 8～9 倍,随着薄膜加工设备和技术的进步,薄膜的加工宽度及加工速度不断提高,70 年代横向拉伸的宽度为 3.2～3.3 m,到 2000 年横向拉伸的宽度为 5.2～5.9 m,线速度为 250～300 m/s。2015 年有了拉伸宽度为 8.8 m,线速度为 300 m/s 的生产线。在如此大的面积,如此快的速度下,薄膜中的空洞、气泡、针孔及外来杂质不可避免,这就要求薄膜生产企业严格控制原材料加工过程。

电气弱点数的测试可以在整卷膜中进行,也可以在一定面积下测试后再累加。

10)浊度

浊度和空隙率及表面粗糙度都是表示薄膜表面粗化程度的技术指标,彼此之间是相互关联的,其区别在于,浊度代表了粗化结构的细密程度,浊度按公式(3-13)计算。

$$浊度 = \frac{A}{A+B} \times 100\% \tag{3-13}$$

式中,A 为测得的薄膜散射光;B 为测得的薄膜的平行透过光;$A+B$ 为总光。

GB/T 13542.3-2006 和 JB/T 11051-2010 中均没有规定浊度指标,IEC 标准中也没有规定,但作为薄膜生产单位,测试和掌握这项指标还是很有必要的。

3.2.2　电容器纸的理化、电气性能[7]

1)厚度和横向波动差

厚度和横向波动差的试验按 GB/T 12913-2008 进行。

电容器纸很薄,其厚度一般为 8～15 μm。厚度测试采用机械法,取试样 10 层,结果以单层厚度 D 表示,单位为 μm,精确至 0.1 μm,按公式(3-14)计算。

$$D = \frac{\sum X}{MN} \tag{3-14}$$

式中,$\sum X$ 为各取样点的和,μm;M 为测定点数;N 为试样层数。

横向波动差以单层波动差 D_a 表示,单位为 μm,精确至 0.1 μm,按公式(3-15)进行计算。

$$D_a = \frac{X_1 - X_2}{N} \tag{3-15}$$

式中,X_1 为厚度测定值最大值,μm;X_2 为厚度测定值最小值,μm;N 为试样层数。

2)密度

电容器纸按其密度分为 Ⅰ 型纸和 Ⅱ 型纸,Ⅰ 型纸的密度是 0.95～1.05 g/cm³,Ⅱ 型纸的密度是 1.15～1.25 g/cm³。纸的密度增大时,其击穿场强、相对介电常数和介质损耗因数都会增大。

密度试验方法按 GB/T 451.3 进行,按公式(3-16)进行计算,测定结果精确至 0.01 g/cm³。

$$T = \frac{G \times (100-W)}{92 \times L \times H \times D} \tag{3-16}$$

式中,T 为电容器纸密度,g/cm³;G 为试样的重量,g;W 为电容器纸水分比,%;L 为试样的长度,cm;H 为试样的宽度,cm;D 为试样的厚度,cm。

3）工频击穿电压

由于电容器纸的含水量会明显地影响或恶化其介电性能，因此试样需经 105℃±5℃ 烘 1 h 在干燥器置冷处理后再进行测试。测试采用 2 层试品，上电极 Φ25 mm，下电极 Φ75 mm。以试样的 20 点有效电压值的算术平均值除以 2 表示试验结果（V/层）。具体试验方法按 GB/T 12913-2008 的附录 C 进行。

4）介质损耗因数

试验方法按 GB/T 12913-2008 的附录 A 进行，试样总厚度以层数计算，大于 80 μm 且接近 80 μm。将放好的试样加热到 120℃开始抽真空干燥 3 h，在此期间温度应保持 120±5℃，真空度值小于 100 Pa。

真空干燥过程结束后，通入经过变色硅胶、浓硫酸干燥后的空气或者氮气处理。测试采用三端两电极法，施加电压 50 V/层。

从电容器纸的分子结构式可知，电容器纸属极性材料，固有介质损耗因数大且与温度密切相关。电容器纸的介质损耗因数与温度的关系测试数据如图 3-1 所示。

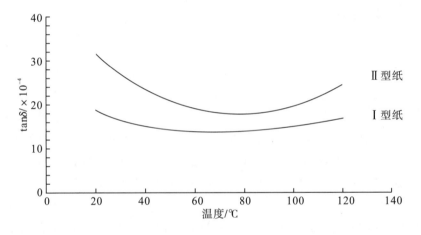

图 3-1　电容器纸介质损耗因数与温度(20～120℃)的关系

5）水分

试验方法按 GB/T 462 进行：电容器纸在 105℃±2℃的温度下烘 4h 至恒温，所减少的质量与试样原质量之比。水分 W（%）按公式（3-17）计算。

$$W = \frac{m_1 - m_2}{m_1} \times 100 \tag{3-17}$$

式中，W 为电容器纸水分，%；m_1 为烘干前试样恒重，g；m_2 为烘干后试样恒重，g。

6）灰分

电容器纸中含有有机杂质和无机杂质。有机杂质与使用的原材料有关，无机杂质与纤维素相结合锂、钠、钾、镁、钡等有关，灰分是纸中的杂质，这些杂质的存在除了影响纸的工频击穿电压外，还会使纸的介质损耗因数与温度曲线高温区和低温区显著上翘。

灰分的试验按 GB/T 742 进行，将电容器纸炭化，然后把温度升高灼烧，灼烧后残渣的质量与原绝干试样质量之比以百分数表示，按公式（3-18）计算。

$$V = \frac{(G_2 - G_1) \times 100}{G \times (100 - W)} \times 100 \tag{3-18}$$

式中，V 为电容器纸灰分，%；G_1 为灼烧至恒重的坩埚重量，g；G_2 为灼烧至恒重的坩埚和灰渣重量，g；G 为灼烧前试样的重量，g；W 为电容器纸水分，%。

7)水抽出物酸度、电导率、氯含量

电容器纸中水抽出物酸度、电导率、氯含量过多都会使电导损耗增加，电容器纸的介质损耗因数与温度的关系上翘。

水抽出物酸度按 GB/T 1545 规定进行。先称取 5 g 试样，按 GB/T 1545 中 8.1.1 和 8.1.2 的规定进行抽提，抽提完毕后，滗出溶液 100 ml 于 250 ml 锥形瓶中，在电热板上加热至沸腾，并保持沸腾 1 min，然后再按 GB/T 1545 中 8.1.3 的滴定方法进行滴定，两次测定值的偏差应不超过 0.001%。

水抽出物电导率按 GB/T 7977 规定进行测试，水抽出物氯含量按 GB/T 2678.2 规定进行。

3.2.3　聚丙烯薄膜

1)概述

电容器用聚丙烯(PP)薄膜一般是指聚丙烯树脂经双向拉伸且厚度在 25 μm 以下的制品。聚丙烯薄膜是通过在一定温度下对聚丙烯树脂粒子的挤出、铸片成型、纵向拉伸、横向拉伸、收卷等过程完成的。从聚丙烯结构图中可知，由于甲基存在，链节移动困难，要将 2 个大分子拆开是不容易的，这一点，造就了聚丙烯薄膜的许多有益性能。它的使用是电容器固体介质相对于应用电容器纸以来的第二次主要材料的伟大进步。

聚丙烯薄膜属非极性材料，在电场的作用下，主要的极化形式是电子位移极化，其相对介电常数 ε_r 为 2.2，且 ε_r 和 $\tan\delta$ 在 20~20000 Hz 的频率范围内基本稳定，随温度变化也很小。聚丙烯薄膜化学稳定性好，可在 85℃ 下长期运行。与电容器纸相比，具有以下优点：

(1)耐电强度高，是电容器纸的 5 倍还多，因此可减少极间介质厚度，提高电容器的比特性。

(2) 介质损耗因数小，仅是电容器纸的 1/20，可降低电容器的温升。

(3) 水份小，一般为 0.01%(电容器纸按 8% 考虑)，可大大缩短真空的干燥时间，节省能源。

(4) 来源充沛，价格便宜，可降低电容器的生产成本。

(5) 密度小，仅为 0.90~0.92 g/cm³，几乎是目前塑料薄膜中最轻的，这有益于提高电容器的重量比特性。

(6) 易于加工得很薄且厚度均匀。目前，金属化用基膜可拉到 2.5 μm，粗化膜一般拉到 7 μm。

(7) 电气弱点数少，仅是电容器纸的千分之一，因此，极间介质层数大幅减少，从而增加了电容量，提高了比特性。

（8）薄膜树脂中加入了抗氧化剂、润滑剂等添加剂,这些添加剂能使电容器在运行的过程中,在电场的作用下被"净化",使电容器的介质损耗角正切在运行后有减小。

聚丙烯薄膜根据其表面状态,分为光膜、单面粗化膜、双面粗化膜和电晕处理膜。光膜的两个面都是光滑的且有较大的吸附性,难以浸渍,目前常用于二膜三纸复合介质结构,如图 3-2 所示;单面粗化膜一面基本是光滑的,另外一面是粗糙的,一般用作二膜一纸复合介质结构,如图 3-3 所示;双面粗化膜的 2 个面都是粗糙的,适用于做全膜介质结构,如图 3-4 所示,或二膜一纸复合介质结构。在膜/纸复合介质结构中,电容器纸把油吸引到元件中,起到了"灯芯"的作用。现在电力电容器一般用的都是双面粗化膜。光膜和电晕处理膜经金属蒸镀后用于制造自愈式电容器。

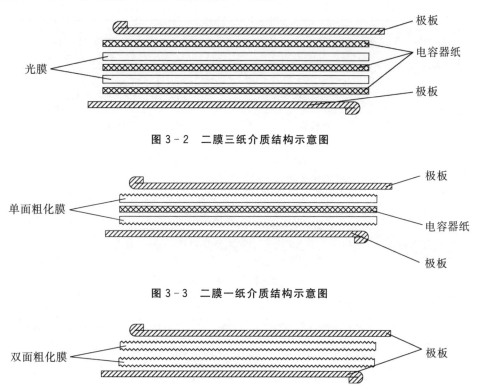

图 3-2 二膜三纸介质结构示意图

图 3-3 二膜一纸介质结构示意图

图 3-4 全膜介质结构示意图

2）聚丙烯薄膜的原料

聚丙烯薄膜的原材料是聚丙烯树脂（PP）,是意大利的纳塔教授(他曾获得诺贝尔奖)在 20 世纪 50 年代开始合成的。60 年代初,美国、日本等国家都先后大规模工业化生产聚丙烯树脂,1962 年开始发展双轴拉伸聚丙烯薄膜（BOPP）,1967 年美国首先制造聚丙烯薄膜电容器,随后日本在 1968 年制成电容器样机。我国用聚丙烯薄膜生产电容器是在 70 年代末期。

聚丙烯分子中含有很多叔碳原子,叔碳原子上的 C—H 键容易断裂。所以聚丙烯树脂是各种塑料树脂中最不稳定的。不加添加剂的聚丙烯树脂不但不能储存,而且加工困难,是没有使用价值的,所以通常聚丙烯树脂中都含有添加剂。

聚丙烯树脂是经过合成的结晶性聚合物,呈白色,大小粒子均匀;聚丙烯树脂在合成过程中要加入一定剂量的催化剂、润滑剂和抗氧化剂,这些微量添加剂的残留物会直接影响聚丙烯薄膜的应用性能;聚丙烯树脂是由丙烯单体(CH_2—$CH\cdot CH_3$)在一定条件下进行聚合而成,依置换 R 位置的不同分为等规立构体(如图 3-5 所示)、间规立构体(如图 3-6 所示)和无规立构体(如图 3-7 所示)。等规立构体所有的 CH_3 基全部都处在立链一侧;间规立构体所有的 CH_3 基间歇排列在立链的两侧;无规立构体所有的 CH_3 基无规则地排列在立链的两侧。等规聚丙烯平均分子量在 80000 以上,等规和间规结构 CH_3 基排列有规律,因此容易结晶,尤其是等规结构更容易结晶。一般电容器用聚丙烯薄膜等规聚合体占 95% 还多,余下少量的为无规聚合体。电容器用聚丙烯薄膜树脂的基本技术条件如表 3-2 所示。

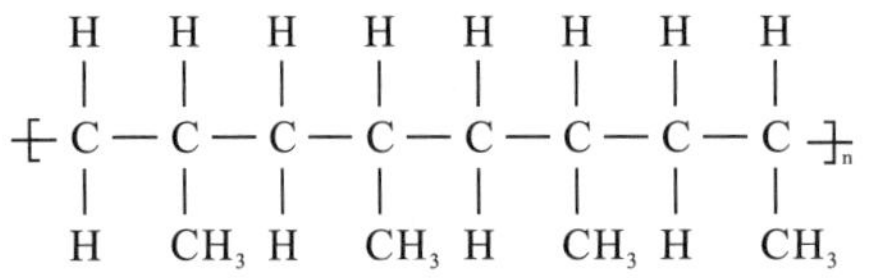

图 3-5　PP 等规立构体 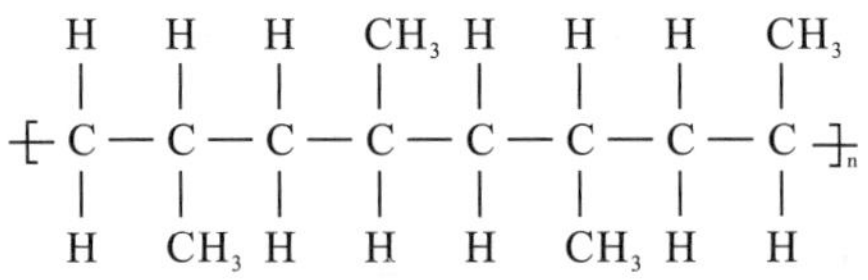　　　　　图 3-6　PP 间规立构体

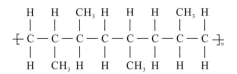

图 3-7　PP 无规立构体

表 3-2　电容器用 PP 树脂的技术要求

序号	项目	单位	技术要求
1	外观	—	白色颗粒,大小均匀
2	熔融指数	g/10 min	3.0~4.0
3	熔点	℃	164~170
4	等规度	—	≥96%
5	挥发物含量	—	≤0.2%
6	干燥减量(105℃±2℃,2 h)	mg/kg	≤500
7	硬脂酸钙含量	mg/kg	≤100
8	相对电容率	—	2.2±0.2
9	介质损耗因数	—	≤0.0002
10	灰分含量	mg/kg	≤30
11	氯含量	mg/kg	≤5

续表

序号	项目	单位	技术要求
12	铁含量	mg/kg	≤5
13	钛含量	mg/kg	≤5
14	铝含量	mg/kg	≤5
15	镁含量	mg/kg	≤5
16	添加剂含量	mg/kg	≤5000

表 3-2 中,硬脂酸钙是树脂生产中加入的卤素吸收剂,以消除残留催化剂对树脂颜色和稳定性的不良影响;氯、铁、钛、铝是抗氧剂和催化剂残留的。影响薄膜电气性能的关键项目是灰分含量,其中包括了铁、钛、铝,因此树脂的介质损耗因数测试用二甲苯法是比较好的,它在一定程度上反映了树脂所含的杂质及被污染的情况。

3）聚丙烯薄膜的成型工艺

聚丙烯薄膜的成型方式有 4 种:压延成型、拉伸成型、流延成型和挤出成型。电容器用膜都是采用挤出成型,根据机头形状和辅机的不同,分为环型机头和衣架式（T 型）机头。一般称环型机头成型法为管膜法,国标用 B 表示;衣架式机头成型法为平膜法,国标用 P 表示。

目前聚丙烯薄膜的形成工艺主要分为 2 类,即管膜法和平膜法,管膜法也叫吹塑法。树脂经挤出机熔融塑化后,通过机头环型模口旋转 $270°\sim300°$,纵横 2 个方向同时拉伸,形成薄膜管坯,经空气冷却,然后把端部封闭,压扁,牵引,同时从模具中心通入压缩空气,使膜管胀到所需要的厚度和宽度,由特定的夹棍牵引破腹成两张膜收卷,因为是圆形,没有边缘,成膜率较高。国际上美国 GE 公司,芬兰的 Tervakoski 公司,日本的信越薄膜株式会社都曾有管膜法生产线。现在国际上电工用聚丙烯薄膜的管膜生产线还有日本信越株式会社 1 条和芬兰的 Tervakoski 公司 2 条,共 3 条生产线。我国在 1979 引进第一条生产线,1980 年投产;1995 年引进第二条生产线。现在这两条生产线均已停产,结束了我国电工用管膜生产的历史。

平膜法也叫拉幅成型法,熔融塑化的树脂通过机头狭窄式模口挤出,浇注在冷却辊筒上冷却成厚片,厚片经纵向、横向拉伸成薄膜,边缘拉伸处较厚而不能使用,膜的成品率相对于管膜法低许多,一般不会大于 70%。1979—2015 年,我国总共引进 BOPP 膜生产线约 33 条,占了全世界的 60%以上。这些生产线基本都是从德国 BRUCKNER 机械制造有限公司和法国 DMT 公司引进的;而国外的德国、芬兰、法国、日本、韩国等大约 20 条生产线,基本上都是 20 世纪 60～80 年代的设备。可以说,我国聚集世界上最先进的聚丙烯薄膜生产设备,是全世界电工用膜最大的生产基地,但我国生产电工用 BOPP 膜的树脂都是从北欧的比利时、日本、韩国和新加坡等国家购进的。80 年代中期,我国曾用国产"向阳"树脂拉成薄膜并进行了试验,但未形成生产规模。

4）聚丙烯薄膜的型号与分类

对于聚丙烯薄膜的基本要求,国内有 2 个基本的标准,其一是国家标准 GB/T

13542.3－2006,二是机械行业标准 JB/T 11051－2010。机械行业标准对于相关的性能提出了更高的要求,2个标准对于分类与命名、一般要求、试验方法以及相关的电气性能、试验检测方法等均提出最基本的要求。

国家标准 GB/T 13542.3—2006《电气绝缘用薄膜第3部分:电容器用双轴定向拉伸聚丙烯薄膜》中,按空隙率对聚丙烯薄膜进行分类和命名,聚丙烯薄膜分为 2 个大类,主要是光膜和粗化膜,即标准中的 1 型和 2 型,并按工艺处理进行了进一步的分类,将聚丙烯薄膜分为 6 个类型,具体如下:

1 型:具有光滑表面(空隙率＜5％)的薄膜;

1a 型:不经电晕处理的薄膜;

1b 型:单面预处理以便于金属真空沉积的薄膜;

1c 型:双面预处理薄膜;

2 型:至少一面具有粗糙表面(空隙率＞5％)的薄膜;

2a 型:不经电晕处理的薄膜;

2b 型:单面预处理以便于金属真空沉积的薄膜;

2c 型:双面预处理薄膜。

相关的标准中,聚丙烯薄膜以PP2 个字母代表,并根据薄膜的厚度、宽度以及长度定型,应按下述方法命名予以识别:

PP 型号—厚度(μm)—宽度(mm)—长度(m)

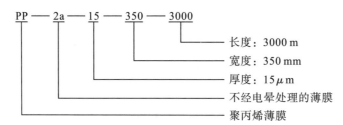

5)聚丙烯薄膜的理化电气性能与指标

JB/T 11051—2010《电力电容器用双轴定向聚丙烯薄膜技术条件》中对薄膜的理化电气性能进行以下规定,具体的参数如表 3－3～表 3－6 所示。

表 3－3　聚丙烯薄膜理化电气性能指标

序号	性能		单位	要求
1	厚度(机械测试)		μm	见表 3－4
2	密度		g/cm³	0.91±0.01
3	拉伸强度	纵向	MPa	1 型≥140
		横向		2 型≥120
4	断裂伸长率	纵向	％	1 型≥40
		横向		2 型≥30

续表

序号	性能		单位	要求	
5	体积电阻率		Ω·m	$\geqslant 1.0 \times 10^{15}$	
6	介质损耗因数(48～62 Hz 或 1000 kHz)		—	不接触电极$\leqslant 2.0 \times 10^{-4}$ 蒸发电极$\leqslant 3.0 \times 10^{-4}$	
7	相对电容率(48～62 Hz 或 1000 kHz)		—	2.2 ± 0.2	
8	电气强度(DC)		V/μm	见表 3-5	
9	电弱点数		个/m^2	见表 3-6	
10	表面粗糙度	$\leqslant 12\ \mu$m	μm	0.20～0.60	
		$> 12\ \mu$m		0.25～0.65	
11	空隙率	$\leqslant 12\ \mu$m	%	平均值	9.0 ± 3.0
				最大值	$\leqslant 15$
				最小值	$\geqslant 5.0$
		$> 12\ \mu$m		平均值	10.0 ± 3.0
				最大值	$\leqslant 17$
				最小值	$\geqslant 5.0$

表 3-4　聚丙烯薄膜厚度和宽度允许偏差

成型方式	标称厚度/μm	厚度允许偏差/%				宽度允许偏差/μm	
		光膜		粗化膜		宽度/mm	宽度偏差
		批平均值	批个别值	批平均值	批个别值		
管法成型	8～12	±4	±8	±4	±8	50～150	$\leqslant 0.5$
	12.1～17	±3	±8	±3	±8	>150～300	$\leqslant 1.0$
	17.1～20	±3	±6	±3	±6	>300	$\leqslant 1.0$
平法成型	8～12	±3	±7	±3	±6	50～150	$\leqslant 0.5$
	12.1～17	±2.5	±6	±2.5	±5	>150～300	$\leqslant 1.0$
	17.1～20	±2	±5	±2	±5	>300	$\leqslant 1.0$

表 3-5　聚丙烯薄膜介电强度

标称厚度/μm	介电强度(中值)/(V/μm)	21 个结果允许有 1 个低于下列值/(V/μm)
10	$\geqslant 290$	175
11	$\geqslant 300$	185
12	$\geqslant 310$	200
14	$\geqslant 315$	210

续表

标称厚度/μm	介电强度(中值)/(V/μm)	21 个结果允许有 1 个低于下列值/(V/μm)
≥15～25	≥320	230
8	≥250	130
9	≥270	155

表 3-6　聚丙烯薄膜电弱点数

标称厚度/μm	弱点数个/(个/m^2)
10 及以下	≤0.4
11	≤0.2
≥12	≤0.1

3.2.4　聚酯薄膜

聚酯薄膜就是对苯二甲酸乙二醇酯(PET)薄膜,结构如图 3-8 所示,是由对苯二甲酯和乙二醇在催化剂存在下加热,经酯交换和真空缩聚而成树脂,挤出机把树脂加热熔融,采用挤出法制成厚片,再经双向拉伸制成的薄膜材料。电容器用聚酯薄膜采用双轴定向拉伸(BOPET)。

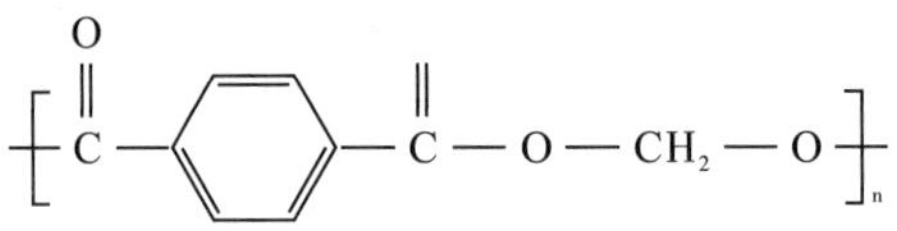

图 3-8　PET 结构图

1)聚酯树脂

聚酯是在主链上含有酯基的聚合物,聚酯树脂呈颗粒状,也称"切片"。聚酯树脂一般分成 3 类,即线型聚酯、体型聚酯和不饱和聚酯。电容器用的是线型聚酯,其性能如表3-7 所示。

表 3-7　电容器用 PET 的技术要求

序号	项目	单位	技术要求
1	外　观	—	颗粒均匀,无异色
2	特性黏度	η	3.0～4.0
3	熔点	℃	≤260
4	水含量	%	≤0.5
5	端羟基含量	mol/t	≤40
6	铁含量	mg/kg	≤3

续表

序号	项目	单位	技术要求
7	相对电容率	—	2.9~3.4
8	介质损耗因数	—	≤0.003
9	灰分含量	%	≤0.025
10	二甘醇含量	%	≤1.3
11	异状颗粒和粉末	%	≤0.4

2）聚酯薄膜特点

电容器用聚酯薄膜具有以下特点：

（1）化学性能稳定，无嗅、无味、无色、无毒，长期存放不会变脆；

（2）电性能好，体积电阻率和相对电容率大，在室温至 85℃，ε_r 与温度关系不大；

（3）机械强度高、韧性好，有极好的耐磨性、耐折叠性、耐针孔性、耐撕裂性、耐冲击性，冲击强度是 BOPP 膜的 3~5 倍；

（4）耐热性和抗寒性好，额定工作温度可达 120℃，在 −100℃ 仍有柔性；

（5）尺寸稳定性好，易于加工得很薄且厚度均匀，目前可拉伸到 1.5 μm；

（6）tanδ 相对 BOPP 膜大，在高频时，ε_r 和 tanδ 显著增大。

3）聚酯薄膜的技术要求

按照国家标准 GB/T 13542.4-2009《电气绝缘用薄膜第 4 部分：聚酯薄膜》的规定：薄膜根据其特征及用途分为 2 种类型和 3 种型号，电容器介质用薄膜类型为 2 型，型号为 6022，厚度：优先厚度 2~25 μm。宽度：供需双方商定。性能要求如表 3-8~表 3-10 所示。

表 3-8　聚酯薄膜性能技术要求

序号	性能		单位	技术要求
1	厚度		μm	标称值±10％范围内
2	宽度最大差值	宽度<150	mm	0.5
		150≤宽度≤300		1.0
		宽度>300		2.0
3	密度		kg/m³	1390±10
4	熔点		℃	≥256
5	拉伸强度（两个方向中任一方向）最小值	厚度≤15 μm	MPa	170
		15 μm<厚度≤100 μm		150
6	断裂伸长率（两个方向中任一方向）最小值	厚度≤15 μm	%	50
		15 μm<厚度≤100 μm		80

续表

序号	性能		单位	技术要求
7	尺寸变化(2个方向中任一方向)最大值	厚度≤15 μm	%	3.5
		15 μm<厚度≤100 μm		3.0
8	相对电容率	48~62 Hz	—	2.9~3.4
		1 kHz		3.2±0.3
9	介质损耗因数(48~62 Hz 或 1000 kHz)	48~62 Hz	—	≤3×10⁻³
		1 kHz		≤6×10⁻³
10	体积电阻率	接触电极法	Ω·m	≥1.0×10¹⁴
		模型电容器法		≥1.0×10¹⁵
11	表面电阻率	接触电极法	Ω	≥1.0×10¹³
		模型电容器法		≥1.0×10¹⁴
12	电气强度		—	见表3-9
13	电气弱点		—	见表3-10

表 3-9　聚酯薄膜介电强度

标称厚度/μm	交流介电强度最小值/(V/μm)	直流击穿电压(元件法)/kV		
		最低击穿电压中值	21个结果中允许有2个及以下低于下列规定值	21个结果中允许有1个及以下低于下列规定值
<6	—	—	—	—
6	—	1.50	0.60	0.40
8	—	2.00	1.10	0.55
10	210	2.40	1.50	0.80
≤12	208	2.80	1.80	1.00
15	200	3.20	2.00	1.60
19	190	3.40	2.20	1.90
23	174	4.00	2.50	2.20
≥25	170	—	—	—

注:1.表中未注明的厚度性能指标可由内插法求得。

　　2.交流电气强度在空气中使用直径 6 mm 电极。

表 3 - 10　聚酯薄膜电气弱点

标称厚度/μm	弱点数/(个/m^2)
≤3	≤6
3.5	≤4
5	≤2
6	≤1
8	≤0.8
10	≤0.4
≥12	≤0.2

注：表中未注明的厚度性能指标可由内插法求得。

聚酯薄膜的 2 个表面都是光滑的,浸渍剂难以浸渍,因此,在电力电容器设计中,一般采用纸、膜的复合结构,纸在其中起到"灯芯"的作用,可改善其浸渍性能,但 2 种材料复合后,电场的分配是要考虑的。聚酯薄膜与聚丙烯薄膜相比,最大的优点是相对电容率大,用它来制作直流电容器和脉冲电容器是有一定优势的,最大缺点是相对介质损耗因素大,不利于产品温升降低。聚丙烯薄膜和聚酯薄膜的耐电晕性能都相对电容器纸差。

3.2.5　电容器纸

电容器纸是极性材料,是以高纯度未漂硫酸盐针叶木浆为原料,用去离子水经高黏状打浆,在专用长网薄页纸机上抄造,并经超级压光而制成的特殊工业用纸。它不仅具有良好的外观、物理性能和化学性能,更重要的是具有良好的电气性能,被作为一种绝缘介质广泛运用于电容器生产。GB/T 12913 - 2008《电容器纸》中对电容器纸的产品分类、技术要求、试验方法、检验规则等都进行了规定。

1)电容器纸的结构和分类

电容器纸的主要化学成分是纤维素,含有少量的半纤维素和木素。由于电容器纸的特殊要求,电容器纸中半纤维素以及木素含量很低,具有很高的化学纯度。纤维素是天然的高分子材料,是由 β - D - 葡萄糖基通过 1,4 - β 苷键连接而成的高分子化合物。分子式为 $(C_6H_{10}O_5)_n$,分子的组成为 O—49.39%,C—41.44%,H—6.17%,木浆中纤维素的聚合度在 1000 左右。其化学结构式如图 3 - 9 所示。电容器纸的生产分为制浆和制纸 2 大过程,其基本流程是:

(1)将符合要求的木材切成大小合适的木片,并进行筛选、除尘等工序;

(2)将木片同 NaOH 和 Na_2S 蒸煮液在蒸煮器中进行蒸煮,分离木材中的木质素、树脂和其他杂质;

(3)洗涤、筛选净化再加酸处理以除去浆料中残留的化学品、杂质以及大部分金属杂质;

(4)制成浆板,制纸的基本过程是:浆板的疏解→浆料的打浆→浆料的除砂、筛选→浆料流送至造纸机上网成形→压榨脱水→干燥→卷取→湿润→超压→最后制成成品。

从图 3-9 可知,每个分子链中含有 3 个结构不对称的羟基,而使纤维素具有相当强的极性,这些极性基在电场作用下,将产生结构式极化和松弛转向极化而使纤维素具有较大的 ε_r(6.5~7)和介质损耗因数。在工频电场作用下,在 $-40℃$ 下,纤维素的 ε_r 急剧下降,在 $-80℃$ 下出现 $\tan\delta$ 最大值(6%~7%)。电容器纸的 $\tan\delta$ 与温度的关系如图 3-1 所示。

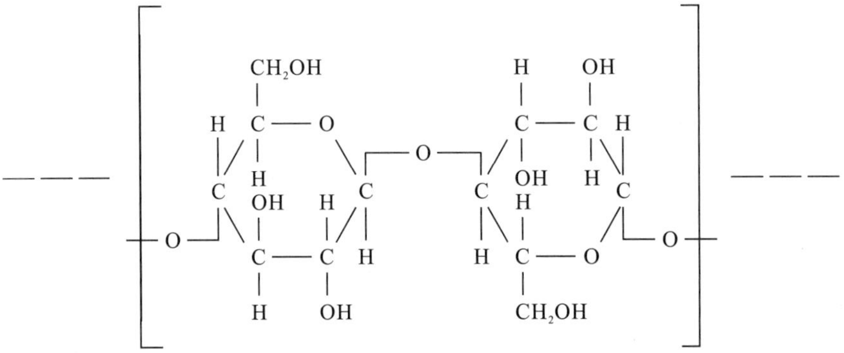

图 3-9 纤维素结构式示意图

电容器纸有很强的吸潮性,因此,一定要严格遵守储存、取样、测试使用的环境要求,尤其是对湿度的要求,才能保证电容器纸的正常使用和测试结果的准确性。

由于纸张的特性,与聚丙烯薄膜相比,电容器纸存在导电质点多、机械强度低、易吸潮、固有介质损耗大、温度稳定频率范围小等缺点,这也是它被聚丙烯薄膜取代的主要原因。近 20 多年来,在电力电容器中使用已久的全纸介质结构已被纸膜或全膜介质结构取代,不考虑温度系数的产品基本都是全膜介质结构,只有电容式互感器(CVT)因为温度系数的要求仍采用纸膜结构。

2)电容器纸的性能和技术要求

GB/T 12913-2008 规定了电容器纸的检测项目和技术性能,如表 3-11 所示。

表 3-11 电容器纸理化、电气性能技术要求

	性能			单位	技术要求		
					优等品	一等品	合格品
1	厚度	Ⅰ型	标称厚度 8 μm	%	±7	±8	±8
			标称厚度 10~15 μm		±6	±7	±8
		Ⅱ型	标称厚度 7~8 μm		±7	±8	±8
			标称厚度 10~12 μm		±5	±6	±6

续表

性能				单位	技术要求		
					优等品	一等品	合格品
2	波动差	Ⅰ型	横向	标称厚度 8 μm	μm	≤0.7	≤0.7	≤0.8
				标称厚度 10～15 μm		≤0.8	≤0.8	≤0.9
			纵向	标称厚度 8 μm		≤1.0	≤1.1	≤1.2
				标称厚度 10～15 μm		≤1.1	≤1.2	≤1.3
		Ⅱ型	横向	标称厚度 8 μm	μm	≤0.4	≤0.5	≤0.6
				标称厚度 10～12 μm		≤0.5	≤0.6	≤0.7
			纵向	标称厚度 8 μm		≤0.6	≤0.7	≤0.8
				标称厚度 10～12 μm		≤0.7	≤0.8	≤0.9
3	密度	Ⅰ型（标称厚度 8～15 μm）			g/cm³	1.00±0.05		
		Ⅱ型（标称厚度 8～15 μm）				1.20±0.05		
4	纵向抗张指数	Ⅰ型			N·m/g	≥70.0	≥61.0	
		Ⅱ型				≥78.0	≥66.0	
5	工频击穿电压	Ⅰ型	标称厚度 8 μm	最低值	V/层	≥260	≥260	≥250
				平均值		≥340	≥320	≥305
			标称厚度 10 μm	最低值		≥300	≥280	≥270
				平均值		≥370	≥350	≥335
			标称厚度 12 μm	最低值		≥330	≥310	≥300
				平均值		≥410	≥390	≥375
			标称厚度 15 μm	最低值		≥350	≥330	≥320
				平均值		≥430	≥410	≥395
		Ⅱ型	标称厚度 8 μm	最低值		≥280	≥280	≥230
				平均值		≥405	≥390	≥360
			标称厚度 10 μm	最低值		≥330	≥330	≥270
				平均值		≥460	≥450	≥415
			标称厚度 12 μm	最低值		≥365	≥365	≥290
				平均值		≥510	≥495	≥465
6	导电质点	Ⅰ型	标称厚度 8 μm		个/m²	≤50	≤110	≤150
			标称厚度 10 μm			≤40	≤60	≤110
			标称厚度 12 μm			≤25	≤50	≤65
			标称厚度 15 μm			≤15	≤35	≤50

续表

			性能	单位	技术要求		
					优等品	一等品	合格品
6	导电质点	Ⅱ型	标称厚度 8 μm	个/m²	≤110	≤150	≤180
			标称厚度 10 μm		≤70	≤90	≤105
			标称厚度 12 μm		≤40	≤55	≤70
7	介质损耗因数	Ⅰ型	60℃	%	≤0.15	≤0.17	
			100℃		≤0.20	≤0.22	
		Ⅱ型	60℃		≤0.19	≤0.20	
			100℃		≤0.25	≤0.26	≤0.27
8	水分			%	5.0～9.0		
9	灰分			%	≤0.28		
10	水抽出物酸度			%	≤0.0070		
11	水抽出物电导率			ms/m	≤3.0	≤4.0	
12	水抽出物氯含量			mg/kg	≤4.0ᵃ ≤24ᵇ		

注:①按 GB/T 2678.2 - 2008 中硝酸银电位滴定法测定。

②按 GB/T 2678.2 - 2008 中硝酸汞法测定。

3.3　液体电介质材料

液体介质填充电容器外壳内及固体介质中空隙的主要作用是提高耐电强度,吸收电容器因瞬时过电压引起的局部放电逸放出来的气体,改善散热条件等。

在我国,液体介质的使用发展历史基本上是:矿物油→氯化联苯(PCB)→烷基苯(AB)→苯基二甲苯基乙烷(PXE)、苯基乙苯基乙烷(PEPE)、苄基甲苯(M/DBT)。矿物油使用的时间最早和最长,20 世纪 50 年代以后,氯化联苯(PCB)在全世界被广泛使用。但由于其难以生物降解而对环境造成严重的污染,对接触人员的肝脏健康影响不可克服,70 年代之后逐渐被淘汰。矿物油的使用量又有增加,同时新型的液体介质应运而生,烃类、酯类、醚类、硅类纷纷登场。目前,在行业上普遍使用的主要有 PXE、PEPE 和M/DBT。

优质的电容器液体电介质材料除了满足介质材料的基本要求外,还应具有以下性能:

(1)芳香烃含量高,吸气性能好;

(2)黏度和倾点低,有利于净化及产品真空浸渍;

(3)与电容器常用固体材料相容性好。

3.3.1 液体介质的理化、电气性能指标

1）外观

液体介质的外观可用肉眼观察，透明或浅黄色，无悬浮物，无杂质。

2）密度

密度是鉴定液体介质的一个重要参数。密度与液体电介质的组分有关，不同组分有不同的密度，而组分不同，液体介质的性质也不同，各种液体介质的密度都与温度有关系。液体电介质在净化处理过程中可根据密度与温度的关系选择合适的处理温度，以使液体介质中的杂质及其生产工艺中的回油中杂质均容易分层析出，便于净化处理。运行中的液体介质密度几乎不受老化过程的影响，密度是否发生变化取决于其中是否混入了其他物体，尤其是否混入其他的油。

一般用比重计进行密度的测试。试验方法为 GB/T 1884 - 2000 石油和液体石油产品密度测定法（密度计法）。

3）折光率 n_D

由于光在不同的媒质中的传播速度不同而发生折射，折光率是光在空气中的传播速度与在被测试物质中传播速度之比，因此没有量纲值。

烃类的折光率与其结构有关，在主要的烃类中，芳香烃折光率最大，而后依次为环烷烃、烯烃和烷烃。

折光率一般随着温度的升高而减少，所以在测定折光率时，必须同时记下相应的测试温度。一般测试温度都为 25℃。

折光率的测试一般用阿贝折射仪进行。试验方法采用 SH/T 0205 - 1992 电气绝缘液体的折射率和比色散测定法。

4）比色散

比色散是与物质分子中电荷移动情况有关的一个量，也可以说比色散是与物质的光学性质（折光率）和比重有关的一个量。因此测试时的温度都控制在 25℃。同一系列的物质，比色散大，说明芳香度高，析气性就好。比色散也是没有量纲的值。

比色散的测试与折光率同时进行，然后根据所使用的阿贝折射仪说明书中的比色散专用表及公式进行计算。

5）闪点

闪点是在标准条件下加热试品，放出蒸发气体遇火焰瞬间闪火的最低温度，单位为℃。液体介质闪点的高低，表征着液体的挥发性及易燃程度。把液体介质放在开口杯和闭口杯内加热到一定温度时，如果液体的蒸气与空气混合物接近火苗时，就会产生闪火现象，但液体尚未继续燃烧，在发生瞬间闪火时的温度就称为闪点。为了减少液体电介质的挥发性损耗，消除液体着火爆炸的危险，要求液体介质具有足够高的闪点。闪点的高低与液体电介质的黏度有关。

闪点的测试按 GB/T261 - 2008 进行闪点的测定，宾斯基-马丁闭口杯法（ISO 2719：2002，MOD）

6) 中和值

中和值也称酸值,是衡量液体介质中酸性物质含量的一个重要参数,指在标准条件下,中和 1 g 试样中的酸性成分所需的氢氧化钾(KOH)的毫克数。中和值的单位为 mg KOH/g。由于液体电介质发生氧化后会产生酸,这样就会使电介质的含酸量增加,从而影响油的电气性能,尤其明显的是体积电阻率下降。因此,各种液体介质的酸值要越小越好。

中和值测试可用化学滴定法进行。

7) 倾点

液体介质在标准条件下冷却时能继续流动的最低温度,单位是℃。倾点对于严寒地区和露天条件下工作的电气设备是特别重要的。

对于电力电容器使用的液体介质,要求其倾点尽可能低,一般都要低于－45℃,以利于在严寒地区的使用。倾点与液体材料的种类、杂质含量的不同而异。同种材料,降低倾点的最好办法就是提高其纯度。

按《石油产品倾点测定法》(GB/T 3535－2006)进行倾点的测试。

8) 黏度

在相同温度下,测量到的动力黏度对密度之商,一般都用40℃运动黏度来表示,单位是 mm^2/s。

液体介质的黏度小,有利于对固体介质的浸渍及气泡的消除,可以提高电气性能,有利于液体的流动,加强冷却作用。但黏度小意味着液体介质的分子量小,承受脉冲强度能力弱,也容易挥发。此外,黏度小,流动性好,容易使液体表面的空气扩散到液体介质中,从而使氧化稳定性下降。

经过多年的实践证明,液体介质的黏度不仅影响全膜电容器的浸渍性能,而且与电容器的局部放电性能有着直接的关系。如果液体介质的黏度较大,电极端部因局部放电产生的气泡在高场强区域停留的时间就会增加,气泡活动范围同时会减少,油的吸气性能就降低。同时,吸收了气体的绝缘油要向周围的绝缘油扩散而被置换,黏度大,置换速度慢,对局部放电的发展和熄灭有一定的影响。当然,局部放电性能主要和介质本身的气体析气性能有关。在－40～60℃范围内,黏度是随着温度的降低而增加,尤其是在0℃以下,可以从 10 倍增加到 100 倍,甚至到几百倍不等。总之,应当选择黏度合适的液体电介质,使主要性能得到保证,并兼顾其他性能。

运动黏度的试验按《石油产品运动黏度测定法和动力黏度计数法》(GB 265－1988)和《石油产品恩氏黏度测定法》(GB/T 266－1988)进行测试。恩氏黏度法的测试值可通过公式转换成运动黏度值。在室温以上的黏度测试用运动黏度法比较方便,室温以下的黏度测试用恩氏黏度法。测试到的常用的几种液体介质的黏度与温度的关系如表 3－12 所示。

以 20℃分析,液体介质的黏度随着温度的提高变小,随着温度的降低变大,这种变化是可逆的。油的黏度与其分子结构密切相关。

表 3 - 12　液体介质的黏度与温度的关系/(mm²/s)

名称	测试温度				
	0℃	20℃	40℃	60℃	80℃
AB	34.7	15.7	7.1	4.3	3.3
PXE	22.9	9.6	3.9	2.5	2.0
PEPE	11.0	5.6	3.4	2.3	1.7
M/DBT	13.8	6.1	3.7	2.5	1.8
C101D	13.8	6.1	3.7	2.5	1.8
SAS-40	7.8	4.2	2.6	2.0	1.5
SAS-60E	9.0	4.2	2.7	1.9	1.4
SAS-70	8.5	4.3	2.8	1.95	1.5

9）相对介电常数（ε_r）

相对介电常数（ε_r）是在一个电容器两极之间和周围全部只由被测试绝缘材料充满时的电容与同样的电极形状的真空电容之比。它是一个宏观参数，反映了电介质在电场作用下，其内部各种带电粒子（电子、原子、离子、偶极子、分子等）被运动束缚的状况，这种束缚运动状态总称为极化。

电力电容器中介质的性能，决定着电容器的基本性能，应选用具有较高 ε_r 的介质，能够增大电容量，但是对于一般的介质而言 ε_r 越大，$\tan\delta$ 也越大，这又是矛盾的。

ε_r 的测试一般都是与 $\tan\delta$ 同时进行，然后按照规定的公式进行计算，计算公式与电极的结构和形状有关。

在室温到 100℃ 范围内，ε_r 随着温度的提高而降低。降低的幅度与油的属性和品质相关。

10）介质损耗因数（$\tan\delta$）

在交流电场中，电介质的损耗是由电导损耗、极化损耗组成，在较低的工频电压下，介质损耗主要来自液体的电导，即液体自由载流子导电。

液体介质中的浸渍剂对介质损耗因数会有一定的影响，在添加有环氧稳定剂的情况下一般都会相对高一些。

在室温到 100℃ 范围内，浸渍剂的 $\tan\delta$ 随着温度的提高而增大。增大的幅度与油的属性和品质相关。

11）体积电阻率（ρ_V）

体积电阻率可以看作为一个单位立方体积里的体积电阻，是绝缘体内的直流电场强度与体积内部泄漏电流密度之比，ρ_V 主要取决于材料的性能。

作为电力电容器液体介质，ρ_V 随着温度的提高而降低。降低的幅度与油的属性和品质相关。

12）介电强度

液体介质的介电强度是指单位长度介质的击穿电压,在电场作用下,介质发生击穿时所施加的电压,称为击穿电压,击穿电压与间隙大小相关。介电强度的测试方法为 GB/T 507 - 2002 绝缘油击穿电压测定方法,规定间隙为 2.5 mm。

13）析气倾向

析气倾向是绝缘液体在足够强的电场作用下,引起气/液界面处的气相放电,发生放出或吸收气体的过程。

析气性能是最直观地反映油的吸氢性能,吸氢性能差的油容易在电场的作用下产生局部放电。在电声强度降低后,电容器的局部放电仍然不熄灭,以至于出现长期低能放电而致使油分解,放出 H_2、CO、CH_4 为主的气体,严重影响电容器的运行。

以往常用比色散来了解液体介质的吸气性,其实这是不够全面的,因为在同一系列液体介质中,比色散跟芳香烃含量才有直接对应的关系,但不同系列的液体介质在同一芳香烃含量下却有不同的比色散值。

液体介质析气性的优劣主要取决于介质本身的结构,温度会加速介质吸收气体的速度。液体介质析气性能的测试采用 GB/T 11142 - 1989 绝缘液体在电应力和电离作用下的析气性测定方法进行测试。

14）芳香烃含量

在极高场强下工作的液体介质,除满足对绝缘油的一般理化电气性能要求外,还要求其芳香度(芳香性指数)高。

芳香度按式(3 - 20)计算:

$$芳香度 = \frac{苯环上的氢}{分子中的总氢} \tag{3 - 20}$$

芳香度是由油本身结构或组分决定的,芳香烃的存在对绝缘油的抗老化性能起着非常重要的作用,能够改善绝缘油电场的稳定性和耐电晕性能。油的芳香烃含量高,析气性好,局放性能也好。4 种液体介质的芳香度如表 3 - 13 所示。

表 3 - 13　液体介质的芳香度

项目	PXE	PEPE	M/DBT	SAS - 40
芳香度	0.45	0.50	0.64	0.67

15）微量水分含量

微量水分会严重影响液体介质的电气性能和老化性能,液体介质中的微量水分来源于溶解水分、乳化水分、游离水分、其他材料带来的吸收水分和杂质水分等,这几种水分会随着温度等条件变化相互转化,这种转化会同时影响测试结果,尤其是芳烃含量高的油,更易吸潮,更容易受环境的影响,因此,在进行微量水分含量测试时一定要控制测试环境的温度和湿度。GB/T 21221 - 2007 的指标要求液体介质的微量水分含量在

75 mg/kg 以下,实际上注入产品内的油要求其微量水分含量远低于这个值。

微量水分含量测试采用 GB/T 11133－1989 液体石油产品水含量测定法(卡尔·费休法)(neq ASTM D 1744:1983)进行测试。

16)氯含量[8]

氯含量主要是指 M/DBT 和 SAS 系列油中除了含有单苄基甲苯、二苄基甲苯外,还可含有很少量的(＜4%)的三/四苄基甲苯,其结构式如图 3－10 所示。

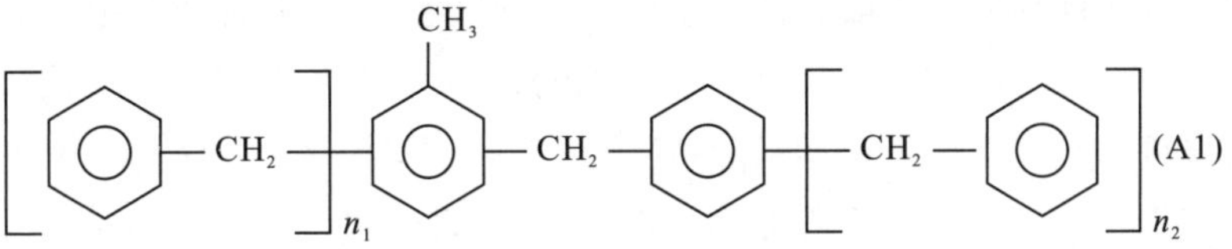

图 3－10　苄基甲苯结构示意图

其中 n_1 和 n_2＝0、1 或 2,条件是:$n_1＋n_2$ 小于或等于 3。

M/DBT 和 SAS 分子结构本身是不含氯的,其工业合成方法主要以氯化苄为烷基化试剂,在路易氏酸存在下与甲苯反应来制取的。合成原料中,由于甲苯分子中不含氯,而氯化苄中的氯在反应完成后,以 HCl 的形式排出,所以产品中会有 HCl 等无机氯存在。又由于 M/DBT 和 SAS 系列油在生产的分离、精制过程中,要经过氮气吹扫、碱水洗涤、负压精馏、白土吸附等工艺过程,产品中的 HCl 等无机氯在这样的过程中基本上会被清除殆尽。

又由于工业氯化苄中总会含有一定量的杂质,如邻(或间)氯甲苯、2,4-二氯甲苯和苄叉二氯(二氯甲基苯)等,其与原料甲苯、氯化苄的结构式分别如图 3－11 所示。

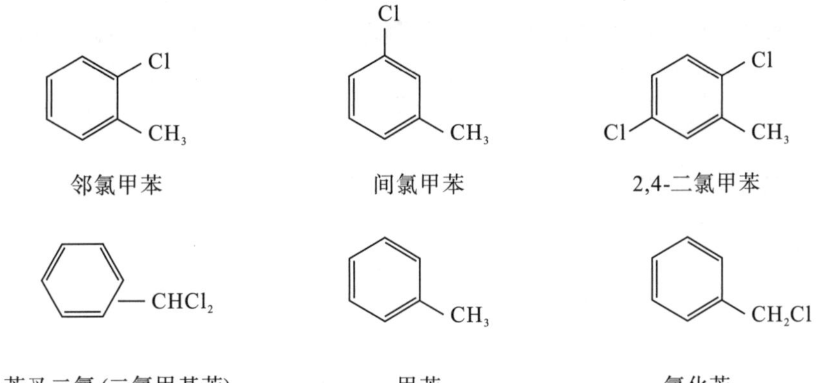

邻氯甲苯　　　　　　间氯甲苯　　　　　　2,4-二氯甲苯

苄叉二氯(二氯甲基苯)　　　甲苯　　　　　　氯化苄

图 3－11　M/DBT 合成过程中所用原料及杂质结构示意图

从结构式中可以看出,工业氯化苄所含杂质的分子中相对甲苯、氯化苄要多出 1 个甚至 2 个氯,因此而合成的绝缘油分子难免会有氯的存在,即所谓的有机氯。有机氯在分子中相对稳定,要采取特殊处理才能将其去除。不经特殊处理的 M/DBT 和 SAS 系列油中氯(有机)含量往往大于 100mg/kg,大大超过了国标(GB/T 21221 -2007)[9]、国际电工委员会标准(IEC 6086:1993)≤30 mg/kg 的要求。

采用 GB/T 18612－2011 原油有机氯含量的测定方法进行氯含量的测试。

17）环氧稳定剂

随着国家重大工程对电力电容器综合技术性能的要求不断提高，电容器行业对介质材料的要求也在提高。这除了对薄膜性能有更高的要求外，对液体介质性能的要求也是如此。因为在高电压下要完全避免局部放电是不可能的，局部放电的能量虽然很小，但它会使薄膜和液体介质发生分解并产生低分子氧化物及 H_2、C_2H_2 等气体，这些分解气体如果不能很好地被液体介质吸收，将严重地恶化其性能。为了抑制电场和温度对液体介质的不利影响，提高产品运行的可靠性和使用寿命，在液体介质中加入一定的稳定剂是行之有效的措施。从试验结果可知，在液体介质中加入的稳定剂不会随着运行时间而减少。目前国内外在液体介质中加入的稳定剂一般都是环氧类。

环氧稳定剂是以自由基捕捉剂加入绝缘油中的，不可能影响到液体介质的基本性能。环氧稳定剂除了可捕捉油在电场作用下产生的 H^+，起到抑制油的老化作用外，还可通过渗透到 PP 膜晶格内的油抑制和减缓 PP 膜的热老化，使电力电容器的寿命得以延续和保障。液体介质常用的稳定剂有多种，要根据产品的规格型号、使用工况来进行选择，环氧稳定剂的加入量也要根据规格型号，使用的工况不同而选择一定的控制范围，才能达到预期的效果。

18）加速热老化

高温对液体介质的各项性能影响是很明显的，反映比较敏感的是 $\tan\delta$。加速热老化试验用提高温度来研究、确定、比较液体介质的长期工作温度特性及耐老化性能。液体介质的老化性能也会影响到产品运行的寿命。

电力电容器用液体介质的加速热老化试验温度、周期和考核的项目一般根据试验要求及试验目的来选取。由于材料热老化的影响因素较多，也比较复杂，试验中试验器具，试品的制作过程一定要注意清洁、卫生、干净。试验要有平行试品，才能保证试验数据的准确或有益于分析。

3.3.2　液体电介质种类

1）矿物质油

矿物质油为石油精炼产品，它取自于石油的适当馏分（320～440℃）→硫酸处理→水洗→脱蜡→白土精制。

矿物质油来源充足，价格便宜，净化处理容易并具有良好的介电性能，击穿电压在 50～60 kV/2.5 mm 以上，ε_r 在 2.1～2.2 之间，$\tan\delta$ 在 100℃ 时不大于 0.4％。在室温下，油的 ε_r 和 $\tan\delta$ 在频率 10^4～10^7 Hz 范围内基本没有变化，是最早的电力电容器用浸渍剂。矿物质油的组成以烷烃（C_nH_{2n+2}）、环烷烃（C_nH_{2n}）为主，含有少量的芳香烃（C_nH_{2n-m}）。矿物质油最大的缺点是析气性能差，在高的电场作用下油层易于分解并析出气体，气体使在运行中的电容器受到过电压的作用而诱发局部放电，进而又不断产生气体，这种恶性循环会使产品出现膨胀鼓肚和早期损坏，因此，矿物质油浸渍的介质工作温度不高，工作场强也较低。

2）氯化联苯

氯化联苯是联苯经氯化铁作催化剂反应生成的一类化合物。用于电力电容器的是二氯化联苯和五氯化联苯或其混合物。美国在 30 年代开始用氯化联苯浸渍电容器，二次世界大战之后在世界逐步推广使用。我国在 1959 年研制，1965 年开始大量生产，1974 年全面停止使用，结束了我国氯化联苯浸渍电容器的历史。

氯化联苯介电常数高，耐热性好，又具有耐过电压作用，不燃烧，成本合宜，其介质工作温度允许在 95～100℃，工作场强一般为 18～20 kV/mm。在电力电容器发展史上起了重要的作用。但氯化联苯致命的缺点是通过呼吸道进入人体并在人体肝脏积累损害肝脏，使与它接触的人员患上肝炎及肝硬化，同时，由于其难以分解而造成严重的环境污染，对人体健康和环境危害极大。

3）烷基苯（AB）

AB 是合成洗涤剂的中间体，精制后可作为绝缘油，国际上，意大利 Pirilli 公司是最早用烷基苯作为绝缘油的。我国在 1974 年禁用氯化联苯后，烷基苯曾作为代替氯化联苯的过度介质在电力电容器行业中普遍推广使用。

AB 英文名称为 Alyl Benzene，包括了十二烷基苯 DDB（Dodeeyl Benzene）。烷基苯的结构有直链和支链 2 种，其结构式如图 3－12 所示。

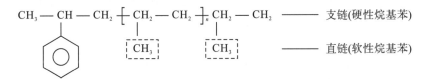

图 3－12　AB 结构示意图

与矿物质油相比，烷基苯有许多优异性能：

（1）吸气性能好，当温度增高时优良的吸气性能更显著。

（2）热稳定性好，主要表现在有铜触媒的情况下，热老化性能仍然较好。加入0.2%的添加剂其氧化稳定性进一步得到改善。

（3）介电性能好，击穿电压高，介质损耗因数低。

（4）凝固点和运动黏度都较低，利于脱气脱水处理，利于产品浸渍和在较低温度下运行。

烷基苯最大的缺点就是与聚丙烯薄膜相容性不理想，在 80℃ 条件下可使薄膜的厚度膨胀 10%，这是其被矿物质油介质取代的主要原因。

4）苯基二甲苯基乙烷（PXE）

PXE 的化学成分是 1,1-苯基-1-二甲基乙烷，它属于二芳基乙烷类化合物，是由苯乙烯与二甲苯经化学反应合成，再经过水洗、蒸馏、吸附精制等工序制成。日本石油化学株式会社于 1971 年开发研究成功，1972 年投入使用。商品名为日石 S 油，英文名称为 Phenyl Xylyl Ethare，其结构式如图 3－13 所示。我国在 80 年代中期开始批量化生产。

二芳基乙烷是合成油，物理、化学性能稳定；介电性能好，介质损耗因数低，体积电阻率高，击穿电压高；凝固点和黏度低，有利于浸渍；分子结构中芳香烃成分高，在电场作用

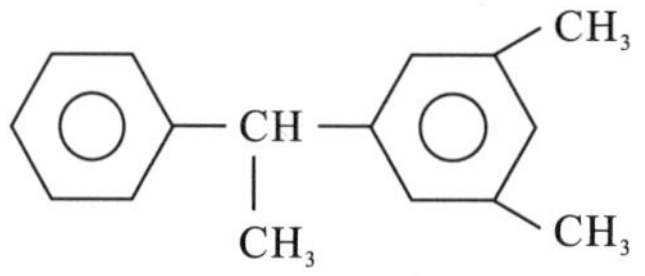

图 3-13 PXE 结构示意图

下吸气性能好,因此耐局部放电的性能好,用它浸渍的纸和聚丙烯薄膜复合介质结构可以取得较高的工作场强。它易于生物降解,对环境无污染,与薄膜的相容性好,但低温黏度较大且易出现结晶,影响了产品低温的电气性能。

5)苯基乙苯基乙烷(PEPE)

苯基乙苯基乙烷,英文名称为 Phenyl Ethyl Phenyl Ethane,简称 PEPE,其结构式如图 3-14 所示。

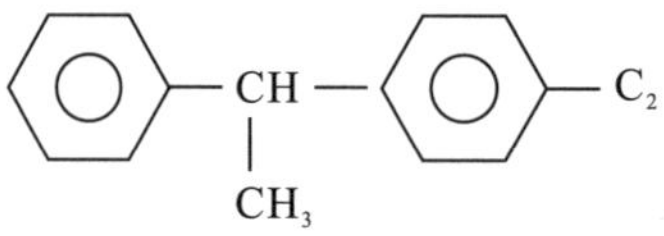

图 3-14 PEPE 结构示意图

PEPE 同 PXE 是同分异构体,是由苯基乙烯与乙基苯经化学反应合成而得。它除了具有 PXE 的优点外,其最大的特点是黏度较小且在低温下不结晶,更有利于全膜介质结构的浸渍和其低温下电气性能的保证。

6)苄基甲苯(M/DBT)

苄基甲苯是单苄基甲苯与二苄基甲苯的混合油,是由甲苯与氯化苄经化学反应合成,再经过水洗、蒸馏、吸附精制等工序制成,是法国 1982 年以前研究成功的,1985 年 6 月在我国西安国际电介质会议上,由法国包罗海公司研究所所长发表论文公布。法国商品名称为 C101 和 C101D,我国在 80 年代末期开始研究,90 年代初期生产,统称为 M/DBT,是英文名称 Mono-Benzyl-Toluene(MBT)Dibenzyl-Toluene(DBT)的缩写,其结构式如图 3-15 所示。合成比例为(75±2)%和(25±2)%。

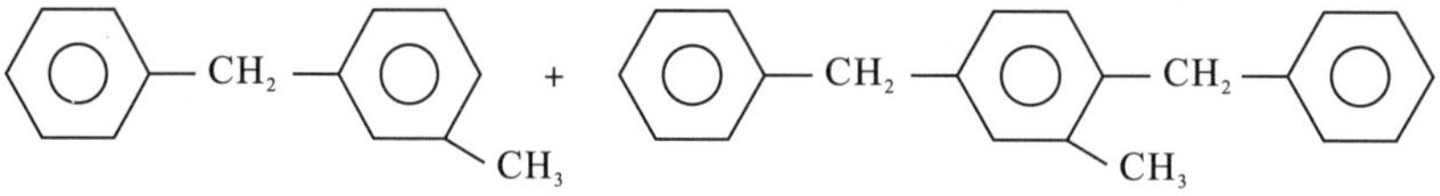

图 3-15 M/DBT 结构示意图

苄基甲苯除了具有液体介质的共性优点外,其最大的亮点是:黏度低,芳香度高,在电场的作用下具有很好的吸气性,与 PP 膜相容性好,但气味较大,工艺上进行油深化处理比以上几种油难度要大。

7)SAS 系列油

SAS 系列油包括了 SAS-40、SAS-60 和 SAS-70 等,它们都是单苄基甲苯与二苯基乙烷的掺合油,根据二苯基乙烷的比例不同而命名,是英文 Mono-Benzyl-Toluene(MBT)+Diphenyl Ethane(DPE)的缩写,结构式如图 3-16 所示。

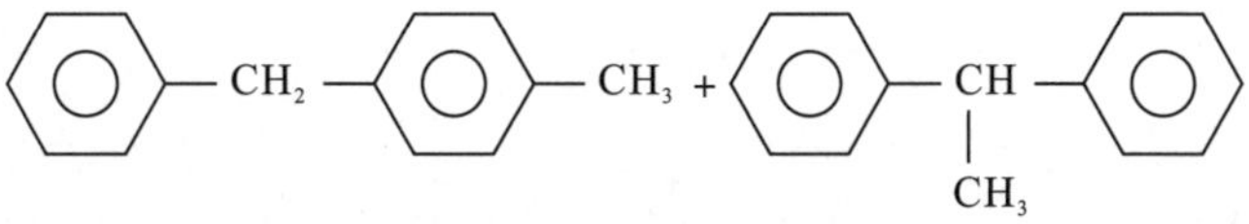

图 3－16　SAS 结构示意图

　　SAS 系列油除了具有液体介质的共性优点外,最突出的优点是芳香度高,是目前绝缘油中芳香度最高的;黏度小,在－40℃低温时仅是 M/DBT 的 1/5;凝固点低,结晶温度低,也是目前低温性能最优异的绝缘油。

3.3.3　液体介质的技术要求

　　目前,国内电力电容器行业采用的液体介质基本上是 PXE、PEPE 和 M/DBT,也有一些企业部分采用 SAS 系列、国家标准 GB/T 21221－2007 绝缘液体。以合成芳香烃为基础的未使用过的绝缘液体的技术要求如表 3－14 所示,该标准未包括 SAS 系列。SAS系列油的测试数据如表 3－15 所示。

表 3－14　液体介质的技术要求

测试项目	单位	PXE	PEPE	M/DBT
外观	—	透明,无悬浮杂质或沉淀物		
密度(20℃)	g/cm³	0.950～0.999		0.980～1.020
运动黏度(40℃)	mm²/s	≤7.0	≤4.0	≤4.0
闪点(闭口)	℃	≥140	≥136	≥130
倾点	℃	≤－40	≤－60	≤－60
折射率(25℃)	—	1.560～1.5700	1.5500～1.5700	1.5700～1.5800
比色散(25℃)	—	≥180		≥200
中和值	mg KOH/g	≤0.015		≤0.015
氯含量	mg/kg	≤30		≤30
水含量	mg/kg	≤75		≤75
相对介电常数 (25℃,40～60 Hz)	—	2.40～2.60		2.60～2.62
介质损耗因数 (90℃,40～60Hz)	—	≤0.001		≤0.0015
体积电阻率(90℃)	Ω·m	≥1×10¹²		≥1×10¹²
击穿电压(2.5 mm 间隙)	kV	≥55	≥60	≥60
电场和电离作用下的 稳定性(析气性)	μL/min	≤－100	≤－100	≤－130

续表

测试项目	单位	PXE	PEPE	M/DBT
组分含量	%	—	—	①MBT 与 DBT 的比例符合(75±5)%：(25±5)%；②无显著的杂质峰

表 3－15　SAS 系列油的测试数据

测试项目		单位	SAS－40	SAS－60E	SAS－70
外观		—	透明,无悬浮物,无杂质		
密度(20℃)		g/cm³	0.991	0.994	0.992
运动粘度(40℃)		mm²/s	2.64	2.66	2.80
闪点(闭口)		℃	130	130	134
倾点		℃	－68	≤－66	＜－69
折射率(25℃)		—	1.5690	1.5690	1.5663
比色散(25℃)		—	200	195	195
中和值		mg KOH/g	0.0032	0.005	0.004
氯含量		mg/kg	2.6	1.8	2.0
环氧含量		mg HCl/g	1.88	1.91	2.07
相对介电常数(90℃,)		—	2.48	2.47	2.46
介质损耗因数(90℃)		—	0.002	0.002	0.018
体积电阻率(90℃)		Ω·m	2.0×10^{13}	9.0×10^{12}	1.9×10^{11}
击穿电压(2.5 mm 间隙)		kV	≥75	≥81.0	73
电场和电离作用下的稳定性(析气性)		μL/min	—	－120	—
组分含量	轻组分	Wt－%	轻组分 ＜0.1	＜0.1	—
	苄基甲苯		m－苄基甲苯 o－苄基甲苯 p－苄基甲苯　52～65	36～50	15～39
	二苯基乙烷		二苯基乙烷　33～44	50～60	60～80
	二苯基甲烷		二苯基甲烷　2.0	＜4	1～5
	重组分		重组分　＜0.1	0.1	—

3.3.4　各种油的主要性能特点对比

各种油在电力电容器发展的各阶段也都发挥了重要的作用。各种油的主要性能特点如表 3-16 所示。

表 3-16　各种油的主要性能特点

测试项目	单位	矿物质油	三氯联苯	AB	PXE	PEPE	M/DBT	SAS
外观	—	透明,无悬浮杂质或沉淀物						
密度(20℃)	g/cm³	≤0.900	1.370~1.400	0.850~0.870	0.960~0.990		0.980~1.020	0.990~0.995
运动粘度(40℃)	mm²/s	9~12	≤20	≤11	≤7.0	≤4.0	≤4.0	2.64~2.80
闪点(闭口)	℃	>135	>170	≥140	≥140	≥136	≥130	130~134
倾点	℃	≤-45	≤-15	≤-60	≤-50	≤-60	≤-60	≤-65
折射率(25℃)	—	1.4900	1.6240	1.4800~1.4900	1.5600~1.5700	1.5500~1.5700	1.5700~1.5800	1.5660~1.5690
比色散(25℃)	—	106	175	≥125	≥180	≥185	≥200	195~200
中和值(KOH含量)	mg/g	≤0.01	≤0.01	0.0015	≤0.015	≤0.015	≤0.015	≤0.015
相对介电常数 25℃,40~60 Hz	—	2.2	5.8~6.0	2.25	2.50~2.60	2.4~2.60	2.6~2.62	2.46~2.50
介质损耗因数 90℃,40~60Hz	—	≥0.002	0.2~0.3	≤0.0015				
体积电阻率(90℃)	Ω·m	≥10¹¹						
击穿电压(2.5 mm间隙)	kV	≥45	≥65					
析气性	μL/min	+20~+30	≤-180	≤-20	≤-100	≤-100	≤-120	≤-100
与薄膜相容性	—	—	—	不相容	相容	相容	相容	相容

3.4　气体电介质材料

气体绝缘材料的最大特点是流动性和自愈性好。流动性好,即可在任何形状的电器设备中使用;自愈性好,即可瞬时散逸和恢复。它的共同特点是:属非极性材料,相对介电常数低,介质损耗因数小,稳定性好,介电强度随着气压的提高而得以提高。在空气电容器、标准电容器等电器设备中气体则作为主绝缘材料使用。

3.4.1　对气体电介质材料的要求

(1)具有高的电离场强和击穿场强,击穿后能迅速自愈,恢复绝缘性能。

(2)惰性大,化学稳定性好,不燃,不爆,不老化,不易被放电分解。

(3)热稳定性好,热容量大,导热性好。

(4)流动性好,沸点低,蒸汽弹性大。

(5)与电器设备结构内的材料相容性好。

(6)方便制取,成本低。

3.4.2　常用气体电介质种类

气体电介质的种类很多,但在电容器中常用的一般有干燥空气、氮气和六氟化硫。

1)干燥空气

空气是无色、无味、无嗅、无毒和不易观察的混合气体,主要成分是氮气、氧气及氩、氖、氪、氙等稀有气体,这些气体成分几乎不变。若遇高温,容器内压力大,有开裂和爆炸的危险。

空气随着海拔高度的上升而变得稀薄,密度减少,耐电强度下降。此外,温度上升,湿度增大也会降低耐电强度。空气属助燃气体,其性能如表3－17所示。

2)氮气

氮气是一种无色、无嗅、无毒、不活泼、不可燃的窒息性气体,占大气总量的78.12％,是空气的主要成分,比空气略轻,微溶于水和乙醇,若遇高温,容器内压力大,有开裂和爆炸的危险。在工业生产中用氮气黑色钢瓶盛放。其性能如表3－17所示。

3)六氟化硫

纯净的六氟化硫是一种无色、无嗅、无毒和不可燃的气体,500℃时热稳定性仍然很好;它有较好的绝缘性能和灭弧性能,而在电器行业全封闭的组合绝缘产品中广泛应用。虽然它本身对人体无毒害,但却是一种温室效应气体,其单分子的温室效应是二氧化碳的2.2万倍,是《京都协议书》禁止排放的6种气体之一。其性能如表3－17所示。

3.4.3　常用气体的性能比较

表 3－17　常用气体介质的性能

测试项目	单位	空气	氮气	六氟化硫
分子式	—	混合物	N_2	SF_6
分子量	—	28.8(平均)	28.01	146.07
密度(0.1 MPa,20℃)	g/L	1.293	1.25	6.08
沸点	℃	−192	−195.8	−51
熔点	℃		−210	−62
临界温度	℃	132.5～132.4	−147	45.6
临界压力	MPa	3.868～3.876	3.4	3.759
热膨胀系数(0～100℃)	1/℃	1.40～1.35	—	1.088～1.057
导热系数(30℃)	W/(m·℃)	0.0214	0.02475	0.0141
液化温度	℃	−173	−195.8	−63.8
相对介电常数(标准状态)	—	1.0006	1.0006	1.002
临界场强(标准状态)	kV/cm	25～30	25～30	80
音速(0.1 MPa,30℃)	m/s	340	—	138.5

3.5　组合电介质

在电力电容器的实际应用中,介质材料都是复合使用的,多数电容器产品也就是固体和液体介质的复合体。在进行材料的试验研究中,首先要对各种材料进行理化、电气性能及一些必要的项目试验,然后,就应进行材料组合性能的研究。材料的组合性能包括了材料的相容性和应用性。应用性能试验主要通过模型电容器来进行。

3.5.1　材料的相容性

电力电容器用绝缘材料是几种材料的组合体,组合体间要能够相容,即材料组合在一起时,能够保持各自的性能,彼此之间不会因为对方的存在而受影响。

目前组合材料的相容性试验没有国家标准,一般都按照固体和液体的一定比例组合进行,试验温度和周期均根据目的而定,每一个试验周期结束,都要根据试验的目的进行各参数的测试。对于液体介质,一般都需测试 ε、$\tan\delta$、ρ_V、E_b、酸值和色度等,以考核液体是否被污染和老化,试验结果用空白油样进行对比。

作为全膜电容器,薄膜与浸渍剂的相容性是非常值得关注的。薄膜浸渍在液体介质中,薄膜中极少数无定型的非结晶、非等规部分溶解于浸渍剂中,虽然溶解量很小,对浸渍剂和薄膜的相对电容率不会造成影响,但会对浸渍剂的介质损耗因数产生影响,影响的程度取决于薄膜树脂中的微量杂质、添加剂及其表面可能带来的物质。薄膜除了溶解物外,还有 $95\%\sim97\%$ 等规物体会在浸渍剂的浸渍中膨胀而使自身的几何尺寸发生变化,这些变化与温度息息相关且是不可逆的。因此,在进行产品的设计和制作时,相容性试验结果是非常需要考虑的。

3.5.2　模型电容器

模型电容器的最大特点是:

(1)可以做许多不同结构的试样进行多项目的研究试验,能够用较少的材料模拟产品的元件结构,得到大量的试验研究数据。

(2)通过材料的应用性研究筛选,定性地得到介质结构的基本性能。

(3)对于选定的介质材料及设计结构,通过试验可暴露本身及设计结构的薄弱点,从而为试制产品的设计、制作提供筛选的基本参数。

(4)模型电容器可参考产品的试验方法及项目进行试验研究,能较真实地反映材料在应用过程中的状况。

模型电容器设计一般每台为多个元件浸渍在液体介质中,每个元件一端为公共端,公共端并联后引出,另一端单独引出,这样可方便进行各种项目的测试和研究。

1)模型电容器的电容(C)和介质损耗角正切($\tan\delta$)

电容器的电容与极板间介质的属性、厚度、有效面积、压紧系数等密切相关。

介质损耗角正切是损耗的有功功率与其产生的无功功率之比,一般有 3 种形式的损耗:第一种是极化损耗,即介质在极化过程中由于克服内部分子间的阻碍而消耗的能量。

第二种,即介质的漏导电流产生损耗。第三种,局部放电损耗,即介质内部或极板边缘局部放电产生的损耗。

固体、液体介质复合后的电容随温度($-40\sim80℃$)的变化趋势如图 3-17 所示。介质损耗角正切随温度($-40\sim80℃$)的变化趋势如图 3-18 所示。

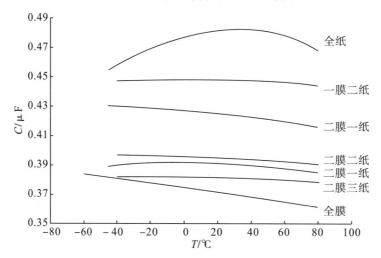

图 3-17　复合介质的电容随温度($-40\sim80℃$)的变化趋势

在图 3-17 中看到:全膜介质结构的电容随温度的升高而降低,全纸介质结构的电容随着温度的变化呈现抛物线型,膜、纸复合介质结构中,电容随温度的变化则随着介质结构中电容器纸的比例增加而趋向平坦。

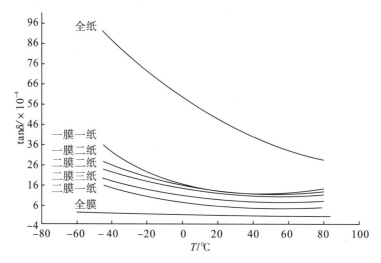

图 3-18　复合介质 $\tan\delta$ 随温度($-40\sim80℃$)的变化趋势

在图 3-18 中看到:在$-40\sim80℃$,全膜介质结构的 $\tan\delta$ 最低;全纸介质结构的 $\tan\delta$ 最高;膜、纸复合介质结构中,随着极间纸的比例增加,$\tan\delta$ 增大,曲线随着温度的下降而上翘。这种现象说明,随着温度的降低,电子位移越困难,损耗角正切应该低才对,而事实上则是损耗角正切变大,这与随着温度的降低,介质的体积密度增大,$\tan\delta$ 反映单位体积的消耗,另外,当温度从高往低时,原来在油中均匀分散的水分子可能会凝聚出来所致。

2)电容温度系数

电容温度系数是指电容与温度的关系,即电容器的温度改变 1 K 时,其电容相对于 20℃下电容 C_{20} 的相对变化量,单位为 1/k,按公式(3-21)计算:

$$a_c = (1/C_{20}) \times (\Delta C/\Delta t) \tag{3-21}$$

式中,a_c 为电容温度系数,1/k;C_{20} 为 20℃下电容的测试值,μF;ΔC 为测试温度范围内电容变化量,μF;Δt 为测试温度的变化值,k。

膜、油介质结构的电容器的电容是随着温度提高而下降,具有负的温度特性。一般薄膜和液体复合介质的电容温度系数 $\leqslant -4 \times 10^{-4}$,1/k;油、纸介质具有正的温度系数,通过膜、纸、油配合使用,可减小温度系数,使电容器具有更佳的温度特性。

3)介质损耗角正切和电容与电压的关系

进行这项试验的目的主要是考核微量粒子对复合介质的性能影响。一般是在室温条件下,对试品施加电压,从低的电压往上升,测试每一个电压下的介质损耗角正切,其变化趋势如图 3-19 所示。

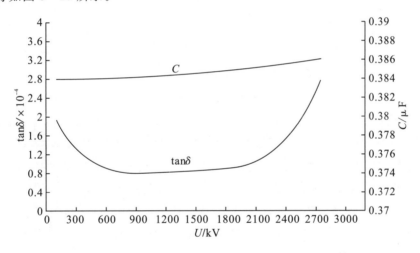

图 3-19　介质损耗角正切和电容与电压的关系

4)局部放电性能与温度的关系[10]

在电场作用下,绝缘体部分区域发生不贯穿两导体之间的放电称为局部放电,电力电容器的局部放电多数都是发生在介质中的残存气泡,空隙及极板边缘。局部放电时,离子或电子直接撞击介质使介质分子分解产生臭氧和氧化物腐蚀物,同时还会产生对介质有损伤作用的光于热,损坏绝缘材料,使放电区域不断扩大,最终导致整个绝缘体击穿,因此,必须把局部放电限制在一定的水平之下。局部放电的水平制约着电力电容器场强的选取,制约着比特性的提高,影响其局部放电水平的主要因素之一是浸渍剂的性能。浸渍剂的局放性能主要与其自身的结构、折光率、比色散、析气性、黏度等有关系,其中,黏度受温度的影响比较明显。电力电容器的局部放电性能与浸渍剂的性能存在着必然的联系。

起始放电电压(U_i)和熄灭放电电压(U_e)是工频局部放电性能的表征参数之一。U_i

是指试验电压从不发生局部放电的较低电压逐渐增加，当观察到的放电量超过规定值时外施加电压的最低值；U_e 是指试验电压从超过局部放电起始电压的较高值逐渐降低，当观察到的放电量低于规定值时外施加电压的最高值。

在电力电容器运行过程中，U_e 比 U_i 更显重要，尤其是在低温的条件下。在运行系统中，要避免电容器因过电压而产生局部放电是不可能的，关键是过电压后，能使局部放电在允许长期运行的 1.1 倍额定电压下熄灭。这除与油的吸气性能、黏度和凝固点密切相关外，还与材料间的油层均匀度有关。局部放电性能与温度的关系变化趋势如图 3-20 所示。

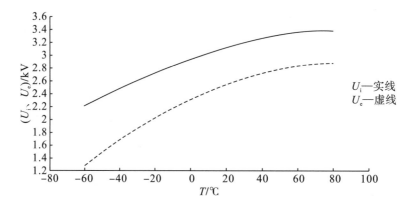

图 3-20　局部放电性能与温度的关系

从图 3-20 可看到，U_i 和 U_e 随着温度的变化趋势基本一致，温度升高，U_i 和 U_e 随之也升高，这主要是随着温度升高，气体易溶解于浸渍剂中。随着温度的降低，浸渍剂的黏度增加，流动性也差，击穿后产生的气体不容易散开，局部放电发展很快，U_i 和 U_e 迅速降低。

在实际的测试中，局部放电的产生与交流电压的变化有关，一般发生在电压上升沿。而在直流电压下很难通过测试局部放电的起始电压和熄灭电压来判断复合介质的局放水平，主要是通过放电重复率来进行，即在试验电压下的规定时间内试品超过规定值的局放脉冲数不宜超过规定总数来进行判别。放电重复率也与电压、温度密切相关。

5）击穿电压与温度的关系

全膜介质结构击穿电压的温度特性与浸渍剂的黏度特性、薄膜与浸渍剂的相容性及电场密切相关。交流击穿电压的温度特性如图 3-21 所示，直流击穿电压的温度特性如图 3-22 所示。

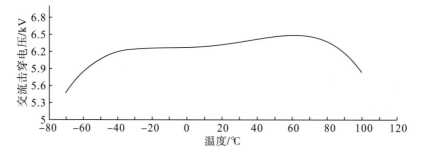

图 3-21　全膜介质结构交流击穿电压的温度特性

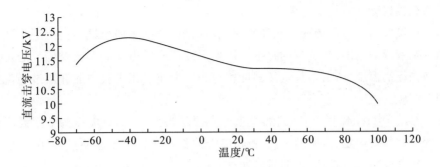

图 3－22　全膜介质结构直流击穿电压的温度特性

6)体积电阻率与温度的关系

体积电阻率也和其他电性能参数一样,受温度的影响较明显。温度使材料极化松弛频率向高温方向移动,使其自身的体积和参与漏导的离子发生变化,从而使绝缘结构的绝缘电阻随着温度的上升而明显下降。尤其是当有外来杂质影响时,这种影响将会无数倍地放大。

根据公式(3－22)计算出体积电阻率(ρ_V)。

$$\rho_V = (CR)/(\varepsilon_r\varepsilon_0) \tag{3－22}$$

式中,ρ_V 为试样体积电阻率,$\Omega \cdot m$;C 为试样的电容,F;R 为试样电阻测量值,Ω;ε_r 为试样的相对电容率理论值;ε_0 为真空介电常数,为 8.85×10^{-12} F/m。

不同温度条件下,油浸渍各种介质结构的体积电阻率随温度变化的关系如图 3－23 所示。

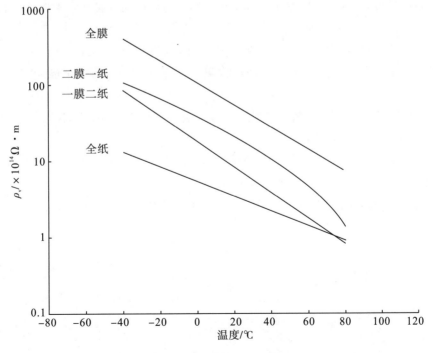

图 3－23　介质结构 ρ_V 与温度的关系

7)耐久性试验

耐久性试验由过电压周期试验和老化试验组成,过电压周期试验是为了验证从额定最低温度到室温的范围内,反复的过电压周期不致使介质击穿的型式试验。老化试验是为了验证在提高温度下,由增加电场强度所造成的加速老化不会引起介质过早击穿而进行的型式试验。

参照 GB/T 11024.2 – 2001 进行模型电容器耐久性试验,过电压的下限温度及试验场强根据研究需要而定,试验结束后,测试其介质损耗角正切不应明显增加,局部放电性能和元件击穿电压没有降低,说明试验通过。

模型电容器的研究试验结束后,介质材料在电容器中的应用性能基本就清楚了,可根据试验结果为下阶段的新产品试验研究提供技术支持。

参考文献

[1] 李兆林,陈松,李贤君.聚丙烯树脂对薄膜应用性能的影响研究[J].电力电容器与无功补偿,2014.35(1):60 – 63,89.

[2] 曹晓珑,罗传勇,巫松桢.电工术语 绝缘固体、液体和气体:GB/T2900.5 – 2002[S].北京:中国标准出版社,2002.

[3] 王先锋,李学敏,赵平,等.电气绝缘用薄膜第 2 部分:试验方法:GB/T13542.2 – 2009[S].北京:中国标准出版社,2009.

[4] 刘英,李兆林,王先锋,等.电气绝缘用薄膜第 3 部分:电容器用双定向聚丙烯薄膜:GB/T13542.3 – 2006[S].北京:中国标准出版社,2006.

[5] 李兆林,吴俊丽,陈松,等.电力电容器用双轴定向聚丙烯薄膜技术条件:JB/T11051 – 2010[S].北京:机械工业出版社,2010.

[6] 胡兆斌.绝缘材料工艺学[M].北京:化学工业出版社,2005.244 – 268

[7] 刘海宁,朱晓红,张建平,等.电容器纸:GB/T12913 – 2008[S].北京:中国标准出版社,2008.

[8] 李兆林,李滨涛,陈松.苄基甲苯绝缘油微量氯含量分析方法的选择[J].电力电容器与无功补偿,2016.37(2):36 – 38.

[9] 马林泉,李兆林,徐建华,等.绝缘液体以合成芳烃为基的未使用过的绝缘体:GB/T21221 – 2007[S].北京:中国标准出版社,2007.

[10] 王建生,陈仓,谈克雄 ,等.局部放电测量:GB/T7354 – 2003[S].北京:中国标准出版社,2003.

第4章 电力电容器的用途和分类

4.1 电力电容器的基本性能与用途

4.1.1 电力电容器的基本特性

电路中有 3 个最基本的元件,即电阻、电容、电感。其中,电阻在电路中要消耗一定的功率,其特点是阻抗特性不随电源的频率发生变化。电容和电感均属于储能元件,原则上不消耗有功能量,其自身的损耗除外,电感主要存储的是一种磁场能量,其阻抗特性与电源的频率有关,频率越高,其阻抗越大;电容存储的是静电能量,其阻抗频率特性与电抗器相反,频率越高,阻抗越小。电容器的基本特性有如下几点:

1)电容器的储能损耗小

电抗器的磁场能量依靠电流来支撑,在实际的电路中,往往会产生大量的损耗,除非在超导电路中,这种能量才能得到实际意义上的存储。而电容器存储的静电能量,是通过极板上正负电荷产生的电场力来存储能量,只要极间介质的电导足够小,损耗就会很小,这种介质很容易做到,所以,电容器储能的损耗很小。

2)充放电速度快

如果外回路的阻抗为零,电容器充放电的速度为无穷大,即充放电的时间可以为零。这里要注意的是电化学电容器和一般的电池,虽然同为储能器件,但电池存储的是一种化学能量,其提供的能量是化学反应的结果,所以其充放电速度最慢。电化学电容器,其实质是通过极化电解质来储能的一种电化学元件。主要依靠双电层和氧化还原假电容电荷储存电能,但在其储能的过程中并不发生化学反应,其充放电速度介于电池和电容器之间。

3)电压的恒定性与电流的突变性

电容器在外回路突然变化时,其电压是不能发生突变的,为了维持电路的平衡,电容器的电流是可以发生突变的,这一点和电抗器正好相反。

4)容抗随频率的可变性

在交流电压下,电容器的容抗与频率成反比,频率越高,容抗越小。

5)电流超前性

在交流电压下,电容器的电流总是超前电压相位 $90°$,这是其在交流电压下的最基本特点,正是因为这个特点,电容器的电压与电流的乘积为容性无功功率,没有有功消耗。

4.1.2　电力电容器的主要用途

由于电容器在交直流电压下表现出来的各种性能,所以,在各个领域的应用越来越广泛,目前在交直流输配电、高电压试验、载波通信、激光及高能物理、脉冲功率、医疗、军事、冶金、化工等工矿企业及家用电器等方面都有着广泛的应用,在各行业中起着各种不同的作用。

1)在交直流电力系统的应用

(1)并联无功补偿装置:其主要用途是线路节能降耗,提高功率因数等。

(2)滤波成套装置:主要用途是滤除系统谐波,改善电能质量等。

(3)串联补偿装置:主要用途是平衡功率,稳定系统电压,扩大输送容量等。

(4)耦合电容器:主要用途是系统内部利用高压输电线路进行通信等。

(5)电容式电压互感器:主要用途是监测系统电压,功率计量保护等。

(6)均压电容器:用途是均匀断路器断口电压等。

(7)防护电容器:用途是降低陡波冲击的峰值和陡度等。

(8)阻容吸收装置:用途是吸收系统短时的高频或暂态分量等。

(9)直流滤波器:用途是改善直流电压纹波,稳定电压等。

(10)阀均压电容器:用途是均匀串联阀组之间的电压等。

(11)阻尼电容器:用途是阻尼来自开关或电力电子器件操作引发的振荡等。

除此之外,电力电容器在交流输配电网络还有很多的用途,如能源互联网,改善电能质量(谐波、电压暂升、电压暂降等),工业用电企业节能降耗,三相功率平衡。随着电力系统的发展和进步,还会出现新的用途和功能。

2)高电压试验及检测方面的主要用途

(1)冲击电压发生器:用于产生雷电冲击电压(1.2/50 μs)、操作冲击电压(250/2500 μs)。

(2)冲击电流发生器:用于产生标准的冲击电流(8/20 μs)或其他的冲击电流。

(3)大容量振荡回路:用于产生各种频率的短时振荡波形,比如断路器合成试验装置以及其他的如避雷器等设备的短时大电流试验。

(4)无功功率补偿:变压器、电抗器等试验回路,补偿无功功率,减小试验变压器的容量。

(5)标准电容器:与西林电桥配合,作为标准对其他电气设备的介质损耗进行检测,以检验工艺处理过程的状态。

(6)标准电子分压器:利用气体电容器的屏蔽效果及稳定性较好的特点,与电子测量装置结合,组成标准分压器。

(7)工频分压器:利用电容器分压,对工频电压进行测量,和电阻分压器相比,阻抗小,稳定性好,不发热。

(8)阻容分压器:与电阻串联或并联,用于冲击电压等频率变化波形的测量。

3）其他方面的应用

电容器在其他方面的应用也非常广泛,比如军事方面的激光炮,X 射线发生器,矿石粉碎等。主要的用途是产生瞬间强脉冲电压或电流放电,以产生瞬间的功率释放,产生强脉冲冲击波、强能量发射等。

4.2　电力电容器的分类

电力电容器在交直流输配电、高电压试验、载波通信、激光及高能物理、冶金、化工等工矿企业及家用电器等方面有着广泛的用途。随着我国经济、电力工业和科学技术的发展和进步,电力电容器及其成套装置已形成了多种类型和品种。

随着电力电容器技术的发展,其产品的品种和结构形式也多种多样,就分类而言,很难对其用一种形式进行分类。作者就电容器的分类总结有以下几种形式:

（1）按国家及 IEC 有关的标准分类,基本分为电力系统用电力电容器和非电力系统用电力电容器。

（2）按其外形结构形式可分为金属外壳式电容器和套管式电容器。

金属外壳式电容器种类很多,一般为大容量电容器,电压相对较低,电容量相对较大,如并联、滤波、串联、脉冲等,对于其外壳的形式,有金属壳、绝缘壳、方形壳、圆形壳。

套管式电容器主要指电容量不大,但电压等级较高,如耦合电容器、均压电容器等,电容器的心子直接装入空心套管内部,套管既是电容器的外绝缘,又是防护外壳。

（3）按电力电容器所使用的介质类型,可分为膜纸复合介质、全膜介质和气体绝缘电容器 3 大类。在全膜电容器中也有箔式和金属化膜电容器。

（4）按电容器内部填充介质,分为干式和液体填充介质电容器。

（5）按电压等级分类可分为高压和低压电容器。这里需要注意的是,按照相关的标准规定,电压主要分成高压和低压 2 种,以 1000 V 为界,等于高于 1000 V 为高压,低于 1000 V 为低压。但是,往往在日常的使用中,将电压分为低压、中压、高压、超高压、特高压,通常所说的高压指的是 35 kV 以上、500 kV 以下的电压,500～1000 kV 为超高压,1000 kV 以上为特高压。有时把 6～35 kV 称为中压。

实际的工程应用中,往往每个工程或用户的需求差别很大,无法用固定型号的电容器来供给客户,所以,电力电容器就分为单元和电容器组。为了满足用户的各种需求和用途,给电力电容器组配置了相关的设备,形成电力电容器装置,以满足市场的不同需求。

从电容器要实现的功能和技术,有 2 个大的分类体系,其一为电力电容器单元,是基本的单元,其技术主要是电容器制造技术;其二为电力电容器成套装置,其特点是把单元组合起来,形成电容器组,并配以适当的保护,以便于实现一个具体的功能。

无论电力电容器的分类多复杂,还是参考相关的标准体系,按用途对电力电容器单元以及电力电容器装置分类,如表 4-1 和表 4-2 所示。

4.2.1 电力电容器的单元分类

表 4-1 电力电容器单元的分类

名称/系列号		常用额定值	相关标准号	主要用途
交流滤波电容器 A		电压:4.2~15.6 kV 容量:30~1000 kvar	GB/T11024 IEC60871	并联连接于 50 Hz 或 60 Hz 的高压交流电力系统中,用于滤除系统谐波,降低网络谐波水平,改善系统的功率因数
直流输电用交流 PLC 电容器 AP		电压:3~25 kV 容量:≤1000 kvar	GB/T31954	用于直流输电换流站的交流侧,滤除交流母线上的电力载波信号,防止交流线路上的载波信号影响晶闸管等设备的运行
高电压并联电容器（B）	壳式	电压:3~25 kV 容量:≤1000 kvar	GB/T11024 IEC60871	并联接于 50 Hz 或 60 Hz 交流电力系统中,用于补偿感性无功功率,改善功率因数,改善电压质量,降低线路损耗,提高系统或变压器的有功输出
	箱式	电压等级:3~110 kV 容量:1000~30000 kvar		
	集合式	电压等级:3~110 kV 容量:1000~60000 kvar	JB7112	
低电压并联电容器（B）	箔式	电压:≤1 kV 容量:5~100 kvar	GB/T17886 IEC60931	
	自愈式	电压:≤1 kV 容量:5~200 kvar	GB/T12747 IEC60831	
串联电容器(C)		电压:0.6~10 kV 容量:20~600 kvar	GB/T6115 IEC60143	串联接于 50 Hz 或 60 Hz 交流电力系统中,用来补偿电力系统的线路感抗,减少线路电压降落,增大传输容量,提高输电线路的稳定性
储能电容器 CN		—	JB/T8168	用于储能或通过储能后将能量进行释放,在规定时间内获得较大的能量
直流滤波电容器 D		—	GB/T20993	用于一般的整流回路或高压直流输电,用于滤除回路残存的交流成分和滤除高次谐波

续表

名称/系列号	常用额定值	相关标准号	主要用途
直流 PLC 滤波电容器 AP	—	GB/T32130	用于高压直流输电项目,与阻波器配合,防止载波信号与换流站控制信号之间的相互干扰
直流断路器用谐振电容器 DX	—		用于直流断路器,开断断路器时,通过电容器使回路产生振荡电流,使流过断路器的电流出现过零点,利于断路器开断
交流电动机电容器 E	电压:0.11~0.66 kV 电容:1.0~10 μF	GB/T3667 IEC60252	向电动机辅助绕组提供超前电流,帮助电动机启动
防护电容器 F	电压:10.5/√3~20/√3 kV 电容:0.01~6.8 μF	—	用于降低过电压的峰值,配合避雷器保护发电机和电动机
阀用阻尼电容器 FZ	—	GB/T26215	用于电力电子器件的阻尼回路,防止动作期间产生过电压及过电流
换流阀均压电容器 FJ	—	GB/T26215	用于电力电子回路,用于均匀电力电子器件或器件组间的电压
交流断路器用均压电容器 J	电压:40~180 kV 电容:1000~3900 pF	GB/T4787	并联连接在交流高压断路器的断口上,用以改善电压分布,降低恢复电压上升率
脉冲电容器 M	电压:1~500 kV 电容:0.002~400 μF	JB/T8168	主要用于冲击电压、冲击电流发生器,冲击分压器,振荡回路和连接脉冲装置
耦合电容器及电容分压器 O	电压:10/√3~1000/√3 kV 电容:3500~20000 pF	GB/T19749 IEC60358	在电力线路载波(PLC)系统中使高频载波装置在低电压下与高压线路耦合,实现载波通信以及测量、保护和控制
感应加热装置用电力电容器 R	电压:0.375~3.00 kV 容量:9~3200 kvar 频率:40~3900 Hz	GB/T3984 IEC60110	在频率 40~50000 Hz 范围内的感应加热电气系统中,用于提高功率因数或改善回路特性

续表

名称/系列号	常用额定值	相关标准号	主要用途
谐振电容器 X	—	—	在电力网或试验回路中与电抗器组成基波谐振电路的电容器
压缩气体标准电容器 Y	电压:10～1200 kV 电容:20～1000 pF	JB1811	与高压电桥相配合,用于测量绝缘介质和高压电气设备的损耗角正切和电容,也可用作分压电容器

注:表中"—"表示常用值不宜确定或无现行标准。

4.2.2 电力电容器装置分类

表 4-2 电力电容器装置的分类

系列代号	名 称	额定值	结构和用途
BB	高压并联电容器装置	电压:1.05～1000 kV 容量:0.1～300 Mvar	通常由并联电容器组、开关、串联电抗器、放电线圈、氧化锌避雷器、接地装置、控制屏、组架等组成,主要用来与 50 Hz 或 60 Hz 交流电力系统并联连接,补偿感性无功功率,改善电压质量,降低线路损耗
BB	低压并联电容器装置	电压:0.4～1 kV 容量:30～1000 kvar	
AL	高压交流滤波电容器装置	电压:1.05～1000 kV 容量:1～300 Mvar	通常由滤波电容器组、谐振电抗器、电阻器、开关、组架等组成。用于滤除系统中的高次谐波电流,同时提供一定的无功功率,改善电网供电质量
AL	低压交流滤波电容器装置	电压:0.4～1 kV 容量:30～1000 kvar	
CY	冲击电压发生器	电压:400～6000 kV 电容:0.01～0.1 μF	由高压脉冲电容器、球隙、电阻器、高压直流电源和控制、记录设备等组成。可由较低电压、较小功率的电源产生短时高电压、大功率的具有规定波形的冲击电压
CL	冲击电流发生器	电压:20～30 kV 电流:5～1000 kA	由脉冲电容器、球隙、电阻器、直流充电电源等组成。可根据需要产生 10^5～10^6 A 的冲击电流

续表

系列代号	名　称	额定值	结构和用途
YD	电容式电压互感器	电压:35/$\sqrt{3}$~1000/$\sqrt{3}$ kV 二次绕组额定电压:100/$\sqrt{3}$ V 准确等级:0.1~1 级 二次绕组额定容量:10~450 VA 频率:50 Hz	由耦合电容器、电容分压器、中压变压器、电抗器和阻尼器等组成。主要接在线与地之间,用来获得准确的二次电压,作为高电压输配电系统的电压测量、保护和控制之用,并可作为电力线载波耦合装置中的耦合电容器之用

4.3　电容器的型号规范

4.3.1　型号标注的通用规则

无论是哪种产品的型号标注,应该按其用途的类型简洁明了,使用者能够很快选择所用的型号。电力电容器型号标注的相关标准中也基本遵循了这样一个原则。一般的电容器型号标注的规则应包含如下要求:

(1)产品的用途和介质结构:英文字母标注。

(2)电容器的额定电压:用数字标志,一般单位为 kV。

(3)容量:容量分为 2 类,对于需要为所服务的系统提供功率的电容器,应该标注其代表功率的容量,单位一般用 kvar;对于为系统提供电容量以满足所服务系统对电容量的需求的电容器,应标注电容量,单位一般用 μF、pF。

(4)相数及安装环境:相数一般分为单相和三相,安装环境一般分为户内和户外,在有些要求较高的环境条件下,如高原、湿热地区等需特殊说明。

国家相关标准 GB/T 对于电容器的型号标注规范了 2 种方法,为全型号标注方法如图 4-1 和基本型号标注方法如图 4-2,2 种方法的差别主要在于全型号标注增加了派生产品、特殊使用条件以及企业标识的标注。

4.3.2　单元电容器的型号标注表示方法

基本型号由系列代号、浸渍介质代号、极间主介质代号、结构代号、第一特征号、第二特征号、第三特征号和尾注号组成,其形式如下:

(1)系列代号:用以表示电容器所属的系列,具体如表 4-1 所示。

(2)浸渍介质代号:用以表示电容器中浸渍介质的种类。当浸渍介质为几种介质的混合物时,只表示主要浸渍介质的代号。电力电容器主要浸渍介质的代号如表 4-3 所示。

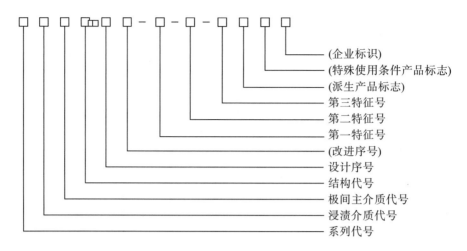

图 4-1　全型号标注方法示意图

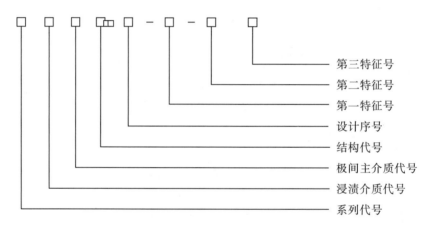

图 4-2　基本型号标注方法示意图

表 4-3　电力电容器主要浸渍介质的代号

浸渍介质代号	字母含义	浸渍介质代号	字母含义
A	苄基甲苯、SAS 系列	J	聚丁乙烯
B	异丙基联苯	K	空气
C	蓖麻油	L	六氟化硫
D	氮气	S	石蜡
F	二芳基乙烷	W	烷基苯
G	硅油	Z	菜籽油

（3）极间主介质代号：用以表示电容器中极间主介质的形式。极间主介质代号如表 4-4 所示，D 表示氮气、F 表示膜纸复合、L 表示六氟化硫、M 表示全膜、MJ 表示金属化膜。

表 4-4　极间主介质代号

极间主介质代号	字母含义
D	氮气
F	膜纸复合
L	六氟化硫
M	全膜
MJ	金属化膜

（4）结构代号：电容器单元不需要编注结构代号，充油集合式电容器的结构代号为 H；箱式电容器的结构代号为 X；电容器单元带有一内熔丝和内放电电阻时，分别用 F 和 R 表示，并采用脚注形式。

（5）第一特征号：用以表示电容器的额定电压，单位为 kV；

（6）第二特征号：用以表示装置的额定容量（kvar）或额定电容（μF 或 pF）。对用于输出无功功率的电容器，一般按无功容量标注，如并联、滤波以及串联等电容器；用于其他用途的电容器，一般用电容量进行标注。

（7）第三特征号：用以表示并联、串联或交流滤波电容器的相数，或者感应加热装置用电容器的额定频率。单相以"1"表示，三相以"3"表示，内部为 III 形连接的三相电容器以"1×3"表示；频率以"kHz"表示。

（8）派生产品特征号：对于特殊产品，一般用字母 P 标识，也可不进行标识。

（9）特殊使用环境：用以表示产品的特殊使用条件，如果同时存在两种或两种以上特殊使用条件，则应将对应的标志并列放在一起并按字母顺序排列。特殊使用环境的标志按表 4-5 所列字母进行标识。

表 4-5　特殊使用环境

尾注号字母	字母含义	尾注号字母	字母含义
F	中性点非有效接地系统使用	TA	干热带地区使用
G	高原地区使用	TH	湿热带地区使用
H	污秽地区使用	W	户外使用（户内使用不用字母表示）
K	有防爆要求地区使用	X	化学腐蚀地区使用
N	凝露地区使用	Y	严寒地区使用
S	水冷式（自冷式不用字母表示）		

4.3.3　电容器成套装置的型号标注表示方法

型号由装置代号、系列代号、第一特征号、第二特征号、第三特征号和尾注号组成，其形式如图 4-3 所示。

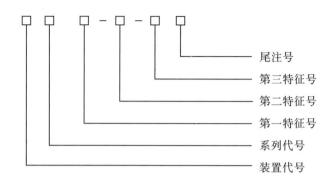

图 4-3 电容器成套装置型号标注方法示意图

装置代号:用以表示电容器装置,用"T"表示;

系列代号:用以表示装置所属的系列,具体装置的分类如表 4-2 所示;

第一特征号:用以表示装置的额定电压,单位为 kV;

第二特征号:用以表示装置的额定容量、额定电容或额定电流;

第三特征号:用以表示串联或交流滤波电容器装置的相数,单相以"1"表示,三相不表示;

尾注号:对于各类高压补偿、滤波装置,尾注号第一个字母表示主接线方式,即 A 表示单星形(Y),B 表示双星形(Y-Y),C 表示三星形(YYY)。尾注号第二个字母表示电容器组的继电保护方式,即 C 表示电压差动保护,L 表示中性点不平衡电流保护,K 表示开口三角电压保护,Q 表示桥式差电流保护,Y 表示中性点不平衡电压保护。

对于电容式电压互感器,尾注号表示主要使用特征,即 F 表示中性点非有效接地系统使用,G 表示高原地区使用,H 表示污秽地区使用,TH 表示湿热带地区使用。

第5章　电力电容器的参数与性能

5.1　电容器的基本概念

电容器在相关的标准中是一个广泛的概念,可以是电容器单元或电容器组,都可以称为电容器,这是 IEC 以及国家标准中对于电容器这个词汇的最基本的概念。对于电容器元件、单元以及电容器组另有独立的定义。

(1)电容器元件:由电介质和被它隔开的两个电极所构成的部件,是电力电容器最基本的组成部分。

(2)电容器单元:由一个或多个电容器元件组装于同一外壳中并有引出端子的组装体。它是电容器组的基本组件。

(3)电容器组:连接在一起共同起作用的若干电容器单元。它是电容器装置的核心部分。它的基本构成有电容器单元、外熔断器、构架、支持绝缘子、连接导线、接线端子、防晕装置和降噪声装置。也可包括不平衡保护用互感器、放电线圈等附件。

(4)电容器装置:由电容器组及其投切、控制、保护、测量、调节、安全接地及功能配件组成,能够独立完成某项功能的成套装置。

5.2　电容器的电容

电容是电容器的最基本参数,代表了电容器在一定电压下储存电荷的能力,或者说反映的是电容器储存电场能量的能力。

当在一个电容器的两极板上施加一定的直流电压时,就有一定量的电荷储存在极板上。电容器在一定电压下储存电荷的能力可用电荷(式 5 - 1)或能量(式 5 - 2)来表示。

$$Q = C \cdot U \tag{5-1}$$

$$W = \frac{1}{2} \cdot C \cdot U^2 \tag{5-2}$$

式中,C 为电容,F;Q 为电荷,C;U 为电压,V;W 为能量,J。

电容器的额定电容,是指设计电容器时给定的电容值,或是由额定容量、额定电压和额定频率计算得出的电容值。

电容器的电容大小与极板的面积、形状和两极板间距离、介质材料有关。电容的单位根据需要还可采用 F、μF、nF 或 pF。

5.3　电容器的电压

电容器的额定电压(U_N),是指在设计电容器时给定的电压。对于交流电容器,指交流电压方均根值,对于直流电容器一般指直流电压。

在交流电力系统中,由于系统存在着各种过电压,对于不同电压等级的电力系统,相关的绝缘配合标准已经规定了相应的电压因数和作用时间。所以,电容器安装于电力系统,在选取电容器或电容器组的额定电压时,除了考虑系统的电压因数、过电压水平以外,对于并联、滤波等电容器还须考虑系统的谐波水平,以及所配的电抗器对于电容器运行电压的影响;对于工业系统或孤网,还应考虑系统运行电压的水平。

为交流电力系统提供无功的并联、滤波电容器的额定电压的选取非常重要。电容器是一种很特殊的设备,其介质的工作场强比其他电气设备高很多,电容器的输出容量与施加电压的平方成正比,而电容器对于施加的电压特别敏感,长时间的过电压会使电容器介质在电和热的共同作用下过早损坏,这类电容器的工频耐受电压是其额定电压的 2.15 倍,如果用直流电压替代则需 4.3 倍的 U_N。

串联电容器串联于输配电线路中,一般通过绝缘平台作为对地绝缘的支撑,其极间电压与系统的过电压无关,所以,串联电容器的极间过电压完全取决于其自身保护装置限制过电压的水平。串联电容器的极间电压试验一般在 $2.1 \sim 3.5 U_N$ 之间。

对于其他的电容器,如用于电力系统的耦合电容器,电容式电压互感器用的分压器,防护电容器,断路器(均压)电容器等,由于其极间的试验电压与系统的对地绝缘水平无法分开进行测试,所以,对于这类设备的试验,其极间短时耐受电压水平完全按系统绝缘水平进行试验。

对于直流输电用的电容器,如直流滤波电容器等,电容器装置的额定电压一般按下式进行计算,而其直流耐受电压的水平则为其额定电压的 2.6 倍。

$$U_n = k \cdot U_{dc} + \sqrt{2} \cdot \sum_{i=1}^{50} U_i \tag{5-3}$$

用于实验室或其他场合的电容器,其工作中不存在过电压的问题,且使用电压常常低于其额定电压,其试验电压一般为其额定电压的 1.2 倍。

我国电力系统各电压等级的绝缘水平如表 5-1 所示,电压因数如表 5-2 所示。

表 5-1 交流电力系统标准的绝缘水平

系统标称电压 (方均根值)/kV	设备最高电压 U_m (方均根值)/kV	额定雷电冲击耐受电压(峰值)/kV	额定操作冲击耐受电压(峰值)/kV	额定短时工频耐受电压(干试与湿试) (方均根值)/kV
3	3.5	40	—	18/25
6	6.9	60	—	23/30
10	11.5	75	—	30/42
15	17.5	105	—	40/55
20	23.0	125	—	50/65
35	40.5	185	—	80/95

续表

系统标称电压（方均根值）/kV	设备最高电压 U_m（方均根值）/kV	额定雷电冲击耐受电压（峰值）/kV	额定操作冲击耐受电压（峰值）/kV	额定短时工频耐受电压（干试与湿试）（方均根值）/kV
66	72.5	325	—	140
		350	—	160
110	126	450		185/200
220	252	850	—	360
		950	—	395
330	363	1050	850	460
		1175	950	510
500	550	1425	1050	630
		1550	1175	680
		1675	—	740

注：对同一设备最高电压给出两个绝缘水平者，再选用时应考虑电网结构及过电压水平、过电压保护装置的配置及其性能、可接受的绝缘故障等。斜线下的数据为外绝缘的干耐受电压。

表 5-2　我国交流电力系统的电压因数和持续时间

型　式	电压因数×U_N（方均根值）	最大持续时间	说　明
工频	1.00	连续	电容器运行任何期间内的最高平均值。在运行期间内出现小于 24 h 的例外情况采用如下规定。
工频	1.10	每 24 h 中 8 h	系统电压调整与波动
工频	1.15	每 24h 中 30 min	系统电压调整与波动
工频	1.20	5 min	轻负荷下电压升高
工频	1.30	1 min	
工频加谐波	使电流不超过 1.3 倍该单元在额定正弦电压和额定频率下产生的电流		

5.4　电容器的电流

无论对于哪种电容器，在稳态正弦交流电压作用下，电容器的电流可用下式来进行计算：

$$I = \omega C U \times 10^{-3} \qquad (5-4)$$

或者

$$I = 2\pi f C U \times 10^{-3} \qquad (5-5)$$

式中，f 为电源的频率，Hz；ω 为电源的角频率；C 为电容，μF；U 为正弦电压方均根值，

kV;I 为电流,A。

从式(5-5)可知,电容器的电流与其电压、电容量以及电源的角频率或者说电源的频率均成正比,当电源的频率为 0 时,也就是当电源电压为直流电压时,电容器的电流为 0;当电源的频率较高时,电流就比较大。

在交流电压下,电容器的极板之间是通过绝缘介质隔离的,如果不考虑其介质的电导,是没有电流会流过介质的,介质只是随交流电场的作用发生极化,其电流只不过是极板上的电子随着电源电压的变化而移动所产生的电流,这个电流也可以说是电容器随着电压幅值变化所进行的不断的充放电的过程。从这个意义上来讲,如果一个电容器两端的电压为 $U\sin(\omega t)$,则其电流为:

$$I = C\frac{dU}{dt} \qquad (5-6)$$

所以,电容器的瞬时电流为

$$I = C\frac{d[U\sin(\omega t)]}{dt} = C\omega U\cos(\omega t) \qquad (5-7)$$

从公式(5-7),不难理解电容器的电流为何超前电压 90°了。所以,式(5-6)是计算电容器电流的万能公式,电容器的电流为其电容量和其电压随时间的变化率的乘积。

在交直流电力系统中,往往存在着谐波,电容器对于谐波比较敏感。图 5-1 给出了电容器在谐波环境下的电流及电压波形,由于电容器的容抗总是随着电源频率的变化而变化,所以,在有谐波的环境下,电容器的电流的波形总是比电压波形要杂乱得多。

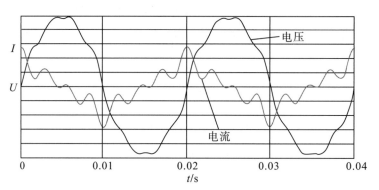

图 5-1　在有谐波环境下电容器的电压电流波形比较

电容器的额定电流是指额定电容量与额定电压的比值,额定电流可以用式(5-8)进行计算。

$$I_N = \frac{Q_N}{U_N} \qquad (5-8)$$

式中,Q_N 为电容器的额定容量,kvar;U_N 为额定电压,kV;I_N 为电流,A。

对于交流输电系统用的并联电容器,由于流入并联电容器的谐波电流不大,所以,在进行电容器的设计时,允许电容器流过 1.3 倍的电流。而对于滤波电容器而言,由于谐波电流流过电容器,电容器的电压是其基波电压与各次谐波压降的代数和,电容器的额定容量只需要在并联补偿容量的基础上放大。滤波器的电压可用式(5-9)进行计算,其他与并联设计相同。

$$U_N = \sum_{k=1}^{50} U_k \tag{5-9}$$

对于直流滤波器,由于基波电流基本为 0,所以,在选择直流滤波器的额定电流时,其电流一般按式(5-10)进行计算,式中,

$$I_N = \sqrt{\sum_{k=z}^{50} I_k^2} \tag{5-10}$$

对于其他领域使用的电力电容器的电流,需根据实际的情况进行分析计算。对于谐波电压一般采用代数相加的方式求和,对于谐波电流的处理,基本上采用平方和开方的方式对电流进行叠加。

5.5　电容器的无功容量

电容器的无功容量是用于无功补偿的电容器在交流电压作用下表现出的向系统提供无功功率的能力,它与电容器本身的电容量、所施加的电压的幅值以及频率均有关。电容器的无功容量或无功功率一般用 kvar 来标示。

在日常工作甚至一些文章中,经常也会使用"电容"和"容量"这 2 个词汇,这里建议使用更规范的词汇。为了在日常使用中更好区分电容器的无功功率容量和电容量这 2 个概念,尽量使用规范的词汇"电容量"和"无功容量"。

在交流电力系统中,向系统提供无功功率的电容器有并联电容器、滤波电容器、串联电容器、电热电容器,其无功容量用式(5-11)进行计算。

$$Q = \omega C U^2\ 10^{-3} \tag{5-11}$$

式中,Q 为电容器的无功容量,kvar;ω 为电源的角频率,$\omega = 2\pi f$;C 为电容量,μF;U 为正弦电压方均根值,kV。

5.6　三相电容器的标称值

在电容器或电容器组的实际使用中,往往要三相使用,作为在三相交流电力系统中使用的电容器或电容器组,其三相的连接可分为三角形(△形)和星形(Y形)两种连接方式。在我国的电力系统中,从系统安全或安全等级考虑,高压电容器内部或高压电容器组的三相连接一般不允许采用三角形接线,只允许采用星形连接方式。

高压电容器单元一般为单相电容器,单套管或双套管出线;大容量的集合式电容器为了连接方便,往往采用Ⅲ形接线(三相六端子独立引出);而低压电容器内部元件组的连接有△形和 Y 形以及Ⅲ形 3 种基本的内部接线方式。所以,电容器的内部接线方式有如图 5-2 所示的 4 种方式。对于不同连接方式的电容器,电容器的额定参数应如何标注呢? 无论哪种方式,电容器的标注及名牌参数一般有 4 个基本的参量,即额定(无功)容量、额定电压、额定电流、额定电容量。

对于单相电容器,其 4 个参量是很明确的,对于其他的连接方式,其参量的标注是有差异的,无论怎样变化,需要掌握 2 个最基本的原则是:①电容器的额定输出无功容量;

②对于接线方式(b)和接线方式(c),其标称电压为系统线电压,对于接线方式(d),其电压的标注按每个单组电容器的设计电压进行标注;③电流及电容量的标注,只要符合公式(5-11)就可以。

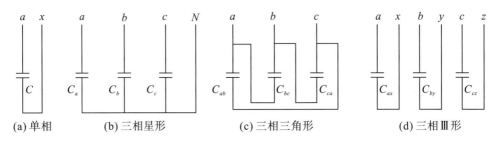

图 5-2 电容器内部连接方式

所以,对于接线方式(c)和接线方式(d),其标称容量、电容量及电流都直接代数相加即可。对于接线方式(b),由于其标称电压有所变化,相关的参数标注有所差异,如果电容器每相的电压为 U_x,每相电流为 I_x,电容器的额定参数计算方法如下:

$$Q_N = Q_a + Q_b + Q_c \tag{5-12}$$

$$U_N = \sqrt{3}\,U_x \tag{5-13}$$

$$I_N = \frac{Q_N}{U_N} = \sqrt{3}\,I_x \tag{5-14}$$

5.7 电容器的介质损耗

电力电容器在交流电压下,主要产生无功功率,但是也会产生一些有功损耗。电容器的损耗就是指在交流电压下消耗的有功功率。电容器在交流电压下产生的损耗由以下 6 部分组成:

(1)电容器极间电介质中的电导损耗;

(2)电容器极间电介质中的极化损耗;

(3)电容器其他固体绝缘材料的电导及极化损耗;

(4)电容器其他液体介质中的导电杂质的损耗;

(5)电容器导电器件的电阻损耗,包括内部熔丝的损耗;

(6)电容器内部放电器件的电阻损耗。

将上述 6 部分损耗分为 2 类,其中第 1 和第 2 项为电容器的极间电介质产生的损耗;其余部分均为电容器运行过程中的附加损耗。对于电力电容器而言,在测量介质损耗时,无法把 2 种损耗区分测量,但是,必须把电容器的损耗和电容器的介质损耗的概念加以区分。

电容器的损耗指运行过程中的全部损耗,电容器本身的有功功率损耗很低,一般不用确认,如果要确认电容器的有功损耗,表述中应该用瓦特(W)来表示。对于用于产生无功功率的并联、滤波和串联电容器也可用 W/kvar,对于用于其他交流电压的电容器应该用 W/台来表示。

电容器的介质损耗指一般指电容器的极间电介质在交流电压下产生的损耗,规范电容器的介质损耗相关指标并进行检验的目的并不是用于测量电容器的损耗,而是用于检验电容器的工艺处理是否完好,所以,无论是对于直流电容器还是其他频率的电容器,均应规定其工频电压下的介质损耗指标并进行检验,以确定产品的工艺处理是否完好,并用有功损耗与无功功率之比的百分数来表示。

电容器内部的介质损耗等效图如图 5-3 所示,图中 r_j 为介质的电导损耗和极化损耗的等效电阻,R_d 为引线及内熔丝的等效电阻,R_z 为液体介质的杂质损耗的等效电阻,R_f 为内部放电电阻,c_k 及 r_k 为电容器的心子对外壳的杂散电容和杂散电导的等效电阻。

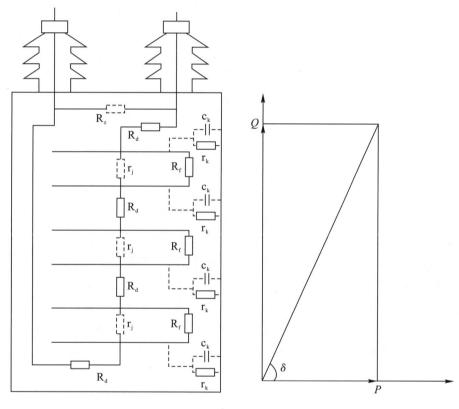

图 5-3　电容器损耗等效图　　　　图 5-4　损耗角向量图

介质损耗也叫损耗角正切值,反映的是介质产生的损耗与无功功率的比率。如图5-4 所示,介质的损耗角正切值为:

$$\tan\delta = \frac{P}{Q} = \frac{X_C}{R_b} = \frac{\gamma}{2\pi f\varepsilon} \qquad (5-15)$$

式中,P 为介质等效有功损耗;Q 为介质产生的无功功率;R_b 为介质的等效并联电阻;X_c 为电容的容抗;γ 为介质的单位体积电导率;ε 为介质的电容率。

从上式可以看出,介质损耗反映的是介质本身的特性,它与电源频率直接有关。另外,就介质的电导损耗而言,与频率无关,而极化损耗在一定的频率范围内,极化损耗随着频率的提高损耗在增加,但频率高到一定程度,极化损耗不再增加,所以,介质的损耗角正切值一定是指某个频率下的损耗角正切值,不同频率下测得的损耗角正切值是不同的。

另外,如果介质工艺处理不到位,其电导损耗会增大,所以,损耗角正切值的概念是指介质内部产生的损耗,是有特定意义的。

对于电力电容器内部其他部分的电阻和电导,引线及内熔丝的电阻损耗,由于串联于电容器回路中,其损耗与电容器的电流有关,并联电阻产生的损耗,与电容器本身的电流无关,而与直接施加到电容器上的电压有关。对于电容器液体介质中的导电杂质产生的损耗,也与电容器的电压有关,但是,由于导电杂质的数量是有限的,低电压时,会有一定的影响;高电压时,由于杂质是有限的,产生的损耗相对较小。

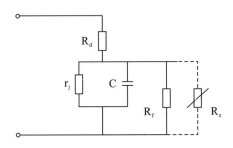

图 5-5 电容器损耗计算模型

在进行实际测试时,由于无法将其他损耗与电容器的介质损耗分开进行测试,所以,必要时,可将各部分的损耗做出分析模型如图 5-5 所示,其中 C 为电容器的电容量,r_j 为电容器介质本身损耗的等效电阻,R_f 为电容器的放电电阻,R_z 为液体介质中的导电杂质的等效电阻,R_z 电阻随电容器两端的电压可变,在低电压阶段可为恒定电阻,到了一定电压时,随着电压升高可按恒电流处理。对于杂散电容,对于双引线套管,测试电流可不流入电桥;对于单引线套管,电流混入测试回路,但由于同时增加了电容,对电容器介损的测试结果影响不大。但其杂散电容混入主电容,所以,这里不再考虑杂散的影响。根据图 5-5 的损耗分析计算模型,推算出计算公式如下:

$$\tan\delta(\%) = \frac{R_d\left\{1 + \left[2\pi f C\,\dfrac{r_j R_f}{(r_j + R_f)}\right]^2\right\} + \dfrac{r_j R_f}{(r_j + R_f)} \times 10^9}{20\pi f C 10^6\left[\dfrac{f_j R_f}{(r_j + R_f)}\right]} \quad (5-16)$$

式中,$\tan\delta(\%)$ 为介质损耗正切值的百分数,实验实测值,%;C 为电容量,μF;f 为电源频率,Hz;r_j 为实际的介质等效并联电阻,MΩ;R_d 为内部导体的等效电阻,MΩ;R_f 为内部并联放电电阻或杂质等效电阻,MΩ。

在分析电容器内部电阻对电容器的影响时,可用此公式进行等效的分析和计算,当其中 R_d 为 0,R_f 为无穷大时,其损耗为实际的介质损耗。随着电力电容器的全膜化和其他工艺技术的发展和进步,电力电容器的实测损耗越来越小,对于损耗的分析应用会越来越多,对于金属化膜电容器,由于金属蒸镀层很薄,所以,在分析 R_d 时,应考虑镀层方阻的影响。

电容器在实验室的实测结果,实际上反映了电容器的全部损耗,并不是其实际的介质损耗,所以,如果一台电容器的容量为 S_c(kvar),实际测量的损耗角正切值为 $\tan\delta$($\%$),也可以通过下列公式计算电容器内部实际的损耗。

$$P = 10 \cdot S_c \cdot \tan\delta(W) \tag{5-17}$$

对于单位损耗,计算公式则为:

$$P = 10 \cdot \tan\delta(W/\text{kvar}) \tag{5-18}$$

5.8　电容器的比特性

电容器的比特性主要是由介质材料的储能因数 $\varepsilon_r \cdot E$ 决定的,但结构设计和制造工艺也有很大影响。比特性是电容器的一项综合性的技术经济指标,代表着其制造水平。对不同类型的电容器和不同的应用场合,可以采用式(5-19)～式(5-21)进行计算。

1)直流和脉冲电容器的比能

比能指直流或脉冲电容器单位体积所能存储的能量,其计算方法如下:

$$K_e = \frac{W}{V} \tag{5-19}$$

式中,K_e 为电容器比能(也叫储能密度),J/L;W 为储能,J;V 为体积,L。

这里电容器的体积 V=外壳本体的长×宽×高,不计出线套管、吊攀等局部突出部分的体积。

2)交流电容器的体积比特性

交流电容器的体积比特性是指单位体积所能提供的无功容量,其计算方法如下:

$$K_v = \frac{V}{Q} \tag{5-20}$$

式中,K_v 为体积比特性,L/kvar;V 为体积,L;Q 为标称无功容量,kvar。

这里电容器的体积 V=外壳本体的长×宽×高,不计出线套管、吊攀等局部突出部分的体积。

3)交流电容器的质量比特性

交流电容器的质量比特性是指单位无功功率的容量所消耗的电容器原材料的质量,其计算方法如下:

$$K_m = \frac{m}{Q} \tag{5-21}$$

式中,K_m 为质量比特性,kg/kvar;m 为质量,kg;Q 为容量,kvar。

交流电容器的体积比特性适用于工程技术人员在设计时,对于不同设计之间进行比较,以控制产品的经济技术性能,使用方便;质量比特性也是电容器经济技术性能的主要衡量指标,只用于对其制造成本进行直接的比较。对于常用铁壳电容器而言,同一电容器的质量比特性是体积比特性的 1.4～1.5 倍。

5.9　自恃放电时间常数

当一台电容器充电后,其极板上的电荷会通过极间介质的绝缘电阻自动放电,由于极间介质的绝缘电阻很大,其放电速度一般会很慢,把这个过程叫作电容器的自恃放电过程。

电容器的自恃放电过程与电容量和介质材料的绝缘电阻有关,这个放电过程实际上是一个 RC 放电回路,且电阻值很大,所以,自恃放电时,电容器上的电压用式(5-22)来计算。

$$U_c(t) = U \cdot e^{-\frac{t}{RC}} \qquad (5-22)$$

所以,电容器自恃放电回路的时间常数为 RC,其自恃放电常数代表了电容器对于直流电压的自保持时间,也一定程度上反映了所使用的绝缘介质的绝缘性能以及电容器工艺处理的水平。随着介质的更新和工艺处理技术的发展和进步,电容器的介质损耗越来越小,所以其自放电时间常数也越来越大。电容器的时间常数用式(5-23)来计算。

$$\tau = RC \qquad (5-23)$$

式中,τ 为时间常数,s;R 为绝缘电阻,Ω;C 为电容,F。

电容器的绝缘电阻与体积电阻率和介质的厚度成正比,与介质的面积成反比,而电容量则与介质的介电常数和面积成正比,与介质的厚度成反比,所以,电容器的自恃放电时间常数与极板面积、极间介质厚度无关,仅取决于极间介质的体积电阻率 ρ_V 和电容率 ε 的值。电容器的自放电时间常数也可用式(5-24)计算。

$$\tau = \rho_v \cdot \varepsilon \qquad (5-24)$$

式中,τ 为自放电时间常数,s;ε 为介质的介电常数,F/m;ρ_v 为介质的体积电阻率,$\Omega \cdot m$;

具有相同介质结构的电容器其 ε 基本相同,所以电容器 RC 值主要决定于介质的 ρ_V,它是一个表征电容器特别是直流电容器性能优劣和制造工艺是否良好的重要参数。

5.10　电容器的固有电感

对于一般的电力电容器,其固有电感没有要求,但是,在脉冲功率或者在一些要求放电速度比较快的工况,对于电容器电感要求很高,要求电感为几个纳亨。

对于特殊场合使用的脉冲电容器,在实际的设计中,必须进行低电感设计,包括元件的结构和引线方式、内部元件的布置结构及引线等。

电容器的电感主要由内部导体几何尺寸和电流的流动方向来决定,其电感包括了自感和互感 2 部分,从元件结构到电容器整个的内部引线结构均应进行详细的设计。对于一个电容器电感的估算,应该根据内部具体的结构进行计算。表 5-3 给出了几种电感估算公式,可用于电感的设计,其中空气的磁导率为:$\mu_0 = 0.4\pi \, 10^{-6}$。

表 5-3　几种典型电感的计算公式

结构类型	电感量/H
圆截面直导线段的自感	$L = \dfrac{\mu_0 l}{2\pi}\left(\ln \dfrac{2l}{r_0} - 0.75\right)$ l 为直导线的长度(m) r_0 为导线的半径 条件:$r_0 \ll L$

续表

结构类型	电感量（H）
同轴电缆的电感（电缆外层导体厚度忽略不计）	$L=\dfrac{\mu_0 l}{2\pi}\left(\dfrac{1}{4}+\ln\dfrac{r_2}{r_1}\right)$ l 为电缆长度（m） 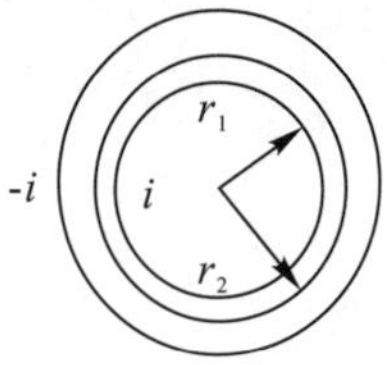
两平行直线段间的互感	$M=\dfrac{\mu_0 l}{2\pi}\left(\ln\dfrac{2l}{D}-1\right)$ l 为直导线段的长度（m） 条件：导线半径$\ll D$ $D\ll l$ 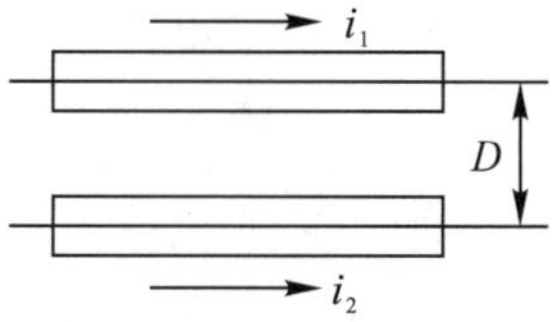
矩形线圈的自感	$L=\left[a\ln\dfrac{2ab}{r_0(a+b)}+b\ln\dfrac{2ab}{r_0(b+d)}-2(a+b-d)\right]+\dfrac{\mu_0}{\pi}\left(\dfrac{a+b}{4}\right)r_0$ r_0 为圆形导线半径 $d=\sqrt{a^2+b^2}$ 条件：$r_0\ll a$ 　　　$r_0\ll b$ 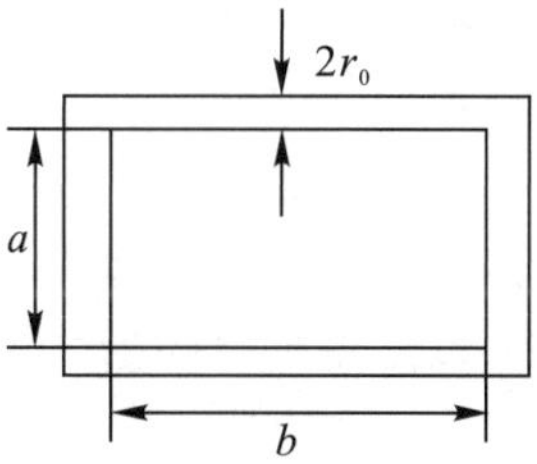
两对输电线间的互感	$M=\dfrac{\mu_0 l}{2\pi}\ln\dfrac{r_{12'}r_{1'2}}{r_{12}r_{1'2'}}$ l 为输电线长度（m） 条件：导线半径$\ll$线间距离 　　　线间距离$\ll l$ 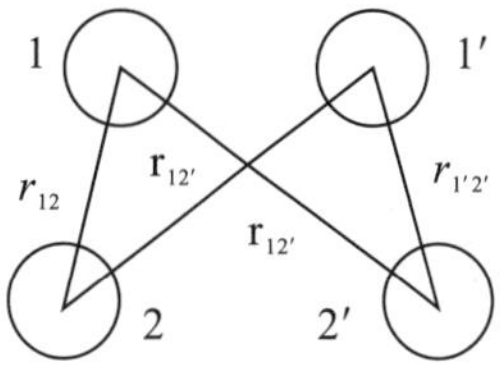

5.11 电容器的温度系数

电容器的温度系数是电容式电压互感器的一个重要的考核指标。电容式电压互感器是依靠电抗器补偿电容分压器的阻抗来保证其测量精度的，其原理如图 5－6 所示。在实际的工作中，如果 $X_L=X_C$，则互感器的剩余电抗为 0，这时只要线圈的电阻控制得当，那么，互感器的误差才能保证。

但是，当环境温度变化时，如果电容分压器的电容量 C_1 和 C_2 发生变化时，其剩余电抗（即 X_L-X_C 的值）变大，势必会影响互感器的误差。互感器的剩余阻抗计算如式（5－25）所示。

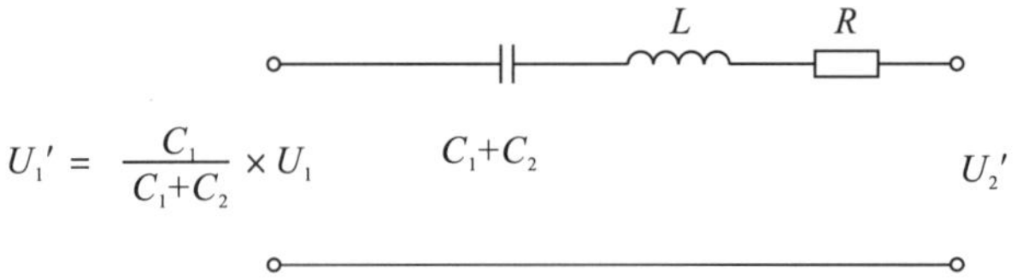

$$U_1' = \frac{C_1}{C_1+C_2} \times U_1 \qquad C_1+C_2 \qquad\qquad\qquad U_2'$$

图 5-6　电容式电压互感器等效电路图

$$X = X_L = -\frac{1}{\omega(C_1 + C_2)} \tag{5-25}$$

电容式电压互感器的电容分压器的温度特性取决于电容器所用介质的特性,为了使电容式电压互感器具有良好的温度误差特性,电容分压器采用复合介质。由于聚丙烯薄膜具有负温度特性,电容器纸为正温度系数,其温度系数一般在 10^{-4} 数量级,具体的温度系数见第 3 章中的相关图表。

5.12　电容器的局部放电

局部放电是电器设备的绝缘介质内部由于不均匀造成的微弱放电,最典型的放电现象是液体介质或固体电介质中的气泡产生的局部放电,如图 5-7 中(a)所示,无论介质为固体介质还是液体介质,如果介质存在气泡,由于气体的介电常数基本上为 1,一般的液体或固体介质的介电常数大于 1,这种情况下,气体中的电场强度高于液体或固体中的电场强度,而气体的耐电强度往往较低,所以,很容易造成气泡击穿,产生放电。这种放电实际上是介质内部的放电,能量很小,会造成两个极板之间参数的微小变化,从而使电容器的电流发生微弱的变化。

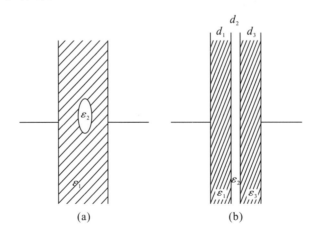

图 5-7　局部放电分析模型

为了进一步说明问题,给出了另外一种电容器模型如图 5-7 中的(b)所示。把电容器的介质分为 3 部分,用其中的第二介质模拟气泡,第一部分的厚度 $d_1=10, d_2=1, d_3=29$,单位为微米(μm),3 种介质的相对介电常数分别为 $\varepsilon_1=2, \varepsilon_2=1, \varepsilon_3=4$,对于不同介质的电场强度进行了计算,结果如图 5-8 中曲线 1 所示;进一步把介质的厚度做了调整,保持介质的总厚度不变,使 $d_1=20, d_2=1, d_3=19$ 后,3 层介质的电场强度变化如图 5-8

中的曲线 2 所示。从图中可以看出,介质中气泡的电场强度明显高于介质的电场强度,并且与介质的搭配有关,介质 3 的介电常数最大,保持介质的总厚度不变,介质 3 越厚,电场的分布越不均匀,气体部分的电场强度越高,越容易发生局部放电。所以,就局部放电的角度而言,希望所使用的介质的介电常数不要太高,而从电容器的角度考虑,希望介质的介电常数越高越好。

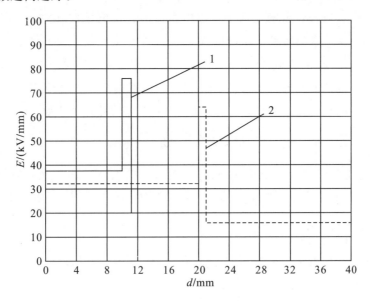

图 5-8　介质厚度 d 与电场强度 E 的关系

局部放电虽然能量很小,但是,会伴随着电脉冲、超声波、电磁辐射、光、化学反应,长期的局部放电会引起介质局部发热,并影响绝缘寿命。同样,电器设备的介质老化,也会产生局部放电。所以,一方面不希望产品发生局部放电,另一方面,也利用局部放电对电气设备的绝缘进行状态检测。

由于局部放电的放电量很小,其单位为微微库仑(pC),频带在 $10\sim300$ kHz 之间,外界的干扰很容易进入测量回路,所以,在进行局部放电量监测时,采取不同的降噪措施。

对电容器而言,局部放电通常发生在电场比较集中的元件端部的极板边缘。当真空浸渍处理工艺不良造成残留气隙或气泡,或含有内部杂质,或极板铝箔严重皱褶时,局部放电也可能在元件内部发生。

当电压逐步升高时,由于电容器内部相关部位的电场强度的提高,开始只出现低强度的放电脉冲,在升高到某一电压时,便出现相当显著的放电水平,这一电压就是局部放电起始电压(PDIV)。随着电压的降低,强烈的局部放电消失,这一电压叫作局部放电熄灭电压(PDEV)。

对电容量较小的电容器,局部放电通常采用电测法来测量,对电容量特别大的电容器,其测量回路对于外界干扰很敏感,干扰信号的强度高,用电测法来测量是很困难的,一般常用超声波测量的方法进行试验。

5.13　电容器内放电电阻

电容器的放电电阻最早是从人身及设备安全的角度出发,给电容器端子之间并联一个阻值较大的电阻,在电容器两端突然失电时,通过内放电电阻将电容器残余的电荷放掉。

对于装有内部熔丝的电容器,由于内部熔丝熔断时,会造成元件极板上的电荷不平衡,存在残余电荷,这种残余的电荷会造成电容器的元件电压偏移,并长期存在。所以,目前放电电阻均安装在电容器心子的串段上,每个串段上安装等量的放电电阻。

按照并联电容器、滤波电容器、串联电容器等对于放电电阻的要求,电容器突然断电后,在 10 min 内将其上的电压从 $\sqrt{2}U_N$ 降到 75 V 以下,对放电性能而言,电阻越小越好,但是对于电容器的损耗而言,电阻越大越好。放电电阻的计算公式如下:

$$R \leqslant \frac{t}{C\ln(U_N\sqrt{2}/U_R)} \tag{5-26}$$

式中,R 为放电电阻,$M\Omega$;t 为放电时间,s;U_N 为额定电压,V ;U_R 为允许剩余电压,V。

在实际的使用中,考虑到电阻值的差异以及电容量的差异,计算时应留有余度。

5.14　电容器的内部熔丝

内部熔丝是高压电力电容器元件故障的有效保护方式,其目的是当某一元件故障时,通过内部熔丝使故障元件快速隔离,防止故障进一步发展引起整个单元电容器故障。同时,电容器也需要承受来自系统的各种稳态和冲击过电流,在这些过电流的情况下,内部熔丝是不能熔断的,所以,对于内部熔丝的设置是有条件的。

就单元电容器而言,当元件击穿时,由于有串联段的存在,来自系统的电流受其他完好串联段的影响不会太大。熔丝熔断的机理是当元件击穿时,靠同一串联段的其他元件同时对故障元件放电的能量将熔丝熔断。

1)内部熔丝试验要求

熔丝熔断的关键是同串段的元件给故障元件放电时,故障元件熔丝在短时间内所能获得的放电能量。在最新的 IEC 及国家标准中,对于内熔丝的熔断试验的要求是在 0.9~2.5 倍的额定电压的峰值进行,这两个实验值实际上给熔丝的设计提出了具体的要求。假如在实际的试验时元件的能量完全被熔丝吸收,且完好元件和故障元件的熔丝各获得一部分能量,在两个电压下,故障元件的熔丝及完好元件的熔丝获得的能量分别为:

$$W0_{0.9} = k\frac{0.81}{2}\frac{(n-1)^2}{n}C_e U_e^2 \tag{5-27}$$

$$W1_{0.9} = k\frac{0.81}{2}\frac{n-1}{n}C_e U_e^2 \tag{5-28}$$

$$W0_{2.5} = k\frac{6.25}{2}\frac{(n-1)^2}{n}C_e U_e^2 \tag{5-29}$$

$$W1_{2.5} = k\frac{6.25}{2}\frac{n-1}{n}C_e U_e^2 \tag{5-30}$$

式(5-27)~(5-30)中,$W0_{0.9}$ 为 0.9 倍电压峰值试验时故障元件获得的能量,J;$W1_{0.9}$ 为

0.9 倍电压峰值试验时完好元件获得的能量,J;$W0_{2.5}$ 为 2.5 倍电压峰值试验时故障元件获得的能量,J;$W1_{2.5}$ 为 2.5 倍电压峰值试验时完好元件获得的能量,J;n 为串段总的并联元件数;C_e 为单个元件的电容量,μF;U_e 为单个元件的额定电压,kV;k 为故障熔丝的能量系数,熔丝电阻与熔丝电阻加击穿点电弧电阻的比值。

　　从内熔丝试验的整体要求来看,故障元件的内部熔丝在式(5-27)获得的能量下必须熔断,而对于完好元件的内部熔丝,在(5-28)式时,获得的能量下不得熔断,由(5-30)式计算的能量必须小于(5-27)式计算的能量,元件的并联数 n 不得小于 8.71 个元件,也就是不得小于 9 个元件并联。

　　新的 IEC 标准已将内熔丝试验的上限电压提高到 $2.5U_N$,如果按原标准 2.2 倍的上限电压计算,元件并联数 n 不得小于 6.975 个元件,所以,IEC 标准上限电压的提高,意味着最小并联元件数增加 1~2 个。

　　实际的熔丝是由很细的金属细丝绕制成的,其电阻不宜太大,电阻越大,正常运行时,电容器的损耗也就越大;也不能太小,由于元件击穿时,击穿点也是有电阻的,需要消耗一定的能量,如果熔丝的电阻太小,熔丝上得不到足够的能量,熔丝是无法熔断的,击穿点电阻的大小与元件具体的设计和击穿时的具体原因和状况有关,这是很复杂的暂态过程,所以很难从理论上具体分析。

　　这里另一个问题是由于熔丝本身很细,加上制作过程中的差异,熔丝的参数也是有较大差异的,并联元件数较少时,根本不能保证熔丝的正确动作,就内熔丝的试验也是不能正确动作的。同时,为了保证熔丝动作后,电容器仍能正常运行,也就是电容器最起码还能够满足极间电压试验的要求,所以熔丝熔断后,其断口必须承受相应的电压而不击穿,这也需要足够的能量使熔丝熔断后的断口足够长,以满足试验电压的要求,所以,熔丝的正确熔断不但是串段并联数的问题,也需要足够的能量。

　　图 5-9 给出了串段并联数与故障元件熔丝获得串段总能量的关系图,图中横坐标为

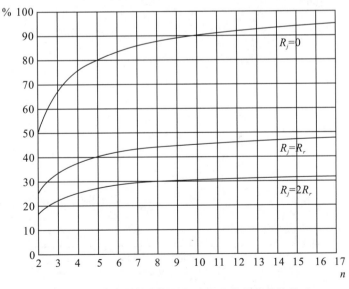

图 5-9　串段并联数与故障元件熔丝获得能量的关系

串段并联数量 n，纵坐标为故障元件熔丝在元件上获得串段总能量的百分比，R_j 为击穿元件电弧的电阻，R_r 为单个熔丝的电阻。从图中也可以看出，串段并联数越多，故障元件熔丝获得串段的能量越大。但是，串段获得的能量与元件击穿点的弧阻 R_j 有关，其中 $R_j=0$，为理论上的故障元件熔丝获得能量的极限值，击穿点的弧阻越大，故障元件熔丝在串段上获得的能量就越小。

经过上述的分析和大量的实践经验证明，一般情况下，每个串联段至少要在 8 个元件以上才能保证熔丝的正常动作，其中的影响因数很多，大部分情况下需要大量的试验数据进行总结，各企业掌握的程度也都有所差异，与各企业的工艺技术有关。

2）内熔丝的安秒特性

电容器的内部熔丝动作的根本是熔丝要在很短的时间内获得足够的能量，熔丝的动作时间一般是微秒级，时间很快。图 5-10 给出了内熔丝放电的实测波形图，波形略有振荡，由于熔丝很细，长度也较短，一般元件为几个微法的电容，熔丝的电感一般在纳亨级，电阻为几十个毫欧。

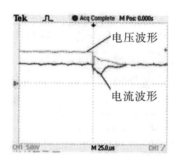

图 5-10　元件击穿时内熔丝标准的电压电流波形

熔丝的设计应该规范其安秒特性。图 5-11 为从试验中获得的熔丝动作的安秒特

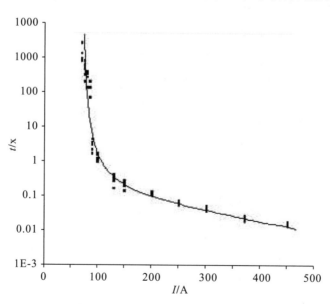

图 5-11　内熔丝的安秒特性曲线

性,由于试验条件限制,该安秒特性的时间较长,电流伏值较小,这里仅供参考。

3)内部熔丝的熔断过程

内部熔丝熔断过程中,首先出现一个元件击穿,元件击穿后,电容器内部会发生以下几点变化。

(1)元件击穿后瞬间将故障元件所在串段短接,系统电压由其他完好元件承担,完好元件上将会出现电压升高现象。

(2)由于故障元件将所在串段短接,同一串段的完好元件将会通过故障元件放电,故障元件的内熔丝将会在瞬间获得较大的能量,使内部熔丝熔断。

(3)内熔丝熔断过程中,由于电场和放电的共同作用,将会在故障恢复后的电容器的极板上多出残余的正电荷或负电荷,使元件电压偏移。如果串段上没有并联电阻,这个电压将在很长时间内无法释放。

为了验证相关的问题,对于上述现象进行了仿真,计算模型采用额定电压为 $11/\sqrt{3}$ kV 的电容器,内部为三串结构,每个串段的并联元件数为 12 个,单根内熔丝的电阻为 0.05 Ω,电感为 0.001 mH。

从图 5-12 中可以看出,元件击穿后熔丝正常熔断前后,各串段电压的变化情况,元件击穿后,故障段的电压瞬间接近零,而另外两个串段的电压同时升高,当熔丝熔断后,出现了

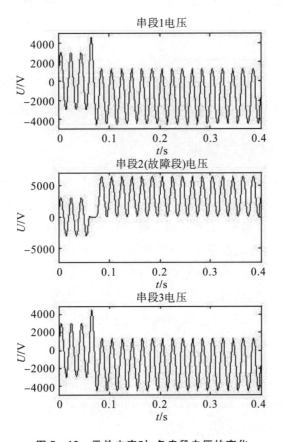

图 5-12　元件击穿时,各串段电压的变化

明显的电压偏移。故障元件电压偏移方向与完好元件相反,这与熔丝动作的相位有关。

图5-13给出了完好串段元件的电流变化,元件击穿以及内熔丝动作时,完好串段元件也存在一个小的振荡放电波形,从电压波形上是看不出来的,电流波形有明显的振荡放电。

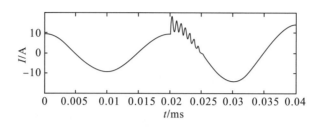

图5-13　完好串段元件电流的变化

图5-14给出了故障串段故障元件熔丝和完好元件熔丝的电流变化波形,从幅值来看,故障元件熔丝的电流幅值最大值达到20 kA,完好元件的熔丝也接近2 kA的水平;从放电波形来看,熔丝的放电过程是一个衰减的振荡过程,元件击穿的时间是20 ns,熔丝在元件击穿后的几十纳秒内获得了绝大部分的能量,所以,熔丝一般应该在几十纳秒内就会熔断。

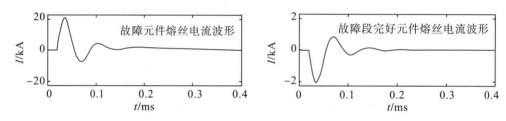

图5-14　故障段故障元件与非故障元件熔丝电流波形

5.15　金属化膜电容器性能

1)金属化膜自愈能力

金属化电容器的自愈性能取决于金属化薄膜的基膜与镀层的综合性能,金属化电容器薄膜基膜厚度一般为几微米,而镀层的厚度一般为 $0.01\sim0.03~\mu\text{m}$。金属化薄膜击穿后,其周围一定范围内储存的能量通过击穿点放电,在放电的过程中,击穿点周围的镀层会在瞬间获得大量能量,使击穿点附近的金属化镀层气化,从而使击穿点隔离,使金属化薄膜的绝缘性能恢复。金属化薄膜自愈面积一般很小,约为几平方毫米,自愈的能量也很小,以至于在电源侧无法感知其电流或电压的变化。

金属化膜电容器自愈时,自愈的速度很快,根据基膜的厚度不同以及金属化膜方阻的不同,自愈放电的时间一般小于 $1~\mu\text{s}$,快的可达纳秒的级别。

不是所有的金属化膜击穿后均能自愈,这与镀膜的质量等很多因素有关,如图5-15中给出了偏光显微镜下拍得的放大后的金属化薄膜自愈后的自愈点的图案。图5-16中给出了放大400倍的自愈后的形状。

通过大量的分析研究,把金属化电容器的自愈点进行了划分,可将金属化薄膜的自愈点分为以下几个区域,即击穿区域、薄膜烧灼变形区域、外层烧灼变形区域、自愈区域、不完全自愈部分区域 5 个部分,具体的情况如下:

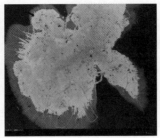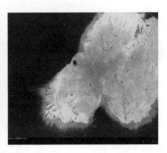

图 5 - 15　金属化膜自愈后的形状

图 5 - 16　金属化膜自愈放电图案

(1)击穿区域:基本为圆形,击穿点的直径一般为 $7 \sim 10 \ \mu m$。

(2)内层烧灼变形区域:与击穿时的电场分布关系比较大,较为规则的圆形,自愈能量较大,薄膜出现较为规则的凹凸变形,直径在 $20 \ \mu m$ 左右。

(3)外层烧灼变形区域:与击穿时的电场强度的关系不大,与镀层的均匀度关系较大,薄膜表面出现了不规则凹凸变形,外部边沿很不规则,面积大小不确定。

(4)自愈区域:与击穿时电场强度的关系不大,取决于镀层的均匀度,薄膜表面光滑,透光性较好,内外边界很不规则,面积大小不确定。

(5)不完全自愈区域,决定于镀层的均匀度,镀层未完全烧掉,半透明状态,外部边沿很不规则,并有刷状放电的痕迹,有可能在某种情况下会继续发展的可能性。

2)金属化膜电容器的方阻

方阻也叫方块电阻,是膜性电阻的一种特有的表述方法。金属化膜电容器的镀层类似于膜性电阻,其性能也能用方块电阻来表述。

方阻是金属化膜镀层(也可叫电极)性能的重要指标,金属化膜方阻代表了金属化膜镀层的导电性能,同时也代表着金属化薄膜自愈性能。金属化膜镀层的方阻越小,电极的导电性能越好,交流电压下运行时的极板损耗也越小,但自愈放电时受影响的面积就越大,自愈点的面积也会随之增大。反之,如果方阻过大时,将影响极板的导电性能,所以,对于直流电容器,可以选择较高的方阻。

在交流电压下过高的方阻,会引起电容器发热,特别是在一些较高频率的谐波作用下,电容器元件的端部可能会因为局部过热而造成元件损坏,所以在交流电压下,方阻不宜过高或者在薄膜蒸镀时采取边沿加厚的措施。

在一些具有较强的冲击电压或电流下,方阻过高时,金属化膜的镀层可能会因冲击电流过大而使端部镀层在瞬间获得过大的能量而使端部镀层损坏;在电力电子电容器中,还存在一种现象是电容器工作于频繁的高频充放电的场合,这种情况下,电容器的端部镀层一方面会发热比较严重,另一方面会因镀层瞬间能量过大而损坏。图 5-17 为电容器端部边沿的放电现象,图 5-17(a)为边沿损坏较为严重,通过肉眼能够观察到的端部损坏的图片;而图 5-17(b)和图 5-17(c)则为肉眼观察不到,通过偏光显微镜下拍到的边沿放电损坏的图片,其差别在于放大倍数不同,图 5-17(b)为放大 200 倍的图片,图 5-17(c)为放大 400 倍的图片。

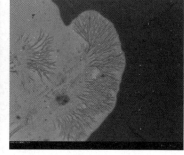

(a)边沿损环严重   (b)边沿损环放大200倍   (c)边沿损环放大400倍

图 5-17   金属化膜的边沿损坏

金属化膜电容器的方阻取决于金属化镀层的厚度及材料的电阻率,镀层的厚度一般为 0.01~0.03 μm。近年来,金属化薄膜镀层常用材料有铝、锌、银 3 种金属材料,但目前基本上以铝和锌 2 种材料为主。表 5-4 中所列的 5 种镀膜类型,目前最常用的是铝膜和铝锌膜。

表 5-4   各种金属化聚丙烯薄膜的技术特性

种类	蒸镀金属	优点	缺点	方阻/(Ω/□)
锌膜	纯锌	使用中电容损失率低	空气中抗氧化能力差,存放周期短	5~10
铝膜	纯铝	空气中抗氧化能力强,存放周期长	使用中电容损失率高	2~4
铝锌膜	先镀铝,后镀锌	具备铝和锌膜的共同优点	基本消除铝和锌膜的缺点	5~10
银锌膜	先镀银,后镀锌	类似铝锌膜	类似铝锌膜	10~15
银锌铝膜	先镀银,再镀锌,后镀铝	比锌铝膜抗空气氧化能力更强	能较好消除铝膜和锌膜的缺点,但工艺复杂、成本较高	10~15

5.16　电容器的耐受电压

表 5-1 为高压输变电设备绝缘配合标准 GB311 中的标准的绝缘水平,这是电力系统中电器设备都必须具备的绝缘水平,电力电容器也不例外,必须遵循相关的规定。

对于任何一种电容器或由电容器组成的成套装置,其耐受电压分为 2 种基本的情况,其一为电容器或电容器组的极对地耐受电压水平,其二为电容器的极间耐受电压水平。例行试验和型式试验一般也分为极间耐受电压和极对壳的耐受电压。对于不同的电容器情况有所不同。

对于电容量较小的套管型结构的电容器,如耦合电容器、电容式电压互感器、断路器用均压电容器等类型,由于其电容器的心子与外套管的两个极完全相同,且在系统中均接于系统的高压线路与地之间,只按 GB311 进行相应的试验既可,不再区分极对壳和极间试验。但是在进行雷电冲击电压试验时,以检验外绝缘为目的的试验需进行正负各 15 次的雷电冲击试验,以检验内绝缘为目的的雷电冲击电压试验,可以只进行正负各 3 次的雷电冲击试验。

对于电容量较大的并联、滤波电容器,需分别进行极间和极对壳试验,极对壳的耐受电压试验一般需按表 5-1 进行极对壳的耐受电压试验,包括表 5-1 中规定的工频、雷电以及操作冲击电压试验。对于极间的耐受试验,只需进行 $2.15 U_n$ 的交流电压试验,用直流电压进行试验时,需进行 4.3 倍 U_n 的电压试验。这里有一个特殊的情况,当电容器单元为单套管时,其一极通过套管引出,另一极与外壳相连,这种情况下,可以只对引出套管进行极对壳绝缘试验,整台电容器极间试验,也就是相对壳试验只按 $2.15 U_n$ 交流电压或 4.3 倍的直流电压进行试验。

对于设有绝缘平台的串补装置的串联电容器或电容器组,其系统的电压主要由绝缘平台承担,其极间电压和极对壳的过电压水平完全取决于系统的过电流水平,其极间耐受电压由系统短路水平来确定,而极对壳的绝缘水平需根据系统实际的计算确定电容器的绝缘水平,试验时需对极对壳电压与极间电压分别进行。

对于其他用于非电力系统的电容器,需根据实际的使用情况,按照以上 3 种情况进行规定和试验。

5.17　断路器重燃过电压

图 5-18 为断路器切除电容器时产生重燃过电压的极端状态的仿真计算,仿真计算的系统电压为 35 kV。计算中断路器在电源电压的负峰时切除,由于电容器上存有静电荷,保持负峰电压,当交流电源的电压达到正峰值时,断路器断口的电压将达到接近 2 倍的过电压,如果这时断路器发生重燃,那么,电容器上的静电电压将会接近 2 倍的电压,当电源电压到下一个负峰值时,断路器断口的电压将会达到接近 3 倍的电压,断口会继续重燃,这样电容器的电压会不断地升高。

在实际的重燃过程中不是每次达到峰值时才发生重燃,当电容器的电压达到一定水平时,不到峰值电压就可发生重燃,这里我们要关注的是断路器重燃对于电容器的破坏

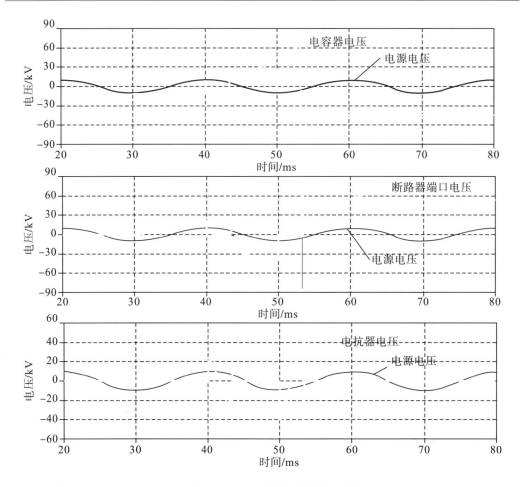

图 5-18 35 kV 断路器重燃过电压过程

作用。当断路器切除电容器时,断路器一旦发生重燃,电容器上的静电电压将会出现很高的过电压,电压的极性也不断反转,实际上是对电容器不断地充放电,在静电电压和冲击电流的共同作用下,很容易瞬间造成电容器极间介质击穿、内部熔丝动作且造成批量元件损坏。断路器重燃对电容器危害极大,一旦发生重燃,必然引起大量电容器元件的损坏。

对于断路器重燃过电压的抑制,一般主要选取性能优良的断路器,在断口电压和切断电流的参数选取上,要留足够的余度,防止重燃现象发生。

5.18 电容器的合闸涌流与过电压

对于电容器,电压不能突变,而电流可以发生突变,在系统突然合闸时将电容器投入时,电容器上会产生瞬态的过电压和过电流。涌流的大小取决于回路的阻抗,如果回路阻抗为 0,则理论上电容器的合闸涌流为无穷大。一般情况下,回路和电源都是有阻抗的,早期的电容器基本上都是直接投入,其合闸涌流很大,合闸涌流依靠系统阻抗自然限制。随着技术的发展,为了限制合闸涌流,给电容器串联电抗器,按照 IEC 及国家标准,其暂态电流限制在额定电流的 100 倍以内。那么,合闸涌流到底会是多大,在电容器或者成套装置的设计中怎样考虑这些因素的影响呢?

电力电容器投入时,会产生涌流,同时也有过电压。涌流的大小和过电压幅值影响因素很多,比如电源的短路容量,线路阻抗,电抗率、回路的等效电阻以及合闸的相位、合闸时负荷的大小均会产生涌流和过电压,开关合闸时弹跳会产生更高的过电压。理论上讲,系统短路容量越大,回路阻抗越小,涌流越大,电容器上的过电压也会高。

为了研究相关的内容,在几种不同的情况下进行了仿真计算,首先是系统阻抗的影响,如果系统阻抗过小,电容器投入时将会产生较大的涌流和过电压,并产生多个频率的振荡,持续时间也比较长。在一些有自备发电厂的工况下,电抗率需尽量大些,仿真波形如图 5-19 所示。从图中可以看出,系统阻抗越小,电抗率越小,合闸涌流越大,过电压幅值也较高。

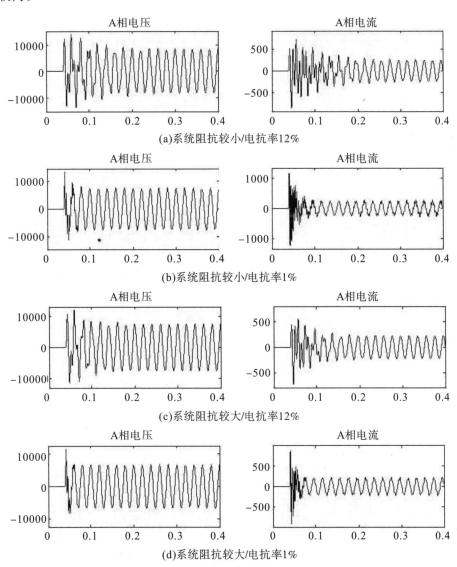

图 5-19　不同系统阻抗与电抗率时的合闸涌流与过电压

　　以下仿真计算是在系统容量及系统阻抗完全相同的情况下考虑电抗率、合闸相位以及并联负载变化的影响,需要说明的是合闸相位控制以 A 相相位为准,所以这里只给出A 相波形,如图 5 - 20 所示。从波形分析可知,电容器投入时的涌流与负荷也有较大关系,负荷越大,投入时的涌流越小,过电压也越低;峰值投入时的涌流比过零点涌流大。

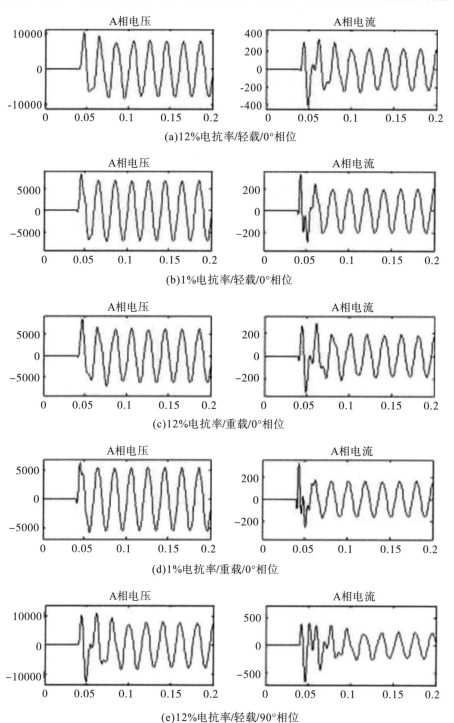

(a)12%电抗率/轻载/0°相位

(b)1%电抗率/轻载/0°相位

(c)12%电抗率/重载/0°相位

(d)1%电抗率/重载/0°相位

(e)12%电抗率/轻载/90°相位

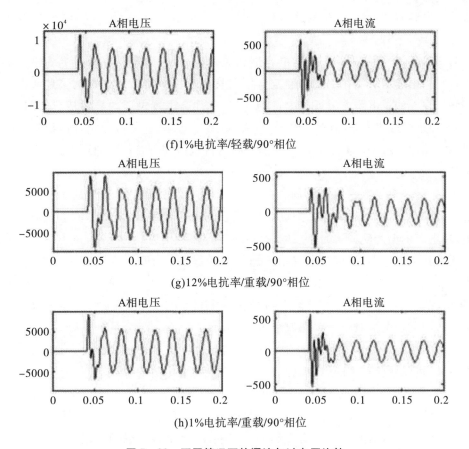

(f)1%电抗率/轻载/90°相位

(g)12%电抗率/重载/90°相位

(h)1%电抗率/重载/90°相位

图 5-20　不同情况下的涌流与过电压比较

从整个数据分析来看,电容器的投入过电压和投入涌流的一般规律总结如下:

(1)电容器的投入过电压和涌流与电容器投入的相位有关,在电压峰值投入时,过电压和涌流一般比较大,电压过零投入时,过电压和涌流均比较小。

(2)电容器的投入过电压和涌流与电抗率有关,电抗率越大,涌流越小,过电压幅值也越小,但过电压总的差别不大。

(3)投入时系统所带负荷对于合闸涌流有一定的影响,负荷越重,涌流越小,过电压也较低。

(4)系统阻抗对电容器投入时的涌流和过电压有较大的影响,系统阻抗太小时,可能会引起较长时间的振荡,甚至会出现一些低频振荡,电压也较高,在有近距离发电机的场合应特别注意。

(5)在有串联电抗器或滤波电抗器的情况下,电容器投入的暂态过电压一般在稳态运行电压峰值的 2 倍以内,不会超过有效值的 3 倍。而涌流的峰值一般不会超过稳态电流峰值的 10 倍。

5.19　电能质量对电容器的影响

电能质量是一个大的概念,包括了电压偏差、频率偏差、谐波、电压波动和闪变等各

个方面。电容器是一个频率敏感元件,对于电力电容器而言,影响主要来自以下几个方面:

其一,运行电压的影响。虽然电容器相关标准规定,电容器有承受 1.3 倍过电流的能力,但是,电容器只能在 1.1 倍额定电压下长期运行。而 1.3 倍过电流是考虑了谐波的影响。在一些送电距离太近或太远的区域,往往会出现电压的异常情况,离送电点太近,为了保证远端供电,往往运行电压过高,距离太远,随着负荷变化,电压稳定性较差,所以,在电容器设计时,需要关注电网的实际运行电压,并要以此为依据选择合理的电容器电压。

其二,谐波对于电容器的影响。在电力系统中,低次谐波电流含量往往高于高次谐波。一般情况下,除了一些电弧炉负荷等,偶次谐波含量很低,低次谐波电流流过电容器时,会在电容器上产生较高的谐波电压,造成电容器电压过载。所以,对于不具有滤波功能的无功补偿电容器,电抗器电抗率的选择非常重要。对于 3 次谐波比较大的场合,电抗率必须大于 11.11%,并留一定的余度,这样既保证流入系统的 3 次谐波电流不致放大,同时保证流入电容回路的谐波电流处在一个较低的水平,保证电容器不致出现电压或电流过载的情况。对于 3 次谐波含量较小,而 5 次有一定含量的场合,同样电抗率需大于 4%,并留有一定的余度。对于 LC 滤波器,由于电容器在设计时,对于谐波做了专门的设计,可以承受较大的谐波电流,不会出现电压和电流的过载。

其三,在频繁操作的系统中,由于电容器的频率敏感性,突然合闸时,电容器将通过较大的涌流,这就需要通过电抗器来限制涌流。对于电容器的分闸,要防止开关或断路器重燃,即使 SF_6 断路器,也会有重燃的可能性,一旦出现重燃的问题,对于电容器的损坏非常大,可能造成大面积损坏。为了避免该问题,在断路器选择上,对于其电流的开断能力必须留有一定的余度,至少保证 $1.5\sim2.0$ 倍的开断能力,同时给电容器配置性能优良的快速放电装置,限制断路器重燃。

5.20 电容器的损坏与寿命

电容器的损坏主要表现在以下 5 个方面:其一,为电介质本身的电弱点击穿,一般通过检验和出厂检验基本可以排除。其二,与电容器运行过程中的电压过载有关,电压过载可能是系统电压的变动,也可能是由于谐波等问题造成,这点与电力系统的运行状况及补偿回路参数配置关系比较大。其三,与系统操作的频繁度和涌流水平相关。其四,与系统的各种过电压水平相关。其五,与电容器运行时的环境温度和电容器自身的温升有关,所以,电容器的损坏原因很多,相互关联,研究难度很大。

不同用途的电容器,由于其设计结构,电场强度设计均有较大的差异,所以,以上相关因素对于不同的电容器寿命的影响权重不同,很难用一个统一的公式表示。比如,对于并联电容器,在回路设计上,原则上不让太多的谐波电流流过,而对于滤波电容器,其支路的设计是让大部分谐波电流流过;对于串联电容器,谐波电流全部流经串联电容器,对于耦合电容器,由于设计场强很低,谐波对于耦合电容器的影响很小。

对于各类电容器,部分电容器的标准中规定了实验条件,但是实验条件只是给定了实验要求和耐受能力。如高压并联电容器中给出了耐久性试验的方法,以过电压周期试验、短路放电试验以及过负荷试验作为高压电容器的统一耐受要求,低压并联电容器是以老化试验进行规范,对于脉冲电容器则以短路放电的次数作为衡量的标准。相关的试验标准均以电容器的耐受能力作为衡量的依据,试验过程很长,试验结果也很难进行比较,不适于进行相关的试验研究。

但是,电容器寿命是值得研究的问题,是如何优化电容器设计的基础,对于寿命而言,实际上所有的问题可以归结为 3 个基本的问题:其一是电容器的电场强度的问题,其二是电容器的内部运行温度的问题,其三则是运行时间的问题。对于寿命试验,可借鉴国外一些研究的方法和经验,采用一个电压、温度以及时间的简单的等效方法,即逐渐升高电压的方法进行试验研究,具体如下:

对于某种电容器,根据其一般工作条件,考虑一个试验的试品温度,并在该温度条件下进行试验。对于温度的等效,除了考虑环境温度外,对于电容器的内部发热,可以结合工作频率下的温度升高、谐波电流下的温度升高等条件综合考虑。

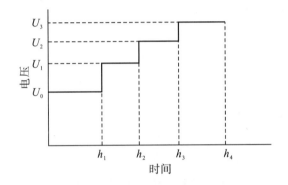

图 5 - 21　阶梯式寿命试验方法

对于介质电场强度,除考虑工作频率的电场强度外,可考虑过电压、谐波电压,主要是几次谐波电压的叠加等。对于运行时间的问题,可以根据运行的时间综合考虑。不同的电容器运行时间也不同,这样设置一个阶梯形升高电压的试验方法,如图 5 - 21 所示。

这种试验方法最大的优点是可以横向比较,对于相关因素比较研究,试验时间大大缩短,有利于进行相应的工艺及设计验证,对于不同的产品其试验方法不尽相同,需通过大量的试验去摸索。

5.21　电容器的噪声

电力电容器是一种静态的电力设备,大部分情况下运行时是没有噪声的,但是,在一些情况下,确实存在噪声。电容器的噪声在直流输电工程的换流站滤波器中基本成为一个很普遍的现象,在一些交流输变电系统中,也偶然会有电容器噪声问题出现,但大部分的情况下是没有噪声的。

噪声一定是伴随着机械振动产生的。自从电容器的噪声问题提出至今,一些电容器制造商、大专院校,以及一些电力研究部门研究者对于电容器噪声展开了大量的研究工作。到目前为止,对于电容器噪声问题的研究还在进一步深入中。

关于电容器噪声产生的机理,近年来大专院校以及企业的技术人员进行了大量的研究工作,并试图通过各种措施治理电容器的噪声。从研究资料来看,研究者从不同的角度对噪声进行分析,但最终归结为在交变电场下,由于极板的相互作用力的变化引起极板的振动,并产生噪声。

在过去的一些关于元件的实验研究中,也确实能观察到元件的变化:给一个没有压紧的元件充电时,可很明显观察到元件在电场力的作用下,元件的厚度变薄,元件被自然压紧,放电后,元件会自动变松,厚度变大。电容器的极板在电场作用下,确实会受到静电力的作用,但就电容器的结构,在任何时候,电容器的极板上所受到的力量上下是均衡的,只有在元件的最外层的极板,才会存在电场力的不平衡。但是由于电容器的极板和介质的厚度均为微米级,从其本身的特性和元件的安装结构看即使有所变动,也并不具有发声的条件。到目前为止,关于电容器的发声机理仍有待进一步的研究。

由于电容器的阻抗随着频率在变化,在实际的工程中,特别在一些高次谐波环境下,电压波形的畸变要比电流波形畸变小得多。从电力设备安装与整流变压器与整流阀之间的限流电抗的运行情况观察,电抗器为空心电抗器,线圈只有几匝,并用环氧浇注,但是噪声却难以忍受。所以笔者认为,电容器的噪声很可能是电容器内部大电流下的电动力产生的。

但从相关的实际工程和电容器的噪声测试的资料统计,电容器的噪声与电压、电流的大小及频率等因素有关,从测试数据来看,电容器的噪声最终是由于其运行时的外壳振动产生的,其振动频率总是电源频率及其谐波的整数倍。

电容器的噪声,在早期的交流系统中也偶有发现。在直流输电系统中,电容器的用量非常大,主要的噪声源是阀厅内的相关设备与整流变压器,其他设备的噪声源也很多,但是电容器在直流输电项目中的用量也很大,CIGRE 的相关报告中指出直流换流站滤波电容器装置噪声水平可达到 100 dB 以上,电容器的噪声也成为直流输电项目中需重点解决的问题之一。可以明确的是,在电力系统中,噪声与谐波往往相伴出现,谐波称为电容器产生噪声的主要因素。

设计制造篇

第6章 高压壳式并联电容器

高压壳式并联电容器是目前应用最为广泛的一种电容器,其外壳由 1.5~2 mm 薄钢板制成,一般为长方体结构,元件由多层薄膜和铝箔卷绕而成,并通过压扁、引线、焊接、包封、装箱、真空浸渍等工艺过程方能形成成品。高压壳式电容器具有以下主要特点:

(1)内部元件由多层薄膜和铝箔卷绕;

(2)电容量相对较大,电压在 1~25 kV 之间;

(3)箱壳为薄钢板制成。

高压串联电容器、高压滤波电容器、壳式脉冲电容器,以及包括集合式电容器内部的单元电容器等类型与高压壳式并联电容器的结构基本相同,设计方法类似,这些电容器的设计和结构可在考虑其特殊性的基础上,参考本章内容。

对于集合式电容器,包括引进日本技术的大元件结构的箱式电力电容器,以及自愈式电容器均不包括在本章范围内。

6.1 高压壳式并联电容器概述

高压并联电容器也称为电容器单元(capacitor unit),其特点是电容量比较大,单台的电压不高。目前应用最为广泛的是并联电容器,壳式电容器也是以并联电容器为基础发展起来的一种电力电容器结构。

高压壳式电容器主要的应用种类有高压并联电容器单元、滤波电容器单元、串联电容器单元,其他的直流和脉冲电容器,其设计结构和方法基本相同,主要是参数选取方面有一定的差异。本节主要介绍并联、滤波、串联等壳式电力电容器的基本结构。

壳式电容器是组成电容器组的最小单元,通过电容器的串并联,可以实现电压至几百千伏,容量达上万千乏的需求。壳式电容器的优点是:

(1)体积小,重量轻,便于搬运、运输;

(2)容易进行流水线和自动化的作业;

(3)可以任意组合,满足不同客户的需求。

壳式电力电容器外形如图 6-1 所示。该类壳式电容器一般是由心子、外壳和出线套管组成,各部分的具体情况如下。

图 6-1　壳式电力电容器外形结构

6.1.1　高压并联电容器的外壳

壳式电容器的外壳早期均由普通碳钢薄钢板制成,外壳喷漆。随着电力电容器技术的发展,用户的要求越来越高,目前的电力电容器的外壳均由不同类型的不锈钢板制成,钢板的厚度一般在 1.5～2 mm。

壳式电容器的外壳一般为长方体结构,一方面起到使电容器内部心子与外界隔离,保护心子的作用;另一方面当环境温度或电容器运行时的温度变化时,其立方体的大面可适当膨胀和收缩,起到压力补偿作用,使电容器的内部压力基本恒定。

对于电容器外壳的表面处理,传统的工艺一般通过一遍底漆两遍喷漆施工,底层漆的作用一方面起到防锈的作用,另一方面提高面漆的附着力。随着技术引进和合资,国外一些电容器表面处理工艺和技术进入中国,目前大部分的外壳采用不锈钢板,表面无须再进行防锈处理。主导企业电容器外壳的表面处理工艺主要是通过表面喷砂,增加表面的粗糙度提高附着力,然后直接喷面漆。

6.1.2　高压并联电容器出线套管

壳式电力电容器的出线套管,也是电容器接入电力系统的出线端子,对于壳式高压电力电容器,可分为单相和三相,在大部分场合一般使用单相高压电容器,在特殊的情况下,才使用三相电力电容器。

对于单相电容器,其套管分为单套管和双套管,一般情况下大多数的电力电容器均使用双套管;对于三相电力电容器,一般拥有 3 个出线套管。

对于壳式电容器,其电压一般为 1～25 kV,电容器套管根据伞裙的数量可分为 4 伞、6 伞、8 伞、10 伞、13 伞。

壳式高压电力电容器的出线套管,从制作工艺分类,有锡焊套管和压接套管 2 种形式。如图 6-2、图 6-3 所示。

图 6 - 2　锡焊套管电容器　　　　图 6 - 3　压接套管电容器

1)锡焊套管

锡焊套管是中国电力电容器行业一直沿用的一种工艺,由于绝缘套管为瓷质材料,而外壳一般为薄钢板,为了使这种套管能够与钢板很好地粘接,采用给套管高温烧银的工艺,烧银后通过堆锡焊接工艺,使电容器套管与引出线和箱壳牢固密封焊接。

2)压接套管

压接套管工艺是引进国外的技术。它是将电力电容器的瓷套管加装密封垫后,将预先制作成型的薄钢板法兰通过挤压变形,牢固压接到瓷套管上,进一步通过氩弧焊接工艺,将套管与电容器外壳焊接到一起。

随着技术的发展,压接套管进一步改进,可将套管直接压接在上盖上,形成整体压接套管结构,减少了进一步焊接的工艺过程。单个压接套管与整体压接套管的结构如图6 - 4所示。

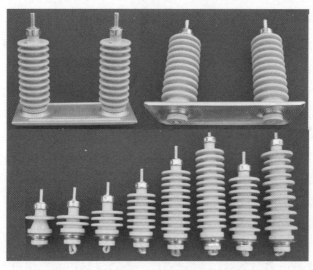

图 6 - 4　单个压接与整体压接套管的结构图

6.1.3　壳式电容器心子

壳式电容器的心子,是电容器的心脏,主要由元件通过串并联组成,根据需要配置内部熔丝和放电电阻,并通过外包封包裹后,装入不锈钢外壳内部。由于内部结构相对复杂,这里不再多述,心子内部的结构在下一节详述。

6.2　高压并联电容器主要性能

6.2.1　用途

高压并联电容器主要用于频率为 50 Hz 或 60 Hz,系统电压在 1 kV 及以上的交流电力系统中,与用电负荷并联连接,提高功率因数,减小输配电网络的损耗,提高系统的送电能力。同时,用于调节系统的无功平衡,提高系统的稳定性等作用。

滤波电容器除了具有并联电容器输出无功功率的要求外,还要考虑谐波对于电容器的影响,在并联电容器设计中,电容器中不流入或者流入很少的谐波电流,而在滤波支路的设计过程中,允许一个或多个谐波电流流过电容器,谐波电流会造成电容器运行电压的畸变,同时造成装机容量的增加。

6.2.2　正常使用条件

国家标准给出了电容器的正常使用条件,也就是在没有特殊说明的情况下,电容器的设计以及试验等需遵从标准的设计条件。

1)通电时的剩余电压

要求通电时的剩余电压不超过额定电压的 10%,也就是指电容器在退出运行后,必须有一定的放电时间方能再次投入。

2)海拔高度

没有特殊说明的情况之下,一般电容器使用海拔高度不超过 1 km,如果海拔高度超过 1 km,对于电容器需要考虑 2 个基本的问题,即外绝缘的爬电问题和高海拔大气压的问题。

外绝缘的爬电问题,电容器主要是外绝缘套管的沿面放电问题。由于试验中对于高海拔的试验条件难以模拟,一般情况下是要在正常气压下,通过提高电容器对壳试验的电压来实现。在实际的试验中对于不同的产品有所不同,对于双引出端子的电容器,在实际试验中电容器的端子对壳的试验电压提高,也就是外包封试验电压提高,这在电容器的设计中是要考虑的一个问题;对于单引出端子电容器,只能按极间电压进行试验,但是引出套管可以等效地进行相关试验。

3)电容器环境空气温度类别

由于地域较广,南北环境差异较大,运行环境无法按一个标准的等级进行规范,电容器适用的环境温度分为多个类别,每一类别用一个数字后跟一个字母来表示。数字表示电容器可以运行的最低环境空气温度,而字母代表温度变化范围的上限。温度类别中覆盖的温度范围为：$-50 \sim +55 ℃$。

国家标准中给出电容器可以投入运行的最低环境空气温度的 5 个优选值，分别为 $+5℃$，$-5℃$，$-25℃$，$-40℃$，$-50℃$。

表 6-4 中给出了电容器最高运行温度上限的表示方式，共分为 4 个基本的级别，分别用 A、B、C、D 来表示。

表 6-4　温度范围上限用字母代号

代号	环境温度/℃		
	最高	24 h 平均最高	年平均最高
A	40	30	20
B	45	35	25
C	50	40	30
D	55	45	35

注：这些温度值可在安装地区的气象温度表中查得。

如果电容器影响空气温度，则应加强通风或另选电容器，以保持表 6-4 中的极限值。在这样的装置中冷却空气温度应不超过表 6-4 的温度极限值加 5℃。

标准中也给出了标准的标注方法为最低运行温度/温度范围上限，如：$-25/C$，$-40/D$。

4）非正常使用条件

对于超出正常使用条件的情况，在设计中应特别考虑，如下列条件：

（1）超出正常使用条件及其他使用条件；

（2）暴露于具有强烈腐蚀和导电尘埃中；

（3）暴露于盐雾、破坏性气体或蒸汽中；

（4）昆虫繁多；

（5）有大量的鸟类；

（6）要求超常绝缘或绝缘子具有加大爬电距离的条件。

6.2.3　基本性能要求

1）额定电压与容量

并联电容器并联安装于电力系统线路中，额定电压往往与系统电压不同，主要的原因是不同的系统或者不同的成套装置的设计，电容器电压是不同的。容量与电压和成本直接相关，这也是国内外通用的做法。

2）电容量

电容量是电容器的另外一个关键的指标。在实际的制造过程中，由于各种原因，电容量总是有偏差的，随着制造技术和设备水平的提高，电容量的实际值偏差越来越小，目前标准要求值为 $-5\% \sim +5\%$，在有些项目中要求更高。如果为三相电容器，三相单元中在任何 2 个线路端子之间测得的最大电容与最小电容之比应不超过 1.08。

3）电容器介质损耗

电容器的介质损耗也是电容器最重要的技术指标之一，一般用介质损耗角正切值 $\tan\delta$ 表示，在额定电压 U_N 下，20℃时，对膜纸复合介质要求 $\tan\delta \leqslant 0.0012$，对于全膜介质要求 $\tan\delta \leqslant 0.0005$。

4）电容器的过电压

电容器运行过程中，系统会出现各种过电压，这些过电压也是电容器应该承受的电压。表6-5中给出了电容器应该承受的过电压及承受时间，需要说明的是表中给出的高于 $1.15U_n$ 的过电压是以在电容器寿命内发生不超过 200 次为前提确定的。

表6-5　电容器的过电压

型式	电压因数	最大持续时间	说明
工频	1.00	连续	电容器运行期间内的最高平均值。在运行期间内出现小于 24 h 的例外情况采用如下规定。
工频	1.10	每 24 h 中 12 h	系统电压调整和波动
工频	1.05	每 24 h 中 30 min	系统电压调整和波动
工频	1.20	5 min	轻负荷下电压升高
工频	1.30	1min	

过电压值＝电压因数×U_n（方均根值）

5）电容器操作过电压

国家标准规定，投入运行之前电容器上的剩余电压应不超过额定电压的 10%，且用不重击穿断路器来投入电容器组，通常会产生第一个峰值不超过 $2\sqrt{2}$ 倍的系统工作电压，持续时间不大于 1/2 周波的暂态过程。这样的暂态过程每年可投切 1000 次，且这种投切的暂态过程中，最大的暂态电流的峰值不超过 100 倍的 I_n。

在电容器投切更为频繁的场合，过电压的幅值和持续时间以及暂态过电流均应限制到较低的水平。

以上内容实际上给出了 4 个重要的条件。其一，电容器再次投入时，必须有足够的放电时间，使其残余的电压低于 10% 的过电压，否则投入时，会产生更高的过电压。其二，断路器的分断电容器的重击穿的问题，在切除电容器的过程中，一旦发生重击穿，电容器必然损坏，造成的问题是批量元件损坏。其三，暂态过程中，最大暂态电流的峰值不超过 $100I_n$。其四，这样的暂态过程每年允许操作 1000 次。就以上 4 个条件而言，随着电容器成套技术的发展，保护元件的完善，电容器的运行条件均有所改善，串联电抗器，大大减小了电容器投入的过电压和过电流。而放电线圈的配置使电容器分断时重燃的概率大大减小。但是在某些场合没有配置相关的电子设备时，对于电容器的操作过电压的问题以及重燃问题必须得到重视，特别是在一些频繁投切的场合，相关的技术条件必须保证。

6）电容器的稳态过电流

电容器的稳态过电流是始终存在的,主要包括 2 个方面的因素。其一,是系统的过电压。按照过电压要求,电容器上每 24 h 中,可以在 $1.1\,U_n$ 下工作 12 h,这样电容器可能承受一个较长时间段的过电流。其二,随着我国电力工业的发展,电网谐波越来越严重,对于并联电容器,虽然从成套装置的设计中,原则上不让谐波流过电容器,但是并联电容器也不得不时刻受着谐波的影响,谐波对于电容器的影响往往不单纯取决于电容器以及成套装置本身的参数,也取决于供电系统的阻抗和负荷产生的谐波电流的大小。对于滤波电容器,由于回路的设计往往让某个或多个谐波电流流过,所以,滤波电容器必须进行谐波的系统分析和计算,电压和电流必须留有适当的余度,否则电容器难以安全运行。

电容器在实际的运行过程中,对于不同的系统、不同的负荷、不同的无功补偿装置、实际承受的过电流水平各不相同,国家标准在综合衡量各种因素的情况下,提出了一个相对合理的过负荷水平,并考虑到现实的试验问题,国家标准规定,电容器单元应能在额定频率下,在 1.3 倍的额定电流下连续运行。

在实际的试验中,应根据电容器的实际电容量进行计算,如果电容量达到最大正偏差 $1.05\,C_n$,实际的电流可达到 $1.37\,I_N$。

在 IEC 及国家标准体系中,滤波电容器和并联电容器均使用同一标准,滤波电容器同样具有 1.3 倍过负荷的能力。在谐波核算过程中,也应适当考虑该因素的影响。

7）电容器的放电电阻

国家标准规定,电容器单元应装有能在 10 min 之内将电容器电压从 $\sqrt{2}\,U_n$ 的初始峰值电压放电到 75 V 或更低电压的放电器件。

对于电容器单元,就是指其内部的放电电阻,对于多串段电容器,特别是装有内部熔丝的电容器,每个串段至少装设一个放电电阻。内部放电电阻一方面要在规定时间内将电容器的电压放电到规定值,同时,放电电阻会增加电容器的损耗,所以,放电电阻值要尽量大一些,以避免放电电阻造成电容器的损耗增加,同时使电容器的温升提高。

对于电容器装置,往往需要装设放电线圈,放电线圈的放电速度比放电电阻快得多,正常运行时,由于励磁阻抗的存在,电流很小,损耗也很小,在直流电压下,放电线圈呈阻性状态,线圈的直流电阻较小,放电速度很快。但是,在放电线圈的使用过程中,必须注意:

(1)放电线圈与电容器组并联连接,其相应的端子必须直接相连,不能有任何的隔离器件或开关器件将其隔离。

(2)对于有内熔丝的电容器单元,即使电容器组安装了放电线圈,内放电电阻也是不能省略的。

8）电容器出线端子

电容器出线端子应具有一定的机械强度,如抗弯 1000 N、抗拉 1500 N、抗扭 N. m 等,如表 6-6 所示。

表 6-6 电容器出线端子扭矩数据

常用接线头螺纹规格	螺母扳手的扭矩/(N·m)	
	顺时针	逆时针
M10	10	10
M12	20	20
M16	45	45
M20	55	55

6.2.4 电容器试验

1.电容器承受过电压的能力

在国家标准 GB/T11024.2-2010 中,作为一项特殊试验规范了电容器的标准耐久性试验,并规范为特殊项目,其中包括了 2 个主要的过程,即过电压周期试验和老化试验。但在新的 IEC60871.1~4-2014 标准中,已将过电压周期试验作为型式试验项目规范到 IEC60871.1-2014 中,并将其名称改为过电压试验,将老化实验作为一个独立的标准在 IEC60871.2-2014 中进行了规范,GB/T11024 标准也已经根据 IEC 标准进行了适当的调整,电容器承受过电压的能力是通过过电压试验体现的。

在电容器运行期间,不管是春夏秋冬,电容器实际上承受着来自系统的各种过电压,由于负荷变化等引起的电压波动,谐波引起的电压变化,电容器投入时的过电压等各种情况,这些过电压在 1 d 中可能重复很多次,或者在较长的时间内存在。虽然相关标准将其调整为例行试验项目,但是,就其试验内容而言,仍属于一种特殊试验,体现的是电容器承受来自系统的各种波动过电压的能力,但其中并未包含大气过压等,所以,过电压试验是为了验证从额定最低温度到室温的范围内,反复的过电压周期不致使介质击穿而进行的试验。该试验有 3 个关键的特征,其一是最低环境温度,其二则是每天过电压试验的次数及试验的天数,其三是过电压的幅值。

过电压试验是对电容器单元电介质结构设计及其组合的验证,也是对同类结构和介质组合的制造工艺的一种验证。所以,该实验可在可比的实验单元上进行试验,试验单元应采用常规产品的生产材料和工艺流程来制造,其额定容量不应小于 100 kvar。

1)试验单元的预处理

试验单元应在不低于其额定电压下稳定化处理,处理时的环境温度应在 15~35℃ 之间,时间不少于 12 h,处理后应在额定电压下测量试验单元的电容量。

2)过电压试验

过电压试验按以下程序进行实验。

(1)试验过程 1:将试验单元置于冷冻箱内,温度等于或低于电容器设计的温度类别最低值,时间不少于 12 h。

(2)试验过程 2:将试验单元从冷冻箱中移出后置于 15~35℃ 环境温度的无强迫通

风的空气中。5 min 内应施加 1.1U_N 的试验电压,施加该电压 5 min 内,在不间断电压的情况下施加 2.25U_N 的过电压,持续 15 个周波,此后在不间断电压的情况下,将电压再次保持在 1.1U_N 的电压,在 1.1U_N 下历时 1.5～2 min 后,再次施加 2.25U_N 的过电压。这样重复的过电压试验在一天内合计完成 60 次。

以上试验过程至少需进行 4 d 以上,2.25U_N 的过电压组合的试验总次数达到 300次。在完成总计 300 次的过电压试验后,在 1 h 内,继续施加电压 1.4U_N 的过电压,历时96 h,这时的试验环境温度应保持在 15～35℃ 的范围内。并在完成全部的试验后,在额定电压下复测电容值,以确定电容器是否有元件或其他故障。

对于过电压试验,如果有 2 个试验条件可以改变并对实验结果有比较大的影响,其一是如果认为最低环境温度无法达到使用电容器相应的最低使用环境要求时,可以将试验温度降低,提出更严格的实验条件。其二是如果认为过电压试验条件不能满足相应的要求时,原则上总的试验次数不变,可在 4 d 内完成,每天的实验次数可以增加。

试验可在连续的 4～5 d 内完成,允许中断,但在中断过程中,试验单元应始终放置到冷却箱中保持应有的温度,并处于不通电状态。

3) 试验电压要求

国家标准中对于过电压周期的试验波形有严格的要求,过电压周期试验波形如图6-13 所示。图中试验电压的频率应为 50 Hz 或 60 Hz,在通电试验时间内,除了施加过电压,其余时间的试验电压均保持在 1.05～1.15U_N。图中对于时间轴,所标数字均为交流电压的周波数,T_1 为 2 次过电压试验的间隔时间,控制在 1.5～2 min 内。

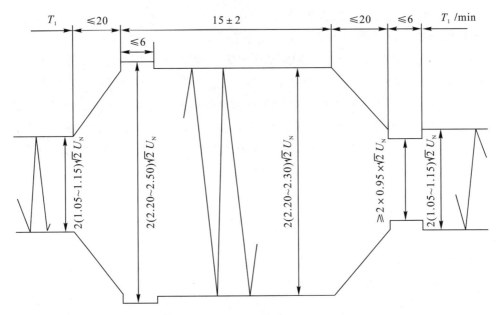

图 6-13　过电压试验的幅值与时间限值要求

4) 过电压试验后的性能检测

过电压试验的试验单元数目为 1 台,在实验过程中不应发生元件击穿。如果在实验过程中有少数元件击穿发生,可再次进行试验,但在再次进行试验时,必须同时对 2 台试验单元进行试验。在实验过程中任何 1 台电容器单元均不应有元件击穿现象发生。

5)可比元件

如果满足下列必要条件,则认为试验单元元件的设计与生产单元中的元件是可比的。试验单元与生产单元的元件相比应满足以下条件。

(1)试验单元元件电介质中固体材料的基本型号、层数应相同,且应用同一种液体浸渍剂;

(2)试验单元元件的额定电压和电场强度水平均应相同或较高一些;

(3)铝箔(电极)边缘设计结构应相同;

(4)元件连接方式应相同,例如焊接、压接等。

6)可比单元

随着标准中对于过电压试验的调整,可比单元与可比元件的意义发生了概率性的变化,其试验结果不再代表 1 类电容器,而是为了满足一个型试试验项目而特别制造的试品,如果试验单元满足下列条件,则认为试验单元与生产单元是可比的:

(1)与生产单元相比,在满足元件可比要求的条件下,试验单元元件应按照相同的方式组装,元件间绝缘应相同或较薄,元件应在制造偏差内以同样的方式压紧;

(2)连接的试验单元元件应不少于 4 个,并使试验单元在额定电压下的容量不小于 100 kvar,所有接入的元件应彼此相邻地放置,且应至少装设 1 个元件间绝缘或者说至少要有 2 个串联段;

(3)应采用制造方标准设计的外壳,其高度不应低于生产单元高度的 20%,宽度和长度不应小于生产单元宽度和长度的 50%;

(4)干燥和浸渍工艺应与正常生产工艺相同。

2.电容器的老化性能

电容器的老化性能是通过老化试验来体现的,代表着电容器在高温下介质的承受能力,随着 IEC 及国家标准的修订,老化试验作为一项特殊试验独立形成一个标准。老化试验是为了验证在提高的温度下,由增加电场强度所造成的加速老化不会引起介质过早击穿而进行的特殊试验。该试验是验证电容器选用的介质材料在相应的条件下不会发生任何快速老化的手段。该试验仅代表了电容器或者某种电介质结构的一种承受能力,不能作为电容器或介质结构的一种寿命特性评价的工具,也不应将其作为电容器寿命研究的依据。

老化试验不是对某个特定型号电容器进行的试验,而是对某一特定电介质系统进行的试验,所以,可在可比单元上进行该试验。

1)试验程序

老化试验按照以下程序进行试验:

(1)端子间耐受电压试验

试验应在通过相关的例行试验的完好的试验单元上进行。在本试验进行前,应进行 1 次端子间的电压试验,并确认没有元件击穿现象发生。

(2)试验单元的稳定化处理

试验单元应在环境温度不低于 $+10℃$ 下,承受不低于 $1.1 U_N$ 的电压,历时不少于 16

h。稳定化处理的目的是使试验单元介质的介电性能达到一个稳定的状态。

（3）老化试验过程

将试验单元于不通电状态，放置到具有强迫空气循环的烘箱中，控制到相应的温度进行加温，放置至少 12 h。对于试验时的温度控制，有 2 个可选的条件，试验温度为 2 个可选条件中较高者。温度选择条件分别为：

条件 1：单元介质温度为 60℃；

条件 2：电容器温度类别中 24 h 平均最高温度，加上生产单元在热稳定试验结束时测得的介质温升。

在试验期间，烘箱温度应保持恒定，允许温度偏差为 -2～+5℃。在施加电压前，应将试验单元在这样的温度环境中保持 12 h，使电容器内部温度达到烘箱内部的温度。

由于试验时间长，试验过程中允许电压中断。在电压中断期间，单元应继续处于控制的环境温度中。如果烘箱出现断电现象，则在继续试验前，应将试验单元放置在烘箱中再次保持 12 h，确保电容器内部温度达到试验要求值。

试验的电压和持续时间是可以选择的，选择的条件可根据电容器的应用情况进行选取，不同的试验电压持续时间不同。可选择的试验条件有 2 个，一个可选试验条件为 1.25 U_N，持续 3000 h；另一个可选试验条件为 1.40 U_N，持续 1000 h。

2）试验结果有效性

在老化试验前后应对实验单元的电容值和电介质损耗角正切值进行测量，老化试验后的测量需在老化试验完成后的 2 d 内进行，2 次测量的介质温度偏差不大于 ±5℃，其他试验条件也应保持相同。

采用 2 台单元进行试验时应不发生击穿，采用三单元试验时允许有一单元发生元件击穿。是否有元件击穿可通过试验前后电容量的测量值作为判断依据。

3）试验的有效性

老化试验是针对电容器元件以及电介质结构设计及其组合的验证，同时，也是对这些元件组装进电容器单元的制造工艺（元件卷绕、干燥和浸渍）的一种验证。老化试验可以覆盖其他电容器的设计，这就需要对试验可比单元与相关的电容器进行比较。

在 50 Hz 下进行的试验也适用于 60 Hz（和较低频率）的单元，反之亦然。

4）试验单元的可比元件

如果满足下列要求，则认为试验单元元件的设计与生产单元中的元件是可比的。

（1）试验单元元件电介质中固体材料的层数应相同或较少，且应用同一种液体浸渍；电介质厚度应在 70%～130% 范围内，但额定电场强度应相等或更高；

当电介质中同时含有膜和纸这 2 种介质时，该比对中采用的电场强度值是仅按固体材料的厚度及其各自的介电常数计算得出的每种固体材料上的电场强度值；

试验单元采用的放电电阻和内部熔丝对老化试验结果的影响，由制造方考虑。

（2）固体电介质材料的组合应相同，例如全膜、全纸或膜—纸—膜等。

（3）固体和液体电介质材料均应满足同一电容器制造方的技术规范。

（4）铝箔设计应相同：

①同一电容器制造方的技术规范；

②厚度允许在 80%～120% 的范围内变化；

③铝箔凸出或不凸出；

④铝箔折边和/或切边，应保持相同的特点；

⑤距固体电介质边缘较窄或相同。

（5）元件连接方式应相同，例如引线片、焊接等。

（6）元件长度（有效铝箔宽度）允许在 50%～400% 的范围内变化，元件的展开长度（有效铝箔长度）允许在 30%～300% 的范围内变化。

5）试验单元设计

如果满足下列要求，则认为试验单元与生产单元是可比的：

（1）与生产单元相比，首先要满足元件可比要求，并且元件应按照相同的方式组装，元件间绝缘相同或较薄，元件应以同样方式压紧，压紧系数等在制造偏差内。

（2）连接的试验单元元件应不少于 4 个，且额定电压及额定频率下的容量不小于 100 kvar，无论元件是串联还是并联连接，放置应彼此相邻。

（3）试验元件外部的连接件可以加大，以便由于可比单元的连接结构不同而造成的电流增加。

（4）心子对外壳的绝缘厚度应相同或较厚。

（5）与生产单元相比，应采用的外壳高度偏差为 ±20%，外壳的长度和宽度偏差为 ±50%。

外壳材料应是相同的类型（金属、聚合物等），但面漆可省去或可以不同。

为了与试验电压和（或）试验电流相适应，可调整套管的设计和套管的数量。

（6）干燥和浸渍工艺应与正常生产工艺相同。

3. 内部熔丝的性能

内部熔丝是并联和滤波电容器最基本的保护方式，与元件串联连接，一旦元件发生故障，则用此熔丝来断开故障元件。因此，熔丝的电流与电压的范围取决于电容器的设计，在有些情况下也与内熔丝接入的电容器组有关。

同时，国家标准和 IEC 标准中指出，用无重击穿断路器投切的电容器组或电容器，该试验是有效的。如果断路器不是无重击穿的断路器投切，买卖双方协商另外的要求。实际上，无论电容器是否有内熔丝，断路器的重击穿对电容器的影响都很大，实际运行中的事故说明，断路器一旦发生重击穿，首先会造成的问题是电容器元件击穿，严重时也会发生对壳击穿现象，造成一根或多根内熔丝在短时间内熔断。由于重击穿会连续多次快速出现，也会出现内熔丝直接熔断的现象。

原则上用于投切电容器组的断路器，绝对不能出现重击穿的问题，一旦发生重击穿，过电压持续增高，电容器必然故障。一般情况下会发生多台电容器同时故障的问题。

1）内部熔丝的设计要求

（1）内部熔丝的熔断原则

内部熔丝设置主要目的是当一个元件发生击穿故障时，内部熔丝应在最短的时间内熔断，将故障元件隔离。内部熔丝的熔断设计时应该按以下几个原则：

①电容器的合闸涌流下，内部熔丝不应熔断；

②来自系统的各种过电压下，内部熔丝不应熔断；

③电容器短路放电试验时，内部熔丝不应熔断；

④电容器元件击穿时，完好元件串联的内部熔丝不应熔断；

⑤电容器元件击穿时，故障元件串联的内部熔丝应该熔断。

标准中也提到了同组并联的电容器发生故障的情况，组内电容器发生故障，类型比较多，由于高压并联电容器一般采用多串段结构，有些故障内部熔丝是可以承受的，对于有些较为严重的故障，如对壳击穿等故障，主要靠外熔断器或继电保护来快速切除故障，在内部熔丝的设计中是难以考虑的。

（2）内部熔丝的熔断特性

内部熔丝在合闸涌流及短路放电等条件下，内部熔丝不能熔断，而在元件击穿时，与之并联的元件同时对故障元件放电的电流而将故障元件的熔丝熔断，这个放电时间很快，一般在毫秒级的时间范围内，甚至更快。元件击穿时，内部熔丝在短时间内能够获得足够大的能量，同时要求元件故障时，流过内部熔丝的故障电流快速上升，并且幅值足够大。

所以，内部熔丝的设计，不但取决于内部熔丝的熔断特性，同时取决于电容器内部元件的容量、元件并联数、内部熔丝以及二者的连接回路的设计及相关参数的控制。控制要求如下：

①元件容量足够，这里主要是元件的电容量及额定电压；

②元件的并联数足够，完好元件对于故障元件的放电能量足够；

③内熔丝的熔体有一定的电阻；

④两者连接回路的电感和电阻足够小。

（3）内熔丝熔断后的隔离能力

内部熔丝熔断将故障元件隔离后，完好的元件将继续运行，这时熔丝熔断后的电容器及其断口必须像完好电容器一样承受来自系统的各种稳态以及暂态过程，其中还包括由于个别元件隔离带来的电压不平衡造成的影响。

国家标准以及 IEC 标准要求，电容器在个别内熔丝熔断后，应该承受以下条件，并能够正常运行。

①动作后，熔丝装置应能承受全元件电压，加上由于熔丝动作导致的任何不平衡电压，以及在电容器寿命期间内正常受到的任何短时瞬态过电压。

②在整个电容器寿命期间，熔丝应能连续负担等于或大于单元最大允许电流除以并联熔丝数的电流。

③熔丝应能承受在电容器寿命期间可能发生的由于开关操作引起的涌流。

④连接在未损坏的元件上的熔丝应能负担由于元件击穿引起的放电电流。

⑤熔丝应能承受隔离试验的下限电压和上限电压短路故障下产生的放电电流。

2)内部熔丝试验

(1)例行试验

内部熔丝装于电容器内部试验时,只能进行例行的耐受能力试验。熔断试验属于破坏性试验,只能在型式试验或内部熔丝试验来进行,所以,国家标准规定,带有内部熔丝的电容器应能承受一次短路放电试验。

试验电压为直流 $1.7\,U_N$,通过尽可能靠近电容器的、电路中不带任何外加阻抗的间隙进行试验。

为了便于试验,允许用峰值为 $1.7\,U_N$ 的交流电压进行试验,在电容器电流过零瞬间断开电源,然后对电容器直接放电。这种方法回路简单,试验速度快,需选相切除电源。

放电试验前后应检测电容量,并判断是否有熔丝动作。原则上在短路放电过程中,不允许有熔丝熔断现象发生。

如果购买方允许有熔丝熔断,则端子间电压试验应在内熔丝短路放电试验之后进行。

(2)型式试验要求

内部熔丝标准虽然为单独的标准,但是,其型式试验应该和电容器的其他试验同时完成。标准中也明确规定,内部熔丝应能承受 GB/T 11024.1 的电容器单元的全部型式试验和耐久性试验。

熔丝的隔离试验应在一台完整的电容器单元上,或在两单元上进行,由制造厂选择用两单元做试验时,一单元在下限电压下试验,另一单元在上限电压下试验。

(3)型式试验方法与试验程序

内部熔丝的型式试验的试验方法是在规定的电压下,人为使元件击穿,要求被击穿的元件的熔丝能够正确动作,完好元件的内熔丝能够保持一个完好的状态,这个试验在国家标准中称其为隔离试验。

内熔丝的隔离试验电压分别在 $0.9\,U_n$ 的下限电压和 $2.5\,U_n$ 的上限电压下进行,如果用直流电压进行试验,则取其峰值进行试验,上述电压应为相应交流试验电压的 $\sqrt{2}$ 倍。

如果用交流电压进行试验,则对于上限电压试验,可以在电流过零时立即使元件击穿,如果在下限电压下的试验可以在相同的电压下,在适当的相位触发,使元件击穿。

对于元件的损坏,标准中有 4 种可选择的方法进行试验。

实验结果的检验,采用以下程序进行,以证明熔丝具有良好的熔断性能。

第一步,在隔离试验后测量电容量,通过电容量的变化,证明熔丝已经断开。

第二步,对电容器单元进行检查。电容器外壳应无由于内熔丝试验而产生显著的变形,然后打开外壳,检查电容器内部的变化。检查内容如下:

①故障元件的内部熔丝已经正常熔断;

②完好元件的内熔丝没有显著的变形或熔断;

③由于内熔丝熔断而使少量的浸渍济变黑是允许的,不影响电容器质量;

④在击穿的元件与其熔断的熔丝间隙之间施加 $3.5\,U_e(U_e$ 为元件电压)的直流电压，历时 10 s。在试验过程中，不允许熔丝间隙或熔丝的任何部分与单元的其余部分之间击穿或有放电现象。注意，试验时，元件和熔丝不应从试验单元中取出，试验期间间隙应处于浸渍剂中。这一试验也可以用单元交流试验来代替。用交流电压试验时，无须打开外壳，试验电压需进行核算，使得击穿元件和其熔断了的熔丝间隙之间的电压达到 $3.5\,U_e/2$ 的交流电压。

3）内部熔丝隔离试验方法

国家标准中，关于人为元件击穿，给出了可供选择的 5 种试验方法，试验时，可选择其中之一种或其他的方法。

无论是交流试验还是直流试验，试验时应记录电容器的电压和电流，以证明熔丝确已断开。对于直流试验，击穿后应将试验电压保持至少 30 s，以防止由于断开电源而使熔丝熔断。

为了检验熔丝的限流性能，在上限电压下试验时，熔断了的熔丝两端的电压降，除过渡过程外，应不超过 30%。如果电压降超过 30%，则应采取措施，使得由试验系统得到的并联贮存能量和工频故障电流与运行条件相当。

在上限电压下试验时，有一根另外接在完好元件上的熔丝损坏是允许的，或者与故障元件直接并联的元件的数量的 1/10 根熔丝熔断是允许的。

4．元件故障方法

1）预热电容器法

在施加下限交流试验电压前将电容器单元置于烘箱内预热，预热温度在 $100\sim150\,^{\circ}\!\mathrm{C}$ 之间。具体的温度可根据实际情况选择，以求在较短的时间内得到第一次击穿。

这种试验方法有很大的不确定性，可能的问题是一方面难以得到 1 个击穿元件，也可能几个元件同时损坏，造成实验结果难以判断。另外，温度较高，必要时可以采取相应的保护措施，在单元上装设一个带阀门的溢流管等。在上限电压试验时，可采用较低的预热温度。

2）机械刺穿元件法

用人为机械刺穿的方法使元件击穿，预先在外壳上钻好洞，将钉子预先固定在洞口处，试验时，人为将钉子打入元件内，使元件击穿。试验电压可以是直流或交流，这种方法更适合在直流电压下试验，采用交流电压试验时，刺穿的时间选择难度较大，很难保证击穿在接近峰值的瞬间发生。

这种试验方法的缺点在于，其一是有时可能有 2 个元件被刺穿；其二是试验时，可能造成元件通过钉子对外壳放电，解决方法是可以将要刺穿的元件与外壳等电位。

3）电击穿元件方法一

在试验单元的一些元件中，每只都装 1 个插于介质层间的插片。每一插片分别连接到 1 个单独的端子上，为使这样设置的元件击穿，在此改装元件的插片与任一极板之间施加足够幅值的冲击电压，试验电压可以是直流电压或交流电压，在采用交流电压下试验时,同样需要在接近峰值电压的瞬间触发冲击。

4)电击穿元件方法二

在试验单元的一些元件中,每只都装 1 根与 2 个附加插片连接的短的易熔金属丝,并插于介质层,每一插片分别连接到 1 个单独的绝缘端子上。为使装有这一易熔金属丝的元件击穿,用另外的充电到足够电压的电容器对金属丝放电,使其烧断。

试验电压可以是直流或交流。在采用交流电压试验时,应在接近峰值电压的瞬间触发充电电容器放电,使金属丝烧断。

5)电击穿元件方法三

在试验样品制造时,将单元中 1 个元件或几个元件的极间部分绝缘层的一小部分去掉,使电容器的某个或某些元件出现小的介质缺陷。例如将膜—纸—膜介质,去掉纸介质的一小部分,如 $10\sim20\ cm^2$ 大小,使该小部分的介质只剩 2 层薄膜。

6.2.5 常用电容器的型号规格

1)高压并联电容器

高压并联电容器型号规格在标准里的表示方法为图 6-14 所示。

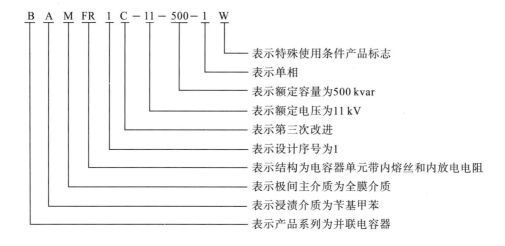

图 6-14 高压并联电容器型号规格标注方法

额定电压一般选用推荐值 $6.3/\sqrt{3}$ kV, $6.6/\sqrt{3}$ kV, $7.2/\sqrt{3}$ kV, $10.5/\sqrt{3}$ kV, $11/\sqrt{3}$ kV, $12/\sqrt{3}$ kV, 11 kV, 12 kV, 20 kV, 21 kV, 22 kV, 24 kV, $38.5/\sqrt{3}$ kV, $40.5/\sqrt{3}$ kV。

额定容量一般选用推荐值(25),50 kvar,100 kvar,200 kvar,334 kvar,500 kvar,1000 kvar,1200 kvar,1500 kvar,1667 kvar,1800 kvar。

常用的型号规格以上述的额定电压与额定容量进行组合,电容器浸渍液体多以苄基甲苯和二芳基乙烷为主,极间介质以全膜为主。目前,我国的并联电容器以苄基甲苯为主导液体介质,以 10 kV 系统的应用最为广泛。表 6-7 中列出了并联电容器最为常用的型号。

表 6 - 7　并联电容器最常用的型号规格

BAM $11/\sqrt{3}$ - 100 - 1W	BAM $11/\sqrt{3}$ - 500 - 1W
BAM $11/\sqrt{3}$ - 200 - 1W	BAM 11 - 500 - 1W
BAM $11/\sqrt{3}$ - 334 - 1W	BAM 12 - 500 - 1W

2）交流滤波电容器

交流滤波电容器型号规格在标准里的表示方法为图 6 - 15 所示。

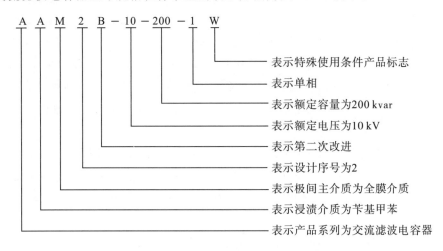

图 6 - 15　交流滤波电容器型号规格标注方法

　　滤波电容器与电抗器串联一起构成串联谐振支路，支路中会流入来自系统的谐波电流，由于谐波电流的作用可能造成电容器的电压提高，其电压的选取与系统的相关参数以及负荷侧产生的谐波电流等参数有关，需要根据实际的工程进行分析计算，很难对型号进行规范。

6.3　高压并联电容器内部结构

　　电容器主要由元件通过串并联组成，根据需要配置内部熔丝和放电电阻，并通过外包封包裹后，装入电容器外壳内。

6.3.1　电容器元件

　　电容器元件是其基本单元，通常由绝缘介质、极板以及引线组成。并联电容器中的元件通常由多层介质材料和 2 层极板卷绕而成，介质和极板都是重要材料，介质又是决定产品性能的关键材料。合理选择介质，决定着电容器的性能和先进的技术经济指标。

　　除介质材料外，元件的加工技术也在不断地发展和进步，如介质搭配，极板折边与分切、卷绕和引极结构等。以下就介质材料、极板以及元件结构与元件控制等进行分述。

1）介质材料

　　目前并联电容器的介质材料一般为组合介质，由固体介质与液体介质搭配而成，如油纸组合介质、油纸膜组合介质、油膜组合介质等。最早的电容器介质为油纸复合介质，这种介质结构损耗比较大，设计场强较低，电容器的比特性很差。20世纪80年代，我国引进国外技术，采用薄膜作为固体介质，但是由于薄膜真空浸渍性能较差，所以采用了膜纸复合介质，使绝缘油能够充分浸渍到介质之间以及介质与极板之间的空隙。随着表面粗化薄膜技术的应用，90年代末，高压电容器实现了全膜化，固体介质材料基本上全部为聚丙烯薄膜。

液体介质也经过了一个演变的过程：在使用油纸绝缘电容器年代，曾经使用过一种液体介质氯化联苯，介电常数较高，性能优良。60年代，世界各地发现一些职业病和误食中毒的现象，逐步取缔了氯化联苯的使用。曾经使用过的介质材料如十二烷基苯、二芳基乙烷、苯基乙苯基乙烷、苄基甲苯等。目前使用最广泛的液体介质材料为苄基甲苯(C101)。

电容器的储能因数(εE^2)，代表着其比特性和制造水平，研究开发介电常数高、耐电强度高的介质材料是电容器研究的永远课题，介质材料另一个重要的特性是介质损耗要小。除此之外，在选择介质时还应考虑局部放电和老化性能，环境友好，难燃等因素。

2) 极板

电力电容器的极板通常采用纯度不低于99.7％铝箔，铝箔的厚度也影响着产品的比特性和制造水平。随着铝箔制造技术的发展，铝箔的厚度越来越薄，目前常用的铝箔厚度有4.5 μm、5 μm、6 μm。国内外制造厂已有4.0 μm的铝箔样品通过了试验，目前还未批量应用。

铝箔厚度的选择视具体的产品设计而定，在具体的产品设计中，应考虑电容器的热效应，选择合适的铝箔厚度。在铝箔使用过程中，为了防止极板边缘发生局部放电，往往使用铝箔折边技术，也有的企业采用激光分切铝箔技术，这样可以避免由于折边造成元件压紧系数不同，可以提高边缘局部放电效应。

3) 缩箔插引线片结构

缩箔插引线片结构是电容器元件的传统结构，是在元件卷绕过程中插入引线片，其特点是将固体介质和极板卷绕后压扁作为元件的引出线。

这种元件结构为3层全膜介质的电容器元件，如图6-5所示。图中1为薄膜，2为铝箔，3为引出线。

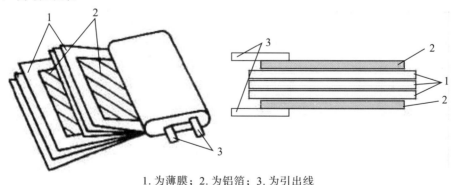

1.为薄膜；2.为铝箔；3.为引出线

图6-5　缩箔插引线片结构

这种结构的电容器元件,其中极板的宽度要比介质宽度小 10~20 mm,保证两边端部绝缘在 5~10 mm 之间,防止极板之间或极板对外壳放电,或产生局部放电。这种结构的元件,极板利用率高,卷绕性能好,生产工艺简单。

对于膜纸复合介质的电容器,由于纸的浸渍性能要比薄膜好得多,为了保证工艺处理过程中的浸渍性能,一般将电容器纸放置于薄膜与极板之间,这种情况下一般使用光膜。

4)铝箔凸出结构

图 6-6 所示为一个标准的极板凸出并折边,介质为双面粗化薄膜的元件结构,目前的电容器元件大部分采用该种结构。这种结构的元件,不再插入引线片,两边凸出的极板自然形成引出端,这样可以防止由于引线片插入时造成的损伤或者引线片本身的问题造成元件故障。图 6-6 中 1 为 3 层表面粗化的聚丙烯薄膜,2 为一侧折边的铝箔。

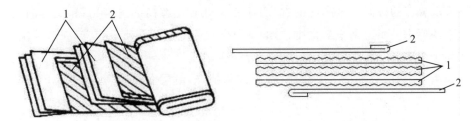

1.三层表面粗化聚丙烯膜；2.一侧折边一侧凸线的铝箔

图 6-6　铝箔凸出结构

铝箔一边凸出至固体介质之外,一般为 5 mm 左右,另一边折边,折边一侧缩进介质内部,形成端部绝缘;两层铝箔相反方向放置,两边凸出部分自然形成两个引出极。电容器心子外观如图 6-7 所示。

图 6-7　电容器心子外观图

目前,国内大部分企业的电容器的元件设计采用铝箔凸出结构,消除铝箔边缘的毛刺和尖角对边缘电场分布的不良影响,使电容器元件的起始局部放电场强和熄灭局部放电场强大幅度提高。通常,铝箔凸出折边结构元件的起始局部放电场强比不折边元件的提高 30% 左右。

5）元件参数控制

元件的设计是电容器设计的关键环节，元件尺寸的合理性决定了电容器的相关性能，元件的电气参数、介质厚度，元件压紧系数以及元件的长宽厚等电容器设计的关键参数，元件设计应考虑以下几个主要的因数：

（1）元件电气参数

元件的电气参数包括了元件的额定电压、平均工作场强、额定电流、电容量的选择，在实际的设计过程中，相关的参数需根据元件额定电压选取。一般不高于 2500 V。对于电场强度选取，国外电容器的电场强度达到 70～85 kV/mm，由于国内部分电网公司的限制，一般要求不超过 57 MV/m，但国内 62 MV/m 场强的产品也是比较成熟的。其他几个参数视具体的产品设计而定。

（2）极间介质厚度

交流电容器的极间介质厚度的选择，应考虑既有足够高的击穿场强，又要满足局部放电水平的要求。不论是全纸介质、膜纸复合介质还是全膜介质电容器，一般情况下，极间介质均采用多层介质叠放使用，这样可以减少单层介质导电点、电弱点造成介质过早击穿的隐患。同时，对于每一层介质，希望越薄越好，单层介质越薄，越不易形成较大的电弱点。

所以，对于多层介质的叠加，在一定层数范围内，其击穿场强都随着层数的增加而增加，但是，介质厚度也不宜过大，介质太厚时不利于元件的卷绕和加工，会导致局部放电电压水平下降。对于电容器用纸和薄膜，由于浸渍性能的差异，其特点也不尽相同。

电容器纸的耐电强度低于薄膜，所以，不同产品的介质结构，介质厚度也是不同的。在全纸介质年代，电容器极间介质厚度一般在 70～90 μm，全纸或膜纸复合介质的介质层数一般取 3～6 层；全膜介质厚度在 30～40 μm 之间，全膜介质层数一般取 2～3 层。

对于直流或脉冲电容器，由于直流电容器承受直流电压、脉冲电容器主要承受脉冲电压，所以平均工作场强可取 1.5～2.0 倍的交流电容器的平均工作场强。

当电容器场强选定后，其薄膜厚度可以用式（6-1）来表示。

$$d \geqslant \frac{U_d}{E} \qquad\qquad (6-1)$$

式中，U_{el} 为元件电压，V；d 为介质厚度，μm；E 为电容器容许工作场强，V/μm。

（3）元件压紧系数

元件压紧系数对产品性能有一定的影响，当压紧系数增大时，压缩了液体介质的厚度，极板间距离缩小，电容量增大；压紧系数过大还会使介质受到机械损伤，导致击穿；压紧系数过小时会使压装和打包困难，元件之间的连接发生错位，心子易变形。因此，交流电容器的元件压紧系数一般选 0.85～0.93，而对于直流和脉冲电容器，元件压紧系数一般选 0.90～0.95。

（4）元件尺寸

元件的尺寸指元件的长度、宽度以及厚度，单个元件的尺寸越大，元件的容量越大，电容器的单位成本越小，经济性能越高。元件的尺寸受加工工艺及加工设备的影响，又不能做得很大。

采用标准化的元件、标准的元件卷绕和压装设备、标准化的箱壳尺寸等,能够降低生产成本,提高劳动效率,提高产品的技术经济性能。目前一般的做法主要是在元件长度、宽度上尽量减少规格,这样有利于箱壳的标准化水平,也有利于材料的采购和存储。

对于带内熔丝电容器的元件,与箱壳尺寸相比,元件尺寸相对要小些以便选取合适的内熔丝;对于不带内熔丝的电容器的元件,元件尺寸尽可能地大些,以提高箱壳的利用率,降低成本。

元件尺寸的设计往往需要反复核算,也可用软件自动设计。元件不宜过厚,过厚会出现 S 形皱褶,易导致机械损伤而发生击穿;元件过薄会使元件数量增多,并且使压装、引线焊接工作量增多。所以,在选取元件厚度时应综合设备、工艺、有无内熔丝等因素合理选取。通常元件厚度可在 $10 \sim 25$ mm 之间选取。

元件的相关材料选定后,电容器元件极板的卷绕长度可用式(6-2)计算:

$$L = \frac{C_N ds}{2\varepsilon_0 \varepsilon_r W p} \tag{6-2}$$

式中,L 为电容器元件极板长度,m;C_N 为电容器额定电容量,μF;d 为介质厚度,μm;s 为元件串联数,取决于电容器的额定电压和元件电压;W 为元件极板的有效宽度;p 为元件并联数,取决于电容器元件允许厚度。

(5)端部绝缘长度

在元件设计中,极板端部绝缘也是一个重要的尺寸。元件的极板边缘至介质的边缘要留有足够的爬电距离,以避免电容器在运行中或者在试验中发生端部爬电或损坏。由于介质材料本身宽度也有偏差,加上卷制机绕卷的不平稳性,一般元件的极板边缘至介质边缘距离为 $10 \sim 15$ mm,如图 6-8 所示。计算可参考公式(6-3),由于 $d \ll l$,端部绝缘长度可以认为等于 l。

l 的长度可以用式(6-3)的经验公式进行估计。

$$l = \left(\frac{kU_d}{A}\right)^2 \tag{6-3}$$

式中,k 为大于 1 的可靠系数;A 为取决于介质厚度和电压波形的常数;U_d 为元件电压,V。

考虑到元件卷绕时的抖动,应该在计算值上加 $1 \sim 2$ mm 的裕度。

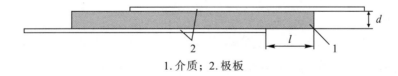

1.介质；2.极板

图 6-8　元件边缘示意图

(6)工作场强

在元件、心子等加工工艺的限定条件下,根据所用介质材料的性能、质量以及工程经验来选取平均工作场强。如果介质材料的性能好,耐电强度高、损耗小、耐老化,则平均工作场强可以选取的高一些,但也应有一定的裕度,以耐受住瞬时过电压。另外,也应考虑局部放电问题。持续的局部放电会使介质的绝缘水平明显变差,严重时会导致介质击穿,所以也应根据局部放电试验的要求合理选取平均工作场强。在电容器使用条件明确的情况下,根据产品的不同特点,交流电容器的平均工作场强可以在 45~60 MV/mm(以叠层法膜厚计算)范围内选取。直流电容器相比交流电容器,不易在极板边缘发生局部放电,并且发热也较轻,所以场强可以取得较交流电容器高 1.5 倍以上,但还应考虑直流里叠加的交流或谐波分量,适当降低场强。

6.3.2 心子设计

心子是电容器的主要部件之一,是电容器的核心,是由一定数量的元件串并联而成,以达到产品要求的设计参数。并联电容器一般采用先并后串的结构,对于某些特殊的应用,也有先串后并结构。

电容器心子的设计,除了元件的串并联方式设计外,还包括各串联段之间的绝缘,心子包封、打包设计。对于有内熔丝、放电电阻的产品,也需要对内熔丝和放电电阻进行设计和选取。内熔丝与放电电阻的放置以及绝缘设计,特别是内熔丝的绝缘,其防护绝缘层应有一定的耐电、耐热能力,并具有一定的机械强度,防止内熔丝熔断时,伤及相邻完好的元件。

1)元件串并联控制

对于高压电容器,其元件的电压一般比较高,原则上元件的额定电压不超过 2.5 kV,所以,对于高压电容器心子,一般均需要多串才能满足额定电压的要求,必须采用多个元件串联。如果电容器额定电压低于 2 kV,也可采取单串的心子结构,元件串联数可用公式(6-4)计算。

$$s \geqslant \frac{U_N}{U_{el}} \tag{6-4}$$

式中,s 为元件串联数;U_N 为电容器额定电压,kV;U_{el} 为元件电压,kV;通常不大于 2 kV。

另外,由于受到介质浸渍工艺条件、元件散热要求以及标准化生产等因素的限制,对于壳式电容器,一般需要采用多个元件并联,方可满足电容器额定容量的要求。

在含有内部熔丝的电容器中,由于内部熔丝的熔断要求,必须有一定数量的元件并联,方能保证内部熔丝的正常熔断。

2)内部熔丝

内部熔丝是电力电容器最基本的保护方式。内部熔丝一般由一根镀锡铜丝制成,国内早期的内部熔丝一般将金属细丝缠绕于一块纸板上,放置在元件端部。目前电容器的内部熔丝不再缠绕,而是将金属丝放置于 2 个元件之间,并采取一定的隔离措施。

对于内熔丝电容器,每个元件串联一根内部熔丝,当该元件发生击穿时,通过内部熔丝熔断将故障元件隔离,保证其他元件能够正常工作,并防止事故扩大和造成更多元件故障或将电容器烧毁。

在电容器运行过程中,由于系统中也存在一些非正常情况,如电容器投入的暂态过程以及来自系统的各种暂态过电压、过电流等,这些过程虽然是系统的非正常状态,但也是电容器必须承受的,在这个过程中,内部熔丝是不能熔断的。

另外,国家标准中规定,电容器能够承受 5 次短路放电试验,在试验时,作为电容器的一部分,内部熔丝也必须承受短路放电电流带来的冲击。在短路放电过程中,电容器的内部熔丝是不能熔断的,内部熔丝的设计首先能够承受来自系统的暂态过电流。这个暂态电流的大小与电容器成套装置的结构有直接的关系,特别是串联电抗,会直接影响电容器中暂态电流的大小,电抗越大,过电流越小。

内部熔丝的熔断依靠本元件短路时的故障电流是无法熔断的,内部熔丝熔断的机理是当 1 个元件出现击穿时,需要与之并联的元件共同对故障元件放电,这样才能保证内部熔丝的熔断,将故障元件隔离。所以,内部熔丝的设计要求在运行中出现暂态过电流时,内部熔丝不能熔断,而当 1 个元件故障时,内部熔丝需可靠熔断,这样,给电容器的心子设计提出一个要求,即每个串联段必须有足够数量的并联元件数。内熔丝电容器如图 6-9 所示。

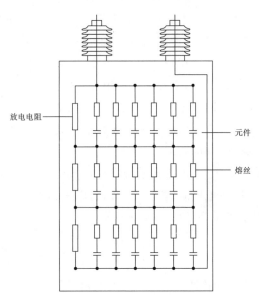

图 6-9　内熔丝电容器内部接线示意图

内熔丝熔断需要的最小能量,理论上可以用式(6-5)计算。

$$W_{min} = 5.67LS \times 10^9 (\text{J}) \tag{6-5}$$

式中,W_{min} 为熔丝的最小能量,J;L 为熔丝的长度,m;S 为熔丝的截面积,m²。

熔丝的直径一般在 0.25~0.5 mm 范围内,通常熔丝的长度可根据产品结构及规格设计与计算。熔丝的设计除了需要考虑最小熔断能量外,还需要考虑熔丝应能承受 5 次短路放电产生的冲击电流。设计时要充分考虑熔丝规格的标准化,提高熔丝制造效率。

电容器在实际的运行中,其两端的电压往往是变化的。对于并联电容器,其两端的电压随着系统电压的变化而变化;对于串联电容器,其电压往往取决于线路的负荷电流。国家标准中,并联电容器内部熔丝熔断的下限试验电压为 $0.9U_n$,上限试验电压为

$2.5U_n$，而串联电容器的下限试验电压为 $0.5U_N$，上限试验电压为 $1.1U_{\lim}$。在上限以及下限电压试验时，必须保证正常的熔断，并保证断口具有能够承受一定电压的能力，同时不得引起其他熔丝熔断，熔断的能量和电动力不得伤及其他元件。

无论是在较低电压还是在较高电压下运行，当元件发生击穿时，放电回路的相关部件均会吸收一定的能量。如放电回路导线电阻、完好元件的熔丝、引线电感、击穿点处的电弧、极板等，在内熔丝设计时，均需进行估算。

3）放电电阻的选取

电容器是一个储能元件，当电容器与电源断开后，其内部存储的电荷不能很快放掉，自身的绝缘电阻很大，所以在很长时间内很难放掉。为了检修人员人身的安全，电容器内部也需要安装放电电阻。在使用中，往往需要自动投切，如果电容器内部存有大量的电荷，在其再次投入时，其内部会产生 1 个较高的过电压，会对电容器造成一定的损伤，所以一般情况下，电容器内部必须装有放电电阻。

对于早期的单元电容器，每台内部两个出线之间并联一组放电电阻，但是在对内部熔丝的研究过程中发现，如果一台电容器内部为多个串段时，当某个元件内熔丝熔断后，故障元件所在的串段上将存在放不掉的电荷，即使再次投入运行，这些电荷也无法放掉，因此，电容器单元的放电电阻从 1 个改为多个，也就是在每个串段上均放置 1 个放电电阻，这样可保证无论在何种情况下，电容器内部不会存在放不掉的电荷。

放电电阻是一个耗能元件，在运行中将产生一定的能量损耗，放电电阻的阻值过小，发热会大，电容器的运行温升也比较高。从这个角度考虑，放电电阻的阻值越大越好，但是阻值过大，满足不了放电时间的要求。

由于放电电阻取值比较大，一般为兆欧级，所以，放电电阻的放电过程为一个高阻尼放电。按照国家相关标准，放电电阻需 10 min 内将电容器的电压放电至 75 V 以下。放电电阻的技术要求电阻值可按公式（6-6）计算：

$$R \leqslant \frac{t}{C \ln(\sqrt{2}U_N/U_R)} \tag{6-6}$$

式中，t 为从 $\sqrt{2}U_N$ 放电到 U_R 的时间，s；R 为放电电阻，MΩ；C 为电容，μF；U_N 为单元的额定电压，V；U_R 为允许剩余电压，V。

通常为了满足较高的电压和较大的电流，需要将多个电阻串、并联起来。电阻总额定功率 P_n 可按公式（6-7）计算：

$$P_n \geqslant k \frac{(1.1 \times U_N)^2}{R} \tag{6-7}$$

式中，P_n 为电阻总额定功率 W；R 为放电电阻值，MΩ；U_N 为电容器额定电压，kV；k 为安全系数，取 2～2.5。

4）绝缘件的选取

心子中绝缘件包括元件包封、元件组间的绝缘、心子外包封等，这些包封件材料以电缆纸或电工纸板为主，也可采用复合材料。元件包封、组间绝缘一般采用电工纸板，纸板厚度范围在 0.25～2 mm，心子外包封一般采用电缆纸，电缆纸的厚度一般在 0.88～

0.13 mm左右。

表6-1给出了油浸电缆纸和电工纸板的击穿场强参考值。从表中可以看出,绝缘材料的厚度越厚,击穿场强越小,这主要与电工绝缘材料的加工有关。在实际的应用中,无论是哪种材料,厚度越大,应该选取等大的裕度。

表6-1　油浸电缆纸和电工纸板的击穿场强参考值

绝缘件厚度 /mm		油浸电缆纸	油浸电工纸板				
		0.12	0.5	1.0	1.5	2.0	3.0
击穿场强 /(kV/mm)	交流(50 Hz)	40~50	45	35	30	25	20
	直流	90~100	—	—	—	—	—

不论是采用电缆纸还是电工绝缘纸板,绝缘的厚度可以用式(6-8)进行计算:

$$d_j = k\left(\frac{U_T}{E_j}\right) + d_a \tag{6-8}$$

式中,d_j为绝缘厚度,mm;k为安全系数,可以取2~3;U_T为试验电压,kV;E_j为主绝缘材料的击穿场强,交流电压下为45~50 MV/m,直流电压下为90~100 MV/m;d_a为绝缘附加厚度,可以取3~5层。

5)电容器的损耗设计与计算

电容器虽然是一个储能元件,但也有损耗,其损耗主要由3个部分组成,包括介质损耗、内部连接线及内熔丝损耗、放电电阻损耗。一般以介质损耗为主。

(1)连接线损耗

连接线和熔丝的损耗等效为一个串联电阻引起的损耗,其损耗值与其运行时的电流直接相关。其损耗可以用式(6-9)进行计算。

$$P_L = I^2 R_L \tag{6-9}$$

式中,I为电容器电流,A;R_L为连接线和熔丝的等效电阻,MΩ。

(2)放电电阻损耗

放电电阻与电容器的心子并联运行,其损耗与放电电压直接相关。损耗可以用式(6-10)进行计算:

$$P_R = \frac{U^2}{R_d} \tag{6-10}$$

式中,U为电容器两端电压,kV;R_d为放电电阻阻值,MΩ。

(3)介质损耗

介质损耗主要指介质在极化过程中产生的损耗,包括2部分,一部分为介质的电导损耗,另一部分则为介质的极化损耗,是在交变电场介质中的偶极子运动所产生的损耗,在直流电场下没有极化损耗。介质损耗很难用并联或串联电阻特性来衡量。介质损耗分析是一个复杂的过程,与运行电压的幅值、频率、运行温度以及干燥浸渍等因素有关。介质损耗角正切值随温度变化的曲线如图6-10所示,一般情况下需按介质损耗角正切值 $\tan\delta$ 来估算。这里需要说明的是,在实验室中,实测的介质损耗角正切值。不能正确反映介质的实际损耗,其测量值是电容器内部所有损耗的总和。

无论怎样,从理论上讲,电容器的总损耗由以上 3 部分组成,其损耗可以按照式(6-11)进行计算。由于在实际的测试中,所有的损耗均在介损的测试值中体现,电容器的损耗也可简化用式(6-12)替代。

$$P = \frac{U^2}{R_d} + I^2 R_L + \omega C U^2 \tan\delta \qquad (6-11)$$

$$\tan\delta = P/\omega C U^2 \qquad (6-12)$$

式中,P 为电容器的总损耗,R_d 为电容器放电电阻,R_L 为内部 $\tan\delta$ 引线等效电阻,C 为电容器的电容量,U 为电容器的电压,I 为电容器的电流,$\tan\delta$ 为实际的介质损耗,$\tan\delta T$ 为包括电容器所有损耗在内的等效的损耗角正切值。

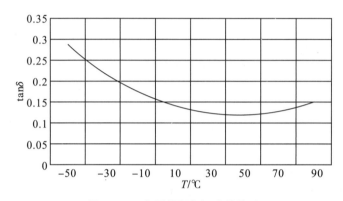

图 6-10　介质损耗与温度的关系

6) 电容器的热平衡计算

运行中由于损耗的存在,电容器中会不断地产生热量,使其温度升高,同时也会通过外壳不断地散热,使电容器最终达到热平衡。使其达到某一平衡温度运行,对于电容器是运行温升越低越好。

电容器在不同温度下的损耗是不同的,在不同温度下的散热也是不同的,其热平衡与环境温度关系很大。导线及内熔丝温度升高时,电阻变大,其损耗随着温度的升高而升高,放电电阻随着温度的升高,电阻值变大,其损耗随着温度的升高而减小。介质的极化损耗,随着温度的升高,介质极化所需能量减少,损耗也降低。

其实,电容器在运行过程中,其内部的温度是 1 个温度场,心子中心的温度最高,外壳表面的温度上、中、下均是不同的。如果将电容器安装成一组电容器,整个组架会形成 1 个热场,这样会使各台电容器的运行温度均不相同,一般情况下,由于空气对流的作用,上部的温度高于下部,中心位置的温度高于边沿位置。

图 6-11 为电容器运行热平衡计算示意图,曲线 1 为在不同温度下的损耗。曲线 2 为在某一环境温度下,电容器外壳的散热曲线,在曲线 1 和 2 的交叉点 A 则为电容器运行的热平衡点。

当电容器达到热平衡状态时,散热速度等于发热速度,由此,热平衡方程可用式(6-13)计算:

$$\tan\varphi \cdot \Delta t = \omega C U^2 \tan\delta_T \qquad (6-13)$$

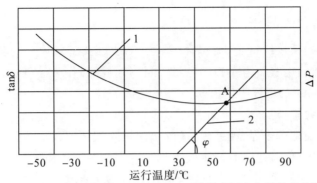

1. 为电容器在不同温度下的损耗；2. 为在某一环境温度下电容器外壳的散热曲线

图 6-11　电容器运行介质温升热平衡示意图

式中，$\tan\varphi$ 为散热系数，与电容器的容量、外壳尺寸、环境温度等有关；Δt 为外壳与环境温差；$\omega CU^2 \tan\delta_T$ 则为电容器的发热功率。这里的 $\tan\delta_T$ 包含了电容器所有损耗在内，也可以说是在试验测试的介质损耗值。

上式计算的电容器的温升则为：

$$\Delta t = \omega CU^2 \frac{\tan\delta_T}{\tan\varphi} \quad (\text{℃}) \tag{6-14}$$

6.3.3　外壳设计

对于壳式电容器，其外壳一般由薄钢板制成，外壳为一立方体结构。电容器的外壳有以下作用：

(1)外壳具有密封性能，保证液体介质不渗漏出壳外；

(2)对于心子起到保护隔离作用，防止心子受到外界冲击或吸潮；

(3)扁平状的立方体结构，使外壳有一定的呼吸作用；

(4)具有良好的散热性能，将电容器的热量散发到空气中。

电容器的外壳一般由 1.5～2 mm 薄钢板制成，以前的外壳的材质基本上为普通钢板，随着我国电力公司要求的不断提高，目前外壳的材质基本上采用不锈钢板。

电容器外壳的形状基本上为扁平状的立方体结构，一方面适应心子的形状和尺寸，另一方面钢板可以增大散热面积，有利于温度变化时，热胀冷缩的作用，通过大面的鼓胀和收缩，使电容器内部适中地充满液体介质，同时保证箱壳不至于由于机械应力而出现渗漏现象。

对于一个制造厂，主要的设备应该具有一定的一致性，如卷绕机的卷绕轴的长度和直径，薄膜及极板的宽度等，这样可以较为标准化地生产，一般的做法是将电容器长度和宽度作为 2 个最基本的尺寸，确定几个相对固定的尺寸，随着容量的变化，可以适当调整电容器元件的厚度以及箱壳的高度，增强加工设备和装置通用性，也利于元件和心子的尺寸标准化。

对于壳式直流或脉冲电容器，有时为了减小回路的电感和连接的需要，也会选取绝缘外壳。

6.3.4 出线套管的选型

一般套管都包括接线端子、绝缘体、法兰、尾线以及密封体。瓷套管作为绝缘和支撑，法兰用于套管与电容器箱壳相固定，铜导杆（铜绞线）作为导电连接。导电体的截面积应按 $4\sim8$ A/mm² 的电瓷密度选取。

1）套管的密封种类

套管的密封类型有锡焊、硬钎焊、橡胶垫滚压式和装配式。装配式结构一般用于长期承受较大的冲击电流，并由此产生较大机械应力的场合。橡胶垫滚压式结构，具有机械性能好、制作工艺简单、密封性优良等特点，现在被大多数电容器制造厂所采用。而锡焊结构因其工艺复杂并且能耗高而基本被淘汰。

2）套管的绝缘水平

套管的绝缘水平取决于电容器装置的结构以及所安装系统的绝缘水平，应根据试验电压来确定。

通常交流电压试验是以电容器的额定电压为依据，试验电压应按式（6-15）计算：

$$U_t = 2.5 \times U_N \times n \tag{6-15}$$

式中，U_t 为工频试验电压；U_N 为电容器单元的额定电压；n 为相对于外壳连接电位的串联单元数。

当海拔高度大于 1000 m 时，其绝缘水平和电气净距建议按（6-16）公式进行修正：

$$K_a = e^{q\left(\frac{H-1000}{8150}\right)} \tag{6-16}$$

式中，K_a 为海拔修正系数；H 为设备安装地点的海拔高度，m；q 为指数，对于工频和雷电冲击电压取 $q=1.0$。

在表 6-2 中选择与 U_t 值最为接近但高于 U_t 值的额定短时工频耐受电压和额定雷电冲击耐受电压，作为套管的绝缘水平。

表 6-2 套管的绝缘水平 （单位：kV）

系统标称电压（方均根值）	设备最高电压 U_m（方均根值）	额定雷电冲击耐受电压（峰值）	额定操作冲击耐受电压（峰值）	额定短时工频耐受电压（干试与湿试）（方均根值）
3	3.5	40	—	18/25
6	6.9	60	—	23/30
10	11.5	75	—	30/42
15	17.5	105	—	40/55
20	23.0	125	—	50/65
35	40.5	185	—	80/95

注：对同一设备最高电压给出 2 个绝缘水平者，在选用时应考虑到电网结构及过电压水平、过电压保护装置的配置及其性能、可接受的绝缘故障率等。

斜线下的数据为外绝缘的干耐受电压。

3)套管的爬电比距

套管的爬电比距应满足使用环境条件的要求。

表 6-3　套管的爬电比距

污秽水平	环境条件	最小标称爬电比距/(mm/kV)	通用标称爬电比距/(mm/kV)
Ⅰ 轻	没有或只有密度很低的工业或住房； 农业区或山区； 距海最少有 10~20 km 的地方	16	28
Ⅱ 中等	工业不产生显著污染的烟尘； 高的住宅或和工业密度但经常有风和/或降雨； 有海风,但不太靠近海岸	20	35
Ⅲ 严重	工业高度密集和大城市的郊区,产生污染； 靠近海的区域	25	44
Ⅳ 很重	工业烟尘产生导电沉积； 非常靠近海并受到盐雾； 沙漠地区	31	52

6.3.5　过程检验

为了保证电容器达到预期的性能指标,而对加工过程中的元件、心子、半成品进行的过程检验。过程检验主要进行几个主要工序的检验,检查尺寸、参数、质量是否满足设计的要求。每台电容器必须经过一系列的过程检验,及早发现不合格的元件、心子和半产品等流到后一道工序,而导致返工甚至报废。过程检验应根据生产厂家工艺水平,设备特点,人员素质等进行设置。以下为常规电容器过程检验的项目。

1)元件检验

(1)元件参数检验。用钢板尺和千分尺分别检查元件的长度、宽度、厚度尺寸或用电子称称元件的重量以验证卷绕的元件是否符合设计要求。

(2)元件耐压试验。对卷绕的元件进行一定数值的直流电压试验,电压值与采用的介质种类和厚度有关系,通常薄膜的电压比纸的高,介质越厚电压越高。耐压时间一般取 3 s。

2)干心子检验

(1)内熔丝尺寸检查。在使用或装配内熔丝前应对内熔丝的有效长度、引线长度、外观等进行检查,尤其是熔丝的直径必须用千分尺进行检查。

(2)心子电气连接检查。检查元件的每组数量、串联数是否符合设计要求；连线是否正确；焊接是否牢靠；残渣和松香是否清除干净；衬垫是否有烫伤等。

(3)放电电阻测量。在放电电阻与心子焊接后应用高阻表对心子的电阻进行测量,以验证电阻阻值符合设计要求。

（4）干心子电容量测量。在元件和连线焊完后,应用数字电容表测量心子的电容量,应在设计的要求范围内。如果电容量超差,应找出原因并返修。

（5）心子或器身高度测量。用卷尺测量每个心子或器身的高度。

（6）外包封厚度及层数检查。抽检外包封厚度及层数,通常厚度是固定的,主要检查外包封的层数。

3）箱壳、套管及油样检验

（1）箱壳外观及尺寸检查。装箱前应用卷尺测量箱壳的高度方向,包括吊攀高度、宽度方向的尺寸,目测外观是否有严重变形、划痕;注油孔周围搪锡是否圆滑等。

（2）套管检验。目测套管的外观包括接线头和瓷件表面是否完好;瓷件颜色是否一致;对套管进行气压 0.3MPa 的气密性检查。

（3）油样检测。在注油前需要对处理过的浸渍剂进行损耗和微量水分的测量,合格后方能注入电容器内。

4）密封性及表面处理检验

（1）密封性检查。可以采用在烘箱内进行成品热烘试漏,在箱壳的所有焊缝周围涂抹白粉作为指示剂,加热时间设置不超过 80℃,一般 6～8h;采用在各道工序分别进行相关部件和部位的检查,也能达到同样的密封效果。

（2）电容器表面粗糙度、漆膜、外观检验用粗糙仪测量箱壳钢板表面的粗糙度,应满足所用粗化工艺的要求。用漆膜厚度测试仪测量油漆的厚度应平均不低于 $80~\mu m$,漆膜厚度均匀,光泽度一致,无杂物,无气泡等。

6.4 并联电容器单元设计实例

6.4.1 设计依据

电容器的设计,一般可以按国家标准和其他的具体要求进行设计,在一些特殊的条件下,需要进行个性化的设计,这其中包括了特殊的使用环境条件和特殊的用电条件。

环境使用条件主要包括产品是户内式还是户外式,安装地点的海拔高度,周围空气的温度和相对湿度,污秽和盐雾情况、噪声限制等。

技术要求主要包括产品的额定电压,额定电容,及允许偏差,损耗允许值,是否带内熔丝等。另外,可能还有一些特殊的要求。例如额定频率,承受过电压和过电流的能力,电容温度系数,运行电压的直流和谐波分量等。

现以型号为 BAM $11/\sqrt{3}-500-1$ W 为例进行单元设计。额定电压为 $11/\sqrt{3}$ kV,额定容量为 500 kvar,单相电容器。额定频率按 50 Hz,额定电容量为 39.48 μF。

6.4.2 产品基本结构

心子通常由若干元件、绝缘件和紧箍件经过压装并按规定的串并联接法连接而成。元件由一定厚度及层数的介质和 2 块极板（通常为铝箔）卷绕一定圈数后压扁而成。目前大多数电容器的元件引线结构采用凸箔式结构,引线片结构很少使用。

6.4.3　介质和极板选择

介质和极板是电力电容器的重要材料,介质又是决定产品性能的关键材料,合理选择介质,可使电容器具有良好的性能和先进的技术经济指标。

为了提高组合介质的介电常数,常采用介电系数较大的聚丙烯薄膜或密度较大的电容器纸和介电系数较大的浸渍剂。为了提高工作场强,则采用介电性能较高的聚丙烯薄膜作为主要介质。此外,选择介质时还应考虑产品的介质损耗、局部放电特性、老化性能等技术要求。

由于大多数电容器都采用卷绕压扁式元件,所以在元件卷绕时极板要受到机械力的作用;当电流通过极板时会产生热量,且频率越高,极板的有效电阻越大,发热越严重。因此对极板的机械强度、卷绕性、导电性和导热性都有一定的要求。

本实例电容器采用铝箔折边、突出结构,全膜介质浸苄基甲苯液体结构。

6.4.4　元件参数和尺寸

1)极间介质厚度

选择并联电容器、串联电容器及交流滤波电容器的极间介质厚度,应考虑具有足够高的击穿场强,又有尽可能高的局部放电场强。

对于直流滤波电容器,介质厚度的选择主要应考虑有尽可能高的击穿场强,当采用薄膜介质时,由于其均匀性好,基本上无导电点,可采用较薄的介质厚度。一般选用的介质厚度为 $30 \sim 40~\mu m$。

2)元件压紧系数

元件压紧系数对产品电气性能有一定的影响。在交流电压下,元件压紧系数增大时,其介电系数和击穿场强都有所提高,但介质损耗角正切值相应地增大,装箱时容易损伤元件。因此,并联电容器、串联电容器和交流滤波电容器的压紧系数,一般选 $0.85 \sim 0.93$。对于直流滤波电容器,元件压紧系数一般选 $0.90 \sim 0.95$。

3)工作场强

合理地选取工作场强是设计的核心问题,通常根据材料的性能、生产工艺水平、介质快速老化试验的数据以及实践经验等综合考虑后确定。从短时电击穿、热击穿和局部放电的观点看,选取的工作场强值都必须具有足够的裕度,使之在瞬时过电压和额定电压下都能安全运行。

并联电容器、串联电容器和交流滤波电容器的工作场强,主要应从局部放电的角度来选取,应使产品能够满足局部放电试验要求,其数值可略高于介质的最低局部放电场强。

直流滤波电容器的局部放电和介质发热均较轻,因此可选用较高的工作场强。但对于叠加交流分量较大的产品,工作场强应选得低一些。

由于电容器的额定电压较高,所以需要多个元件串联来满足额定电压的要求。元件电压初步按 2kV 计算,根据公式(6-17),可得到串联数为:

$$s \geqslant \frac{U_n}{U_{el}} = \frac{11/\sqrt{3}}{2} = 3.18 \tag{6-17}$$

取整数 3,实际元件电压为 2.117 kV。如果平均场强选取 57 kV/mm。极间介质厚度用式(6-1)计算,介质厚度为 37.14 μm,全膜介质层数一般取 2～3 层,所以取 3 层,由 $12\times2+15\times1$ 组合,总厚度为 39 μm(千分尺法)。

因此,平均场强为 54.28 kV/mm。

4)元件边缘宽度

元件边缘宽度尺寸应保证沿边缘的电晕电压和闪络电压高于极间介质击穿的电压。边缘宽度的选取可按在油中固体介质表面的电气强度为 0.5～0.7 kV/mm 来考虑,并考虑电容器纸或薄膜宽度的负公差和极板宽度的正公差以及卷制元件时可能错动等因素。一般元件最小边宽可取 10～20 mm。

本实例考虑到元件电压稍高于 2 kV、材料本身宽度有偏差、卷制机绕卷的不平稳性等,取极板边缘至介质边缘距离为 15 mm。

5)元件厚度

元件厚度与极板的有效面积大小有关。当极板宽度和卷绕直径等有关尺寸一定时,极板有效面积增大,元件厚度也增大。极板面积过大,其击穿场强将降低,并使元件变厚,压扁后会出现"S"形皱褶;极板面积过小,元件数增多,制造较麻烦。考虑以上 2 个方面,通常元件厚度取 8～20 mm 较合适。

因元件的厚度 B_1 与材料卷绕圈数 W_y 和材料厚度有关,即 $B_1=4W_y(d/k+d_l)$,所以

$$W_y = 0.25B_1/(d/k+d_l) \tag{6-18}$$

式中,d 为介质厚度;d_l 为铝箔厚度;k 为压紧系数。

假定元件厚度 B_1 为 16 mm,k 取 0.9,d_l 为 4.5 μm,d 为 39 μm,故有 $W_y=83.6$ 圈。

元件电容可用公式(6-19)求得:

$$Cy = \varepsilon_r WD_p W_y/18\times10^9\times d \tag{6-19}$$

式中,复合介电系数 ε_r 取 2.27;芯轴直径取 92 mm,则芯轴平均直径 $D_p=D+B_1/2$。故 $D_p=100$ mm。

铝箔宽度选 315 mm,突出和折边各 5 mm,薄膜宽度选 320 mm,则极板有效宽度为 290 mm。故 $C_y=2.27\times290\times100\times83.6/(18\times10^9\times0.039)=7.84$ μF

元件的并联数 $P=C_N S/C_y$,故 $P=15.1$,最终并联数取 15。

注:如果计算的并联数不接近整数,可以微调上述元件的厚度以得到最佳值。

元件宽度 $B_2=Pi\times D/2+B_1+a$,式中 a 取 1.5 mm,故元件宽度 $B_2=3.14\times92/2+16+1.5=161.9$ mm

根据公式(6-2)可以计算求得元件的极板长度,从而计算出原材料的重量等。

本例:元件的极板长度 $L=26.25$ m。

6.4.5　心子设计

心子是电容器的主体,它由一定数目的元件按规定的连接方式连接而成,满足产品的技术要求。心子中各串联元件组间和心子对外壳间应有足够的绝缘强度。为了提高电容器运行的可靠性,在电容器的心子中常采用内熔丝保护措施。在熔丝与熔丝之间应有足够

的机械强度和绝缘强度的电工纸板,以防止某个熔丝熔断时伤及附近完好元件的熔丝。

1)元件的串联和并联

元件的电压和电容由所选择的元件参数和尺寸决定,由于极间介质厚度和极板面积的限制,它们通常都不会很高、很大。因此,对于额定电压高的产品,应采取元件串联,而对于标称电容大的产品采取元件并联的方式组成心子。考虑到制造的方便性,通常元件采用先并联再串联的方式。

本实例电容器的并联数为 15,串联数为 3。

2)内部熔丝

对于并联、串联和交、直流滤波电容器,由于电容量较大,所以大多数电容器在每个元件上串接一个熔丝进行故障保护。当某个元件击穿时,与其并联的其他元件均向击穿点放电,使击穿元件的熔丝熔断,电容器仍可继续运行。但其他元件的熔丝在对击穿点放电时以及在允许的过电压和过电流下都不应熔断。电容器内部熔丝通常由镀锡铜丝制成。熔丝直径一般选用 0.25～0.5mm,其长度则根据不同产品的不同能量分配,用计算与试验相结合的方法来确定。铜熔丝尺寸与熔断量 W_r 的关系为:

$$W_r = 5.67LS \times 10^3 (\text{J}) \tag{6-20}$$

式中,L 为熔丝长度,cm;S 为熔丝截面积,cm²。

本实例设计是将内熔丝粘贴于绝缘纸板上,置于两个元件之间。内熔丝熔断需要的最小能量,用公式(6-20)计算。

熔丝的设计除了需要考虑最小熔断能量外,还需要考虑熔丝应能承受 5 次短路放电产生的冲击电流,以及熔丝在下限试验电压时应可靠熔断。

3)绝缘件选取

串联元件组间、心子或器身对金属外壳间等都必须采用绝缘件绝缘。这些绝缘件应能承受住产品的耐压试验并有足够的裕度(例如 2～3 倍试验电压)。绝缘件多采用 0.1 mm左右厚的电缆纸和 0.25～2 mm 厚的电工纸板制成。

实例产品元件包封、组间绝缘采用电工纸板,纸板厚度范围在 0.25～2.0 mm,心子外包封采用 0.13 mm 电缆纸。

不论是采用电缆纸还是电工绝缘纸板,绝缘的厚度可以用公式(6-8)进行计算。

对于元件包封及组间绝缘衬垫,试验电压一般不超过 5 kV,安全系数取 2.0,计算得到厚度为 0.22 mm。由于机械损伤等因素不可避免,故实际厚度取 0.5 mm,即用 2 层 0.25 mm的纸板。

对于心子外包封则采用 0.13 mm 易于包扎的电缆纸,耐电强度也高于纸板。试验电压按 42 kV 计算,安全系数取 2.0,计算得到厚度为 1.86 mm,相当于 14.3 层。考虑机械损伤等因素,故实际厚度取 18 层。

以上结果是基于绝缘材料的交流击穿场强为 45 MV/m 计算得到的。

4)放电电阻的选取

每台电容器内部两个出线之间并联放置一组放电电阻,电容器内部为多个串段时,可在每个串段上各放置一个放电电阻。放电电阻按 10 min 内将电容器的剩余电压从

$\sqrt{2}U_N$放电至 75 V 以下,电阻值可按公式(6-6)计算,求得电阻值为 3.18 MΩ。考虑到实际放电效果,取 3.0 MΩ,由 3 个 1.0 电阻串联而成。电阻消耗的总功率 P 可按公式(6-17)计算,求得 12.5 W,考虑到 2 倍的安全裕度,每个电阻的额定功率选 10W。

5)心子尺寸的确定

根据以上电容器的串并联数、元件的参数、绝缘件的厚度,可以得到心子的尺寸:

$$心子长度\ L_x = 元件长度 + 端部保护纸板厚度 + 对地包封件厚度$$
$$= 330 + 0.25 \times 2 + 2.34 \times 2/0.6 = 338.3 (mm)$$

$$心子宽度\ W_x = 元件宽度 + 放电电阻、连接片等厚度 + 对地包封件厚度$$
$$= 161.94 + 3 + 2.34 \times 2/0.8 = 170.8 (mm)$$

$$心子高度\ H_x = 元件厚度 + 元件包封厚度 + 组件衬垫厚度 + 夹板厚度 + 对地包封件厚度$$
$$= 16 \times 15 \times 3 + 0.5 \times 2 \times 15 \times 3 + 0.5 \times 2 + 4 \times 2 + 2.34 \times 6/0.5 = 779.5 (mm)$$

6.4.6 外壳设计及套管选型

外壳除应有良好的密封性和一定的机械强度外,根据对产品的不同要求,还应具有良好的散热作用。矩形金属外壳散热作用较好,被广泛用于并联电容器、交直流滤波电容器等。当外壳容器一定时,随着外壳长对宽尺寸比值的增大,其散热面积会逐渐增大,但钢板利用率较差。此外,薄金属外壳还有补偿浸渍剂体积变化的作用。外壳外部还应有用于运输、搬运和固定的吊攀以及良好的接地固定点。外壳材料厚度一般用1.0～1.5 mm 甚至更厚的钢板来制造。

为了使产品耐腐蚀更长久,本实例电容器采用 1.5 mm 厚不锈钢板,在箱壳两窄面焊接用于固定和搬运的吊攀。根据 6.4.5 节的计算结果,箱壳尺寸选定 $345 \times 180 \times 860$ (mm)。

本实例电容器采用工艺性与质量较稳定的滚压式瓷绝缘套管。根据电容器所安装系统的绝缘水平和使用场合要求,选 10 kV 绝缘等级,绝缘水平为 42/75 kV。

6.4.7 交流滤波电容器的设计要求

对于滤波电容器,设计方法与并联电容器相同。需要注意的是,在实际的工程应用中,并联支路原则上是不允许有谐波或者有少量的谐波电流流过电容器,并联电容器本身具有通过 $1.3\ I_n$ 的能力,其中包括少量谐波的影响;滤波支路要流过较多的谐波电流,这些谐波电流叠加后有时与基波电流相当甚至更大,这样会造成滤波电容器电压和电流过载。目前通用的方法是提高电容器的额定电压,从而避免电压或电流过载。

对于滤波电容器,U_N 定义为基波电压方均根值和谐波电压方均根值的算术和,或者是由额定容量和额定频率下电容器电抗计算得出的电压,取两者中较大者。

对于滤波电容器,额定电流定义为:基波和谐波频率下额定电流平方值之和的平方根。

对于滤波电容器,特别是带通滤波器,电容器单元和电容器组均推荐取对称偏差。

对于滤波电容器,电容温度系数要求尽量小,通常要求不大于 $4 \times 10^{-4}/K$。

对于交流滤波电容器,还应该考虑噪声水平问题,尤其是用于直流输电系统里的电容器。因系统谐波含量较大、谐波次数较高，交流滤波电容器在运行时会产生较大的噪声，所以在设计时应予以考虑，必要时需采取降噪措施。

6.4.8　特殊要求

除了常规的试验检验外，高压并联电容器还需要进行特殊的试验，如考验介质在较高的温度和场强下，加速介质老化的老化试验；考验电容器在较低的温度下耐受周期性过电压能力的过电压周期试验。这些试验要求都可以在国标 GB/T 11024.2 或 IEC 60871.2 查到。

用于直流输电系统的并联或滤波电容器还需要进行最高内部热点温度试验，该试验将确定最高内部热点温度上升到高于环境温度时与外壳温度的关系，对电容器施加电压使电容器内部最热点温度达到制造方规定的数值，达到热稳定（2 h 不超过 1℃）。试验前后电容之差应小于 1 根内部熔丝动作所引起的变化量。

6.5　电气化铁道用高压并联电容器

6.5.1　电气化铁道供电系统概述

电气化铁道供电系统是一个特殊的供电系统，与其他的交流供电系统有较大的差别，主要体现在以下 3 个主要的方面：

(1)牵引变压器采用三相变二相的特种变压器，存在三相不平衡的问题；

(2)电气化铁道采用 27.5 kV 供电，早期的机车多采用单相整流，直流电机驱动，而新的机车多采用交流电动机，变频调速，机车供电系统采用交—直—交变频，系统中存在 3 次及以上的特征次谐波；

(3)电气化铁道一般供电距离为 50 km 左右，根据实际的铁路情况，可能出现两侧不平衡的状况，火车经过时为重负荷，无火车经过时对低电流容易造成末端电压升高。

根据以上特点，电气化铁道存在 4 个较大的问题：其一是功率因数的问题，整流变频过程中，也会产生大量的无功。其二是谐波问题，由于为单相整流，系统中存在大量的包括三次谐波的特征次谐波。其三是三相不平衡问题，电气化列车本身在线路上运行的不平衡，即使列车负荷平衡，由于为两相供电，虽然变压器采用了特殊的结构，平衡三相功率，但是负荷始终是无法平衡的，零序电流很大。其四是轻载时的无功倒送问题，没有负荷的状态出现的时间和概率很大，由于线路对地电流的存在，出现无功倒送。

电气化铁道系统无功补偿及谐波治理一般可有 2 个可以安装的方式，其一是安装到机车，随机补偿，并滤除谐波，配置一套单相的补偿及滤波装置，随车运行，缺点是增加了列车的负荷；其二是安装到牵引变电站 27.5 kV 侧，采用两相分相补偿，分相控制，两相分别连接到接触网与变压器接地线之间；其三是可安装到变压器一次侧，虽然一次侧为三相，但是由于负荷严重不平衡，也要分相控制，这样，补偿装置的成本比较高，一般情况下不采用这种补偿方式。

电气化铁道的无功补偿及滤波器的设备配置原则上与其他补偿设备不同，在我国

110 kV 以下系统采用中性点非有效接地，由于接触网供电没有中性点，只有接地点，所以，补偿装置也为两相，每相均连接于接触网与地线之间，分相控制和补偿。

补偿装置一般配置电容器、串联电抗器、放电线圈、避雷器等设备，对于补偿装置控制保护，除了配置一般的过压保护、失压保护、过流保护外，电容器的内部故障保护，只有用差压保护。

电气化铁道用电容器，除了符合国家 1 kV 以上电力系统用并联电容器标准，即 GB/T11024 系列之外，还应符合 TB/T2890 电气化铁道专用并联电容器技术条件。

6.5.2　电气化铁道电容器使用条件

国家标准给出了电容器的正常使用条件，也就是在没有特殊说明的情况下，电容器设计以及试验需遵从的标准设计条件。电气化铁道专用电容器的正常使用条件与非正常使用条件与国标中的使用条件的要求完全相同，除非另说明，由气化铁道用电容器设计中的基本使用条件参考 6.2.2。

6.5.3　电气化铁道电容器性能要求

1）额定电压与容量

由于电气化铁道接触网系统的电压只有一个规格，并且系统中存在 3 次谐波，所以在电容器装置结构相对固定情况下，均采用 12% 的电抗率，电容器的电压在标准中基本确定，可选电压规格就 2 种，即 8.4 kV 和 16.8 kV。8.4 kV 用于 4 串结构的电容器组，16.8 kV 用于 2 串结构的电容器组。

对于容量的选择，由于 TB/T2890 版本较早，机车的功率一般在 5~20 MW 之间不等，补偿容量的可选容量只有 100 kvar 和 200 kvar，显然不是太合适，可根据实际情况参考 GB/T11024 的可选规格进行选取。

2）电容量偏差

电容量是电容器的另外一个关键指标，在实际的制造过程中，由于各种原因，电容量总是有偏差的，随着制造技术和设备水平的提高，电容量的实际偏差越来越小，目前标准要求值为 $-5\%\sim+5\%$。

3）电容器介质损耗

电容器的介质损耗也是电容器最重要的技术指标之一，一般用介质损耗角正切值 $\tan\delta$ 表示，在额定电压 U_N 下，20℃时，对膜纸复合介质要求 $\tan\delta\leqslant0.0012$，对于全膜介质要求 $\tan\delta\leqslant0.0003$。

4）电容器的过电压

电容器运行过程中，系统会出现各种过电压，这些过电压也是电容器应该承受的电压。铁道电气化标准中的相关规定与高压并联电容器国家标准内容完全一致，如表6-5所示。

5）电容器操作过电压

根据电气化铁道专用电容器标准规定投入运行之前电容器上的剩余电压应不超过额定电压的 10%，且用不重击穿断路器来投入电容器组，通常会产生第一个峰值不超过

$2\sqrt{2}$ 倍的系统工作电压,持续时间不大于 1/2 周波的暂态过程。这样的暂态过程每年可投切 1000 次,且这种投切的暂态过程中,最大的暂态电流的峰值不超过 100 倍的 I_n。

在电容器投切更为频繁的场合,过电压的幅值和持续时间以及暂态过电流均应限制到较低的水平。其限制或降低值应协商确定并在合同中写明。

根据电气化铁道专用电容器标准的相关内容,电铁用电容器同样有 4 个重要条件,其一,电容器再次投入时,必须有足够的放电时间,使其残余的电压低于 10% 的过电压,否则投入时,会产生更高的过电压。其二,断路器的分断电容器的重击穿的问题,实际上重击穿与电容器的投入过程无关,主要在于切除过程,在切除过程中一旦发生重击穿,电容器必然损坏,造成的问题是批量元件损坏。其三,在暂态过程中,最大暂态电流的峰值不超过 $100I_n$。其四,这样的暂态过程每年允许操作 1000 次。电铁用电容器成套装置与电力系统有所区别,其差别在于分相补偿,相关的条件已发生变化,随着电容器成套技术的发展,保护元件的完善,电容器的运行条件均有所改善,串联电抗器使电容器在投入过程中,大大减小了过电压和过电流。而放电线圈的配置使电容器分断时重燃的概率大大减小。但是在某些场合没有配置相关的设备时,对于电容器的操作过电压的问题以及重燃问题必须得到重视,特别是在一些频繁投切的场合,相关的技术条件必须保证。

6)电容器的稳态过电流

根据电气化铁道具体的使用工况,其稳态过电流主要来自以下 2 个方面。其一,是系统的过电压,按照过电压要求,电容器上每 24 h 中,可以在 $1.1U_n$ 下工作 12 h,这样电容器可能承受一个较长时间段的过电流。其二,电气化铁道接触网存在较大的谐波,并存在较大的 3 次谐波,对于并联电容器,虽然从成套装置的设计中,原则上不让谐波流过电容器,但是并联电容器也不得不时刻受着谐波的影响,谐波对于电容器的影响往往不单纯取决于电容器以及成套装置本身,也取决于供电系统的阻抗和负荷产生的谐波电流的大小。对于滤波电容器,由于回路的设计往往让某个或多个谐波电流流过,所以,对于滤波电容器必须进行谐波的系统分析和计算,电压和电流必须留有适当的余度,否则电容器难以安全运行。

实际的运行过程中,对于不同的系统、不同的负荷、不同的无功补偿装置,电容器实际承受的过电流水平各不相同,国家标准在综合衡量各种因素的情况下,提出了一个相对合理的过负荷的水平,并考虑到现实的试验问题,电气化铁道标准规定,电容器单元应能在额定频率下,在 1.35 倍的额定电流下连续运行。

实际的试验中,应根据电容器的实际电容量进行计算,如果电容量达到最大正偏差 $1.05\,C_n$,实际的电流可达到 $1.485\,I_N$。IEC 及国家标准体系中,滤波电容器和并联电容器均使用同一标准,用于电气化铁道的滤波电容器同样具有 1.35 倍过负荷的能力,在谐波核算过程中,应适当考虑该因素的影响。

7)电容器的放电电阻

与国家标准相同电气化铁道专用电容器单元应装有在 10 min 之内,将电容器电压从 $\sqrt{2}U_n$ 的初始峰值电压放电到 75 V 或更低电压的放电器件。

对于电容器单元,指其内部的放电电阻,对于多串段电容器,特别是装有内部熔丝的电容器,每个串段至少装设一个放电电阻。内部放电电阻一方面要在规定时间内将电容器的电压放电到规定值,同时,放电电阻会增加电容器的损耗,所以,放电电阻值要尽量大一些,以避免放电电阻造成电容器的损耗增加,同时使电容器的温升提高。

对于电容器装置,往往需要装设放电线圈,放电线圈的放电速度比放电电阻快得多,正常运行时,由于励磁阻抗的存在,电流很小,损耗也很小,在直流电压下,放电线圈呈组性状态,线圈的直流电阻很小,放电速度很快。在有放电线圈的电容器使用过程中,必须注意:①放电线圈与电容器组并联连接,其相应的端子必须直接相连,不能有任何的隔离器件或开关器件将其隔离。②对于有内熔丝的电容器单元,即使电容器组安装了放电线圈,内放电电阻也是不能省略的。

8)电气化铁道用电容器的谐波承受能力

由于机车采用单相整流或单相交—直—交变频,电气化铁道接触网中存在大量的谐波,并包含较大的 3 次谐波。电气化铁道中使用的电容器,必须有更强的承受谐波影响的能力,为了方便计算在 TBT 2890 中提出了等价三次谐波的概念,并规定了电容器的承受能力。

接触网系统存在大量的谐波,为了便于规范,标准中规范了等价三次谐波的概念,如系统中存在 3 次、5 次、7 次谐波电流 I_{c3}、I_{c5}、I_{c7},那么,等价三次谐波电流(I_3)换算公式为:

$$I_3 = \sqrt{I^2_{\ c3} + \left(\frac{5}{3}I_{c5}\right)^2 + \left(\frac{7}{3}I_{c7}\right)^2} \qquad (6-21)$$

电气化铁道用并联电容器,能够承受允许通过的等价三次谐波电流(I_3)的数值与持续时间关系如表 6-10 所示。

表 6-10　电气化铁道等价三次谐波电流

等价三次谐波电流	运行时间
额定电流的 0.78 倍	连续
额定电流的 1.50 倍	2 min

这里需要说明的是,谐波电流对于电容器的影响不在于系统中存在多少谐波电流,而在于有多少谐波电流流过电容器,并在其上产生多少电压的降落,这些谐波压降与工频电压迭加,将会使电容器上的电压波形产生畸变影响电容器安全运行,电容装置应配置较大的电抗率,以应对三次谐波电流的影响。

9)电气化铁道用电容器的绝缘水平

电气化铁道接触网的电压固定为 27.5 kV,用电容器电压相对固定为 2 个规格,对于电气化铁道用的单元电容器的设计,其绝缘水平和等级按表(6-11)、表(6-12)要求进行设计。

表 6-11　电容器额定电压对应的绝缘等级

电容器的额定电压/kV	8.4	16.8
绝缘等级	10	20

表 6-12　电气化铁道用电容器的绝缘水平

电容器的绝缘等级/kV	绝缘水平/kV	
	短时工频耐受电压 方均根值	雷电冲击耐受电压 (1.2~5)/50μs 峰值
10	35	75
20	55	120

10)电气化铁道用电容器的放电试验

以直流电将单元充电到 $3.1U_n$,即 $1.24 \times 2.5U_n = 3.1U_n$,然后通过尽可能靠近单元的间隙放电。这样的试验应在 10 min 内完成 5 次。放电试验完成后,5 min 内再进行一次极间耐压试验。

在放电试验之前和耐压试验之后测量电容量,两次测量值之差应小于一只元件击穿或一根内部熔丝熔断之量。

附录:国内外高压并联电容器标准性能比较

并联电容器常用的中国国家标准有 GB/T11024.1、GB/T11024.2、GB/T11024.3、GB/T 11024.4;IEC 标准有 IEC60871.1、IEC60871.2、IEC60871.3、IEC60871.4;IEEE 标准为 IEEE std 18。现就各标准关于高压并联电容器的性能与试验的相关要求的比较列于附表 1。

附表 1　电容器的性能及试验要求对照表

试验类型	试验名称	GB/T	IEC	IEEE
例行试验	极间耐压试验	AC $2.15U_n$/10 s DC $4.3U_n$/10 s	AC $2.0U_n$/10 s DC $4.0U_n$/10 s	AC $2.0U_n$/10 s DC $4.3U_n$/10 s
	极对壳交流耐压	10 s,按绝缘水平 /$2.5U_n$	10 s,按绝缘水平 /$2.5U_n$	10 s,按绝缘水平
	电容量测量	±5%	−5%~10%	0%~10%
	内部放电器件试验	U_{pk}, 75 V, ≤10 min	U_{pk}, 75 V, ≤10 min	U_{pk}, 50 V, ≤5 min
	损耗角正切测量	≤0.0005	—	—
	内熔丝短路放电试验	$1.7U_n$	$1.7U_n$	$1.7U_n$
	密封性试验	T_{max}+20℃/2 h	T_{max}+20℃/2 h	—
型式试验	热稳定试验	1.44 Q	1.44 Q	1.44 Q
	高温损耗试验	—	—	—
	内熔丝隔离试验	$0.9U_n$/$2.5U_n$	$0.9U_n$/$2.5U_n$	$0.9U_n$/$2.5U_n$

续表

试验类型	试验名称	GB/T	IEC	IEEE
型式试验	极对壳交流耐压	60 s,按绝缘水平 或 $2.5\,U_n$	60 s,按绝缘水平 或 $2.5\,U_n$	—
	极对壳雷电试验	±15 次或 $+3$ 次, 按绝缘水平	±15 次或 $+3$ 次, 按绝缘水平	$+3$ 次,按绝缘水平
	短路放电试验	$2.5\,U_n/5$ 次,<10 min	$2.5\,U_n/5$ 次,<10 min	$2.5\,U_n/5$ 次
	过电压试验	$2.25\,U_n/300$ 次, $1.4\,U_n/96$ h	$2.25\,U_n/300$ 次, $1.4\,U_n/96$ h	$2.25\,U_n/300$ 次, $1.4\,U_n/96$ h
特殊试验	老化试验	$60℃/1.4\,U_n/1000$ h	$60℃/1.4\,U_n/1000$ h	—

第7章 高压壳式电容器工艺及装备

电力电容器的种类繁多,但是从总的结构和工艺上,可分为 3 个大类,其一为高压壳式电容器,如高压并联及滤波电容器、高压串联电容器等;其二为套管式电容器,如耦合电容器、电容分压器、断路器电容器等;其三为以低压金属化膜并联电容器为代表的自愈式电容器。

就以上 3 类电容器中,从基础研究、设计、制造以及市场用量各方面来讲,高压壳式电容器无疑是电力电容器的代表性产品,其工艺、加工设备等经过多年的技术研究、技术引进以及发展进步,制造技术已经非常成熟,由于篇幅等各方面的原因,本书中只对高压壳式电容器的工艺方法及装备作为一章专门介绍。套管类电容器也可参考相关的内容,低压金属化电容器的工艺处理主要在于元件的卷绕以及相关的处理过程,各制造企业的产品结构、工艺方法等差别较大、很难统一,本书内容暂不介绍。

7.1 高压壳式电容器工艺及装备概述

壳式电容器是电力电容器最具代表性的一种典型产品,指用于输配网系统中的并联、滤波以及串联电容器单元等用途的电力电容器。这种电容器由薄钢板外壳、瓷质引出套管、压扁式电容元件、内熔丝、放电电阻、绝缘包封件、连接片等部件组成。其中外壳多为不锈钢或普通冷轧薄钢板制成;元件由多层聚丙烯薄膜和高纯度铝箔作为电容器极板卷绕而成。通过元件包封、绝缘纸板以及电缆纸等绝缘件将元件打包成心子,元件之间、内熔丝、放电电阻等通过导电连接片或绞线进行电气连接,心子及引出线与外壳套管导线连接并密封装入钢制箱壳。心子通常需要通过真空干燥、浸渍等工艺过程进行处理,成品再通过必要的电气性能检测,以检验加工及工艺处理的效果,保证产品电气性能及各种性能达标。成品也需表面处理,以保护电容器,并改善外壳装饰效果。

壳式电容器的工艺和装备随着电力电容器发展的各个历史阶段而进步,所以,壳式电容器的工艺的发展和进步也经历了新中国成立初期的苏联援建时代的油纸电容器,20世纪 80 年代改革开放时的膜纸复合电容器的技术引进时代,90 年代的电容器的全膜化时代,进入 21 世纪后,由于国内市场需求量剧增,吸引了部分国外企业来华与国内相关企业合资,也将自动化的制造技术引进到国内,促进了电容器生产制造工艺和装备的进步,国内各企业纷纷进行技术改造,先后建成了先进的自动化生产线。到目前为止,中国的电力电容器的制造工艺及装备已跨入国际先进行列。

7.2 壳式电容器生产环境

电力电容器制造中不同的加工工艺对加工环境的要求各不相同。对环境要求最高的是心子的制作工艺。心子的生产环境,需要在尘埃、温度及湿度可控的净化间内进行作业。为了达到有效减少灰尘、静电、水分等杂质对产品性能的影响,必须将电容器元件的加工、心子组装与包封、原材料的存储、绝缘件加工、内熔丝和引线的加工等核心制造工序,设置在独立洁净区域的环境内完成,该区域也通称为净化间。

7.2.1 净化间的环境要求

电容器的核心器件是心子及心子中的元件,主要的介质材料是聚丙烯薄膜和电容器纸。由于聚丙烯薄膜自身表面不透水、不透气,且极易产生静电和吸尘,在元件的卷绕过程中,当空气中带有导电或带有酸碱成分杂质微粒(大于 $0.5~\mu m$)被薄膜吸附后,就有可能造成电容器电性能指标的下降,严重时甚至导致放电和元件击穿。

所以,在制造过程中,应对用于电容器内部的重要物料在存储与运输、元件及零部件加工、心子打包、以及引线等的焊接、心子装配和装箱等多种关键工序生产环境区域内部的空气进行净化,控制净化间内部空气中的尘埃含量。

同时,还应保证净化间内部必要的温度和湿度。温湿度的恒定保持,对满足物料工序加工的效率以及容量的控制是非常重要的;另外,由于生产环境中有作业人员存在,净化间的相关条件必须满足作业人员对于健康和舒适度的要求。

电力电容器关键生产环境应采取以下措施,满足净化间相关的空气质量要求。

(1)净化间必须相对密闭,内部流通的空气应与外界大气有效隔离,制作净化间所用材料必须环保、不易起尘,净化环境应明亮和透视,确保工作人员的安全;

(2)净化间内部必须控制尘埃粒子的数量在要求的范围内,各类过滤器使用可靠,更换清洗方便;

(3)净化间内部洁净的空气应保持与外部大气压的微正压关系,确保足够的洁净空气在净化间内部的流动以及操作人员必要的舒适性;

(4)净化间内部的温度、湿度应控制在一个较经济的合理范围,确保物料和设备性能的稳定;

(5)净化间应合理设计人流和物流的移动方案,减少操作人员和物料移动,缩短工艺流程;

(6)净化间应考虑必要的人员和物料跨净化区域的除尘和风淋装置,减少因移动导致的二次动态污染;

(7)净化间的地面受重压不开裂不变形,表面清洁方便不产生积尘和污垢;

7.2.2 净化间的净化方式

常用的空气洁净系统,一般由封闭的净化间、冷源和热源以及相应的换热器、多级空气过滤器,通过电气自动控制系统、相应的风机、风管和调节温度的水管连接组成。其中,净化间一般包括生产作业间、更衣间、风淋间、缓冲间和相应的送风和回风口,以及必要的视窗、照明、工艺通道、正常和非正常(安全)出口以及无尘地面等。

净化间相关的控制指标中,内部空气的洁净度无疑是一个最主要的指标,净化间的净化通常是利用对空气进行过滤的方式,通过管道送入净化间实现的。净化间空气输送方式的不同,效果也不尽相同,工业上通常根据净化间空气流动的不同将净化方式分为垂直层流型、水平层流型以及非层流型 3 种类型,这 3 种形式的主要特点如下。

1)垂直层流型(降下流方式)

垂直层流型也叫降下流方式。是一种将过滤器安装在天花板上,气流从顶板向下垂直地面流动(上送风下回风)的一种方式,各风口气流以同样速度向净化间提供洁净空气。这种方式空气流动均匀,方向一致,使得层流型几乎不会出现灰尘的堆积,即使被污染了,也会很快恢复。这种方式具有最佳的洁净效果,但该方式对厂房基础要求较高,地面必须有回风风道,所以设备体积大、造价较高,适合对洁净度要求较高的行业。

2)水平层流型(交叉流方式)

水平层流型也叫交叉流方式。是一种将过滤器安装到净化间侧面墙壁上,气流从一侧墙壁上向对面墙壁流动,各风口气流以同样的速度提供洁净空气。该方式优点是由于气流产生的涡流、死角引起的尘埃的堆积的现象比较少,室内的洁净度对工作人员人数的控制要求不高,适合较密集人员的工作场所。但其工作层以及以下部位流层的洁净度会明显降低,而上部非工作层的会获得较高的洁净度,适合于工序位置稳定、地面材料转移量较少、操作人员相对固定的工作方式,这种净化间的送风方式,所需设备占地和投资相对较小,设备容易布置,但左右墙壁因为要布置风道和过滤器,工作场地面积的利用率会降低。

3)非层流型(垂直紊流方式)

非层流型也叫垂直紊流方式。是一种综合以上 2 种形式性能的净化方式,其送风口设置在净化间顶部,而回风口设置在侧壁。该种方式气流易出现紊流,靠近回风口部分洁净度往往较低,但该结构在必要的工作层高度的洁净度还是比较高的。其特点是过滤器和空气的处理比较简单,可放置在净化间顶部,不占用生产场地,且设备投资费用也比较便宜,特别有利于净化间的改建和扩建。该方式由于改变了气流方向(垂直送风水平回风),容易形成涡流、乱流等局部污染,造成尘埃的堆积,影响净化间某个局部净化度,也会受到操作人员人数和物料移动状态对净化度的影响。尽管该方式也存在一些不足,但由于该方式设备投资和场地运行成本均较低,总体效果可以达到电容器净化间的相关要求,所以仍被广泛地用于电力电容器核心制造工序的环境保证。

7.2.3　净化间的空气质量

净化间的空气质量包括了 2 方面的技术要求,一方面要满足相关作业人员对于健康和舒适度的要求,另一方面需严格控制净化间内部空气中的固体尘埃,确保产品对于空气洁净度的需求。

1)净化间空气清新度

保证作业人员的健康舒适度,必须保证净化间空气的清新度,除了满足加工需要的洁净度,对空气进行过滤外,空气的清新度通常需要依靠足够的换气速度来保证,换气速度越高,净化间的空气质量越接近静态环境指标,操作人员也会感到越舒适。对于作业

人员的健康与舒适度指标,应对以下指标进行控制:

(1)净化间空气的相关组分与当地室外空气组分相当;

(2)净化间空气温度调整到18℃～26℃之间;

(3)净化间的压力略高于当地室外压力;

(4)净化间空气相对湿度调整到45％～65％之间。

净化间换气速度通常用换气次数来衡量,国家标准 GB 50073《洁净厂房设计规范》中明确规定了不同级别的洁净室洁净送风量计算所需的经验换气次数,相关换气次数的国家标准推荐值如表7-1所示。

一般来说,换气次数较大时,可以有效地保证净化间净化度和空气的清新度,但相应的运行成本(能耗、过滤器的更换量)都将增加,但如果选择换气次数过少,也会增加净化间对生产动态管理的难度,严重时会降低净化间的净化度等级,换气次数通常用式(7-1)进行计算。

$$N = \frac{3\ 600 \cdot V \cdot S \cdot n}{VR} \tag{7-1}$$

式中:N 为每小时换气次数;V 为进风口风速,m/s;S 为单个风口面积,m^2;n 为风口数量;VR 为房间容积,m^3。

影响换气次数的因素较多,很难统一成某一固定的数量,经验换气次数的确定,可以通过当地的气候条件、生产规模大小、单位面积上设备或材料数量的多少、操作人员的数量和运动频次等进行选择,当大气环境较差,净化间人员、物料及设备密度过大,工序动作导致人员物料流动性较大时,可以选择更多的换气次数的净化方案。

为了既要满足换气需要,又避免换气过多所造成的不必要的成本增加,国内生产全膜介质电容器制造企业的净化间,在设计换气次数的选择上,大多是按照 ISO 等级 6 的净化间换气 30～35 次,ISO 等级 7 的净化间换气 15～20 次的经验换气次数选择。

表7-1 电子电工行业常用净化间空气换气次数(推荐值)

空气洁净度等级	换气次数(GB 50073)	换气次数(ISO/DIS 14644)
6 级(1000 级)	50～60 次	25～56 次
7 级(10000 级)	15～25 次	11～25 次
8 级(100000 级)	10～15 次	3.5～7 次
9 级(1000000 级)	10～15 次	3.5～7 次

2)净化间空气洁净度

净化间的洁净度根据净化间的状态分为静态洁净度和动态洁净度。静态洁净度又称初始洁净度,指净化间不存在物流、人流以及设备运转时的净化度。净化间内部由于人员流动、材料移动、设备运转等原因,有可能产生新的尘埃粒子,洁净度会有一定程度的降低,这种在正常生产活动中形成的洁净度又称为动态洁净度。

净化间的净化度通常是由换气时净化设备的性能来保证的,静态净化度主要用于净化间及净化设备总体设计水平的检验;而动态净化度则反应的是在正常生产活动中的净化度,更需要重点关注和控制的是动态洁净度。动态净化度不但与净化设备的能力有关,并与净化间内部的管理有关,净化间应严格管理,减少不必要人、物的进入和流动。

净化间的净化度可参照国家标准 GB/T 25915《洁净室及相关受控环境》进行控制和监测,该标准等同采用 ISO14644-1 标准。标准内容共分为 3 个部分,第一部分为空气洁净度等级,第二部分为证明持续符合 GB/T 25915.1 的检测与监测技术条件,第三部分为洁净度的检测方法。其中对于净化等级的规范如表 7-2 所示,该表根据大于或等于尘埃粒径的粒子数量把净化度分为了 9 个级别。

表 7-2　净化室及洁净区空气洁净度等级

ISO 等级 N	大于或等于尘埃粒径的粒子数量/(个/m³)					
	0.1(μm)	0.2(μm)	0.3(μm)	0.5(μm)	1.0(μm)	5.0(μm)
ISO 等级 1	10	2				
ISO 等级 2	100	24	10	4		
ISO 等级 3	1000	237	102	35	8	
ISO 等级 4	10000	2370	1020	352	83	
ISO 等级 5	100000	23700	10200	3520	832	29
ISO 等级 6	1000000	237000	102000	35200	8320	293
ISO 等级 7				352000	83200	2930
ISO 等级 8				3520000	832000	29300
ISO 等级 9				35200000	8320000	293000

注:按测量方法相关的不确定度要求,确定等级浓度的有效数据不超过 3 位。

随着电力电容器制造技术的不断完善,对净化间的要求也在不断提高,净化度的过度提高,也会带来净化间基建成本和设备成本的提高,合理地控制净化间的净化度是有必要的,但净化度等级并不是越高越好。

经过电力电容器多年的生产工艺实践与研究,电容器制造行业中对于心子净化间的洁净度的控制要求一般应达到以下水平:

(1)电容器的元件作业区域(包括已拆包封的待卷材料的存放)的静态环境洁净度等级至少达到 ISO 等级 6(相当于国内标准的 1000 级);

(2)绝缘件加工、心子压装、引线和外包等心子制作区域,静态环境洁净度等级至少应达到国际 ISO 等级 7(相当于国内标准的 10000 级)。

7.2.4　净化间与净化设备

净化间的洁净度除了与净化系统的设备能力、管理因素有关,同时也与净化间本身的结构设计与工艺布局有关,净化间的结构与工艺布局的设计应综合各方面的因素进行合理地设计。

1)净化间的工艺布局

净化间的主要功能是为电容器心子核心工序作业提供优良洁净的生产环境,净化间的布局需要进行合理规划,布局不合理,会增加内部人和物的流动,一方面影响净化度,另一方面也会增加净化成本,所以,在净化间布置上应合理压缩净化间内的有效面积以及多余的空间高度。

通常在净化间设计与布置首先要确定目标产能、所需设备和作业面积等。净化间一般可按功能分区,功能区一般包括物料存储区、物料传输区、作业区零部件转运通道等区域,各区域应采用最短的工艺路线合理布置,区域的划分和布置应遵循以下原则:

(1)减少物料的过多转运以及不必要的往复移动;

(2)合理测算净化间内的操作工位,减少多余的操作人员以及工序当中人员的移动频次;

(3)规范物料和零件的放置位置,也可使用自动传送装置,降低因物料过多移动导致洁净度降低的风险;

(4)对洁净度要求较高的工序或设备,应布置在高效过滤器的下部,并远离风淋间进出口以及通道,可以有效地改善因工序运动产生的二次空气污染;

(5)工艺布置方案中应避免产生清洁死角,特别是要保证设备与地面、设备与回风口的有效距离,保证必要的清洁空间。

为了保证净化间设计要求的洁净度,除了以上设备和输送装置的合理布置外,净化间地面通常应满足耐摩擦、抗静电、不产尘、不积尘、不开裂、抗挤压、不积垢、易清理、耐高温等性能。常用的净化间地面材料有环氧砂浆制成的光亮或哑光自流平地面,以及PVC材料制成的橡胶塑料地面等。

2)净化间的空气净化系统的组成

通常洁净环境是由组装式洁净间、输送风管、组合式空调器以及冷源和热源等组成来实现。其中组合式空调设备为主要的核心设备,该设备由风机单元、均流单元、混气单元,以及空气过滤单元、空气温湿度调节单元、净化新风调节单元等独立功能组成,实现连续循环的送风处理,使净化间达到所要求的洁净度、温度、湿度的指标。典型的电容器元件和心子制造所需要的空调净化器以及净化环境原理如图 7-1 所示。

组合式空调净化系统在结构上通常由以下工作段组成:

①进风段:空气(新风)进口,通过网状过滤器过滤来自大气中较大的灰尘粒子;

②混合段:如果同时有回风和新风,在混合段进行混合,通过风阀调节混合比;

③初效、中效过滤段:根据要求安装采用特殊无纺布制成的不同致密等级的空气过滤器。其中初效过滤器主要用于过滤直径 $10~\mu m$ 以上的沉降性颗粒和各种杂质;中效过滤器主要用于过滤直径 $1.0\sim10~\mu m$ 范围的悬浮性微粒,以避免其串入高效过滤器,影响高效过滤器正常工作;

④高效过滤器通常安装在净化间上部的出风口处,用于过滤 $1.0~\mu m$ 以下的微粒,满足最终净化度的要求;

⑤冷却段：通过冷源提供的冷冻水，利用表冷器（蒸发器）冷却所通过的热空气，同时可以起到除湿的作用；

⑥加热段：通过热源提供热水（或蒸汽），利用加热盘管（冷凝器）加热所通过的冷空气；

⑦风机段：通过离心风机实现空气的输送，满足送、回风风压和风量的要求；

⑧均流段：一般是布置在风机出口或各换热器（蒸发器，冷凝器，表冷器，热水盘管）的前或后，用于均匀风压和缓冲风量的目的；

⑨消音段：主要目的是降低空气流通过程产生的噪声，一般是采用板式孔消音器；

⑩送风段：提供经过净化后的空气的出口。

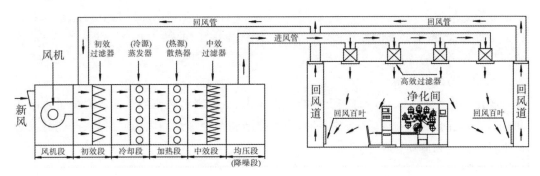

图 7-1　典型电容器元件和心子制造净化环境结构示意图

7.2.5　净化间的管理与维护

净化间的主要指标是控制洁净度，洁净度一方面取决于净化间净化设备的能力，同时取决于对净化间人员及物品流动的管理。对于环境参数，除了控制洁净度外，还需要控制包括温度和湿度在内的空气清新度。温度和湿度的控制一方面考虑作业人员的工作环境，另一方面是为了保证各种生产用材料的温度状态和材料含水量的一致性和可控性，便于进行干心子容量的控制；另外，湿度过大材料表面易潮湿，造成材料之间粘连而无法卷绕元件；湿度过小，材料表面易产生静电导致操作人员不适，而影响绕卷质量，元件也易吸附灰尘，且其他固定灰尘也会重新漂浮，影响洁净度。

净化间内部的洁净度是不均匀的，一般进风位置的洁净度较高，出风位置的洁净度相对较低，也会存在一些工艺死角。在净化间的设计、设备布置时，就应注意相关的问题，在生产过程中，更需要加强净化间的管理和维护。净化间的设计、布置以及相关的管理及维护措施如下：

（1）关键工序控制

净化间的净化单元应合理布置，在关键工序上部可增设局部净化单元，可有效提高关键工序部位的动态净化度；

（2）新风量控制

净化间应保持一定的新风量，保证净化间内每人每小时的新鲜洁净空气风量不少于 $40\ m^3$，保证操作人员的正常身体需要，提高工作的舒适性。但新风量也不宜过大，新风量过大,也会增加空调的压力,降低滤网的使用寿命和周期。在空调净化系统运行过程中,应注意在满足空气清新度要求的前提下,可对回风进行重复使用,降低新风的过滤和温湿度调整成本。通常空调系统的新风量不小于总风量的 10%～15%;

(3)自动监控系统

净化间一般进行自动监控,通过自动化的监控系统,对送风量、新风量、过滤器压差、以及温度和湿度的自动调整,实现快速和智能调整净化度以及温、湿度,达到满足动态工艺环境要求的目的。

(4)静压差控制

对不同级别净化间与外部环境的压强差应进行控制。压强差过小通常是因为各级过滤器堵塞造成阻力增大,导致换气次数不足。压强差不足时应通过检查过滤器以及风压流量等方式,恢复必要的静压差。不同级别净化间之间的静压差至少应大于 5 Pa,净化间与室外大气的静压差至少应大于 10 Pa。

(5)人、物流动控制

净化间内作业人员应着统一干净的专用净化服,控制不必要的非工作人员进入净化间,进入净化间人员应进行必要的风淋;同时控制和减少净化间内的原材料、产成品及边角废料的数量和流动;

(6)净化间的清洁

应及时清洁净化间内的设备、工装、门窗、墙面以及地面。洁净区域的各种表面灰尘,均会由于外部运动产生的风力而重新漂移,造成二次污染;

(7)过滤器维护

应及时清洗和更换初、中效过滤器滤袋。在正常的生产过程中,根据空调净化器的使用频次和外部环境的空气灰尘状况,至少每 15～30 天左右要进行一次清洗,90～120 天左右要进行更换;

应定期检查和更换高效过滤器,高效过滤器无法清洗,一旦堵塞会造成风量下降影响换气次数,直接影响到洁净度的指标。一般情况下,根据高效过滤器的使用状况,其更换周期为 1～2 年;

(8)风道维护

定期检查和清洁风机以及相应通风管道的内部表面。通风管道由于长期使用,其表面会残留很多固体杂质和灰尘,这些杂质在管道表面吸附是非常不稳定的,一旦风压出现变化就会顺风进入下一过滤系统,造成后道过滤器的早期失效。对主要通风管道,每年至少进行一次人工清理和清洁。

7.3 箱壳制造工艺及装备

7.3.1 箱壳加工的质量指标

壳式电容器外壳通常是由薄钢板制成的长方体结构,从结构上分为箱壁、上盖、底盖以及吊攀等部分,箱壁是经过裁剪、弯制、焊接而成。其上盖、底盖以及吊攀等零件是根据不同零件尺寸和结构,一般是用专用模具冲压拉伸而成。近年来,随着智能制造技术的引进和推广,电容器箱壳加工的自动化程度越来越高。目前箱壳的制造技术已经可以实现在专用弯壳机上对一块钢板多次连续高精度弯制,并形成只有一条纵缝的结构;另外,底盖、上盖、吊攀等零件全部可以做到利用专用模具的一次成型;以上成型的零件经过组合可以采用机器人智能焊接技术进行焊接,加工好的箱壳具有密封性好、精度高、变形小且外形更加美观的特点。箱壳制造的基本要求如下:

(1)箱壁裁剪和弯折过程应充分考虑设备精度对制造公差的影响。钢板裁剪公差应≤0.3~0.5 mm/m,弯折后形成的边长公差≤0.5 mm;

(2)弯折后形成的圆角,应与箱盖和箱底的 4 个外角匹配后形成的缝隙≤0.3 mm;

(3)为了适应自动化的焊接技术等后道工序的要求,无论采用何种弯制方法,弯制而成的箱壁除了尺寸满足要求外,还应该做到箱壁任何一面的对角线尺寸偏差应控制在≤1.0~2.5 mm/m 范围内;

(4)对四边连续弯制的箱壁,在保证箱壁四面方正的基础上,还必须控制好每次弯制后的累计误差,对接拼缝的边长误差以及偏离理论中线的误差均应≤0.2 mm。并做到弯好箱壁的端面在自然落地状态时,其拼接处两边之间的缝隙处于平行状态;

(5)无论采用弯制还是采用一次冲压拉伸成型工艺,底和盖的外形公差≤0.3 mm;

(6)焊接成型的箱壳焊缝密封、平滑、形状均匀,无咬口、弧坑,凸台、针孔等严重缺陷,箱壳外观方正无变形,尺寸及公差符合设计要求;

(7)箱壳表面清洁且无锈蚀、毛刺和杂质材料。

7.3.2　常用电容器箱壳材料

普通碳钢板由于其拉伸延展性不够,易生锈,工序锈蚀清洗复杂,产品在户外运行防腐性能差等缺点,已经很少使用和逐步被淘汰。随着不锈钢板的生产成本大幅下降,并具有的耐腐蚀、延展性优、易焊接等特点,已经被广泛地应用于电容器外壳的制造中。

不锈钢板按金相组织可分为 4 大类,即:奥氏体不锈钢,马氏体不锈钢,铁素体不锈钢,沉淀硬化型不锈钢。由于奥氏体不锈钢的金相组织结构为面心立方晶体结构,使得该种材料具有较强的防锈性、无磁性、耐蚀性、可塑性、可焊性,同时可以通过冷加工使其机械性能进一步的提高。该类材料的典型代表为 0Cr19Ni9 不锈钢,相当于美国 ASTM 标准中的 304 牌号,其中含 Cr 约 18%、Ni 8~10%、C 约 0.1%,并加入 Mo、Cu、Si、Nb、Ti 等元素合金组成,属于高 Cr-Ni 系列不锈钢。由于 Cr-Ni 奥氏体不锈钢优良的延展和可焊性能,非常适用于箱盖套管孔的拉伸以及吊攀材料,广泛被用作电容器箱盖的材料。

铁素体不锈钢具有体心立方晶体金相组织结构,它是一种以铁素体组织为主的不锈钢,通常不含镍,铬含量一般在 11%~20% 范围内,含有少量的 Mo、Ti、Nb 等元素,这类钢具有导热系数大、膨胀系数小、抗氧化性好,具有较强磁性、易于成型和焊接等特点。这种材料是一种能够满足不锈钢基本功能且成本低廉材料,所以,在电力电容器箱壳设计中,这种不锈钢被大量用作箱壁、箱底的材料。

7.3.3 壳体的结构与加工

1）箱壳的弯制与设备

电容器壳体箱壁一般有单焊缝和双焊缝2种结构。双焊缝箱壁由2块钢板分别按照尺寸裁剪后，利用通用弯板机弯成2个形状完全相同开口的"U"形形状，然后拼焊而成，焊缝处于长方体的窄面。单焊缝箱壁由专用弯板机连续性弯制成四边，然后对弯制四边而形成的封闭口实施单缝焊接而成。为了减少箱壳焊接变形，焊接的拼接处通常设计在箱壳宽度方向的中心部位或箱壁四角上。单焊缝箱壳尺寸误差相对较小，形状更加规范。需要注意的是，由于弯制后，壳体无法再加工，所以，弯制箱壁前，根据设计要求，冲压完成注油孔等需要提前加工的部位。

目前制造企业普遍使用专用的电力电容器自动弯壳机实现箱壳的弯制。该设备充分利用了这种箱壳方正、简单、统一的特点，将弯壳机头部设计成可以开启的结构，在弯头结构上采用悬臂回转技术，使整个弯制动作轨迹转动中心与被弯制箱壳的转角中心完全同心；弯头采用高强度和耐磨性极高的合金材料，使弯制精度具有很高的稳定性。箱壳四边弯制完成后，专用弯壳机会自动打开弯头压板并侧移，使箱壳水平移出。该设备还采用了高精度的滚珠丝杠的输送方式，大大降低了钢板输送过程中的移动误差，提高了箱壳的成型尺寸精度和移动过程的重复精度，减少了焊缝数量，提高了后续箱壳纵缝的焊接质量。

2）底盖和上盖的加工

箱壳上另外两个重要零件就是上盖和底盖。早期的上盖和底盖通常要通过对钢板剪板、冲压、去四角缺口、冲压套管连接孔、弯制四边等工序完成制作。由于其制作工序多、生产效率低、材料浪费大、制作精度低、累计误差大、四角无法与箱壁弯角密合的原因，目前已经基本淘汰。

取而代之的是将上盖和盖底按需要的尺寸裁减后，通过专用冲压模具，在机械压床或液压机床上一次性冲压成型的工艺。该种结构的工艺具有生产效率高、加工重复精度好、外形结构规范，与壳体形成了高精度的配合关系的特点，使其更适应后续的自动焊接技术，为提高箱壳整体焊接质量创造了条件。

3）电容器引出套管的加工

电容器上盖的一个主要功能是用于电容器导电端子的引出。常用的引出体是采用高压电瓷绝缘套管，该套管与箱盖既要有可靠的密封连接又要有较高的机械强度。传统的套管与箱盖连接是在瓷质套管上涂敷并烧结金属，这种在陶瓷上烧结金属的方法，称为陶瓷金属化，也叫金属涂敷工艺。该方法就是在套管需要锡焊的焊接部位，涂敷一层特制的半糊状的金属膏，然后放入特定温度的高温炉中焙烧或通过其他化学反应的方式，使金属膏中的金属氧化物还原成金属状态，牢固地附着于套管表面，并利用该层金属表面与箱盖实现锡焊焊接。陶瓷金属化的方法很多，有贵金属（金或银等）烧结法、金属粉末烧结法、烧铁法、活性金属法以及气相沉淀法等。

对电容器套管的金属化主要有涂银焙烧加电镀铜和锡的工艺法、陶瓷化学镀镍镀铜法、陶瓷套管的铁涂敷工艺、涂银焙烧工艺等。这曾经是壳式电容器套管与箱盖连接的唯一方法而被广泛使用,但由于其工艺复杂、贵金属(银、锡等)消耗大、能源浪费和对环境污染的原因,该方法已越来越少的用于电力电容器的套管与箱盖的连接。

目前电力电容器的出线套管主要采用的是压接式引线套管。这种套管的加工是利用专用的旋压设备对其密封部位的钢制法兰进行旋压加工。旋压前,在钢制法兰与套管的连接部位放入耐油的密封圈,并涂以可以自动固化的糊状密封膏,再采用均匀渐进式的滚动旋压方式,实现了套管和法兰之间的密封连接。

这种旋压式的套管有 2 种结构,其一是将套管与箱盖直接旋压,另一种是先将套管旋压到预制的法兰上,然后再将带有法兰的套管通过氩弧焊与上盖焊接,形成一体化的带引线套管的上盖。这种套管结构的箱盖具有的机械强度高、性能可靠、加工效率高、外形美观等特点,近年来在电力电容器生产中已经得到广泛应用。

7.3.4　箱壳的焊接

1)箱壳的主要焊接结构

电力电容器箱壳通常是由 1.0~2.0 mm 厚度的薄钢板弯制而成,焊接部位较多,各制造企业由于外壳尺寸或零部件结构不同,其焊接方法也不一样,如图 7-2 所示,其中(a)和(b)表示了吊攀与箱壁的焊接部位,根据吊攀结构不同有直边焊和斜边焊 2 种;(c)为压接套管法兰与上盖的焊接部位,通常为圆形焊缝的焊接方式;(d)和(e)为底盖和箱壁的焊接方式,分别是正嵌式焊接和反嵌式焊接结构;(f)、(g)和(h)为箱壁的纵缝焊接部位,根据箱壳的结构,有角焊、对接焊和搭接焊 3 种焊接方式。

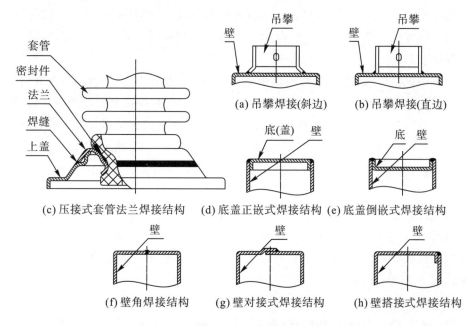

图 7-2　箱壳常见的焊缝位置和结构

随着电力电容器自动化加工技术的发展和进步,对于其各种零部件的加工精度、公差以及规整度越来越高,相关部件的加工要适应自动化加工技术的需要。如箱壁的焊缝逐步从 2 条焊缝向单条焊缝发展,纵缝的搭接焊接方式逐渐向对接焊接方式发展。由于套管与上盖的焊缝为圆形的焊接轨迹,基本上采用自动仿形焊,近年来,国内主要制造企业箱壳的焊接技术已基本实现了自动化。

2)箱壳的常用焊接方法

早期的电力电容器外壳材料都是采用普通碳钢钢板,箱壳的加工工艺比较落后,所有焊缝一般采用传统的手工普通电弧焊机进行焊接。这种焊接方式通常需要专门的电焊条进行熔化焊接,造成热变形大、焊缝流平性差、焊缝飞溅物多、焊缝不美观等问题,特别不适合像电容器箱壳这样的薄板焊接,所以,在现代焊接技术中逐步被气体保护焊所取代。

随着电力电容器技术的发展,越来越多地采用不锈钢冷轧薄钢板作为箱壳材料,常用的焊接方法也随之发展和进步,其主要的焊接方法有等离子焊、二氧化碳气体保护焊、氩气保护焊等。目前电容器箱壳最常用的焊接方式为氩气保护焊(简称氩弧焊)。氩弧焊技术是在普通电弧焊原理的基础上,利用氩气对金属焊材进行保护,通过高电流将焊材在被焊基材上融化成液态,使被焊金属和焊材达到冶金结合的一种焊接技术。由于在高温熔融焊接中不断输送氩气,隔绝了空气中氧气、氮气、氢气等对电弧和熔池产生的不良影响,减少合金元素的烧损,保护了焊缝的自然成型过程。

3)氩气保护焊

氩气保护焊(简称氩弧焊)是一种常用的以氩气作为保护气体的焊接方法,其施焊方法一般分为熔化极保护焊和非熔化极保护焊 2 种。熔化极气体保护焊(又称 MIG 焊),是一种将填充焊料(焊丝)作为电极之一,在被焊母材与焊丝之间产生电弧,使焊丝和母材熔化的焊接方法。其特点是焊接速度快,对母材焊缝间隙大小要求不高,但其焊后所造成的焊接变形较大。

非熔化极氩弧焊(又称 TIG 焊或钨极焊),是一种电弧在非熔化极(通常是钨极)和工件之间短路加热并使母材熔化的焊接方式。焊接时,氩气在焊接电弧周围流过并形成一个保护气罩,使钨极端部、电弧和熔池及邻近热影响区的高温金属不与空气接触,防止氧化,从而形成致密的焊缝结构。该焊接焊缝性能好,焊缝成型美观,焊接过程中产生的飞溅和烟尘均较少,符合现代加工技术的需要,目前是电容器箱壳焊接的一种主要的施焊方法。

钨极氩弧焊是电容器箱壳焊接中常用的焊接方式。其焊接方法也分为手工氩弧焊、仿形氩弧焊、数控氩弧焊以及智能氩弧焊等。但无论哪种焊法,都需要在焊接过程中对相关参数严格控制,才能实现理想的焊接效果。为了达到优良的焊接质量,施焊操作人员应采取以下必要的技术措施:

(1)焊接前的清洁

焊接前首先应对被焊箱壳的焊缝附近进行焊前清理,去除金属表面的锈迹、氧化膜、油脂、颗粒杂质等物质。常采用方法为砂布打磨进行机械清理,机械清理后,用丙酮等去除油污。

(2)电极直径选择

要选择合适的钨极直径。钨极直径过小,会使钨极过早熔化和蒸发,并引起电弧不稳和焊缝夹钨等现象发生;钨极直径选用过大,会出现电弧漂移而分散或出现偏弧现象。如果钨极直径选用合适,交流焊接时一般端部会熔成圆球形。在电容器箱壳焊接中,钨极直径一般应等于或大于母材钢板的最厚尺寸。

(3)焊接电流控制

焊接电流的大小也是一个主要的控制参量。电流太小,难以控制焊道成形,容易形成未熔合和未焊透缺陷;而电流太大时,容易形成凸瘤和烧穿缺陷;电流太大也会使熔池温度过高,出现咬边、焊道成形不美观等现象。通常焊接电流一般按照钨极直径的 $30\sim55$ 倍选取(交流电源选下限,直流电源选上限),当钨极直径小于 3 mm 时,从计算值减去 $5\sim10$ A,当钨极直径大于 4 mm 时,计算值再加 $10\sim15$ A。同时还需要注意的是焊接电流不能大于钨极的正常许用电流。

(4)喷嘴直径选择

氩气保护的有效性也是焊接过程应控制的重点。气体保护区面积的大小与喷嘴直径相关,喷嘴直径如果过大,易造成散热快、焊缝宽、焊速慢的现象,同时,在保证保护效果不变的情况下,随着喷嘴直径增大,气体流量也必须增大,因而也会造成氩气的浪费;如果喷嘴直径过小,会造成保护效果变差,焊缝母材容易被烧坏,也满足不了大电流高效率的焊接要求。通常情况下,喷嘴直径一般在钨极直径的 $2.0\sim3.5$ 倍范围选择。

(5)焊接气流控制

焊接过程中,应在保证保护效果良好的前提下合理控制气体流量。流量过小时,喷出来的气流挺度差,轻飘无力,容易受外界气流的干扰,影响保护效果,同时电弧也不能稳定燃烧,焊接中会有氧化物在熔池表面形成漂移,焊缝发黑而无光亮;如果流量太大,不但会浪费保护气体,还会使焊缝冷却过快,不利于焊缝成形,还会形成紊流而卷入空气,破坏了焊缝的保护效果,但原则上应尽量减小气体流量,以降低成本。一般来说,气体流量的选取主要取决于喷嘴直径和保护气体种类,也与焊接速度、钨极外伸长度和电弧长度有关。当采用钨极氩弧焊接时,可用经验公式 $Q=(0.8\sim1.2)D$ 计算,其中,D 为喷嘴直径(mm),Q 为气体流量(L/min),当 $D\geqslant12$ mm 时系数取 1.2,$D\leqslant12$ mm 时,系数取 0.8。

(6)焊炬倾角和焊接速度

焊炬倾角和焊接速度也会直接影响焊缝的成型与美观。焊炬轴线与已焊表面夹角称为焊炬倾角,它直接影响热量输入、保护效果和操作视野。理论上焊炬倾角 $90°$ 时保护效果最好。但从焊炬中喷出的保护气流随着焊炬沿垂直方向移动速度的增加而向后偏离,可能使熔池得不到充分的保护。所以为了在焊接运动中更好的保护施焊部位,一般焊炬倾角可根据具体焊接部位的结构,在 $70°\sim85°$ 范围调整。

焊接速度取决于壳体材质和厚度,还与焊接电流和温度有关。焊接时应对引弧形成熔池部位重点观察,若熔池表面呈凹形,并与母材熔合良好,则说明已经焊透;若熔池表面呈凸形且与母材之间有死角,说明未焊透,以上现象可以通过合理调整焊接速度,达到调整焊接温度并最终保证有效地焊接熔深和熔宽的目的。

（7）焊接部位的温度控制

焊接部位的温度对焊接质量的影响也很大。通过控制焊接区域的温度，可以达到控制好熔池的形状和大小的目的。各种焊接缺陷的产生基本是与焊接区域温度不适当有关，温度过高，易产生热裂纹、咬边、弧坑裂纹、凹陷、元素烧损、凸瘤等缺陷；焊接温度过低，易产生冷裂纹、气孔、夹渣、未焊透、未熔合等缺陷。

（8）焊接收弧

焊接收弧时要合理利用焊机衰减装置的功能，逐渐减小焊接电流，从而使熔池逐渐缩小，以至母材不能熔化，达到收弧处无缩孔和弧坑的要求；熄弧后不能马上把焊炬移走，应停留在收弧处等待 2 s～3 s，用滞后气体保护高温下的收弧部位不受氧化。同时，喷嘴与工件间的距离、钨极外伸和电弧长度等，在不影响气体保护效果和便于操作的情况下，这些参数越小越好，通常控制在 3～5 mm 的范围内，可以有效的改善焊缝质量，提高焊缝的强度和密封性。

4）箱壳氩弧焊工艺控制

保证壳式电容器箱壳氩弧焊的焊接质量，除了以上通用焊接工艺要求和焊接设备的性能保证外，还要在以下方面进行重点控制：

（1）工件夹持与定位

箱壳工件夹持定位时，要保证被焊部位的两种母材间隙最小，特别是箱壳与箱盖（底）的四角圆弧配合缝隙的一致性，正常情况下，箱壳焊缝的被焊缝隙要≤0.3 mm；为保证焊接过程母材位置和间隙稳定不变，正式焊接前，对易变形部位先施以点焊进行固定。焊接过程中应将工件和钨极之间的距离控制在 2.0～4.0 mm 范围内。

（2）箱壁纵缝焊接

箱壁纵缝焊接时，为了保证其机械强度和外型美观，通常都是采用单面焊接双面成型的焊接方式，所以焊缝必须在同一水平面上，通过压紧工装保证其在焊接过程中不变形。由于纵缝焊缝较长，为了减少热变形，通常在焊缝底部采用导热性能好的材料，也可以对该材料采用水冷的方式冷却，进一步控制焊缝周边的温升，减少油箱纵缝在焊接过程中的变形。为减少纵缝两端因起弧和收弧产生的弧坑和缺口，可以在正式焊接前在箱壳两端焊缝部位，各焊接一块同材质的工艺钢板，然后在工艺钢板上引弧后再继续施焊，焊接完成掰下工艺钢板，就形成了完整的箱壳纵缝端部；

（3）底盖、上盖与箱壁的焊接

底盖、上盖与箱壁焊接时，应尽可能地采用整体机械拉伸的底或盖，该种结构可以保证批量外形尺寸的一致性，有利于提高焊接轨迹与底（盖）外形尺寸的重叠度，通常焊接轨迹和焊缝中心的尺寸偏差不宜大于 0.5 mm。同时，焊接工装应以底（盖）外形尺寸为定位基准，减少焊接轨迹的定位误差。

用于底和盖焊接的定位夹紧工装，除了可以保证焊接缝隙最小外，同时还可以在施焊过程中，更好的聚集保护区域的氩气，改善焊缝成型环境。在加紧定位油箱焊接部位时，还应注意保证油箱待焊焊缝与焊接轨迹高度的一致性（或水平性），减少焊接过程中由于焊炬运动产生的与工件之间的高度偏差,提高焊接的保护效果和焊接表面质量。焊接前应通过人工观察,判定工件轨迹与实际焊缝的重叠度,同时,焊接时应尽可能实现焊接转角与焊缝直线段焊接速度的一致性,首个箱壳焊接后应对焊接工艺和轨迹进行有效性确认,在改善相关参数并达到焊接质量后再进行批量焊接。

常用不锈钢箱壳钨极氩弧焊接参数如表 7-3 所示。

表 7-3　典型电容器箱壳(钨极)氩弧焊参考焊接参数

焊接方式	焊接电流/A	氩气流量/(L/min)	焊接速度/(mm/min)	备注
手工焊接	100~130	8~12	200~400	气冷焊枪
自动焊接	110~130	10~15	250~500	气冷焊枪
	125~150	10~15	350~600	水冷焊枪

注:箱壳钢板为不锈钢材料,厚度:1.5~2.5mm,钨极直径:$\varphi 2.5 \sim 3.0$mm

5)焊接质量要求

对于电容器箱壳的焊接,主要需满足电容器的密封性能,随着电力电容器的发展和进步,对于电容器的外观质量也提出更高的要求,焊缝的外观质量将影响电容器整体的外观质量。

焊接完成后,需对箱壳的焊接质量要进行外观及密封性检验。如果箱壳的焊缝采用数控焊接时,由于其焊接速度均匀稳定,焊缝质量可得到保证,只需通过观察焊缝,就可以判断箱壳焊缝的密封性能,这样可以简化焊缝检漏工艺,提高油箱的生产效率。

(1)箱壳焊缝的外观检验

不锈钢材料经过氩弧焊的焊接形成焊缝外观的最佳颜色应是金黄或兰红,焊缝外形平直、光滑、完整和密封;焊缝部位无气孔、无焊瘤、无裂纹、无凹陷、无咬边和未熔合等可视缺陷;焊接纵缝两端不得有超过 1.0 mm 长度的豁口,起弧、收弧两端未焊部分不得超过 1.5 mm。焊接后的纵缝,应在焊缝反面能看到明显的熔化痕迹或有很窄的熔缝;吊攀焊缝的反面能看到熔化的痕迹,但用手摸箱壳内表面应是光滑的;底和盖与壁之间以及法兰与盖的焊缝,要求表面应有光滑的自然圆角过渡,且焊缝宽窄一致,焊接纹路清晰且均匀。

(2)箱壳密封性能检验

箱壳的密封性检验常用的检漏手段是煤油试漏,将煤油涂刷在焊缝一侧 15~20 min,观察另一侧是否有渗出就可以了;对于套管箱盖与箱壁焊接后的成品检漏,一般采用向电容器注油孔充入氮气的方法,充入并保持压力约 0.1~0.2MPa,在焊缝处涂刷肥皂水,通过是否有气泡冒出判定检漏效果。

7.4　壳式电容器元件卷绕

元件卷绕就是利用专用卷绕设备,按照元件设计的介质和极板搭配,对卷绕机相关的参数,如:极板长度、芯轴直径、介质搭配结构和铝箔的折边要求等进行设定,然后按选择的铝箔、薄膜、电容器纸等进行多层并行绕卷,实现元件卷绕制造的过程。这其中,卷绕机是生产元件的核心工艺也是核心设备。

7.4.1 元件尺寸与结构

壳式电力电容器的特点之一就是容量较大,所以壳式电容器的元件尺寸通常也较其他种类更大一些,但在实际的操作中由于工艺及设备等各方面的原因,元件尺寸又受到了一定限制。为了即保证电容器元件的性能,又能利用现有设备进行批量生产,必须将壳式电容器元件压扁后的尺寸控制在以下合理的范围内。

(1)元件长度一般在 350~400 mm 的范围内;

(2)元件宽度一般在 130~200 mm 的范围内;

(3)元件厚度的上限需严格控制,一般厚度最大不超过 25 mm;

(4)极间介质一般采用 2~3 层的专用聚丙烯薄膜叠放,厚度控制在 25~35 μm 之间;

(5)铝箔的厚度一般在 5~6 μm 范围内。

壳式电容器元件的结构近些年也经过了一个发展的历程,早期的元件基本上为插引线片结构,难以实现自动化卷绕。随着电容器对场强和比特性要求的提高,原有的插片结构已无法满足现代电容器加工的需求,新型的极板外凸式元件结构的电容器被广泛使用,目前壳式电容器基本上均采用了突箔式的元件结构。

电容器元件极板边沿的质量,会影响电容器的性能,对于极板边沿的处理一般有 2 种解决方式,其一是采用激光分切,提高铝箔边沿的分切质量,极板无需再进行折边处理;其二是采用机械分切,铝箔需进行折边处理,卷绕机可自动折边,折边宽度通常在 5 mm左右。

7.4.2 元件卷绕的质量要求

元件是电力电容器最基本的单元,其性能决定着电容器的基本性能,元件的卷绕除了需要在高洁净度的净化间进行外,还需要严格控制元件的卷绕过程。随着全自动卷绕机的广泛应用,元件的质量更多地取决于卷绕机的性能及状态。元件卷绕后其质量应达到以下要求:

(1)元件卷绕用料规格和尺寸符合设计规范,卷绕完成的元件厚度、圈数、外包、起头和结尾等参数符合设计图样的要求;

(2)元件外观整体平整,元件内铝箔不应有严重的不均匀皱纹,元件端部的单端不齐整度不超过 0.8 mm;

(3)铝箔折边宽度的误差≤1.0 mm,不会因铝箔折边或卷绕偏移导致元件极板的短路;

(4)元件端部不能有可视的较为严重的"S"形蜂窝状;

(5)元件外包封完整服帖不松散,内包封和铝箔不能外露或凸出;

(6)每个元件卷绕压扁后,在干元件上应该进行直流耐受电压试验,防止由于薄膜材料缺陷或卷绕过程导致的元件电气性能不能满足要求的情况发生；

7.4.3　元件卷绕过程控制与设备

1）卷绕过程与卷绕设备概述

电容器的卷绕过程是电容器的核心工序之一，是将作为极板的铝箔和作为介质的薄膜卷绕成元件的过程。元件卷绕机随着电容器技术的发展而进步，卷绕机从自动化程度上，可分为手动卷绕机、半自动卷绕机、全自动卷绕机；从其卷绕轴的长度来区分，分为短轴、半长轴以及长轴卷绕机，短轴用于电容量相对较小的元件的卷绕，壳式高压并联电容器使用长轴和或半长轴卷绕机。

早期的元件卷绕机采用手动操作，不但劳动效率低，而且元件卷绕的质量也比较差，后来逐渐发展到半自动卷绕机。随着电容器技术及市场的发展，从国外购进了部分全自动卷绕机，目前国内能够生产这种全自动卷绕设备。

在电容器的卷绕过程中，需要进行严格的工艺控制，包括了上料、卷绕、材料切断、元件取放、压扁以及元件筛选多个工艺过程，上料一般需人工完成，目前的全自动卷绕机可以自动完成除了上料工序外的全部过程，无论是哪种卷绕机，均需要具有以下的控制和测量功能。

（1）自动记圈或自动计长功能，便于电容量的控制；

（2）合适的张力控制，可提高元件压扁后的平整度，减少邹折。目前普遍采用磁粉张力控制器进行控制；

（3）具备铝箔纵向折边或压花功能，满足铝箔边沿折边的需要；

（4）具有横向调节功能，在卷绕过程中，及时调整，使元件端部对齐；

（5）具有材料切断、元件取放、压扁等功能，自动卷绕机可自动完成该过程；

（6）具有元件筛选功能，元件一般通过直流耐压进行筛选。

半自动卷绕机虽然自动化程度不高，但是可以卷绕特殊尺寸或特殊结构的元件，也适用于插引线片的元件结构，且价格便宜，仍有一定数量的应用。对于壳式并联电容器来说，规格相对统一，批量较大，特别适合全自动卷绕机进行卷绕，以下主要介绍全自动卷绕机。

2）全自动卷绕机的性能

全自动卷绕机如图 7-3 所示，为典型的 8 轴全自动元件卷制机及耐压机的结构示意图。其中包括了各种功能轴以及功能器件，功能轴主要有主轴（心轴）、料轴、过轴、张力轴、计数轴等。功能部件包括横向调节装置、铝箔切断装置、横向铝箔折边装置、薄膜切断装置、元件脱料装置、纵向铝箔折边装置、铝箔记长装置、元件压扁装置、元件耐压装置、元件分拣装置、元件摞放装置以及电气控制装置等，全自动卷绕机具有以下功能和特点。

（1）全自动元件卷绕机除人工上料外，卷绕过程实现智能化自动控制，降低了由于人工接触或移动元件导致元件变形和材料污染的风险；

（2）通过包角过轴，使过轴随铝箔滚动，实现铝箔的记长；

（3）通过伺服电机与摆动过轴配合，可以使张力实现快速反馈及均匀调整，对整个卷绕过程的材料实现恒张力控制，保证元件所有极板表面均匀平整；

（4）具有铝箔纵向折边和调整装置，在卷绕过程中就实现了铝箔端部的精确折边，保证了元件容量的有效控制；

（5）自动完成铝箔切断、断口横向折边以及自动断膜功能。断口平整且折边规范，降低了人为因素对元件质量的影响；

（6）通过传动轴位置以及气动元件的配合设计，实现前只元件材料切断后的结尾与后只元件的起头形成有效的对接，可以不产生任何工艺性废料边料，提高了材料利用率；

（7）设备还具有元件外包烫接固定功能，使卷好的元件薄膜整齐无开散，确保元件后续工序传递过程不变形；

（8）自动卷绕机的上料定位和夹紧简单可靠。相关薄膜过轴表面均设计有双向螺纹导向线槽，在薄膜传动和导向过程中，可以自动将薄膜向两边展平，使得各轴材料在卷绕过程中实现均匀无折的平行成型，保证了薄膜卷绕表面以及元件端部尺寸的一致性；

（9）自动卷绕机可自动完成元件抽卸、自动压扁、自动耐压，具有的全自动双芯轴转换卷绕功能，进一步提高了元件卷绕的效率。

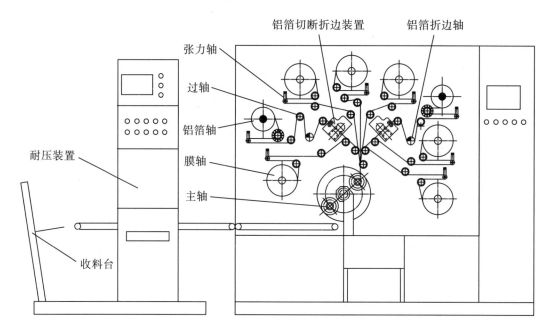

图 7-3　典型电容器元件自动卷绕耐压机结构示意图

3）元件卷绕过程的监控与管理

元件是电力电容器的核心部件，虽然大部分能使用全自动卷绕机，卷绕过程中的物料存放与流动需要严格的控制措施，应该对卷绕的全过程进行有效的监控和管理，相关的监控与管理包括以下几个方面。

（1）原材料的控制与管理

①控制材料的厚度，厚度不均匀会影响电容器元件的容量以及张力的波动；

②控制材料宽度,材料宽度差异,会导致元件留边以及折边尺寸的差异;

③待卷材料(薄膜和铝箔)应提前置于待卷环境中,通常原材料上卷之前至少在卷绕环境中静置至少 24 h。

(2)卷绕过程和卷绕物料的控制与管理

①严格控制各轴平行度及径向跳动。一般情况下,全自动卷绕机各轴之间的平行度误差应≤0.02 mm,所有轴的最外端径向跳动误差≤0.05 mm;

②设备的运转速度不宜过高,根据具体情况,一般最高线速度可以达到 1.8～2.8 m/s;

③严格控制张力以及张力平衡,对全自动卷绕机来说,通常的薄膜料轴的张力调整到约为 4000 g 左右,铝箔料轴的张力比薄膜的可以降低 100～200 g;

④严格元件质量及尺寸,元件端面不齐度≤0.3～0.5 mm,铝箔纵向折边宽度误差≤0.5mm;元件压扁后的宽度尺寸偏差≤1.0 mm。

7.5　心子的组装生产工艺

7.5.1　心子组装的基本要求

心子组装是按设计要求将加工好的元件、相关的绝缘件、内部熔丝、夹板等叠放后,通过压装机将其压至一定的高度,套上金属材质或塑料材质的紧箍进行固定,这样就形成了一个电容器心子的雏形;然后,根据要求将元件,连接片、内部熔丝、引出线等按要求钎焊或夹接连接;连接完成后,对其进行外形的绝缘包封,最终形成电容器的心子,心子完成组装后就可以装入箱壳内,并进行箱盖的焊接。

心子的绝缘件有多种形式,通常绝缘件由电缆纸或薄电工纸板制成。其中,绝缘件的种类包括了元件与元件之间、并联元件组之间、内部熔丝与元件之间、放电电阻与心子之间的绝缘结构件等。由于内部熔丝动作时,有大量的能量需要释放,内部熔丝与相邻元件之间的绝缘件除起绝缘作用外,还必须具有一定的机械强度。

目前电力电容器心子的组装生产基本采用了流水线式作业,元件叠放、心子压装、心子紧固、心子钎焊(或压接)、外包封以及装箱、箱盖焊接等多种工序均在流水线上完成,极大地提高了心子的生产效率,规范了各工序的工艺,使人为因素对质量的影响大大减小,对于引线中不同的工序有各自的质量控制目标,主要控制内容如下:

(1)压装好的心子应保证元件之间、绝缘件之间以及所有元件包封的整齐有序,相关位置尺寸符合图样偏差范围;

(2)心子高度尺寸及压紧状态完全受控,打包带和熔丝的待焊部分位置正确、均匀一致,确保引线后容量符合技术要求;

(3)引线的锡焊有效截面和焊接强度符合要求,锡焊表面光滑无飞溅和毛刺,焊点大小圆润一致,长线焊接宽窄相同,并与心子边缘平行整齐;

(4)引线中和引线后的心子,不可随意搬动,减少心子因搬动导致的变形和焊点开裂;

(5)心子外包封时沿高度方向的压紧力可控,确保包封过程不会导致心子铝箔引线焊接部位的开裂；

(6)心子外包封紧度适中，包封件的高度与心子两端的剩余高度尺寸符合技术要求；

(7)心子装箱过程应确保包封件不会因箱壳内部结构导致破损，影响对地绝缘水平；

(8)封盖前应选择合适高度的绝缘垫块，垫于心子与箱盖之间，确保浸渍后不会因心子高度变化而导致电容量的偏差。

7.5.2　心子压装与压装设备

心子压装是根据产品设计结构要求，按照先并后串(特殊电容器也有先串后并的)的原则，把元件及绝缘件按照一定的顺序在压装机上有序叠放，通过压装机的动力，平行的将元件大面压至设计心子的高度，压装后套上金属材质或塑料材质的紧箍，使元件，绝缘件、连接片、夹板等组成一个完整心子，即完成了心子的压装。

心子的压装是通过专业的压装设备完成的，设备通常由台面、压头、压头导向柱、固定顶板，以及动力源等部件组成。按照压装形式，压装设备可分为立式压床、卧式压床以及斜压床，一般压装动力为液压或气压。早期的压装工序以立式压床或斜压床为主，工序操作以人工压装和搬运为主。其中，立式压床具有心子操作高度合适、操作空间大且元件摆放方便的特点，但压装好的心子需通过人工搬运才可以实现心子的移动和转运，二者比较，斜压床可以利用其重力和斜边的作用，有效的保证较高的心子在叠放过程中的整齐度，且摆放元件也比较方便，但斜压床占地面积较大，生产效率较低。

随着单台电容器设计和制造技术的不断进步，单台心子的元件数和容量也变的更多更大，使得心子的体积和高度也在不断增加。为了提高劳动效率降低劳动强度，并实现压装工序完成后，心子自动流水线式的向下道工序传递，现在的电容器制造企业普遍选用了卧式可调压床。该种压床结构集中了立式和斜压床的优势为一体，采用效率比较高的气源动力，通过气缸压力的传递完成心子的压装，同时该压床还可以完成斜压式和卧式状态的气动翻转转换，充分利用了斜压时方便整齐摆放元件和绝缘件，卧放时处于人工的合理操作高度，实现心子压紧和打包固定工序的高效操作，大大降低了人员的劳动强度。当心子压装并紧固完成后，由于压床上心子底部与输送心子的轨道水平高度一致，不用人工搬运就可以实现向下道工序的传递，大大降低了心子在搬运过程中变形的风险，提高了心子传递的效率，减少了人为因素的影响，也提高了心子的制造质量。

7.5.3　心子引线及设备

电容器心子完成压装后，只能算是产品的半成品，心子还需要进行电气上的连接。心子通常采用钎焊的方法进行焊接，由于电容器元件中的主要材料是聚丙烯薄膜，其耐温性能较差，高温下很容易产生变形和收缩，需采用专用焊材，温度不得过高。对于隐箔式电容器，元件的引线片可通过钎焊工艺直接与连接片进行焊接。而对于露箔式元件的连接，由于锡(Sn)与铝箔的结合力较差，不宜直接采用锡铅焊料焊接，通常需要锡锌焊料进行焊接，然后再通过锡铅焊料与锡锌焊料焊接。

由于心子整体强度不高，极易变形，不宜过多的翻转和移动，所以，电容器心子的引线和焊接均需要专业的设备和工具来完成。现代化的作业线中通常采用带滚珠的可翻转平台设备,并配置专用的传递板,能够实现心子整体水平移动和匀速翻转,确保心子输送、翻转和引线过程中不变形和连接部位的不开裂。随着智能设备制造的不断成熟进步,采用机器人等智能装备对心子实施自动锡焊已成为现实。

在心子引线焊接过程中,除了心子的翻转和平移功能外,还需要配置一些专用的工具和特殊的焊接材料,另外,钎焊工艺中往往使用松香作为助焊剂,焊接过程中会产生异味和烟尘,在焊接工位必须配置完善的排气设施,防止给净化间造成二次污染,与此同时,操作人员也应佩戴相应的防护器具,防止吸入有毒有害气体。

电容器在运行过程中,会处于系统的各种正常或异常的状况,这些状况会在电容器的元件及相关的引线中产生热、振动以及一些机械冲击力等效应,所以,通过引线和焊接,不但要实现心子电气上的可靠连接,还需要具备承受一定震动和机械力的能力。电容器心子的焊接要求非常特殊,将在下节专门论述。

7.5.4　心子钎焊引线工艺

钎焊是用比母材熔点低的金属材料作为钎料,用液态钎料润湿母材和填充工件接口间隙,并使其与母材相互扩散的焊接方法。钎焊以熔点低、变形小、接头光滑美观、可拆解等优点而被广泛使用。根据焊接温度的不同,把焊接温度低于 450℃ 的焊接称为软钎焊,把焊接温度高于 450℃ 焊接称为硬钎焊。由于电容器内部聚丙烯薄膜的存在,只能使用焊接温度尽可能低的方式,所以,电容器心子的焊接属于软钎焊。

钎焊焊料的基本要求:

钎焊就是通过加热工具,使焊料达到熔点并完全液化的条件,再利用被焊母材对焊料具有一定润湿性的特点,将焊料和被焊 2 种母材金属粘接到一起并固化的钎焊工艺方法。

常用钎焊的焊接烙铁有 2 种加热方式,一种是电加热,一种是燃气加热。其中电加热具有电源来源广泛,电烙铁结构非常成熟可靠等特点而被广泛使用。近年来,为了提高焊接效率,通过燃气直接加热烙铁头的燃气烙铁也在大量使用,燃气烙铁具有热容量大、加热时间短以及温度保持时间长等优点,由于热容量大而连续性好,其烙铁头的体积和形状,可以按照被焊部位的最大结构设计,而不用担心过快散热导致的温度下降,非常适合铝箔与连接片之间这种焊接面积大、被焊体散热快的特点,可以有效地提高焊接效率和焊点表面光亮度。

由于电容器心子焊接的特殊性,心子焊接的焊料通常使用锡基焊料和锌基焊料,根据组成心子的具体材料和结构,对心子中各连接部位实施钎焊的焊料应具备以下通用性能:

①在满足焊接性能的前提下,要有尽可能低的液相熔点;

②对基体母材金属材料有良好的润湿性和填充能力且相容性好;

③焊料的线膨胀系数应与基体母材金属相接近,避免焊缝形成裂纹;

④焊接点的接头应有足够的机械强度和良好的导电导热性能;

⑤焊料本身有良好的塑性,能够加工成各种形状满足施焊要求;

⑥焊料杂质少,不含有对人体和环境有毒有害物质。

(1)锡铅焊料

电容器心子的焊接通常是通过使用电烙铁或燃气烙铁进行施焊,对焊接过程中焊接部位的温度的控制尤为重要,这往往取决于焊料的熔点。锡铅焊料是一种由锡(熔点232℃)和铅(熔点327℃)组成的合金。典型的焊料代号为 HLSn60PbA,该类焊料主要由63%锡和37%铅组成,称之为共晶焊锡,具体液相温度示意如图7-4所示。这种合金焊锡的熔点是183°,是锡铅焊料中熔点最低的,在共晶温度下,焊锡料由固体直接变成液体,无需经过半液体状态,这样就减少了被焊接电容器元件薄膜和心子中绝缘件烫损的风险;由于共晶焊锡由液体直接变成固体,也减少了虚焊现象,使得焊点更平整光滑,所以共晶焊锡被广泛用作为电容器心子的电气连接的主要钎焊焊料。

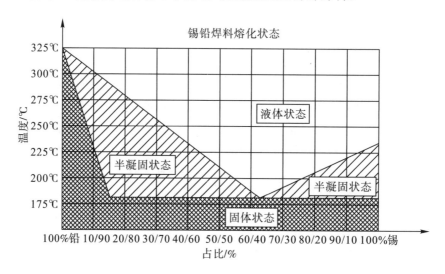

图7-4 锡铅焊料液相温度示意图

锡中加入铅之后,润湿性、漫流性和填充间隙的能力可以得到有效提高,同时,在锡铅焊料中还可以加入少量的金属锑(一般不超过1%~2%),可以减少锡料在液态时的氧化,增强焊接部位的耐热和机械性能。但由于锡铅焊料中含有重金属铅,会对操作人员的健康以及环境造成影响,为了解决相关的问题,也可以采用锡铜或锡银铜焊料替代锡铅焊料,但这些无铅焊料熔点温度比 Sn-Pb 共晶焊料高大约35~45℃,其施焊的湿润性也较差,湿润面积只有共晶锡铅焊料的1/3,焊点也不如含铅焊锡光滑,所以无铅焊料在国内还没有被广泛应用,目前电容器的引线钎焊主要还是大量使用锡铅焊料。

(2)锡锌焊料

电容器的电极材料为铝箔,由纯铝制成,而纯铝极易氧化,氧化后在其表面覆盖着一层致密的氧化铝,由于铝的氧化物非常稳定,正常情况下对铝的钎焊实际是对铝的氧化物焊接,其焊接难度要大于其他金属。为了解决这个问题,可利用锌的金属化学活泼性与铝相当(高于锡、铅),使得锌比铅更容易与铝相容的特点,在焊接时通过烙铁的高温,使焊接面迅速生成一层薄而致密的碱式碳酸锌氧化膜,就可以有效地使锡锌焊料中的锡附着在铝箔上。由于锡锌焊料除以上优点外,其拉伸强度性能也优于锡铅焊料,所以,目前对电容器元件铝箔极板的焊接中普遍采用了锡锌焊料。但由于锡锌焊料的熔点相对较高(熔点 199℃),还存在润湿性差、焊点脆、易开裂的缺陷,通常只能将锡锌焊料用于铝箔焊接的打底焊料,最终还必须在底料上焊接必要的锡铅面料,以提高焊接部位的导电和综合机械性能。

常用电容器引线钎焊焊料性能和用途如表 7-4 所示。

表 7-4　常用电容器钎焊焊料熔点和用途

焊料名称	焊料牌号	熔化起始温度		主要钎焊焊料用途
		固相界(约℃)	液相界(约℃)	
60A 锡铅焊料	HLSn60PbA	183	190	面锡、引线片搪锡焊料
50A 锡铅焊料	HLSn50PbA	183	216	连接片、通用锡焊焊料
30A 锡铅焊料	HLSn30PbA	183	258	法兰、盖锡焊焊料、搪锡
50A 树脂芯锡铅焊料	HLSn50PbA	183	216	通用锡焊焊料
75A 锡锌焊料	HLSn75ZnA	199	311	铝箔焊接底锡焊料

7.5.5　心子其他引线的工艺方法

锡焊是心子引线中最常见的引线钎焊方法。除了锡焊连接外,采用机械压接的方式也比较成熟。其方法主要是由机械压接装置将元件的突箔部位或熔丝与相同材质而厚度不同的铝片,通过具有粗化表面的专用压头将其冷压接到一起,形成可靠的电气连接和有效的导电面积。为了更有效地提高压接导电的可靠性,降低连接部位的接触电阻,还可以利用电磁感应原理,通过高、中频感应加热,利用涡流效应实现压接部位的快速加热并压接。为了解决压接工具较重,手工压接效率较低,劳动强度大的问题,也可以采用手持元件并在专用压接机上实施压接的方法(元件移动,工具不动),提高压接工艺的效率。夹接式引线工艺除了操作简单、高效、低成本外,其特有的无铅工艺,完全避免了重金属"铅"对人体健康的损害,整个过程无锡焊的焊接烟尘。

还有一种用于电容器心子的引线方法叫作旋转锡焊。由于纯铝材料极易氧化并形成铝的氧化物,而铝的氧化物即使在高温下也是非常稳定的,导致铝箔与锡焊接时的相容性较差,降低了锡焊铝箔的连接可靠性。旋转锡焊工艺就是一种通过去除铝箔表面氧化物,达到提高锡焊有效性的引线方法。该方法是采用机械的原理,将烙铁头附带有可旋转的功能,通过对烙铁头加热实现对心子中铝箔的锡焊,通过达到焊接温度的烙铁头在旋转中与铝箔的均匀摩擦,可以有效地破坏铝箔待焊表面的氧化层,并在瞬间同时实施锡与真正铝箔层的锡焊。

7.5.6　心子外包封及设备

压装与引线完成后的工序就是心子包封。早期的心子包封一般是通过手工完成。包封前通常是先将电缆纸分切成所需尺寸和形状,人工拼叠成多层厚度的电缆纸层,再将电缆纸包裹到心子后进行打包固定。由于包封件的结构为多层,人工包封的方法会出现叠加的部分,造成包封后的尺寸不平整和不规范,而且为了避免装箱困难,箱壳与心子之间不得已还需要留出较大的装箱空间,增加了不必要的电容器成品尺寸。

随着电容器心子制造的流水化作业,心子的包封通过立式旋转包绕机实现了自动化的包封工艺。该设备主要由翻转台、包绕主轴、材料轴、纵向切刀装置、横向切刀装置等组成,翻转台可沿水平向上90°翻转,当翻转台处于水平时可将心子平移到翻转台上,心子随翻转台翻转到垂直位置时可进行包绕。为保证包绕的效果达到紧密和平整的目的,设备还配置了过轴、边料收集轴、材料张力控制装置、包绕张力控制装置、压头压力控制装置以及电气智能控制系统。

包绕时心子可以通过辊道流水线输送,沿水平传递到包绕机气动翻转平台上,翻转平台自动使心子完成立放,并通过包绕机顶部的压紧和固定装置固定心子;包绕用的电缆纸安装在带有张力控制的料轴上,通过过轴实现电缆纸对心子的平行均匀包绕,包绕纸的宽幅可以连续通过纵向切刀满足对不同心子高度的需求,包绕的张力通过料轴的磁粉张力控制电机进行控制和调整,完成包绕工序后,设备可以自动完成包封纸的横向切断,心子包封完成后可以翻转到原卧放位置,再通过与翻转台相接的传递辊道流入下道工序,完成了整个心子的包封。这样包封的心子外包封密实,形状规整,尺寸规范,心子与箱壳容易配合,减小了电容器的体积,可以有效地提高电容器的比特性。

7.5.7　心子装箱与封盖

心子外包封完成后,可直接在流水线上进行装箱。装箱前需对心子的底部进行必要的整理,使其规整和有利于装箱,装箱时在油箱入口可设置必要的导入装置,并通过液压或气动装置将心子推入箱壳内。在整条引线、包绕、装箱的流水线中,充分考虑了与上道引线工序和下道装箱工序的无缝衔接,在流水线进行的整个衔接过程中不需要人工搬动心子,最大限度地降低了心子引线后的变形和可能导致心子焊接部位开裂的风险。

装箱完成后,需要将心子引出线与套管进行电气连接。早期的锡焊套管是将引线通过套管顶部导电体穿出后再与顶部导电端子钎焊在一起的。目前普遍采用了压接式套管,该种套管内部已预制焊接了引线,只需要在引线上套上绝缘管,再通过机械压接或钎焊的方式将套管尾部的引线与心子引出线可靠连接就可以了。完成引线的最后连接后,就可进行封盖和箱盖的焊接,箱盖的焊接可采用氩气保护焊,焊接的工艺在箱壳制作章节已经说明,本节不再论述。

7.5.8　心子制作过程控制

心子的制作包括了多个工序,压装与引线是两个人工参与较多,且容易出现问题的

工序,对于这两个工序需进行严格的控制,具体的控制指标如下:

1)压装工艺的控制

(1)元件摆放整齐、平整、规范,在叠放操作过程中应防止熔丝端部刺伤元件表面;

(2)压装时应控制压力大小和压头的速度,防止对元件造成损伤。压力大小一般控制在 1200~2000 N 的范围内,具体压力的大小是根据电容器设计场强、压紧系数以及元件大面面积等因素来设置,一般元件大面面积越小、压紧系数越小,可选择较小压力值;

(3)通常情况下,心子压紧系数控制在 0.85~0.88 时,也有部分制造企业采用 0.87~0.90 的高压紧系数;

(4)允许通过压紧系数调节电容量,但压紧系数不允许超过最大限值,否则可能造成场强过高。

2)引线工艺的控制

(1)引线是一个人工参与较多的工序,在焊接过程中容易造成元件损伤或焊接质量问题,所以,作业人员应进行严格的培训,熟练掌握焊接技巧和技能;

(2)引线时,应注意被焊母材的表面清洁,可以用无水酒精清理材料施焊部位表面周边的杂质、油渍和氧化物。连接片剪裁时,去除边缘毛刺,使连接片平整光亮;

(3)锡焊焊接过程中应防止高温烫伤薄膜,整个焊接过程应注意,一方面速度要快,而温度不宜过高,应合理控制烙铁的功率,采用电烙铁的焊接工艺时可将温度控制在 400~430℃;采用燃气烙铁焊接工艺时温度控制在 450~480℃ 范围内;

(4)施焊时,对焊接面较大的引线与元件之间的焊接,应采用功率较大的烙铁;对于内熔丝、放电电阻等较小的焊接面积的零件与连接片的焊接,应选用功率较小的烙铁进行焊接;

(5)严格控制焊点的厚度,通常厚度一般控制在 2.0~2.5 mm 范围内。焊点太薄,焊接的强度不够,焊点太厚,造成局部过硬,容易导致铝箔焊接部位开裂和脱落;

(6)为了提高铝箔焊接的可靠性以及降低焊接部位的电流密度,通常会在铝箔焊接的底锡和面锡之间,增加 1~2 片镀锡铜连接片,但连接片的宽度应小于焊接锡层的有效宽度 5.0~10 mm;

(7)熔丝和放电电阻的焊点面积一般要大于 50 mm^2。

7.6　真空干燥与浸渍

真空干燥和浸渍工艺(可简称为真空浸渍工艺)是电力电容器制造中的关键工艺之一,决定着电容器的质量和关键的性能指标。该工艺的主要目的是最大限度地排除电容器心子内部的水分、气体以及杂质。然后在真空状态下将经过净化处理而且绝缘性能良好的液体介质灌注到电容器箱壳中,经过一定时间的浸渍后,使液体介质完全填充箱壳内和心子中固体介质脱去水分和气体所空出的所有空间,满足电容器的损耗、局部放电等有关性能指标的要求。

电容器的真空干燥与浸渍的过程实际上包括了 3 个主要的过程,即绝缘油处理、电容器心子的干燥处理以及真空注油与浸渍。常用的电容器心子真空干燥有 2 种最基本的方法,即"真空加热干燥法"和"真空变压干燥法"。"真空变压干燥法"通常适用于绝缘材料中含水量较大的电工产品的干燥处理,早期主要用于处理油浸式变压器,在电容器制造行业中,膜纸复合介质材料的产品部分使用该工艺方法。由于壳式电容器已经全膜化,电容器内部的固体绝缘材料以聚丙烯薄膜为主,含有少量的电缆纸和绝缘纸板,含湿量大的材料比较少,所以,"真空加热干燥法"在全膜电容器真空干燥浸渍中得到更为广泛的应用。

7.6.1 电容器真空干燥与浸渍的基础

1)真空干燥与浸渍的基本要求

电容器的真空干燥与浸渍过程包括了电容器内部的材料的干燥处理、液体介质的干燥及净化处理以及真空注油与浸渍3个过程。

电容器内部的材料的干燥处理过程主要是将电容器内部的绝缘材料中的水分充分排出,其过程是视电容器内部材料种类与含量、材料中含水量的多少,采取不同加温时间和抽真空的时间方法进行处理。

液体介质指电容器内部的绝缘油,其干燥及净化处理过程主要是去除2种杂质,其一是液体杂质的处理,这里主要指液体介质中的水分,主要通过给液体介质加温和抽真空的方法进行处理,也包括一些易挥发的液体杂质。如果液体介质中包括了一些酸性或碱性的杂质,(如生产过程中的回油等),也需要通过加白土中和的方式去除这些酸碱物质。其二是固体杂质的处理,主要是通过过滤的方式进行处理,一般情况下,新购入的液体介质已经经过处理,无需再进行该过程,但对于生产过程中的回油需去除固体杂质。

真空浸渍过程指使液体介质浸入到电容器固体介质内部的过程,这个过程是在电容器内部固体介质和液体介质均通过处理后,并在保持一定的真空度下将液体介质注入到电容器内部,使液体介质完全浸入到电容器固体介质的空间,并充满电容器内部,在浸渍过程中电容器内介质之间不得有残余气体形成的"气泡"。

总之,电容器的真空干燥和浸渍过程是去除电容器内部的液、固体杂质,防止这些物质影响电容器的损耗及其他性能,同时,在浸渍过程中内部不得有残余气泡,这些气泡会在电容器的运行过程中产生局部放电,长时间的局部放电会引起介质的逐步恶化。

2)真空干燥与浸渍的基本理论与概念

电力电容器工艺处理的主要目标是在最短的工艺时间内,达到最佳的处理效果,在保证产品质量和性能的前提下,提高生产效率。

电容器的真空干燥与浸渍过程,是两个不同的工艺过程,均有其复杂性,其间影响因素很多,但各有其基本的理论和方法,需要在掌握基本的理论的基础上,进行综合的分析、研究及摸索,不断地改进和提高。

(1)真空度控制

真空度是指真空状态下气体的稀薄程度,在一定的空间中,当内部气体分子被抽得很稀薄,将这种压强低于1atm以下时的状态称为真空状态,衡量气体真空状态的程度用气体的压强来表示,常用单位为"Pa",1atm等于1.01325×10^5 Pa。真空度高表示抽真空的效果"好",表示空间的压强较小,反之,真空度低表示真空效果"差",空间压强较大。

在电容器真空干燥与处理的工艺过程中,往往把真空分为高真空阶段和低真空阶段,真空度低于 610 Pa 的阶段称为高真空阶段,真空度高于 610 Pa 称为低真空阶段。并不是真空度越高越好,更需要关注的是干燥处理的效率,用最短的时间,获得最大的效率和最小的能源消耗。需要综合考虑温度、可凝性气体的性能等因素合理的控制真空度。

对于真空系统来说,必须具备高真空的能力,一方面与真空泵组能力有关,另一方面与真空罐体以及相关管路的密封性能有关。

(2)温度、蒸发与沸腾

温度是决定着物体内分子运动的活跃程度,温度愈高,气体分子运动愈快。在电容器的真空干燥的处理过程中,为了使水分以及气体分子排出固体或液体介质,必须提高温度,使其变得活跃。

温度的提高是有限的,主要受限于电容器固体介质和液体介质的承受能力,其中纤维类材料及绝缘油可承受的温度均比较高,至少可承受 150℃ 的高温,而电容器内部的薄膜材料的温度限制着整个工艺处理的温度,其中常用的聚丙烯薄膜的极限温度一般不超过 80℃,聚酯薄膜的极限温度一般不超过 120℃。

电容器处理过程中水分的排出,主要通过沸腾和蒸发 2 种方式,沸腾是液体在一定的温度下,在其内部和表面同时发生剧烈的汽化现象,常压下,水的沸点温度为 100℃。当液体温度升高时,液体分子将变得活跃,分子获得较大的动能,其动能大于液体内分子间的引力时,分子将从液体中飞出,成为气体分子,这种现象称为蒸发,蒸发一般发生于液体表面。

液体的蒸发与沸腾现象的发生均与温度、压强有关。真空度越高,温度越高,液体易发生蒸发现象。真空度越高,液体发生沸腾的沸点温度越低,液体越容易发生沸腾。在实际的工艺处理过程中,往往需要通过真空度和温度的综合控制,在最短的工艺处理时间内达到最佳的处理效果。

(3)饱和蒸汽压力

饱和水蒸气压力,又称饱和蒸汽压。当液体在有限的密闭空间中蒸发时,液体分子通过液面进入液面以上空间,成为蒸汽分子,由于蒸汽分子处于紊乱的热运动之中,它们和容器壁、液面以及分子之间发生碰撞时,有的分子则被液体分子所吸引,而重新返回液体中成为液体分子。当单位时间内蒸发的分子数目与返回液体中的分子数目相等时,则蒸发与凝结处于动平衡状态,此时的压力状态称为饱和蒸汽压状态。

在电容器的真空干燥与浸渍的过程中,其中的液态物质主要有水分和绝缘油,希望将水分排出,而绝缘油作为液体介质原则上是不能蒸发或尽量少的蒸发,虽然绝缘油的蒸发和沸点温度均远高于水的温度,但是在实际的处理过程中,也会形成一些少量的绝缘油分子的蒸汽,所以合理地掌握温度、真空度以及工艺处理的时间非常重要,过度处理会造成能源以及绝缘油的损失,并污染环境。

蒸汽压的计算比较复杂,很难用公式进行计算,下面给出了由试验总结而来的水的饱和蒸气压的简化计算公式如式(7-2)所示:

$$P = e^{A - \frac{B}{t+C}} \tag{7-2}$$

式中：P 为物质的蒸气压，Hg/mm；t 为蒸汽温度，℃；常数 A、B、C 为修正系数，当水蒸气压力在 0～60°时，系数 $A=8.11$，$B=1750.29$，$C=235$；当蒸汽压力在 60°～150°的范围内时，系数 $A=7.97$，$B=1668.21$，$C=228$。

水在 30℃时的饱和蒸汽压 4242 Pa，80℃时饱和蒸汽压则变成 47342 Pa；苄基甲苯在 30℃时饱和蒸汽压是 1 Pa，在 80℃时饱和蒸汽压则变成 40 Pa。图 7-5 和图 7-6 分别给出了水的饱和蒸汽压与苄基甲苯的饱和蒸汽压力曲线，苄基甲苯的饱和蒸汽压力远低于水的饱和蒸汽压力。

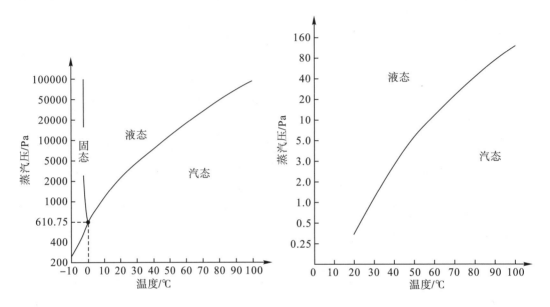

图 7-5 水的饱和蒸汽压与温度的关系　　图 7-6 苄基甲苯(C01)的饱和蒸汽压与温度关系

（4）液体的浸润与爬升现象

液体的浸润现象也称润湿现象，当液体与某种固体接触时，液体的附着层将沿固体表面延伸，使液面与固体表面形成一个角度，这个角度称为接触角，当接触角大于 90℃时，这种液体与固体是不浸润的，当接触角为锐角时，说明这种液体润湿这种固体；若接触角为零时，液体将展延到全部固体表面上，说明两者之间完全浸润。这种现象叫做"浸润现象"。

用水、苄基甲苯、菜籽油 3 种液体对于聚丙烯薄膜、电容器纸及铝箔的浸润性进行比较测试，对于电容器纸而言，随着时间的变化，3 种液体均可完全浸入到电容器纸内部，并出现不规则的形状，这与电容器纸本身的密度和空隙率有关。对于铝箔来说，液体在铝箔上由于张力的作用形成了一定的形状，由于铝箔本身的不均匀性，形成的油滴或水滴的整体不能保证一个很圆的形状，往往形成一个长圆或椭圆的形状，总的来说接触角均在 30°以内，是浸润的，油的浸润角更小一些。

水、菜籽油、苄基甲苯对于聚丙烯薄膜的浸润，如图 7-7 所示，整体形状基本上是规则的圆形，水与聚丙烯薄膜的浸润角在 90°上下，菜籽油和苄基甲苯对于聚丙烯薄膜的接触角均在 20°上下,2 种油样对于聚丙烯薄膜的浸润性明显好于水的浸润性,试验证明,粗化膜与光膜基本没有差异。

图 7-7　苄基甲苯、水与菜籽油与聚丙烯薄膜的浸润性

相关资料中给出了苄基甲苯对于聚丙烯薄膜的爬升速度,如表 7-5 所示,在电容器的注油过程中,这种爬升的速度的影响因素很多,主要取决于两个相反的力量,一个是固体介质或极板分子对于绝缘油分子之间的吸引力,绝缘油中的油分子之间也存在吸引力。这种吸引力的大小与液体介质和固体材料分子的微观结构以及宏观结构均有关系。

我们在常温下进行了简单的绝缘油爬升试验,分别用 0.8 mm 电缆纸、10 μm 电容器纸和 12 μm 聚丙烯薄膜 3 种材料进行了苄基甲苯爬升试验,将 3 种材料分别裁成宽140 mm、长 360 mm 的长方形,然后用器具将其卷绕成圆筒,将上端悬吊,下端浸入盛有苄基甲苯的较大的容器中,观察苄基甲苯的爬升情况,由于绝缘筒内外任何物体的存在会影响爬升的速度,所以,只在两端简单固定,所以可能存在的问题是其间的间隙各不相同,这种试验的误差很大,但也能一定程度上说明问题。经过多次的试验,苄基甲苯的爬升现象具有以下几个特点:

(1)电缆纸的初期爬升速度很快;爬升速度衰减也很快;筒形四周的爬行速度很不均匀,差异较大;

(2)电容器纸的初期爬升速度较慢;爬升速度衰减也较慢;筒形四周的爬行速度也不均匀,但比电缆纸均匀;时间较长时,爬升高度最高;

(3)薄膜的初期爬升速度最慢;爬升速度衰减也较慢;筒形四周的爬行速度基本均匀;时间较长时,爬升高度高于电缆纸而低于电容器纸。

前期也进行了其他的试验,如 20 mm 宽单层条形材料试验;对折成宽 20 mm 双层材料试验;对于单层材料的试验,在 1 min 内爬升到一定高度后,绝缘油不再爬升。对于双层材料的试验,与圆筒形材料的规律基本相同,对折侧的爬升高度总是高于开口侧。

圆筒形材料的试验数据如表 7-5 所示,苄基甲苯在圆筒形小样材料上随时间的爬升高度,由于圆筒形小样的固定问题很难规范,且层间距离越小,其爬升的速度很快,所有测试数据取其最高点的数据。

就相关数据的分析来看,由于电缆纸和电容器纸均属于纤维,绝缘油会渗入纤维内部,而电缆纸纤维的不均匀性更大,密度更低,苄基甲苯基本上无法渗入聚丙烯薄膜中,所以,在电缆纸和电容器纸中,苄基甲苯的爬升是两种效应的结果,即渗入和固体与液体分子间的吸引力的共同作用,对于聚丙烯薄膜基本上没有渗入的效应。

从整个试验的现象和数据分析,渗入的速度很快,但其渗入的高度有限,很快达到平衡状态。由于固体介质对于液体介质分子之间的吸引力是克服了重力以及周围分子吸引力的作用而出现的爬升,虽然速度较慢,爬升可持续很长的时间,爬升的高度很高,实际上这些液体分子出现了沿固体表面的堆积和排列,并持续爬高。这种现象与材料的微观结构有关,更与宏观结构有关,要达到爬升的重要条件是两层介质之间的间隙足够小,单层材料将无法爬升。另外与其接触面也有关系,双侧条形样品试验时,折叠侧的高度总是要高一些。

表 7 - 5　圆筒形小样材料爬升高度试验数据　　　　　　　　　　　　（单位:mm）

材料	1min	5min	10min	20min	40min	70min
电缆纸	84	112	152	171	180	182
电容器纸	30	128	162	190	222	240
聚丙烯薄膜	28	110	127	183	220	240

在电容器的真空注油过程中,要合理利用这种现象。由于工艺处理时,元件处于立放的状态,希望在油位到达相应高度之前,在电极或者固体材料表面先期出现这种油分子的爬升与排列,这样有利于介质中气体分子的排出。所以,在真空注油阶段,要严格控制注油的速度,使这种爬升的高度高于油位一定的高度,取得更好的浸渍效果。

具有关资料显示,苄基甲苯液体介质在薄膜间隙之间的浸渍过程遵循毛细浸润原理,该原理可通过计算的方式获得其扩散速度。例如:常温下,对于全膜电容器,350 mm宽度左右的薄膜,0.88 的压紧系数,10% 左右的空隙率以及 10 Pa 以上的真空度下,大致满足以下关系。

$$V \approx K/\sqrt{t} \tag{7 - 5}$$

式中:t 为浸渍的时间,min;V 为每分钟扩散距离,mm;K 为油的扩散系数,一般为 4.5～5.5。

实际上液体介质浸入薄膜快慢的影响因素很多,注油也是一个缓慢的过程,一个系数 K 也很难说明所有问题。但一定程度上可供参考。如果当 K 取 5.0 时,以上特定条件下的苄基甲苯浸渍扩散速度如表 7 - 6 所示。图 7 - 5 给出了浸渍深度与时间的关系曲线。

表 7 - 6　浸渍扩散速度(参考计算值)

	累 计 浸 渍 时 间/min									
浸渍时间/min	1	10	30	60	90	120	180	240	360	480
浸渍速度/(mm/min)	5	1.58	0.91	0.65	0.52	0.46	0.37	0.32	0.26	0.23

(6)全压强与分压强

在任何容器内的气体混合物中,每一种气体分子都均匀地分布在整个容器内,由这些气体共同产生的压强称为全压强。其中各种气体独占这个空间所产生的压强称为分压强,全压强等于各种气体的分压强之和。

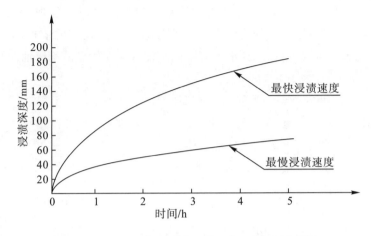

图 7 - 8　苄基甲苯在薄膜中的浸渍深度与时间关系

在电容器的真空干燥过程中,初期真空罐内含有足量的空气,这些空气分子的存在将影响可凝性气体,即水蒸气分压强,水蒸气分压强会很低,水蒸气形成缓慢。初期抽真空时,会将其中大量的空气分子抽走,空气中各种气体的含量逐渐减少,由空气成分产生的分压强将逐渐降低,由水蒸气产生的分压强将会逐渐升高,随着抽真空的继续,真空罐中水蒸气的分压强将逐渐接近全压强。真空罐中空气分子越少,水蒸气的分压强越高,真空罐中的水蒸气含量越大,越有利于水分的排出。

在真空注油阶段,绝缘油也属于可凝性气体,也会形成油蒸汽,但是,由于水蒸气的饱和蒸汽压要比油的饱和蒸汽压高得多,绝缘油的蒸汽含量很少,这时由于水分含量极少,可能会产生的一个结果是产生饱和油蒸汽。一方面是抽真空时会将油蒸汽抽出,排入大气中;另一方面会造成真个真空干燥系统污染。注油阶段应该保持一个怎样的真空度,是一个值得研究和商榷的问题。

总之,电容器心子中的水分是以液态的形式存在于材料内部或材料表面,真空干燥过程就是需合理利用温度、真空度与饱和蒸汽压等其中的关系,快速使其中的水分蒸发和沸腾,并以最快的速度排出罐外。对于干燥过程来说,无论是真空干燥法还是真空变压干燥法,其基本的处理方法是相同的,随着计算机测控技术的发展,我们只需按一定的参数变化自动控制,也无需再区分高真空阶段与低真空阶段,而使真空度与温度的合理配合,以取得更佳的经济处理速度和效果。

真空注油与浸渍的过程,合理地利用绝缘油与薄膜及铝箔的浸润性能及自然爬升的原理,合理地控制注油的速度,以达到最佳的注油处理效果;在浸渍阶段,不同温度下各种材料均会有所膨胀,随着电容器温度的下降,需要一定量的绝缘油进行补充。

3) 真空干燥浸渍工艺过程参数与监控

电容器的真空干燥与浸渍过程中,为了保证真空干燥过程的处理效果,需要对相关的量值进行测量和监控,作为真空工艺参数的设计依据和过程监控。随着现代测量与控制技术的发展,对于一些关键的真空干燥过程参数需要实时的监控和记录。主要的监控量是温度和真空度,也可以对一些排出物进行监控,主要是水分排出量等数据,作为真空测量和监控的重要依据。另外,也有必要对于绝缘油处理之前和处理后的品质进行检验,处理前绝缘油的检测数据可作为绝缘油处理工艺制定和调整的依据,处理后的绝缘油必须达到相关的技术要求,以保证给电容器内部注入品质优良的绝缘油。

(1)绝缘油监测

对于处理前原油的检测,一般至少应对油样的耐压水平、微水含量、介质损耗3项性能进行检测,对于处理完的绝缘油的检测,除以上3项指标外,可以增加气体含量的检测,以保证注入电容器内部的绝缘油性能合格。

对于进厂原油,相关的检测数据应达到原油进厂技术标准的要求;对处理后的绝缘油,一般应达到以下技术要求:

①介电强度(击穿电压)≥60~70 kV;

②油中微量水份至少≤10 PPM;

③90℃下,介质损耗至少 ≤0.20%;

④残余气体含量≤0.2%。

对于绝缘油的检测,取样是一个关键性的环节,无论在处理前还是处理后,均应防止取样过程包括容器等因素对绝缘油造成污染而发生测试误差,取样过程应遵照以下要求:

首先应注意采样设备与取样瓶的清洁,使用前应将采样设备及取样容器用蒸馏水冲洗数次,放入105~110℃的烘箱中烘干;冷却后将容器用瓶塞或其他清洁材料封闭保存,在使用前不得开启。

①从油桶(或罐车)中取样时,在打开桶盖后,应用洗净并干燥过的玻璃管插入油中,同时用拇指压紧管口,待插入后松开拇指,使油进入管中,再用拇指压紧管口,提出玻璃管,一面旋转,一面放出管中的油,以冲洗取样管,如此至少反复进行2次,然后才可以正式吸取油样;

②对成批桶装油取样时,为避免桶装油性能的分散性影响油样测试的准确性,应至少按油桶总数的5%选取样品(但不应少于2桶);

③处理好的绝缘油一般会存入储油罐中,并保持100 Pa上下的真空度;对处理好的绝缘油取样时,绝缘油在储油设备中静置时间需达到4 h以上,方可取样。取样时,由取样口放出少许油后,并用待取油将油样容器冲洗两遍,才可将正式油样注入油样容器中,并尽快密封,然后用干净或不带毛絮的细布,将取样口周围擦拭干净。

(2)温度测量与监控

电容器真空干燥浸渍工艺中,温度是一个非常重要的控制参数。在实际的工艺过程中,需要时刻监测各个关键部位的温度,这其中包括了罐内重要部位的温度和电容器的内部温度,温度的测量设备种类比较多,按其测量方法可分为接触式和非接触式2大类,接触式测温仪表有:膨胀式温度计,热电阻温度计和热电偶温度计等;非接触式测量仪表有:光学高温计、全辐射式高温计和光电高温计等。

对于罐体内部各个点的测量视罐内的温度场的状态进行合理的布置,以便监测到罐内最高点和最低点的温度,为工艺控制提供必要的依据。但是,无论哪种方法,无法直接对电容器内部的温度进行监测,只能监测到表面的温度,然后根据热传导等原理推算电容器心子内部的温度,这样的推算影响因素很多,影响了真空工艺的加热温度和时间判断的效率。目前在电容器工艺处理的过程中,大部分采用"模型电容器"来监测其内部的温度变化,作为真空工艺的温度设计依据和过程监控。

模型电容器需要特别制造,与正常电容器介质结构完全相同,长宽高尺寸相当。在模型电容器心子的元件中,放入一个(或几个)温度传感器,对电容器处理时,将模型产品放入到正常产品中间,并取得工艺过程需要的温度信号。模型电容器可以较准确和真实的反映被处理电容器心子内部的温度变化,使得工艺验证、工艺制定以及工艺操作相对直接和简单,是目前电容器真空工艺温度采集和控制的主要方法。模型电容器的使用,可以比较准确地反映罐内电容器的内部温度,而无须人为规定具体的加热时间,使得工艺参数的适应性大大提高。

采用模型电容器测温是目前掌握电容器内部温度最有效的方法,主要用于真空干燥阶段,这个阶段的热传导性能比较差,所以,模型电容器内部不得注油,在使用过程中也应尽量避免油蒸汽进入模型电容器内部,但是,必须与罐内产品保持同样的温度和真空度。

模型电容器属于重复使用的温度信号采集源。在多次使用后,其内部比较干燥,产生的水蒸气数量和热传导效率就与正常电容器不同,导致温度升降与正常处理电容器之间的差异,在设计真空工艺时也要通过实际验证的方法,尽可能地消除这种差异。典型"模型电容器"与正常电容器心子温度差异如图 7-9 所示。

使用模型电容器作为真空工艺设计的温度控制采集源时,要注意以下几个方面的问题:

①模型电容器的摆放位置应合理和相对固定。由于每一罐均需连接其温度信号线,考虑到接线和摆放的方便性,一般应将其放到靠近罐门的中心位置附近,该位置正常情况下基本是比整个平均罐温偏低一点,制订工艺时要考虑这个因素;

②模型电容器在介质结构相同的情况下,应设计成几种不同宽度和不同高度的模型,每罐次选择与被处理电容器箱壳宽度或高度关系接近的模型电容器作为温度信号源;

③"模型电容器"内常用的温度传感器为Pt100,该传感器是在非真空环境下制造的,存在因真空环境使用时,由于外壳密封不好导致的探头功能失效(温度测量异常)的风险,所以"模型电容器"中应选择承受真空能力较强的高质量温度传感器。

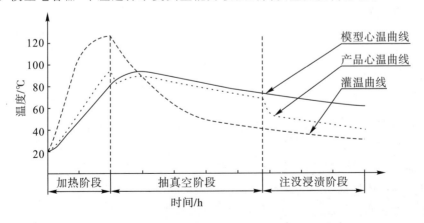

图 7-9　模型电容器与正常电容器心子温度变化曲线

（3）真空度测量与监控

真空度测量是电容器真空工艺处理过程中需要实时监控的另一个关键性的指标，电容器行业在真空系统中常用的真空计有 3 种基本的类别，分别为麦氏真空计、电容式真空计以及电阻式真空计，各种真空计的性能特点如下：

①麦氏真空计

麦氏计是根据理想等温压缩的波义耳马略特定律设计而成的，也叫旋转式真空计。是一种可直接测量绝对压强的仪表。测量时可将真空计缓慢旋转至直立状，然后轻微调节真空计的倾斜度，使右侧玻璃毛细管（比较开管）内的水银柱升至"0"刻度，对照刻度板，中间玻璃毛细管（测量闭管）内水银柱所处的刻度数值即为测得的真空度量值。麦氏计只适用于人工测量，无法适用于设备的自动测量和监控。

②电容式真空计

电容式真空计的原理是利用两片金属膜片，在不同压力下的尺寸变形，使得金属膜片和电极之间的电容变化来反映压力的量值变化。电容式真空计很容易实现电量转换，适用于真空度的自动化监测。但电容式真空计测量范围有限，往往需要多个不同压力范围的测量头，才能完成全压过程的测量，对使用环境要求较高。

③电阻式真空计

电阻式真空计是根据不同气压下气体分子热传导能力不同而设计。容易实现电量计量，可应用于自动化的测量和监控。但是，如果真空罐中的气体组分不同，热传导能力不同，测量结果会有差异，电阻真空计需要在不同的使用气体下重新标定。

电阻式真空计具有测量范围宽，耐腐蚀、耐油蒸汽污染、耐高温性能好，测量数据稳定可靠、易实现电测量和电控制等优势，而得到电容器真空行业的普遍认可和应用。

4）真空干燥与浸渍的基本处理方法

从电容器的真空干燥与浸渍工艺发展的历史角度来看，其处理的基本方法有"浸泡式""双抽单注式""单抽单注式""群抽单注式"4 种方法，其中浸泡式是最早的电容器工艺处理方法，这种处理方法需要将电容器放入一个大型的油槽里完成真空处理过程，该方法由于产生的剩余回油量大、产品清洁度和操作人员作业环境差，环境污染严重等因素，在电容器真空工艺方式中基本已被淘汰，这里不多述。

目前，国内各电容器制造企业根据自身的实际情况，仍在使用除浸泡式之外的其他 3 种真空工艺处理方式，这几种方式各有所长，具体介绍如下：

（1）群抽单注式处理方法

这种处理方法需将整台电容器放到具有抽真空和加热功能的真空罐，在每一个产品注油口安装用于注油的油槽或油杯，油杯只连接一台电容器，油槽可同时连接多台电容器。抽真空时，所有电容器的真空度与罐体保持一致。注油时只需在真空条件下将处理好的绝缘油注入油槽或油杯中，绝缘油靠自身重力注入电容器心子中，并通过控制系统使油槽或油杯油位保持到一定高度，保证心子内充满电容器油。

该工艺方式的优点如下：

①每台产品注油口均与罐内空间相通，干燥脱气时，气体分子被抽出路径较短而且

相同,在真空环境下对每一台电容器的加热、脱水、脱气效果具有一致性;

②注油是通过专用注油管路实现定点定向注油,避免了浸渍液的外溢和污染,可保证浸渍液的原始质量,注油过程基本无回油产生;

③由于是定点注油,每台产品注油的开始时间和注油量均可通过注油工装的有效设计,实现同步同量进行,保证了产品注油工艺时间的一致性;

④该方法可以实现边注油边脱气,有效地将注油、脱气和浸渍同步进行而互不干扰;

⑤通过对油位的观察,保证产品整个浸渍过程以及出罐后的油位可控;在每台产品注油结束时,均具有高于产品最高点的油位,为产品将部分浸渍时间移出真空环境,利用大气压进行大气加压浸渍,提高浸渍效率和提高真空罐处理能力创造了条件;

该方法因为具有注油工艺简单,罐内产品各工序一致性好,油处理量较少且油品质容易保证的特点,是目前国内电容器真空浸渍的主要工艺方法。油槽式注油原理如图7-10所示。油杯式注油原理如图7-11所示。

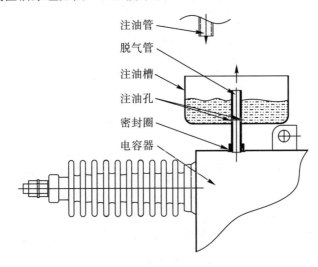

图7-10　电容器真空群抽单注油槽结构

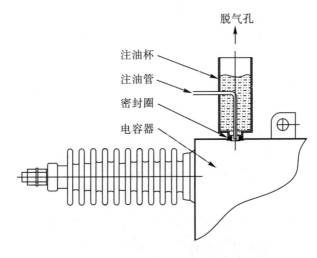

图7-11　电容器真空群抽单注油杯结构

（2）单抽单注式处理方法

单抽单注式处理方法只需将整台电容器放到具有加热功能的加热烘箱内,箱内无需抽真空,只需进行必要的空气均匀循环加热,然后将真空管路和注油管路分别直接与被处理电容器密封连接,通过控制真空阀门实现真空和注油管路的开闭,实现单台产品的真空干燥、注油和浸渍。烘箱内通过热空气循环实现对电容器心子的加热。单抽单注式处理方法连接原理如图 7-12 所示。

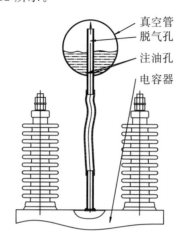

图 7-12 单抽单注处理工艺电容器连接结构

该工艺方式的优点如下:

①由于不需要专门的真空罐体,使得对泵的抽速要求大大降低,泵组结构更加小巧和节能;

②由于采用了烘箱加热的形式,烘箱本体不再像真空罐体那样需要被加热,同时由于烘箱是保温体,使得大部分加热的热量被电容器吸收,整个加热过程全部是通过热风循环的传导方式,热能的传递效率、温度的均匀性以及热能的利用率是真空罐加热方式的 2~3 倍,大大降低了加热负荷和能量浪费;

③单抽单注由于注油管路完全封闭,使得注油过程完全不存在冷凝回油或者罐底回油的问题,原油利用率大幅提高,而且回油处理量大幅减少;

④采用窑式真空干燥浸渍工艺,在电容器注油和浸渍阶段,就可以利用电容器外壳始终处于大气环境的条件,同步实施降温过程,当浸渍结束时,电容器的温度基本就可以满足封口条件;

⑤单抽单注工艺,注油是通过一根软管密封连接到电容器的注油管,当浸渍结束时,管内仍具有因油位高度形成的重力微正压,在完全密封和微正压的情况下,通过专用工装对注油管进行密封压接,保证产品内部油满和油压,整个注油、浸渍直至封口全过程,液体介质不会与大气接触。

这种真空浸渍工艺,不存在水、气及灰尘对电容器的任何影响,充分保证了整个浸渍过程的有效性和可靠性;同时,在浸渍期间和浸渍结束的全过程,不会因油气化导致电容器或窑体表面出现冷凝油的情况,减少了后续电容器表面清洗的工作量,也降低了油蒸气的挥发对大气的污染。

该方式由于具有产品表面无油迹、设备能耗低、工艺环保以及有利于自动生产线布置、处理出来的电容器液体介质质量可控,并且可以做到成品电容器有微量油压存在等优点,是今后电容器真空浸渍工艺方式的发展方向。

（3）双抽单注式处理方法

这种处理方法需将整台电容器放到具有加热功能和抽真空功能的真空罐内,电容器的连接方式与单抽单注的连接方法相同。所谓的"双抽"是对真空罐和电容器单元均实现单独抽真空的方式,所谓"单注"指只给每台电容器内部实现单独注油的方式。该方法需将真空泵组的真空管路分成两路,一路用于连接真空罐,另一路用于连接罐内所有电容器,并通过该管路完成电容器抽真空并注油的工序要求。

采用这种处理方法的优点是可以解决罐内任何管路、接头或电容器出现密封问题时,均能够通过真空罐的真空管路保持必要的真空度,只要真空罐真空度满足要求,即使产品微量泄漏后续的浸渍工艺过程也不会受到影响。但是,双抽单注的真空泵组既要满足真空罐的抽速需求,又要通过较为复杂的长管路系统满足电容器的脱水脱气需求,所以对泵组的要求会更高。同时该套系统的加热和抽真空效率远比单抽单注处理方法的效率低,随着机械加工及密封技术的进步,相关阀门、管路以及电容器壳体的密封问题已经普遍解决,双抽单注的方式也在逐步地淘汰中。

7.6.2　电容器真空浸渍工艺设计

1）电容器主要材料与结构分析

壳式电容器虽然已经全膜化,但是,膜纸复合壳式电容器在一些特殊情况下仍会用到。对于膜纸复合电容器来说,其元件主要是薄膜、电容器纸和铝箔材料,其中电容器纸易吸水,含水量相对较大。但是电容器纸具有良好的透气性,在元件中起到"灯芯"的作用,提高了薄膜上水分和气体的脱出效率。又使得浸油性能良好,这里不再多述。

全膜壳式电容器中所用的材料包括了薄膜、铝箔、电缆纸、酚醛纸板以及金属外壳和构件等,其中水分含量最大的是外包封电缆纸和相关的绝缘件,但总的含量不大;对电容器性能影响最大、用量也最大的是聚丙烯薄膜和铝箔,由于元件中的薄膜和铝箔透气性较差,介质中的水分需要从电容器元件的两端排出,微量水分和气体的有效通道也很小,这些水分和气体还需要穿过心子的外包封,才能通过注油口被排到电容器箱壳外面。

影响元件中水分排出路经的是薄膜空隙率与压紧系数,通常元件中单层薄膜厚度为 $10\sim15~\mu m$ 时,薄膜空隙率一般为 $7\sim12\%$,由空隙率形成的空间间隙为 $0.5\sim1.5~\mu m$ 范围,如果压紧系数在 $0.85\sim0.90$ 的范围,那么每层介质之间的平均间隙约为 $1.5\sim2.5~\mu m$ 。这样,在薄膜与薄膜、薄膜与铝箔之间形成一个很小的夹层通道,其夹层通道宽度通常在 $2.0\sim4.0~\mu m$ 之间,也就是介质中水分子和气体排出的唯一通道。

由于薄膜和铝箔的透气性很差,在真空负压的作用下,在这个夹层通道中很容易形成 1 个"气腔",使其中的水分子和空气无法排出,所以,对于全膜介质的电容器,必须使用单面或双面粗化膜,保证每层铝箔与薄膜、薄膜与薄膜的接触面必须有 1 个粗化面,减少形成影响气体排出的"气腔"现象发生的概率。

壳式电容器的外壳是由薄钢板制成,具有良好的导热性能;仅靠箱壳内部的是多层电缆纸,在加热阶段,电缆纸中含有足量的水分,有利于热传导;元件内部有大量的铝箔,金属材料是很好的导热体;在加热阶段,所有的空隙中有空气存在,气体的热传导较慢,真空度越低,热传导的效率也越高,所以在加热阶段,原则上不用抽真空,否则影响热传导的效率。

2)真空干燥和浸渍工艺的设计方法

对于电容器的真空工艺的设计,由于膜纸复合电容器与全膜电容器在介质结构、含水量均有所不同,工艺处理的基本方法也有所区别。对于全膜电容器基本上采用"真空加热干燥法"进行处理,对于膜纸复合电容器采用"真空变压干燥法"进行处理。

无论采用哪种处理方法,工艺设计的目的是用最短的工艺时间、设备占用以及能源消耗达到预期的处理效果。由于模型电容器的使用,使工艺设计简单化,但是,模型电容器不是万能的,模型电容器只是提供了一个更为准确的测量手段,需要工艺人员的不断研究和探索。

(1)全膜电容器的真空工艺设计

全膜电容器常用"真空加热干燥法"进行真空干燥处理。整个干燥和浸渍过程通常包括加热、低真空、高真空、注油、浸渍、破空 6 个阶段。以上几个阶段的设计,应在充分了解具体被处理产品的结构、材料、电气性能要求;所使用的具体设备的性能参数以及与之相关的各种物理条件的基础上,合理科学的设计真空干燥浸渍工艺过程。

①加热阶段

对电容器实施加热,是为了提高心子的温度,使心子中材料的水分由于温度的升高,能够进一步活跃并充分蒸发出来,形成气态的水蒸气以便于被真空泵抽走。

对全膜电容器来说,其内部的含湿量较少,加热阶段一般不需要抽真空,空气中大量流动的气体分子进行对流传热,达到提高升温速度、升温均匀性以及缩短加热时间的目的。有些对于薄膜寿命要求更高或电容器生产环境不佳(高湿、高盐、高尘等地方)的制造企业,可以在加热阶段设计时采用先抽真空再充入高纯干燥的氮气至大气压,然后再进入正常加热阶段的方案。

结束加热阶段工艺的最典型标志,就是让被加热的电容器通体达到工艺要求的最高温度。但是,由于热惯性的存在,停止加热后,电容器的温度仍会有所提高,在工艺设计与实际的操作中均应考虑热惯性的影响。

加热温度越高,后期脱水速度越快,但温度的提高是有限的,有关资料显示,在自然状态下,标准聚丙烯薄膜(100×100 mm)样片在 90℃并保持 10 min 内纵向收缩率≤1.0%,横向收缩率≤0.1%;同样条件下,当温度在 100℃并保持 10 min,仍然只有纵向≤1.5%,横向≤0.2%的收缩率。这样的收缩率基本不会造成薄膜性能的下降。原则上电容器工艺处理时,电容器心子的最高温度不应高于 90℃。常用厚度聚丙烯粗化膜在不同温度下的纵向及横向收缩曲线如图 7-13,图 7-14 所示。

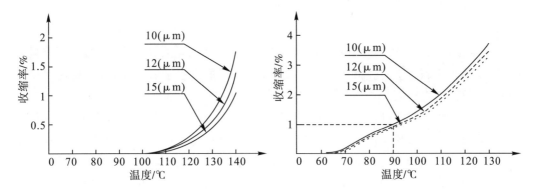

图 7-13 粗化聚丙烯薄膜横向温度收缩曲线 图 7-14 粗化聚丙烯薄膜纵向温度收缩曲线

②低真空阶段

低真空时段是电容器内部水分的主要排出阶段,这个阶段中的目的是利用电容器内部已有的热量,无需再进行加热,通过抽真空使产品元件中的水分快速变成蒸汽,并不断地被真空泵抽走的过程。

电容器内部的水分的排出有 2 个过程,其一首先要尽快将电容器内部的水分气化,变成蒸汽;其二,水分的排出需要一个过程和行程,在一定的抽力下,电容器心子内部水蒸气将通过极板及薄膜之间的夹缝通道,并通过包封层以及外壳的抽真空口排入罐体内,再被抽出罐体外,这需要一个过程和时间,所以抽真空的速度应适当放慢,以保证最佳的干燥速度。一般情况下,低真空工艺的时间大约需要 4~12 h 不等,这与罐体的大小、电容器装载量等多个因素有关,无论怎样变化,保持温度与真空度的平衡是关键,这样可以用更短的时间完成低真空脱水要求。

这个阶段的关键性问题是真空罐内的电容器的温度、压力的平衡,使罐内保持持续的蒸汽饱和或者接近蒸汽饱和的状态。在整个的工艺处理过程中真空度的提高应保持一个合理的速度,以保证最高的干燥效率。在抽真空的初期,真空泵的抽速可以较快,要将真空环境的最高真空度控制在 650~1000 Pa 范围,甚至更低才行。掌握好低真空度的控制方法,满足低真空阶段最高真空度范围的要求。

③高真空阶段

在低真空阶段,电容器中的水分基本上排出,电容器已经处于一个干燥的状态,高真空阶段的主要目的是排除电容器内部的气体,也包括残余的水蒸气。虽然水蒸气带走了部分的热量,电容器的温度有所降低,由于电容器内部的水分含量已经很少,不再需要热量来维持水分的气化,也无需加热。

高真空阶段应最大限度地使材料内部的残余气体被真空泵抽走。该阶段的真空度应越高越好,同时利用真空泵组获得尽可能大的抽速。一般情况下,根据真空泵组的能力,真空度可尽快抽至 1.0~10 Pa 的范围内,就可进入高真空保空状态。

高真空阶段的主要目的是抽出介质中的残余气体和水分,目前电容器行业各制造企业高真空阶段保空时间差异比较大,一般在 6~16 h 不等,个别企业高真空阶段保空时间小于 2 h,关于保空时间,仍需进一步研究。

④注油阶段

在高真空阶段保空完成后,电容器心子温度达到注油条件,在继续保持高真空度的前提下,直接进入注油阶段,将电容器专用液体浸渍剂注入电容器心子中,填充所有固体介质以及油箱内剩余空间。由于绝缘油的注入,罐内的真空度有所下降,但还应尽可能保持一个较高的真空度。

注油的过程应缓慢进行,利用绝缘油的自然爬升,有利于介质中的残余气体排出,一般注油的速度通过微孔来控制,采用单台注油方式时在每台产品内部的注油管路上,设计1~2个微孔,孔径一般在 Φ1.5~2.5 mm 之间。这个孔径范围可以保证每台电容器注油流量控制在 2.0~4.0 L/h,基本可以满足各种大小不同体积的电容器实现均匀、缓慢以及同步注油,注油过程一般需要几小时,注油的阶段一般是通过油位的高低来确认注油阶段是否完成。

为了防止高温下薄膜在绝缘油中的溶胀问题,必要时,可采取充氮气或其他措施对电容器降温处理。

目前壳式电容器常用的液体介质有苄基甲苯(M/DBT)、二芳基乙烷(PXE、PEPE)以及 SAS40(70E)等种类。由于不同的油在高温下均会发生不同程度的气化,注油阶段的心子温度与油温均不宜过高,如果高真空阶段结束后,电容器的温度还比较高,可采取充氮气或其他措施对电容器做降温处理,一般需要将油温控制在 60℃ 以下,防止绝缘油的气化而浪费。降低温度的另一个原因是高温下,薄膜在绝缘油中容易发生溶胀,影响薄膜和绝缘油的性能。图 7-15 中给出了聚丙烯薄膜与苄基甲苯的溶胀曲线。

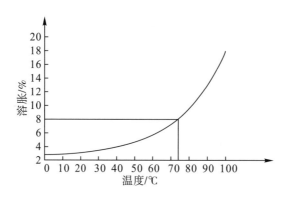

图 7-15 聚丙烯薄膜与苄基甲苯的溶胀曲线

⑤浸渍阶段

浸渍阶段就是指注油过程完成后的进一步的浸润的过程。这个阶段保持一定的油位或压力,使注入产品的液体介质在外部压力的作用下,浸渍并填充固体介质和心子内剩余空间。在这个阶段,温度会继续自然下降,为了保证电容器的浸渍质量,应将真空度保持在尽可能高的范围内,关键是要保持必要的油位,并保证脱气的通畅,使电容器内部材料完全充分的浸渍。

和注油阶段一样,由于绝缘油的存在,在高真空下容易发生一些绝缘油的蒸发现象,真空罐内会存在一些油蒸气。在抽真空的过程中,这些油蒸气遇见已经冷却的罐壁、管道或产品表面时,会重新冷凝成液态,使抽取物中含有绝缘油的成分,所以,在这个阶段需要较低的温度和较高的真空度。

绝缘油的浸渍是从注油开始就发生的一段过程,一般需要 10~12 h 的浸渍时间,减去注油的时间,在这整个阶段,需要持续浸渍的时间一般在 6~8 h 范围甚至更短,理论上应该是可以达到心子完全浸渍。

⑥破空阶段

这个阶段主要是指完成了真空条件下注油浸渍后的电容器,在规定的温度下解除真空,破空出罐的过程。破空出罐前首先要进行以下 2 个条件的确认:

一是确认罐内及电容器的温度是否达到破空条件;

二是确认油槽(杯)内的油位是否符合最低油位要求,破空时由于压力条件的变化,油位过低可能导致心子与空气接触的风险。

破空时应将经过过滤和干燥后的空气以一定的速度注入罐内,保持真空罐内洁净。

产品破空移出真空罐后,电容器需要一个等待心子降温和静置的过程,由于外部压力和温度的变化,这个过程也是电容器继续浸渍并充分吸收液体介质的过程,这时应保证产品具有高于电容器最高部位的油位。待电容器通体温度降到与环境温度相接近时,放出保持液位用的多余的油,拆除注油工装,并及时实施封口工艺。

封口是将外壳预留的工艺注油孔密封的过程。电容器处理工艺不同,封口的方法有所区别,电容器上有专用的注油管时,需将注油管用压力钳夹扁,然后焊锡密封焊接。如不含注油管用相配套的专用封口盖进行焊接封口,并确保注油孔油位完全覆盖注油口。焊接方法一般通过焊锡进行密封焊接。

焊接时注意烙铁温度要适当,封口锡焊一般不允许使用任何助焊剂材料,以防止不明材料混入心子油中,封口后的锡焊部位应密封和美观。

由于电容器在运行中有膨胀的要求,原则上封口时电容器的温度接近标准大气条件,即 20℃,一个大气压下进行封口,或者接近用户运行环境温度的平均温度进行封口,但是这个条件往往比较困难,建议封口时表面温度至少应控制在 30℃ 以内。

总之,全膜电容器的真空干燥与浸渍的设计,就是根据电容器内部实际的含水量和真空罐的实际装载量,以最快的速度和最少的资源消耗,完成电容器干燥和浸渍的过程。图 7-16 给出了全膜电容器真空干燥浸渍处理工艺曲线图,反映了电容器真空干燥与浸渍处理各个量值的全过程变化。

(2)膜纸复合电容器的真空工艺设计

膜纸复合介质由于电容器纸的存在,含水量较大,膜纸复合电容器通常采用"真空变压干燥法"工艺进行处理。这种方法是根据电容器心子中的水分含量,对整个干燥处理过程分段进行,并按照不同阶段对温度及真空度进行变压设计。通常将整个工艺的处理过程分为预热、过渡、主干、终干四个阶段,本文仅对"真空变压干燥法"中的加热、脱水、脱气阶段的工艺进行设计。典型"真空变压法"干燥工艺曲线如图 7-17 所示。

①预热阶段

加热预热阶段采取真空度循环变化的边加热边抽真空的方法进行处理。通常的做法

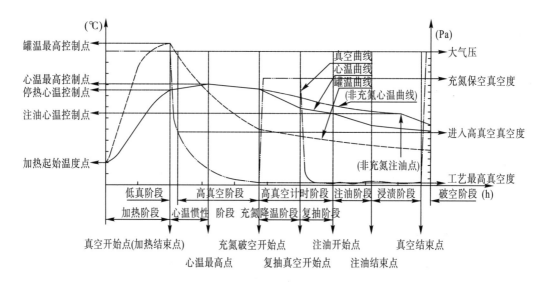

图 7 - 16　典型壳式电容器真空干燥浸渍处理工艺曲线

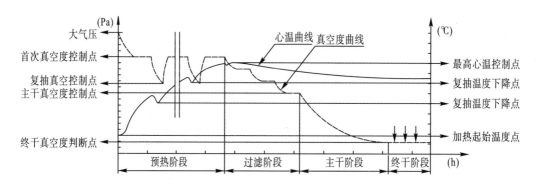

图 7 - 17　典型真空变压法干燥工艺曲线

是初步加热时,当电容器心子温度达到 60℃ 左右,将真空度抽至 60000 Pa 左右,并在此压力下,维持一定的保空时间,这时并未形成饱和水蒸汽,保证了电容器初步加热的效率。然后继续抽真空至 20000 Pa 左右,这时罐内已形成饱和蒸汽,并有大量的水分被抽走和排出。

　　然后充入干燥空气或氮气,使压力恢复至 60000 Pa 左右,再维持一定的保空时间,继续将真空度抽至 20000 Pa 左右,如此循环往复,使得电容器心子中大部分水分被有效抽出的同时,保证了电容器的持续加热。

　　②过渡阶段

　　当心子内部达到最高温度后,即进入过渡阶段。此阶段干燥罐内真空度可分几次从60000 Pa 均匀提高到规定值,每次提高真空度后有一个时间保持过程,一般为 1～2 h,以保证不同压力下剩余水分子的均匀溢出,

　　对于膜纸复合电容器,最高温度一般不超过 95℃。这个过程无需加热,该阶段最高真空度通常控制在 610 Pa～1000 Pa 范围之间。

　　③主干阶段

　　过渡阶段结束后就进入主干阶段,主干阶段是变压法干燥过程的重要阶段。在此阶

段电容器心子温度无需加热。该阶段的最高真空度应达到并维持在系统的最高真空度，使心子中残余气体与真空系统真空度形成较大的压差，迫使各种复杂结构中的气体分子的溢出，并保持一定的时间，脱出更多的气体。

这个阶段维持自然温度，真空度一般会达到 1~10 Pa，保持时间一般在 4~5 h。

④终干判断阶段

主干结束就进入终干判断阶段。可以用单位时间内真空罐压力变化的数值，也可以用露点法或测量出水量的多少等方法，来认定干燥过程的结束。实际工程中常用的做法是当主干时间结束时，关闭主真空阀，保空一段时间，至少 3 次测量此段时间罐内真空度的上升值(变化量)，每次均低于规定的标准值，可判断为脱水、脱气干燥合格。在判断真空度上升值时，应充分考虑真空系统原有泄漏率的数值，避免因泄漏率过大，导致的终干结果的误判。

终干结束能否直接注油还取决于另一条件，这就是电容器温度是否达到注油要求，即终干结束且工艺温度满足注油要求就可以转入注油工艺阶段。

⑤真空注油与浸渍

真空注油与浸渍的工艺在原理上与"真空加热干燥法"基本相同，膜纸复合电容器由于电容器纸的与绝缘油的浸润性更强，更容易通过毛细浸润效应进行浸渍，电容器纸在其中起到"灯芯"作用，需要的浸渍时间更短。

3)绝缘油的处理工艺

电容器的真空干燥与浸渍的过程中，绝缘油的处理需要独立完成。用于壳式电容器的绝缘油种类较多，目前以苄基甲苯为主，无论采用哪种油品，其油处理的方法及工艺基本相同。

绝缘油一般需要经过一系列的化学反应、合成等方法进行生产，出厂已经过了相关的处理，成品油一般可达到直接使用的性能指标。但在电容器注油前要进行二次处理，并保持在一定的真空环境下静置一定的时间，方可注油。注油前的处理分 2 种情况：第一种是原油的处理，第二种是回油的处理。

对于原油的处理相对简单，一方面在注油前需要将绝缘油创造一个注油前的准备状态，同时防止液体介质在装桶(罐)、运输、储存、开封、使用等过程环节可能会造成污染或吸潮，所以需对液体介质进行处理，以清除其中的水分为目的，并使其进入准备状态。对于生产过程中的废油和回油，处理后可回用，这些油中可能混进一些酸碱物质或其他固体杂质，一般需要增加白土吸附与过滤工序，也可满足节资与环保的需要。相关的工艺处理要求如下。

(1)加温及抽真空油处理工艺

目前壳式电容器所使用的液体介质基本上是合成油，该类油对高温比较敏感，且容易在高温下裂解，所以，在绝缘油处理时，尽可能地在常温或 60℃ 以下进行处理。对原油主要是采用循环处理的方式，处理过程一般是在油循环通道上，经过多级过滤器实现固体杂质的收集，再通过对循环中油的加温，增加油中水分和气体运动的能量，最后利用设备中可以增加油的表面积的结构，使得油在循环中获得更大表面积的状态下，同时进行高真空脱气(一般真空度应高于 10 Pa 以上),加热(也可以是常温)、过滤和脱气过程均是在油循环中进行,循环时间的长短决定了油处理的质量和效率,而时间的长短除了与被处理油自身性能有关外,主要还与油处理设备的性能有直接关系,一般情况下,按照被处理油的总量达到 3 次以上的循环量,就可以实现对油中杂质、气体水分的有效清除。

(2)白土吸附油处理工艺

当油中介质损耗或酸值超标不能满足注油要求时,可以通过给油中加入白土吸附剂,利用白土吸附剂来吸附油中的杂质和酸根离子,再通过搅拌、加热等使之充分吸附,达到降低油中介质损耗和酸值的目的。白土吸附剂的主要成分为 MgO、AL_2O_3、SiO_2 或活性氧化铝等,白土的表面有许多微孔,使得其具有 $200\sim300$ m^2/g 的较大表面积,所以具有较强的吸附能力。为了降低粉末对系统的二次污染,所需的白土通常采用无粉颗粒状白土吸附剂。为了有效达到降低油中介质损耗、酸值和其他固体杂质的目的,常用油处理白土吸附工艺如下:

①颗粒白土根据被处理油的污损程度,按被处理油重的 $0.1\%\sim1.5$ 左右的比例在搅拌罐中添加;

②颗粒白土使用前应经过 $150℃$ 以上高温以及不少于 4 h 的连续烘焙,除去其中的水分,待温度降到 $50℃$ 以下时再使用;

③白土添加完后应充分均匀搅拌 1 h 左右,使白土与油充分接触和吸附,搅拌期间可根据不同液体介质特性,进行适当加热($\leqslant60℃$),以达到更好的吸附效果;

④均匀搅拌完成后,将经过充分吸附的油打入沉淀罐,利用油中水分、杂质及吸附剂比重不同的原理,进行沉淀分层处理,沉淀时间不少于 8 h;

⑤沉淀后的油通常在沉淀罐上部,通过抽油泵将沉淀罐上部的油抽出;剩余沉淀物通过离心机分离为油和残渣,油可再打回搅拌罐重新处理,剩余残渣按固废回收;

⑥对抽出的油进行通过式滤油机的滤纸过滤,除去油中少量尚存的白土、微水等杂质;过滤纸使用前,应经过 $110\sim120℃$ 的温度烘干,烘干时间一般不少于 4 h;

⑦然后按照正常原(新)油处理的工艺进行后续脱水脱气处理,并最终达到注油要求的性能指标。

处理合格的绝缘油,应保存在真空度不低于 100 Pa 的环境中,并至少静置 4 h 以上,消除油处理输送过程中有可能产生微小气泡后,方可以注入电容器心子中。

7.6.3 真空干燥浸渍及绝缘油处理设备

1)绝缘油处理设备

油处理系统的主要功能是在一个封闭的空间内给绝缘油采取加热和抽真空的方式进行处理和存储。一般由真空泵组、中间储油罐、加热器、过滤器以及脱气罐等部件组成。按照油处理设备的结构又可分为 2 类,一类为集成式结构,它是将以上功能部件,整体集成在一个更紧凑的空间,通过自动控制实现油处理过程的智能化处理,是目前电容器油处理的主要工艺设备。另一类是传统的分体式结构,该方式将泵组、中间储油罐、加热器、过滤器以及脱气罐独立布置,除了正常油处理功能外,为了有效收集和处理回油,还可以设置容积较大的回油罐、加热搅拌罐和沉淀罐,用以存储、处理一些指标更劣的回油,各设备之间相互用管道连接起来,在输油泵的输送下,实现电容器油的循环处理。

分体式与集成式处理系统相比,具有更大的灵活性,特别是在处理质量较差的废油时,具备独立的白土搅拌、加热和沉淀工艺功能,但其设备管路连接长、占地面积大,一般适用于劣质油品以及各种介质损耗较大的回油处理。通常的油处理设备至少具有以下关键系统:

(1)加热系统

常用油处理的加热源有电加热、蒸汽加热等多种热源,对于罐体内绝缘油的加热有 2 种加热方式,其一为热源直接加热,其二为通过导热油加热。

对于油处理系统,无论哪种热源,一般不推荐采取直接加热的方式,热源周边温度比较高,如电加热器与油接触的表面温度有时可达 $200\sim300\,℃$ 以上,会造成加热器附近的油分子因温度急剧升高而产生化学裂解,导致绝缘油变质,并造成油中乙炔和总烃等含量偏高。

油处理罐应具有良好的保温性能,加热系统应与处理罐配套,其加热功率应具有在 2 小时内将系统中的最大油量加热到 $100\,℃$ 以上的能力。

(2)真空脱气系统

除了加热外,还需对绝缘油进行真空脱气处理。真空脱气通过采用一级或两级泵组获得真空环境,使处理罐内真空度达到极限值 $\leqslant10\,Pa$。真空系统应配置脱气装置,托起装置中的分馏盘或分馏环能够使液体油形成尽量大的膜状表面积,使绝缘油在罐体中形成雨状流动,使其中的水分子快速气化并容易被真空泵抽走。真空脱气系统应具有良好的密封性能,真空系统应具有在数小时内将真空罐抽至 $10\,Pa$ 以下的绝对压力的能力。

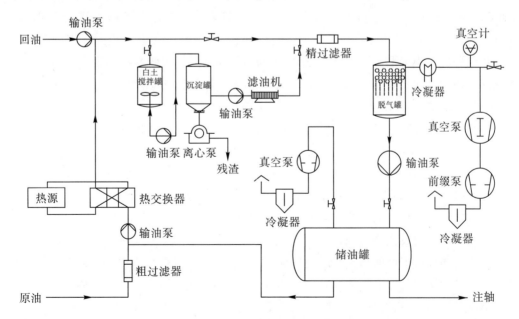

图 7-18　电容器油真空处理系统图

（3）过滤系统

油处理系统中，目前的原油原则上是不用过滤，但是如图 7 - 18 所示，在电容器油真空处理系统中，设置了专门的回油入口，回油原则上必须经过过滤，回油过滤通常需要经过三级过滤，第一级金属网磁性吸附过滤，可滤掉其中体积比较大的杂质，第二级为滤袋（芯）的粗过滤，可滤掉直径大于 5 μm 的杂质；第三级为滤袋（芯）的精过滤，可滤掉直径大于 1 μm 的杂质。经过过滤后的回油方可进入原油处理系统进行真空干燥处理。为了保证液体介质的处理和存放质量，油处理系统中用于流动、存放和过滤相关的容器、管路和阀门等，全部应采用不锈钢材质。

2）电容器真空干燥与浸渍设备

电容器干燥和浸渍按功能一般包括真空泵组、真空罐（或烘箱）、储油系统、油处理系统、注油系统、回油系统，这些系统通过真空管路、油管路、水管路以及阀门与各类传感器相互联结，形成一套完整的真空干燥浸渍系统。

壳式电容器干燥和浸渍系统的设备通常包括真空泵组、真空罐（或烘箱）、热源及热交换系统、冷却及换热系统、冷凝系统、电控系统等。电控系统配置各种必要的传感器，以便对整个过程进行全面的监测和智能控制。以下就根据各种系统功能进行分别的介绍：

（1）真空罐体

真空罐是真空干燥处理与浸渍过程中，放置电容器的容器，并为电容器提供一个用于真空干燥与真空浸渍所需要的环境，真空罐需要与加热及冷却系统，真空系统、注油系统以及监控等多个系统相连。真空罐应具由相应的保温及热循环功能，密封性及保空功能等多项基本的功能和管路，真空罐还应配置方便移动的装载电容器的平台，便于电容器的进出罐。烘箱是一种箱内不提供真空环境，只采取一定保温措施的另一类处理方式，这里不再多述。

真空罐的体积根据实际需要进行设计，国内早期真空罐有效容积一般在 18～24 m³，随着技术的进步的发展，目前 30～50 m³ 容积的真空罐也已普遍使用。

①罐体的结构

真空罐有圆形和方形 2 种，圆柱形真空罐符合压力容器结构的强度要求，罐壁结构相对简单，但不利于要处理电容器有序高效的布置，空间利用率相对较低；而方形真空罐空间利用率高，也容易布置待处理电容器，但为了保证其机械性能满足要求，罐壁应设置加强筋，以提高罐壁的机械性能，罐门的结构设计也相对复杂。

真空罐体两端或一端应根据需要，设置可开启的密闭门，用于电容器的进罐和出罐。一般在罐体的一侧设置罐门；对于一些自动化作业的大型罐，采用两侧开门。圆柱形真空罐门应采用外凸式球面结构，方形真空罐也可采用方形的外凸结构，加工难度较大，否则罐门就必须增加足够的加强筋，以保证罐门的密封和不变形。罐门是罐体上可移动的密封承压部件，其开启方式有直接提升式、提升翻转式、侧开回转式、侧开平移式 4 种基本的方式；对于小型罐体可采用人力推动的平移开启方式，对于大型罐体可采用电动钢索卷扬或液压油缸升降等方式进行开启。罐体开门的具体方式要结合被处理电容器具体结构、实际进出罐方式,罐体所在区域的前后以及高度空间等因素,本着减少罐门工作空间、提高装载效率、缩短工艺流程的原则来设计。

罐门与罐体之间必须进行密封设计,以满足整个罐体的密封性能。罐体上还应设计有视察窗、照明、温度以及真空度检测口,具有工艺巡视和设备检修通道或平台。所有的连接部位均需要密封。

真空罐的罐体内需布置热交换器或热源,热源或交换器应与要处理的电容器保持适当的距离。罐的体积越大,内部温度自然均匀性较差,必须采取强制循环措施,可在罐体顶部安装一定数量的循环风机,保证罐体内部温度的均匀性。罐体外设保温层,常用保温材料有岩棉、软质泡沫聚氨酯、玻璃棉以及复合硅酸盐等材料,一般均会在罐体保温材料外面进行铠装。罐内各个点之间的温度差要控制在 $5℃$ 以内。

为了提高罐内温度的均匀性,罐内除了合理设置加热器或散热器外,还应通过设置热风循环装置,使罐内空间以及电容器的温度值和升温速度尽可能均匀一致。

②罐内电容器的放置

罐体内部一般设置有可移动的电容器安放支架,并在罐体内布置移动轨道、限位及固定装置,安放的支架可以移动到罐体外部,电容器在真空罐内的放置有立放和卧放 2 种方式。立放形式其占地面积小、产品搬运摆放及出罐方便,这是早期电容器摆放的主要形式。而目前普遍采用的是电容器卧放的处理方式,使得元件在箱壳内呈立放结构,使其不受重力影响且压紧受力状态具有一致性,这有利于心子的脱气、干燥和绝缘油注入进行浸渍。

考虑到目前典型产品的长度方向基本是标准尺寸,当卧放处理时所用的注油工装可以做到统一注油油位的控制,同时由于注油工艺孔设计在箱壳的侧面,卧放处理则更容易保证套管内完全注满油。所以,这种卧放结构的产品除了容易保证薄膜、铝箔以及箱壳的标准化生产外,更为真空工艺效率的提高创造了条件,在设计真空罐体结构和制定真空工艺时要充分利用这一优势。

（2）加热与热交换系统

早期的加热方式以蒸汽加热为主,具有加热容量大,在大量使用的前提下成本较低的特点。由于电力供应的稳定性较好,目前的加热方式以电加热为主,在电加热方式中,感应加热为一种较好的加热方式,是采用罐外卷绕感应线圈,在罐体上形成涡流的罐体感应加热的一种方式,感应加热虽然速度快,发热体面积较大,散热均匀性较好,节能环保,但是罐门部分无法实现同样的加热方式。另一种形式是电加热（器）板均布于罐内壁或支架上,实现对罐体和电容器的加热,对于大型罐体热源可分布到需要的空间,有利于罐体内的温度均匀,其缺点是电加热（器）板表面温度较高,容易导致产品表面温度过高或产品不同部位温度均匀性较差。采用这种方式加热时,罐内应配套相应的空气循环条件。

另一种加热方式是通过导热油这种传热载体加热罐体。将热源放到罐体外部,通过导热油作为传热媒体将热量传导到罐体内,在几乎常压的条件下,可以获得 $150\sim350℃$ 的工作温度。该系统一般由热源、导热油加热装置、热交换器、导热油输油泵、散热器或散热管路等组成,通过配置必要的过滤单元、输送单元、温度分配调整控制单元,利用电、燃油、蒸汽等一次热源,经过换热器换热后加热导热油,在高温输油泵的输送实现导热油的循环,导热油再经过罐内布置的散热器实现对罐体和电容器进行加热。导热油加热系统因其适应热源范围广、加热容量高且均匀、加热温度控制精度高、易实现自动化等优点,目前已成为壳式电容器真空干燥系统中的主要加热方式。

(3)冷却和热交换系统

冷却系统的主要作用,一是给真空干燥处理完成的电容器进行降温处理,缩短产品真空干燥的时间,提高处理效率。二是给冷凝器提供冷源,提高冷凝器捕捉气体分子中水分的能力和效率。冷却系统一般由制冷机系统获得的冷源、与热源交换的换热器以及用于捕捉气体分子的冷凝器组成。通常真空干燥系统均配备专用制冷机组,通过制冷机制出的冷水,既可以满足冷凝器对热气分子捕捉的低温要求,也可以通过换热器实现对导热油等媒介的快速冷却,实现电容器干燥完成后的快速降温和注油浸渍。

一般采用管式冷凝器。它是通过制冷机或者自然风冷获得的较低温度冷水,利用其与被抽气体分子的温差,捕捉气体分子并使其快速冷却成液态。它可以有效降低饱和蒸汽压的压力,提高泵组抽气的效率,降低被抽气体对真空泵油的乳化,提高前级泵的有效真空度。

(4)真空获得设备

电容器真空干燥与浸渍系统,是一个较为复杂的系统,包括干燥系统、储油系统、油处理系统、注油系统、回油系统等等。在这些系统中,配置了大量的真空泵或真空泵组,以实现电容器真空干燥与浸渍过程的不同技术目标

真空泵组由不同功能的单级泵或多级泵组成,是实现电容器真空干燥过程的核心部件。常用的串联真空泵组搭配的方式是以滑阀泵、旋片泵或者螺杆泵为前级泵,串联一级或二级罗茨泵,通过管路与各泵组的进排气口串联相接,再配以冷凝器、真空阀门、真空检测口、排气收集器、排液收集器等,集成组合成一套完整的真空泵组系统。

真空泵组的选配,应主要考虑被处理产品的最大总体积、真空环境有效空间大小、以及电容器内的水分含量等因素。国内真空罐容积通常在 $15\sim50\ m^3$ 之间,真空系统可按照 $600\sim1500\ l/s$ 抽气速率选择配置真空泵组。

选配时,根据需要的真空度,可采取前级泵串联一级或二级罗茨泵的方法选配,真空机组各泵之间的名义抽速之比一般在 3.0~5.0:1.0 之间选配。一般情况下,前级泵极限真空度≤1.5 Pa;前级泵加一级罗茨泵配置时,极限真空度≤0.5 Pa;前级泵加二级罗茨泵配置时,极限真空值≤0.05 Pa。

电力电容器真空干燥浸渍处理常用的真空泵有滑阀泵、旋片泵、干式螺杆泵、罗茨泵等,各种泵的特点如下:

①旋片式真空泵

旋片式真空泵(简称旋片泵)是真空技术中最基本的真空获得设备之一。常用的旋片泵为双级结构,是由高压级与低压级 2 部分组成。可以单独使用,也可以作为其他高真空泵或超高真空泵的前级泵。旋片泵是一种油封式机械真空泵,可在大气压下直接启

动。单独使用时,由于其真空泵的结构上存在有害空间,工作时泵腔的吸气空间与排气空间存在着一定的压力差,且该空间中的气体是无法排除的,同时泵油在泵体内循环流动过程中会溶解大量气体和蒸气,而在吸气侧,因为压力较低,溶解的气体又会气化回到真空环境中,使泵即使抽再长时间也不能获得更高的真空度,一般最高极限真空在 0.5～1.33 Pa 左右。

②阀式油封机械泵

阀式油封机械泵(简称滑阀泵)同旋片泵一样,也是一种变容式气体传输泵。滑阀泵具有抽速大、性能稳定、经久耐用等特点,其使用范围和使用条件与旋片泵基本相同。滑阀真空泵分为单级型和双级型。在运转时会产生较大的振动和噪音,泵体体积也较旋片泵大,多数滑阀泵电动机无法实现与泵体直联,安装占地面积较大,但其结构简单、环境适应性强且价格便宜,还是被广泛单独使用或用于真空泵组的前级泵等电容器真空干燥设备中。

③干式螺杆真空泵

干式螺杆真空泵,是利用一对螺杆在泵壳中作同步高速反向旋转,而产生吸气和排气作用的抽气设备。该种泵运转平稳,噪音低,能耗小,结构简单,维护方便。干式螺杆真空泵由于其工作腔无需润滑油,且工作腔及螺杆转子表面均涂有防腐层,非常适用于需抽除含有大量水蒸气及少量粉尘的恶劣工况的气体场合。因为工作腔内无任何介质,气体在泵内输送全过程无压缩,适宜抽取水蒸气,其单台泵可从大气抽至 0.5～1.0 Pa 以上的真空度,可与罗茨泵等组成无油机组。螺杆型干式真空泵在电容器真空系统中将越来越多的代替传统的旋片泵和滑阀泵。

④罗茨真空泵

罗茨泵是一种无内压缩的真空泵,通常压缩比很低,在大气条件下是无法单独启动和使用,它必须与前级泵串联并在前级泵的配合下,让前级泵在达到 2000～4000 Pa 后,罗茨泵的旁通阀会启动顶开,出口处的气体经旁通阀返流入泵的进口处后才能使罗茨泵启动。一旦罗茨泵启动后,特别是在 100 Pa 压力以下,就有了较大抽气速率,能迅速排除真空下被干燥材料突然放出的气体。所以,罗茨泵常被串联在油封式机械真空泵前,用来提高真空度。为了提高极限真空度,也可以将多台罗茨泵串联使用。是一种在电容器真空干燥浸渍工艺中,为提高真空效率而不可或缺的设备。

(5)测控系统

随着计算机控制技术的进步发展,越来越多的真空干燥与浸渍设备,采用了自动化的控制系统。通过计算机和可编程控制器,对真空度、温度、时间、液位以及设备电器元件性能等各种信号自动采集,并对相关部件按预定要求进行控制。系统可以全自动运行,保证了电容器真空干燥浸渍处理工艺的有效性和一致性,提高了生产效率和产品性能的稳定性,降低了人工操作成本和有可能导致的人工操作失误。

就目前的控制系统来说,并未达到智能化的水平,如图 7-19 所示电容器真空干燥浸渍处理系统是一个很复杂的系统,要实现智能化控制,还需要进行大量的研究工作,掌握产品真空干燥与浸渍处理的各个参量的基本规律与控制方法,通过计算机进行分析计算,达到对电容器智能化工艺控制,做到通过仿真智能化的处理,在保证产品处理质量的前提下,缩短工艺处理时间,取得高效节能的处理效果。

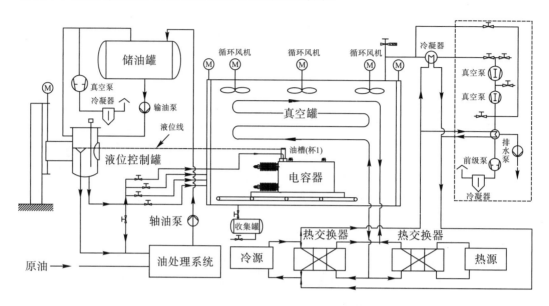

图 7 - 19　典型电容器真空干燥浸渍系统结构图

7.7　壳式电容器表面处理

　　壳式电容器产品外壳一般由薄钢板材料制成,钢板材料可用普通钢,也可用不锈钢板,目前多为不锈钢板。无论哪种钢板材料,均需要进行表面处理。

　　壳式电容器表面处理的目的是提高电容器的外观质量,普通钢板在大气环境下容易生锈,即使是不锈钢板,也存在焊接过程中留下的焊痕,影响外观质量。壳式电容器通常通过喷涂油漆来改善外观质量,采用具有耐候性的油漆,使电容器表面光滑,并有光泽感。

　　早期的电容器表面喷漆人工完成,由于人工操作、喷漆质量,漆的附着力、表面光泽等均比较差,并污染环境,操作人员的健康也难以保证。现代的电容器表面处理采用流水化的作业,经干燥和浸渍完成后的电容器进入流水线自动作业,流水线通过轨道自动运转,电容器悬挂于流水线上,在流水线上自动完成各道工序,基本上无须人工操作。本节主要就流水线及各道关键工序进行简单介绍。

7.7.1　壳式电容器喷涂流水线

　　壳式电容器的流水线包括表面清洗、表面抛丸以及喷涂 3 个主要的工艺过程,流水线上电容器的运动普遍采用悬挂积放链形式的输送线体。在驱动装置的作用下,电容器沿预定轨道移动到各工位。流水线采用有节拍的运动方式,运动速度可根据需要进行设置。电容器的上、下线是通过气动或液压装置,使电容器通过专用吊具悬挂于生产线上。

　　如图 7 - 20 所示,整个积放链形成大的闭合环路,包括了上线点、下线点、清洗、抛丸以及喷涂主要的工位。由于喷涂部分工序相对比较复杂,占用时间也较长,喷涂部分形成一个小的闭环。由于喷涂需多次喷涂和干燥,喷涂又分出多个小的循环。喷涂主要包括了电容器喷涂室、流平室、烘干室、冷却室几个功能室,完成对电容器成品表面喷涂的全过程。

电容器一般喷涂油漆,喷漆工位一般采用机器人自动喷漆,喷漆时必须采取必要的环保措施,保护环境及工作人员的健康。

抛丸室需要一个相对密闭的空间,电容器进入后,悬链自动停止并关闭大门。电容器在工位上水平自动旋转。抛丸机自动抛丸,一般需要至少有 3 个抛头进行抛丸,抛头与电容器之间应保持一定的距离,一般控制在 500～900 mm 之间。抛丸室内部需采用橡胶垫板予以保护。

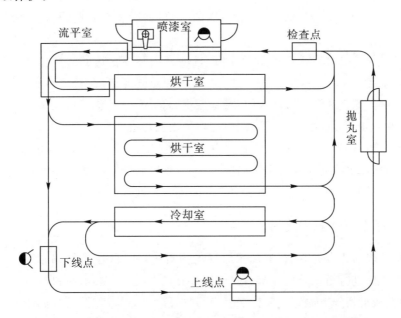

图 7-20　典型壳式电容器积放链喷漆系统布置图(缺少清洗部分)

喷漆室应相对封闭,同时应配置除尘送风系统、照明系统(防爆)、水帘阻挡系统、漆雾及漆渣收集和处理系统等。四周墙壁通过水帘保护,防止油漆喷涂到墙壁上,并采取相应的环保措施,将有害气体进行处理和排出。由于电容器需要底漆和面漆两种涂料的喷涂,喷漆室通常设置两个独立的空间。喷漆室需将循环水与漆渣分离,配置有漆雾及漆渣收集和处理系统。

流平室一般处于喷漆室的出口,它的作用是对刚完成喷漆的电容器成品进行表面干燥,需要相对洁净的空间,流平室在设计上尽可能地减少空气大量流通,以保证油漆涂层自然、均匀的表面成型,提高涂层的表面装饰质量。

烘干室的作用是加速油漆的干燥速度,油漆经过表面干燥后,需要一个漫长的实干过程,为了提高电容器成品表面的喷涂效率,通常采用高温烘干的方法,来提高电容器涂层的干燥速度。烘干室通常设计在流平室的出口,由于烘干时间相对较长,不便于与其他喷涂工序保持连续节拍作业,所以烘干室内必须具备一定数量电容器的积放存储能力,以便对一定数量的产品同时进行烘干作业。烘干室一般需配置加热及热风循环系统,有机废气排出和环保处理系统,热风循环系统。烘干室的温度根据所使用漆种的要求而定,其温度不得超过漆种的承受能力。

为了进一步提高积放喷涂线的生产效率,在产品烘干后应该及时下线,但由于长时间的烘干,其壳体内部温度较高,通常会在烘干室的出口增加一个表冷室,表冷室是通过风机将空气强压入室,形成高速空气流通并吹向产品表面,通过增加空气流通量,带走产品表面热量,降低产品温度,为产品尽快下线创造条件。

7.7.2 电容器成品表面清洗

经过真空干燥浸渍处理后的电容器成品壳体,由于油蒸汽的弥漫作用或锡焊封口操作的过程,会导致其壳体表面有一层电容器油膜,该油膜会对后期表面涂装处理有非常大的影响,

流水线设置了电容器脱脂专用清洗机,自动将电容器输送到清洗位置,清洗机通过各自的输液泵将配制好的脱脂液和清水,依次喷淋到电容器成品表面,实现对成品电容器漂洗与清洗。漂洗和清洗可以采用"一室两洗",即:一种液体喷淋完成,回到自身水箱后,另一种液体才开始喷淋,再回到自身水箱,依次循环进行。

脱脂液一般需要兑水,需根据实际使用的脱脂剂的具体情况而定,脱脂和清洗后的液体自动回收,流水线同时配置了加热装置,一般将脱脂液及清洗液加热到 $60\sim70℃$,喷淋脱脂的时间一般在 $80\sim100$ s,喷淋清洗的时间一般在 $60\sim80$ s。

7.7.3 电容器壳体表面抛丸

由于箱壳表面比较光滑,影响油漆涂层的附着力,所以,在进行成品表面喷漆前,需要对其外壳表面进行粗化处理。流水线上配置有抛丸设备,抛丸设备以压缩空气作为动力,将钢制丸粒沿切线方向抛出并对钢板表面进行冲击,形成凹凸不平的小麻坑形状,以增大钢板的着漆表面积。电容器外壳表面抛丸机原理如图 7－21 所示。

抛丸工艺的主要材料是钢丸粒,丸粒形状可为球状铸钢丸粒或柱状丸粒。直径通常在 $\Phi 0.5\sim0.8$ mm,硬度为 HRC45$\sim$52。使用时要注意丸粒材质应与壳体材质一致,且不可混用不同材质的丸粒抛丸不同材质的箱壳,以免将普通碳钢的粉末附着在不锈钢材质的壳体上,造成不锈钢壳体表面的"生锈",影响最终油漆喷涂附着力的效果。抛丸机具有丸粒和杂质的分离装置,丸粒需重复使用,通过分离机可将杂质与丸粒分离。

在电容器成品进入流水线时,为了保护电容器套管在抛丸过程中不受到损伤,给套管套上坚固的钢制保护套,确保套管在抛丸过程中的隔离和保护。在抛丸结束进入表面喷涂工序时,可采用其他材料和结构形式的保护套,一般用较为廉价的一次性塑料保护套。单台产品抛丸时间一般可在 $60\sim90$ s 之间。

经过抛丸处理的电容器壳体表面,应具有均匀的哑光金属光泽,没有可见的油脂、氧化皮、污物、油漆涂层和杂质等残留物等痕迹,其表面粗糙度达到规定的标准值。

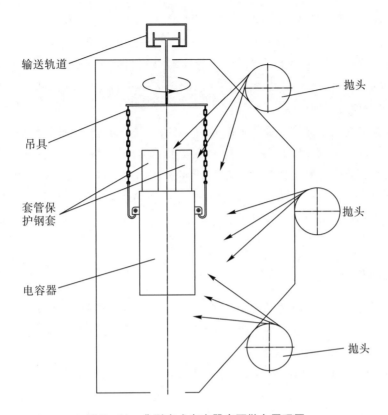

输送轨道

吊具

套管保护钢套

电容器

抛头

抛头

抛头

图 7 - 21　典型壳式电容器表面抛丸原理图

7.7.4　电容器成品壳体涂层与材料

1) 涂层结构

成品的表面喷涂是电容器加工工艺处理的最后一道工序,喷涂质量直接影响电容器的外观质量,电容器在实际的应用中,可用于各种环境工况,其表面涂层除了具有必要的附着力和表面光泽之外,电容器成品的表层还必须具备耐高温、耐低温以及防腐、防霉、防紫外线(阳光)的三防性能。

根据电容器壳体表面涂装目的和要求的不同,其涂层一般由 3 层结构,即底漆层、腻子层以及面漆层。随着技术的发展和进步,电容器壳体表面涂层原则上已经不再需要腻子层,只由底漆层及面漆层组成。底漆层是与被涂电容器外壳面直接接触,作用是强化本涂层与钢板机体层之间的附着力,强化涂层的防护性能;面漆层是整个壳体涂装喷漆的最重要工艺,主要用于涂层的最外层,主要目的是通过多层的喷涂,满足漆层厚度以及提高产品表面装饰性和耐候性能。

2) 涂层材料

油漆材料应具备优良的表面附着力、较长的使用寿命、较高质量的装饰性、足够的漆膜硬度以及与电容器油具有良好相容性,且材料本身还必须具有在常温或低温下干燥快、流平性好、组分配置简单、不同漆种之间相容性良好的施工性能。

早期的电容器外壳表面涂层面漆层用过醇酸树脂漆,氨基树脂烘漆,芳香族丙烯酸聚氨酯树脂漆。目前常用的面漆以脂肪族丙烯酸聚氨酯树脂漆为主。丙烯酸聚氨酯涂料是一种双组分交联固化的涂料品种。其综合了煤焦油沥青和环氧树脂的优点,具有耐酸、耐碱、耐水、耐溶剂、耐油和附着性、保色性、热稳定性、电绝缘性能;其漆膜光亮,饱满,具有优异的装饰性。也可以根据客户要求定做不同光泽的效果,可做成无光、哑光、亮光、高光等各种光泽的效果。

底层涂料主要用于提高与面漆的附着力、增加面漆的丰满度、提高抗酸碱性、抗腐蚀性的能力,同时,还可以保证面层涂料均匀的吸收,使面层涂料性能发挥到最佳效果。目前电容器壳体主要以环氧富锌漆作为底层涂料。富锌底漆是以具有牺牲阳极作用的锌粉作为主要防锈颜料的一种防腐涂料,具有优异的防腐性能和机械性能。即使是不锈钢外壳,也需要喷涂底漆,可更好地发挥面漆的效果,进一步提高电容器壳体与整个油漆涂层的附着力。

7.7.5　表面喷涂工艺与控制

电容器成品表面涂层质量的控制,一方面取决于涂层材料的性能,另一方面则取决于喷涂过程的质量控制。现代的电容器表面喷涂在流水线上进行作业,采用机器人自动喷涂,减少了很多人为因素的影响。

油漆的品种不同,对于喷涂过程的要求也有所区别,壳体材质、底漆及面漆要有合理的搭配,也需特别注意涂料配置的比例、黏度、环境温度等,选用较适合的漆种与牌号;另一个需要注意的问题是油漆的配料,也需严格按照油漆生产企业的相关要求进行操作,相关人员必须熟悉和掌握使用的油漆的基本性能和要求,并按照底漆、面漆的技术标准以及喷涂工具的要求进行操作。

本节主要介绍生产过程中的工艺操作及方法对于喷漆质量的影响,包括了喷枪的使用与调整、喷涂过程与环境因素等。

1)喷枪的使用与控制

对于喷涂的质量,了解喷枪性能和使用方法非常重要。特别是对于面漆,包括了喷嘴口径、喷雾形状、喷雾幅宽的调整,并要对喷枪移动速度和喷嘴到电容器壳体的距离进行必要的控制,否则影响整个涂层的质量和外观的装饰效果。

喷嘴口径应根据涂料黏度进行选择,口径决定着涂料的喷速和喷出幅宽。喷嘴口径一般在 $\Phi1.5\sim3.0$ mm 之间。黏度高时选用大口径。同时需要调整喷出漆雾的形状与幅宽,可将漆雾的图形变换成圆形或椭圆形,圆形一般适用于较小的被涂表面,椭圆形适用于较大的面积喷涂。应合理控制幅宽,幅宽过小影响喷涂的均匀性和装饰效果,幅宽过大漆雾飞散多,涂料浪费大并污染环境。

喷枪的移动速度是喷涂作业最需要控制的重要指标。喷枪运行的方向要始终与电容器壳体表面平行,与喷涂扇面垂直,并保证喷枪移动速度的均匀性,这是涂层平整光滑一致的重要条件。喷枪的移动速度过快,会导致涂层太薄且不均,过慢会使涂层过厚并产生流挂缺陷。喷枪移动速度一般在 300~400 mm/s 为宜,涂料的黏度低时取较大值,涂料的黏度高时取较小值。

控制喷枪与电容器壳体的距离是喷涂作业最需要熟练掌握的内容之一。距离过近，涂料喷涂后雾化效果差，引起涂层表面不均匀，也会造成喷涂幅面搭接不良，引起流挂等缺陷；距离过远，导致涂料中途损失，涂膜达不到厚度要求，降低涂料的流平性，影响涂层表面光泽等技术指标。所以，应根据涂料种类的不同选择不同的喷涂距离，一般为 $150\sim300$ mm。对于挥发性涂料的喷涂距离应在 $150\sim250$ mm 之间，烘干型涂料的喷涂距离应在 $200\sim300$ mm 范围内。

2）底漆喷涂

涂底漆的目的是在电容器壳体表面与随后的涂层之间创造良好的结合力。底漆喷涂应紧接着抛丸工序进行，应尽可能缩短其间隔时间。

由于底漆中的颜料含量高，易产生沉淀，在使用前应仔细搅拌和过滤。喷涂时，喷嘴前端与被涂物距离控制在 $150\sim200$ mm 为宜。漆膜厚度一般控制在 $20\sim25$ μm，如采用油性防锈底漆一次涂装厚度可以控制在 $35\sim40$ μm。通常情况下，底漆必须达到实干后才可以继续喷涂面漆。

目前的产品一般不需刮涂腻子，对于特殊情况，底漆实干后，产品表面如果有凹陷不平之处，则需用刮涂腻子，刮涂腻子需要产品下线处理，一般刮涂不宜超过 3 遍，每遍腻子厚度不得超过 500 μm，需在常温下干燥至少 1 h，并用水砂纸磨光后，才可以重新上线喷涂面漆。

3）面漆喷涂

面漆层是电容器箱壳喷涂的最后涂层，该涂层除了应具有必要的耐外界工况的技术性能外，还必须具备必要的色泽和美观。面漆的喷涂，需多遍进行，一般需要 3 遍，以提高面漆的质量和装饰性。

传统的外壳涂装每次喷涂均需要烘干，效率很低。随着喷涂技术的进步，每遍喷涂只需要几分钟的干燥时间，通常少于 5 min，在漆膜尚湿的情况下就可进行下一遍喷涂，然后一起烘干，漆膜干燥后其总厚度均应达到 $80\sim120$ μm 以上。其中户内使用的产品可以取下限，户外使用的产品可取中、上限，极端环境使用的产品应取上限。

4）涂层流平

为了保证涂层良好的装饰性，在烘干前应有一定的自然晾干时间，这个过程就是一个流平的过程。

一般需要 $10\sim15$ min，通常对喷好面漆的电容器壳体先送入流平室。由于流平室不加热且相对洁净和封闭，对仍处于表面沾湿状态的漆层，可以形成进一步自然流平的条件，且不宜受到环境灰尘杂物对表面的影响，它可以使漆膜有一个自然展平的时间，也可以利用这个时间使其内部溶剂大部分挥发掉，以减轻发生橘皮、针孔和起泡的弊病，在烘干前形成较为平整和致密均匀的漆膜，有利于后期的烘干干燥。

5）涂层干燥与下线

虽然用于电容器的油漆均选用了可自然干燥的油漆，由于自然干燥的时间太长，电容器的表面喷涂还是需要一个通过加温来强制干燥的过程。

给电容器加温干燥应注意 2 个基本的问题，其一是加温的均匀性问题，在加温时，要注意烘干室的温度均匀性,防止造成产品漆面的损坏。注意控制温度,温度太高可能会使油漆的附着力下降。应注意油漆允许烘干的温度,同时也应防止电容器内部温度过高而造成介质的溶胀问题。

在进行烘干时,壳式电容器外壳表面的温度原则上不超过 100~120℃,电容器内部心温不能超过 70~80℃。由于工艺时间的限制,产品在烘干室内的时间一般不会超过 150 min。

通常较为经济的烘干时间在 60~120 min,并通过后续的输送过程用电容器自身的温度进行漆膜的烘干,这样即可以降低加热能耗,又提高了积放链喷涂系统的利用效率。电容器需要下线时,如果温度过高,无法操作,还需要进行表面强制降温,以达到产品表面快速冷却以及提高漆膜硬度的目的。以便进行人工操作下线,所以,条件允许的情况下适当地增加电容器在线运转时间是必要的。

第8章 自愈式电力电容器

早期的低压电容器采用与高压壳式电容器基本相同的结构,由于材料利用率及工艺等问题,成本较高。自愈式电力电容器问世后,由于其成本大幅度降低,所以,自愈式电容器很快替代了原有的结构,并迅速发展壮大起来。

随着金属化膜技术的发展和进步,金属化电容器的应用领域越来越广泛,如家电、工业配电、电动机启动、脉冲功率技术、电力电子、超特高压直流输电以及柔性直流输电等。目前应用最广泛的还是380V低压配电系统。国内相关的企业曾经将自愈式电力电容器技术应用到高压无功补偿,但由于其中一些技术问题没有得到很好的解决,出现了大量的质量问题,目前基本上已退出高压无功补偿市场。

本章以自愈式低压电力电容器为基础,同时对其在一些电力电子设备、特高压直流输电以及柔性直流输电中的特殊的应用领域作简单介绍。自愈式电容器以其体积小、结构紧凑等特点在各方面得到青睐,具有较好的发展前景。金属化电容器技术的关键是金属化薄膜的质量,其中包括基膜质量、蒸镀材料、蒸镀技术,以及不同的蒸镀电极的材料、形状结构、厚度等的应用,这就需要进行大量的研究工作。随着自愈式电容器技术的发展和进步,希望能够在一些高电压供电系统中得到应用。

8.1 金属化薄膜

8.1.1 金属化薄膜基膜

金属化薄膜是指通过真空蒸发的方法将金属(主要是指锌和铝)蒸镀在有机薄膜介质表面上,形成一定厚度的金属层。目前应用较多的是纯铝金属化膜和锌铝复合金属化膜。几十年来,金属化薄膜电容器技术和市场迅猛发展,与箔式电容器比较,金属化膜电容器具有体积小、自愈性能等特点而得到快速的应用和发展。

金属化薄膜主要有金属化聚酯膜(MPET)、金属化聚萘酯薄膜MPEN、金属化聚丙烯膜(MPP)、金属化聚苯乙烯膜(MPS)、金属化聚碳酸酯薄膜(MPC)以及金属化聚苯硫醚薄膜(MPPS)等。但目前最常用的是 MPET 和 MPP 膜。低压直流电容器一般选用MPET 膜,交流电容器和直流高压电容器基本上都选用 MPP 膜。

随着电工薄膜加工技术的进步和发展,超薄型基膜也得到快速的发展。据报道,国外 BOPP 膜的厚度可以做到 $1.9~\mu m$,国内目前可以做到 $2.2~\mu m$,$2.5~\mu m$ 已经基本商品

(a) 蒸镀后的金属化薄膜　　　　　　(b) 蒸镀前基膜

图 8-1　金属化薄膜

化。随着 BOPP 超薄膜成本的进一步降低,MPP 超薄膜已替代了很大一部分 MPET 膜应用的市场。

　　MPP 薄膜除了广泛用于交流电容器外,还大量用于其他的领域,如一些低通滤波回路中的滤波电容器、电力电子电容器技术中的 DC-link 电容器、高压脉冲电容器及其他特殊用途电容器等。2000 年以来,高结晶度的耐高温 MPP 膜逐步替代常温的 MPP 膜。MPP 膜的耐温性从以前的 70℃提高到现在的 105℃,甚至达到 120℃。图 8-2 是不同温度 F 金属化膜的击穿特性曲线,试验样品为 6.8 μmm×75 mm×25 mm 的 AL-Zn 金属化薄膜,其中 2 条曲线的方阻分别为 2～4 Ω/□和 7～10 Ω/□的击穿电压与温度的关系曲线,其变化趋势及幅值基本相同,但是 100℃以上薄膜的耐电压开始明显地下降。

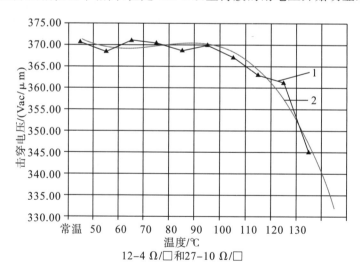

图 8-2　高温金属化薄膜的击穿特性

8.1.2　金属化薄膜极板

　　薄膜是电容器主要介质材料,而在其上蒸镀的金属材料是电容器的极板,对于低压电力电容器,基膜与蒸镀极板是决定金属化电容器性能的 2 个至关重要的因素,薄膜金属化层的设计与加工对于制造各类金属化薄膜电容器尤为重要。

对于蒸镀材料,我国电力电容器行业进行过大量的研究工作,曾经研究过的金属化薄膜有锌(Zn)金属化膜、铝(Al)金属化膜、锌铝(Zn-Al)金属化膜、银锌铝(Ag-Zn-Al)金属化膜等,经过经济技术特性比较研究,目前国内外基本上采用铝金属化膜和锌铝金属化膜 2 种薄膜。

目前,金属化膜电极镀层的金属以锌和铝为主,其中锌具有优良的导电性能,当锌层暴露在空气中能在很短的时间内氧化成 ZnO。ZnO 是一种半导体物质,并且很疏松,在温湿条件下,会加速镀层氧化,往往几天内就破坏整个镀层。但锌金属化膜,在交流高压大电流下工作,其容量的损失及损耗的增加几乎可忽略不计。而金属铝在薄膜基材上的附着力强,生产过程易于处理,由于铝层表面与空气中的氧发生化学反应生成了致密的氧化物,这种以 Al_2O_3 为主要成分的致密层阻止了内层被继续氧化,所以镀铝金属化薄膜能存放相当长的时间,也不会因氧化引起其电特性参数的变化,因而 Al 金属化膜得到广泛的应用。但是 Al 金属化膜的耐压强度低,在交流电场的作用下,金属镀层会出现腐蚀,导致容量衰减,损耗增大,其缺点也日益显露出来。因此出现了锌铝复合膜。先在薄膜介质表面蒸镀上铝,确保金属镀层和基材的结合力,再蒸镀锌,得到以金属铝为底层,锌铝混合物为表层的复合膜。Al-Zn 复合金属化膜则显著提高了电容器的耐压性能,大大减少了电容器的容量衰减值和损耗增加值。目前国内绝大多数交流和低压电力电容器用户选用 Zn-Al 复合金属化膜,而 Al 金属化膜则主要用于制造直流薄膜电容器,锌铝复合膜兼具了锌膜和铝膜的优点,先镀铝是保证复合金属层与基膜有良好的附着力,后镀锌是为了保持锌层良好的电特性[1]。

Zn 的电阻率为 Al 的 2.15 倍,因此在金属化层方阻相同的条件下,Zn 层比 Al 层厚 2 倍多,从而使 Zn 层能承受较大的电流负荷,并且其端面与喷金层的接触电阻较小。也有曾用银作为底层的银锌铝复合金属化膜,但由于成本及加工等因素,几乎没有得到工业化应用。其他金属材料也在不断研究,比如也有研究铜锌铝金属化膜。与 Al 相比,Cu 和 Ag 的附着性能较差,而且还会向介质薄膜的内部扩散,形成堆积点,有损介质薄膜的性能。这也限制了银锌铝、铜锌铝金属化膜的应用[2]。

锌铝金属化膜必须严格控制锌、铝比例,如果含铝量偏大,就会失去镀锌金属化薄膜的良好电特性;如果含铝量偏小,又会造成氧化保护不够,影响金属化膜存放等。另外,复合锌铝金属化薄膜所需含铝量多少还决定于当时当地的气候,或者生产、存放薄膜的环境。总的来说,如果环境温度低、湿度小,含铝量可以小些,反之则应稍大些。

相关资料对于不同的铝含量下的金属化薄膜的性能进行了试验研究,试验研究过程模拟暴露在一般的储存环境中,试验温度为 26℃,相对湿度为 60%,对比结果如图 8-3～图 8-6 所示,分别为不同的储存时间下的电容量、损耗以及方阻的变化。从耐压和抗氧化能力综合考虑,7%～8%的铝质量含量是国内厂家选择的主要工艺参数[3]。

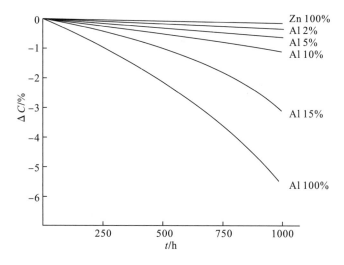

图 8-3　不同铝含量电容量的稳定性

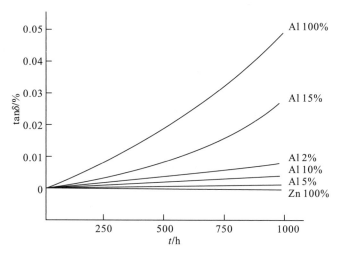

图 8-4　不同铝含量的损耗稳定性

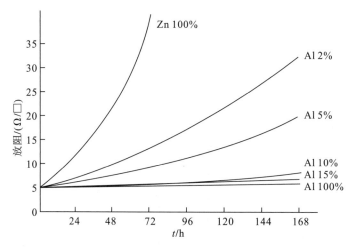

图 8-5　不同铝含量的金属化膜方阻变化

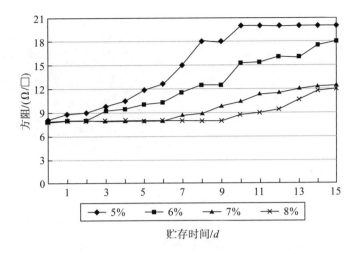

图 8-6　不同铝含量的方阻随贮存时间的实验数据

8.1.3　金属化膜镀层设计

金属化膜的金属镀层可以设计成连续分布和隔离分布形式,后者被称为安全型金属化膜,简称安全膜,也称之为隔离型金属化膜(segmented film)。隔离型金属化膜主要形式多为菱形或"T"形结构,如图 8-7 为金属化膜镀层基本的结构形式。图 8-8 给出了金属化安全膜的不同型式[4]。

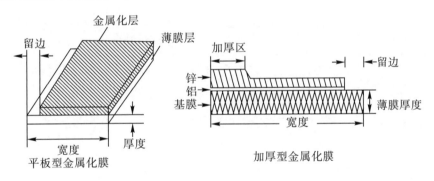

图 8-7　金属化薄膜镀层示意图

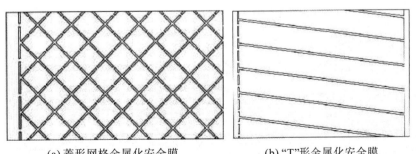

（a）菱形网格金属化安全膜　　　　（b）"T"形金属化安全膜

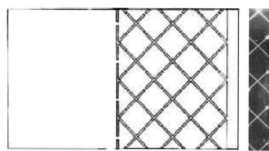 

(c) 半幅面型金属化安全膜　　　　(d) 网格型金属化安全膜自愈实物图

图 8-8　常用的隔离金属化膜(安全膜)

根据各种不同的需求和应用环境,镀层的厚度各不相同。金属化膜有纯铝或锌铝复合型,有平板型或边缘加厚型。平板型基本是纯铝金属化膜,边缘加厚型基本是锌加厚,边缘铝加厚金属化膜由于技术与市场因素,最近才有极少数生产厂家生产。表 8-1 中列出了主要几种金属化膜不同的镀层剖面结构形式[5]。

表 8-1　金属化薄膜的几种剖面结构形式

序号	名称	图示	应用	备注
1	单留边铝金属化膜		电子电容器	
2	双留边铝金属化膜		高压电子电容器与第 3 种配套使用	可以加工成中间锌加厚纯铝或锌加厚的锌铝复合膜
3	中留边铝金属化膜		高压电子电容器与第 2 种配套使用	可以加工成两边锌加厚纯铝或锌加厚的锌铝复合膜
4	双面留边铝金属化膜		电子电容器	可以加工成两面边锌加厚纯铝或锌加厚的锌铝复合膜
5	双面无留边铝金属化膜		替代铝箔	中间介质通常为聚酯薄膜,可替代铝箔使用,电容器具有自愈性
6	纯铝边缘加厚铝金属化膜		电力电子电容器	目前市场上很少有
7	边缘锌加厚纯铝金属化膜		电力电子电容器	可以加工成高方阻形式

续表

序号	名称	图示	应用	备注
8	边缘锌加厚锌铝复合金属化膜		交流或低压并联电容器	最为常用
9	边缘锌加厚锌铝复合渐变方阻金属化膜		交流、低压并联、电力电子电容器	可以加工成高方阻形式
10	边缘锌加厚锌铝复合阶梯渐变方阻金属化膜		交流、低压并联、电力电子电容器	可以加工成高方阻形式

8.1.4　隔离型金属化膜

在聚丙烯薄膜上蒸镀金属镀层时,既可以在除留边区以外的区域整幅蒸镀上金属镀层,也可以蒸镀金属化网格膜。金属化网格膜是指薄膜上的镀层被分割成块,有较细的金属镀层条相连接,当介质上出现电弱点,发生自愈时,不需要将成块的金属镀层蒸发,只需熔断金属块间相连的条状镀层,即可将含自愈点的金属块区域形成孤岛。隔离型金属化膜(segmented film)俗称为网格安全膜。如图 8-9 所示,事实上安全膜就是指其在自愈时需要的能量很小,更加容易自愈,产生的热量也小,能减少对相邻薄膜的伤害。

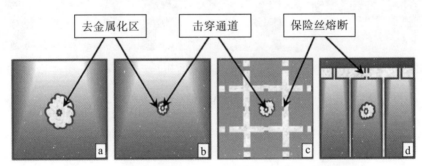

a、b.普通金属化膜; c.网格型安全膜; d.“T”形安全膜

图 8-9　普通金属化膜与隔离型金属化膜自愈过程示意图

但网格膜并非适用于所有的电容器工况,由于网格线空白的存在,减少了金属极板的有效面积,降低了容量体积比;而熔丝的存在,也降低了电容抗浪涌和冲击电流的能力,在大的电流冲击下,熔丝很容易熔断而造成非预期的容量衰减,所以应按照电容器的实际工况来选择相应的金属化膜类型。合理的安全防爆型金属化极板结构设计,在发生自愈击穿的部位与其周围的金属化极板断开,其电容量变化极小,一个局部范围内发生自愈击穿,电容量的损失一般不会超过 50 pF。

隔离型金属化膜也存在一些其他不足的地方,如会增加一定的用膜量,甚至达到 10% 以上;基于不同方阻和网格形式,电容器的损耗值也会增加,自愈性试验时不容易探测到镀层保险丝熔断时发生的自愈。另外,卷绕时做外包也不容易烧膜,最好采用插入光膜外包的形式。

华中科技大学相关学者对金属化聚丙烯安全膜的熔丝进行了研究工作,在试验中,设计了专门的试验模型和试验回路,如图 8-10 所示。由于回路中串入电阻,和实际的自愈过程等效性有所差异,但是也说明一些问题。

由于实验室中电源的阻抗比较大,难以模拟实际的熔断过程,在这个试验回路中采用了电容器储能放电方式模拟熔断的过程。这个模拟回路的设计关键在于其中储能电容的容量以及回路电阻的参数设置。熔丝熔断过程以及电压电流波形分别如图 8-11 和

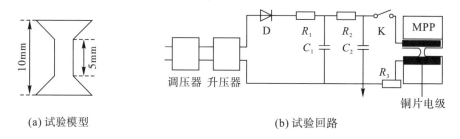

(a) 试验模型　　　　　　　　　　　(b) 试验回路

图 8-10　安全膜熔丝试验模型及试验回路

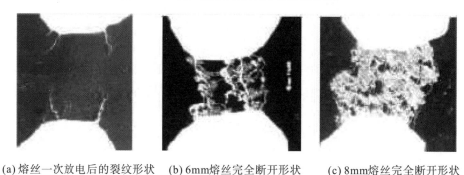

(a) 熔丝一次放电后的裂纹形状　(b) 6mm熔丝完全断开形状　(c) 8mm熔丝完全断开形状

图 8-11　试验中的熔丝熔断过程

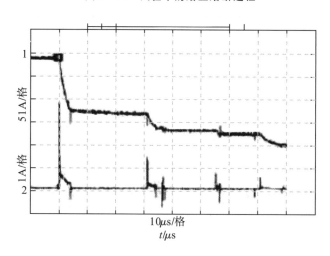

图 8-12　电压为 210V 时的熔丝熔断电压、电流波形

8-12 所示,从图 8-12 可知,由于放电后电容器电压降低,使放电经过了几次放电的情况和实际的熔断会有差异,但是也能有效地模拟熔丝熔断的情况。

　　从图 8-11 熔断状态来看,熔断最初总是发生在边沿,并从边沿向内部扩散,这符合熔丝熔断的规律,从分析来看,边沿的电流总是最大的。

8.1.5　粗化金属化膜

　　粗化金属化膜是指金属化膜的基膜是采用电晕处理的粗化膜。合理设计粗化膜的表面粗糙度,既要保证薄膜的可蒸镀性,又要保证薄膜表面粗化便于后道工序的油浸渍。粗化金属化膜的表面粗糙度一般控制在 $0.15 \sim 0.45$ μm 之间,空隙率可控制在 $4\% \sim 8\%$。根据不同产品需要进行设计,使粗化金属化膜既具有金属化膜的自愈特性,同时又具有粗化膜易于油浸渍的特性。粗化金属化膜制作的电容器,浸渍充分,其耐电压水平可以得到明显的提高,薄膜的耐电压水平甚至可提高 25% 以上。由于粗化金属化膜的特性,一般只应用于压扁式心子卷绕结构,如图 8-13 所示。由于采用金属化膜,薄膜的宽度不能像铝箔式电容器那样设计得很宽,需控制在一定的范围内。为了保证电容器心子能在后道工序得到充分的浸渍,只能采用近似无张力的低张力卷绕,并应选择合适的压紧系数(一般选在 $0.90 \sim 0.98$ 之间)把卷绕的心子压扁并组捆[6]。

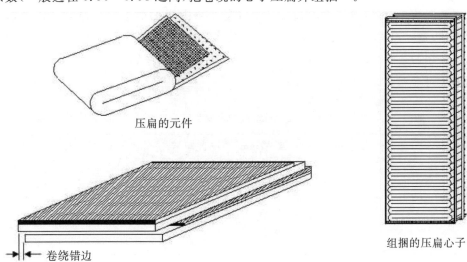

压扁的元件

卷绕错边

组捆的压扁心子

图 8-13　电容器元件及心子结构示意图

8.1.6　波浪边技术

　　金属化膜电容器的抗涌流能力与电容器心子(或心组)端面金属接触牢度有关,端面接触面积越大,接触电阻越小,承受电流及涌流的能力就越强。为提高抗涌流能力,金属化膜除了采用低方阻和边缘加厚的技术外,现在还采用波浪边分切工艺[7]。

　　波浪边金属化膜有 2 种结构形式,其一是加厚侧波浪边如图 8-14(b),其二是留边区侧波浪边如图 8-14(a)。两者取其一,与直边分切的薄膜配套进行卷绕,在适当控制好错边量时,可以显著减小由于卷绕错边引起的金属化膜的边缘收缩效应。喷金层和金

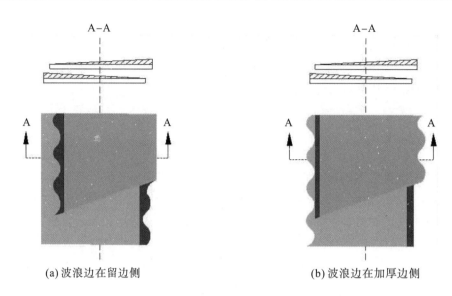

(a) 波浪边在留边侧　　　　　　　　　(b) 波浪边在加厚边侧

图 8 - 14　波浪分切金属化膜电容器心子展开图

属化膜镀层接触面积增大,大大提高了电容器心子端面的喷金附着力,降低了其接触电阻,提高了电容器的通流及抗浪涌电流的能力。

在实际应用中,留边侧波浪边分切对降低接触电阻的效果比加厚侧波浪分切效果好,但留边宽度不够时,又会因绝缘距离不足影响电容器绝缘性能。因此,大留边的金属化膜可采用留边侧波浪分切,小留边的金属化膜应采用加厚侧波浪分切。金属化膜波浪边的参数可参考表 8 - 2。

表 8 - 2　波浪分切金属化膜参数表

分类	波幅 2WA/mm	偏差/mm	波幅 WA/mm	波长/mm	偏差/mm
波幅微小型	0.15	±0.08	0.075	1.50	±1.00
小波型	0.30	±0.20	0.15	1.50	±1.00
标准型				2.50	±1.50
宽膜型	0.80	±0.25	0.40	5.0	±2.00

8.1.7　金属化膜的蒸镀工艺

1)真空度

真空镀膜机卷绕室的工作真空度要求在 $10^{-3} \sim 10^{-2}$ Pa 等级,蒸发室真空度等级要求在 $10^{-5} \sim 10^{-4}$ Pa 等级范围。真空度过低,镀层附着力差、致密性差,方阻分布不均匀;真空度过高,能耗大,生产效率低,镀膜成本高。

2)主鼓冷却温度

铝的蒸发温度在 $1200 \sim 1300℃$ 之间,锌的蒸发温度在 $408 \sim 420℃$ 之间。为了减小薄膜因受热而导致的热变形,一般主鼓冷却温度在 $-20 \sim 0℃$ 之间。通常基膜越薄,蒸发时受热辐射影响越大,基膜温升越高,就要求主鼓温度需要越低。

3)偏压

偏压值的设置及稳定性是影响薄膜贴主鼓是否紧密的关键因素,如薄膜贴鼓不紧,会导致薄膜烫伤(因热变形),薄膜的电性能就会明显下降。常见的影响偏压不稳的因素有:铝锅与蒸发舟电极座短路,主鼓两侧集渣短路,主鼓绝缘不良,小舟功率异常,溅铝等。

4)蒸发距离

真空镀膜时蒸发源与基膜间的相对位置(即蒸发距离)与镀层的均匀性密切相关,合理的蒸发距离,可以得到较好的镀层均匀性。对于锌铝膜而言,铝蒸发源是固定的,锌蒸发源的位置是三维可调的。合适的锌炉位置,可以得到方阻一致性较好的金属化薄膜。

5)其他

近几年来,很多工厂也对金属化膜生产前后进行相应的基膜预处理及金属化膜后处理。常见是基膜蒸镀前采用等离子处理,提高基膜和金属镀层的附着力,蒸镀后在金属化表面再涂覆一层抗氧化油,以改善锌铝膜的抗氧化性能。不管是等离子预处理还是加抗氧化油,材料选择和工艺处理都很重要,否则,起不到应有的改善和提高。

8.2　金属化膜的主要性能

8.2.1　金属化膜的自愈特性

1)金属化膜的自愈

由于介质薄膜在生产过程中不可避免地带有缺陷或杂质,形成“电弱点”。随着外施电压的升高,在电弱点处的薄膜会首先击穿,形成短路放电通道,并在击穿点形成瞬时大电流。由于金属电极非常薄,单位面积电极电阻较大,一定程度上限制了放电电流,将大电流控制在很小的区域内,并使击穿点周围局部区域温度升得很高,金属层迅速蒸发并扩散,自愈点中央形成一个微小的击穿孔,击穿孔周围金属电极蒸发而形成去金属化部位,绝缘得以恢复。这样的击穿影响面积很小,这一过程称为金属化膜电容器的“自愈”。金属化膜自愈过程原理如图 8-15 所示,自愈完成后的电容器又能继续可靠工作。

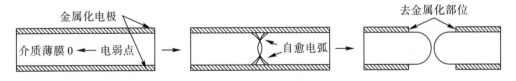

图 8-15　金属化膜自愈过程示意图

金属化膜发生击穿后有以下几种可能的情况发生:第一种可能性是自愈成功,绝缘恢复。如图 8-16 所示为金属化膜电容器的正常自愈图片,单次自愈时,电极被清除的区域约为几平方毫米,这个面积与电容器总的有效电极面积相比非常小,电容器发生自愈后,可观测到一定的电容量损失。第二种可能性是自愈能量过大,温度过高,伤及相邻的金属化膜,并造成相邻薄膜的自愈放电,可观察到的现象是元件的同一个位置发生几层或更多层的自愈放电。第三种可能性则是自愈能量很小,无法自愈或自愈发生但面积太小,以至绝缘不得恢复。不管是能量过大或过小,绝缘不能得以恢复都是自愈失败。如图 8-17 所示为金属化膜过度自愈的图片,能量过小而使金属化膜自愈不彻底,金属不能彻底蒸发,击穿点变成漏电流通道。这样继续运行时,轻则导致电容器失效,重则导致电容器起火燃烧[8]。

图 8-16 正常金属化膜自愈

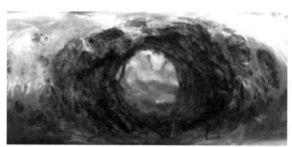

图 8-17 过度自愈导致击穿

2)金属化膜自愈特性研究方法

金属化膜的自愈是一个很复杂的过程,既有物理变化,又有化学反应,国内外相关机构进行了大量的研究工作,20 世纪 70 年代有人提出了金属化自愈过程模型,分析了金属化膜电容器的自愈过程,到目前为止,自愈过程仍在不断地研究中[9]。

大量的研究结果表明,自愈过程持续时间通常为微秒量级,自愈能量通常为几十到几百毫焦耳。自愈后击穿点周围金属蒸发的面积称为自愈面积,一般为几个平方毫米,并有以下重要的结论,所有的研究均以自愈能量为基础。

(1)金属化膜的方阻越高,自愈需要能量越小;

(2)自愈时消耗的能量越小,越容易实现成功自愈,电容器寿命越长;

(3)自愈过程的影响因素很多,包括薄膜介质材料、金属化镀层材料、外施电压、介质厚度、电极厚度、层间压强以及热定型工艺等。

自愈能量是衡量其自愈特性的一个重要参量,从金属化膜的结构分析来看,电容器在实际的运行过程中发生击穿,击穿点的能量来自 2 个方面:其一是来自外部电源的能量,其二是周围区域储存的能量。使金属化层成功自愈的能量主要来自周围区域的储能。

金属化膜击穿后,实际上是一个短路放电的过程,只不过由于金属化膜镀层比较薄,其方阻影响了整个放电过程,使金属化膜电容器得以成功自愈。金属化膜自愈除了放电过程之外,由于自愈过程中的能量使小部分薄膜和金属镀层发生了一些物理及化学方面的变化,这使得金属化膜电容器的自愈过程变得复杂。相关的研究资料[11]中给出了金属化膜自愈能量的计算公式如下。

$$W_{sh} = \frac{k \cdot U_b^{a1} \cdot C_0}{R_s^{a2} \cdot a(p)} \qquad (8-1)$$

式中,k,$a1$,和 $a2$ 是系数,U_b 是试验电压,C_0 是电容量,R_s 是金属化膜方阻,$a(p)$ 是与电容器内部压力有关的函数。对于其中相关系数的取值,不同的研究者给出了不同的研究数据。比如有研究者在对 $R_s = 1.4\ \Omega/\square$ 的金属化膜的统计试验表明,$a1 = 4.7$,$a2 = $

1.8；也有人在对于 $R_s = 8\ \Omega/\square$ 的自愈能量测试并得出 $a2 = 2$；还有人认为 $a1$ 并非一个固定值，其取值范围为 2～6 之间。

上述公式实际上是无法在实际中使用的。编者认为金属化膜电容器击穿后，就是一个放电的过程，就自愈过程所需能量而言，与压力有关，但就自愈过程中可获得的能量的角度考虑，似乎与薄膜层间的压强并无关系；另外一个主要的问题是在自愈过程中，由于方阻的存在，不可能整个元件参与其中，实际受到影响的只是其中一小部分。所以，上述公式在实际的工程中应谨慎使用。

随着现代计算机技术与数值计算技术的发展，通过数值计算的方法，可以对其能量进行比较准确地计算。这里就放电能量，提出新的计算方法。

首先如图 8 - 18(a) 所示，需要对金属化膜以击穿点为中心，将薄膜分为多个圆环。为了保证计算的精度，越接近击穿点，圆环的宽度越小，最小的圆环宽度约为 $1\mu m$，这样就可以对每个圆环的镀层等效电阻和电容进行计算，然后就可以将电容器的击穿放电过程按照图 8 - 18(b) 的电路进行分析计算。

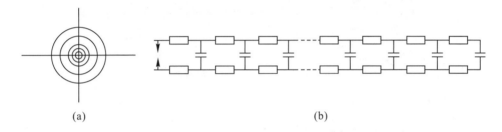

(a)　　　　　　　　　　　　　　(b)

图 8 - 18　金属化膜数值分析计算模型

用方阻值为 $3\ \Omega/\square$，介质厚度为 $7\ \mu m$，相对介电常数为 2.2 的模型进行了计算，圆环的半内径、电阻值以及电容量的计算数据如表 8 - 3 所示。在表 8 - 3 的数据基础上，对回路进行了仿真计算，对回路的放电波形计算后获得各段电阻上的瞬时能量如图 8 - 19 所示，能量梯度很大，且在 $0.1\ \mu s$ 内能量就很小了，放电的时间很短。计算模型中，在一定的半径范围内，分成 15 个或更多个圆环进行计算，由于计算软件的关系，无法全部显示所有的曲线，只显示了前面几个与最后面一个电阻上的功率图。如图 8 - 20 所示，其为

表 8 - 3　回路参数等效计算数据

	0	1	2	3	4	5	6	7	8
0	r/mm	0.008	0.035	0.099	0.224	0.44	0.783	1.295	2.024
1	R/Ω	4.29113	0.70465	0.49645	0.38986	0.32235	0.27519	0.24023	0.21322
2	C/pF	0.00078	0.01421	0.10496	0.49416	1.7554	5.1342	13.0217	29.61331

	0	9	10	11	12	13	14	15
0	r/mm	3.024	4.355	6.083	8.28	11.024	14.399	18.495
1	R/Ω	0.1917	0.17415	0.15956	0.14722	0.13667	0.12752	0.11953
2	C/pF	61.78334	120.20639	220.75624	386.21324	648.31092	1050.15278	1649.02993

将图 8-19 放大后的图形。从图中可以看出,第 15 个电容环的放电时间明显滞后,放电的能量也很低,这说明自愈放电时,金属化膜受影响的面积是有限的,图中第 15 个环的内径为 14.399 mm。所以,对于网格型安全膜,其方块的面积不宜过大,对于"T"形安全膜熔丝在某些情况下是不能熔断的。

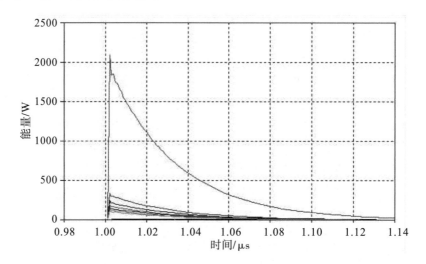

图 8-19　自愈放电各圆环镀层获得能量曲线

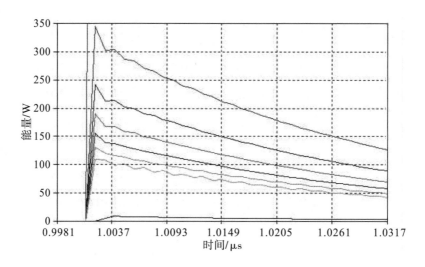

图 8-20　放大后的自愈放电镀层能量曲线

就每个圆环的单位宽度的电容和电阻的计算,可以用微分方程进行计算,其微分方程如(8-2)、(8-3)式所示。从公式分析可知,对于每个圆环放电的时间常数是一样的,但是由于后面的电容放电需通过前面的电阻放电,所以,离放电点越远,放电的时间常数越大,放电的时间就越长。从放电时间常数的角度,也很好地解释了自愈放电面积的问题,所以,自愈放电的面积是有限的,一般情况下,受影响的面积的直径在 20 mm 左右,得到能量并能自愈的面积只在 1 mm 直径上下。

$$\frac{\mathrm{d}R}{\mathrm{d}r} = \frac{R_f}{2\pi r} \qquad (8-2)$$

$$\frac{\mathrm{d}R}{\mathrm{d}r} = 2.88542 \cdot \varepsilon_r \cdot 10^{-9} \cdot \frac{2\pi r}{h_m} \qquad (8-3)$$

式中, r 为环的半径, R_f 为镀层的方阻, h_m 为基膜的厚度。

如图 8-21 所示为各圆环电容电压的衰减曲线,图中显示了最前面和最后面两条曲线的电压衰减速度。从图中可以看出,越接近击穿点,电容电压降落也越快,后两条曲线几乎重合。

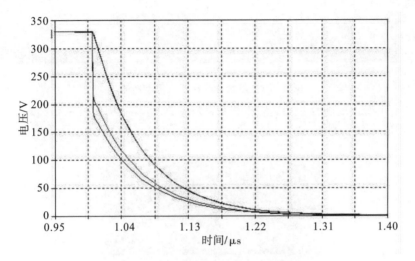

图 8-21　各圆环电容电压衰减曲线

图 8-22 中给出了自愈放电时,金属镀层上获得的能量曲线,越靠近击穿点,获得的能量越大。到了第 15 层放电环,其镀层上获得的能量已经很小,在 0.1 μs 时,镀层能量基本上达到最大值。

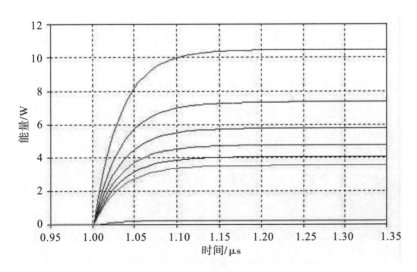

图 8-22　自愈时镀层能量曲线

3）金属化膜的自愈特点

为了更好地研究金属化膜的自愈性能，对金属化膜的自愈点在偏光显微镜下进行了观测。图 8-23 为金属化电容器自愈后的放大图片，从图片分析可知，由于镀层的差异性，自愈后的图形各异。

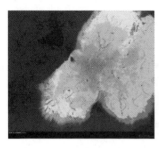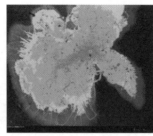

图 8-23　放大 400 倍的自愈点图形

从图 8-24 所示的图片来看，击穿孔基本为圆形，击穿孔周围有一个圆环形透光性较差的区域，这个区域为基膜高温变形所致，外层有一个高亮区域，是自愈最彻底的区域。

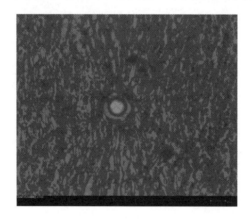

图 8-24　1000 倍放大后的自愈点

本书第五章把金属化电容器的自愈点进行了划分，可将金属化薄膜的自愈点分为击穿区域、薄膜烧灼变形区域、外层烧灼变形区域、自愈区域、不完全自愈区域 5 个部分。

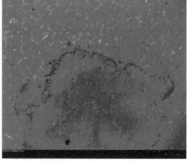

图 8-25　镀层金属不均匀造成的放电

在拍摄照片的过程中,也发现了一种没有击穿的放电图片,图片中出现一种特殊的现象,即镀层不均匀或者是杂质的堆积物,在其周围出现明显的自愈放电的痕迹。这种放电现象应该是在一些高频或冲击电压下才会出现的一种由于镀层不均匀造成的放电。

8.2.2　金属化镀层的方阻

1)方阻的概念

根据电容器实际应用的需要,薄膜表面上可以蒸镀不同厚度的金属镀层。表征镀层参数的量只能用膜性电阻的表征方法来表述,即方块面积金属镀层的电阻值,将其称为金属化薄膜的方块电阻,简称方阻,用 $\Omega/\square$ 表示。金属化镀层很薄,只有 $0.02\sim0.03$ μm。根据金属化膜镀层的厚度及镀层材料的不同,金属化膜镀层的方阻一般在 $2\sim30$ $\Omega/\square$ 之间。

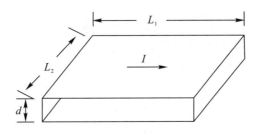

图 8 - 26　电流流过金属化镀层示意图

如图 8 - 26 所示,对于同种的一个方形的镀层, d 为镀层厚度, L_1 为在电流方向的镀层长度, L_2 为在垂直于电流方向上的镀层宽度。如果金属层的电阻率为 ρ ,若 L_1 与 L_2 相等,则其方阻为:

$$R_f = \frac{\rho \cdot L_1}{d \cdot L_2} = \frac{\rho}{d} \tag{8-4}$$

式中,电阻值 R_f 是方块电阻的定义, $\Omega/\square$; ρ 为金属层的电阻率, $\Omega \cdot m$; d 为镀层厚度,m。对于给定的金属镀层,其阻值 R_f 与正方形的大小无关,仅与金属镀层的厚度有关。

2)方阻测量

自愈式电容器用金属化薄膜的金属层电极厚度方阻 $\Omega/\square$ 来表示,单位为欧姆。方阻的测量原理与方法如图 8 - 27 所示。在薄膜下面垫软质绝缘底板,可以保证 2 个电极

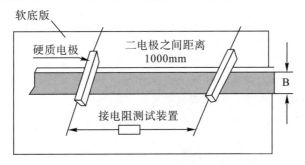

图 8 - 27　方阻测试原理图

与金属化薄膜的镀层充分接触,减小接触电阻,2 个电极之间的距离较大,一般为 1000 mm,目的是减小距离的差距造成的误差,这样测试的电阻值乘以极板的宽度再除以 1000 就是薄膜的方阻。

在实际方阻测量中,由于这样的测试方法很不方便,尺寸也比较大,根据这一原理设计了方便实用的方阻测试仪,有平均方阻法和四点探针法 2 种方法,其中四点探针法有四点直排和四点方形之分,四点探针法方便易用。测试金属化镀层方阻的四点探针方阻测试仪如图 8-28 所示。

图 8-28 方阻测试仪

如直排四探头由 4 根探针组成,要求 4 根探针头部的距离相等,其原理是外端的两根探针产生电流场,内端 2 根探针测试电流场在这 2 个探点上形成的电势。这种测试方法可以减少由于边沿效应造成的测试误差。4 根探针由 4 根引线连接到方阻测试仪,当探头压在导电薄膜材料上面时,方阻计就能立即显示出材料的方阻值。设备采用自动测量,探头也比较轻巧。测试原理如图 8-29 所示。

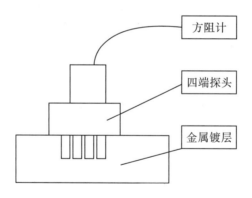

图 8-29 探针方阻测量仪原理

需要提出的是虽然都是 4 端测试,但因电流场中仅有少部分电流在内侧两个电极上产生电压(电势),所示灵敏度要低得多,因此在探针测量时要注意以下几个问题:

(1)要求探头边缘到材料边缘的距离远大于探针间距,一般要求 10 倍以上;

(2)探针头之间的距离相等,否则就要产生等比例测试误差;

(3)理论上探针头与金属镀层接触的点越小越好,但在实际应用时,因针状电极容易破坏被测试的金属镀层,所以一般采用圆形探针头;

(4)如果金属镀层表面上不干净,存在油污或暴露在空气中时间过长,形成氧化层,会影响测试稳定性和测试精度;

(5)如果探头的探针存在油污等也会引起测试不稳定,此时必须清洁探头;

(6)如果是蒸发铝膜,厚度又太薄的情况下,可能形成的铝膜不能均匀地连成一片,而是形成点状分布,此时方块电阻值会大大增加,此时就要考虑加入修正系数。

3)方阻阻值选择

金属化膜的方阻是评价金属化薄膜质量的重要指标之一,方阻值的大小,是影响金属化膜自愈特性的重要因素。

方阻大小直接影响金属化膜的自愈能量、自愈点面积、自愈峰值电流及自愈持续时间,其自愈能量与方阻的二次方成反比关系。不同用途的电容器应采用不同金属化方阻设计。金属镀层方阻大小反映了金属镀层的厚度,镀层厚度直接影响金属化薄膜电容器的自愈性能和承载电流的能力,并最终影响金属化膜电容器的寿命。方阻越大,电容器自愈时需要的能量越小,自愈的能力越强,自愈产生的热量也较少,不易出现由于热量集聚而导致金属化膜层与层之间连续自愈发生的粘接,导致电容器热击穿。采用方阻较高的金属化膜可使自愈能量大大降低,在相同工作条件下,方阻较高的金属化膜的自愈面积较小,电容量损失小,能提高金属化膜的工作场强,从而提高电容器的工作电压,增大储能密度,并对提高电容器寿命有明显作用。

但提高方阻值,降低金属镀层的厚度,会降低电容器承载电流的能力,电容器的等效串联电阻(equivalent series resistance,ESR)也会随之升高,导致电容器的发热量升高。对应用于单次大电流放电条件下的金属化膜电容器,较大的等效串联电阻将影响输出效率,限制电容器的通流能力。另外,金属化膜方阻过高,则金属电极更容易氧化,更容易发生电化学腐蚀现象。非留边区方阻的增大还会影响电容器心子端面的引出电极与喷金层的附着力,从而影响电容器耐浪涌和峰值电流的能力。为在承载电压和电流的应用上取得平衡,需按照电容器的实际工况选择相应的边缘加厚区和活动区的方阻。例如低压交流电容器,需要承载较大的电流,应该选择偏低的方阻,加厚区方阻一般为 $2\sim4$ $\Omega/\square$,也有用到 $1\sim2$ $\Omega/\square$,活动区的方阻一般为 $6\sim9$ $\Omega/\square$,也有用到 $10\sim13$ $\Omega/\square$,或更高一些的 20 $\Omega/\square$ 左右,或有的采用渐变方阻的方式。加厚区的宽度一般在 $3\sim6$ mm 左右。

表 8-4 常用金属化薄膜的方阻值

类别	加厚区/($\Omega/\square$)	活动区/($\Omega/\square$)	应用
纯铝膜	$1\sim2$	$2\sim4$	DC 电容器
纯铝膜	$1\sim2$	$10\sim20$	DC-link 电容器
锌铝膜	$1\sim2$	$4\sim7$	MKP 电容器
锌铝膜	$2\sim4$	$6\sim9$	AC 电容器
锌铝高方阻膜	$2\sim4$	$20\sim30$	DC-link 电容器
锌加厚纯铝高方阻膜	$2\sim4$	$30\sim60$	DC-link 电容器
锌加厚纯铝高方阻膜	$2\sim4$	$60\sim100$ 或更高	DC-link 电容器或特殊用途

直流电容器或一些电力电子电容器,在保证其承载电流能力的情况下,可以适当选择偏高的方阻。直流支撑和脉冲电容器为确保电容器承受浪涌和峰值电流的能力,应选

用边缘加厚的渐变方阻金属化薄膜,边缘加厚能确保电容器心子端面与喷金层的结合力,提高电容器的耐电流能力。渐变方阻则是在除边缘加厚的区域外,在金属化膜活动区从边缘加厚区向留边区逐步提高方阻,改善了电容器的自愈能力,提高电容器的耐电压水平和通电流的能力。为增加薄膜边缘和金属极板的结合力,除使用边缘加厚渐变方阻薄膜外,还可以在薄膜的边缘加厚区或留边区采用波浪切边的分切方式。表 8-4 中给出了一些国内厂家 DC-link 电容器用金属化膜的方阻值。生产厂家要结合不同的应用,进行相应的试验,确定合适的方阻值及镀层结构形式。有些特殊用途的金属化膜的方阻甚至需要高达 $100 \sim 200 \ \Omega/\square$。高方阻金属化膜现已发展成为常规使用的产品了。图 8-30 是电容器相关性能的实验数据,其中 $R_3 > R_2 > R_1 \geqslant 30 \ \Omega/\square$,实验所用金属化膜膜厚 $d = 7.5 \ \mu m$,试品膜电容电极重叠面积为 $40 \ cm^2$,施加压强 $P = 3.2 \ kPa$,自愈击穿电压 U_b 为 $4 \ kV$。

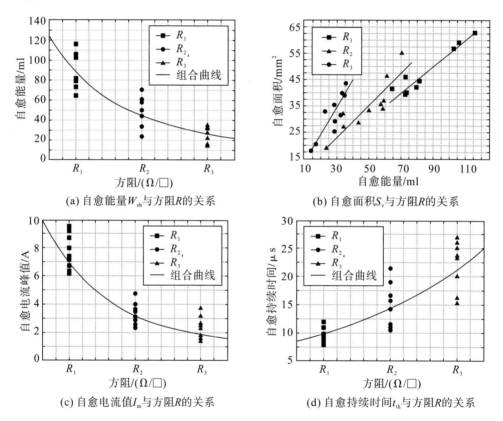

(a) 自愈能量 W_{sh} 与方阻 R 的关系

(b) 自愈面积 S_v 与方阻 R 的关系

(c) 自愈电流值 I_m 与方阻 R 的关系

(d) 自愈持续时间 t_{th} 与方阻 R 的关系

图 8-30　金属化膜自愈性能与方阻的关系

8.2.3　金属化镀层的腐蚀

金属化膜金属层的腐蚀现象用肉眼看有许多不同形状,但基本上可以归结为自愈型腐蚀和区域型腐蚀两种。图 8-31 为在电子显微镜下观测到的金属化层被腐蚀的图片。金属化膜自愈型腐蚀是在电容器内部残余气体和微量水分存在时,由电晕放电或漏导电流引起,是一个电腐蚀的过程。电腐蚀主要是由于高压放电,引起空气或水气电离造成金属腐蚀。随着腐蚀区域发展,电流通道变长,当绝缘间距增长到腐蚀电流不能维持时,腐蚀也就停止。如果是自愈击穿,自愈点形状一般是无规则的,但通过电腐蚀后,最终会形成透明的圆点,如图 8-32 中的自愈圆点。区域型腐蚀是一个电化学过程,金属表面与电解质溶液接触发生电化学反应,使金属离子化,生成氧化物或氢氧化物。该过程不会引起该部位介质的破坏。电容器内部若存在水分,附于金属电极的表面,在 OH^- 离子沉积到金属层上的过程中释放出氢,同时金属层发生腐蚀。如图 8-33 所示,有较多的透明区域,该部位由于发生区域型腐蚀而变成了绝缘区域。

图 8-31　金属化镀层腐蚀的电镜照片

图 8-32　金属化镀层自愈型腐蚀　　　　图 8-33　金属化镀层区域型腐蚀

对于铝金属化膜,腐蚀区直径随加电时间线性增加;在交流有效工作电压低于250 V时腐蚀区生长很慢,在 400 V 时生长速率迅速增加;在等值的直流电压下不发生腐蚀,3.5 kHz时 Al_2O_3 生长速率最高,10 kHz 时变为零。隔离水汽,可以阻断腐蚀,提高镀层厚度,减少腐蚀。因此,铝金属化膜特别适合加工成高方阻型金属化膜,可广泛应用于各种 DC - LINK 等金属化电力电子电容器。

8.2.4　金属化薄膜的边沿放电

对于边沿放电的情况,有很明显的树枝状放电的痕迹,这与镀层的质量以及系统合闸或者出现短路放电引起的冲击有关,实际上反映了金属化电容器抗冲击的能力。对于这点而言,必须改变电容器镀层的性能,如边沿加厚等问题。图 8-34 中给出了两组图片。其中图 8-34(a)为边沿损坏严重,通过肉眼能够观察到的图片;而图 8-34(b)和图 8-34(c)则为肉眼观察良好,而边沿已经放电的图片,其差别在于放大倍数不同,(b)为放大 200 倍的图片,(c)为放大 400 倍的图片。

 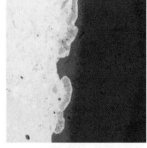 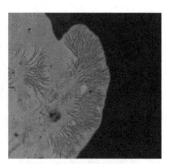

(a) 肉眼观察到的边沿损坏　　　　(b) 放大200倍图　　　　(c) 放大400倍图

图 8 - 34　金属化膜的边沿损坏

8.3　金属化膜电容器结构

　　自愈式电容器的元件是两层金属化薄膜卷绕而成,是采用全自动卷绕机进行加工卷绕,其心子一般由一个或多个元件组成,元件尺寸受到加工设备的限制。一般单个元件的电容量在 100 μF 以下,当单台电容器设计的电容量较大时需要采取多个元件并联,元件的数量在理论上不受限制。

　　薄膜厚度在 3 ~ 12 μm 范围,交流场强一般在 60 ~ 70 V/μm,直流场强一般在 200 ~ 250 V/μm 范围选取。理论上介质厚度与承受电压成正比关系,但在实际的工程中,薄膜越厚,越容易形成电弱点,耐受场强越低。交流 600 V,直流 1500 V 以上电压一般采用心子内部串联结构,内部串联可以 2 串、3 串、4 串甚至更多。

　　自愈式电容器不宜采用心子元件外部串联连接来提高适用电压。对于交流电容器,串联后心子上的电压是按心子的电容量分配,当其中一个元件由于自愈容量下降时,容量下降的元件将承受更高的电压,这样会加速自愈元件进一步自愈,过度自愈可造成恶性事故;对于直流电容器,串联后的稳态分压按心子的绝缘电阻分配,由于两个元件心子的绝缘电阻不可能完全一样,而且有时差值会很大,会造成绝缘电阻高的心子承受更高的电压,造成绝缘性能好的心子先损坏,如采取均压电阻,则可能增加电容器的功耗。

　　由于自愈式电容器的电极很薄,电极耐受电流的能力较弱,所以,在设计自愈式电容器时,除了设计电场强度外,承受电流设计也是十分重要的环节,主要以薄膜的单位长度或心子单位端面积的电流值作为设计控制值。如有的厂家将交流电动机电容器的额定工作电流设计值定为 0.1 A/m 以下。这一电流值应根据不同产品和不同生产工艺来设计确定,并经电流负荷试验、电流冲击试验和产品耐久性试验来验证。

　　自愈式电容器的特点是击穿后能够自愈,但多次自愈后会引起容量下降、绝缘性能下降、损耗增大,同时自愈时产生的气体会使电容器内部压力不断增加,如没有防爆装置进行保护就会发生外壳开裂、爆炸、冒烟起火的安全事故。目前,金属外壳密封的电容器都是利用内部压力上升,外壳变形凸起的特点,设计各种过压力隔离器(防爆机构)来切断电流的输入,从而对电容器进行可靠的故障保护。而采用工程塑料外壳,内部环氧树脂封装的自愈式电容器,无法通过机械装置进行保护,也可采用隔离金属化膜设计(segmented metallization design)起到一定的保护作用。

自愈式电容器失效的主要模式是容量下降,而不是低阻短路,故障电流通常小于工作电流,试图用电流熔断器来保护显然是不可能。对于自愈式干式结构电容器,工程塑料外壳和固化的环氧树脂具有极大的热阻,因其故障点不可预测,试图用热敏温度熔断器来保护其效果也就不会理想。

8.3.1　自愈式电容器的元件

GB/T17702 标准中规定电容器元件是由电介质和被它隔开的两个电极所构成的部件,因此,自愈式电容器元件即为由 2 层或多层金属化膜按规定卷绕而成的最小的、完整的电容器部件。心子由若干元件通过一定的电气连接组成,不同的自愈式电容器心子,可能由一个或多个电容器元件组成。

1)金属化元件的卷绕

电容器元件最基本、最简单的结构是用 2 层单面金属化膜进行卷绕,如图 8-35 所示。目前各企业均采用全自动卷绕机进行卷绕,元件卷绕过程中的各参数均得到有效控制。

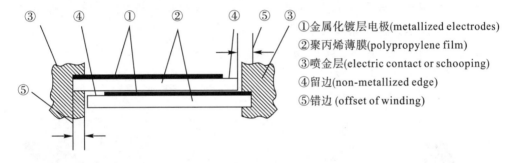

①金属化镀层电极(metallized electrodes)
②聚丙烯薄膜(polypropylene film)
③喷金层(electric contact or schooping)
④留边(non-metallized edge)
⑤错边 (offset of winding)

图 8-35　金属化膜卷绕元件剖面示意图

金属化膜电容器的卷绕方式有以下 3 种。如图 8-36 所示,其中(a)为 2 层膜错边的卷绕方式,金属化边分别向外错开一定间隔,在一定张力下卷绕而成,错开的间隔称为错

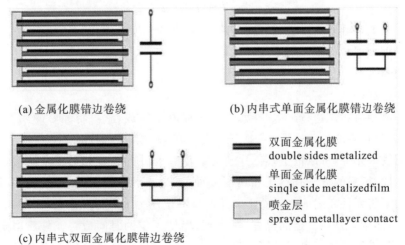

(a) 金属化膜错边卷绕　　　　　　(b) 内串式单面金属化膜错边卷绕

双面金属化膜 double sides metalized

单面金属化膜 sinqle side metalizedfilm

喷金层 sprayed metallayer contact

(c) 内串式双面金属化膜错边卷绕

图 8-36　常见的卷绕电容器元件剖面示意图

边。错边量的大小应根据金属化膜的规格、元件大小、电容器的耐电压而定,一般电容器的错边量在 0.3～2.5 mm 不等。

对于高电压电容器,根据耐电压不同,也有选择在两层金属化膜中,再增加一层或多层光膜进行卷绕。但这种现在不太常用,现在多改为内串方式卷绕,如图 8 - 36 中的(b)为两串结构,根据耐电压等级不同,可以设计成多内串结构。虽然为了提高电容器耐电压,也可以采用提高薄膜介质厚度或进行电容器元件的外部串联,但薄膜介质厚度并非越厚越好。另外,内串结构简单,减少了多余的外部连接,有利于元件之间的绝缘并降低电容器的接触电阻。为了提高电容器的耐电流或冲击电流的能力,也有采用双面或双面内串式金属化膜卷绕。

如图 8 - 36 中的(c)也为内串结构,但其中的金属化膜改为双面金属化膜,并作为电容器卷绕的引出电极,改善元件喷金接触,提高抗冲击电流和截流,同时使电容器具有自愈功能。

2) 卷绕元件的后处理工艺

自愈式电容器元件有两种基本的结构,即圆柱型元件和压扁型元件,圆柱形元件采用硬芯棒卷绕,其中的卷绕芯棒不再抽出,与元件一起装到电容器内部,元件也保持了卷绕时的圆柱形结构;压扁型元件采用软芯棒或抽芯卷绕,卷绕后的元件需要经过压扁工序,将电容器元件变成如图 8 - 37 中(b)中的扁平式结构。

另外,还有一种不常用的卷绕结构形式——叠片式电容器的卷绕方式,一般只用于电压更低的电容器,这里不再多述。

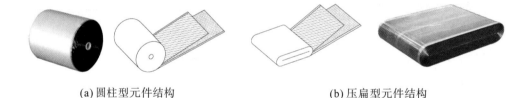

(a) 圆柱型元件结构　　　　　　　　　　(b) 压扁型元件结构

图 8 - 37　圆柱型与压扁型元件

金属化膜电容器卷绕完成后,需要进行一系列的工序处理,基本的工序是:

①热定型处理;

②端面喷金;

③元件清理;

④元件赋能与测试、筛选。这样元件的工序基本完成,就可将完好的元件组装成为电容器,并通过相应的工艺处理、试验、喷漆等工序,制成电容器成品。

对于圆柱形元件,可以依上述工序进行。压扁元件的工艺相对复杂一些,需增加相应的压扁工序,压扁的方法有冷压和热压 2 种方式。冷压扁是在元件卷绕完成之后,在一定的压力下将元件压扁或将元件压扁并保持一定压力下进行热定型,压扁和热定型是分步进行的;热压扁是在一定的温度、压力下,保持一定的时间后将元件压扁定型,压扁和定型是同步进行的。压扁元件可以是单个元件压扁定型,也可以是多个元件组捆,采用合适的压紧系数,压扁后热定型。对于电容量很小的产品,单个元件可以是一个电容器;对于大容量产品,可以把多个元件串并联组合成一个电容器。多个压扁元件组捆之后可以采用整体喷金的方式给电容器心子端面喷金。图 8-38 为电容器心子整体喷金示意图。

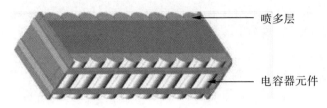

图 8-38　电容器心子整体喷金示意图

3)卷绕元件的计算

单个电容器元件卷绕主要控制参数有薄膜厚度、卷绕圈数、心子厚度、心子宽度、错边量、起始和收尾圈数、卷绕张力和压力等。圆柱形元件的外径及压扁元件的厚度和宽度是影响电容器心子尺寸的重要参数。单个元件电容量的大小可以由金属化膜卷绕的圈数确定。圆柱型电容器元件与压扁型元件的相关尺寸示意如图 8-39 所示。单个电容器心子的卷绕外径 Φ、卷绕圈数 N、元件长度 L 以及压扁元件卷绕厚度 H 和元件的宽度 W,可按如下 5 个公式计算。

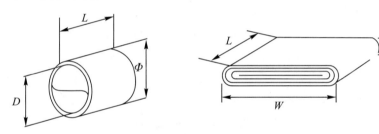

图 8-39　元件尺寸示意图

$$\Phi = \sqrt{\frac{0.144kd\,(de+d)C_{单}}{\varepsilon b} + D_2} \qquad (8-5)$$

$$N = \frac{H}{4 \times (de+d)} \qquad (8-6)$$

$$L = W_m + S \qquad (8-7)$$

$$H = \Phi - D \qquad (8-8)$$

$$W = 0.5 \times \pi \times D + H \qquad (8-9)$$

式中,b 为极板的有效宽度,cm,$b = W - 2 \times M - S$;$C_{单}$ 为单个电容器心子电容量,μF;k 为电容器卷绕系数,普通金属化膜 $k=1$,隔离型金属化膜 $k=1.1 \sim 1.15$;de 为金属极板的厚度,μm,对于金属化薄膜 de 可以近似为零;d 为薄膜介质的厚度,μm,通常用叠层法厚度计算;ε 为薄膜的介电常数;W_m 为金属化膜的宽度,cm;M 为金属化膜的留边量,cm;S 为卷绕的错边量,cm;Φ 为电容器心子卷绕外径,cm;D 为电容器心子卷轴或心棒直径,cm;H 为元件的厚度,cm;W 为元件的宽度,cm;L 为元件的长度,cm;N 为卷绕圈数 。

8.3.2　自愈式电力电容器的分类及结构

标称电压1000 V及以下交流电力系统用自愈式电力电容器,其产品外形与引出端子的结构有着相关联的意义。随着电力行业技术和材料的不断发展,电力电容器的结构与端子由原来比较单一的几种标准形状和尺寸到现在呈现出了很多非标的结构,在行业中逐渐成为常规。

1)金属化电容器的种类

金属化电容器近年来发展很快,其用途也越来越广泛,对于不同的用途,要求各不相同。在金属化电容器的研究中,各企业无论从加工工艺、外形结构上都进行了大量的改进工作,使其外形上种类繁多。以下按电容器基本的结构进行分类。

(1)使用环境

按使用环境,分为户内型、户外型2种类型。户内型一般防护等级为IP00,IP20;户外型的防护等级为IP54以上,且外部要求防紫外线,其端子对外壳接地至少承受15 kV的雷电冲击试验。

(2)外观形状种类

电容器壳体种类一般有3种基本的类型,即方形体、腰形体(椭圆体)以及圆柱体。

(3)外壳材料种类

电容器外壳的材料,一般分绝缘材料外壳和金属材料外壳。绝缘材料外壳一般为工程塑料;金属外壳主要有铁冷板、铝材、不锈钢、马口铁、印铁等材料。

(4)外壳表面处理种类

外壳的表面处理一般分为2种,一种是不进行处理,采用壳体本体外观,如塑料外壳等;另一种情况是采用喷漆、喷塑、电泳、氧化、喷砂及阳极化等工艺进行处理,以达到较好的外观效果。

(5)外壳颜色种类

金属化电容器外壳的颜色,主要有黑色、白色、灰色、银色、金色等几种颜色。

2)电容器引出端子结构

电力电容器引出端子为了适应不同用途要求,形式各种各样,从引出数量上应满足单相、三相三线、三相四线、三相五线的基本要求,端子的结构也要求满足各种情况的需要。就接线端子而言,导电体以及绝缘部分各自的种类均比较繁多。图8-40列出了常见的自愈式电力电容器引出端子的外形与结构图,分别适用于不同外观类型的电容器。常见的各种规格和种类如下。

(1)按导电体分:有螺杆、螺母、电缆线、线排、插片、压接多种形式,所用材料也有铜材、铝材、镀锡铁、镀锌铁等。螺纹端子:有M5、M6、M8、M10、M12、M16等多种规格;

(2)片状端子:有快速插片250♯(6.3 mm×0.8 mm×8 mm)、压接片6.8 mm×2 mm×10 mm、8.8 mm×2 mm×12 mm等规格;

(3)电缆导线:有6 mm²、10 mm²、16 mm²、25 mm²、35 mm²等规格;

(4)绝缘体部分:有圆柱、圆台、一阶圆台、多群圆台、接线槽等多种形式,所用材料有陶瓷上釉、工程 ABS、聚碳酸酯 PBT、改性聚碳酸酯 PC、尼龙 PA、聚酯 PET、夹布胶木、酚醛树脂等。

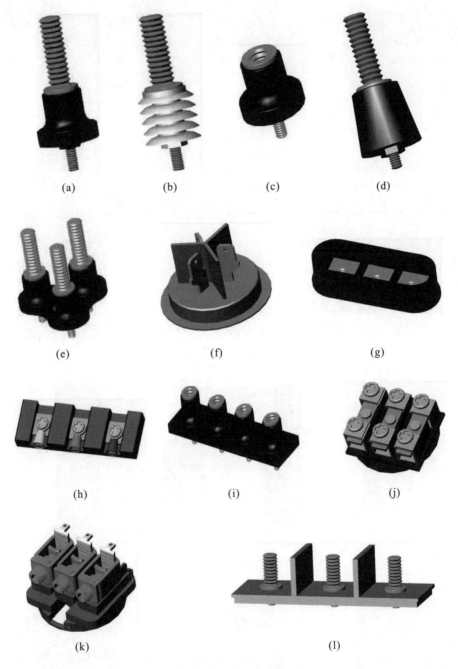

图 8 - 40　电容器引出线结构种类

3)电容器外壳与端子的匹配形式

导电端子与外壳需合理匹配,一般的匹配形式如表 8 - 5 所示。

表 8-5 电容器外壳与端子的匹配形式

端子 \ 外壳	方形	腰形	圆柱	备注
螺杆	●	●	●	
螺母			●	
电缆线	●		●	
线排	●	●		
插片			●	
压接			●	

4)自愈式电容器的外形结构形式

由于电力电容器箱壳和引出端子结构种类繁多,最终形成的电容器的结构种类较多,从大的结构上区分,可分为圆柱形和方形电容器(含腰形)。圆柱形电容器的基本结构类型如图 8-41 所示,其中(c)可适用于 IP20 的防护等级,(d)可适用于 IP54 的防护等级。方形电容器的基本结构如图 8-42 所示,其中,(a)为常规结构,(b)为防尘型结构,(c)为防污秽型结构,(d)为三相四线制结构,(e)为封闭型结构。

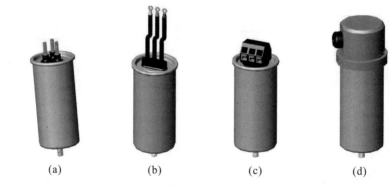

(a)　　　　　　(b)　　　　　　(c)　　　　　　(d)

图 8-41 圆柱形电容器的基本结构类型

(a)常规结构　　　　　　(b)防尘型结构　　　　　　(c)防污秽型结构

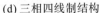

(d) 三相四线制结构　　　　　　　　(e) 封闭型结构

图 8-42　方形电容器的基本结构类型

8.3.3　自愈式电容器的填充介质

自愈式电容器按其元件与箱壳之间的填充物可分为油式和干式 2 种，油式电容器指在箱壳与元件之间填充油类的介质，而干式电容器指在运行环境下，元件与箱壳之间填充的介质在运行过程中处于固体状态。

1) 油式(或称油浸式)电容器

油式结构内部灌注的绝缘油是以植物油为主，如菜籽油、大豆油或蓖麻油，也有采用聚丁烯(PB)油或硅油。内部浸油的电容器，具有良好的散热性能，但是应注意其运行温度，当电容器内部温度过高时，可能会出现薄膜的溶胀问题，所以，考虑到与聚丙烯薄膜的相容性(溶胀)问题一般不采用矿物油。

油式电容器为防止油渗漏必须采用金属外壳密封，常用金属材料有铝、马口铁等材料。采用铝拉伸外壳与马口铁盖子卷边封装，或马口铁的外壳和盖子卷边封装，形状分为圆柱形、长方形和椭圆形等。如果是大容量或应用在高频场合的油式电容器，为避免涡流发热都采用不锈钢材料。

2) 干式电容器

干式电容器内部一般采用环氧树脂灌封固化。环氧树脂的种类很多，如普通环氧树脂、弹性环氧、低热阻环氧等，也有灌注惰性气体如六氟化硫、氮气等。但也有灌注微晶石蜡、地蜡、黑胶或沥青等半固体物质，这种电容器应注意其运行温度，当温度高至 80℃上下时，可能呈现液体或半液体状态，不能说是干式电容器。

干式电容器的外壳分为工程塑料和金属两种，塑料外壳的材料有 PP(聚丙烯)、ABS、PBT(聚对苯二甲酸丁二醇酯)、PPO(聚苯醚)、PC(聚碳酸酯)和 PPS(聚苯硫醚)等，金属外壳材料和结构与油式基本相同。

8.3.4　电容器安装与固定方式

电容器单元的安装与固定方式主要取决于电容器内部灌注料的性质和外壳形状。表 8-6 列出了电容器内部灌注料与产品安装方向，表 8-7 列出了电容器外壳结构与产品固定方式。

表 8-6　电容器内部灌注料与产品安装方向关系

安装方向 灌注材料	竖直	横倒	倾斜 45°	360°
液态	●			
固态	●	●	●	
半固态	●		●	
气体	●	●	●	●

表 8-7　电容器外壳结构与产品固定方式

外壳结构 固定方式	方形	腰形	圆柱	备注
卡箍	●	●	●	
安装耳	●	●		
外壳底部螺栓			●	
安装套		●	●	

8.3.5　自愈式电容器的保护方式

自愈式低压并联电力电容器是以电工级的聚丙烯膜为介质,表面蒸镀一层金属膜为极板,采用无感卷绕法形成元件,在其两端面喷涂金属,将极板引出作为电极。将一定数量的元件组合起来,经过绝缘处理,置于一个壳体中,再经过一些必要的工序加工成为单台的电容器。

自愈式低压并联电力电容器尽管有自愈功能,比较安全可靠,但由于原材料、设计、工艺及现场使用条件等的不确定性,也存在着自愈失效的情况,造成元件绝缘水平降低,甚至击穿,产生鼓肚、爆裂等现象。为了解决电容器的安全问题,不同厂家采用了不同的防爆措施,以下是目前 5 种常见的保护方式:

1)短路式熔丝切断保护

金属化薄膜镀层非常薄,只有几十纳米,当薄膜发生击穿时,由于自愈影响面积很小,自愈能量也很小,在元件的两端只有极微小的电流变化,在电容器两端通过串联熔丝来保护是不可能的。

短路式熔丝保护电容器,如图 8-43 所示,其特点是在金属化元件的外部,用铝箔和薄膜卷绕一个小的元件,也就是在外层按全膜电容器的制作方式卷制了几层铝箔、光膜,并将其与金属化元件并联。当自愈式电容器发生自愈失效等问题时,元件温度升高,在高温下使箔式电容器元件击穿造成铝箔短路,使串联的熔丝动作,起到保护作用。

由于金属化薄膜电容器的不一致性及外界条件的多样性,发生自愈击穿的部位不一定在外层(如端面击穿或心轴击穿),瞬间击穿也不能造成心子整体达到足以使外层击穿的温度和串联的内熔丝动作,因此,这种保护只有当元件发生较大故障时,才能起到保护作用。

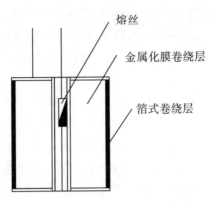

熔丝

金属化膜卷绕层

箔式卷绕层

图 8-43　自愈式电容器元件熔丝保护

2)温度保护

温度保护电容器的结构如图 8-44(a)所示,是利用与之相串联的温度断路器对温度的特殊敏感性而制成的。温度断路器是一种温度敏感器件,如图 8-44(b)所示,它在达到一定的温度时,内部热敏元件会熔化,在弹簧的作用下断开接点。一般温度保护元件与电容器心子串联在一起并密封于外壳内,当过压或过热发生时,由于温度上升到动作温度,温度保护元件断开,达到电容器与线路断开的目的。这种防爆电容器的防爆机理为热防爆或称温度防爆。热敏元件的动作温度一般在 $90 \sim 100 ℃$ 之间,对温度断路器的试验为破坏性试验,故验收时不能进行 100% 的测量。由于聚丙烯金属化薄膜的特性,导致击穿时的热传导非常缓慢,击穿位置的不确定性,使温度保护装置的保护局限性非常大。另外,当电容器不是连续运行时,温度是不能积累的,但故障产生的内部压力可以不断地积储而引起爆炸,故其可靠性也不理想。

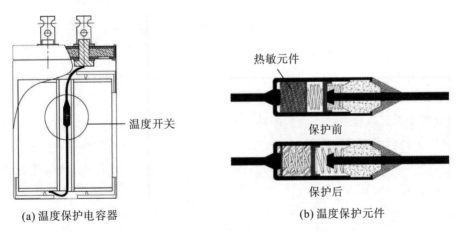

温度开关

热敏元件

保护前

保护后

(a)温度保护电容器　　　　　(b)温度保护元件

图 8-44　温度保护防爆电容器结构

3)过压力切断保护

目前,自愈式低压电力电容器基本上都采用过压力保护方式,是利用机械拉力将电容器的电极拉开,使电容器呈开路状态,其机械拉力来源于电容器发生自愈击穿时产生的气体膨胀力,故这种电容器都是由很薄的金属外壳做成的全密封包封结构。当发生故障时,内部气体膨胀,引起壳体变形、鼓胀,拉断电极连接线,使电容器不再有能量输入而引起恶化爆炸,同时也不会造成供电线路的短路,所以装置设计合理,可靠将是十分安全的。

(1)方形过压力切断保护结构

长方形电力电容器过压力保护结构如图8-45(a)所示,这种保护方式也适用于椭圆形结构,其切断装置结构如图8-45(b)所示,其两侧的固定片焊接于外体的两个侧面,原理是利用金属化膜元件在发生自愈击穿时产生大量的气体,在密闭的壳体内部气体膨胀致使壳体鼓肚膨胀产生位移,当位移量达到一定的程度瞬间拉断保险铜片,从而使电容器退出电网运行,达到安全防爆的保护作用。这种保护方式主要用于马口铁壳体的电容器,但这种装置往往因为设计位置过高,外壳凸起的变形量不能全部有效传递到位,失效事故仍有发生。

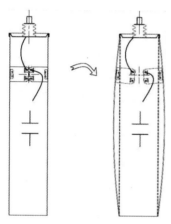

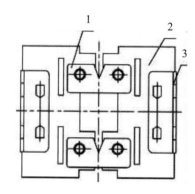

1.铜保险片;2.环氧基板;3.固定支架(侧耳)

(a)电容器压力拉伸示意图　　　　(b)压力保护结构示意图

图8-45　方形压力拉伸保护电容器结构

(2)圆柱形过压力切断保护结构

圆柱形电力电容器过压力切断保护结构如图8-46所示,为圆柱形电容器壳体拉伸式过压力切断防爆结构;图8-47为圆柱形盖板变形式过压力切断防爆结构;图8-48为圆柱形盖板变形式电容器过压力切断防爆结构。同长方形电力电容器过压力切断保护结构一样,都是利用金属化膜元件在发生自愈击穿时产生大量的气体,致使壳体或盖板膨胀变形产生位移,当位移量达到一定的程度瞬间拉断防爆线或焊点,从而使电容器退出电网运行,达到安全防爆的保护作用。

过压力切断防爆电容器防爆机理为一种机械防爆机理,拉力要足够大,才能够拉断引出线,达到与线路断开的目的。由于要求拉力足够大,必须有足够的温度产生大量的气体,此时电容器已处于潜伏危机之中,其可靠性受到影响。为提高防爆的可靠性就希望防爆线、片或焊点的拉断力尽可能小些,但由于工艺可操作性等因素限制,合

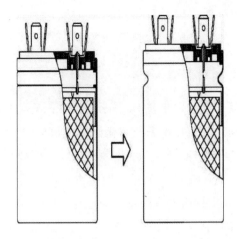

图 8-46 圆柱形壳体拉伸式过压力防爆示意图

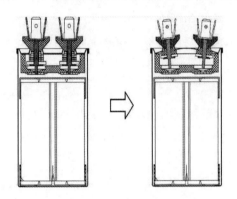

图 8-47 圆柱形盖板变形式过压力切断防爆示意图

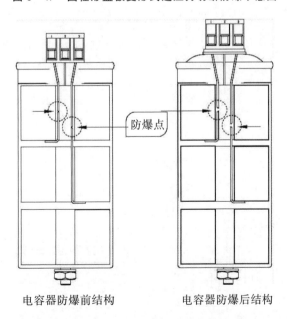

防爆点

电容器防爆前结构   电容器防爆后结构

图 8-48 圆柱形盖板变形式电容器过压力切断防爆示意图

理的防爆线、片或焊点的拉断力以及壳体或盖板的变形力设计尤显重要,对非形变部位应尽可能小地变形,形变部位的形变位移量控制在适当的范围,并须减小断口的拉弧问题。

4)安全膜防爆结构

金属化安全膜或称隔离型金属化膜(segmented film),是采用特殊的加工技术,通过真空镀膜将微型保险丝均匀分布在整个金属化电极上,也就是把整个金属化电极用很窄的绝缘间隙分成很多形状相同、面积相等的极板单元,各个极板单元之间由微型保险丝相互连接。当电容器中任何一层极板单元内发生击穿时,瞬间大电流涌向击穿点,当电流达到微型保险丝动作阈值时,微型保险丝瞬间动作,形成一个绝缘区,使击穿点所在的极板单元与电容器极板整体脱离。由于自愈能量能控制在一个合适数值,自愈过程极短,也不会影响相邻层薄膜介电强度,可有效防止电容器的连续击穿自愈,大大提高了产品的可靠性和寿命。安全膜也有它的缺点,如有众多的分割绝缘间隙存在,会使薄膜的有效利用率降低5%～15%。另外,其等效串联电阻、损耗角正切值与同规格普通金属化膜的略大些。

安全膜的种类很多,主要有网状、T型、I型、串联型、半边型等多种图形,结构上有一层安全膜和一层普通膜组合或双层安全膜组合方式,原理上相同,花样繁多,各自根据产品的用途、规格等有不同的设计组合。电容器结构一般为干式树脂灌封方式。

5)智能化电容器

如图8-49所示,智能化电容器严格意义上说是一个小型装置,产品由基础单元和辅助单元组成。基础单元包含测控单元、投切开关单元、自愈式低压并联电容器,辅助单元主要有综合保护单元、人机界面单元、通讯传输单元、断路器、外壳及二次接线端子等功能元器组件,经优化组合后构成机电一体的高度智能化产品,可以实现电容器

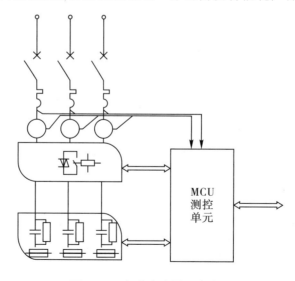

图8-49 智能电容器原理简图

的过电压、欠压、过电流、缺相、三相不平衡、漏电流、谐波超限、过热保护及过压力保护等。通过友好的人机界面可对上述参量进行细化、分级控制,智能分析、预测,确保电容器的最佳运行状态,并可通过通讯传输单元将数据传输至后台监控、管理和进行远程监控。

8.4　自愈式低压并联电容器

按照惯例和相关标准,1000 V 以上为高电压,1000 V 以下为低电压,本节的内容为使用在 1000 V 及以下交流电力系统中的自愈式并联电容器,也可简称为自愈式低压电容器。由于其在成本、体积等方面具有明显的优势,所以,目前在低压电力系统上自愈式并联电容器已全面替代了箔式结构的电容器,但在 1000 V 以上的电力系统采用的仍是箔式结构电容器。国内相关企业曾经开发了自愈式高压并联电容器,推向市场并有一段短时间的应用,由于故障、起火等安全问题较多现已退出市场。

8.4.1　自愈式低压并联电容器用途

自愈式低电压并联电容器适用于频率 50 Hz 或 60 Hz 低压电力系统,主要用于提高功率因数、减少无功损耗、改善电压质量,充分发挥发供电设备的效率。大多数并联补偿电容器安装在配电间的开关箱内进行集中补偿,对于功率较大的交流电动机、工频电炉等感性设备适宜进行就地补偿。另外,也大量应用于电力牵引机车、光伏、风能发电系统、大功率变频器、开关电源、无功补偿器 SVG 和不间断电源 UPS 系统等电力系统的无功补偿和谐波的滤除。

8.4.2　自愈式低压并联电容器的规格范围及主要参数

额定电压:250~900 VAC;

额定容量:5~120 kvar;

额定频率:50/60 Hz;

容量偏差:100 kvar 以下允许偏差为 -5%~10%,100 kvar 以上允许偏差为 -5%~5%;

损耗角正切:含放电电阻在内,$\text{tg}\delta \leqslant 0.0020$;

最高容许电压:$1.1 U_n$ 长期工作,最大容许电流 $1.3 I_n$;

端子间耐电压:$2.15 U_n$,时间 10 s;端子与外壳间耐电压:$2 U_n + 2$ kV(最小不低于 3 kV),历时 60 s;

放电装置:断电后 3 s 内降到 75 V 以下;

正常使用条件:最低环境空气温度从 +5℃、-5℃、-25℃、-40℃和 -50℃中选择,温度变化范围的上限分 40℃、45℃、50℃和 55℃挡,分别用字母 A、B、C、D 表示,如 -5/C,表示最低 -5℃,上限为 50℃。海拔高度 ≤2000 m。

8.4.3　自愈式低压并联电容器的种类

自愈式低压电力电容器的结构形式分油式和干式两种,外壳材料有金属铝、薄钢板、不锈钢和工程塑料,其典型产品的外形有方形、椭圆形、圆形3种,典型产品外形如图8-50所示。

油式方形并联电容器的防爆机构安装在外壳大平面内侧上,由于防爆装置位置会影响内部心子的组装,一般安装在产品高度的3/4左右,这会影响外壳凸起时防爆动作的灵敏度,可靠性不如椭圆形、圆形的顶盖凸起防爆机构。

干式低压并联电容器如果是环氧树脂灌封,散热差,内部温度梯度大,通常都是采取较小规格的圆形单相结构,如单相规格5 kvar、6.67 kvar的单元,通过组合可以组装成各种常用的三相规格系列,如15 kvar用3个5 kvar组成,20 kvar用3个6.67 kvar组成,9个单元可组成60 kvar,通过单元组合最大组成不超过120 kvar。

干式低压并联电容器如果填充的是惰性气体,可以采取与油式相同的过压力式机械防爆机构;如果填充的环氧树脂是硬性,固化后内部气体无法流动扩散,过压力式机械防爆机构就不适用。最新的安全防爆措施是采用隔离金属化膜设计(segmented metallization design)。

油式方形　　　　油式椭圆形　　　　油式圆形

干式圆形　　　　干式方形

图8-50　自愈式并联电容器结构型式

8.4.4　低压并联电容器的型号

根据JB/T7114电力电容器产品型号编制办法标准规定,产品型号由系列代号、浸渍介质代号、极间主介质代号、结构代号、设计序号、改进顺序号、第一特征号、第二特征号、第三特征号和派生标志等组成。其组成形式如图 8-51 所示。

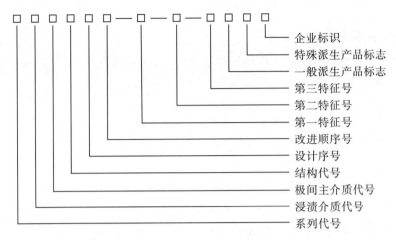

企业标识
特殊派生产品标志
一般派生产品标志
第三特征号
第二特征号
第一特征号
改进顺序号
设计序号
结构代号
极间主介质代号
浸渍介质代号
系列代号

图 8-51　自愈式并联电容器型号标注示意图

第 1 位是系列代号,用字母表示,并联电容器为 B。第 2 位是浸渍介质代号,用字母表示,如表 8-8 所示。第 3 位是极间介质代号,用字母表示,金属化薄膜为 MJ。第 4 位是结构代号。自愈式并联电容器不适用,省略。第 5、第 6、第 7 位为特征号,分别为额定电压、容量和相数,用数字表示。

例 1:BCMJ₃0.4-30-3

表示为:额定电压 400 V,额定容量 30 kvar,灌注蓖麻油的三相并联补偿的自愈式低压电力电容器。

例 2:$BCMJ_3 0.23\sqrt{3}-30-3$

表示为:额定电压 230 V,额定容量 30 kvar,灌注蓖麻油的三相分相补偿的自愈式低压电力电容器。

表 8-8　自俞式电容器常用浸渍剂的代号列表

浸渍介质代号	字母含义	浸渍介质代号	字母含义
A	苄基甲苯、SAS70E、SAS60	K	空气
B	异丙基联苯	L	六氟化硫
C	蓖麻油	S	石蜡
D	氮气	W	烷基苯
F	二芳基乙烷、PEPE	Z	菜籽油
G	硅油		

注:1. 当浸渍介质为几种浸渍介质的混合物时,采用其主要浸渍介质代号表示。

　　2. 当浸渍介质有多个共同点,且性能相近时,采用相同浸渍介质代号表示。

8.4.5 自愈式低压并联电容器的设计

1）自愈式并联电容器电压选择

自愈式低压并联电容器接入电网系统，而系统电压可能因为各种情况造成电压的波动，电容器应能承受表 8-9 中的电压因数和时间而不损坏。

表 8-9 系统电压因数与时间

形式	电压因数	最大持续时间	说明
工频	1.00	连续	电容器运行的任何期间内的最高平均值。在运行期间内出现的小于 24 h 的例外情况采用如下的规定。
工频	1.10	每 24 h 中 8 h	系统电压调整和波动
工频	1.15	每 24 h 中 30 min	系统电压调整和波动
工频	1.20	5 min	轻负荷下电压升高
工频	1.30	1 min	

一般情况下电容器的额定电压高于系统电压，主要的原因有以下 3 个方面：

（1）低压系统本身的稳定性能较差，在满负荷运行时，电压可能较低，而轻负荷运行时，电压可能很高。电容器上的电压过高时，会使其性能和寿命受到不利影响；

（2）低压配电网更接近负荷侧，电能质量更差，电网中可能存在大量的谐波，谐波可能会引起电容器电压的升高，也会引起过电流；

（3）串联电抗器后，电容器的电压会升高，当电抗率为 k 时，电容器的电压升高 $1/(1-k)$ 倍。

关于电容器的电压选择，需综合考虑以上 3 个因素来确定电容器的电压。由于低压电网的情况比较复杂，特别是在含有谐波的环境下，建议选取较大的电抗率，以防止谐波的放大。

由于低压补偿装置的容量一般比较小，电容器成本占份额较小，可以适当抬高电容器的电压，以保证其安全运行。

对于低压自愈式电容器，过电流能力为 1.3 倍，当电容器的电流超过这一限制时，会造成电容器的损坏增加、发热异常、绝缘加速老化而导致使用寿命降低，甚至造成损坏事故。同时，谐波使工频正弦波形发生畸变，易在绝缘介质中引发局部放电。长时间的局部放电会加速绝缘介质的老化、自愈性能下降，而容易导致电容器损坏。

2）无功补偿容量的计算

无功补偿的目的是提高功率因数、降低线路损耗、提高运行电压。按提高功率因数计算补偿电容器的容量公式如下：

$$Q_x = P\left(\sqrt{\frac{1}{\cos\varphi_1^2} - 1} - \sqrt{\frac{1}{\cos\varphi_2^2} - 1}\right) \qquad (8-10)$$

式中，Q_x 为需要补偿的无功容量(kvar)，P 为已知负荷的功率(kW)，$\cos\varphi_1$、$\cos\varphi_2$ 为补偿前、后的功率因数。

当电容器的实际需要补偿的容量确定后，还需确定实际的装机容量。实际的装机容量可用式(8-11)进行计算：

$$Q_z = ku^2 \cdot Q_x \qquad (8-11)$$

式中：Q_z 为实际装机容量，ku 为电容器的电压系数，Q_x 为实际的无功需求。

3)电抗率选择与配置

串联电抗器的主要目的是限制电容器的涌流，电抗率较大时，会使电容器的电压升高。但是在系统含有较大的谐波电流时，可能会造成谐波的放大。电抗率小于 11.1%，会造成 3 次及以下谐波可能会放大；当电抗率小于 4%，会造成 5 次及以下的谐波可能会放大。为避免电容器接入后对电网谐波的放大，在补偿电容器回路中串联电抗器来防止谐波的放大。

在配置串联电抗器的电抗率时，应关注系统谐波，并提高电容器的电压。但是电压提高后，电容器的实际无功输出会减少，如串联 7% 电抗率的 480 V 电压等级的电容、电抗组合，在 400 V 电压运行时的实际无功输出只有该电容器额定容量的 74.6%，串联 14% 电抗率的 525 V 电压等级的电容、电抗组合，在 400 V 电压运行时的实际无功输出只有该电容器额定容量的 67.5%。

8.4.6　自愈式低压并联电容器的运行与维护

1)自愈式低压并联电容器的运行寿命

自愈式低压并联电容器采用金属化聚丙烯薄膜，设计交流工作场强一般在65～70 V/μm，如果没有制造缺陷或使用不当等问题，一般使用寿命可在 100 000 h 以上。任何产品使用中必然有一个劣化过程，金属化薄膜电容器随着使用时间的推移也会逐步劣化，性能下降，劣化的速度与材料、结构、工艺、使用温度、施加电压等条件有关。其使用寿命理论上可以用加速模拟试验来获得，应符合式(8-12)：

$$L_0 = L \times \left(\frac{V}{V_0}\right)^\alpha \times 2^{\frac{T-T_0}{10}} \qquad (8-12)$$

式中，V、T、L 为模拟试验时的电压、温度和试验寿命，V_0、T_0、L_0 为某使用条件的电压、温度和使用寿命；α 为电压指数，一般取 7～8。

由式(8-12)可见，运行电压和环境温度对电容器的使用寿命有很大的影响，即电压提高 10% 或温度上升 10℃，寿命约下降一半。

自愈式电容器的耐电流能力是薄弱环节，电容器决不可在电流超过规定的最大值下运行,过电压和谐波是电容器过电流的主要原因,频繁的开关投切会产生很大的冲击电流,过电流与过电压、过热一样将缩短电容器的寿命。

另外,除非进行特殊设计,自愈式并联电容器不适宜作为电力滤波电容器使用,因为滤波电容器对容量、电压、电流额定值的要求与并联电容器不同。

2)自愈式低压并联电容器的主要故障模式

自愈式并联电容器的主要故障模式包括容量下降、发热、外壳或顶盖凸起、开路。解剖后可发现金属化层局部消失或金属化边缘后退等电化学腐蚀现象;或大量自愈或局部放电引起的金属化层空白点;心子端面薄膜发热收缩与喷金层脱离;极板电阻增大、绝缘下降等,损耗增大引起电容器发热;电容器内部气体积累压力增加,金属外壳变形;外壳变形导致防爆机构(过压力隔离器)动作,电容器开路;塑料外壳的干式电容器如果没有保护措施就可能发生外壳发热熔化变形、开裂、冒烟甚至爆炸起火。

自愈式并联电容器与大多数电器不同,一旦投入就连续在满负荷下运行,除了过电压和过热将缩短电容器的使用寿命外,大多数的早期失效是产品设计问题和生产制造工艺方面的问题。如设计选择的浸渍剂与聚丙烯薄膜相容性差,引起薄膜溶胀而使金属层脱落;浸渍剂在高温下容易劣化;金属化极板镀层厚(即方阻 $\Omega/\square$ 小),自愈性能差;电容器含水量大引起金属层氧化腐蚀;薄膜层间空气多,局部放电造成薄膜介质老化击穿;导线电流密度过大、放电电阻的功耗太大、填充材料导热差、温度梯度大等均会造成局部温升过高,薄膜耐压降低或收缩老化等。

8.4.7　自愈式低压并联电容器的典型产品

1)常用的电压等级和容量规格

低压并联电容器的额定电压有 250 V、300 V、400 V、440 V、480 V、525 V、600 V、730 V、830 V、900 V 等,其中 300 V 以下为单相补偿,400 V、440 V 为三相补偿,480 V、525 V 为三相电容电感组合补偿,730 V 以上电压系列为特殊使用场合补偿用。

并联电容器的容量单位是 var(乏),常用 kvar(千乏),自愈式低压电容器的容量范围在 5～120 kvar,主流典型规格有 15 kvar、20 kvar、25 kvar、30 kvar、35 kvar、45 kvar、50 kvar 等,标准电容器的规格见表 8-11、表 8-12。

2)自愈式低压并联电容器典型结构

椭圆形油式低压并联电容器的结构如图 8-52 所示,圆柱形油式低压并联电容器的结构参数如图 8-53 所示,大容量干式自愈式低压并联电容器的结构参数如图 8-54 所示。

表 8 - 10　椭圆形油式低压并联电容器主要产品规格

产品型号 Type	额定电压 Rated Voltage/kV	额定输出 Rated Output/kvar	额定电容量 Rated Capatitance/μF	额定电流 Rated Current/A	高度 High H/mm	相数 Phase	外形 Overall
BCMJ₆0.4 - 25 - 3	0.4	25	498	36.1	241	三相	图一
BCMJ₆0.4 - 30 - 3		30	597	43.3	271		
BCMJ₆0.415 - 25 - 3	0.415	25	462	34.8	241	三相	图一
BCMJ₆0.415 - 30 - 3		30	554	41.7	271		
BCMJ₆0.44 - 25 - 3	0.44	25	411	32.8	221	三相	图一
BCMJ₆0.44 - 30 - 3		30	493	39.4	241		
BCMJ₆0.48 - 25 - 3	0.48	25	346	30.1	231	三相	图一
BCMJ₆0.48 - 30 - 3		30	415	36.1	251		
BCMJ₆0.525 - 20 - 3	0.525	20	231	22.0	211	三相	图一
BCMJ₆0.525 - 25 - 3		25	289	27.5	231		
BCMJ₆0.525 - 30 - 3		30	347	33.0	271		
BCMJ₆0.25 - 10 - 3Y	0.25√3	10	493	13.1	171	三相四线	图二
BCMJ₆0.25 - 15 - 3Y		15	740	19.7	211		
BCMJ₆0.25 - 20 - 3Y		20	986	26.2	251		

* 上表仅列部分规格，可根据客户需求定制。

外形尺寸(mm)

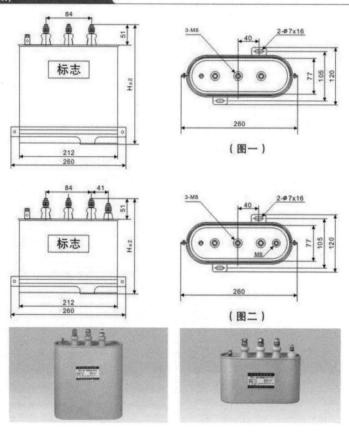

（图一）

（图二）

图 8–52　椭圆形油式低压并联电容器结构参数

表 8 - 11　圆柱形油式低压电容器主要产品规格

产品型号 Type	额定电压 Rated Voltage /kV	额定输出 Rated Output /kvar	额定电容量 Rated Capatitance /μF	额定电流 Rated Current /A	外壳尺寸 Overall Size/mm			相数 Phase	外形 Overall
					D(°)	H	H1		
BCMJ$_8$0.25 - 5 - 1	0.25	5	255	20.0	76	170	197	单相	图一
BCMJ$_8$0.25 - 10 - 1		10	510	40.0	76	275	302		
BCMJ$_8$0.25 - 15 - 1		15	765	60.0	116	255	282		
BCMJ$_8$0.28 - 5 - 1	0.28	5	203	17.9	76	180	207	单相	图一
BCMJ$_8$0.28 - 10 - 1		10	406	35.7	86	240	267		
BCMJ$_8$0.28 - 15 - 1		15	609	53.6	136	225	260		
BCMJ$_8$0.44 - 10 - 3	0.44	10	164	13.1	76	200	224	三相	图二
BCMJ$_8$0.44 - 15 - 3		15	247	19.7	86	245	269		
BCMJ$_8$0.44 - 20 - 3		20	329	26.2	116	225	253		图三
BCMJ$_8$0.44 - 25 - 3		25	411	32.8	116	285	313		
BCMJ$_8$0.44 - 30 - 3		30	493	39.4	136	255	290		图四
BCMJ$_8$0.44 - 40 - 3		40	658	52.5	136	300	335		
BCMJ$_8$0.44 - 50 - 3		50	822	65.6	136	345	380		

续表

产品型号 Type	额定电压 Rated Voltage /kV	额定输出 Rated Output /kvar	额定电容量 Rated Capatitance /μF	额定电流 Rated Current /A	外壳尺寸 Overall Size/mm				相数 Phase	外形 Overall
					D(°)	H	H1			
BCMJ₈0.48－15－3	0.48	15	207	18.0	86	230	254	三相	图二
BCMJ₈0.48－20－3		20	276	24.1	116	240	268		图三
BCMJ₈0.48－25－3		25	346	30.1	116	285	313		图三
BCMJ₈0.48－30－3		30	415	36.1	136	255	290		图四
BCMJ₈0.48－40－3		40	553	48.1	136	315	350		图四
BCMJ₈0.48－50－3		50	691	60.1	136	345	380		
BCMJ₈0.525－20－3	0.525	20	231	22.0	116	255	283	三相	图三
BCMJ₈0.525－25－3		25	289	27.5	136	255	290		
BCMJ₈0.525－30－3		30	347	33.0	136	290	325		图四
BCMJ₈0.525－40－3		40	462	44.0	136	315	350		
BCMJ₈0.525－50－3		50	578	55.0	136	345	380		

* 上表仅列部分规格，可根据客户需求定制。

外形尺寸(mm)

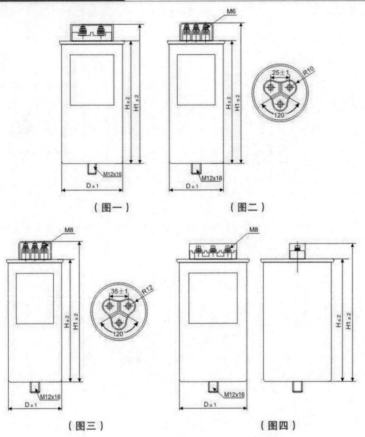

（图一）　　　　　　（图二）

（图三）　　　　　　（图四）

图 8－53　圆柱形油式低压并联电容器的结构

表 8 – 12　大容量干式自愈式低压电容器产品规格

产品型号 Type	额定电压 Rated Voltage /kV	额定输出 Rated Output /kvar	额定电容量 Rated Capacitance /μF	额定电流 Rated Current /A	外壳尺寸 Overall Size/mm			引出端子 Leading-out Terminal	相数 Phase	外形 Overall
					H	H1	h			
$BCMJ_6$0.48 – 40 – 3	0.48	40	553	48.1	322	366		M8	三相	图一
$BCMJ_6$0.48 – 50 – 3		50	691	60.1	322	366		M8		
$BCMJ_6$0.48 – 60 – 3		60	829	72.2	466	524	190	M10		
$BCMJ_6$0.48 – 70 – 3		70	968	84.2	466	524	190	M10		
$BCMJ_6$0.48 – 80 – 3		80	1106	96.2	538	599	190	M12		
$BCMJ_6$0.48 – 90 – 3		90	1244	108.3	538	599	190	M12		
$BCMJ_6$0.48 – 100 – 3		100	1382	120.3	538	599	190	M12		
$BCMJ_6$0.525 – 40 – 3	0.525	40	462	44.0	322	366		M8		
$BCMJ_6$0.525 – 50 – 3		50	578	55.0	466	524	190	M10		
$BCMJ_6$0.525 – 60 – 3		60	693	66.0	466	524	190	M10		
$BCMJ_6$0.525 – 70 – 3		70	809	77.0	538	599	190	M12		
$BCMJ_6$0.525 – 80 – 3		80	924	88.0	538	599	190	M12		
$BCMJ_6$0.525 – 90 – 3		90	1040	99.0	682	743	260	M12		
$BCMJ_6$0.525 – 100 – 3		100	1155	110.0	682	743	260	M12		

续表

产品型号 Type	额定电压 Rated Voltage /kV	额定输出 Rated Output /kvar	额定电容量 Rated Capatitance /μF	额定电流 Rated Current /A	外壳尺寸 Overall Size/mm			引出端子 Leading-out Terminal	相数 Phase	外形 Overall
					H	H1	h			
BCMJ₆0.60－40－3		40	354	38.5	322	366		M8		
BCMJ₆0.60－50－3		50	442	48.1	466	524	190	M10		
BCMJ₆0.60－60－3		60	531	57.7	466	524	190			
BCMJ₆0.60－70－3	0.6	70	619	67.4	538	599	190			
BCMJ₆0.60－80－3		80	708	77.0	538	599	190	M12		
BCMJ₆0.60－90－3		90	796	86.6	682	743	260		三相	图一
BCMJ₆0.60－100－3		100	885	96.2	682	743	260			
BCMJ₆0.73－40－3		40	239	31.6	322	366		M8		
BCMJ₆0.73－50－3		50	299	39.5	466	524	190	M10		
BCMJ₆0.73－60－3		60	359	47.5	466	524	190			
BCMJ₆0.73－70－3	0.73	70	418	55.4	538	599	190			
BCMJ₆0.73－80－3		80	478	63.3	538	599	190	M12		
BCMJ₆0.73－90－3		90	538	71.2	682	743	260			
BCMJ₆0.73－100－3		100	598	79.1	682	743	260			

续表

产品型号 Type	额定电压 Rated Voltage /kV	额定输出 Rated Output /kvar	额定电容量 Rated Capatitance /μF	额定电流 Rated Current /A	外壳尺寸 Overall Size/mm			引出端子 Leading-out Terminal	相数 Phase	外形 Overall
					H	H1	h			
BCMJ₆0.83 - 40 - 3	0.83	40	185	27.8	322	366		M8	三相	图一
BCMJ₆0.83 - 50 - 3		50	231	34.8	466	524	190	M10		
BCMJ₆0.83 - 60 - 3		60	277	41.7	466	524	190			
BCMJ₆0.83 - 70 - 3		70	324	48.7	538	599	190			
BCMJ₆0.83 - 80 - 3		80	370	55.6	538	599	190	M12		
BCMJ₆0.83 - 90 - 3		90	416	62.6	682	743	260			
BCMJ₆0.83 - 100 - 3		100	462	69.6	682	743	260			
BCMJ₆0.83 - 120 - 3		120	555	83.5	754	815	260			
BCMJ₆0.9 - 40 - 3	0.9	40	157	25.7	322	366		M8		
BCMJ₆0.9 - 50 - 3		50	197	32.1	466	524	190	M10		
BCMJ₆0.9 - 60 - 3		60	236	38.5	466	524	190			
BCMJ₆0.9 - 70 - 3		70	275	44.9	538	599	190			
BCMJ₆0.9 - 80 - 3		80	315	51.3	538	599	190	M12		
BCMJ₆0.9 - 90 - 3		90	354	57.7	682	743	260			
BCMJ₆0.9 - 100 - 3		100	393	64.2	682	743	260			

外形尺寸(mm)

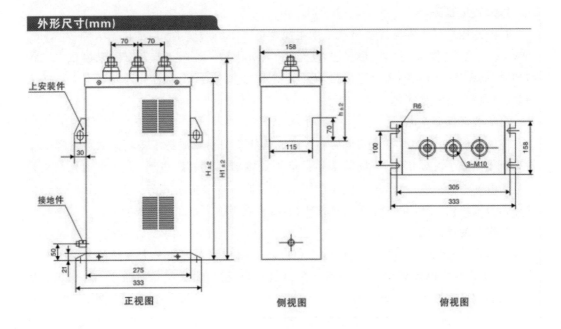

正视图　　　　　　侧视图　　　　　　俯视图

图 8-54　大容量干式自愈式低压并联电容器结构参数

8.4.8 自愈式并联电容器的发展趋势

随着科学技术和社会经济的发展,对电器产品的技术要求也越来越高,电力电容器也不例外。自愈式并联电容器的发展有以下 3 个趋势:

1)大容量趋势

我国低压并联电容器的规格从早期主流规格 10 kvar、15 kvar,逐步增大到 30 kvar、35 kvar,目前 50 kvar 以上已很普遍,甚至 100 kvar、120 kvar 也有需求。随着供电规模增加,配电设施小型化以及大容量投切开关技术的成熟,预计今后低压并联电容器的大容量规格将会越来越多。

2)节能环保型产品

节能环保、绿色能源技术的发展和日趋成热的安全膜蒸镀技术为自愈式电容器的干式无油化提供了发展条件,市场需求是促进干式电容器发展的机遇,干式无油化结构是自愈式电容器的发展趋势,干式安全膜并联电容器将逐步成为主导产品。同时,聚合物的外壳为模块化、个性化设计提供了方便,产品外观上将更加丰富多样。

3)产品的智能化

目前,一种集成电力电子、测控通信和自动化控制等先进技术为一体的智能无功补偿装置(俗称智能电容器)在有些地区应用已具一定规模,典型产品如图 8-55 所示。虽然该产品的可靠性和智能化程度还不尽如人意,但该产品替代了由常规控制器、熔断器、热继电器、投切开关等散件组装的传统结构模式,如果产品进一步改进提高、质量安全性、可靠性,能满足配电装置小型化和电网智能化对无功补偿的要求,将是今后低压配电网中提高功率因数的新一代补偿设备。

图 8-55　智能型电容器外形图

8.5　自愈式交流电动机用电容器

8.5.1　交流电动机电容器的作用

交流电动机电容器在单相电动机运行中分为两种形式,一种是作为起动用电容器,一种是运行用电容器,2 种电容的接线方式如图 8-56 所示。

1）单相交流电动机启动电容器的作用

交流电动机起动电容器是一种为电动机辅助绕组（也叫启动绕组）提供超前电流来帮助起动的电容器，在电机起动达到一定转速后通过离心开关能自动断开。电机起动时间很短（1 s 左右），不是频繁起动的一般采用电解电容器，比较经济，如果起动频繁、间歇运行或离心开关可靠性达不到要求时，则应选择自愈式电容器。起动电容器接有放电电阻，使电容器断开后能自行放电。

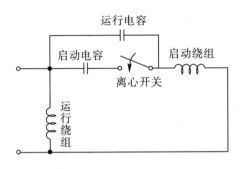

图 8 - 56　单相电机电容器接线原理图

2）单相交流电动机运行电容器的作用

单相交流电动机运行电容器是一种与电机辅助绕组一起串联使用，在运行情况下增加转矩，并永久使用连接在电路中，普遍采用自愈式的聚丙烯金属化薄膜介质电容器。

单相交流电动机运行电容器一般设计成一只运行电容器兼作启动又作运行使用，这样可省去启动电容器和离心开关。

3）启动电容器与运行电容器区别

运行电容器与起动电容器相比较，根据国家相关的标准，区别主要在于以下 2 个方面：

（1）由于启动电容器的工作时间很短，起动电容器极间耐压试验的试验电压为 $1.2U_N$，而运行电容器的极间耐受电压为 $2.0U_N$。

（2）耐久性试验要求起动电容器在 $1.1U_N$ 电压和最高允许温度下连续运行 500 h，运行电容器则要求在 $1.25U_N$ 电压和最高允许温度下连续运行 600 h 或 2000 h，其中 600 h 为 C 级，2000 h 为 B 级。

8.5.2　自愈式交流电动机电容器主要技术参数和含义

额定电压：250～630 V，常用电压有 400 V、450 V、500 V；

额定容量：运行电容器的容量范围：1～100 μF；

启动电容器的容量范围：100～200 μF；

容量误差：启动电容的允许容差有 3 个级别，分别为 ±5%、±10% 或 ±15%，而运行电容器通常为 ±5%；

额定频率：50/60 Hz；

运行等级：设计电容器时采用的，在额定负荷条件、额定电压、规定温度和额定频率下的最小概率的总寿命。分为 4 种运行等级，以在电容器寿命期间可能故障概率不超过 3％来确定，4 个等级分别为 A 级 30 000 h，B 级 10 000 h，C 级 3 000 h、D 级 1 000 h。故障为短路、断路、液体渗漏、电容漂移超过额定公差范围的 10％等。电动机电容器可以同时标注多个运行等级，如一个电容器可以标识 400V B 级，同时也可标识 450V C 级。

防护等级：有 S0、S1、S2、S3 区分，其中：

(S0)表示该类型电容器无专门的故障保护。

(S1)表示该类型电容器失效时可呈开路状态或短路状态，并且具有防火或防爆保护。

(S2)表示该类型电容器失效时仅呈开路状态，并且具有防火或防爆保护。

(S3)表示的电容器为隔离膜结构。要求该类型电容器在更小的剩余电容($<1\%C_N$)下失效，并且具有防火或防爆保护。

气候类别：电容器使用条件按气候类别分类，每一气候类别用最低和最高允许电容器运行温度和湿热严酷度来表示，如 25/70/21 表示最低和最高允许电容器运行温度为 $-25\ ℃$和 70 ℃，湿热严酷度为 21 d。

8.5.3 自愈式交流电动机电容器种类

自愈式交流电动机电容器分为油式和干式 2 种形式，其外壳材料分为金属铝和工程塑料，其典型产品的外形有方形、圆形和椭圆形 3 种。其中椭圆形是金属外壳油式结构，外形尺寸按照北美地区的产品标准有 1.25 in(3 cm)、1.5 in(3.8 cm)、1.75 in(4.5 cm)、2.0 in(5.1 cm)和 2.5 in(6.4 cm)等多种规格。典型产品外形如图 8-57 所示。

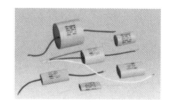

图 8-57 交流电动机电容器的外形规格

8.5.4 电动机电容器的结构形式

交流电动机电容器分为干式和油式 2 种规格，2 种规格的相关要求列于表 8-13 中。

表 8－13　自愈式交流电动机电容器的结构形式

结构 形式	材料、形式	填充材料	引出方式	安全措施	备注
干式	外壳工程塑料，环氧树脂灌封，方形或圆形，无外壳 PET 膜包封	环氧树脂	AMP250♯,187♯ 快速连接插片 导线引出 裸线引出	S0:阻燃材料 S3:隔离膜	适宜于各类风扇、风机、水泵、洗衣机、冰箱及小规格单相电机,电容器容量通常在 1 μF 以上,10 μF 以下
油式	金属铝拉伸成形,卷边密封,圆形或椭圆形	植物油、PB 油等	快速连接插片 AMP250♯,187♯	S1:过压力断路器 S2:过压力断路器 S3:隔离膜	适宜于各类家用空调器、冰箱、冰柜、冷链等压缩机电机、分马力电机等,电容器容量通常在 10 μF 以上,100 μF 以下

8.5.5　电动机电容器设计与选型规范

1)单相电动机运行电容器的电容量

可按式(8－13)计算,起动电容器电容量一般是运行电容器的 1～4 倍。

$$C = 1950 \times I_n/(U_N \times \cos\varphi) \tag{8－13}$$

式中,C 为电容量,μF;I_n 为工作电流,A;U_N 为额定电压,V;$\cos\varphi$ 为功率因数,若铭牌上无功率因数,$\cos\varphi$ 可取 0.85 左右。

2)电动机电容器的额定电压 U_N 的选择

除电源系统电压和电容器电动机的主绕组和辅助绕组之间的感应耦合外,电容器引出端子上的电压还决定于其自身的电容值,电容器在辅助绕组上产生容升效应,使其电压升高。在选择电容器的额定电压时应考虑容升的问题,应适当注意在最大电源电压、电动机电感和电容(考虑到偏差及最恶劣条件下电动机的负荷下),电容器两端的电压应不超出其额定电压的 10%。并且还应适当注意最大允许电动机电流。

3)启动电容器的额定电压 U_N 的选择

电动机启动电容器所要求的额定电压应通过与相关电动机连接的正在运行的电容器上的电压来测量确定。电动机应在最高电源电压下用电容器的正确值运行,其负荷变化范围为从最小可用负荷到最大允许负荷。

最高电压定额应不小于电容器从起动阶段至电路中断开的瞬间电容器端子上的最高电压。此测量电压应不超过 1.2 U_N。

起动期间电容器端子上的电压可从下列关系式估算:

$$U_c = U \times \sqrt{1 + n^2} \tag{8－14}$$

式中,U_c 为电容器引出端子上的电压;U 为电源电压;n 为辅助绕组与主绕组的匝数比。

4)电容器的最大允许电流

电容器应适于在电流方均根值不超过 1.30 倍的该电容器在额定正弦电压和额定频率产生的电流下运行,不包括暂态运行电流和瞬态启动电流。考虑到电容偏差,最大允许电流可达 1.30 倍额定电流乘以实测电容值与额定电容值之比。

8.6 电力电子电容器

8.6.1 电力电子电容器概述

随着电力电子技术的发展,在大功率的电力电子设备中,电力电子电容器作为重要的转换和控制功率的储能元件得到了广泛的应用。IEC 及国家标准中把电力电子电容器定义为用于电力电子设备中并能在正弦的和非正弦的电流和电压下持续运行的电力电容器。同时说明,使用这些电容器的系统运行频率通常低于 15 kHz,而脉冲频率则可能达到运行频率的 5～10 倍。标准中明确指出,"本标准涵盖了极广泛的电容器技术应用,如过电压保护、直流和交流滤波、开关回路、直流储能、辅助逆变器等"。因此,按照 IEC 及国家标准,与电力电子设备有关的交流系统与直流系统以及电力电子设备内部的所有电容器,均可称为电力电子电容器。各种电力电子电容器实物图片如图 8-58 所示。

最近几年来,随着变频、换流技术的成熟与推广应用,电力电子设备的应用十分广泛。小到家用电器,大到特高压直流输电,各类电力电子电容器有着广泛的应用。由于本章内容主要讲述自愈式电容器的应用,并没有涵盖所有的电容器,本章包含电力电子设备的金属化膜电容器的应用,主要包括电力电子元件用的阻尼及均压电容器、直流支撑电容器以及直流侧的滤波电容器 3 大类中的金属化电容器,这些电容器的应用环境比较特殊、各项性能指标要求也较高,部分电容器还依赖进口,也希望通过本书的介绍,促进我国电力电容器技术的发展和进步,促进相关设备的国产化进程。目前,这些类别的金属化电容器已广泛应用在各类电力电子设备中,主要的应用领域有以下 4 个方面:

(1)城市大功率电力机车、高铁、动车组、地铁、轻轨、低地板车等轨道装备;

(2)高压变频器、光伏、风力发电机组、船舶电力推进、新能源汽车等;

(3)SVG 等节能设备和柔性直流输电等电力设备应用以及各类电力电子应用电路之中。

电力电子设备对于这类电容器的要求很高,要求电力电子电容器具有极高的可靠性和较长的寿命。对于电力电子设备上使用的电容器一般有以下 4 个要求:

(1)通常情况下,该类电容器上机失效率必须小于 100 PPM,平均寿命必须大于 10 万 h,现在有些公司设计寿命可达到 20 万～30 万 h。

(2)产品必须具有很高的比特性,要求体积小,重量轻。

(3)电容器能够承受很高的冲击电流,固有电感小,等效串联电阻小。

(4)电容器还必须有良好的散热条件,将心子内部发热以尽可能低的热阻传到电容器外部,使电容器的内部温升尽可能低。

图 8 - 58　各种电力电子电容器图片

8.6.2　电力电子电容器的分类

　　按照国家标准,与电力电子设备相关的交流以及直流电容器均属于电力电子电容器的范畴,特别是高压直流输电工程中。各种用途的电容器种类繁多,这点在其他章节有所介绍,本章主要讲述 3 个类别的金属化膜电容器的应用,分别为阻尼吸收电容器、直流滤波电容器以及直流支撑电容器。如图 8 - 59 所示,由于回路的设计参数及元件配置的不同,C_1 可为直流滤波电容器,也可为直流支撑电容器;C_2 为阻尼吸收电容器;C_3 可为阻尼吸收电容器,也可为直流支撑电容器。

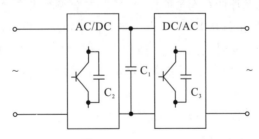

图 8 - 59　电力电子电路中的金属化膜电容器

　　电力电子技术最基础的应用就是整流和逆变,就整流设备而言,有单相整流设备和三相整流设备。单相整流设备包括半波整流和桥式全波整流,三相整流设备有 6 脉及 12 脉整流,在电解铝行业往往采用多重化整流技术可达到 48 脉或更高脉动的整流技术。就逆变技术而言,有传统逆变技术和柔性逆变技术,柔性逆变技术又分为二电平和三电平 PWM 调制技术,以及多电平的现代逆变技术。

　　换流方法和方式以及相关的电压、容量等参数不同,相关的电容器的功能和技术要求是不同的,往往需要根据实际的工程进行个性化设计。电力电子电容器的工作条件都非常特殊,电容器上的电压和电流也不是纯粹的交流或直流,而是各种较为复杂的波形。

1)阻尼吸收电容器

阻尼吸收电容器(snubber capacitor)在电力电子电路中,在整流或传统的逆变回路中,与晶闸管或其他的电力电子器件并联,用于降低电力电子器件的电压上升率,即 du/dt。在电压等级较高的电路中,采用多级元件串联时,其中也起均匀元件电压的作用。阻尼电容器用于各类简单 RC 回路、RCD 箝位、RCD 电压上升率控制回路。对于小容量的元件,吸收电容器可以直接安装在 IGBT 模块上,最大限度地消除由于母排的引线电感引起的尖峰电压,避免 IGBT 的损坏。吸收电容器实物图片如图 8-60 所示。

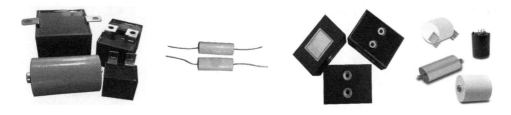

图 8-60　吸收电容器图片

吸收电容器电容量一般为 $0.0047\sim 6.8\ \mu F$,额定直流电压在 $700\sim3000\ V$ 之间,阻尼吸收电容器一般采用双面金属化膜内串结构,并采用特别的内部设计和端面喷金技术,降低电容器固有电感,多引线或引出片电极设计,可承受更高纹波电流、高 dv/dt 以及高过压能力。

2)直流支撑电容器

直流支撑或直流连接电容器(supporting or DC-link capacitor)主要用于柔性直流输电或其他 PWM 调制或多电平逆变器电路中,起到直流电压的支撑作用。DC-Link电容器一方面作为储能元件储存大量的能量,另一方面吸收来自逆变器向 DC-Link 索取的高幅值脉动电流,阻止其在 DC-Link 上产生高幅值脉动电压,使逆变器端的电源电压波动保持在允许范围。同时,防止来自 DC-Link 的电压过冲和瞬时过电压对逆变器元件的影响。DC-Link 电容器上电压脉动引起瞬时冲击电流,不能超过电容器所能允许承受的冲击电流。

由于使用环境的特殊性,系统对于 DC-Link 电容器的要求很高,要求储能密度高,适用环境工作温度高,固有电感低,耐冲击电流大,冲击电流下的介质损耗低;同时要求体积小、重量轻、机械性能好、长寿命等。所以,对于 DC-Link 电容器,不但应具有很高的电气性能,同时对于可靠性和安全性等方面要求均很高。由于电力电子设备在运行中也会产生大量的热量,工作环境温度比较高,所以要求 DC-Link 电容器具有较好的散热性能。

早期的 DC-Link 电容器多采用大容量铝电解电容器,随着金属化薄膜电容器技术的发展和进步,特别是成本降低,目前,DC-Link 电容器基本多采用金属化聚丙烯膜电容器,有替代铝电解电容器的趋势;在柔性直流输电这样的大型输电工程中,均选用金属化膜电容器。DC-link 电容器电压电流波形如图 8-61 所示。

DC - Link 电容器采用金属化聚丙烯膜,极板蒸镀采用边缘加厚锌铝膜、纯铝锌加厚膜、隔离型金属化膜及高方阻膜。容量范围为 $100\sim20\,000\,\mu F$ 或更高;额定电压600~6 000 V或更高;额定纹波电流几十安培到几百安培;自感量 $10\sim600\,nH$;设计寿命必须大于 100 000 h,一些国外公司要求设计寿命要大于 250 000 h。根据电容器使用的环境及通风条件,在额定工作电流条件下,电容器内部热点最大温升一般不得超过 $15\sim20$ K。图 8-61 给出了 DC - Link 电容器的电压电流波形的示意图,其中(a)为 DC - Link 电容器的安装位置示意图,(b)为 DC - Link 电容器的工作电压波形,(c)为DC -Link 电容器的电流波形。

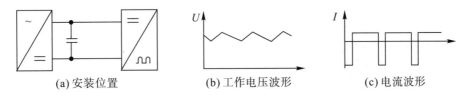

(a) 安装位置　　　　(b) 工作电压波形　　　　(c) 电流波形

图 8 - 61　DC - Link 电容器电压电流波形

3)直流滤波电容器

直流滤波电容器的主要目的是与整流回路中的电抗器匹配来消除直流电压的纹波或电压波动。在整流回路的直流侧,一般会产生相当于工频基波的偶次特征谐波,谐波次数为 2 k 次谐波,在单相桥式整流回路,一般会产生 2 次以上的偶次谐波,在三相整流回路中,6 脉整流回路中为 6 次以上,12 脉整流为 12 次以上,这些脉动具有电压源的性质。如果直流电压还要逆变为交流电压,这些电压波动也会受逆变侧的影响,如果为柔性逆变回路,会产生更高频率的波动,频率越高,波动幅值越小。

电力机车一般采用直流调速或变频调速,无论采用哪种调速方式,均需要将交流转换为直流。由于铁路接触网特殊的供电系统,整流回路采用单相整流,在直流侧的电压纹波中,含有相当于交流侧频率的 2 次及以上偶次谐波电压,机车负荷越大,纹波电压越高。为了消除回路中的纹波,与整流回路中的限流电抗器配合,在直流回路中并联一个二次调谐滤波器,从而降低直流侧电压的纹波。

回路由滤波电容器、电抗器和电阻串联而成,由于电容和电抗在交流系统的二倍频率下发生谐振,而直流侧的纹波属于电压源的性质,回路中需串联电阻以限制回路的电流,实际上回路的电流主要依靠整流回路的限流电抗来限制,这样才能起到抑制纹波的作用。但是由于各种整流回路设计上的差异,回路中还需串联电阻,主要用于对回路的电流进行限制,防止电容器和电抗器上出现很高的过电压和过电流。

我国供电系统的频率为 50 Hz,回路的谐振频率一般为 100 Hz,所以电容器的电压除了直流电压以外,其电压波形中含有 2 次谐波,电流以 2 次谐波电流为主。其谐波电流的影响因素很多,包括负载电流的大小(负载越大,纹波电压越高),整流回路的限流能力,调谐回路中的电阻等,都会对电容器的谐波电流和电压造成较大的影响。

如果机车采用变频调速,变频侧的一些高频谐波电流会影响电容器的运行,采用金属化膜电容器时,在设计、制造、试验过程中,除了关注金属化膜电容器的自愈特性外,需重点关注电容器的电压升高和可能出现的过电流。由于主要的电流频率为工频系统的 2 倍,还应关注其介质发热问题。有时,为了匹配电容量和频率,单台电容器可以设计成多个不同的引出,方便选择不同的电容量。大功率的电力机车用电容器可以选择水冷方式进行冷却,如果不能使用水冷方式,只能采用温升低的电容器设计,如尽可能降低电容器的有功功耗,或提高其容量,提高电容器电流承载能力。图 8-62 为电力机车直流滤波电容器图及接线原理图。

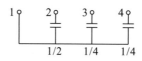

图 8-62　电力机车直流滤波电容器图片及接线原理图

4)脉冲电容器

本书中有关于脉冲电容器的相关章节,脉冲电容器的应用也很广泛,箔式电容器与金属化膜电容器并用,在一些对储能密度、体积、重量等要求较高的场合,往往需要金属膜脉冲电容器。如一些脉冲发生器、充退磁机、激光电源、医疗器械、储能焊机等领域,往往需要通过电力电子设备产生连续的冲击放电,需要和电力电子设备配合使用,从某种角度考虑,也属于电力电子电容器的范畴。

这类电容器要求储能密度高,寿命(放电次数)长。对于该类电容器,应用环境不同,工作条件差异很大,不可能单纯地以某个指标评估电容器的水平,储能密度、工作场强、寿命次数、充放电的频次、放电回路的阻尼特性、冲击电流的峰值以及振荡频率等相关指标相互影响。

如一金属化膜脉冲电容器在工作电压 6.6 kV、放电电流 11.85 kA 下,其寿命为 850 次(不连续工作),其储能密度可达到 2.7 MJ/m³ 的高储能密度。但在有些应用中如直流电压为 1200 V,电容量为 5000 μF 的电容器,放电电流 4 kA,要求放电寿命不低于 2000 万次,且连续放电时间、储能密度不可能太高。

对于该类电容器,需根据实际的工况进行设计,从工作场强、抗冲击性能以及放电过程中的发热等方面综合考虑,相关加工工艺需严格控制。金属化储能脉冲电容器,要根据其实际应用工况,选用不同类型的金属化聚丙烯介质薄膜,对于薄膜的电场强度、金属镀层及加厚区方阻、卷绕及喷金等参数选择与工艺控制尤为关键,要尽可能降低电容器元件端面与喷金层、喷金层与引出电极之间的接触电阻。

8.6.3　电力电子电容器的典型应用

随着我国电力设备行业技术的发展和进步,直流电源、变频电源的应用越来越广泛,对于电力电子类电容器的需求越来越广泛,除了工业应用之外,我国高压、特高压柔性直流输电技术的发展和应用,为电力电子类电容器提供了更为广阔的市场前景。在柔性换流设备中,特别是大功率、多电平的逆变回路中,DC‑Link 电容器的需求量很大。

　　DC‑Link 电容器一般与可关断电力电子器件并联,环境温度高,并作为电压支撑电容要求电容量大、耐冲击电流大、固有电感小等,同时电容器要求体积小、重量轻,并对可靠性和寿命均有较高的要求。所以,DC‑Link 电容器的研发难度很大,目前属于电容器行业关注度最高的一种电容器[10]。

1)牵引变流器中应用

　　大功率电力机车、高铁、动车组、地铁、轻轨、有轨电车、低地板车、无轨电车、矿山机车等需要变频调速,配置牵引变流器。在换流器中均需配置 DC‑Link 电容器,容量越大,DC‑Link 电容器的容量也很大。对于 DC‑Link 电容器要求也很高,不仅要求具有体积小、电容量大、重量轻、耐冲击电流大、额定电流大等特点,还要求电容器低电感、低温升、高可靠、长寿命、抗振动冲击等。

　　对于该类设备上使用的 DC‑link 电容器,多采用隔离型金属化聚丙烯薄膜,也有采用粗化金属化膜,并使用卷绕压扁式工艺,油浸式、不锈钢外壳结构,近几年也有采用干式无油式设计结构,无金属外壳的结构设计。图 8‑63 中给出几种机车牵引用电容器的外形图,表 8‑14 中给出了直流电压为 2000 V、电容量为 4300 μF 的 DC‑link 电容器技术规格参数,图 8‑64 为该电容器的设计尺寸。

图 8‑63　牵引变流器中 DC‑Link 电容器图片

表 8‑14　某和谐号电力机车用 DC‑Link 电容器技术参数表

序号	项目		指标要求	备注
1	电容值	标称电容量 C_N	4300 μF	
		标称电容量允许偏差(精度)	±5%	电容在整个生命周期、全温度内的极限值范围
		电容的温度系数	$< -3 \times 10^{-4} \mu F/℃$	全温度范围内(SD)

续表

序号	项目		指标要求		备注
2	电压范围	额定电压(DC)U_n	2000 VDC		在产品的整个生命周期内 1000 次
		纹波电压 U_r	0.2 U_N		
		端子间直流试验电压	3000 VDC,10 s		
		对壳耐电压	工频 6000 VAC,60 s		
		电压因数(1 d 内最大持续时间放在运行环境中)	1.10 U_N	30% 有负荷时间	
			1.15 U_N	30 min/d	
			1.20 U_N	5 min/d	
			1.30 U_N	1 min/d	
			1.50 U_N	100 ms	
		最大重复 dv/dt	18 V/μs		
		最大不重复 dv/dt	45 V/μs		
3	电流	额定电流(有效值,连续)I_N	350 A_{RMS}		
		短时有效电流	420 A		5 min/h 或者 1 h/d(SD)
		冲击电流	200 kA		20 次在元件生命周期内(SD)
		最大 I^2t	3.3×10^6 A^2s		10 次冲击(SD)
			1.2×10^6 A^2s		10000 次冲击(SD)
4	电容器固有电感 L		≤100 nH		
5	等效串联电阻 R_s		≤2 mΩ		
6	损耗	损耗角正切 $\tan\delta$(或者耗散因数 D_F)	≤3.0×10^{-3}(50 Hz)		
		额定电流下由 R_s 产生的损耗	≤245 W		
		额定电流下由电压波动产生的损耗	≤80 W		
		额定电流下由外壳涡流产生的损耗	0		
7	爬电距离		≥70 mm		
	空气间隙		≥40 mm		
8	单体重量		43±2 kg		

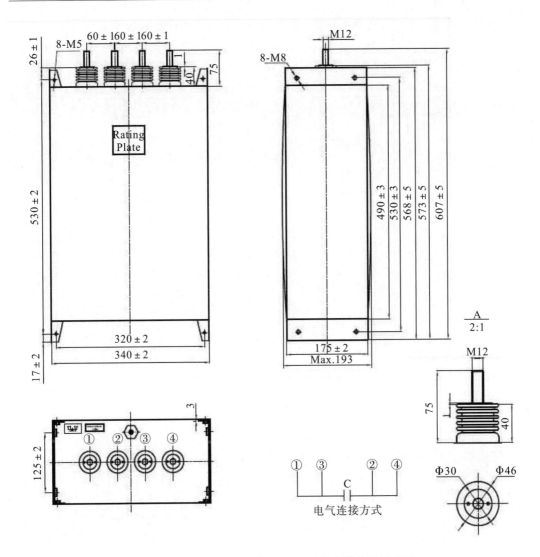

图 8 - 64　机车用直流支撑(DC - Link)电容器典型尺寸图

2)光伏、风电变流器中应用

　　光伏、风电作为新能源应用,由于其本身的不稳定性,需要与电网并网运行,也需要经过变流器与电网连接,其中也需要配置直流支撑电容器(DC - link cepacitor)。由于一般的光伏、风电的能量不是很大,容量相对较小,电压和电流均比较小,其中的直流支撑电容器基本上采用非隔离型高方阻金属化聚丙烯膜,圆柱形卷绕、铝壳封装、充填聚氨酯或环氧树脂。具有低电感、低损耗、耐大电流、耐高峰值电流和高浪涌电流和高可靠、长寿命、易于安装等特点。

　　由于光伏及风电系统的不稳定性,电容器工作条件变化比较大,输送功率越大,直流侧的纹波电压较高,电容器的温升就越大。因此,电容器必须低损耗,耐高温,多选用耐高温型金属化聚丙烯膜。

　　图 8 - 65 为风力发电变流器的电路拓扑图,其中 C_1 为直流支撑电容器,一般将其整合到电力电子器件的模块上。图 8 - 66 为光伏发电变流器电路拓扑图,其中的 C_4 为直

流支撑电容器。在风电与光伏系统中,最常用的直流支撑电容器的额定直流电压为 1100 V,电容量为 420 μF,电容器尺寸为 φ86 mm×137 mm,工作电流可达 70 A,电容器内部温升不超过 15～20 K。其外形及实物的图片如图 8－67 所示。

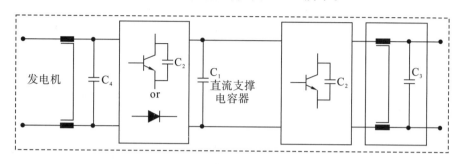

图 8－65　风力发电变流器电路拓扑图

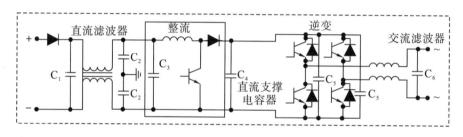

图 8－66　光伏发电变流器电路拓扑图

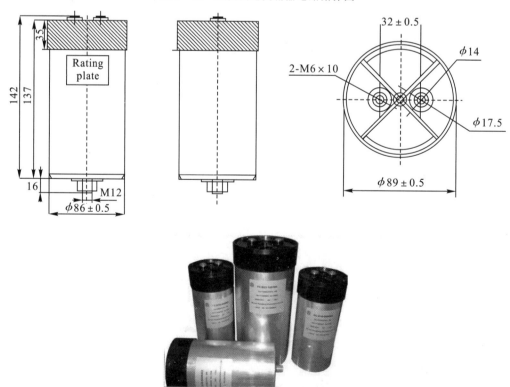

图 8－67　常用圆柱形铝壳 DC－Link 电容器的尺寸图

3）新能源汽车用电容器

新能源汽车不使用汽油等燃料作为动力，而是使用高密度、大容量储能设备储存能量，减少城市污染，保护环境。新能源汽车需要将储能设备的能量变换为交流电，以驱动汽车的动力系统。图 8 - 68 为新能源汽车系统中主电机驱动系统，由于储能设备不能提供瞬间电流的突变，其中 C_3 为 DC - Link 电容器，用以电压支撑，提供瞬间电流。

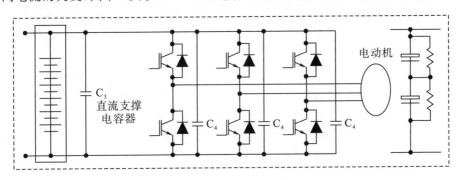

图 8 - 68　新能源汽车主电机驱动系统电路拓扑图

根据混合动力及纯电动汽车电机的功率不同，电容器的直流电压为 450～800 V，电容量为 300～2000 μF。由于汽车的特殊性，主要的经济技术要求如下：

（1）要求电容器必须小型化、轻量化，体积为 1～1.5 L，能够放进发动机机舱；发动机机舱的温度较高，一般在 80～105℃，要求电容器能够承受高温环境。

（2）电容器的固有电感低，符合变流器高达 10～30 kHz 的开关频率的要求。

（3）汽车的设计寿命一般在 10～15 年，要求电容器的寿命达到同等水平。

（4）要求电容器可靠性高。由于中间环节短、最终顾客数量众多，可靠性必须很高。

（5）安全性方面，应当符合汽车行业的相关规定，如有防火防烟雾要求等。

由于以上特殊的要求，在电容器设计生产中，首先要选取耐高温薄膜，常用的聚丙烯薄膜已无法达到要求，电容器的固有电感控制在 10 nH 以下，由于电压低，体积要求小，也要选用更薄的薄膜，在 3 μm 或更薄的薄膜，这对蒸镀机、卷绕机、热定型等工艺处理过程也提出了更高的要求。封装和灌封方面，需要安全阻燃耐高温的材料做壳体和灌封材料，并且能够耐受高低温冲击和潮湿。图 8 - 69 为新能源汽车上使用的 DC - Link 电容器的图片。

图 8 - 69　部分汽车用电容器图片

4）静止无功发生器（SVG）上应用

静止无功发生器（SVG）也叫静止同步补偿器（static synchronous compensator, STATCOM）。如图 8 - 70 所示，SVG 的基本原理是通过可关断电力电子器件给储能电容器充电,并通过电力电子器件对 PMW 脉宽调制技术,将直流侧电压转换成交流侧与电网同频率的正弦电压,在这个电压与系统之间串联一个电抗器,当这个电压低于系统电压时,输出感性无功;当这个电压高于系统电压时,输出容性无功;当 2 个电压相等时,不输出功率,电抗器成为无功输出的功能元件,所以 SVG 可实现从感性到容性的无级调节。这样,STATCOM 也可以看成一个与电网同频率的交流电压源通过电抗器联到电网上。与有源滤波器(APF)原理基本相同。SVG 用 DC - Link 电容器图片如图 8 - 71 所示。

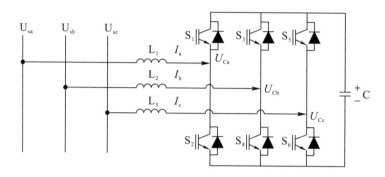

图 8 - 70　SVG 原理图

图 8 - 71　SVG 用 DC - Link 电容器图片

STATCOM 直流侧电容器仅起直流电压的支撑作用,电容器的电压以直流电压为主,并随着可关断电力电子器件的动作产生电压波动,由于动作频率很高,所以电压波动的频次也很高。该种类型的电容器设计制造时,一定要充分考虑其承受电流的能力及电容器的内部温升。一般采用圆柱形或方形金属化膜电容器,油浸式和干式树脂封装都是可行的。直流电压等级一般为 1200 V 等级,电容量为 1500~8000 μF 不等。

5)柔性直流输电上应用

柔性直流输电技术是在传统直流输电技术的基础上发展起来的,一般适用于高电压大容量的电力输送,其送电侧仍为传统的整流设备,将交流电压转换为直流电压,通过高电压直流线路,将电力输送到大型负荷中心,并可实现多端直流输电。受电侧通过多电平柔性变换技术,将直流电压变换成接近正弦波形的交流电压,从而实现柔性直流输电,我国的柔性直流输电工程的电压已达到±800 kV。柔性直流输电技术在其他的新能源并网等方面也有类似应用,不过电压较低,容量较小。

柔性直流输电技术中电容器的用量非常大,其中大部分电压等级较高,容量较大,如交流及直流滤波器等均采用箔式电容器,其中的阀用电容器多采用金属化电容器,包括阻尼吸收电容器、阀组均压电容器以及柔性换流侧的直流支撑电容器。柔性直流输电系统结构示意图如图 8-72 所示。

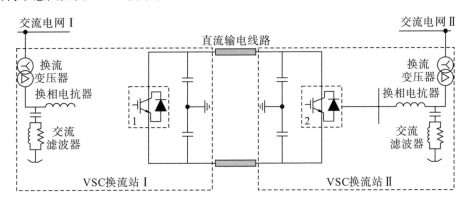

图 8-72 柔性直流输电系统电路拓扑图

在柔性逆变侧,使用大量的 DC-Link 电容器,电容器与多电平的电力电子器件并联,DC-Link 电容器的主要作用是支撑直流电压,为逆变侧提供足够的能量。直流输电电压等级高,容量大,电力电子器件的电压也比较高,所以需配置的电容器的电压比较高,容量也比较大。目前,直流输电中常用的 DC-Link 电容器的直流电压等级在 2000 V 以上,如常用的有 2100~2200 V 及 2800 V,单台电容器电容量在 10000~20000 μF 左右,体积大、重量重,单台电容器重量可达 100 多 kg。电容器承受电流能力、低电感特性、安全性、可靠性、长寿命等要求均特高。该电容器多采用高方阻耐高温金属化膜,圆柱形卷绕设计,低电感装配结构,无油化阻燃聚氨酯封装,矩形不锈钢外壳结构,带安全防爆传感器。柔性直流输电用 DC-Link 电容器图片如图 8-73 所示。

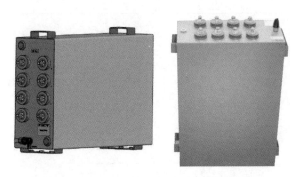

图 8-73 柔性直流输电用 DC-Link 电容器图片

8.6.4 电力电子电容器设计参数

1)电容量 C_N

根据不同的使用场合,电容器的容量范围很大,从几微法到几万微法不等,不同用途电容量的要求不同。电容量与温度的变化必须符合要求;电容器工作寿命周期结束的电容量不可逆变化,一般要小于3%,远比一般电容器要求高。图8-74为电容器电容量的变化率与温度的关系曲线。

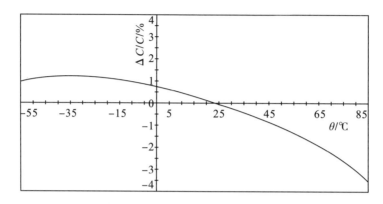

图8-74　电容量的变化率与温度关系曲线

2)额定电压 U_N

由于电力电子电容器的工作状态比较特殊,其电压往往不是一个单纯的交流或直流电压,在额定值选取时,往往以其主要的成分规定其直流或交流电压的额定值。因此,电容器的额定工作电压不同于常规电容器的规定,除了直流和交流电压额定值规范外,同时规范了最大可重复电压、非重复电流、浪涌电压、纹波电压以及绝缘电压。

(1)直流额定电压 U_{NDC}

如图8-75所示,电容器的额定直流电压为最大工作重复的峰值电压。

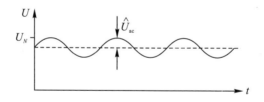

图8-75　直流额定电压与纹波关系

(2)交流额定电压 U_{NAC}

如图8-76所示,电容器的交流额定电压规范为波形可以反复翻转的最大工作重复的峰值电压,而不是普通交流电容器的额定电压的交流有效值。

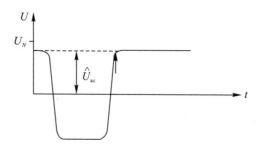

图8-76　交流额定电压波形图

（3）最大重复峰值电压 $\hat{U}$

如图 8-77 所示，最大重复峰值电压是允许的、最大的、可重复峰值电压，其可能出现的持续时间比较短，根据用户要求，一般不超过周期的 1%。

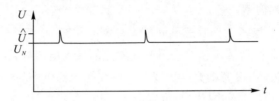

图 8-77　直流额定电压与重复峰值电压的关系

（4）非重复电流浪涌电压 U_S

如图 8-78 所示，由开关操作或系统的干扰引入的浪涌或冲击过电压，这个浪涌过电压的持续时间应小于电网电压的一个周期。典型值最大持续时间为 50 ms/脉冲，在有些电力电子线路中，电容器上这种重复的频率很高，可能会达到 1000 次/s，甚至更高。

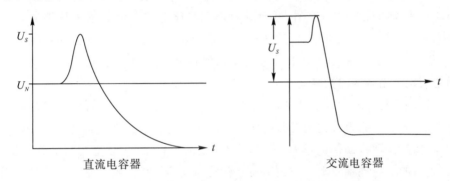

图 8-78　电容器的非重复浪涌电压与额定电压的关系

（5）纹波电压 U_r

如图 8-79 所示，纹波电压的幅值规范为波动电压的最高值与最低值之间的电压差，实际工程中的纹波电压的幅值是变化的，波形也不是图中的类似正弦电压的叠加，上升或下降速度更快。

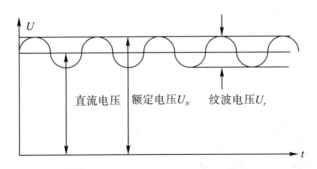

图 8-79　纹波电压与额定电压关系

3）额定电流 I_{rms}

电力电子电容器由于工作条件特殊，工作电流由多种成分组成，有周期性的电流分量，也有非周期性的冲击电流；有周期性出现的冲击电流，也有非周期性的冲击电流。不同的电流对于金属化膜电容器的影响是比较大的,且不同的电流影响是不同的。电力电子电容器的额定工作电流不仅根据金属化薄膜的线电流密度推算,更重要的是要根据电容器的有功功率损耗,导致电容器温升在允许范围内时电容器所能通过的最大有效电流,并建立相应的数据模型。

(1)最大电流 I_{max}:连续工作状态下的最大有效值电流;

(2)最大峰值电流 $\hat{I}$:连续工作状态瞬时间发生的最大电流峰值;

(3)最大冲击电流 $\hat{I}s$:电容器允许由开关或系统的干扰引出的峰值电流。

电容器的冲击放电电流的幅值,与电容器的电压、电容量、固有电感以及外放电回路的阻尼特性有关,电容器的自电感可以通过放电的方式进行测量。

4)自感量 L_S 及谐振频率 f_0

电容器的自感量也叫电容器的固有电感。电容器的自感与电容器内部元件的布置、连接线及引出端子等有关,回路越小,自感越小。在有些电力电子回路中,要求电容器快速放电,必须进行低电感设计。

对于电容器的自电感的检测,可通过测量短路放电的电流波形来计算电容器的自感,其中,对于外回路的电感,可以通过改变外回路的长度,计算两次振荡放电的周期 T 的差别,估算回路的电感值,用总的电感值减去回路电感,即为电容器的自电感。

5)电力电子电容器的损耗

电容器的损耗可分为 2 大部分,介质损耗和导体损耗。介质损耗主要是薄膜介质和浸渍介质的损耗,可分为极化损耗和电导损耗。对于电容器的极化损耗,频率越高,介质极子的反转速度越快,损耗也越大,但是考虑介质的损耗率,由于电容器的频率变化时,电流也随之增减,损耗率原则上变化不大。介质的电导损耗原则上是一个与频率无关的量,对于回路中的导体的损耗,包括金属化镀层的损耗,其阻值原则上是不变的,由于高频下容抗变小,所以,电容器内部导体的损耗率是增加的。

电容器的损耗,介质的电导损耗是不变的,介质的极化损耗率也可认为是不变的,但是内部导体的损耗是增加的。由于高频下的电容器总的电流是增加的,其总的损耗是增加的,电容器单位体积的发热量是增加的。

所以,对于电力电子电容器,需关注其电压和电流的波形变化,对于高频含量较高的电容器,温升的提高是必然的,一方面要提高相关材料的耐温性能;另一方面对于电容器采取必要的散热措施,防止内部故障的发生。

参考文献

[1] 王振东,陈翠华.浅谈金属化电容器损耗角正切 tanδ 的有效控制[J].电力电容器与无功补偿,2012,33(3):61 - 63.

[2] 储松潮.锌铝金属化膜氧化腐蚀及其防护[J].电力电容器,2000(2):45 - 47.

[3] 袁伟刚,姚睿,吴向英.提高锌铝金属化膜抗氧化能力的研究[J].电子元件与材料,2009,28(11):36 - 38.

[4] 胡仲霞,王可.安全膜电容器膜结构分析[J].电子元件与材料,1999(04):9 - 10,53.

[5] 王振东.金属化薄膜电容器损耗的工艺研究.[D].南京：南京理工大学,2007.

[6] 储松潮.新型电力电子薄膜电容器的研制[J].电力电容器,2007(5):34-38.

[7] 储松潮,潘焱尧,杨波,等.浅谈油浸式直流支撑金属化电容器的工艺控制[J].电力电容器与无功补偿,2013,34(5):58-62.

[8] 章妙.金属化膜电容器自愈特性研究[D].武汉：华中科技大学,2012.

[9] 陈才明.金属化薄膜电容器的电流冲击试验[J].电工技术学报,2015,36(6):37-41.

[10] 储松潮,黄云锴,潘焱尧,等.柔性直流输电用电力电子电容器的测试与工程应用[J].电力电容器与无功补偿,2019,40(1):59-64.

[11] 李华.金属化膜电容器自愈理论及规律研究[J].电工技术学报,2012,27(9).

第9章 集合式高压并联电容器

集合式高压并联电容器是有别于壳式电容器的一种并联电容器,是将具有外壳的特制的电容器单元。串、并联后装入一个具有引出套管的大型壳体内,内部填充液体或气体绝缘介质的大容量并联电容器。与日本引进的一种大容量的电容器外形结构基本相同,但是内部结构有所不同,日本引进的大容量电容器内部的单元没有小箱壳,外型结构类似。为了区分2种电容器的不同,本书将具有小箱壳的这种电容器称为集合式高压并联电容器(简称集合式电容器),将日本引进技术的大容量的高压关联电容器称为箱式电容器。

9.1 集合式电容器概述

集合式电容器(assembled capacitor)是一种由适当数量的内部电容器单元(capacitor unit)集装于一个充满绝缘介质的大箱壳中构成的电容器。

集合式高电压并联电容器(high voltage shunt capacitor of the assembling type)是指用于1000V以上电力系统并与系统并联的集合式电容器。

集合式电容器最早也叫密集型电容器,诞生于1985年,是由我国自主研发的大容量电力电容器,是目前中国特有的一种产品。集合式电容器将多台电容器集中安装于一个箱壳中,占地面积小,安装使用维护方便。其特点如下:

(1)结构紧凑、占地面积小;

(2)适用于有鸟害、小动物活动较频繁的场合;

(3)适用于污秽、盐雾较大的场合;

(4)适用于抗震性能要求高、防火防爆安全性能要求较高的场合;

(5)安装维护方便、简单,可应用于无专业维护人员的场合。

1985年我国第一台集合式电容器诞生,已经经历了30多年的发展历程,随着集合式电容器的技术发展和进步,其应用电压等级越来越高,单台容量也越来越大。

在30多年的发展历程中,集合式电容器成套应用技术也随之发展。随着国家电网智能化变电站的发展,要求集合式电容器成套装置向着紧凑型方向发展,一种将串联电抗器与集合式电容器集成为一体的新的结构型式出现,并在2014年投入商业运行,至此集合式电容器的成套装置也出现了新的类型即集成式并联电容器装置。为了便于说明问题,这里将几种类型做了严格的区分和定义,具体如下:

(1)集合式并联电容器,指由电容器单元组装到一体,装于一个密封的壳体内,内部填充液体或气体绝缘介质,并有专门的引出套管的电容器。

(2)集合式并联电容器装置,指由集合式电容器、串联电抗器、放电线圈等设备通过外部可见连接线组装到一体的电容器装置。

（3）集成式并联电容器装置，指至少含有集合式电容器和串联电抗器在内的通过内部连接引线组装到一体，具有专门的引出套管的电容器装置。

集合式电容器技术经过了 30 多年的发展，应用电压越来越高，容量也越来越大，66 kV 电压等级，单台容量为 20000 kvar 的集合式电容器已投入运行。集合式电容器的发展历程中标志性产品如表 9-1 所示。

表 9-1　集合式电容器发展状况

序号	时间	代表性产品	结构特点	备注
1	1985 年	BWFH11/$\sqrt{3}$-3600-1X3W	10 kV，膜纸复合介质，3 相一体，内部接线为 Ⅲ 型	
2	1995 年	BWFH38.5/$\sqrt{3}$-3334-1W	35 kV，膜纸复合介质，外壳接地	单相
3	1997 年	BAMH66/$\sqrt{3}$-3334-1W	66 kV，全膜介质，外壳接地	单相
4	2003 年	BAMH42/$\sqrt{3}$-10000-1W	35 kV，全密封结构，外壳接地	在 500 kV 变电站投入商业运行
5	2013 年	TBBH10-5000-AKW	集合式电容器单元与铁芯串联电抗器组合在一起	商业运行
6	2015 年	BAMH66/$\sqrt{3}$-20000-1W	66 kV，全膜介质，外壳接地	在 500 kV 变电站投入运行
7	2016 年	TBBH10-5000-AQW	智能化的集合式并联电容器装置，带有温度、电容量、投切过程智能监控	挂网运行

9.2　集合式电容器的分类及型号[1]

9.2.1　集合式电容器分类

集合式电容器可从电压等级、密封结构等方面进行分类，从密封结构分为全密封结构和普通密封结构 2 大类。

全密封结构的集合式电容器的特点是电容器箱壳内的绝缘冷却油不与大气相通，在电容器箱体上装有油量补偿装置，在低温（环境温度低于注油温度）状态下，内部呈负压，在高温状态下，内部呈正压。

普通密封结构的特点是电容器箱壳内的绝缘冷却油通过装有干燥剂的油补偿器与大气相通，在正常状态下，电容器内部最高油位处的压强等于大气压。

集合式并联电容器按电压等级分类，如表 9-2 所示。主要根据电力系统的电压等级区分。

表 9-2　集合式并联电容器按电压等级分类

序号	系统标称电压/kV	名称	额定电压/kV	备注
1	6	6 kV集合式高压并联电容器	$6.6/\sqrt{3}$	用量较少
2	10	10 kV集合式高压并联电容器	$11/\sqrt{3},12/\sqrt{3}$	用量较多
3	35	35kV集合式高压并联电容器	$38.5/\sqrt{3},42/\sqrt{3}$	外壳接地,用量较多
		半绝缘 35 kV 集合式高压并联电容器	22,24	放于绝缘平台上,较少采用
4	66	66kV集合式高压并联电容器	$73/\sqrt{3},79/\sqrt{3}$	较少

9.2.2　集合式电容器的型号

集合式高压并联电容器命名遵循 JB/T7114.1-2013《电力电容器产品型号编制方法》,下面以实例进行说明。

例:BAMH38.5/$\sqrt{3}$-3334-1W

其中:B:并联电容器;

A:液体介质代号(A:苄基甲苯;F:二芳基乙烷;W:十二烷基苯);

M:固体介质代号(M:全膜介质;F:膜纸复合介质);

H:集合式;

38.5/$\sqrt{3}$:额定电压(kV),指电容器的相与中性点间额定电压;

3334:额定容量(kvar);

1W:单相,户外(1×3W:三相,Ⅲ型接线,户外。N:户内)。

9.3　集合式电容器的特点与相关问题

9.3.1　集合式电容器的特点

集合式电容器与箱式电容器的最大区别在于集合式电容器内部采用特制的带有小铁壳的电容器单元,单元内部的每一个小元件串联一根内熔丝。当个别元件发生击穿损坏时,能够像壳式单元电容器一样进行内熔丝保护,保证整台集合式电容器继续运行。由于箱式电容器采用大元件设计,无法采用内熔丝保护,极间电场强度设计相对较低。

集合式电容器除可用内熔丝保护之外,其设计、生产以及检验等与壳式电容器相同,单元电容器可以通过一个预选的过程。另外,在大箱壳内可以采用较通用的变压器油,满足绝缘和冷却需要。除以上特点外,集合式电容器与构架式电容器相比有以下优点:

(1)集合式电容器单元之间采用油介质绝缘,电容器极对壳绝缘的距离和其间距可以缩小,使得电容器组的占地面积较小。

（2）所有的安装工序、试验检验在工厂完成，单台整体运输发货，现场安装工作量较小。

（3）电容器串联段间的绝缘、平台间的绝缘、极对壳绝缘均由绝缘油实现，性能稳定可靠。

（4）裸露于空气中的端子仅有出线端子，不易受到小动物、鸟害、污闪、雨雪等外部因素的侵害。

（5）由于结构紧凑，集合式电容器有较高的抗震能力。

集合式电容器的缺点是如果内部单元有损坏需要更换时，现场无法修理，需要返厂修理，花费的时间较长，运输吊装成本较高。所以，对于集合式电容器，设计的安全裕度需要更大一些，以防止发生内部故障。

9.3.2　放电线圈的接线问题

10 kV 集合式并联电容器装置一般情况下配有放电线圈，作用是当集合式电容器脱开网路后，能够在 5 s 内将电容器端子上的残余电压由 $\sqrt{2}U_N$ 降至 50 V 以下；防止开关重合闸时产生不必要的过电压。放电线圈的另外一个作用是将三相放电线圈二次端子接成开口三角，通过采集开口三角电压来对电容器的内部故障进行保护。

常规的放电线圈一般并联接于电容器两端，如图 9-1 所示；而集成式电容器装置由于电抗器采用内部接线，放电线圈跨接于串联电抗器与电容器两端，如图 9-2 所示。这种接线方式的改变，原则上不会改变电容器的放电特性，原因有二：其一，放电线圈的直流电阻很大，放电过程仍为高阻尼放电，除非电容器组的容量非常小。其二，一般情况下，电抗器的直流电阻比放电线圈的直流电阻小得多，至少在放电线圈直流电阻的 1/1000 以下，所以，对于放电速度的影响很小。

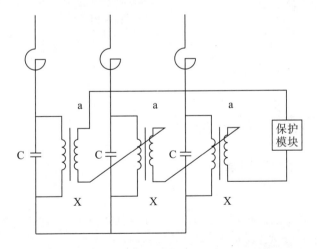

图 9-1　常规集合式电容器装置放电线圈的接线方式

但是这种接线方式对于元件的故障保护是有一定的影响的，在中性点不接地的电容器装置中，图 9-1 接线方式中放电线圈的端电压是图 9-2 接线方式中放电线圈端电压的 1/（1−K）倍（K 为串联电抗率），串 12% 电抗时，端电压高 1.136 倍。因此，在设备配置对电容器内部故障保护的整定值计算时,需对整定值进行调整,其影响的大小如表9-3所示。

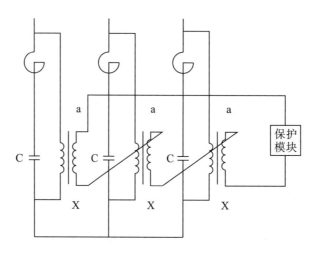

图 9-2 集成式电容器装置放电线圈的接线方式

表 9-3 放电线圈接线对保护的影响

序号	项目	图9-1接线	图9-2接线
1	放电线圈额定电压(kV)	$12/\sqrt{3}$	$11/\sqrt{3}$
2	接线图当A相电容器阻抗增大10%时,放电线圈两端阻抗的变化率α	1.1	$\dfrac{1.1-0.12}{1-0.12}=1.114$
3	一次开口三角电压(V) $3U_o=\dfrac{3(1-\alpha)}{1+2\alpha}U_n$	$-0.094\,U_n=-0.65\text{ kV}$ (负号表示与A相 电压相位相反)	$-0.106\,U_n=-0.673\text{ kV}$
4	放电线圈变比	$12/\sqrt{3}:100$	$11/\sqrt{3}:100$
5	二次开口三角电压(V)	-9.38 V	-10.6 V

9.4 集合式电容器的基本性能

9.4.1 集合式电容器使用条件[2-3]

1)海拔高度

国家相关标准规定的海拔不超过1000 m,应用的海拔高度超过1000 m,其绝缘水平和电气净距的修正系数建议按公式(9-1)进行计算。

$$K_a = e^{q\left(\frac{H-1000}{8150}\right)} \tag{9-1}$$

式中,K_a为海拔修正系数;H为设备安装地点的海拔高度,m;q为指数,取值如下:$q=1.0$。

2)环境温度类别

根据国家相关的标准,安装运行地区环境空气温度范围为$-50\sim+55$℃。在此温度范围内按电容器所能适应的环境空气温度分为若干温度类别,每一温度类别均以一斜线隔开的下限温度和上限温度的字母代号来表示。

下限温度为电容器可以投入运行的最低环境空气温度,其值从 $+5℃$,$-5℃$,$-25℃$,$-40℃$,$-50℃$ 中选取。

上限温度为电容器可以连续运行的最高环境空气温度。与字母代号相对应的环境空气温度上限,其相关数据与高压并联电容器相同,可参见第 6 章中的表 6-4。

任何下限温度和上限温度的组合均可选为电容器的标准温度类别。优先选用的标准温度类别为:$-40/A$,$-25/B$,$-5/A$ 和 $-5/C$。

超出以上运行条件时,购买方与供应方可以在技术协议中另行商定。

9.4.2　集合式并联电容器的电气参数

1)电容允许偏差

集合式电容器的电容量根据以下几个条件进行控制:

(1)实测电容与额定电容值相对偏差在 $0\sim+5\%$ 范围内。

(2)10 kV 及以下级,三相电容器中任意两相实测电容值中最大值与最小值之比不大于1.02。10 kV 及以上级,三相电容器中任意两相实测电容值中最大值与最小值之比不大于1.01。

(3)每相中任意两段实测电容值中最大值与最小值之比不大于1.005。

(4)对于桥差不平衡电流保护,对角线电容值乘积的最大值与最小值之比不大于1.003。

2)电容器的损耗角正切值($\tan \delta$)

目前的集合式电容器的内部单元电容器,均采用全膜介质,在额定电压下,环境温度为 20℃时,其损耗角正切值 $\tan\delta$ 不大于 0.0003。电容器在实际的运行中,会产生很小的能量损耗,其损耗一般可达到 0.3 W/kvar 左右。单台电容器的实际损耗可以按式(9-2)计算:

$$P = Q_n \cdot \tan\delta \tag{9-2}$$

式中,P 为单台电容器实际损耗,kW;Q_n 为单台电容器容量,kvar;$\tan\delta$ 为单台电容器损耗角正切值。

3)极间电气强度

集合式并联电容器的极间工频交流耐受电压为 $2.15\,U_N$,历时 10 s。

对于多相电容器,或者受试验容量的限制,集合式电容器的极间耐压可以分段或分相进行,但需要使每一相上均能受到规定的电压。

4)绝缘水平

电容器与外壳绝缘的全部线路端子和外壳之间,以及内部Ⅲ形连接的相间的绝缘应能承受表 9-4 所列的耐受电压,历时 1 min。

表 9-4 电容器相间的绝缘水平

| 电容器绝缘等级 | 集合式电容器额定电压/kV | 绝缘水平/kV | | 雷电冲击耐受电压(1.2~5)/50 μs 峰值 |
| | | 短时工频耐受电压,1 min 方均根值 | | |
		一般	淋雨	
3	3.15	25	18	40
6	$6.6/\sqrt{3}$,6.6	30	25	60
10	$11/\sqrt{3}$,11,$12/\sqrt{3}$,12,11/2,12/2	42(35)	35	75
20	$22/\sqrt{3}$,22 $24/\sqrt{3}$,24	68(50)	50	125
35	$38.5/\sqrt{3}$,$42/\sqrt{3}$	95	80	185
66	$73/\sqrt{3}$,$79/\sqrt{3}$	140		325
		160		350
110	$124/\sqrt{3}$,$136/\sqrt{3}$	200		450

注:括号内数值为中性点经电阻接地系统;

同一设备最高电压给出两个绝缘水平者,在选用时应考虑到电网结构及过电压水平、过电压保护装置的配置及其性能、可接受的绝缘故障率等。

5)放电器件

对于集合式电容器,由于电容器集中装于一个大箱壳内,原则上其内部单元均需要配置内部熔丝,所以,无论何种情况,单元电容器内部的放电电阻均是必需的,并且必须连接于每个串段上,并能够在 10 min 内将剩余电压自 $\sqrt{2}U_N$ 降至 75 V 以下。我国电力标准 DL/T628-1997[5] 中要求,集合式电容器内放电电阻应能将电容器上的剩余电压在 5 min 内自 $\sqrt{2}U_N$ 降至 50 V 以下,这种要求会增加电容器的损耗。

实际上内部放电电阻的配置有 2 个作用:其一是作为电容器的放电器件使用,至少应符合国家标准;其二是用于内部熔丝动作后的静电荷释放。在准备配置放电线圈的情况下,没必要按上述要求配置放电电阻,这样可减少不必要的损耗。

如果集合式电容器还需要安装放电线圈,则该放电线圈应能在 5 s 内将电容器上的电压从 $\sqrt{2}U_N$ 降至 50 V 以下,所用放电线圈或放电电阻应符合相应标准或技术条件的规定。

对于 35 kV 以上的全绝缘集合式电容器,当内单元满足上述放电性能要求时,其总的剩余电压是单元的剩余电压与单元串联数的乘积。集合式电容器单相的放电电阻值应满足式(9-3):

$$R = \frac{N}{M} R_N \leqslant \frac{t}{C \cdot \ln(\frac{\sqrt{2}U_N}{U_R})} \qquad (9-3)$$

式中，R 为集合式电容器单相总电阻值，$M\Omega$；M 为单相内单元的总并联数；N 为单相的总串联数；R_N 为内单元的放电电阻值 $M\Omega$；t 为从 $\sqrt{2}U_N$ 降至 U_R 的时间，s；C 为集合式电容器的单相电容值，μF；U_N 为集合式电容器单相额定电压，V；U_R 为允许的剩余电压，V。

放电电阻的取值不宜过小，过小会引起电容器损耗增大，一方面造成电能浪费，另一方面会降低电容器的使用寿命。因此，在满足电容器投运间隔要求的情况下，建议用户选用较长的放电时间。

6）投入时的剩余残压

电容器运行过程中，根据无功功率的需要，会频繁地投入和切除，在切除后再投入时，必须给电容器一定的放电时间，其间其会通过放电电阻或放电线圈进行放电，否则将在电容器上产生过电压和更大的涌流，再次投入时其端子上的剩余电压应不超过额定电压的 10%。

9.4.3　集合式电容器的过负荷

1）稳态电压因数

在电力系统中，系统电压的波动取决于很多因数，如发电机的能力、线路阻抗、负荷大小以及变电站的调压能力等。根据国家的相关标准，集合式电容器能够承受的系统电压的变化和持续时间如表 9-5 所示。

表 9-5　稳态过电压

型式	电压因数（方均根值）	最大持续时间	说明
工频	1.05	连续	电容器运行任何期间内的最高平均值，在运行期内出现的小于 24 h 的例外情况采用如下规定
工频	1.10	每 24 h 中 8 h	系统电压调整和波动
工频	1.15	每 24 h 中 30 min	系统电压调整和波动
工频	1.20	5 min	轻负荷时电压升高
工频	1.30	1 min	
工频加谐波	使电流不超过稳态过电流时所对应的电压		

能被电容器耐受而不受到显著损伤的过电压值取决于持续时间、总的次数和电容器的温度，表 9-5 中高于 $1.15\,U_N$ 的过电压是以在电容器的寿命期间发生总共不超过 200 次为前提确定的。

2）操作过电压和过电流

根据相关标准要求，用不重击穿的开关投切电容器时可能发生第一个峰值不大于

$2\sqrt{2}$ 倍施加电压(方均根值)、持续时间不大于 1/2 周波的过渡过电压,相应的过渡过电流的峰值可能达到 $100\,I_N$。在这种情况下,允许每年操作 1000 次。当需要对电容器做更为频繁的操作时,稳态过电压值和持续时间以及过渡过电流均应限制到一个较低的水平。

3)稳态过电流

根据相关标准要求,电容器应适于在方均根值不超过 1.30 倍额定电流下运行。由于电容器的实际电容可能为 $1.05\,C_N$,这个过电流可能达到约 $1.37\,I_N$。这个过电流是由谐波和高至 $1.1\,U_N$ 的过电压共同作用的结果。

4)最大允许容量

在计入稳态过电压、稳态过电流和电容正偏差各因素的作用下,电容器总的容量不超过 $1.35\,Q_N$。

5)工频加谐波过电压

电容器运行中工频加谐波过电压不应使过电流超过稳态过电流规定值,如果电容器在不高于 $1.1\,U_N$ 下运行,则包含所有谐波分量在内的电压峰值应不超过 $1.2\sqrt{2}\,U_N$。

9.5 集合式电容器的结构特点

9.5.1 集合式电容器的外形结构

集合式电容器外形与油浸变压器相似,有单相和三相集合式。图 9-3 所示为一台单相 35 kV 集合式并联电容器的外形图,包括心子、外壳、绝缘套管、接线端子、油补偿器、压力释放阀、散热器、接地栓等部件,其中:

(1)心子 4 是电容器的心脏,由电容器单元串并组成,放置于充满绝缘油的外壳中;

(2)外壳 3 是电容器心子的防护层,并保证心子始终浸入绝缘油中,使心子、绝缘油与外界隔离;

(3)绝缘套管 2 是电容器的外绝缘,将电容器的端子通过套管引出;

(4)接线端子 1 在套管顶部,是电容器与电网相连的接线端子;

(5)油补偿器 5 安装于电容器的顶盖上面,用来补偿由于温度变化引起的油体积变化,使得内部的油位保持一定高度;

(6)压力释放阀 6 安装于上盖上,用来防止电容器较大故障时,电容器内部压力增大,用于释放压力,防止箱壳爆裂;

(7)散热片 7 安装于外壳的侧面,用于降低电容器的运行温度;

(8)接地螺柱 8 设置在底座槽钢上,用于外壳电位的固定或接地;

(9)在盖面上装有温度传感器,外壳的底部有放油口,用于检修放油和检测取油样。

对于电压等级较高或容量较大的集合式电容器,由于受到运输高度的限制,油补偿器、散热片、套管等部件需要运输到现场后安装,然后再注入合格的绝缘油。

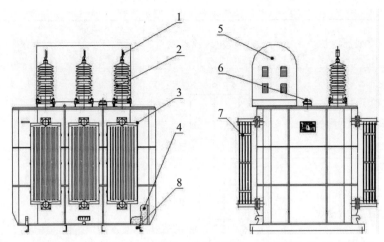

1.接线端子；2.出线套管；3.外壳；4.心子；5.油补偿器；6.压力释放阀；7.散热器；8.接地螺栓

图 9 - 3　集合式电容器外形结构图

9.5.2　集合式电容器的内部结构

集合式电容器由于应用场合、容量、保护方式等方面的差异,对于电容器的结构等的要求不同,其内部接线结构也不尽相同,常见类型如表 9 - 6 所示。

表 9 - 6　不同类型的集合式电容器结构

序号	结构类型及特点	端子及电气原理图	使用要求
1	类型:内部Ⅲ形接线 特点:三相一体结构,六套管引出	A B C / X Y Z	1. 串联电抗器可前置或后置。 2. 保护方式可采用开口三角电压保护。 3.6～10 kV 及以下产品采用较多
2	类型:内部星形接线 特点:三相一体结构,四套管引出	A B C 0	1. 用于串联电抗器前置或无电抗器。 2. 保护方式可采用开口三角电压。 3. 用于 6～10 kV 产品
3	类型:内部双星形接线 特点:三相一体结构,五套管引出	A B C / 01 02	1. 用于串联电抗器前置或无电抗器。 2. 保护方式:中性点不平衡电流保护。 3. 主要用于 6～10 kV
4	类型:内部星形可调容接线 特点:三相一体结构,七套管引出,容量可按三档调节	A1 A2 B1 B2 C1 C2 0	1. 电抗器须前置安装。 2. 保护方式可采用开口三角电压

续表

序号	结构类型及特点	端子及电气原理图	使用要求
5	类型:单相 I 形接线 特点:单相,两套管出线	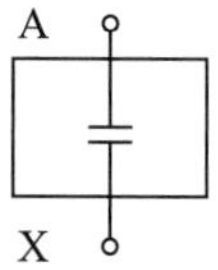	1. 电抗器前置后置均可。 2. 保护方式采用开口三角电压保护
6	类型:单相差压接线 特点:单相,三套管出线	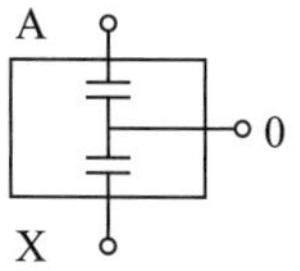	1. 电抗器前置后置均可。 2. 保护方式采用相差压保护。 3. 一般多用于 35 kV 电容器
7	类型:单相桥形接线 特点:单相,四套管出线	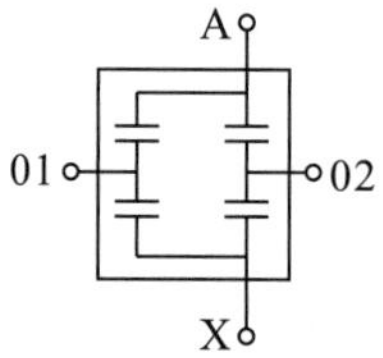	1. 电抗器前置后置均可。 2. 保护方式采用桥差不平衡电流保护。 3. 用于 35 kV 或 66 kV 大容量内熔丝保护电容器
8	类型:集成型接线 特点:三相,四套管出线,电抗器集成到电容器内部	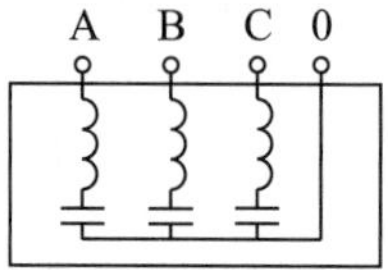	1. 电抗器一般前置,集成到电容器内部。 2. 保护方式多采用三角开口。放电线圈也可置于内部。 3. 用于 35 kV 或 66 kV 大容量内熔丝保护电容器

9.5.3 集合式电容器的安全防护

1)压力保护

压力保护的作用,就是为防止由于故障或其他原因引起电容器内部压力升高时箱壳或相关部件爆裂,防止进一步事故的发生。对于容量较大,内部绝缘油量较大的集合式电容器,建议装设压力释放阀,必要时也可安装气体继电器。

2)油补偿装置

由于集合式电容器内部绝缘油用量较大,温度变化时,绝缘油的体积会随着温度而变化,所以,集合式单元必须安装油补偿装置。早期的集合式电容器通过储油柜补偿,储油柜带呼吸器,储油柜的一端应装有油位计,且应有－30℃、＋20℃、＋40℃温度为标记。近年来集合式电容器的油补偿装置采用膨胀器,膨胀器内部有一定的压力。

对于储油柜,其容积应保证在上限温度且容量达到 1.35 Q_N 时的油不溢出;在下限温度未投入运行时油位在油位显示器上可见。

对于膨胀器,其应保证在上限温度且容量达到 $1.35\,Q_N$ 时,油压不超过膨胀器的允许工作压力上限;在下限温度且未投入运行时,膨胀器不应处于体积最小状态。

3)油温测量装置

集合式电容器温升很低,一般情况下不需要温度测量装置,如用户要求,也可装设信号温度计来测量油温。温度计的安装位置应便于观察。温度计的管座应设在油箱的顶部,并伸入油内 120 mm±10 mm。信号接点容量在交流电压 220 V 时,不低于 50 VA;直流有感负载时,不低于 15 W。温度计的准确度应不低于 2.5 级。

9.6　集合式并联电容器的设计

9.6.1　集合式电容器的设计原则

集合式电容器是一种在工厂内部高度集成的电容器,安装维护方便,占地面积小。但是当其出现内部故障时,由于产品很难在现场进行维修,必须返厂修理,因此,集合式电容器的整台产品和内部单元电容器的设计必须树立全寿命的设计理念,在整个生命周期内,各部件的设计做到免维修,年故障率应控制在 0.1% 以下。

(1)单元电容器的设计应适当降低设计场强,一般降低 5%～10% 或更高,容量越大,内部单元和元件越多,故障概率越高,所以,容量越大,设计场强的取值应该越低。

(2)配置完善有效的散热器,确保散热结构使所有电容器内单元在最高运行环境温度下,心子最热点温度不超过 75℃。

(3)对于中性点不接地系统,当系统发生单相接地故障时,电容器组内部极对壳电压会达到正常运行电压的 $\sqrt{3}$ 倍,中性点的电压也会升高。因此,产品极对壳绝缘应留有较大裕度,保证电容器的可靠性及安全性能。

(4)集合式电容器的内部连接及单元电容器设计时,确保内部熔丝能够可靠动作。

(5)应保证各部件具有的可靠密封性,尽可能采用全密封免维护结构。

(6)成套设备的设计应配备相应的保护,确保电容器运行的安全可靠性能。

(7)树立安装、使用、维护方便,免维修的设计理念,确保产品运行的安全可靠性。

9.6.2　集合式电容器内单元设计

集合式电容器心子由内部单元电容器串、并联组成,内单元的设计对集合式电容器的整体结构、性能、标准化水平都有很大的影响。内单元设计应遵循以下原则:

1)单元电容器的标准化

集合式电容器单元应与高压并联电容器单元设计采用相同的方法,电容器箱壳的长和宽应与高压并联电容器单元的尺寸保持一致,这样可减少主要原材料(膜、铝箔)的规格种类,减少工装设备,提高生产效率。单元的额定电压优先值按表 9-7 选取。

表 9-7　集合式内单元的额定电压优先值

系统电压/kV	串联电抗率/%	集合式额定电压/kV	内单元额定电压/kV	串联数	备注
10	≤6	$11/\sqrt{3}$	$11/\sqrt{3}$	1	5000 kvar 及以下
			$11/2\sqrt{3}$	2	5000 kvar 以上
	12	$12/\sqrt{3}$	$12/\sqrt{3}$	1	5000 kvar 及以下
			$12/2\sqrt{3}$	2	5000 kvar 以上
35	≤6	$38.5/\sqrt{3}$	$11/2$	4	
	12	$42/\sqrt{3}$	$12/2$	4	
66	≤6	$73/\sqrt{3}$	$10.5/2,10.5$	8 或 4	
	12	$79/\sqrt{3}$	$11.4/2,11.4$	8 或 4	
110	5	$124/\sqrt{3}$	6.08	12	
	12	$136/\sqrt{3}$	6.56	12	

2)集合式单元电容器的设计控制

(1)外壳设计

集合式电容器单元放置于绝缘油中使用,电容器单元的外壳材质厚度可选取1~1.2 mm,比高压并联电容器单元稍薄一些。根据行业目前的情况,尽量采用标准的箱壳尺寸,内单元的材质一般选用焊接和防锈性能较好的 409 L,内单元的外壳不需要抛丸和喷漆。外壳可采用的长(L)×宽(W)标准尺寸,高度可根据容量进行变化。

(2)设计场强控制

为了提高集合式电容器的可靠性,设计场强一般较壳式高压并联电容器低5%~10%,由于元件铝箔折边处的场强最大,因此元件设计时应以铝箔折边处压紧系数相同的场强为设计基准。

(3)额定电流控制

内单元的额定电流应适当加以控制,建议不宜超过 120 A,超过 120 A 时,推荐采用提高单元额定电压增加并联台数的方法解决。

(4)额定容量

在工艺条件允许的情况下,建议采用大容量单元,以便简化集合式电容器心子的联线,提高效率,降低成本。推荐采用以下容量为单元优先值:200 kvar,334 kvar,400 kvar,417 kvar,500 kvar,667 kvar。

(5)出线套管

因为在变压器油中使用,需满足绝缘水平要求;也可采用绝缘等级比高压并联电容器降一级的套管。现在为了保证密封性,一般采用一体化压嵌式套管。

3)集合式单元的内熔丝

对于集合式电容器,从安全和减少维护量的角度考虑,单元电容器必须安装内部熔丝,每个元件串有内熔丝,内部熔丝的设计应该使其在 $0.9\sqrt{2} \sim 2.5\sqrt{2}U_n$ 电压范围内可靠动作。

内熔丝设计是一个较为复杂的过程,相关参数的设计与计算往往与实际的设计有较大的差距,也可参考经过反复试验验证的设计进行推算,这与内熔丝材料的稳定性、元件结构、串并联数等因素有关。在推算时,应注意以下 5 点:

(1)每个串段的并联元件数应控制在一定范围内。

(2)在下限电压下,一个串段的储能不小于试验单元一个串段储能。

(3)在上限电压下,一个元件的储能不大于试验单元一个元件的储能。

(4)短路放电电压下(一般为 $2.5\,U_N$),一个元件的储能不大于可比单元一个元件的储能。

下限电压主要是考核电容器在正常运行工况下元件击穿时,熔丝是否能可靠动作,熔丝断口能够承受正常的过电压,解剖时不应发现有断断续续的铜丝存在。上限电压主要是考核内熔丝对其相邻元件间绝缘的影响,试验时不应发生误动作,即群断,或元件间绝缘损伤。

对于多串联段单元电容器,内熔丝的熔断能量主要是同一串联段的完好并联元件上的储能,外部其他并联单元的等效容量可以忽略。内熔丝熔断过程为一振荡放电过程,持续时间约为 0.05 ms,由于时间很短,内熔丝熔断可以看作是铜金属导体在一个绝热环境下,快速气化的过程。在液体介质的冷却、灭弧作用下,熔丝形成断口,熔丝断口将承受该故障串联段的电压。故障元件脱离电路,使整个系统继续正常运行。

熔丝熔断后,电容器内部各串联段上的电压将重新按阻抗分布,故障串联段会持续受到过电压的作用,随着故障元件数的增加,该过电压会不断增加,当过电压水平达到一定值(一般不超过 1.3 倍)时,继电保护应该动作,通过断路器开断电容器组。

4)单元电容器的放电电阻

集合式单元必须安装放电电阻,应该在每个串段上均安装一个放电电阻,在不准备配置放电线圈时,至少满足在 10 min 内将电容器单元的残压由 $\sqrt{2}\,U_N$ 降至 75 V 以下。

集合式电容器电压较高时,由于电容器由多个串联段串联组成,整台产品不能满足放电要求,并且在成套装置不准备安装放电线圈时,可以在集合式电容器心子的端子间再并联一个放电电阻,以满足整台产品的放电要求。

5)集合式电容器内单元外形图

如图 9-4 所示。

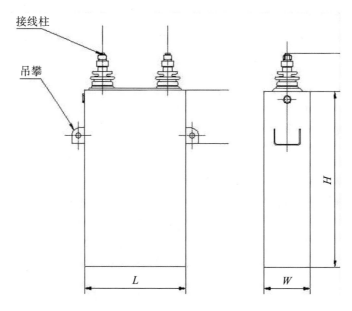

图 9-4　集合式电容器内单元外形图

9.6.3　集合式电容器心子设计

集合式电容器的心子设计的任务主要是根据电容器的电压、容量以及计划采用的保护方式等参数对单元电容器的数量及布置方式做出选择：

（1）依据集合式电容器的电压和容量确定内单元电容器的型号及串、并联数。

（2）确定内单元的放置方式及接线，对于容量较小的内单元可采用立放布置，对于大容量的集合式电容器一般采用卧放布置，电容器单元之间应留有 10 mm 以上的油隙，作为其散热通道。

（3）各连接线的电流密度，采用镀锡铜连接片时，单层铜连接片的厚度不应大于 1 mm，电流密度应不超过 5 A/mm^2。

（4）极对壳绝缘，应尽可能利用油隙进行不同电位间的绝缘，当油隙不能满足要求时，可以选用以下绝缘结构，如表 9-8 所示，绝缘结构应尽可能不影响油循环通道。

（5）单元支架。主要用来固定支撑内单元电容器，设计时应注意以下几点：

①机械强度应满足长距离运输条件下对电容器单元和心子的支撑。机械强度小于 2～3 mm/in。

②10 kV 支架可采用金属型材焊接而成，机加工件应无毛刺尖角，外观应进行热镀锌或冷镀锌处理，储存环境应保证干燥、干净、通风。支架与外壳间，内单元外壳与支架间电位固定应牢靠。

③35 kV 以上产品，由于运行时支架带电，因此，支架应采用折弯型材焊接，加工表面应无毛刺尖角，表面可以涂敷绝缘胶，以缩短带电体间的距离，减少体积。

（6）10 kV 及以下集合式产品的绝缘水平与内单元的绝缘水平相同，内单元在箱壳中外壳接地。当电容器单元台数较少时，应选用内单元立放布置方案，便于套管出线引出。

（7）集合式电容器心子设计实例如表 9-9 所示。

（8）集合式电容器心子布置方案推荐值如表 9-10 所示。

表 9-8　极对壳绝缘结构

结构	应用场合
聚丙烯膜套	局部无尖角电极的包裹，适用于非标结构的临时需要包裹绝缘的场合
电缆纸套	可以提前预制的绝缘件，用于包裹标准化的电极部件
油浸电工纸板	用于大面积电极的绝缘，可以隔断绝缘油杂质中的带电小桥。使用时应注意沿面爬电放电问题
绝缘垫块，支柱瓷瓶	用于相互绝缘的支架间的机械支撑
电容器支架涂敷绝缘漆	降低支架间的绝缘距离，弱化金属支架尖角

表 9-9　设计举例：$BAMH42/\sqrt{3}-10000-1W$

序号	项目	取值
1	集合式电容器参数	
	型号	$BAMH42/\sqrt{3}-10000-1W$
	额定电压 U_N/kV	$42/\sqrt{3}=24.25$
	额定容量 $Q_N/kvar$	10000
	额定频率 f/Hz	50
	额定电容量 $C_N/\mu F$	54.13
	额定电流 I_N/A	412.4
2	心子结构设计	
	串联数 N	4
	并联数 M	6
	内单元额定电压/kV	12/2
	内单元额定容量/kvar	417
	内单元摆放型式	四层 6 排侧卧放布置
	电气联线图	电气接线图

表 9-10 典型集合式电容器型号推荐心子方案

序号	集合式电容器型号	内单元	并联数×串联数×相数	电容器单元摆放	推荐保护方式
1	$BAMH11/\sqrt{3}-1000-3W$	$BAM11/\sqrt{3}-334-1$	$1×1×3$	立放1排3列	开口三角电压保护
2	$BAMH12/\sqrt{3}-1000-3W$	$BAM12/\sqrt{3}-334-1$	$1×1×3$	立放1排3列	开口三角电压保护
3	$BAMH11/\sqrt{3}-2000-3W$	$BAM11/\sqrt{3}-334-1$	$2×1×3$	立放1排6列	开口三角电压保护
4	$BAMH12/\sqrt{3}-2000-3W$	$BAM11/\sqrt{3}-334-1$	$2×1×3$	立放1排6列	开口三角电压保护
5	$BAMH11/\sqrt{3}-3000-3W$	$BAM11/\sqrt{3}-500-1$	$2×1×3$	立放1排6列	开口三角电压保护
6	$BAMH12/\sqrt{3}-3000-3W$	$BAM12/\sqrt{3}-500-1$	$2×1×3$	立放1排6列	开口三角电压保护
7	$BAMH11/\sqrt{3}-4000-3W$	$BAM11/2\sqrt{3}-334-1$	$2×2×3$	立放2排6列	开口三角电压保护
8	$BAMH12/\sqrt{3}-4000-3W$	$BAM12/2\sqrt{3}-334-1$	$2×2×3$	立放2排6列	开口三角电压保护
9	$BAMH11/\sqrt{3}-5000-3W$	$BAM11/2\sqrt{3}-417-1$	$2×2×3$	立放2排6列	开口三角电压保护
10	$BAMH12/\sqrt{3}-5000-3W$	$BAM12/2\sqrt{3}-417-1$	$2×2×3$	立放2排6列	开口三角电压保护
11	$BAMH11/\sqrt{3}-6000-3W$	$BAM11/2\sqrt{3}-334-1$	$3×2×3$	卧放3层3列,背靠背	中性点不平衡电流保护
12	$BAMH12/\sqrt{3}-6000-3W$	$BAM12/2\sqrt{3}-334-1$	$3×2×3$	卧放3层3列,背靠背	中性点不平衡电流保护
13	$BAMH11/\sqrt{3}-8000-3W$	$BAM11/2\sqrt{3}-334-1$	$4×2×3$	卧放3层4列,背靠背	中性点不平衡电流保护
14	$BAMH12/\sqrt{3}-8000-3W$	$BAM12/2\sqrt{3}-334-1$	$4×2×3$	卧放3层4列,背靠背	中性点不平衡电流保护
15	$BAMH11/\sqrt{3}-10000-3W$	$BAM11/2\sqrt{3}-417-1$	$4×2×3$	卧放3层4列,背靠背	中性点不平衡电流保护
16	$BAMH12/\sqrt{3}-10000-3W$	$BAM12/2\sqrt{3}-417-1$	$4×2×3$	卧放3层4列,背靠背	中性点不平衡电流保护
17	$BAMH38.5/\sqrt{3}-3334-1W$	$BAM11/2-417-1$	$2×4×1$	立放2排4列	相差压保护
18	$BAMH42/\sqrt{3}-3334-1W$	$BAM12/2-417-1$	$2×4×1$	立放2排4列	相差压保护
19	$BAMH38.5/\sqrt{3}-5000-1W$	$BAM11/2-417-1$	$3×4×1$	卧放3层4列	相差压保护
20	$BAMH42/\sqrt{3}-5000-1W$	$BAM12/2-417-1$	$3×4×1$	卧放3层4列	相差压保护
21	$BAMH38.5/\sqrt{3}-6667-1W$	$BAM11/2-417-1$	$4×4×1$	卧放4层4列	相差压保护
22	$BAMH42/\sqrt{3}-6667-1W$	$BAM12/2-417-1$	$4×4×1$	卧放4层4列	相差压保护
23	$BAMH38.5/\sqrt{3}-10000-1W$	$BAM11/2-500-1$	$5×4×1$	卧放4层5列	相差压保护
24	$BAMH42/\sqrt{3}-10000-1W$	$BAM12/2-500-1$	$5×4×1$	卧放4层5列	相差压保护
25	$BAMH42/\sqrt{3}-20000-1W$	$BAM12/2-500-1$	$10×4×1$	卧放4层5列,背靠背	桥差流保护
26	$BAMH73/\sqrt{3}-20000-1W$	$BAM10.5/2-417-1$	$6×8×1$	卧放4层5列,双平台	桥差流保护
27	$BAMH79/\sqrt{3}-20000-1W$	$BAM11.4/2-417-1$	$6×8×1$	卧放4层5列,背靠背	桥差流保护

9.6.4　集合式并联电容器外壳与出线设计

1)外壳设计

壳体是集合式电容器的外保护层,使单元电容器浸入绝缘油中,设计时一方面要考虑其机械强度,另一方面需要考虑电容器整体的散热性能。其他的外围部件,如散热器、膨胀器以及出线套管等需安装到外壳上,所以,外壳的设计应遵循以下原则:

(1)集合式电容器整体结构采用热轧钢板焊接而成,其中部焊有加强筋,其机械强度应能保证承载心子及绝缘油后长距离汽车运输而无明显变形。

(2)外壳应设计有焊接法兰,用于与上盖板的焊接和密封。法兰宽度不小于 60 mm,以便电容器盖焊接时电弧不会烧损心子的绝缘件。

(3)外壳形状的设计应考虑电容器的散热性能,必要时需安装散热器。

(4)外壳上应设计有吊钩与辅助吊钩,以便电容器吊装时挂钢丝绳,并保证钢丝绳不损伤套管和油枕。

(5)外壳底部焊有安装槽钢,以便于电容器用叉车转运。

(6)底部槽钢上焊接不小于 M16 的接地螺柱。接地螺柱的位置应便于安装接地线。

(7)电容器的盖面上一般设计有热电偶安装接头,安装接头的位置应远离心子中的带电体。用于检测电容器运行时上层绝缘油的温度。

(8)在外壳的下部壁上应安装油样活门和排油装置。

2)出线设计

出线套管一般设计在电容器盖组件上,出线设计应满足电气接线和保护的要求。套管的安装位置和相互距离应便于接线,其带电部分的空气间隙应符合以下要求:

(1)10 kV 级,带电部分的空气间隙不小于 200 mm;

(2)20 kV 级,带电部分的空气间隙不小于 300 mm;

(3)35 kV 级,带电部分的空气间隙不小于 400 mm;

(4)66 kV 级,带电部分的空气间隙不小于 650 mm;

(5)110 kV 级,带电部分的空气间隙不小于 1100 mm。

对于 66 kV 及以上电压等级的出线套管,采用电容套管,相关的技术要求按照电容套管的技术要求,对于 35 kV 及以下电容器,套管一般采用穿心式套管,上部应设计有放气阀,便于给套管内部注油时排出空气。集合式电容器引出端子的套管能承受的水平拉力的相关要求如下:

(1)10 kV 级,水平拉力应不小于 980 N;

(2)20 kV 级,水平拉力应不小于 1470 N;

(3)35 kV 级,水平拉力应不小于 1960 N。

对于穿心式套管的线路端子及导电杆,应有可靠的防扭措施,导电杆和接线端子一般为铜质材料。采用铝质材料时,应配置铜铝过渡接头。线路端子的导电杆能承受的力矩应符合表 9-11 的要求。

表 9-11　集合式电容器线路端子的导电杆应承受的力矩值

导电杆的直径/mm	应能承受的力矩/N·m	
	最大值	最小值
≤16	98	78
20	196	156
24	343	274

3）端子板

设计时,应充分考虑设备长期运行时设备连接端子板的发热问题,并采取有效措施防止设备端子板的过热。计算其面积时至少应按照相应位置的最大运行电流值。设备端子板有效载流部分的电流密度不应大于表 9-12 规定,且矩形导体接头的搭接长度不应小于导体的宽度。铜-铝接触面按照铝-铝接触面考虑。

表 9-12　无镀层接头的电流密度/(A/mm²)

额定电流/A	J_{Cu}（铜）接头	J_{Al}（铝）接头
<200	0.258	
200~2000	0.258-0.875	0.78 J_{Cu}
>2000	0.1	

9.7　集合式电容器的工艺

集合式电容器的组装环境对其心子极对壳绝缘有较大的影响,装配应在洁净的环境下组装,防止灰尘落入心子。因此,组装生产线需要独立的空间,周围不得有电焊、打磨、等影响环境的操作。

集合式电容器的制造工艺分为 2 部分,分别为电容器单元处理工艺和集合式电容器整体装配工艺,对于单元的处理工艺基本上与并联电容器处理工艺相同,但是有 2 个区别,其一是由于其单元电容器浸于绝缘油中,表面不得喷漆。其二是由于单元的相关绝缘试验应浸于绝缘油中进行试验,确保试验的有效性。集合式电容器的整体制造工艺流程如图 9-5 所示。

1）容量匹配

集合式电容器内单元在组装前需进行分组匹配,分组匹配可由计算机程序完成,其原则是保证电容器各串联段间的偏差、相间偏差、臂间偏差（桥差流保护时）、每相上下段偏差（相差压保护时）在规定的技术要求范围内,使得电容器在正常运行时的不均匀过电压倍数最小,使得保护的初始不平衡值较小。匹配工作就是按照内单元的实测电容值进行计算,确定每一台内单元在心子中的位置,并出具心子匹配方案。

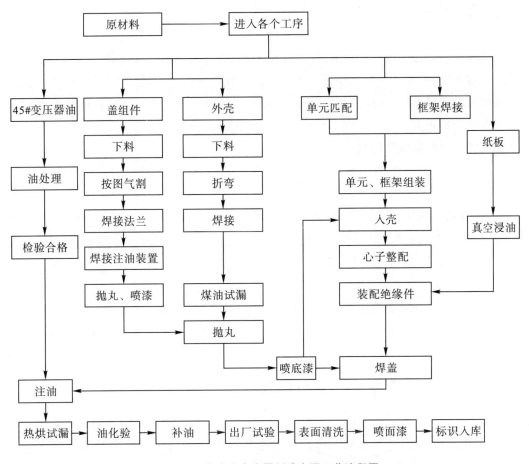

图 9-5 集合式电容器制造主要工艺流程图

2）单元框架组装

按照心子匹配方案将单元装配在适当的位置，按照电气连线图进行连接，完成后，用电容表测试各串联段电容及相电容，结果应与匹配方案一致。

3）装箱

集合式心子装配完成后应进行整体的电容量检测，保证各连接点坚固可靠。装箱前应用吸尘器对整个装配心子和外壳进行清洁，清除表面的灰尘和杂质，以减少油清洗的时间。

4）清洗注油

从集合式电容器的上部将合格的油注入箱体中，底部连接回油管使油在电容器箱体内循环，循环油通过净油机处理后再回至注油端。当循环油的耐压和损耗满足技术标准要求时，工序结束。

5）恒温封口

按照电容器的使用温度类别，油注满后应置于恒温箱中，使电容器箱壳中（包括套管和膨胀器）充满绝缘油并达到温度平衡，在套管和膨胀器中将油补满，然后密封套管上的放气阀和注油口，使集合式电容器内部绝缘油与大气隔绝。

6）密封试漏

在出厂电气试验前进行，可以采用 2 种办法进行，具体如下：

①将电容器整体置于烘箱中，使其温度达到比最高运行环境温度高 20℃，保持 2 h。

②常温下，给电容器箱体连通一具有一定高度的油管，使得电容器内部压力达到在最高运行温度时的压力，保持 2 h。观察电容器箱体各焊缝，接头应无渗漏点，膨胀器温度指示器动作正常。

7）绝缘油的处理及储存

集合式电容器的内部绝缘油主要作用是保证其内部的相关绝缘部件的绝缘性能，如绝缘子，单元电容器的外绝缘套管等，其次是在其内部起到热传导的作用，有利于散热。所以，集合式电容器内部的绝缘油可采用与单元内部的绝缘油不同。箱壳内的绝缘油可采用 45♯变压器油等其他油种，绝缘油一般在注油 24 h 前通过净油系统进行处理，处理主要通过加热、搅拌、压滤、脱气等方法，保证绝缘油的电气性能。

8）盖、箱壳的表面处理

为了保证箱壳和盖组件表面喷漆有较好的附着力，电容器箱壳喷漆前应进行表面喷砂抛丸，使得表面形成均匀粗糙分布，增大漆层的附着力。箱壳一般表面喷 1 遍底漆 2 遍面漆。

9.8　集合式电容器的试验与检验

集合式电容器由单元电容器组成，由于集合式电容器的单元电容器可独立成为一个产品，在整体装箱之前，可对每个单元进行相关的试验，由于集合式电容器一旦组装完成，单元电容器更换维度更大，所以，集合式电容器的单元电容器应进行更为严格的试验。这样可以降低整台集合式电容器的故障率，提高使用寿命。

对单元电容器的试验，和壳式电容器的相关试验基本相同。但是由于电容器单元工作于周围充满液体介质的环境中，在空气环境中进行试验时，可能存在外绝缘距离不足的问题，出现这种情况时，可以将其放入绝缘油中进行试验，也可通过其他更为便捷的方法加强外绝缘爬距进行试验，对于单元电容器的试验这里不再多述。

高压集合式电容器容量较大，电压等级也比较高，最高电压等级可达到 110 kV 等级，对于交流极间耐受试验，需要配置更多的资源设备，高压集合式电容器的试验分为例行试验和型式试验，其试验项目和试验方法有一定的特殊性，相关的试验内容介绍如下。

集合式并联电容器单元可按高压并联电容器的试验条件和方法执行，以下只列出一些针对集合式电容器特殊的试验方法。

1）密封性试验

集合式电容器的容量大，体积大，其密封性试验有 2 种可选方法：

方法一：将集合式电容器置于烘房中，使其各部分温度达到最高运行环境温度 +20℃，保持 2 h 不渗漏。

方法二:通过油压试漏的方法进行试验,在常温下,给电容器箱体连通一油管,给箱体注油至油位高度超过箱盖,并使得电容器内部压力达到在最高运行温度时的压力,保持 2 h(保持中应增减油量,保持油面高度)。观察电容器箱体各焊缝,接头应无渗漏点。

2)极间耐压试验

由于并联电容器应用于交流环境中,尽可能采用交流电压试验,由于集合式电容器的容量及电压等级的范围差异较大,试验中可能存在试验设备容量能力不足或电压等级不够的问题,当实验条件不够时,也可采用直流电压试验,试验时应注意等效性。

集合式电容器的极间耐压值为 $2.15 U_N$,考虑到交流电压峰值与直流电压的差异以及串联段间电压分布不均匀所造成的影响,单元电容器的极间耐压值为 $4.3 U_N$。

当集合式电容器单台容量较大时,极间耐压试验可以分段试验,还可以进行分相试验,以降低试验设备的容量,但应该都至少受到一次全电压试验,试验过程中应无异常声响、元件击穿或内熔丝熔断。

3)极对壳耐压试验

集合式电容器单元工作时是在绝缘油中,在型式试验时,单元电容器需放置于绝缘油中进行出厂试验。为了提高试验效率,可通过增加绝缘隔板等措施,以防止外套管闪络。对于整台集合式电容器的极对壳试验,其电压等级和对壳电容量也比较大,其试验设备的电压等级及试验电流均比较大,需配置大容量的试验设备。

4)局部放电试验

局部放电试验是一种检测电容器制造工艺缺陷的方法,由于集合式电容器电容量很大,用电测法测量时,背景噪声很大,无法对其进行试验,所以,一般均用超声波法进行测量。超声波测量时,与局部放电发生点的位置关系很大,单元内部和外部的差别也很大,而集合式电容器体积较大,建议采用多点测量和校准,测量值有一定的参考性,但测量的误差较大,所以集合式电容器整台不做局部放电试验。

单元电容器下限温度的局部放电熄灭电压之前,应将产品置于下限温度下不少于 8 h,加压至局部放电起始后历时 1 s,将电压降至 $1.35 U_N$ 保持 10 min,然后再将电压升至 $1.6 U_N$ 保持 10 min,再将电压降低,记录局部放电熄灭时的电压值。如果施加电压至 $2.15 U_N$ 时仍未见局部放电,则应停止试验。电容器在温度下限时局部放电熄灭电压应不低于 1.2 倍额定电压。

对于内单元的极对壳局部放电熄灭电压,应不低于 1.2 倍最高运行线电压。

5)温升试验

温升是集合式电容器的一个主要的指标,由于其体积较大,虽然内部绝缘油进行热传导,但其内部中心部位的运行温度往往高于壳式电容器,这就需要在设计时进行温升的计算。温升试验是对整台集合式电容器在室温下连续施加额定频率的实际正弦波电压,并使其容量达到 $1.35 Q_n$ 的一项试验。试验时应有足够的时间(一般取 48 h)使温度上升达到内部热平衡,每隔 1~2 h 以热时间常数约为 1 h 的温度计测量上层油温度。当

6 h 内连续 4 次测量温升的变化不超过 1 K 时,即认为温度达到稳定状态。

实验室一般不具备三相实验能力。三相一体的集合式电容器可将 3 相并联,按单相施加电压进行试验,但运行容量应该满足 $1.35\ Q_n$ 要求。如受试验容量及电压等级无法满足要求,可以按现场实际运行超过 24 h 的电容器外壳的最热点温度的办法进行计算。

6)膨胀器的膨胀量试验

该项试验没有在标准中,没有规范,但由于集合式电容器的容量范围较大,不同容量或体积的电容器的设计方法也有差异,对于大容量的电容器一般需配置膨胀器。该项目主要为了验证膨胀器在电容器的全温度工作范围内,其膨胀量足够,这种膨胀量的误差包含由理论计算与箱壳实际加工偏差造成的油量增加。

试验方法为,将整台电容器置于温度类别下限(及上限+25℃)范围的高低温箱中足够长时间(一般为 24 h 以上),使电容器内部温度达到平衡,电容器的补偿柜应该对油量进行完全补偿,在温度下限时应可见油位,箱壳内部不出现负压。在温度上限时,膨胀器应不出现过补,补偿器应不出现溢油。各温度状态下补偿器的油位显示正常,温度传感器的温度显示正确。

9.9 集合式电容器的发展及展望

9.9.1 集合式电容器的发展方向

集合式电容器是中国特有的产品,它具有结构紧凑、体积小、占地面积小等特点,在中国 30 多年的发展历程中,其技术不断成熟,并向更高等级的方向发展。集合式电容器将会朝着以下几个方向发展:

(1)电压等级不断提高,目前发展到 66 kV 电压等级,今后也可向更高电压等级发展,但电压等级不宜过高。

(2)容量不断提高,无论是单相还是三相集合式电容器,容量不断增大,单台容量已到 20000 kvar。

(3)高度集成化方向发展,目前已将串联电抗器集成到集合式电容器中,今后也可将放电线圈等集成到集合式电容器中,使电容器成套设备的设计更加紧凑。

(4)智能化方向发展。由于将电容器全部安装于一个箱壳中,实现智能化的检测、保护等更容易实现。

9.9.2 集合式电容器发展中的问题

随着集合式电容器向着高电压、大容量、集成化以及智能化方向发展,带来了一些急需解决的问题,作为中国特有的电容器技术,我们有义务保护其进步和发展。只有解决了下述相关的问题,集合式电容器才能更好地发展。

1)绝缘问题

随着电容器所处电力系统电压的提升,电容器内部的绝缘设计将十分关键,35 kV 以上电力系统用集合式电容器。由于单元电容器的绝缘水平低于系统的绝缘水平,因此,一方面在电容器内部须设置电容器的绝缘台架,使得电容器的极间绝缘与极对壳绝缘达到匹配;另一方面要考虑进线端电极与集合式电容器大箱壳的绝缘必须承受全绝缘电压。

2)密封性问题

随着电容器容量的增大,电容器的箱壳体积相应增大,箱壳的高度也会增加,大箱壳的油位高度上升,大箱壳底部的压强会随着油面高度的增加而增加,一旦在现场出现渗漏油,很难进行焊接封堵。大箱壳含油电器由于长距离汽车运输颠簸,也会引起部分焊缝的渗漏。

3)运输吊装问题

66 kV 以上的大容量集合式电容器,由于运输高度限制,其出线套管需在现场安装。安装完成后,需要补加绝缘油,工作量较大。

4)防火问题

高电压、大容量的集合式电容器含油量较大,在现场布置时需设置防火墙,电容器的周边需设置渗油井,给安装、吊装工作造成一定的困难。

9.9.3　紧凑型集合式电容器装置的应用

由于集合式电容器特殊的结构,在成套装置的设计上更容易实现紧凑化的设计,本节列出了紧凑化装置的设计安装运行图如图 9-6 所示。集成式电容器一次接线图如图 9-7 所示。紧凑型集合式电容器现场运行图如图 9-8 所示。

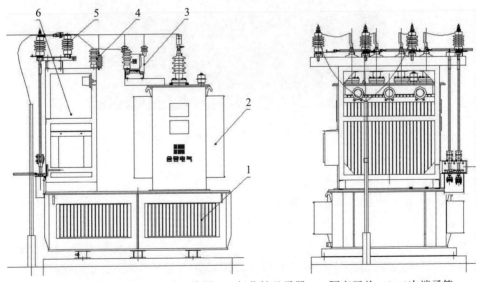

1.电容器;2.串联电抗器;3.放电线圈;4.氧化锌避雷器;5.隔离开关;6.二次端子箱

图 9-6　紧凑型集合式电容器成套装置外型结构图

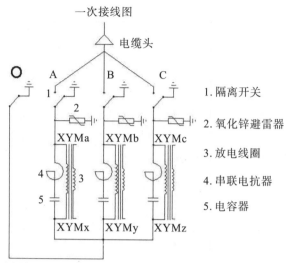

A. A相引出端子；B. B相引出端子；C. C相引出端子；O. 中性点引出端子

图 9-7　集成式电容器的一次接线图

图 9-8　紧凑型集合式电容器现场运行照

参考文献

[1] 刘菁. 电力电容器产品型号编制方法：JB 7114-2005[S]. 北京：机械工业出版社，2005.

[2] 刘菁，杨一民，吕韬，等. 标称电压 1000V 以上交流电力系统用并联电容器：GB/T 11024.1-4[S]. 北京：中国标准出版社，2009.

[4] 沈文琪，杨一民. 集合式高压电并联电容器：JB 7112-2000[S]. 北京：机械科学研究院，2000.

[5] 赵杰，李学芳，江钧祥，等. 集合式高压并联电容器订货技术条件：DL/T 628-1997[S]. 北京：中国电力出版社，1997.

第10章　箱式高压并联电容器

10.1　箱式并联电容器概述

箱式电容器起源于日本,在日本大量生产和应用,由原来的无锡市电力电容器厂通过合资将该电容器的制造技术引进中国,目前在中国有一定量的应用。与第9章所述的国内集合式均为一种大容量的电容器。但其内部结构有所不同。二者比较如下:

(1)箱式高压电容器的元件巨大,采用大心轴进行卷绕,元件的宽度和厚度与国内集合式电容器内部单元电容器的元件相比,均大得多。

(2)箱式高压电容器的心体由电容器单元组成,而单元由电容器元件叠装而成。箱式电容器单元没有金属外壳,而集合式电容器的心子为多个带金属外壳的单元电容器串、并联组合而成。

(3)箱式电容器不含内部熔丝,而集合式电容器必须含有内部熔丝。

箱式电容器形式与框架式电容器相比抗震性能强、维护量小、抗盐害能力强,非常符合日本国情,因此在日本输变电领域得到极其广泛的应用。自从原无锡市电力电容器厂与日新电机株式会社合资成立日新电机(无锡)有限公司以后,引进了箱式电容器制造技术。经过十几年的发展,这种电容器已经在国内得到广泛使用,具有一定的占有率。

目前,日新电机株式会社能够制造的单台箱式电压等级达到 500 kV,容量达到 40 Mvar。引进技术后,能够制造的单台箱式电容器电压等级范围在 6 ~ 110 kV,单台最大容量达 30 Mvar。国内有实际业绩的单台箱式电容器电压等级为 66 kV,单台最大容量达 26 Mvar。

以箱式并联电容器为基础,通过与油浸式串联电抗器、油浸式放电线圈进行高度集成,形成了一种一体化的箱式成套装置。由于使用了油浸式串联电抗器,并采用了一体化集成的结构,在同电压等级、同容量的电容器成套装置中,箱式电容器成套装置与使用干式空心电抗器和壳式单台电容器的框架式电容器成套装置相比,占地面积缩小 1/3 左右。如图 10-1 所示。

2008 年前后,国家电网公司大力提倡并且启动了智能化变电站建设,各种电力设备均朝着智能化方向改进发展。由于这种电容器的高度集成化,容量实现智能化的改进和设计。因其结构能够轻易、有效地对整个装置运行的各种电气参数、温度进行监测,甚至还能对电容器、电抗器油中微量气体含量和局部放电情况进行监测。而高度集成化带来的问题是温升问题。对于温升问题,可以建立合适的数学模型,对其内部运行温度进行分析计算,并且对可能出现的不良状态和故障进行预警。

图 10 - 1　箱式电容器装置

10.2　箱式并联电容器用途

目前,国内箱式并联电容器主要应用于各种电压等级的变电站(所)中,用于电力系统的无功补偿、也可以滤除系统谐波,以提高功率因数,改善电能质量。因箱式电容器更易于智能化和监控,故在国内智能化变电站和"两型一化"变电站中得到一定的应用。

箱式电容器结构紧凑、占地面积小、维护量少、抗震性能强,在日本的变电站(所)、换流站等场所大量使用。占有率非常高。

10.3　箱式并联电容器的分类和型号

10.3.1　箱式电容器的分类

箱式电容器有 2 种基本的结构形式,一种是由单纯的电容器单元组成的大外壳电容器;另一种是将串联电抗器、放电线圈与电容器组装到一体的结构。电容器内部的液体介质和电抗的液体介质不同,由于电容器液体介质要求较高,各部分之间会通过引线套管将箱壳紧密连接,成为一个整体,箱式电容器 2 种基本的结构型式,即纯电容器结构和集成式结构。箱式电容器也可按电压等级分类,目前的应用电压等级主要为 10 kV、35 kV、66 kV 等。

1)纯电容结构的箱式电容器

这种箱式电容器的内部主要由电容器元件组成。根据箱式电容器的额定电压和容量以及使用的大气条件和环境,箱体上设置不同的引出套管,这些套管可以直接暴露在大气条件下使用。这种结构电容器可以通过外接串联电抗器、放电线圈、避雷器等构成成套装置。

2)集成结构的箱式电容器

集成结构的箱式电容器是将纯电容结构的电容器与油浸式串联电抗器、放电线圈等集成到一体。由于电容器部分所用绝缘油的差异,要保证电容器的运行温度,电容器的箱体与电抗器、放电线圈箱体隔离,电抗器箱体利用电容器的上盖作为电抗器箱体的下底盖,电容器的出线套管直接伸入电抗器箱体内,电容器的出线套管浸于电抗器的绝缘油中,这样电容器的套管不与大气接触,套管尺寸较小,最终的出线套管通过电抗器引出。集成结构的箱式电容器采用一体化的设计,结构紧凑,安装、使用维护方便,占地面积小。

10.3.2　箱式电容器的型号

国家电力电容器型号分类标准中,为了区分集合式电容器与壳式电容器的区别,规定在电容器型号的前 3 个字母后加字母"H"来表示。2013 版的标准中,为了进一步区分与集合式电容器的区别,将这种电容器也称为箱式电容器,在电容器型号标注的结构代号中以"X"替代集合式电容器型号中的"H",用以区分两者的差异。

如:$BAMX11/\sqrt{3}-6000-3$ W,其中"X"表示箱式电容器,其他字符与标准规定相同。

10.3.3　箱式电容器的特点

箱式电容器采用大元件的设计结构,将元件直接安装于箱体中,实现了高电压、大容量电容器直接落地安装,具有以下特点:

(1)箱式电容器内部使用了超大型电容元件构成的电容器单元,电容器不含内熔丝。

(2)电容器单元为敞开式,直接与箱体内部的浸渍液进行热交换,形成对流,元件散热性能好。

(3)由于电容器采用全绝缘设计,能够非常容易地进行油温、局放测量,容易实现电容器智能化的监测和保护。

(4)集成结构的电容器减少了装置裸露带电部位,抗盐害、抗污秽、抗紫外线能力提高,抗震性能强。

10.4　箱式并联电容器的基本结构

箱式电容器是由若干个不带外壳的电容器单元集装于一个外壳中构成的电容器,是一种全密封大容量电容器。图 10-2 展示了一台箱式电容器的基本结构。

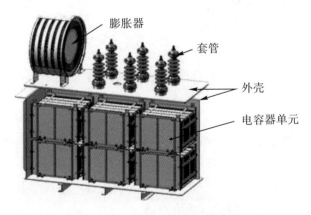

图 10-2　箱式电容器的基本结构

纯电容结构的箱式电容器主要由电容器单元、箱壳、套管、膨胀器、绝缘油等部分构成。各部分的特点如下：

1）电容器单元

电容器单元是由若干元件串、并联组成并有引出端子的元件组装体，是箱式电容器的核心部分。多个电容器单元按照一定的串、并联结构构成了箱式电容器的心体。

2）箱壳

箱式电容器箱壳是全密封结构，用于承载和保护电容器的内部元器件和绝缘油。箱壳上设置抽真空及注油孔、压力释放阀、加强筋、安装底座等构件，确保在制造抽真空环节、运输等一定程度的震动时不会变形。箱壳表面结构同时也承担着为电容器散热的作用，在运行过程中通过空气进行热交换。

3）套管

套管是箱式电容器内部电极的引出端，也是整个电容器的一次接线端。空气中绝缘套管的结构与变压器用套管相似，一般为空心瓷质结构，导电杆从中穿过。若箱式电容器与油浸式串联电抗器结合成紧凑型集合式电容器，则使用油中绝缘套管。

4）膨胀器

箱式电容器的膨胀器为密封结构，使得整个电容器内部与外部空气隔绝。膨胀器通过管路与箱体连通，为内部绝缘油提供热胀冷缩的空间。膨胀器为片式结构，设计时根据不同的油量计算采用不同的片数。

5）绝缘油

箱式电容器内部的绝缘油充斥于心体内部和箱壳、套管、膨胀器内部，与单台电容器内部的绝缘油性能和作用相同，是电容器极板间主要的绝缘介质之一。绝缘油受热以后在箱体内形成对流，传导热量为电容器散热。

10.5　箱式电容器的设计

箱式电容器的设计主要包括单元的设计、外壳和出线的设计。

10.5.1　箱式电容器单元的设计

箱式电容器内部的单元结构与集合式电容器不同，它是采用一种超大型元件和敞开式结构。不像集合式电容器单元有 1 个独立的外壳，形成独立的产品，箱式电容器单元主要由元件、绝缘件、金属构件、引出端子等构成，其内部电容器单元的结构示意图如图10 - 3 所示。

1）元件

箱式电容器的元件与壳式电容器的元件相似，极板均为铝箔，固体绝缘介质均为多层聚丙烯薄膜，通过大型心轴卷绕而成。由于单个元件的电容量比较大，无法采用内熔丝进行保护，介质设计场强较低，一般在 45 kV/mm 左右。箱式电容器常用的元件如图10 - 4 所示，其特点主要表现在以下几个方面：

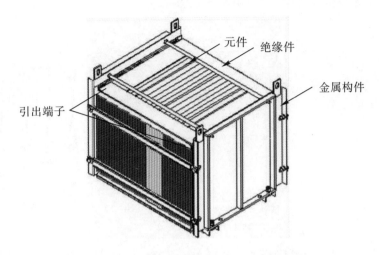

图 10-3　箱式电容器单元的结构示意图

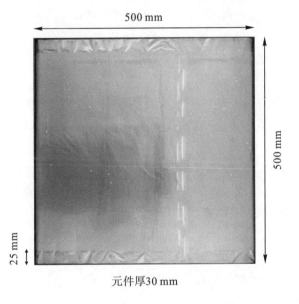

元件厚30 mm

图 10-4　箱式电容器的元件实物图

（1）元件尺寸大

箱式电容器采用大心轴卷绕，一个元件的体积为常规壳式电容器元件体积的 6～8 倍，使用的元件卷绕机轴长比一般壳式电容器的长度要大一些。

元件均采用铝箔凸出结构，突出长度尺寸是壳式电容器元件突出长度的 5～7 倍，一方面可以方便连接，另一方面更有利于电容器元件内部的散热。

（2）夹装引线结构

箱式电容器元件的引出线结构如图 10-5 所示，机械夹装引线，其中（a）为元件引出线结构的正视图和侧视图，不像壳式电容器采用锡焊连接，而是在元件两侧凸极部位采用机械夹装结构进行引线。（b）为多个元件并联的引线方式。

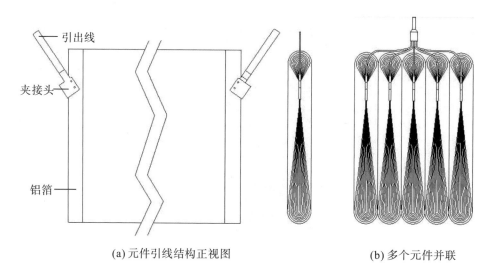

(a)元件引线结构正视图　　　　　　(b)多个元件并联

图 10 - 5　箱式电容器的引线结构

2)绝缘件

电容器单元内部的绝缘件主要有 2 类,串联段间绝缘件和紧固件间绝缘件。绝缘件的材质为电工纸板或电缆纸。

串联段间使用绝缘件主要是由于串联段之间存在电位差,这与单台电容器内部各个串联段之间使用电工纸板作为绝缘件的作用相同。

3)金属构件

箱式电容器单元没有外壳,其连接及吊装主要靠金属构件,这样元件直接浸在大箱体的绝缘油中,有利于整体油循环和散热,金属构件由两面铁板和若干金属件构成,固定和压紧元件,并作为吊装、搬运的支撑。

4)单元引线

电容器单元设置引出端子和导线,与其他电容器单元或者接线套管连接。导线一般采用铜绞线,并在外部采用电缆纸筒作为固体绝缘介质。

10.5.2　箱式电容器外壳

箱式电容器的外壳设计主要是外壳机械强度的设计,一般经过理论计算和仿真验证 2 个过程。提高箱壳机械强度的方法有 2 种,一是增加箱体的壁厚,二是合理地设置加强筋结构。外壳的设计主要包括以下 3 方面内容:

1)条件下的机械强度

箱式电容器由于体积大,一般选择在大气中对电容器单元内部进行抽真空工艺。因此要求箱壳的强度应确保不会因为在大气中抽真空导致箱体变形。

2)电容器箱壳的负重强度

箱式电容器与油浸式串联电抗器集成在一体,能够构成箱式电容器成套装置。常见的这种成套装置多数采用电抗器叠放在箱式电容器箱体上的结构。这就要求电容器的外壳能承受电抗器的重量,不发生形变。

另外,箱式电容器的底板承担电容器或装置的全部重量,静止状态下不能发生变形。

3)电容器箱壳的抗震强度

箱式电容器制造、运输和安装过程中受到各个方向的各种震动,即使在运行的过程中也可能遭受一定程度的地震作用。箱体强度的设计过程中必须考虑到这些震动的影响,确保箱式电容器在相关环节的不可避免的震动条件下不会发生损坏。提高箱壳强度的方法:一是增加箱体的壁厚,二是合理设置加强筋结构。

由于电容器损耗小,发热量低,一般箱式电容器依靠箱壳表面及其表面结构便可满足散热要求。

10.6　箱式电容器的工艺

箱式电容器的制造工艺流程如图 10-6 所示。其主要包括元件卷绕、组装电容器单元、组装心体、装箱、焊接盖板、真空干燥、注油、热烘、浸渍、安装膨胀器、出厂检验、喷漆、包装等一系列的工艺流程。

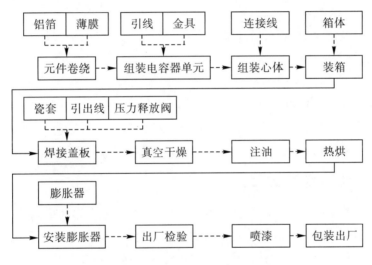

图 10-6　箱式电容器的制造工艺流程

1)元件卷绕

本工序采用长轴全自动元件卷绕机对铝箔和多层薄膜进行卷制,卷制完成后,使用直流耐压对每个元件进行筛选试验。在元件卷绕过程中应合理地控制卷绕张力,卷绕完成的元件应端部平整,压扁后的元件内部不允许有大的皱折。

2)电容器单元组装

电容器单元由多个元件串、并联组成,并与绝缘件、壳体、金属构件、接线端子等组装到一体。由于元件较大,在搬运、夹装工程中应该仔细,防止元件损伤,在压装过程中应注意压紧系数,控制电容量。

3)心体组装

心体组装过程是将多个电容器单元连接到一体,组成一个大心体,并且根据串、并联需求在电气上将各个单元连接到一体。在心体组装过程中,应防止磕碰,保证机械连接牢靠稳固,保证整个心体的整体机械性能;电气上要可靠连接,应仔细检查连线。

4)装箱

装箱是将电容器心体安装并固定到箱体内部的过程,装箱固定完成后,应仔细检查。由于箱式电容器采用全密封结构,箱体与盖板采用焊接的方式,内部一旦有问题,维修难度很大,所以,装箱完成后,应确保机械和电气性能。

箱式电容器盖板上安装有瓷套、引出线和压力释放阀等配件。

5)真空干燥、注油与热烘

箱式电容器采用单抽单注的处理工艺,处理过程是将电容器放入加温罐中真空干燥,真空干燥经过几个循环后,把处理好的绝缘油注入电容器内部,并进行热烘浸渍,以确保电容器绝缘油进入元件内部。

6)安装膨胀器

由于膨胀器不能承受工艺处理过程中的压力,所以,膨胀器须在注油过程完成后安装,安装完成后,给膨胀器内部加注绝缘油。

7)出厂检验

电容器完全装配完成后,根据标准对产品进行相关性能的例行检验,检验合格进入下一个流程,否则返回生产线进行处理。

8)喷漆

例行试验确保产品合格以后,首先进行表面防腐处理,表面处理一定要彻底,否则影响漆层的附着力。处理完成后喷涂一层底漆,经过一定的时间干燥后,喷涂面漆。面漆喷涂应光滑、有光泽。

10.7　箱式电容器的试验

箱式电容器与集合式电容器的试验有所不同,集合式电容器的单元是一个独立的电容器,每个单元都要进行相关的检验,而箱式电容器的单元没有箱壳,不形成独立的电容器,所以无法进行单元试验,所有的试验均须在整台电容器上进行。

由于箱式电容器在中国没有相应的标准,其结构确与现有集合式电容器标准有所出入,在例行和型式试验时,需要综合高压并联电容器和集合式并联电容器的相关标准的要求进行试验。需要参照的主要标准如下。

GB/T 11024.1 标称电压 1000 V 以上交流电力系统用并联电容器第 1 部分:总则;

GB/T 11024.2 标称电压 1 kV 以上交流电力系统用并联电容器第 2 部分:耐久性试验;

JB/T 7112 集合式高压并联电容器;

DL/T 840 高压并联电容器使用技术条件;

DL/T 628 集合式高压并联电容器订货技术条件;

DL/T840 高压并联电容器使用技术条件。

除了上述标准以外,可参考的其他技术规范如项目技术协议、电网公司的相关规定和反事故措施。

集合式电容器的电压、容量均比较大,对于试验设备的配置要求也比较高,试验的主要内容包括:例行试验、型式试验和交接试验。

对于箱式电容器的例行试验,至少按表 10-1 进行检验,以保证产品正常运行。

表 10-1　箱式电容器例行试验项目

序号	试验项目	备注
1	外观检查	
2	密封性试验	
3	极间工频耐受电压试验	
4	电容量测量	
5	损耗角正切值测量	
6	极对壳工频耐受电压试验	
7	局部放电检查	
8	绝缘油的试验	

对于箱式电容器的型式试验,应该在例行试验通过的产品上进行,至少按表 10-2 所列项目进行检验,保证产品整体的性能。

表 10-2　箱式电容器的型式试验项目

序号	试验项目	备注
1	电容量测量	
2	损耗角正切值测量	
3	热稳定试验	
4	极对壳工频耐压试验(湿试)	
5	雷电冲击试验	
6	放电试验	
7	套管及线路端子的机械强度试验	
8	温升试验	
9	外壳机械强度试验	

每个试验的试验目的、试验方法和试验要求请参考相关标准,这里不再赘述。

10.8　箱式电容器的保护和监测

箱式电容器可采用内部元件故障保护、压力保护和温度保护几种主要的保护方式。

10.8.1 箱式电容器的内部元件故障保护

对于电压等级较低、容量不是很大的箱式电容器,其内部元件故障监测和保护与组架式电容器装置一样,也采用放电线圈进行测量和保护。根据电容器具体的参数和实际需要,一般可采用开口三角电压保护、相电压差动保护2种方式。

对于电压不高,而容量较大的电容器,也可将电容器接成双星性结构,一般采用中性点不平衡电流保护;对于电压等级较高,容量较大的电容器也可使用桥差不平衡电流保护方式。

由于箱式电容器内部采用40~50 kvar大容量元件构成,内部不带熔丝,所以,当内部一个元件发生故障、击穿时,故障元件所在的整个串联段被故障元件短路并退出运行,故障时电容量变化比较大,有利于继电保护整定和保护可靠动作。但是,对于箱式电容器,内部一旦出现一个元件击穿,整台电容器将无法继续运行,必须进行返厂修理,例如:对于一台标准的10 kV 8000 kvar箱式电容器装置,若电容器采用开口三角保护,当一个元件发生故障时保护二次值为13.5 V。该电容器相间偏差为2%时,初始不平衡二次值仅为1.7 V,远小于一个元件发生击穿时的不平衡值。

10.8.2 箱式电容器的压力保护

当电容器内部发生较为严重的事故时,绝缘油被气化产生大量气体,使油箱内部压力急剧升高,此压力如不及时释放将造成油箱变形或爆裂。箱式电容器的箱盖上方装有压力释放阀作为电容器压力的内部保护。压力释放阀如图10-7所示。

图 10-7 箱式电容器的压力释放阀

当油箱内压力升高到压力释放阀的开启压力时,压力释放阀可在2 ms内迅速开启,使油箱内的压力得到释放。同时,压力释放阀动作时还可输出开关量信号,作为电容器保护的信号。

10.8.3 箱式电容器的温度监测和保护

箱式电容器采用温度控制器作为温度保护,可分别用于测量电容器心子、绝缘油、箱壳和周围环境的温度。温度控制器不仅具有温度保护功能,还可以现场记录温度值。温度控制器如图10-8所示。

图 10 - 8　箱式电容器的温度控制器

根据环境的最高温度及电容器、电抗器温升规定分别设定各自的定值,当温度控制器监测到的温度超过设定值时,控制器输出非电量保护接点信号给智能组件。

10.8.4　箱式电容器的局放监测

根据箱式电容器内部发生局部放电时的现象,箱式电容器一般可采用超声波和超高频电磁波局放监测方法。

1) 采用超声波法监测局部放电

局部放电发生时,一般是伴随着其他物理现象的发生,尤其是放电的同时会向外辐射声波。由于电力电容器内部的绝缘油对于声波是良好的传播介质,因此接收 20 kHz 以上的超声波可以对电容器内部局放进行监测。超声波传感器如图 10 - 9 所示。

图 10 - 9　超声波传感器

采用的超声波传感器具有体积小、重量轻、噪声低、灵敏度高的特点,能方便地吸附在电容器箱壁上,接收电容器内部局部放电产生的超声信号。电源和信号采用一根同轴电缆传输,现场接线简单,可用于局部放电在线监测使用。但超声波法监测局放容易受到现场的干扰,对于箱式电容器还可采用超高频电磁波法进行局放的监测。

2) 采用超高频电磁波法监测局部放电

当电容器内部产生局部放电时会向周围辐射电磁波,其频谱范围从几十千赫兹到兆赫兹。采用一种内置式、接收范围为 300~1.5 GHz 超高频传感器,可以对电容器内部局放产生的电磁波信号进行监测。其特点是:

①检测频段较高,可以有效地避开常规局部放电测量中的电晕、开关操作等多种电气干扰;

②检测频带宽,所以检测灵敏度高;

③采用内置式结构,能够进一步提高检测灵敏度。

内置式超高频局放传感器如图 10－10 所示。

内置式超高频局放传感器的接收部分置于箱式电容器的箱壳内部,具有耐高温、耐化学腐蚀能力。其外置部分法兰盘采用 304 不锈钢,护罩为硬铝,具备良好的防爆性,抗振动、抗冲击性。

3)箱式电容器局部放电监测单元

局部放电监测单元用于对高压电力电容器内部局部放电信号进行实时监测,对放电信号进行采集、信号调理、A/D 转换、干扰处理、数据处理、数据保存、放电量显示、超标报警等一系列的工作。局部放电监测单

图 10－10　内置式超高频局放传感器

元通过以太网接口与后台监测装置进行通信,实时上报局部放电监测结果。局放监测单元如图10－11 所示。

图 10－11　箱式电容器局部放电监测单元

10.9　箱式电容器的集成化

以箱式电容器为基础,可以与油浸式串联电抗器、油浸式放电线圈等配套件等设备进行集成化,最大限度地减小电容器设备的占地面积,提高可靠性,减少维护量。

10.9.1　紧凑型箱式并联电容器成套装置

箱式电容器与油浸式串联电抗器、油浸式放电线圈集合在一起,构成紧凑型箱式并联电容器成套装置。目前电力系统中常见的一种紧凑型箱式并联电容器成套装置结构如图 10－12 所示。

该电容器成套装置由 2 个箱体紧凑连接构成。上部箱体内置油浸式串联电抗器和油浸式放电线圈,下部箱体为箱式并联电容器。由于相关设备已经高度紧凑化集成,现场安装只需将高压电缆引入装置的电缆进线箱即可。

因为使用了油浸式串联电抗器,与采用干式空心电抗器的电容器装置相比,紧凑型箱式并联电容器装置的占地面积大幅度减少,整个装置的监测、保护方式、智能化程度得到了提高,更加适合市内变、地下变的建设。同时,由于这种电容器装置在 20kV 及以上

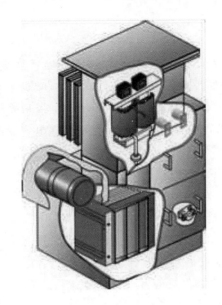

油浸式串联电抗器
及放电线圈部分

电容器部分

图 10 - 12 紧凑型箱式并联电容器成套装置结构

电压等级不再使用底部支撑绝缘子,装置的抗震性能得到了增强。

10.9.2 箱式并联电容器与 GIS 连接

GIS(gas insulated substation)是气体绝缘全封闭组合电器的英文简称,一般由断路器、隔离开关、接地开关、互感器、避雷器、母线、连接件和出线终端等组成,这些设备或部件全部封闭在金属接地的外壳中,在其内部充有一定压力的 SF_6 绝缘气体。由于箱式电容器的高度集成化,在必要时,可方便与 GIS 设备直接连接。如图 10 - 13 所示。

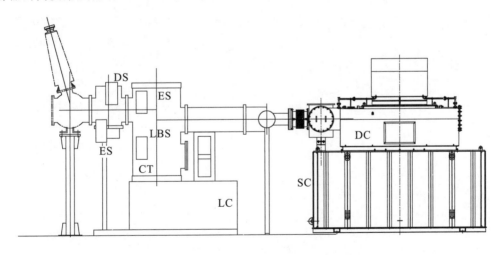

图 10 - 13 箱式电容器与 GIS 开关紧凑化连接的方式

图 10 - 13 展示了一种箱式电容器与 GIS 开关紧凑化连接的方式,采用一种油气式绝缘套管,一端连接箱式电容器装置,一端连接 GIS 设备。

10.10　箱式电容器的发展

箱式电容器的显著特点在于它实现了大容量、一体化,进而一定程度减少了电容器的占地面积,提高了抵抗地震、覆冰、紫外线等恶劣自然条件的能力,减少了运行维护量,非常适合某些有特殊要求的运行场所。但大容量、一体化的特点也带来故障成本高、故障恢复时间长等方面的问题。可见箱式电容器发展,首先,是要确保电容器的高可靠性,将故障率趋近于零。这就要求内部电容器单元及元件具有更高的可靠性。箱式电容器在日本经过了 80 年左右的技术积累,引入国内近 15 年,该电容器的可靠性取得了比较令人满意的成果。但箱式电容器的首要发展方向是如何进一步提高稳定性能。

其次,箱式电容器能够方便实现智能化。特别是与油浸式串联电抗器、油浸式放电线圈高度集成之后,最大限度地实现了电容器成套装置的紧凑化和智能化程度,这也是箱式电容器的显著特点。如何进一步地发展箱式电容器的紧凑化、智能化,并且在更多的实际工程中应用这些技术,是箱式电容器发展的另一个方向。

第 11 章　耦合电容器与均压电容器

11.1　概述

　　耦合电容器与均压电容器结构基本相同,其主要特点是将电容器的心子装于一个空心套管内,套管既作为外绝缘,又作为电容器的外壳,使心子与大气隔离。套管类电容器一般用于电压等级比较高,而电容量比较小的场合。

　　该类电容器的典型应用是耦合电容器、电容式电压互感器的电容分压器部分、均压电容器,高压实验室用的耦合或分压器以及一些特殊的应用等。本章主要介绍电力系统用耦合电容器和均压电容器,其他套管式电容器可根据具体的情况参考本章内容。

　　该类电容器的心子由于电压高、电容量小,套管类电容器的元件一般尺寸比较小,采用纯串联结构,不带内部熔丝和放电电阻,在运行过程中,不允许有元件击穿或其他故障的发生,所以,套管类电容器元件的工作场强比较低,一旦发现有元件故障发生,应立即停运。

　　该类电容器一般使用于交流电力系统或实验室的交流试验回路,在交流电场下,由于电容器心子自身的电压分布很均匀,并有一定的电流,基本不受杂散电容的影响。整台电容器包括外绝缘的电压分布很好,在实际的使用中,一般不用采取其他的均压措施,对于电压等级较高的电容器,只需要在高压端采取相应的防电晕措施即可。

11.2　耦合电容器及电容分压器

11.2.1　用途

　　耦合电容器主要应用于 110 kV 及以上高压交流输电系统中,电容器的高压端安装于输电线路上,低压端子经载波耦合装置接地,用于输电线载波通信系统(PLC)。随着光缆通讯、无线通讯以及互联网的发展,耦合电容器的用量一直在减少,但在早期的高压电网中,使用了大量的耦合电容器,其作为电容式电压互感器的分压器部分用量还比较大。

　　电力系统的载波通讯频率一般在 $30\sim500$ kHz 范围内,对于 50 Hz 的工频,耦合电容器呈现的阻抗要比高频信号呈现的阻抗值大 $600\sim1000$ 倍,基本上相当于开路,而对于高频信号则相当于短路。耦合电容器既可作为载波高频信号的通道,又可以隔离工频电压,使滤波器与信号发送和接收设备处于较低的电位工作。

　　耦合电容器的另一个作用是作为电容式电压互感器的电容分压器部分,这样一方面作为载波通道,另一方面作电容分压器使用,与电容式电压互感器的电磁部分结合,给电压测量、电能计量、继电保护及重合闸装置提供所需要的二次交流电压,起到电压互感器的作用。耦合电容器外形如图 11-1 所示。

图 11-1　耦合电容器外形图片

11.2.2　耦合电容器的结构

耦合电容器产品主要由器身、瓷套、膨胀器等部件组成,如图 11-2 所示。其中(a)为电容分压器的下节结构;(b)为耦合电容器的下节结构;(c)为耦合电容器或分压器的上面几节的结构。电压等级在 110 kV 及以下的耦合电容器由 1 台耦合电容器单元(a)或(b)组成,电压等级更高时通常由 1 节(a)或(b)单元和 1~4 节(c)耦合电容器单元叠装而成。耦合电容器的各部分结构详细介绍如下。

1)耦合电容器的元件

耦合电容器的元件,一般由 2 张铝箔作电极。电容器的极间固体介质,电容分压器有所不同,对于纯粹的耦合电容器,可用全膜介质或膜纸复合介质,而对于电容式电压互感器用分压器,通常是由聚丙烯薄膜和电容器纸复合而成。由于电容器纸为正的温度系数,而薄膜为负的温度系数,相互补偿,使耦合电容器作为分压器时具有较好的阻抗-温度特性,使电容器的电容温度系数可达到 $2 \times 10^{-4} \mathrm{K}^{-1}$。

由于受分压器阻抗-温度特性的影响,早期的耦合电容器及电容分压器均采用 2 膜 3 纸的绝缘搭配,随着技术的发展和进步,目前采用了 2 膜 1 纸的绝缘搭配形式,这样在保证分压器阻抗特性的同时,降低了电容器纸的用量,使耦合电容器总体的损耗水平降低。

由于耦合电容器元件采用全串联结构,所以,无法对元件设置内部保护,元件的设计场强很低,一般薄膜的场强不超过 25 kV/mm。国外产品场强要高一些,在运行中,不允许有元件击穿发生。

2)耦合电容器的器身结构

耦合电容器的器身一般由一个或几个心子串联组成,每个心子又有多个电容器元件

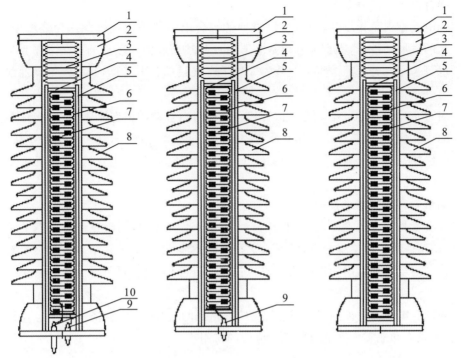

(a) 电容分压器下节结构　　　(b) 耦合电容器下节结构　　　(c) 耦合电容器或分压器上节结构

1.法兰盖；2.法兰；3.金属膨胀器；4.器身上夹板；5.器身侧夹板；6.元件；7.引线片；
8.绝缘套管；9.低压引线套管；10.中压引线套管

图 11-2　耦合电容器的不同结构示意图

串联并通过相关的部件夹装而成。元件的数量比较多，由于重力的作用，上层元件的压紧系数要小于下层元件的压紧系数，所以，有时采用多心子串联，以均匀各个元件上的电压分配。

元件的连接方式一般采用引线片，在元件卷制时将引线片插入元件中间。引线片可以采用镀锡铜箔，引线片之间的连接一般采用专用的锡焊设备及专用焊料。

元件之间的连接，国内外还有多种不同的连接方式。在国内，有企业将引线片改为铝箔连接，这样引线片比较薄，可减小引线对于元件电场的影响。欧洲某企业没有引线片，而是在打包前，将元件的极板通过机械压接的方式相连，这种连接方式效率较低，打包难度大。欧洲另一家企业在元件卷绕过程中不插入引线片，而插入一对由塑料材料制成的替代引线片，在器身打包时，用真正的引线片顺着替代引线片插入 2 个相邻的元件，并将替代引线片抽出，这样，2 个元件之间的连接不再焊接，减少了焊接过程中高温对于元件的损伤。

对于器身的打包，一般在器身的最上面和最下面用金属构件，器身的侧夹板采用绝缘材料，一般为酚醛纸板或层压板。国内某合资企业套管直径比较小，将器身打包成多个小器身，每个器身只用白布带简单固定，在装入套管时，在套管内部加装了弹簧机构。通过弹簧机构将器身压紧并固定，器身与套管之间的空隙很小。

3)耦合电容器的浸渍剂

耦合电容器的工作场强较低,所以早期的耦合电容器采用烷基苯作为浸渍绝缘油。随着技术的发展和进步,耦合电容器基本上用二芳基乙烷作为浸渍剂。在不作为分压器使用时也可采用二芳基乙烷浸渍全薄膜介质生产全膜耦合电容器,其电气绝缘性能更为优良。

国内有企业也曾尝试用SF_6气体替代全膜耦合电容器的内部液体介质。SF_6虽然具有良好的灭弧性能,但是作为气体介质与固体介质的搭配,由于气体的介电常数较低,气体上的工作场强高于薄膜上的工作场强,而气体的耐电强度也比较低,所以无论从哪方面讲,不具有优势。

4)耦合电容器的绝缘套管

绝缘套管是器身的容器,对于器身起到固定与保护作用,同时也是电容器的主体外绝缘,早期均使用瓷质绝缘套管,随着科学技术的发展,也尝试使用硅橡胶复合套管。由于有些类型的复合套管耐油性能比较差,到目前为止耦合电容器的外绝缘套管仍以瓷套管为主。

作为耦合电容器的外绝缘套管,应该具有相当的机械强度,应能承受电容器顶部的导线拉力、风力和地震力等造成的机械应力的作用。

外绝缘的爬电比距和干弧距离应符合有关规定,具有一定的防污秽及雨水的能力,在相应的条件下应能正常工作。

5)耦合电容器的膨胀器

当电容器的运行温度变化时,其液体体积也会随着温度而发生变化,为了使电容器内部不至出现过高的负压或正压,需要通过膨胀器对内部压力进行补偿,保证相关的部件始终浸在绝缘油中。膨胀器有外油式和内油式两种,外油式膨胀器一般装于瓷套管内部,四周浸于绝缘油中,膨胀器内部为气体;内油式膨胀器装于电容器套管外部,内部充油,并与电容器内部相通。内油式膨胀器安装相对复杂,成本高一些,补偿性能要好一些。

11.2.3 耦合电容器的主要性能参数

1)耦合电容器的使用环境条件

根据耦合电容器与电容分压器标准,耦合电容器标准工作条件如下:

(1)海拔高度不超过 1000 m,如果超过 1000 m 需要进行海拔折算;

(2)环境空气温度与安装地区的温度类别相适应;

(3)安装运行地区的风速应不超过 150 m/s;

(4)安装运行地区的大气污秽程度应与电容器的污秽等级相适应;

(5)安装运行地区的地震烈度应不超过 8 度。

2)耦合电容器的环境温度类别

电容器适用的环境温度分为多个类别,每一类别用一个数字后跟一个字母来表示。数字表示电容器可以运行的最低环境空气温度,字母代表温度变化范围的上限。温度类别中覆盖的温度范围为:$-50\sim+55$ ℃。

国家标准中给出电容器可以投入运行的最低环境空气温度的 5 个优选值,分别为 +5℃,-5℃,-25℃,-40℃,-50℃。

电容器最高运行温度上限的表示方式,共分为 4 个基本的级别,分别用 A、B、C、D 来表示,如第 6 章表 6-4 所示。

3)耦合电容器的额定电压

耦合电容器一般直接安装于输配电线路的相与地之间,其额定电压与安装系统的额定电压相适应。根据我国的电网情况,耦合电容器的额定电压有以下数值:

$35/\sqrt{3}$ kV, $66/\sqrt{3}$ kV, $110/\sqrt{3}$ kV, $220/\sqrt{3}$ kV, $330/\sqrt{3}$ kV, $500/\sqrt{3}$ kV, $750/\sqrt{3}$ kV, $1000/\sqrt{3}$ kV。

4)耦合电容器的额定电容

耦合电容器的额定电容量不大,主要是考虑到与系统的隔离作用,同时考虑载波通道的阻抗要小。对于电容式电压互感器的分压器,还需考虑其测量的阻抗和负载能力。耦合电容器的额定电容一般在下列序列中选择:

$0.0035\mu F$, $0.005\mu F$, $0.0075\mu F$, $0.01\mu F$, $0.015\mu F$, $0.02\mu F$

耦合电容器的电容允许偏差为 $-5\%\sim+10\%$,如果为多节串联,应注意各节的一致性。

5)耦合电容器的爬电比距

根据安装运行地区的大气污秽程度,按电容器的最高电压 U_m 确定的最小爬电比距,总的爬电距离与电弧距离之比值一般应不超过 3.5,具体要求列于表 11-1 中。

表 11-1　耦合电容器的爬电比距

污秽等级	I	II	III	IV
最小爬电比距/(mm/kV)	16	20	25	31

6)耦合电容器的电压因数

耦合电容器的电压因数与所接入系统的接地方式有关:在我国的电力系统中,110kV 以下系统采用中性点非有效接地系统。110kV 及以上的系统采用中性点有效接地系统,对于非有效接地系统,在一定的时间段内,允许单相接地运行;对于有效接地系统,不允许单相接地,其接地方式与相应的电压因数、允许运行时间如表 11-2 所示。

表 11-2　系统接地方式与电压因数

类型	额定电压因数	允许运行时间	网络接地方式
I	1.2 1.5	连续 30 s	中性点有效接地
II	1.2 1.9	连续 30 s	带有自动切除对地故障的中性点非有效接地
III	1.2 1.9	连续 8 h	无自动切除对地故障的中性点非有效接地

7）耦合电容器的高频电容与等值串联电阻

高频电容与等效电阻是衡量耦合电容器对于高频信号的导通能力和高频信号损失水平的重要特性，也是耦合电容器高频特性的一个主要指标。

等值串联电阻与电容器介质损耗、内部引线损耗、电容器的运行温度、频率等均有关系，温度越低、载波频率越低，损耗越大，等值串联电阻就越大。

按照相关标准规定，耦合电容器在温度类别范围内的任一温度以及在载波频率范围内的任一频率下，在高电压端子与低电压端子之间测得的高频电容值相对于额定电容的偏差不得超过 $-20\%\sim+50\%$，且等值串联电阻不得超过 40Ω。

对于高频电容和等效串联电阻的测试，为了减少测量误差，引线应尽量靠近产品外壳。必要时，在产品的外部采用靠近外壳的多根导线进行测量。

8）耦合电容器的杂散电容与杂散电导

耦合电容器的杂散电容与杂散电导指电容器低压端子处的对地杂散参数，由于载波信号由低压端子载入，低压端子的杂散电容和杂散电导太大时，会影响载波信号的功率和能量，造成载波信号衰减。

按照相关标准规定，耦合电容器在高频范围内的任何频率下测得的低电压端子和接地端子之间的杂散电容值不得超过 $200\ \mathrm{pF}$，杂散电导不得超过 $20\ \mu\mathrm{S}$。

如果用电容式电压互感器中的电容分压器同时作为耦合电容器使用，由于电容式电压互感器的电磁装置部分的影响，其分压低压端子和互感器接地端子之间在高频范围内的杂散电容应不超过 $300+0.05\ C_n$（以 pF 计），杂散电导应不超过 $50\ \mu\mathrm{S}$。

11.3 高压交流断路器用均压电容器

11.3.1 用途

均压电容器是一种并联连接在交流高压断路器的断口上，用以改善断口之间的电压分布、降低恢复电压上升率的电容器，也叫断路器电容器。

均压电容器随着电力系统以及断路器技术的发展而兴衰，早期随着电力系统电压等级的提高。在多断口或者多个断路器串联使用，在断路器断开期间，各断口之间的电压分布不均匀，在断路器的每个断口上并联一只均压电容器，使各断口之间的电压均匀分布，提高了断路器的安全性和稳定性。

随着断路器电容器技术的发展，断口的电压越来越高，目前 $500\ \mathrm{kV}$ 罐式 SF_6 断路器也可做到单断口。断路器的电压越来越高，用量却越来越少。

图 11-3 所示为一双断口断路器，断路器电容器并联连接到每个断口上，电容器的安装方式也随着断路器的结构而变化，有水平安装的结构，也有倾斜安装的结构。均压电容器的电压比较高，与断口的电压相适应。断路器电容器的电容量比较小，一般在几百到几千微微法之间。

由于安装方式和结构的问题，均压电容器曾出现过漏油问题，主要的原因是与断口并联连接，随着温度的变化，特别是断口的温度与电容器的温度不一致时，在电容器法兰处产生一定的机械应力,造成电容器出现渗漏油的问题,在设计时应考虑消除应力。

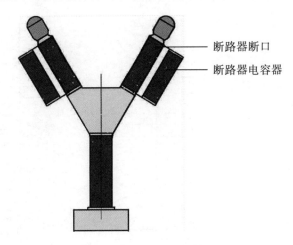

断路器断口

断路器电容器

图 11-3　断路器电容器安装结构图

11.3.2　均压电容器的工作过程

断路器的工作状态无非断开和合闸 2 种。当断路器处于合闸状态时,均压电容器没有电压,2 个端子被断路器触头短接;当断路器断开时,断路器一端与系统连接,另一端通过负载接地,其电压通过电容器均匀分布,如果没有电容器,则其电压分布很难掌握,主要原因是触头之间的电容太小,由于各部分杂散电容的影响,使接近系统侧的断口电压分布较大,电压很不均匀,容易造成接近系统侧的断口击穿。

但是,在断路器开断与合闸的过程中,均压电容器却承受了 2 个充电和放电暂态的过程。在断路器断开的瞬间,电容器的充电过程与断开时的负荷阻抗有关,负荷阻抗越小,充电速度越快;开关合闸过程,是对于电容器两端短路的过程,且没有任何的阻抗,对于均压电容器,实际上是给电容器短路放电的过程。断路器电容器必须承受短路冲击,如果开关在分闸过程中出现重燃或合闸过程中出现弹跳,对电容器将造成更大的损伤。

表面上看,均压电容器在大部分的时间内,两端是没有电压的,运行条件似乎很轻,但是在分合闸较为频繁的系统中,断路器的频繁操作对于电容器的损伤和影响很大。在有些地区出现均压电容器运行一段时间后介损变大等问题,与断路器的频繁操作有关。

11.3.3　均压电容器的结构

图 11-4 所示为均压电容器的内部及外部结构,其中(a)和(b)为电容器的外形图,(c)为电容器的内部结构图。产品主要由器身、瓷套、膨胀器等部件组成,均压电容器的器身由元件及相关绝缘件组成。

1)均压电容器的元件

均压电容器的元件一般由 2 张铝箔作电极,极间固体介质通常是由聚丙烯薄膜和电容器纸复合而成。目前也有用全膜介质的断路器电容器,介质损耗更低。

均压电容器由于断路器安装的问题,电容量比较小,元件尺寸较小。

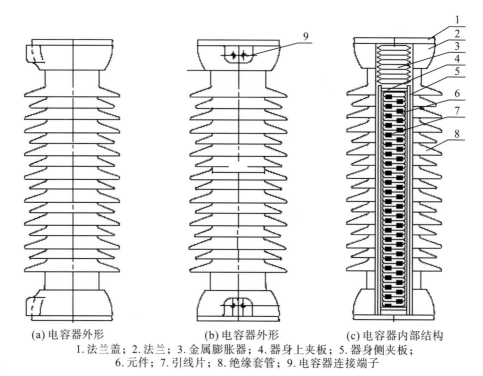

(a) 电容器外形   (b) 电容器外形   (c) 电容器内部结构

1.法兰盖；2.法兰；3.金属膨胀器；4.器身上夹板；5.器身侧夹板；

6.元件；7.引线片；8.绝缘套管；9.电容器连接端子

图 11-4　均压电容器的内外结构图

2)均压电容器的器身

均压电容器的器身一般由一个或几个心子串联组成,每个心子又由多个元件串联并通过相关部件夹装而成。元件的数量比较多,由于重力的作用,上层元件的压紧系数要小于下层元件的压紧系数,所以,有时采用多心子串联,以均匀各个元件上的电压分配。

断路器对于元件的连接方式一般采用引线片,在元件卷制时将引线片插入元件中间,引线片采用镀锡铜箔,引线片之间的连接一般采用专用的锡焊设备及专用焊料。

元件之间的连接,国内外有多种不同的连接方式。在国内,有企业将引线片改为铝箔连接,这样引线片比较薄,减小引线对于元件电场的影响。欧洲某企业没有引线片,而是在打包前,将元件的极板通过机械压接的方式相连,这种连接方式效率较低。

对于器身的打包,一般在器身的最上面和最下面用金属构件,器身的侧夹板采用绝缘材料,一般为酚醛纸板或层压板。

3)均压电容器的浸渍剂

均压电容器的工作场强较低,所以早期采用烷基苯作为浸渍绝缘油,随着介质材料技术的发展和进步,均压电容器基本上用二芳基乙烷作为浸渍剂。也可采用二芳基乙烷浸渍全薄膜介质。生产全膜均压电容器,其电气绝缘性能更为优良。

4)均压电容器的绝缘套管

绝缘套管是器身的容器,也是电容器的主体外绝缘,均压电容器的绝缘套管一般为瓷质绝缘套管,由于高度较高,直径较小,套管的加工和烧制难度较大。

套管法兰一般浇注到套管上,法兰上设置与断路器连接的端子。

作为均压电容器的外绝缘套管,应该具有相当的机械强度,能承受电容器或断路器温度变化造成的机械应力的作用。

外绝缘的爬电比距和干弧距离应符合有关规定,具有一定的防污秽及雨水的能力,在相应的条件下能正常工作。

5)均压电容器的膨胀器

电容器运行温度变化时,通过膨胀器进行补偿,保证相关的部件始终浸在绝缘油中。均压电容器的膨胀器一般为外油式结构,膨胀器装于瓷套管内部,膨胀器内部为气体。

11.3.4　均压电容器的主要性能参数

1)均压电容器的使用环境条件

根据均压电容器标准,均压电容器的标准工作条件如下:

(1)海拔高度不超过 1000 m,2000 m,3000 m;

(2)安装地区的周围环境空气温度为 $-40 \sim +40$ ℃;

(3)均压电容器安装方式可为水平、倾斜或垂直安装;

(4)均压电容器的爬电距离应与断路器相关要求相适应,并满足断路器设计的要求。

2)均压电容器的额定电压

均压电容器与断路器的断口并联,安装于断路器上,其额定电压与断路器的设计结构相适应。均压电容器的额定电压的优先值在以下数值中选取:

40 kV,90 kV,120 kV,180 kV,240 kV,360 kV。

但是在实际的应用中,由于各开关制造商设计参数与尺寸的差异,在额定电压的选择中,电容器的额定电压应稍大于断路器断口承受的电压。额定电压可按以下公式选取:

$$U_{CN} \geqslant \frac{rkU_{SN}}{n\sqrt{3}}$$

式中,U_{CN} 为均压电容器的额定电压;U_{SN} 为系统的标称电压;n 为断路器的断口数;r 为断口电压不均匀系数,通常取 1.1;k 为系统供电端电压系数,通常为 $1.1 \sim 1.15$。

另外,均压电容器的绝缘水平应等于或稍高于断路器断口的绝缘水平。

3)均压电容器的额定电容

由于均压电容器需要安装于断路器上,对于断路器,尺寸越小越好,所以,电容量一般很小,但是其电容量的大小必须有能力减小杂散电容对于电压分布的影响。均压电容器的额定电容的优先值一般在以下序列数据中选择:

1000 pF,1500 pF,1800 pF,2000 pF,2500 pF,3000 pF,4000 pF,5000 pF。

均压电容器的电容允许偏差为 $\pm 5\%$。

4)均压电容器绝缘水平

均压电容器与其他的电力设备不同。在我国的电力系统中,根据绝缘配合水平,330 kV 及以上电力设备才进行操作冲击试验,但是,对于均压电容器,由于其与断路器断口并联,与其他设备的应用工况有所不同,所以无论均压电容器的电压等级多高,均要进行工频短时耐受电压试验、雷电冲击电压试验、操作冲击电压试验,对于每个给定的额定电压均规范了其绝缘水平。另外,在断路器的绝缘水平中增加了 2 h 的工频耐压试验,相关的数值如表 11-3 所示。

表 11-3　均压电容器绝缘性能要求

电容器的额定电压/kV	绝缘水平			
	短时工频耐受电压平均数值/kV	2 h 工频耐受电压方均根值/kV	额定雷电冲击耐受电压峰值/kV	额定操作冲击耐受电压峰值/kV
40	130	80	360	205
90	260	180	590	380
120	325	240	775	615
180	460	360	1110	760
240	580	480	1380	1095
360	790	720	1985	1350

5)均压电容器的短路放电试验

由于工作中长期受到断路器开断与合闸的冲击,均压电容器需进行短路放电试验。

按照国家标准规定,将电容器以直流电充电至 $\sqrt{2}U_N$ 的电压,立即通过尽可能靠近电容器的间隙进行短路放电。在例行试验时,进行 5 次短路放电试验;在进行型式试验时,进行 2000 次的短路放电试验,试验过程中电容器应该承受相关的试验而无元件击穿或其他故障发生。

在试验过程中,特别是型式试验,应注意控制放电的速度,避免由于放电速度过快造成电容器温度上升而损坏。

6)均压电容器的密封性试验

均压电容器由于安装结构比较特殊,在实际的安装中,连接端子一方面完成电气上的连接,另一方面也需要通过连接端子将电容器固定到断路器上,两端均为固定连接。随着环境温度的变化,在电容器两端已形成应力,使电容器出现渗漏油现象,一方面应该改进其安装结构,另一方面电容器应该有更好的密封性能,所以在国家标准中,对于均压电容器规范了比较复杂严格的密封性试验方法。

密封性试验应是对按正常使用状态装配并充满规定液体的电容器进行的试验。均压电容器的密封性试验应以加热或其他方式使电容器内部超过最大工作压力,保持 8h。如无泄漏现象,则认为通过本试验。

采用加热方式进行密封性试验时,试验温度为电容器相应温度类别上限值加上15℃的数值。

11.3.5　均压电容器的参数

对均压电容器的参数选取往往需要根据断路器企业的具体设计而定,下面给出 2 组常用均压电容器的设计参数如表 11-4 所示。

表 11 - 4　均压电容器设计参数

电容器型号	参数一	参数二
额定电压/kV	192	145
电容量/pF	2500	2500
工频耐电压/kV	550	380
2 h 工频耐压/kV	360	220
雷电全波冲击耐压/kV	1105	850
操作全波冲击耐压/kV	845	700
局部放电量/pC	5 pC(212 kV 下)	5 pC(160 kV 下)
爬电距离/mm	8200	6050
干弧距离/mm	2130	1600
法兰直径/mm	232	232
产品总高/mm	2300	1750
重量/kg	190	150

11.4　套管类电容器的设计

11.4.1　电场强度的控制

套管类电容器的结构一般适用于电压等级较高,而电容量较小的电容器,其内部元件一般采用纯串联连接,或者内部元件的并联数很少,内部一般无法采用熔丝保护,也不设置放电电阻,为了保证产品的安全运行,这类电容器的电场强度比较低。

最早的电容器以膜纸复合介质为主,随着高压并联电容器全膜化技术的发展,大部分这类电容器也采用全膜技术,减小了产品的尺寸和重量,提高了电容器内部的耐电强度和稳定性,降低了产品的损耗及内部温升。

由于电容式电压互感器作为计量设备对于其误差有较高的要求,电容分压器的温度阻抗特性会影响互感器的误差特性,所以在该类电容器中,仍使用膜纸复合介质,通过电容器纸的正温度特性来补偿聚丙烯薄膜的负温度特性,以保证互感器的误差性能。

套管类全膜电容器,电场强度远低于并联电容器,一般设计场强低于 40 kV/m。膜纸复合的套管类电容器,由于纸的耐电性能低于聚丙烯薄膜的耐电性能,所以,该类电容器的电场强度的控制,以电容器纸上的耐电强度的设计作为控制目标,一般不超过 30 kV/m。

而膜纸复合电容器的电场强度计算必须注意一个问题,电容器纸主要成分是纤维,虽然纤维的相对介电常数很高,可达到 6.5 的水平,但是由于其密度的问题,不能用其相对介电常数设计计算,而应采用油浸纸的复合介电常数进行电场核算,其复合介电常数与纸的密度及所使用油品的介电常数均有关,油浸纸的相对介电常数一般在 2.2 左右,对于复合介质的电场强度的计算,请参考第二章相关的内容。

11.4.2　套管类电容器的外绝缘

套管类电容器的心子基本上由全串联的元件组成,其外绝缘套管的高度比心子稍高。在交流电压下,由于各元件的电压分布很均匀,基本上不受杂散电容的影响,或者说杂散电容的影响很小,所以,受其影响,外绝缘套管沿面的电场分布很均匀,无须采取相关的均压措施。

对于外绝缘套管的设计,原则上只需考虑机械强度、密封结构以及按相关标准要求的爬电距离以及干弧距离即可。对于电压等级较高的电容器,只需考虑其顶端的尖端放电的问题,设置防晕罩。

11.4.3　耦合电容器的高频特性设计

耦合电容器主要的作用是为高频通讯信号提供通路,在信号的传输过程中,需要减小回路对于通讯信号的衰减,其中最关键的是减小各部分的电阻。

电容器中的电阻来自 2 个方面,一个方面是电极及引线的串联电阻,另一个方面是电介质绝缘电阻以及电介质极化的能量损耗的等效电阻,理论上讲,电极及引线电阻随着频率的变化是不变的,而电介质的极化损耗的等效电阻随着频率的增长呈非线性变化,介质绝缘电阻随着频率理论上不发生变化,但其等效串联电阻会减小。在相关标准中,要求等效串联电阻不得小于 40 Ω。

11.4.4　耦合电容器的杂散特性设计

耦合电容器的杂散特性指低电压端子对地的杂散电容和杂散电导,这些杂散电容主要来自电容器的最底部对地的杂散参数,这就要求电容器的下端需要抬起一定的高度,以减小杂散电容和电导,具体的计算需根据电容器元件的尺寸、之间的距离,绝缘油的特性以及相关绝缘件的应用情况而定。

按照相关标准规定,耦合电容器杂散电容值不得超过 200 pF,杂散电导不得超过 20 μS。对于电容式电压互感器,由于其电磁装置部分的影响,在高频范围内的杂散电容应不超过 $300+0.05\ C_n$(以 pF 计),杂散电导应不超过 50 μS。

11.4.5　断路器电容器的损耗问题

早期的电容器为油纸介质结构,损耗比较大,其介质损耗角正切值一般会达到 0.2%,随后发展到膜、纸复合介质以及全膜电容器,其损耗角正切值不断地减小,全膜断路器电容器的介质损耗角正切值达到 0.004% 的水平。

全膜断路器电容器在实际的运行例检中,经常出现低电压下损耗变大的问题,主要的原因是在运行一段时间后,相关材料中仅存的少量的导电的杂质或离子会溶入绝缘油中,但是,这些导电物质的数量是有限的,在低电压下充分体现了其导电性能,实际测量的介质损耗比较大;随着电压的升高,由于有限的导电物质是有限的,在高电压下介质损耗下降。

断路器电容器的电容量一般比较小,实际的测试中受相关因素影响比较大。实际上这种影响对于油纸、全膜电容器是一样的,只是全膜比油纸或膜纸复合介质电容器的介质损耗数值要小得多,所以,在实际测试中,全膜断路器电容器的介质损耗测试时,由于基本量值很小,表现出的变化率较大;而在油纸及膜、纸复合电容器的介质损耗测试中,由于基本量值较大,表现出的变化率较小。

全膜电容器的例行试验中,低电压的损耗只要变化不大于 0.01% 的水平原则上没有问题的,如果不能确认,需在额定电压下测试,如果额定电压下损耗变化很小,并在正常范围内,则可以认为电容器没有问题。

11.4.6　断路器电容器机械性能

断路器电容器的安装方式是悬挂于断路器断口的两端,由于机械强度方面的考虑,往往两端与断路器断口进行硬连接,随着环境以及运行温度的变化,断口的温度与电容器的温度往往不一致,在电容器法兰处产生一定的机械应力,往往造成电容器渗漏油。

这个问题应该引起断路器生产企业与电容器生产企业共同重视,在设计时,从电容器的角度以及安装方式的角度共同考虑,消除应力,以解决漏油问题。

11.4.7　直流电容器的特殊问题

我国超特高压直流输电技术发展的初期,在直流侧使用了瓷套管型的耦合电容器,该电容器与阻波器等结合,组成 PLC 滤波器,用于隔离并滤除换流阀厅的高频信号,但在实际使用中,较多的电容器出现故障,出现套管壁击穿、着火等现象。

该种电容器应用于 500 kV 直流输电系统,产品共分为 4 节叠装,通过对电容器运行状况、故障时的状况以及故障电容器的解剖分析,主要的原因是直流电场下套管表面污秽造成,同时由于直流电压下电容器内部的电场分布以及放电特性也不同,所以,对于直流场合下使用的电容器应注意以下问题。

(1)在污秽和下雨环境下,由于电容器内部与外部电位分布的不均匀,造成心子与瓷套壁之间有一定的电压差,在直流电压下,通过介质中的导电粒子导电,这种情况在套管内壁开始慢慢刻蚀,使套管壁慢慢出现缺陷,最终击穿。

(2)套管的击穿点基本上在套管的上部或下部的 1/3 部位上下。

(3)电容器内部元件的尖角部位,也出现了明显的放电痕迹,元件引线片上出现了大量的电灼蚀造成的小型孔洞。

通过研究分析认为,套管类电容器在直流下使用时,应特别注意:

(1)套管类电容器的套管的长度不宜过长,以免在电位分布不均匀的情况下,造成内外电压差偏大,出现套管壁被刻蚀的现象。

(2)在直流环境下使用时,由于电场方向一致,介质中的导电微粒,甚至一些导电性能相对较差的纤维等物质,容易在绝缘油中形成"小桥效应",出现小桥放电现象,在直流电场下,对于绝缘油的洁净度要求更高。

(3)电容器中裸露的导电零部件必须加包绝缘材料,绝缘材料起到隔板的作用。

第 12 章　标准电容器

12.1　标准电容器的发展

标准电容器(standard capacitor)主要用于各类电器实验室,属于计量器具,其主要作用是在各种电器设备的绝缘检测中作为比对的标准,常与西林电桥配合,进行相关电力设备的绝缘检测。其额定电压从 1~1600 kV 不等,是所有电器实验室必备的设备。

标准电容器的特点是电容量小,介质损耗要求很小,所以与其他电容器不同。常用气体作为其主绝缘介质,并采取相应的屏蔽措施,从而使电容量很稳定,排除干扰能力也很强。

国外对标准电容器的研究始于 20 世纪初期,最初研制时考虑到电场分布的问题,也曾采用多个元件串联的方式,结构比较复杂;在研究过程中发现采用同轴圆柱电极能实现很好的电场分布,同时抗干扰能力较强。这样就诞生了世界上最早的标准电容器,其结构和外形如图 12-1 所示。这时的标准电容器为空气绝缘标准电容器,其极间介质为空气,没有密封和绝缘外套。图 12-1 为早期的标准电容器。经过不断的研究和发展,1928 年西林和菲韦格(Vieweg)设计了世界上第一个 900 kV 压缩空气标准电容器,如图 12-2 所示。这就是压缩气体标准电容器的雏形。

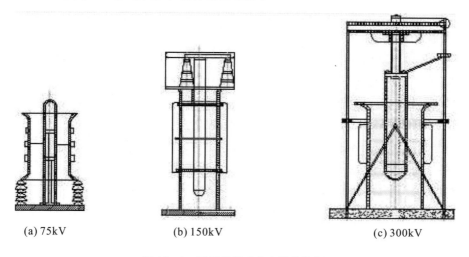

(a) 75kV　　　　　　(b) 150kV　　　　　　(c) 300kV

图 12-1　早期的标准电容器的构图

最早的压缩气体标准电容器采用干燥空气作为绝缘介质,随后改用 N_2 和 CO_2 气体,充气压力高达 1.5 MPa 左右,在这种情况下,对绝缘筒的气体密封性能和机械强度要求很高。随着制造技术及加工工艺水平的提高,以及近 1 个世纪以来的深入研究和发展,到目前为止，标准电容器基本上采用 SF_6 气体作为绝缘介质，充气压力下降到 $0.35 \sim 0.4$ MPa 左右，大大提高了标准电容器的电气性能，同时降低了对绝缘筒的气密性和机械强度的要求。

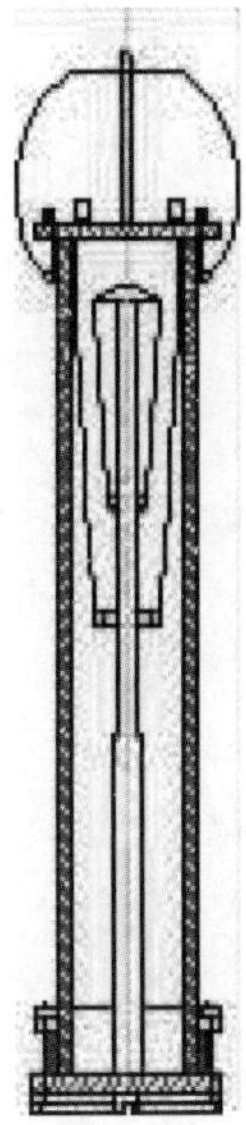

我国对高电压标准电容器的研究起步较晚，从 20 世纪 60 年代初开始，1963—1966 年，原西安电力电容器厂（现为西安西电电力电容器有限责任公司）研制了我国第一台 250 kV 氮气绝缘标准电容器，随后开发了我国第一台 500 kV 氮气绝缘标准电容器以及第一台 1000 kV 氮气绝缘标准电容器，如图 12-3 所示。70 年代，原西安电力电容器厂和西安电力电容器研究所对 SF_6 气体绝缘标准电容器进行了大量的试验研究工作，首次成功研制了我国的 250 kV、500 kV SF_6 气体绝缘高电压标准电容器。1984 年与西安交通大学电气工程系高电压教研室联合，成功研制了我国第一台 1100 kV SF_6 气体绝缘超高电压标准电容器，如图 12-4 所示。

图 12-2　西林和菲韦格的压缩气体电容器剖面图（1928 年）

当时的 1100 kV SF_6 气体绝缘超高电压标准电容器由于加工条件所限，外绝缘筒由三节酚醛纸管组成，对接处加设屏蔽环。由于外绝缘不连续，内部采取均压措施，使结构很复杂，制造难度很大。且酚醛纸管易受潮，影响标准电容器的绝缘性能及稳定性。该标准电容器最重要的性能指标介质损耗角正切值为 1×10^{-4}，达不到国外标准电容器 1×10^{-5} 的水平。另外，加工工艺及加工装备比较落后，表面处理水平也较差，所以造成内绝缘到外绝缘设计不是很合理，目前已退出运行。无论是体积、重量、造型设计、制造工艺、运输和移动的灵活性上远远落后于国外的产品。

图 12-3　充 N_2 的 1000 kV 标准电容器

图 12-4　充 SF_6 的 1100 kV 标准电容器

经过多年来进一步研究和发展，标准电容器的相关技术越来越成熟。随着中国机械加工工艺、水平以及加工装备的提高，标准电容器整体水平有了大幅度提高，赶上了国际先进水平，电压等级从 $1 \sim 1600$ kV，并有一定量的产品出口到国外。图 12-5 为近年来我国生产的 1200 kV 标准电容器。

图 12-5　1200 kV 标准电容器

对于 1000 kV 以上电压等级的标准电容器,由于电压等级很高,试验中工频耐受电压很难通过,经过大量的研究工作,西安布伦帕无功补偿技术有限公司研制的高压、超高压标准电容器取得突破性进展,对标准电容器的内部绝缘结构做了较大的改进,并获得国家发明专利(专利号 ZL201210310675.7)。特别是对于 800 kV 及以上电压等级的标准电容器,在大大减小电容器体积的情况下,使电容器的工频耐受电压水平大大提高,主要的技术性能指标已经超过了国外相关企业的水平。

12.2　标准电容器的特点与用途

标准电容器主要用于各种电气试验室中,作为检验其他电气设备的电容量以及介质损耗的标准器具,其设计和结构与其他电容器完全不同,一般采用干燥的气体介质作为绝缘介质,电容稳定性能好,介质损耗小,一般可达到 1×10^{-5},同时由于标准电容器的内电极一般置于外电极内部,抗干扰能力很强,所以称之为标准电容器。

标准电容器最主要的功能是测量相关电气设备的电容量和介质损耗,有些情况下,标准电容器在试验室中也兼具其他的功能和用途,其主要的用途有:

(1)和西林电桥(Schering bridge)结合,用于各种电器设备的电容及介质损耗测量,这也是标准电容器最基本的功能。

(2)用于高电压测量中的耦合电容,比如局部放电和无线电干扰测量中的耦合单元等用途。

(3)可用作试验用分压器,用于试验系统电压监测或测量,比值误差可达到 0.5% 或 1%,相位误差不做考虑。

(4)用标准电容器配成分压器,并配备必要的电子设备,作为精确度较高的标准电子分压器(精度可达 0.005 级),用于电压互感器的精度校验。

(5)用标准电容器配成分压器,并配备必要的设备,组成高精度的电压通道,为高压电抗器阻抗分析仪提供高精度电压信号,精度达到 0.001 级,要求阻抗分析仪的电压通道输入阻抗大于 8 MΩ。

12.3 标准电容器的分类及基本结构

12.3.1 标准电容器的分类

根据实验室电压等级的具体情况,需要配置不同的标准电容器。标准电容器的电压范围以及电容量的范围很广,电压可从 1～1600 kV,电容量可从 20～50000 pF。由于电压等级及电容量差异比较大,其结构差异也比较大,标准电容器可以按以下几种方式分类:

1)按电极结构分类

根据标准电容器电压和电容量的不同,电极可采用不同的设计结构。按电极结构分类,可分为同轴圆筒形电极标准电容器和多层平板电极标准电容器 2 大类。

(1)同轴圆筒形电极结构标准电容器,在高电压等级的产品中使用,一般在 50 kV 以上,电容量小的标准电容器,电容量在 20～100 pF;

(2)多层平板电极标准电容器,在较低电压等级的产品中使用,一般在 50 kV 以下,电容量比较大的标准电容器,电容量在 500～10000 pF 的范围。

2)按填充气体介质分类

无论标电的电容量多大,介质损耗越小越好,一般至少达到 10^{-4} 数量级,所以,标准电容器的绝缘介质一般均采用气体绝缘结构。就目前电容器的填充介质,可分为干燥空气绝缘和 SF_6 气体绝缘标准电容器 2 大类。

(1)干燥空气绝缘的标准电容器,应用于较低的电压等级,一般在 10kV 以下。由于结构问题,电容器电极间的电场强度很低,所以采用干燥空气绝缘即可。

(2)SF_6 气体绝缘标准电容器,主要用于较高的电压等级,充气压力一般在 0.35～0.4 MPa。早期曾使用过 N_2,压力到 1.5 MPa 左右。

12.3.2 标准电容器的结构

标准电容器的电极结构,可分为 2 个基本的结构,如图 12-6 所示,(a)为多层平板电极结构图,一般适用于电压等级较低、电容量较大的标准电容器,其中 1 为高压引线端子,2 为引线套管,3 为双屏蔽测量端子,4 为平板电极,5 为外壳。(b)为套管型标准电容器,电压等级较高,电容量比较小的标准电容器采用这种结构,其中 6 为屏蔽罩,7 及 11 为接地电极,8 及 10 为屏蔽电极,含分压器时也可将其中一个作为分压器的高压臂,9 为测量电极,12 为高压电极,低压电极装于高压电极内部,13 为高压电极支撑管,14 为绝缘套管,15 为双屏蔽引出端子,16 为底座,对于电压等级较高的标准电容器,底座上安装滚轮,便于移动。有时根据用户的要求也采用气垫结构,方便移动。

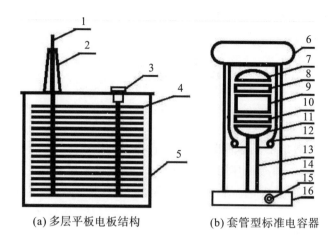

(a) 多层平板电板结构　　　　(b) 套管型标准电容器

图 12-6　标准电容器结构示意图

干燥空气绝缘标准电容器电压比较低,额定电压一般在 1 kV 以下,电容量一般可达到 1000~5000 pF,为多层平行板电极。由于电压较低,从机械结构上,很难将极间的距离设计得很小,工程上难以实现,所以,电场强度较低。常采用常压干燥空气绝缘,但必须密封。对于 10 kV 以上的标准电容器采用压缩气体绝缘,这种的内部结构如图 12-6(b)所示,为内部含有分压器的标准电容器的结构简图。

由图 12-6(b)可以看出,内电极 9 被包围在外电极 12 内部,在内电极的两端设有 2 个屏蔽电极,内电极与同轴电缆的芯线相连接,2 个屏蔽电极与电缆的屏蔽相连。整个同轴电缆从支柱 13 和底座箱 16 内部穿过,钢管与 2 个接地电极以及底座箱相连,使用时通过底座接地,形成外层屏蔽,使整个标准电容器为双屏蔽结构。

12.4　标准电容器的基本性能

标准电容器作为标准计量器具,一般在户内使用,对于电容量稳定型要求很高,介质损耗接近 0。标准电容器的基本参数与性能如下。

12.4.1　标准电容器的使用环境

标准电容器一般用于试验室中,其标准的使用环境条件如下:

(1)标准电容器安装运行地区的海拔不超过 1000 m。

(2)标准电容器使用环境温度范围为 -5~+40℃。

(3)标准电容器使用相对环境湿度不大于 75%。由于高压标准电容器的电容量一般较小,湿度对于标准电容器的沿面电场分布影响较大,湿度较大时应降低电压使用。

(4)电容器使用时距其他电气设备的距离应不小于其高度的 1.5 倍,由于标准电容器的特殊结构,沿面电场分布易受到周围设备的影响。

12.4.2　标准电容器的额定电压与电容量

在标准 JB1811 中对于标准电容器的电压及电容量都有规定,目前不能满足实际的需要。这里对于标准电容器的相关参数进行进一步的规范,如表 12-1 所示。

表 12-1 标准电容器的电压与电容量

额定电压/kV	≤1	5	10	100	250	350	500	800	1000	1600
电容量/pF	1000~10000			50~100			20~50			

12.4.3 标准电容器的工频耐受电压

由于标准电容器一般工作于户内,实际的工作电压一般不会超过额定电压,工作期间很少有过电压出现,所以,其短时工频耐受电压均比较低。在实际的使用中,标准电容器外绝缘的电位分布易受外部环境的影响,在试验中,应注意周围设备或物体对其电场分布的影响。另外,标准电容器内部为气体绝缘结构,属于可恢复绝缘,所以电容器的耐受电压倍数一般较低。按照 JB1811 规定,其短时耐受电压水平如表 12-2 所示,时间为 1min。

表 12-2 标准电容器的耐受电压水平

电容器额定电压 /kV	试验电压/kV	
	高、低电压端子间,高电压与接地端子间	低电压端子间,低电压与接地端子间
<1000	1.20 U_N	2.0
1000~1600	1.10 U_N	

12.4.4 标准电容器的电容压力特性

电容压力特性是指标准电容器的内部气体压力发生变化时,电容量随内部气体压力而变化的特性。JB1811 规定,标准电容器的电容压力系数用 α_p 表示,并规定电容压力系数应小于 $2.2 \times 10^{-8} \text{Pa}^{-1}$。

α_p 的表达式如式(12-1)所示:

$$\alpha_p = \frac{C_{p2} - C_{p1}}{C_p \times (p_2 - p_2)} \tag{12-1}$$

式中,C_{p1} 为 p_1 气压下的实测电容值;C_{p2} 为 p_2 气压下的实测电容值;C_p 为额定气压下的电容值。压力单位为帕(Pa)。

在电容压力系数测量时,压力范围应该在零表压到额定表压范围内测量,压力间隔为 0.1 MPa。

在实际的测量中,由于要测量到较高的精度,对于测量电桥的要求很高,一般必须采用数字电桥,且读取的电容量位数要足够多。假如标准电容器的电容量为 10 pF,按照电容压力系数为 10^{-8} 数量级,0.1 MPa 压力间隔测得的数值需要精确到 0.001 pF,读取数据位数必须达到 5 位有效数据以上,否则,电容压力系数是难以测量的。

按式(12-1)电容压力系数为一线性方程,对于实验数据的处理使用线性方程回归计算,方程表达式见式(12-2)。回归计算后,电容压力系数用式(12-3)进行计算。

$$C_p = a + \frac{b}{p} \qquad (12-2)$$

式中,a、b 为回归系数;p 为气体压力。

$$\alpha_p = \frac{b}{C_p} \qquad (12-3)$$

一般情况下,引起内部气体压力变化的因素有 2 个,其一是标准电容器在长期工作中,不可能绝对密封,其压力会随着时间的推移而降低,所以有关标准规定气体绝缘设备的年泄漏率不超过 1%;其二是其内部气体压力会随环境温度的变化而变化,当环境温度升高时,标准电容器内部压力随之增大。

当标准电容器的内部压力发生变化时,分子间距大而相互作用小,相对介电常数会随之发生微小的变化,其变化规律可通过分子运动的规律来进行分析。

气体是各向同性的介质,在常温常压下,分子做布朗运动在空间各点出现的几率相同。压力电容特性的分析要通过克劳休斯-莫索蒂(Clausius - Mossotti)方程和德拜方程分析[8]。介质的介电常数 ε 可用式(12-4)来表述。

$$\varepsilon - 1 = \frac{N \cdot a_e}{\varepsilon_0} + \frac{N \cdot \mu_0^2}{3\varepsilon_0 \cdot K \cdot T} \times \frac{1}{T} \qquad (12-4)$$

式中:N 为每立方米的分子数(分子浓度,或称分子数密度);a_e 为电子位移极化率,$a_e = 4\pi\varepsilon_0 r^3$;$\mu_0$ 为介质的固有偶极矩;K 为玻尔兹曼常数,$K = 1.38 \times 10^{-23} J/K$;$T$ 为温度,K。

目前标准电容器中使用的介质主要为干燥空气和 SF_6 气体。SF_6 气体是一种无色、无臭、不燃、不爆、无毒的气体[10-11],由于该气体中含有电负性很强的氟原子,所以具有良好的绝缘性能和灭弧性能。SF_6 气体属于非极性气体(即其偶极距为零),所以其介电常数随压力 P 的变化率 $\beta_{\uparrow e}$ 可用式(12-5)计算。

$$\beta_{\uparrow e} = \frac{1}{\varepsilon} \cdot \frac{d_\varepsilon}{d_p} \approx \frac{a_e}{\varepsilon_0 KT} \qquad (12-5)$$

当气体压力在 0~2.2MPa 变化时,SF_6 气体的介电常数 ε 的变化仅约 7%。其变化曲线如图 12-7 所示。在一定压力范围内,电容量随着压力的升高线性增大,所以电容压力系数为正值。

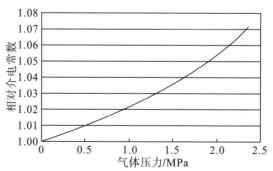

图 12-7 SF_6 的介电常数与气体压力的关系

12.4.5　标准电容器的电容温度特性

电容温度特性指当环境温度发生变化时,标准电容器的电容量随之变化的规律。JB1811 规定,α_T 的绝对值应不大于 $3\times10^{-5}\mathrm{K}^{-1}$。

在电容器使用环境空气温度范围内,在额定频率下 α_T 的物理意义可用式(12-6)来表示,即当温度变化 1K 时,电容量的变化率。

$$\alpha_T = \frac{C_{T_2} - C_{T_1}}{C_{20} \cdot (T_2 - T_1)} \tag{12-6}$$

式中,C_{T1} 为 T_1 温度下的实测电容值;C_{T2} 为 T_2 温度下的实测电容值;C_{20} 为 20℃时电容器的电容值。

由于标准电容器的电压及容量差别很大,对于高度太高的标准电容器,电容温度特性的试验难度较大,在 JB1811 中,只要求额定电压为 250 kV 及以下的电容器进行相关的试验和检测。

测量时,将电容器放在空气温度可调整的恒温箱内,试验时,温度每变化 10~15 K 测量 1 次电容,整个试验过程至少测试 4 次。每次测量前,应保证电容器各个部件温度均达到恒温箱的内部温度。

与电容压力系数一样,对于测量电桥的要求很高,一般必须采用数字电桥。假如标准电容器的电容量为 10pF,按照电容温度系数为 10^{-5} 数量级,10K 温度间隔测得的数值需要精确到 0.0001pF,读取数据位数必须达到 6 位有效数据以上,否则,电容温度系数是难以测量的。

同样,按式(12-6)电容温度系数为一线性方程,对于实验数据的处理使用线性方程回归计算,方程表达式用(12-7),回归计算后,电容温度系数用式(12-8)进行计算。

$$C_T = a + b \cdot T \tag{12-7}$$

式中,a、b 为回归系数;T 为气体压力。

$$\alpha_T = \frac{b}{C_{20}} \tag{12-8}$$

当由于环境温度的变化而引起标准电容器的温度变化时,其状态可能会发生以下几种变化,首先标准电容器的内部压力会发生变化;其次是内外电极由于冷热变形而造成其电极长度 l,电极半径 r_1、r_2 值的变化。另外,内部气体介质的含水量也会影响到介电常数随温度的变化规律。

由于温度变化引起压力变化对介电常数的影响在上节已经说明,图 12-8 中给出几种气体的介电常数的变化曲线。从图中可以看出,随着 $10^3/T$ 的增大,介电常数随之增大。

气体的湿度对标准电容器的温度特性影响是很大的,如图 12-9 为在不同相对湿度下空气的相对介电常数与温度的关系曲线。从图中可以看出,对于干燥的气体,介电常数随温度的升高而略有降低,但当气体的湿度较大时,气体的介电常数随温度的升高而变大。所以,充入标准电容器内部的 SF_6 气体必须经过严格的干燥处理。

标准电容器除了随着温度变化引起压力变化外,其电极的尺寸也会发生变化,一般为钢或铜质电极,随着环境温度的变化,金属材料会有膨胀现象。有关资料显示,在-50～+50℃范围内,钢和铜的膨胀系数约为 $2.0×10^{-6}$。那么,对于圆筒形电极,考虑圆筒形电极长度方向的延伸,对于其直径的变化主要考虑其周长方向的延伸。

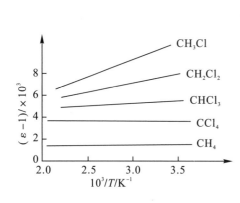

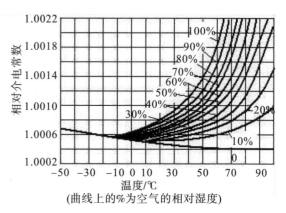

（曲线上的%为空气的相对湿度）

图 12-8　几种气体介电常数与温度的关系　　图 12-9　空气相对介电常数与温度的关系

由于 r_1,r_2 变化率基本相同,$\ln(r_2/r_1)$ 变化更小,所以,由温度引起的半径方向的变化对电容量的影响甚微,但温度升高时,电极的长度会增大,所以其电容量会增大。

α_c 应为介电常数和金属膨胀系数随温度变化的综合反应,从以上分析来看,气体介电常数的温度特性与含水量关系很大,气体必须经严格的干燥处理。气体比较干燥时,电容温度系数的大小 α_c 主要取决于电极的金属膨胀系数,电容温度系数为正值。

12.4.6　标准电容器的电容电压性能

标准电容器的电容电压特性是指当标准电容器的试验电压不同时,电容量随试验电压的变化规律。其特性用电容电压系数 α_u 来表征,α_u 的表达式如式（12-9）所示。

$$\alpha_u = \frac{C_u - C_0}{C_u} \tag{12-9}$$

式中,C_u 为额定电压下的实测电容值;C_0 为 0.1 倍的额定电压下的实测电容值;电容电压系数测量应在 $0.1U_n$、$0.3U_n$、$0.5U_n$、$0.7U_n$ 和 $1.0U_n$ 下进行测量。各次测量应在同一温度、同一内部压力下进行测量。

试验后对于实验数据的处理,同样用回归计算。回归方程为二次方程式,如式（12-10）所示。

$$C_u = a + b \cdot U + c \cdot U^2 \tag{12-10}$$

式中,a、b、c 为回归系数;U 为实测电压。

电容电压系数按式（12-11）进行计算

$$\alpha_u = \frac{b \cdot U_n + c \cdot U_n^2}{C_u} \tag{12-11}$$

在电场作用下,标准电容器的电极会受到电场力的作用,内外电极之间有相互作用力,由于电极为同轴圆柱结构,内外电极的相互作用力存在于电极的各个不同方向（径向）且大小相等。如图 12-10 所示,一般情况下,内外电极会出现微量的径向变形,变形量的大小与电极本身的强度有关,由于其相互作用力为引力,会使电极之间的距离变小,所以,随着电压的升高,电容量会因此变大。

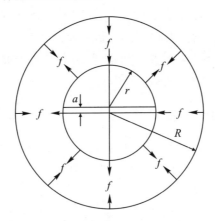

图 12 - 10　电场作用下电极的受力分析

但是,标准电容器的内外电极不可能绝对同轴,如果内外电极不同轴,随着外加电压的变化,各个方向的电场力出现不均衡,在电场力的作用下,内电极偏心距增大,造成电容量的变化。在偏心的情况下,标准电容器的电容量可用式(12 - 12)来表示。由式(12 - 12)可知,当偏心距 a 增大时,电容量会增大。

$$f(a) = 2\pi\varepsilon_0\varepsilon_r L / \ln(Y + \sqrt{Y^2 - 1}) \text{(F)} \tag{12 - 12}$$

式中,$Y = (R^2 + r^2 - a^2)/2Rr$,$Y > 1$;$R$ 和 r 分别是外电极和内电极的半径,m;a 为偏心距,m。ε_0 为真空的介电常数,$\varepsilon_0 = 8.85429 \times 10^{-12}$,F/m;$\varepsilon_r$ 为介质的相对介电常数;L 为内电极的长度,m;

标准电容器的电容电压系数为正值,它与电极本身的强度和内外电极的同轴度有关,当内外电极不同轴时,电容电压系数与内电极支柱的抗弯强度有关,其抗弯强度越高,电容电压系数越小。由于电极的受力与电压的平方成正比关系,再加上电极机械强度的影响,所以,标准电容器的电容电压系数为正值,电容随着电压的变化不成线性关系,其关系式应为一个二次多项式。

12.4.7　标准电容器的介质损耗

在交流电场作用下,介质损耗主要有极化损耗和电导损耗。对于气体介质,只有电导损耗,介质损耗一般用损耗角正切值(tanδ)来表示。

对于标准电容器,介质损耗是最重要的技术指标之一。在用标准电容器进行电气设备的电容及介损测量时,实际上认为其介质损耗为零。机械行业标准 JB/T1811 - 2011《压缩气体标准电容器》将其损耗分为 4 个档次,即 1×10^{-5}、2×10^{-5}、5×10^{-5}、1×10^{-4},目前标准电容器介质损耗的要求基本上均小于 1×10^{-5}。

在实际的校验中,有一个现实的问题,由于标准电容器就是一个标准器具,其介质损耗就是最高的标准,只能用 2 个标准电容器进行互相比较测量。

12.5 标准电容器的设计

标准电容器的设计与其他电容器的设计是不同的,除了对其电容量的设计外,主要任务是对其电场进行分析计算,并跟据计算结果,确定电极的结构及尺寸。

标准电容器的设计需要几个主要参数的计算,包括电容量的计算、内部电场计算以及外部与沿面电位的分布,具体分析计算如下。

12.5.1 标准电容器的电容量

标准电容器的电极分为两种基本的结构,其电容量即同轴圆柱电极的电容量以及平板电极电容量的分析计算。同轴圆柱电极的电容量按式(12-13)进行计算,平板电极的电容量按式(12-14)进行计算。

$$C = \frac{2\pi\varepsilon_0\varepsilon_r L}{\ln\left(\frac{r_2}{r_1}\right)} = \frac{5.56\varepsilon_r L}{\ln\left(\frac{r_2}{r_1}\right)} \times 10^{11} \, (\text{F/m}) \tag{12-13}$$

式中,$\varepsilon_0 = 8.85 \times 10^{-12}$ F;ε_r 为介质相对介电常数;L 为内电极长度;r_1、r_2 分别为同轴圆柱电极的内、外半径。

$$C = 8.8542 \cdot 10^{-3} \cdot \varepsilon_r \cdot \frac{S}{d} \, (\text{pF}) \tag{12-14}$$

式中,ε_r 为介质相对介电常数;S 为平板电极面积;d 为电极之间距离。

12.5.2 标准电容器的电场设计

标准电容器的电极结构有 2 种基本的形式,对于电压较低、电容量较大的标准电容器,采用多层平板电极结构;对于电压等级较高、电容量较小的标准电容器,采用同轴圆柱电极结构。

1)平板电极结构

平板电极结构的标准电容器,设计计算比较容易,电极的极板采用圆形平板,极板材料不宜过硬,也不宜过软,一般采用一些合金材料。极板材料过硬,在极板加工过程中易造成极板应力变形,对电容的稳定性会有比较大的影响;如果极板过软,机械强度会受到比较大的影响。

各极板之间应牢靠安装,同时要保证极板之间的绝缘性能。极板之间的电场按式(12-15)进行计算,但在设计时需要考虑边沿部分的电场,边沿应适当处理。

$$E = U/d \tag{12-15}$$

式中,E 为电场强度;U 为电极之间的电压;d 为电极之间的距离。

2)同轴圆柱电极结构

同轴圆柱电极结构,电场的分析与计算相对比较复杂,除同轴圆柱部分的电场强度可用式(12-16)计算外,还需对电极的边沿、屏蔽电极以及外部防晕等进行设计。这部分电场的计算和控制相对比较复杂,无法通过相应的公式进行计算,需通过数值计算的方法进行分析。

$$E_{\max} = \frac{U}{r_1 \cdot \ln\left(\dfrac{r_2}{r_1}\right)} \qquad\qquad (12-16)$$

式中：$E_{\max}$ 为同轴电极内部最大电场，也就是内电极表面的电场；U 为电极之间的电压；r_1、r_2 分别为同轴圆柱内电极的内、外半径。

　　对于同轴圆柱电极的内、外半径的选取，需要进行一定的分析计算。如图 12-11 所示，图(a)为同轴圆柱电极的结构示意图，r_1、r_2 分别为内电极的外半径和外电极的内半径；图(b)为当 r_2 一定，r_1 变化时，标准电容器内电极表面电场强度的变化，从图中可以看出，r_1 过小时，电极之间的距离虽然很大，但是内电极的表面场强比较高。一般情况下，内、外电极之间的半径比应取比较合适的数值，当 $r_2/r_1 = e$ 时，内电极表面具有最低的电场强度，但实际工程中需根据具体的设计要求和产品的相关参数合理地选取内、外半径。

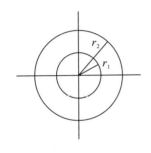
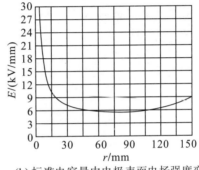

(a) 同轴圆柱电极结构　　　　　　　(b) 标准电容量内电极表面电场强度变化

图 12-11　同轴圆柱电极的电场

3)标准电容器的电场控制

　　对于电压等级比较低的标准电容器，内外电场的设计和控制按一般的电场进行控制即可；对于高电压等级的标准电容器，电场以及电位分布均受外界影响较大，试验时的位置以及周围的设备均会对标准电容器的沿面电位分布有较大的影响。另外，在高电压下，周围的空气可能已经发生了较大的变化，这也是设计时必须考虑的因素。所以，电压等级较高时，标准电容器各部分的电场强度应适当降低。

12.5.3　标准电容器的整体电场分析

　　高压标准电容器除了测量电极外，内部设置了各种屏蔽电极、防晕电极，要合理地控制内外的电场以及绝缘筒沿面的电位分布。每一个电极都不是独立存在的，这些电极相互屏蔽，形成一个整体的电极系统，这其中包括了各个电极的尺寸以及各电极之间的空间距离。

　　对于标准电容器这样一个复杂的电极系统，电场计算及电位分析很难用手工计算完成，必须采用数值分析方法进行相关的计算，常采用有限元分析方法。对于标准电容器电场的有限元分析计算，可自行编程进行。一般采用同轴电场分析即可，但有些部位需要等效处理，也可利用现有的通用的场分析程序进行分析计算，如 Ansys 计算程序。

进行有限元分析时,首先要解决的就是开域场的问题。在分析计算时,需要给出一个比较大的区域边界作为零电位边界,这样完成一个有完整边界条件的场域,就可以进行电场分析。

有限元计算方法基本上分为以下几步:标准电容器结构尺寸输入、场域剖分、边界条件加载、大分析计算,输出结果。对于电压等级较高的标准电容器,计算数据量非常大,要通过一定的方法和计算机的知识,尽量减少内存的占用。

1)有限元剖分

有限元剖分是有限元计算的关键,首先要对于标准电容器整体的电场进行相关的分析,剖分越细,也就是剖分的面积越小,计算结果的精度越高。但是,剖分过细会占用大量的计算机内存,计算速度过慢或者内存溢出,无法计算。

所以,有限元剖分应掌握以下 2 个原则:其一,越靠近电极表面,剖分越细;其二,对于电场较高,或者电极曲率越大,剖分越细。图 12 - 12 为标准电容器电场分析剖分图。

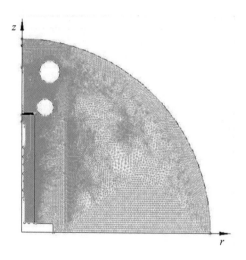

图 12 - 12　标准电容器电场分析剖分图

2)边界条件

标准电容器基本上为一轴对称结构,可通过轴对称结构进行电场分析,这样计算相对比较简单。对于有限元分析,必须给出一个完整的场域进行分析,但是标准电容器是一个开域场结构,所以在进行有限元分析时,除了各电极自然形成的边界条件外,必须给出外部的一个边界条件,这个边界条件要足够大,以免影响计算结果的正确性。这个边界条件可以是方形区域,也可以是扇形区域,让这个区域边界的电位为零。

图 12 - 13 为标准电容器的电位分布曲线,通过给相关的边界条件加载,就可以计算出各个点的电场、电位分布等结果,并可给出电位的分布曲线。可读取场域内任何一点的轴向、径向以及复合的电场强度,作为电场及电极形状优化的依据。

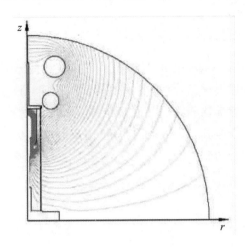

图 12 - 13 等位线绘制图

12.5.4 标准电容器沿面电位分布

标准电容器在试验中,最容易出现的并可观察到的现象是沿绝缘筒表面的放电。出现沿面放电,不一定就是沿面距离不够,可能是内部放电所致,也可能是外部其他因素所致。但是,沿面电位分布也是标准电容器设计的一个非常重要的指标。

影响标准电容器沿面电位分布的因素很多,最关键的还是内部电极的尺寸和布置。绝缘筒的直径与高度,以及屏蔽与防晕环等对于沿面电位分布均有一定的影响。图 12 - 14 为标准电容器标准的电位分布曲线,从曲线来看,标准电容器沿面中部的电位变化梯度较大,也就是场强较高,两端场强较低,这与内部电极的布置有关。

沿面放电也与其他的环境条件有关,如在表面污秽或者空气湿度较大时,标准电容器的沿面放电电压会降低。周围物体比较近时,会影响标准电容器的沿面电位分布,使其表面局部电场强度增大,造成沿面放电。在标准电容器的使用中,应注意 3 点:其一是绝缘筒表面的清洁;其二是环境湿度较大时,电压使用不宜过高;其三是周围物体距标准电容器应保持一定的距离。

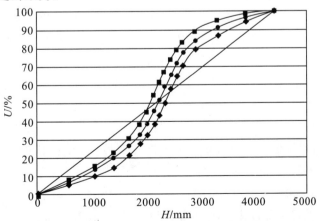

图 12 - 14 标准电容器不同电极高度时沿面电位分布

12.6 标准电容器的试验与检测

标准电容器的实验项目不多,但是要求较高,在试验和检测中存在以下几个问题:其一,标准电容器作为计量标准样品,要求实际的损耗接近零,在实际的测试中,其本身就是标准,所以只能是同级标准比较;其二,对于电容量的标定也存在同样的问题,最高标准之间互检;其三则是对于电容稳定性能的测量,精度要求过高,在实际的测试中很难达到要求,或者测试结果很难达到要求。

12.6.1 高压标准电容器的工频耐受电压试验

标准电容器整体电容量比较小,试验电流不大,一般的工频试验电源就可达到相应的要求。对于电压等级比较高的标准电容器,只要试验电源的电压满足要求,基本上不存在问题。

在进行标准电容器工频耐受电压试验时,必须做到以下3点:

其一除高压引线之外,至少在相当于标准电容器高度1.5倍的距离范围内,不允许有其他的设备存在,周围需清理干净。

其二,高压引线的直径足够大,最好从顶部垂直引入,防止对电场分布造成不利影响。

其三,低压侧接线时,测量电极的低压端、屏蔽电极以及底座均必须接地。

其四,对于试验设备,包括变压器、保护电阻以及高压引线系统不得有较大的电晕或电晕放电的声音,严防周围空气电离而造成标准电容器沿面或沿空气的击穿放电发生。

12.6.2 高压标准电容器的电容及介损测量

标准电容器的电容和介质损耗角正切值的测量与其他电容器或电气设备相比,要求比较高,主要原因是标准电容器电容量比较小,介质损耗也比较小,所有的接线等应减小测试回路或者接线不规范引起的测试误差。

对于标准电容器的试验与检测,检验人员还必须了解和掌握所使用电桥的结构、屏蔽原理,以及作为检测标准的标准电容器的结构和性能。由于电容量较小,试品电流也比较小,在试验中尽量增大桥臂电阻,提高桥臂电压,可保证电桥的测试精度。

对于标准电容器检测的另一个问题是标准的问题。由于在标准电容器(试品)进行检测时,所用的标准也为标准电容器,所以,对于标准电容器的检测,属于标准器具之间的互检,检测难度更大。

目前的标准电容器均采用双屏蔽结构,特别是对一些电容量较小的标准电容器(试品),双屏蔽结构可保证电容器电容值与介损的一致性;如果采用单屏蔽进行试验,标准电容器在实验中表现出的电容及介损值会受到以下2方面的影响:

1)周围电极的影响

试验中,如果采用单屏蔽接线,除测量电极之外,其他电极需接地,这样,电桥桥臂电压会对测试结果有一定的影响,桥臂电压越高,影响越大。

2）测量电缆的影响

低压测量电缆的电容量和绝缘电阻也会对测试结果有比较大的影响。由于低压电缆的电容量比标准电容器的电容量大得多，绝缘电阻也相对较小，这种影响与试验测试时高压侧施加的电压和桥臂电压均有关。电桥桥臂电压相同时，高压侧的电压越高，对测试结果的影响越小；当高压侧的电压相同时，电桥桥臂电压越低，对测试结果的影响越小。

所以，对于标准电容器的电容量及介损的测试，首先对所使用的电桥要有一定的要求，一般必须采用带手动或自动保护电位的双屏蔽电桥进行测量，测试时不得带任何的分流措施。目前的很多自动测试电桥是不能满足要求的，特别是一些数字化的自动电桥，只适于电容量和介质损耗较大的批量较大的产品的检测。

12.6.3　标准电容器电容稳定性能检测

稳定性试验指标准电容器的电容电压系数、电容温度系数，以及电容压力系数的测量。由于标准电容器的相关系数均很小，特别是电容电压系数是一个二次曲线函数，对于电桥的测试精度要求很高，必须具有双屏蔽、带保护电位的数字测量电桥才有可能达到要求，且数字电桥读取的数字的位数必须达到 5 位以上，再加上其他客观条件的限制，这几种测试基本上无法进行，只能在设计时，通过机械强度、介质性能控制等进行计算，一般的试验条件基本无法满足要求。

参考文献

[1] 郭天兴. 1000kV 标准电容器的电容稳定性能研究[J]. 西安:西安电力电容器研究所. 2006.6.12－18. 电力电容器.

第13章 陶瓷电容器

13.1 陶瓷电容器概述

以陶瓷为介质的电容器通称为陶瓷介质电容器(ceramic capacitor),简称陶瓷电容器,又称瓷介电容器。陶瓷电容器具有原材料丰富,结构简单,价格低廉,而且电容量范围较宽(一般有几皮法到几百微法),损耗较小,电容温度系数可根据要求在很大范围内调整等优点,被广泛应用于电子设备中。

陶瓷电容器和以薄膜作为绝缘介质的电容器相比,是一种纯粹以固体介质作为电介质的电容器。目前,不同的应用场合,陶瓷电容器的介质材料是不同的,无论哪种陶瓷电容器,与薄膜介质电容器相比,陶瓷介质的最大优点是介电常数高,一般情况下,相对介电常数在 140 左右,其介电常数是薄膜的 60 倍左右,所以陶瓷电容器的尺寸可做得很小。陶瓷介质的介质损耗角正切值约为 2%,而薄膜介质的损耗角正切值一般可做到 0.04% 以下,所以虽然陶瓷电容器的损耗角正切值很小,但是和薄膜电容器相比,其损耗约为薄膜电容器的 50 倍。

陶瓷电容器相对介电常数大,储能密度高,但是,当其处于交变电场中时、由于交变应力等因素会使陶瓷产生裂纹,从而影响工作寿命。同时,钛酸钡($BaTiO_3$)系介质承受的电压较低,尤其是交流电压,同时它在直流场强下出现很大的跌落现象,都限制了其应用。

人造钛酸锶($SrTiO_3$)系陶瓷兼具 $BaTiO_3$ 材料的优点,同时通过掺杂改性材料,摒弃了 $BaTiO_3$ 材料的不足,其相对介电常数较高,电致伸缩小,介质损耗小,可以满足各种用途。实践证明,我国自 1990 年至今,采用 $SrTiO_3$ 系材料制造的 550 kV 高压断路器电容器,550 kV/750 kV/1000 kV 避雷器均压电容器;3.6 ~ 40.5 kV 高压带电显示传感器电容器等已安全运行 20 余年。$SrTiO_3$ 材料以其优异的抗老化性能已成为电力系统陶瓷电容器的主要介质材料。

随着陶瓷电容器技术的不断发展和进步,陶瓷电容器的应用越来越广泛,并逐步应用于电力系统中的某些场合。目前陶瓷电容器介质材料为 $BaTiO_3$ 系和 $SrTiO_3$ 系。$BaTiO_3$ 是最主要的高介材料,由于其在某一温度范围内具有自发式极化,极化强度随电场反向而反向,具有与铁磁回线相仿的电滞回线,被称为"铁电体"或"铁电材料"。由于该类材料的相对介电常数高,通常也被称为"强介体"或"强介材料"。

近几年,随着 $SrTiO_3$ 材料性能的进一步改进,其在智能电网上的应用也越来越广泛。如接地保护用柱上开关的分压系统;智能电网取能;电子互感器的分压器等。

13.2 陶瓷电容器的发展与现状

1900 年意大利人 L. 隆巴迪于发明了陶瓷介质电容器。到了 20 世纪 30 年代末,人们发现在陶瓷中添加钛酸盐可使介电常数成倍增长,因而制造出较便宜的瓷介质电容器。1940 年前后,人们发现了陶瓷材料钛酸钡($BaTiO_3$)具有优良的性能,开始将陶瓷电容器使用于既小型、精度要求又极高的军事用电子设备中。到目前为止,陶瓷电容器仍以钛酸钡作为主要的原材料。

60 年代,陶瓷叠片电容器问世,并进入商业化的应用。到了 70 年代,随着混合 IC、计算机,以及便携电子设备的技术进步和发展,使陶瓷电容器得到成功的应用,并随之迅速发展起来,成为电子设备中不可缺少的零部件。目前陶瓷介质电容器的产量约占该类电子设备用电容器市场的 70% 左右。

陶瓷介质电容器的绝缘体材料主要使用陶瓷,其基本构造是将陶瓷和内部电极交相重叠。陶瓷材料有几个种类,目前主要使用的材料有二氧化钛(TiO_2)、钛酸钡($BaTiO_3$)、人造钛酸锶($SrTiO_3$)、锆酸钙($CaZrO_3$)等。陶瓷类介质具有优越的性能,陶瓷电容器的主要性能特点如下:

(1)和其他电容器相比具有体积小、容量大、价格低等优点。

(2)陶瓷电容器耐热性好,适应温度范围广。

(3)原材料丰富,结构简单,而且电容量范围较宽。

70 年代开始,日本人将陶瓷电容器用于电力输变电系统中,主要应用于电压等级高,容量较小的电容器。如断路器电容器,与交流高压断路器的断口相并联,用以改善断口间的电压分布。到 90 年代末,用陶瓷电容器作为分压器应用于高压带电显示传感器中,是该传感器的核心元件,并在电力系统中有了一定的应用。

和薄膜电容器相同,提高介质的耐电性能、提高介电常数、降低介质损耗是陶瓷电容器永久的研究课题。进入 21 世纪,随着我国国民经济的快速发展和进步,陶瓷电容器的技术也得到进一步的发展。特别是 2010 年以后,随着陶瓷介质材料研究的进一步深入,陶瓷材料损耗的降低、温度特性的改善,陶瓷材料在电力系统将会有更多的应用,在一些传感器、互感器以及电子式仪表、微机测量保护设备中配套使用,特别是智能电网的发展史陶瓷电容器在线测量,控制、保护、数据传输和带电状态数字检测等在智能电网设备中将得到更为广泛的应用。

13.3 陶瓷电容器分类

陶瓷电容器品种繁多,外形尺寸相差甚大,从封装的贴片电容器到大型的功率陶瓷电容器。其性能主要取决于陶瓷介质材料的特性。陶瓷介质材料的配方不同,电容器的性能也不同。

陶瓷电容器按适用频率可分为:高频瓷介电容器(Ⅰ型瓷介质)、低频瓷介电容器(Ⅱ型瓷介质)、半导体陶瓷电容器。

按电压等级分类可分为高压瓷介电容器(1 kVDC 以上)和低压瓷介电容器

（500 VDC以下）。

按结构形状可分为圆片形、管形、鼓形、瓶形、筒形、板形、叠片、独石、块状、支柱式、穿心式等各种形状的电容器。

13.3.1 高频瓷介电容器

该类瓷介电容器的损耗在很宽的范围内随频率的变化很小，并且高频损耗值很小，（$\tan\delta \leqslant 0.15\%$，$f=1$ MHz），最高使用频率可达 1000 MHz 以上。同时，该类瓷介电容器温度特性优良，适用于高频谐振、滤波和温度补偿等对容量和稳定度要求较高的电路。

高频瓷介电容器的代表材料有金红石陶瓷、钛酸钙陶瓷、钙钛硅陶瓷等。根据陶瓷电容器的应用特点，该类产品可分为 2 种类型。

（1）高频稳定型陶瓷介质电容器。主要用于精密电子仪器，要求电容温度系数小，以保证精密电子仪器正常工作。

（2）热补偿型陶瓷介质电容器。主要用于高频振荡回路，要求陶瓷介质具有较大的负电容温度系数，以补偿电感等其他元器件工作性能的正温度系数变化，提高整机工作的频率特性。

13.3.2 低频瓷介电容器

该类瓷介电容器的陶瓷材料介电常数较大，因而制成的电容器体积小，容量范围宽，但频率特性和温度特性较差，因此只适合于对容量、损耗和温度特性要求不高的旁路、耦合电路、低频及其他对电容温度稳定性和介质损耗要求不高的场合。

该类陶瓷电容器使用Ⅱ型陶瓷材料，其代表性材料以 $BaTiO_3$ 陶瓷和 $SrTiO_3$ 陶瓷为主。

13.3.3 半导体陶瓷介质电容器

该类电容器使用Ⅲ类陶瓷介质，称为半导体陶瓷介质，主要用来制造工作电压较低，容量较大的电容器。

该类电容器具有介质层极薄、介电系数大、介电系数温度变化小等特点。根据其结构特点分为 3 种：

（1）表面型，也称为氧化层型，是指在半导体陶瓷的表面经过氧化处理形成极薄的绝缘层介质的半导体陶瓷介质。

（2）阻挡层型，是利用半导体陶瓷的表面与电极形成接触势垒薄层为介质的半导体陶瓷介质。

（3）晶界层，也称为 BL 型，是利用半导体陶瓷中的半导体晶粒间的绝缘晶界层为介质的半导体陶瓷介质。这种半导体陶瓷的半导体晶粒与极薄的绝缘晶界层相比，可认为半导体晶粒为电极，极薄的绝缘晶界层为介质。这种半导体陶瓷电容器可等效为很多小电容器的并联或串联。

13.4　陶瓷电容器的元件及性能

13.4.1　陶瓷介质电容器的元件

陶瓷电容器可以由一个或多个元件串、并联组成,元件是组成陶瓷电容器的最基本的单元。

陶瓷电容器元件基本结构由陶瓷基体、两端喷金面膜以及引线组成,陶瓷基体一般由不同配方的陶瓷材料烧结而成,喷金面膜是通过涂覆金属薄膜(通常为金属银)经高温烧结而形成电极,引线焊接于电极上,从而形成陶瓷电容器元件。元件串、并联后,在电极上焊接引出线或引出端子,外表涂覆保护磁漆,或用环氧树脂包封,即成为陶瓷电容器。

13.4.2　陶瓷介质电容器的性能

作为瓷介电容器介质的陶瓷材料是由各种原材料按照不同的配方经高温烧结后制成的。陶瓷材料的配方不同,它的电性能也不同。利用不同的陶瓷材料,可以制造出各种不同介电常数和不同温度系数的电容器,以满足不同的使用要求。陶瓷电容器的性能也是根据不同的类型进行划分的。

Ⅰ类介质陶瓷也称为高频瓷,其介电常数随着温度的变化呈现线性变化。用温度系数(即曲线的斜率)表示介质陶瓷材料的温度稳定性,该类陶瓷介质的温度特性如图 13 - 1 所示。

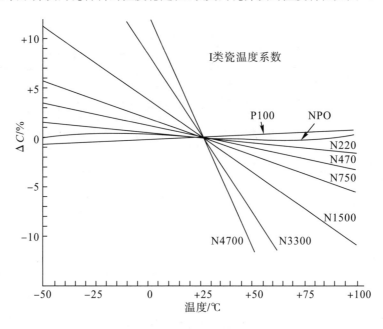

图 13 - 1　Ⅰ类陶瓷电容器的温度特性

Ⅱ类介质陶瓷也称为铁电磁,其介电常数随温度变化呈现非线性变化,用温度特性表示介质陶瓷材料的温度稳定性。Ⅱ类陶瓷的"介电常数温度"曲线有一个或多个峰值,一般将与主峰对应的温度称为居里点。

在国家标准中,对于Ⅱ类陶瓷(低频陶瓷)的温度特性进行了严格的划分,并用不同的代码表示,相关的代码如表13-1所示,相关的温度特性如图13-2所示。

表13-1 Ⅱ类陶瓷电容器的温度分类

温度特性	陶瓷类别	电容量变化	测定温度范围
(Y5P)2B$_4$		±10%	
(Y5T)2D$_4$		+20% -30%	
(Y5U)2E$_4$	Ⅱ类陶瓷	+20% -50%	-25~+85℃
(Y5V)2F$_4$		+30% -80%	

Ⅱ类陶瓷电容器的一个重要的特性就是老化及去老化的性能。将电容器加热至高于居里温度的某一温度,保持一定时间,可以消除老化的作用,电容量将回复到原始的量值,这个过程叫作去老化。温度再次下降后,老化又重新开始。国家标准规定:Ⅱ类陶瓷电容器的电容量为老化至1000 h的测量值。在Ⅱ类陶瓷电容器各类试验之前,应对电容器进行专门预处理,在上限类别温度下保持1 h,接着在试验用标准大气条件下保持24 h。

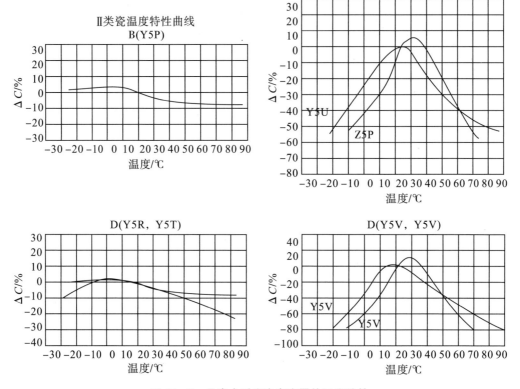

图13-2 Ⅱ类介质陶瓷电容器的温度特性

　　Ⅲ类半导体型陶瓷电容器可再分为表面层和晶界层 2 种。在电子电路中主要起滤波、耦合、隔直、旁路等作用,其特点是体积小、容量大,特别适合电子元件小型化。其中,表面层型半导体陶瓷电容器在我国的 863 计划,Z33－010 课题"Ⅲ类陶瓷电容器的开发和产业化"中,采用了自行研制的专利设备"气氛烧结组合炉",实现了大批量生产。因为温度特性好的特点,在陶瓷电容器中具有独特的地位,适宜用在高频、高稳定性和高可靠性电路中。而晶界层型半导体陶瓷电容器。至今国内不能实现大批量生产。主要是因为涂覆玻璃釉料后的半导体瓷片叠烧氧化时,互相粘连,合格率很低,只能一片一片地氧化处理,生产效率低下。

13.5　陶瓷电容器的结构

　　陶瓷电容器又称为瓷介电容器,是以陶瓷为介质,涂覆金属薄膜(通常为金属银)经高温烧结而形成电极,再在电极上焊接引出线或引出端子,外表涂覆保护磁漆,或用环氧树脂包封,即成为陶瓷电容器。

　　陶瓷电容器电极是涂覆的金属薄膜,其形状基本取决于介质陶瓷的形状。由于陶瓷介质的形状多样化,因此陶瓷电容器的结构和外形也多种多样,诸如方形、叠层式、独石、管形、筒形、穿心式、环形以及其他特殊形态。但是最常见的还是圆片形和叠层式电容器。这里,主要介绍这 2 类陶瓷电容器的结构。

13.5.1　圆片陶瓷电容器

　　圆片陶瓷电容器是最常见的结构形式。介质陶瓷制作成圆片形状,在陶瓷 2 个断面上涂覆银电极,焊接引出端子后,环氧树脂包封就制成了陶瓷电容器。圆片形陶瓷电容器最外层的绝缘封装层,一方面可以保护电容器免受机械损伤,另一方面还可以防止电容器内部吸潮、影响绝缘强度。引出线端子多种多样,常见的主要有两类:软线引出和螺纹端子引出。

　　软线引出型圆片陶瓷电容器大多适用于印刷电路板,连接方式主要是焊锡焊接。其外形及结构示意图 13－3、图 13－4 所示。

图 13－3　圆片陶瓷电容器外形示意图

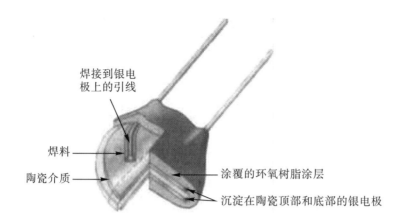

图 13 - 4　圆片陶瓷电容器结构图

螺纹端子引出型圆片陶瓷电容器大多适用于高压电器内,额定电压一般都较高,连接方式主要是螺栓连接。其结构与软线引出型圆片陶瓷电容器相类似,仅仅使用铜螺母替代了软线,其外形如图 13 - 5 所示。

图 13 - 5　螺纹端子引出型圆片陶瓷电容器外形图

12.5.2　多层(叠层式)陶瓷电容器

多层(叠层式)陶瓷电容器主要用于印刷电路板。现在一些电力设备使用的大容量、高电压陶瓷电容器也采取了类似的结构形式。传统的多层陶瓷电容器的外形及其基本构造示意图如图 13 - 6 所示。

图13 - 6　多层(叠层式)陶瓷电容器外形图

13.6　陶瓷电容器的试验

陶瓷电容器试验的目的主要是为了检验其基本性能,避免生产制造过程中的缺陷。

本节主要介绍陶瓷电容器常用的检验项目,主要有电容量测量、损耗角正切值测量、耐受电压试验、局部放电试验的相关试验要求和方法。

13.6.1　电容量和损耗角正切值的测量

陶瓷电容器的电容量和损耗角正切值的测量,一般采用西林电桥同时完成试验。

陶瓷电容器的电容量和损耗角正切的大小与测量电压、测量频率以及测量环境的温度、湿度都有关系。因此,在测量时必须选择恰当的电源电压与频率以及测量环境。

1)测试环境条件

标准大气条件:GB2421 规定了试验的标准大气条件,温度 $15\sim35℃$,相对湿度 $45\%\sim75\%$,气压 $86\sim106$ kPa。

仲裁试验的标准大气条件:温度为 $20℃\pm1℃$,相对湿度为 $63\%\sim67\%$,气压为 $86\sim106$ kPa。

2)测试试验条件

GB/T 9566 中规定了Ⅰ类陶瓷电容器的电容量和损耗角正切测量条件:

测量电压:$\leqslant5$ V(rms),除非在详细规范中另有规定。

适应频率:①$C_R\leqslant1000$ pF 者,$f=1$ MHz$\pm20\%$(仲裁频率1 MHz)。②$C_R>1000$ pF 者,$f=1$ kHz$\pm20\%$或者 100 kHz$\pm20\%$(仲裁频率1 kHz)。

GB/T 9322 中规定了Ⅱ类陶瓷电容器的电容量和损耗角正切测量条件:

测量电压:1 ± 0.2 V,仲裁电压 1 ± 0.02 V。

适应频率:①$C_R\leqslant100$ pF,频率在详细规范中规定。②$C_R>100$ pF 者,$f=1$ kHz$\pm20\%$(仲裁频率 1 kHz)。

13.6.2　耐受电压试验

所有绝缘材料都只能在一定的电场强度下保持其绝缘特性,当电场强度超过一定限度时,便会瞬间失去绝缘特性,使整个设备破坏。因此,介电强度是最基本的绝缘特性参数。在试验或使用中,绝缘材料或结构发生击穿时所施加的电压,称为击穿电压,击穿点的场强称为击穿场强。

在气体或液体中电极之间发生放电,当放电的途径至少有一部分是沿着固体材料表面时,称为闪络。通常试样表面闪络后,还可以恢复绝缘特性。闪络时试样上施加的电压称为闪络电压。因为闪络的存在,在判断试样是否击穿时,还要观察是否在试样上出现贯穿的小孔、裂纹以及碳化的痕迹等。

介电强度试验分为 2 种类型,即击穿试验和耐受电压试验。击穿试验是在一定试验条件下,升高电压直到试样击穿为止,测得击穿场强或击穿电压。耐受电压试验是在一定试验条件下,对试样施加一定电压,经历一定时间,若在此时间内试样不发生击穿,即认为试样合格。耐受电压试验时,施加的电压一般都高于工作电压。绝缘材料在直流、工频交流以及冲击电压下的击穿机理不同,所测得的击穿强度也不同,工频交流电压下的击穿场强比直流和冲击电压下的低得多。工作电压为直流电压时,试验电压一般为工作电压的 1.5 倍。工作电压为工频交流电压时,试验电压一般为工作电压的 3～4 倍。施加电压的时间有 1 min,5 min 或更长时间。这些都在陶瓷电容器产品标准上有明确规定。

影响电容器介电强度的因素很多,如电压波形、电压的施加时间、电场的均匀性及电压的极性、试样的厚度与不均匀性、环境条件等。因此,在试验方法的标准中应该有适当的规定,以便提高测试结果的可比性。

13.6.3　陶瓷电容器的局部放电与检测

实际的陶瓷电容器中,基本都是复合的固体材料,不同材料中的电场强度不同,击穿强度也不同,这就可能在某种材料中首先出现局部放电。即使在单一材料中,由于制造中残留或在使用中绝缘老化而产生的气泡、裂纹或其他杂质,这些缺陷中往往会首先发生局部放电,其中最常发生的是气泡放电。

陶瓷属于强极性的离子性固体介质,介电常数很高,而介质中的气泡介电常数很小,这种情况下往往容易发生局部放电,和薄膜电容器相比,由于陶瓷材料中储存的能量密度更大,所以,发生局部放电时,其放电量会更大。此外,电容器外表面涂层、表面的毛刺、导体尖端或导线等部位也会发生一些非贯穿性微量放电现象。

陶瓷电容器的局部放电和其他电容器的局部放电的类型相同,主要有电容器内部气泡产生的局部放电,陶瓷电容器电极与陶瓷介质接触面气泡产生的局部放电,内部引线的尖端产生的电晕放电等。由于陶瓷电容器介质的极性很强,有些情况下的局部放电性能与其他电容器有所不同。

1)工频交流电压下内部局部放电

陶瓷电容器生产过程中,介质内部由于各种原因可能存在一个或多个气泡,由于陶瓷本身的介电常数比较高,这样,往往造成气泡的场强比较高,容易产生气泡放电现象。这种放电段时间内不会引起介质损坏,而长期放电可引起介质的损伤,造成电容器过早损坏。

陶瓷电容器内部局部放电特性与薄膜电容器放电特性基本相同,在一定的交流电压下,局部放电主要发生在正弦电压波形的上升沿部位,在局部放电测试的椭圆基线的图像上,处于图形的第一和第三相限,随着外加电压的升高,局部放电量增加,放电区域也随之扩大,甚至出现满屏放电。

2)直流电压下的放电特性

由于介质中的局部放电特性与电压有关,同时与交流电压的相位有关,由于直流电压没有交变的问题,直流电压局部放电的起始电压要比交流电压高得多,因此,应用于直流电压的陶瓷电容器一般不测量局部放电。只有电压等级很高,比如上百千伏以上的陶瓷电容器,才要求检测局部放电。

3)局部放电的激活

由于陶瓷的极性很强,在高电压下激发局部放电后,有些气泡与陶瓷的界面周围仍存在一些残余的电荷,下次试验时,可能会使局部放电过早地产生,使局部放电的起始电压变低。

实际的工程应用中,也会有类似的工况,如电容器在交流电压下运行时,突然受到雷电或操作电压的冲击,激发了局部放电的产生,可能就会造成在交流电压下继续放电。在有些情况下,要求在冲击试验后接着就做工频交流下的局部放电试验,这就是考虑了冲击电压对局部放电的激发作用,行业内有时将冲击试验叫作"激活"或"激励"。

4)局部放电的测量

局部放电测量的方法很多,都是根据局部放电过程所发生的物理和化学效应,通过测量局部放电所产生的电荷交换、能量的损耗、放射的电磁波、发出的声和光以及生成一些新的生成物等信息,来表征局部放电的状态。根据这些信息可将局部放电测量方法分为电测量法和非电测量法 2 大类。电测量法中有脉冲电流法(ERA)、电桥法以及无线电干扰电压法等,其中脉冲电流测量法是普遍采用的一种方法,也是 IEC – Pub – 270、GB/T 7354 以及 DL 417 等关于局部放电测量的标准中推荐的方法。

脉冲电流法的测试线路有直测法和平衡法 2 种,原理图分别如图 13 – 7 和图 13 – 8 所示。直测法线路图中,Z_1、Z_2 分别为低压、高压低通滤波器;T_1 为调压器,T_2 为高压试验变压器;C_x、C_k 分别为试样、耦合电容器;$Z_d(R_d+C_d)$ 为检测阻抗;D 为检测仪器;R_1、R_2 为分压器的高低压电阻。在这个线路中,试样的一端是接地的,它与检测阻抗 $Z_d(R_d+C_d)$ 及耦合电容器 C_k 是并联的,故称为并联直测法线路。当试样两端都不能接地时,可把 C_x 与 C_k 调换个位置,即 C_x 与检测阻抗 $Z_d(R_d+C_d)$ 串联,这种接法成为串联直测法线路。

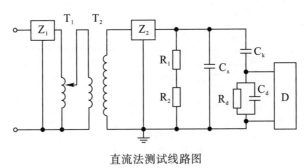

直流法测试线路图

图 13 – 7　脉冲电流法的测试线路(直测法)测试原理图

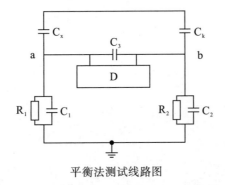

平衡法测试线路图

图 13 – 8　脉冲电流法的测试线路(平衡法)测试原理图

在平衡法线路图中，C_x 为试样的电容；C_k 为耦合电容器的电容；C_1、R_1 及 C_2、R_2 为检测阻抗；D 为局部放电检测仪。与直测法的测试线路相比，不同的是检测阻抗分为两部分，而且在两个检测阻抗的连接点上接地。这样就构成一个电桥，当试样中出现局部放电时，电桥回路中有脉冲电流，因此在电桥的对角线上，即 a、b 两点出现电位差，这就是检测阻抗两端的输出电压。平衡法的测量灵敏度要比直测法低一些，但优点是抗干扰能力强。

第 14 章　电化学电容器概述

电化学电容器是一种介于普通电容器与电池之间的新型储能元件。由于应用场景不同,电化学电容器的结构有别于常规薄膜介质的电容器,其电极之间没有明显的电介质,是由固液介质界面的电荷与离子规律排列聚集而形成电容。该结构使得电化学电容器具有比容量大,比功率高,充放电效率高,循环寿命长等特点,又常被称为超大容量电容器或超级电容器(super capacitor)。

电化学电容器由于储能方面的优势,在新能源、电力储能、信息技术、航空航天等方面有着广阔的应用前景,所以,将这种电容器作为本书的一章内容专门介绍。但需要注意的是,这种电容器与常规的薄膜电容器的原理与性能方面有着较大的区别,本书中基础部分的很多内容不适合本章所讲的电化学电容器。

14.1　电化学电容器发展历程

电化学电容器(electrochemical capacitor)这种新型储能装置主要通过极化电解质来实现储能目的,其储能过程不发生化学氧化还原反应。这种储能机理在理论上是完全可逆的,实际充放电循环次数可达数十万次,具有功率密度高、使用寿命长、温度特性好、节能、环保等特点。

德国物理学家 Helmholz 于 1853 年首次发现并提出了界面双电层理论,把双电层看成是平板电容器,认为界面是由电极一侧的单层电子和溶液一侧的单层离子规律排列构成的,基于这种理论基础形成了一种全新的电化学电容器。1957 年 Bcker 首先提出了将电荷储存在充满水性电解液的多孔碳电极的界面双电层中,获得了第一份将电化学电容器用作储能器件的国际专利。1968 年美国的标准石油公司 Sohio 首先提出了利用高比表面积碳材料制作双层非水性电容器的专利,70 年代后期,加拿大 Conway 开发了一种与化学吸附程度的电势有关的准电容。其间日本松下出现了用于消费电子产品的小型水系电化学碳电极双电层电容器产品,NEC 公司开始生产这种电容器用于电动汽车的启动系统。到了 80 年代末,这种电容器的研制成为俄、美、日、欧等国的热点,被纷纷列入各国的国家研究计划。90 年代我国一些高校、科研机构开始研制这种电容器,2000 年过后国内一些研究机构和企业相继推出了这种电化学电容器产品。世界各国(特别是西方发达国家)都不遗余力地投巨资对电化学电容器进行研究与开发。在我国,超级电容器的发展在 2005 年被列入《国家中长期科学发展和技术发展规划纲要》(2005—2020年),成为国家长期发展的能源领域中重要的前沿技术之一。如今,有机电解质、混合型、全固态电容器等新型电化学电容器的出现,使这种电化学电容器技术正不断日趋完善成熟,国内已有百余家企业正在进行超级电容器的研发和生产。

推广使用这种电化学电容器,减少石油的消耗,实现绿色能源,是当今世界的共识,也是未来能源储存的发展方向,电化学电容器的应用将深入到更广泛的领域。

14.2 电化学电容器基本原理与分类

14.2.1 基本原理

电化学电容器通过外加电场来极化电解质浸润的电极,使电解质中的电荷离子分别在带有相反电荷的 2 个极化电极表面形成双电层,从而实现储能。电化学电容器既拥有与传统电容器一样较高的放电功率,又拥有与电池一样较大的储存电荷的能力。但因其充放电特性与传统电容器更为相似,主要储能过程为物理过程,且充放电过程可逆,电容量大,所以也称之为"超级电容器"。

电化学电容器介于常规电容器和电池之间,既具有电容器的快速充放电特性,又具备电池的储能特性。如图 14-1 所示。

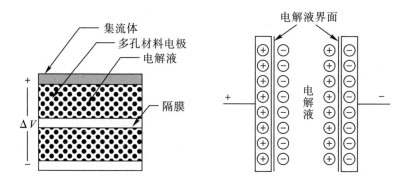

图 14-1 电化学电容器结构及双电层原理示意图

14.2.2 电化学电容器的基本类型

按照储能机理,可以将电化学电容器分成 3 个基本的类型,其一为双电层电容器(electric doble layer capacitors);其二为法拉第型电容器(faraday pseudocapacitors);其三则为将 2 种机理组合的混合型电容器(hybrid supercapcitors)

1)双电层电容器

双电层电容器(electric double layer capacitors,简写为 EDLC),机理如上所述是利用电极材料与电解质之间形成的界面双电层来存储能量。当电极材料与电解液接触时,由于界面间存在着库仑力、分子间作用力或原子间作用力,会在固液两相界面处出现界面双电层,如图 14-1 所示是一种符号相反的、结构稳定的双层电荷。对于电极/溶液体系,当外加电场施加在 2 个电极上后,溶液中的阴、阳离子会在电场的作用下分别向正、负电极迁移,而在电极表面形成双电层;当外加电场撤销后,电极上具有的正、负电荷会与溶液中具有相反电荷的离子互相吸引而使双电层变得更加稳定,这样就会在正、负极间产生稳定的电位差。

在电极/溶液体系中对于某一电极,会在电极表面一定距离内产生与电极上的电荷等量的异性离子电荷,来使其保持电中性;当将两极和外电源连接时,由于电极上的电荷迁移作用而在外电路中产生相应的电流,而溶液中的离子迁移到溶液中会呈现出电中性,这就是双电层电容器的充放电原理。

理论上,双电层中的离子浓度远大于溶液本体中的离子浓度,高浓度的离子会由于化学势的不同而出现扩散回溶液中浓度较低区域的趋势,与此同时这些浓度较高的离子受到固相体系中异性电荷吸引从而保持双电层结构的稳定状态。另外,该储能过程是通过将电解质溶液进行电化学极化实现的,整个过程没有产生氧化还原反应,因此整个储能过程是高度可逆的。双电层电容器的工作原理如图 14-2 所示。

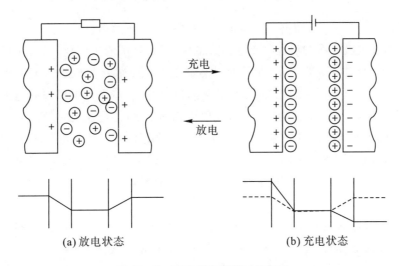

(a) 放电状态　　　　　　　　　(b) 充电状态

图 14-2　双电层电容器工作原理

2)法拉第型电容器

法拉第型电容器(faraday pseudocapacitors,简写为 PC),是在双电层电容器后发展起来的,也有人将其简称为赝电容或准电容。这种电容的产生是因为有些电极采用了二维或准二维活性物质,因此在其表面或体相中的空间中进行了欠电位的沉积作用,从而发生了化学吸脱附过程或是氧化还原反应。

对法拉第电容,它的电荷储存过程包括 2 部分,一部分与双电层上的能量存储类似,电荷存储于电极活性物质表面;另一部分是由于氧化还原反应的作用,电荷和电解液中的带电离子储存于电极的表面和体相之中。在电极表面发生的法拉第赝电容是与双电层电容器电荷存储机理完全不同的,其中一个原因是电荷存储是一个法拉第过程,另一个原因是赝电容的出现还与其他因素有关,这些关系依赖于电极接受电荷的程度(Δq)和电势变化(ΔV)之间的热力学因素。

化学吸-脱附机制的过程一般为:电解液中的 H^+ 或 OH^- 离子(一般为这两种)会在外加电场的作用下,从溶液中迁移到电极材料表面,然后通过电极-电解液的界面电化学作用进入电极活性物质的体相中。当对其充电时,法拉第电容器原理如图 14-3 所示,以化学作用来实现储能。

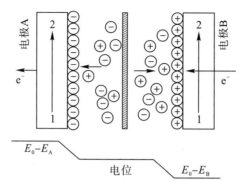

E_0-E_A：充电状态正极电位；E_0-E_B：充电状态负极电位

图 14-3　法拉第准电容器充电时原理图

充电时,在电极表面的活性物质进行欠电位沉积,电解液中的离子在外电场作用下,从溶液中扩散到电极/溶液表面,而后通过界面的电化学氧化反应进入离电极表面较近的电极体相中,表现出快速的化学吸附(氧化);放电时,这些进入电极中的电解质离子通过化学还原反应,又重新回到电解液中,表现出化学脱附(还原反应)过程,同时固体电极表面所存储的大量电荷通过外电路释放出来。这种随充电电位与电荷出现的高可逆的氧化还原过程,表现出明显的电容特征,称为"准电容"或"赝电容",它是对电双层电容的一种重要补充形式。其电极材料主要有金属氧化物,导电聚合物以及其他二维非金属材料等。

法拉第电容器的主要优点是在电极表面积相同的情况下,法拉第电容器的比电容是双电层电容器比电容的 10~100 倍,同时具有较大的能量密度;其缺点在于由于电极涉及电化学氧化还原反应,会存在不可逆的成分,所以可逆性和循环能力相对于双电层电容器较差。

3)混合型电化学电容器

混合型电化学电容器(hybrid electro-chemical supercapacitors,简写为 HESC 或 HSC),是以静电吸附和化学作用共同来实现储能的一种电容器,是双电层和赝电容的结合,又称为杂化电容器。电极材料主要有下列 3 种形式:

(1)对称电极。电极采用复合电极材料(电双层＋赝电容组成的电极),既有双电层作用,又有赝电容特性;

(2)非对称电极。采用赝电容/双电层电极材料,即一极采用双电层电极,另一极采用赝电容电极;

(3)电池型材料(如:锂离子混合型超级电容器),可以氧化还原材料为正极,双电层为负极;也可以双电层为正极,氧化还原材料为负极。

混合型电化学电容器由于兼顾了物理吸附和化学反应,可以得到较高工作电压和较高能量密度,使电化学电容器有望取代二次电池,因此得到世界各国广泛关注。

表 14 - 1　三种不同体系电化学电容器对比

	双电层电容器	法拉第型电容器	混合型电容器
优点	工作范围宽		工作范围宽
	发热量小		能量密度高
	功率密度高	能量密度大	安全性高
	安全性好	安全性高	寿命长
	寿命长	寿命长	自放电小
	技术成熟		
缺点	电压低	功率密度低	发热量大
	能量密度低	电压低	功率密度低
	单体成本高	单体成本高	单体成本高
	自放电大		

14.2.3　电化学电容器的分类

无论是双电层电容器、法拉第电容器,还是混合型的电容器,其结构基本相同,也可将电化学电容器按其关键的部件进行分类。

1) 按电解质类型分类

按电解质类型,可将电化学电容器分为水系电解质电容器、有机电解质电容器、离子电解质电容器以及固态电解质电容器 4 个主要类别。

(1)水系电解质电容器的电解质又分为酸性、碱性及中性 3 种类型。酸性电解质如 H_2SO_4 等、碱性电解质如 KOH 等、中性电解质如 KCl 等。这些电解质具有电导率高、内阻低、比电容大,电位窗口低、低温性差等特点。

(2)有机电解质电容器的电解液包括 TEABF4/PC,TEABF4/AN,LiALCl4/SOCl2,季磷盐(R4P+)等有机材料,具有电导率高、化学稳定性好、电位窗口大、溶剂易挥发等特点。

(3)离子电解质电容器的电解液是一类由阴、阳离子极不对称和空间阻碍的,导致离子电势较低,完全由离子组成的液态物质。具有不爆、不挥发、导电率高、电位窗口大、黏度高、成本大等特点。

(4)固态电解质电容器的电解液包括 $Li(CF_3SO_2)_2N/PEO$,$RbAg_4I_5$ 等。具有无泄漏、高比能、高工作电压,导电率低、电极/电解质接触状况差的特点。

2) 按电极材料分类

按电极材料,可将电化学电容器分为碳电极电化学电容器、金属氧化物电化学电容器(法拉第电容器或赝电容),导电聚合物电化学电容器 3 类。

3) 按电极构成分类

按电极构成,可将电化学电容器分为对称型电化学电容器和非对称电化学电容器 2

类,其区别在于对称型电化学电容器 2 个电极所用材料相同;而非对称电化学电容器 2 个电极所用材料不相同。

4) 按基本结构形状分类

按基本结构,可将超级电容器分为卷绕式和叠片式电容器 2 大类,其中卷绕式,一般为圆柱形外壳,也可在卷绕后压扁,制成椭圆形或矩形电容器;叠片式电容器也可叫平板型电容器,一般采用矩形外壳或软包封装,可为单层叠片(扣式)或多层叠片。

14.3 电化学电容器的结构与材料

14.3.1 电化学电容器的基本结构

电化学电容器的基本结构图如图 14-4 所示,其中图(a)为充电时的状态,图(b)为非充电的状态。在非充电状态下,虽然也有电荷的聚集,但两个电极 A 和 B 之间的电压相互抵销,两电极之间的电压差为零;在充电状态下,两个电极的电荷根据电压重新分布和排列,两个电极之间出现电位差。

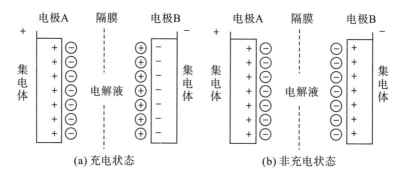

图 14-4　电化学电容器的基本结构图

从图 14-4 来看,电化学电容器的基本结构,包括集流体、电极、电解液、隔膜 4 个核心的部分。实际的电容器的结构如图 14-5 所示。

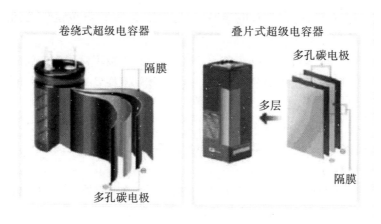

图 14-5　电化学电容器结构组成图

如图 14-5 所示,电化学电容器的组成部件一般包括:集流体、电极、隔膜、电解液、辅助部件及其外包封壳体。其中电极和电解液是电化学电容器的核心部件,集流体一般为铝箔,封装外壳有软包(铝塑复合膜)和硬包(金属壳体、塑料壳体)2 类形式,辅助部件一般指极耳、引线塑料定位件、密封件、电极引出螺栓等。

14.3.2　集流体

集流体是传递电荷的载体,也是电极材料承载的载体,主要有铝箔、镍箔、钛箔等金属材料。

14.3.3　电极

电化学电容器的电极材料种类很多,其主要的性能是通过各种途径提高电极材料内部微孔的表面积,提高电容器的储能能力,其电极材料主要包括:

1) 碳材质电极

碳材质电极材料的主要包括活性炭粉、导电炭黑、导电乙炔黑、膨胀石墨、纳米活性炭、活性炭纤维、活性炭布、碳纳米管、石墨烯、气凝胶碳、活化玻态碳、纳米孔玻化碳等。

碳材料的主要特点是高比表面积,其比表面积可 >1000 m^2/g,其中对称型超级电容器理论比电容与比表面积有直接关系,理论值可达 200 F/g 以上,孔隙发达且孔径分布可调,典型的活性炭材料孔径分布参数如下:直径在 $12-40$ Å 之间的孔的容积 $\geqslant 400$ μL/g,直径 $\geqslant 40$ Å 的孔的容积 $\leqslant 50$ μL/g,并具有高活性、高堆积比重、高纯度、低灰分、低成本以及良好的电解液浸润性。

近年来有人将石墨烯、功能化石墨烯以及不同类型的碳纳米管作为碳电极的添加剂或集电极,得了不同程度的电极材料的电化学性能提升,尤其在柔性电容器、微型电容器中显示出突出的性能。

2) 金属氧化物电极

有金属氧化物作为电极材料的主要有 RuO_2、NiO_x、MnO_2 等材料,RuO_2 属于贵金属氧化物,需添加 W、Cr、Mo、V、Ti 等材料,其特点是电容高、功率大,但成本很高。NiO_x、MnO_2 比较廉价,需添加多孔 V_2O_5 水合物、CO_2O_2 干凝胶等材料。

用金属氧化物材料具有多孔、低电阻率、化学稳定性好、纯度高等特点,该类电化学电容器具有高比表面,高比能量密度,高比功率,长寿命的优点,且价格低,便于推广应用;另一方面工艺要求严格,其对孔隙分布、表面官能团、杂质的控制较高,目前主要采用复合方法加以合成制备。

3) 导电聚合物电极

用作为电极的导电聚合物的材料主要有聚苯胺(polyaniline,PANI)、聚对苯(polyparaphenylene ,PPP)、聚并苯(polyacene,PAS)、聚吡咯(polypyrrole,PPy)、聚噻吩(polythiophene,PTh)聚乙炔(polyacetylene,PA)、聚亚胺酯(polyurethane,PU)、聚乙烯二茂铁(polyvinylferrocene,PVFc)、聚 3-(4-氟苯基)噻吩(PFPT)等材料。具有充放电速度快、适用温度范围宽、不污染环境,稳定和可循环等特点。

4）凝胶材料电极

用凝胶材料作为电极的材料主要有 PVA/H2SO4、PVA/H3PO4 等。

14.3.4　电解质

电化学电容器对于电解质的性能的基本要求是:使用温度范围宽、分解电压高、电导率高、浸润性好、不与电极发生反应、浓度大。电解质的种类包括电解液和固态电解质。

1）电解液

电解液包括了水系电解液和有机电解液,水系电解液中包括酸性电解液,如 36% 的 H_2SO_4 硫酸水溶液等;碱性电解液,如 KOH 氢氧化钾、NaOH 氢氧化钠水溶液等;中性电解液,如 KCl 氯化钾、NaCl 氯化钠等盐作为电解质(多用于氧化锰电极材料)的水溶液。

有机电解液通常采用锂盐 $LiClO_4$、$LiAlCl_4$,季铵盐 $TEABF_4$,季磷盐(R_4P^+)等作为电解质,需要配合溶剂使用,主要溶剂有 PC、ACN、GBL、THL、$SOCL_2$ 等。

2）固态电解质

固态电解质有 PEO 基聚合物凝胶体电解质、P(VDF - HFP)基聚合物凝胶体电解质、PMMA 基聚合物凝胶体电解质、PAN 基聚合物凝胶体电解质、PPy 基聚合物凝胶体电解质、PPDP 基聚合物凝胶体电解质等。

14.3.5　隔膜材料

电化学电容器中的隔膜材料通常为无纺布聚丙烯隔膜或纤维素隔膜纸,按实际的电容器的要求,隔膜可为单层隔膜或复合隔膜,复合隔膜至少 2 层。

14.4　电化学电容器制作工艺

在电化学电容器技术中,除了开发新型电极材料以外,制备工艺也对电容器的性能起着决定性作用。目前主流的湿法涂布工艺流程步骤如下:

混料(混料机)→磨料(球磨机)→浆料制作(真空搅拌)→涂布(涂布机)→干燥(隧道烘干机)→辊压(辊压机)→模切(模切机)→叠片(叠片机)→压制(热压机)→焊接(激光焊机)→封装(封口机)→注液(注液机)→静置(真空箱)→真空预封(预封机)→测试分等(超容测试仪)→二次封口(真空封装机)→打标(打标机)→入库。

其中电极涂布制备工艺是决定电化学电容器性能好坏的主要环节,电化学电容性能依赖于电容极片各组分的成分和性质,包括电活性物质、导电剂、黏结剂等。电极制备工艺决定电极的微观形貌,则对终端成品电容的电化学性能是非常重要的。电极制备技术的进步不仅可以降低电容生产成本,而且可以提升电容容量和循环稳定性。

电化学电容器电极制备工艺方面,现在比较主流的是采用湿法涂布法,大部分电容极片生产都是在金属集流体上涂敷电极浆料层,然后干燥极片再辊压压实。这些技术不仅在商业化生产上使用,学术界也普遍采用,该方法的优点是技术成熟,可以实现连续生产。

　　电化学电容器极片拥有复杂的多孔结构,包含活性物质和导电剂颗粒,它们通过黏结剂连接在一起,并黏附在金属集流体上。电极性能取决于各组分的性能和电极形貌。导电剂通常是各种各样的碳导电材料颗粒,它还可以与活性物质颗粒形成互锁,强化与集流体的黏结。理想的电极颗粒涂层形貌如图 14-6(a)所示。

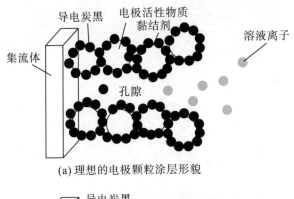

(a) 理想的电极颗粒涂层形貌

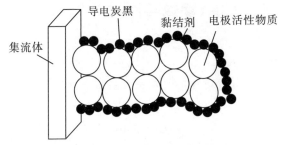

(b) 浆料混合不充分所制备的电极形貌

图 14-6　电极浆料混合微观结构示意图

　　浆料混合不充分时,所制备的电极形貌如图 14-6(b)所示,活物质和导电剂颗粒团聚,黏结剂形成相对较大球状物,这样活物质不能完全牢固互锁,也没有良好的离子通道。这样的电极性能差。浆料制备微观充分混合,导电剂完全包覆活物质,有良好的离子通道,电极性能好,如图 14-6(a)所示电极结构。要制备好的电极,干燥也很重要,不合适的干燥方式可能会导致电极形貌缺陷。

　　活性物质,黏结剂和导电剂等混合制备成浆料,然后涂敷在金属集流体两面,经干燥去除溶剂形成极片后,极片颗粒涂层经过辊压压实致密化如图 14-7 所示,再裁切或分条。因此,辊压对极片孔洞结构的改变巨大,而且会影响导电剂的分布状态,从而影响电化学性能。

　　压实极片改善电极中颗粒之间的接触、电极涂层和集流体之间的接触面积,降低不可逆容量损失接触内阻和交流阻抗。但压实太高,孔隙率损失,孔隙的迂曲度增加,颗粒发生取向,或活物质颗粒表面黏合剂被挤压,离子扩散阻力增加,电容倍率性能下降。

　　好的电极辊压工艺可以实现其能量密度的提升。

　　电化学电容器组件(PACK)制作:心子组装、引线焊接、焊装(均压保护监测)电路板、装壳、封盖、焊电极螺栓、老化、测试、打标贴标、入库。

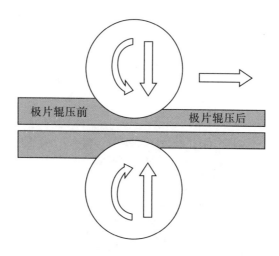

图 14-7 极片辊压过程示意图

14.5 电化学电容器性能、参数与测试

14.5.1 性能

电化学电容器的主要电极材料基于多孔导电材料,该材料的多孔结构允许其比表面积达到 2000 m^2/g 以上,通过一些措施可实现更大的表面积。电化学电容器表面双电层中电荷与溶液离子分开的距离是由被吸引到带电电极的电解质离子与溶剂分子相互作用决定的,该距离为离子级别尺寸。和传统电容器中薄膜介质材料构成的厚度相比,该结构所能实现的平行电极板间距 d 值更小。这种庞大的表面积再加上非常小的电荷离子分离距离,使得电化学电容器较传统电容器而言有着更大的静电电容,这就是其"超级"所在。其性能特点表现为:

(1)充电速度快,充电 10 s 至 10 min 可达到其额定电容的 95 % 以上;

(2)循环使用寿命长,深度充放电循环使用次数可达 1 万～50 万次;

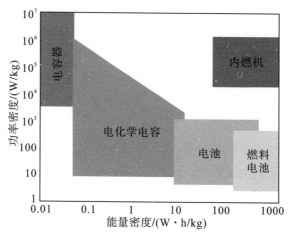

图 14-8 电化学电容器与其他储能器的比较

（3）能量转换效率高，过程损失小，大电流能量循环效率 $\geqslant 90\%$；

（4）功率密度高，可达 $300\sim5000$ W/kg，相当于电池的 $5\sim10$ 倍；

（5）产品原材料构成、生产、使用、储存以及拆解过程均没有污染，是理想的绿色环保电源；

（6）安全系数高，长期使用免维护；

（7）超低温特性好，可工作于 $-30℃$ 的环境中；

（8）检测方便，剩余电量可直接读出。

表 14 - 2　电化学电容器与传统铅酸蓄电池、普通电容器性能对比

性能	锂离子电池	电化学电容器	铅酸蓄电池	普通电容器
充电时间/h	$2\sim8$	几秒~0.3	$1\sim5$	$10^{-2}\sim10^{-6}$ s
放电时间/h	$0.5\sim10$	几秒~0.3	$0.3\sim3$	$10^{-2}\sim10^{-6}$ s
循环寿命/次	$800\sim1500$	$10000\sim500000$	300	>100000
比功率/(W/kg)	<1000	>10000	<300	<100000
比能量/(W·h/kg)	$80\sim300$	$5\sim60$	$30\sim40$	<0.1
充放电效率/%	$0.70\sim0.85$	$0.85\sim0.98$	$0.7\sim0.85$	>0.95
使用温度/℃	$-10/+60$	$-40/+70$	$-10/+50$	$-70/+70$

14.5.2　主要影响性能的因素

（1）极耳与电极引出螺杆的焊接电阻（激光焊接不良引起）；

（2）极耳与电极的焊接电阻（激光焊接不良引起）；

（3）电解液与电极反应产生的界面电阻（材料表面浸润性等）；

（4）极耳与外壳的焊接电阻（激光焊接或压接不良引起）；

（5）极耳与外壳材料自身电阻（材料杂质引起）；

（6）隔膜的电阻、隔膜质量，如孔隙率、孔径范围、厚度、机械强度；

（7）电极材料自身的比表面积、孔隙率、密度、导电性等；

（8）电极材料黏结剂的电阻，如黏结剂比率、导电率、阻抗特性等；

（9）电极材料自身水分引起的内阻，如干燥工艺参数不合理等；

（10）卷绕或叠片装配质量和压紧系数等工艺参数的不合理；

（11）电解液自身的电阻，如自身特性、导电率、微水含量、浸润性、耐压性能等。

14.5.3　主要参数

（1）额定电容（F）——在充电到额定电压后保持 5 s，在规定的恒定电流放电条件下，放电到最低工作电压，记录从 0.9 倍额定电压到最低工作电压所需的时间，将所记录时间与电流相乘，再除以电压的变化值，即：

$$C(F) = \frac{I \cdot t}{0.9U_R - U_{\min}} \tag{14-1}$$

式中，C 为额定电容，F；I 为放电电流（恒流），A；t 为放电时间，s；U_R 为额定电压，V；U_{min} 最低工作电压，V。

（2）电流 I(A)——5 s 内放电到额定电压一半的电流（除此以外还有最大电流、脉冲峰值电流）；

（3）额定电压(U_n)——可安全使用的最高端电压（通常实际击穿电压约为额定电压的 1.5～3 倍）；

（4）漏电流(μA)——一般为 10 μA/F；

（5）工作温度——通常为 $-40\sim+60$℃或 $+70$℃（存储温度可更高一些）；

（6）等效串联电阻(ESR)——以规定的恒定电流和频率(DC 和大电容的 100 Hz 或小电容的 1 kHz)下的等效串联电阻（如 1000 F 以上充电电流为 100 A，200 F 以下为 3 A）；

（7）使用寿命（h）——在 25℃ 环境温度下的寿命，通常规定在 90000 h，在 60℃ 的环境温度下为 4000 h，与铝电解电容器的温度寿命关系相似，寿命终了的标准以电容低于额定电容 20％，ESR 增大到额定值的 1.5 倍；

（8）循环次数（次）——20 s 充电到额定电压，恒压充电 10 s，10 s 放电到额定电压的一半，间隙时间 10 s 为一个循环，一半可达 50000～500000 次以上；

（9）密度——这里特指功率密度(W/kg)和能量密度(Wh/kg)，根据不同类型超级电容器而不同。

14.5.4　计算

1）电容

对于双电层电容器，可以用平板电容器模型进行理想等效处理。平板电容公式为：

$$C = \frac{\varepsilon S}{4\pi kd} \tag{14-2}$$

式中，C 为电容，F；ε 为介电常数；S 为极板有效面积，m^2；k 为静电常数；d 为电容器两极板距离（等效电双层厚度，即碳表面与电解液浸润面的距离），m。

由式(14-2)可知，电化学超级电容器的电容与双电层的面积成正比，与双电层的厚度成反比，对于活性炭电极，双电层有效面积与碳的比表面积与电极上的载碳量有关，双电层的厚度则受溶液中离子影响，其距离近似于固态与液态界面分子间的距离。因此，电极制备好后，电解液确定，电容便基本确定了。利用公式 $dQ=idt$ 和 $C=Q/\varphi$ 可得：

$$i = \frac{dQ}{dt} = C\frac{d\varphi}{dt} \tag{14-3}$$

式中，i 为电流，A；dQ 为电量的微分，C；dt 为时间的微分，s；$d\varphi$ 为电位的微分，V。

2. 能量密度与功率密度计算

能量密度：

$$E = \frac{CU_m^2}{2M} \tag{14-4}$$

功率密度：

$$W = \frac{U_m^2}{4MR_s} \tag{14-5}$$

两式中，U_m 为最高电压，V；M 为电容器的总质量，g；R_s 为电容器的串联内阻，Ω。

3）等效串联电阻计算

等效串联电阻：

$$R = \frac{\Delta\varphi}{2i} \tag{14-6}$$

式中，R 为等效串联电阻，Ω；i 为充放电电流，A；$\Delta\varphi$ 为电位突变，mV。

4）电极活性物质的比电容

比电容：

$$C_m = \frac{it_d}{m\,\overline{\Delta U}} \tag{14-7}$$

式中，t_d 为放电时间，s；$\overline{\Delta U}$ 为放电电压降低平均值，V；$\overline{\Delta U}$ 可以由放电曲线进行积分计算求得：

$$\overline{\Delta U} = \frac{1}{(t_2 - t_1)} \int_1^2 U\mathrm{d}t \tag{14-8}$$

式中，在计算比容时，常用 t_1、t_2 时的电压差作为平均电压降。对于单极比电容，式（14-7）中的 m 为单电极上的活性物质量。若计算的是双电极比电容，m 则为两个电极上的活性物质的质量总和。

14.6　电化学电容器的特点与应用

14.6.1　电化学电容器的特点

相对于传统电容器，在同体积下具有法拉级电容，无须特别的充电电路和控制放电电路，与传统电容器具有相近的充放电寿命。和二次可充电电池相比，过充、过放对其寿命产生的负面影响小，是一种介于传统电容器与可充电电池之间的储能新产品。电化学电容器可以反复传输能量脉冲，而无不利的影响，可以快速充电和快速放电，无环境污染，是一种新的绿色环保能源。

使用不当也会造成电解液泄漏等现象，和铝电解电容器相比内阻较大，和充电电池相比自放电较快，不可用于交流电路。

14.6.2　应用

1）小型电化学电容器

小型电化学电容器主要应用于各类电子产品，可替代电解电容器或扣式电池，如各种微机、微处理器、静态存储器、消费电子、电动玩具、闪光灯、税控机、电磁锁、电磁阀、数码相机、智能仪表、远程无线监控系统、无线电话、充电手电、LED 灯、智能开关、电动工具等用于替代电池或充电电池。如图 14-9 所示。

2）大型电化学电容器

可用于各类交通工具，如汽车启停、电动公交、电动轨交、电动助力车、AGV 智能小车、充电铲车、电动拖车、轨道交通、电动舟船等。如图 14-11 所示。

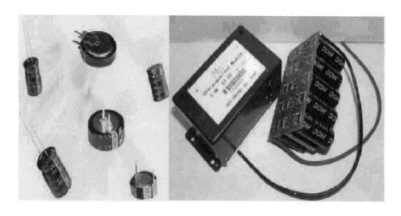

图 14 - 9　小型电化学电容器

各类电源系统，如电网储能、光伏储能、风电储能、微电网储能、UPS、电梯能量回收等。如图 14 - 10 所示。

图 14 - 10　大型电化学电容器

DC/C直流电压转换器

洗车启停——超级电容器

图 14 - 11　大型电化学电容器在交通工具中的应用

各类脉冲功率能量系统,如核反应堆、高能武器、激光、电磁弹射、电磁炮、粒子束、高能焊接、脉冲电源等。

各类安全保障电源设备,如战时应急系统、航空系统、医院应急系统、通信系统、电力系统。

各类瞬间大电流设备,如电力高压开关分合闸操作系统、电阻焊机、电磁脉冲焊接、电磁成型设备、科研测试设备等。

其他航天航空领域、军事领域、工业领域、交通领域、绿色能源、消费电子等领域。

14.6.3　电化学电容器选用计算

选用电化学电容器,主要根据使用电流、电压、放电时间等来选择。下面提供一种简单计算公式及应用实例:

例 1:有一 POS 机,用电化学电容器作后备电源,在失电后需要用电化学电容器维持 200 mA 的工作电流,持续时间为 10 s,POS 机工作电压为 5 V,最低工作电压为 4 V。选择多大电容的电化学电容器,才能满足该机正常工作?

根据:工作所需能量=电化学电容器储存的能量可得:

工作所需能量$=UI_t=\dfrac{1}{2}(U_1+U_0)I_t$

超容储存的能量$=\dfrac{1}{2}CU^2=\dfrac{1}{2}C(U_1'^2-U_0'^2)$

得到公式:

$$C = (U_1 + U_0)I_t/(U_0'^2 - U_0'^2) \qquad (14-9)$$

式中,C 为电化学电容器电容,F;U_1 为用电器工作额定电压,V;U_0 为用电器最低工作电压,V;I 为用电器工作电流,A;t 为用电器所需工作时间,s;U_1' 为电化学电容额定电压,V;U_0' 为电化学电容工作截止电压,V。

因为 POS 机工作电压为 5V,所以选用 5.4V 的电容器。其电容量计算如下:

$$C = (5+4)\times10\times0.2/(5.4^2-4^2)$$
$$=9\times10\times0.2/13.16=1.4(F)$$

由于本计算忽略了超容自身内阻的压降,所以选用时应适当放有余量,同时还应考虑电容器的电容误差(10%)。计算得电容量为 1.4 F,实际可选用额定电压为 5.4 V,电容量大于 1.6 F 以上的电化学电容器。

成套应用篇

第15章 并联无功补偿装置

无功补偿装置是电力电容器最为广泛的应用,经过多年的发展,结构型式、调容方式、保护方式等均在不断地完善和发展。到目前为止,适用于各种工况下的无功补偿装置已经完善,形式也各种各样,在这里需要说明几点:

(1)无论无功补偿装置的结构、调容方式等有多少种类,本章主要讲述的内容以电力电容器作为主要的功能元件的补偿装置为主,其他部分的相关内容另有章节说明。

(2)集合式无功补偿装置的内容已在集合式电容器的章节中说明,本章不再详述,但相关的内容可作为参考。

(3)低压无功补偿装置由于电压等级比较低,结构相对简单,本章以高压无功补偿装置为主,其相关内容可作为参考。

15.1 并联无功补偿装置概述

电力系统中,电功率分为视在功率、有功功率和无功功率。有功功率是用电设备实际消耗的功率,无功功率是由于用电设备在使用过程中产生的,或者回路的感性或容性设备产生的与供电电压相位相差90°的功率。

无功功率分为感性无功功率和容性无功功率。在电力系统中,无功功率是必不可少的,很多用电设备需要一定的感性无功才能正常运行。而整个电力系统也需要一定的感性无功来维持系统的安全运行。

但是,无功功率过大,也会给系统带来如下3个问题[1]:

(1)会增大输电线路的电流;

(2)占用发电机、输电线路以及变压器容量,减小有功功率的输送;

(3)增加发电机、输电线路以及变压器的损耗,增加输送电系统的成本。

由于电力系统中大部分负荷呈感性,感性的无功功率过大,就需要对无功功率进行补偿,减小负荷的无功功率和无功电流,这种对系统无功进行补偿的方法叫无功补偿,相关的设备叫无功补偿设备。无功补偿有多种方法和设备,本章所述的无功补偿特指以并联电容器作为补偿主体的设备,并配备必要的调节和控制保护设备而形成的无功补偿设备,也叫并联无功补偿装置。

并联无功补偿装置是电力电容器行业的主要产品。并联电容器是电力电容器企业最主要产品之一,也是使用量最大的一种产品,并联接入电力系统中,主要用于电力系统以及配电网络,提高功率因数,减小输电线路的电流和损耗,提高输电与用电效率。

早期的无功补偿是通过调相发电机来完成的,自从电力电容器诞生以后,电容器便替代了调相发电机,大量地应用到输电线路以及工业网络中。目前,随着现代电力电子技术的发展,出现了一种通过电力电子设备实现无功补偿的设备,即无功发生器(SVG)。就各种补偿方式分析比较,通过并联电容器进行无功补偿的方式是最经济、最节能的补偿方式。

早期的并联无功补偿装置很简单,只需将并联电容器并联接入供电系统中,但是在实际的使用过程中无法满足需求。如随着负荷变化的调容问题,合闸涌流问题,断路器控制等各方面的问题,经过多年大量的运行实践和故障问题的处理,逐步形成了今天的具有控制、保护等配置齐全的并联无功补偿装置。

在输配电系统的无功补偿配置的目的有所不同,在工业配电网络中,主要是提高负荷侧的功率因数,降低输电线路的电流,从而降低线路的损耗,对于这类补偿,主要目标是控制功率因数,一般情况下月度平均功率因数在 0.92 以上;输电线路也会产生一定的感性无功,这些无功率主要来自线路和变压器,这些无功功率也需要补偿,同时为保证供电系统的无功平衡,一般情况下,补偿容量为变压器容量的 10%～30%。

15.2 并联无功补偿基础

15.2.1 平均功率与功率因数

功率是指物体在单位时间内所做的功的大小的物理量。在交流电力系统中,功率代表了电力系统输送电能的能力,或者说是电力系统输送电能的计量形式。电功率一般分为视在功率、有功功率以及无功功率,一般情况所讲的功率均为平均功率。系统的功率与电压和电流的关系如下:

视在功率为:
$$S = U \times I \tag{15-1}$$

有功功率为:
$$P = U \times I \times \cos\varphi \tag{15-2}$$

无功功率为:
$$Q = U \times I \times \sin\varphi \tag{15-3}$$

功率因数为:
$$\cos\varphi = \frac{P}{S} \tag{15-4}$$

在电力系统中,视在功率一般用 S 来表示,单位用伏安(VA),也可用千伏安(kVA)或兆伏安(MVA);有功功率用 P 来表示,单位用瓦(W),也可用千瓦(kW)或兆瓦(MW),甚至用吉瓦(GW);无功功率一般用 Q 来表示,单位用乏(var),也可用千乏(kvar)或兆乏(Mvar)表示。

15.2.2 瞬时功率

随着电网和用电负荷的发展,电网的谐波越来越严重,造成电压电流波形畸变越来越严重,出现了功率的计量以及控制等方面的相关问题,日本人首先提出了瞬时功率的概念。目前瞬时功率概念的应用越来越广泛,对于交流供电系统,如图 15-1 所示为电压电流相位图,瞬时功率可用式(15-5)～式(15-11)进行分析计算。

$$u(t) = \sqrt{2}U \times \cos(\omega t) \tag{15-5}$$

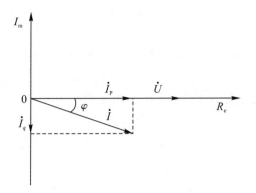

图 15-1　电压电流相位图

$$i_p(t) = \sqrt{2}\,I \times \cos(\omega t - \varphi) \qquad\qquad (15-6)$$

$$i_q(t) = \sqrt{2}\,I \times \sin(\omega t - \varphi) \qquad\qquad (15-7)$$

$$p(t) = u(t) \times i_p(t) \qquad\qquad (15-8)$$

$$q(t) = u(t) \times i_q(t) \qquad\qquad (15-9)$$

$$p = \frac{1}{T} \times \int_{-\frac{T}{2}}^{\frac{T}{2}} u(t) \times i_p(t) \times \mathrm{d}t \qquad\qquad (15-10)$$

$$Q = \frac{1}{T} \times \int_{-\frac{T}{2}}^{\frac{T}{2}} u(t) \times i_q(t) \times \mathrm{d}t \qquad\qquad (15-11)$$

式（15-5）～式（15-11）中，$u(t)$ 为瞬时电压；$i_p(t)$ 为瞬时有功电流；$i_q(t)$ 为瞬时无功电流；$p(t)$ 瞬时有功功率；$q(t)$ 为瞬时无功功率；p 为平均有功功率，为瞬时有功功率在一个周期内的积分的平均值；Q 为平均无功功率，为瞬时无功功率在一个周期内的积分的平均值。

对于有波形畸变的情况，可以在经过傅立叶分析的基础上，用多个频率的瞬时值相加计算波形畸变后的有功与无功功率。

15.2.3　电力系统的无功功率

由于无功电流与电压成 90°夹角，在电力系统中无功功率不进行能量转换，但是，对于用电设备，无功功率是必不可少的，比如电力系统中存在大量的交流电动机负荷，交流电动机要工作，就要建立和维持交流磁场，就需要无功电流或者电压的支持。在电力系统中无功的需求很多，主要来自以下几个方面：

（1）电磁感应设备：如变压器、电抗器主要产生感性无功。

（2）可控整流设备：由于可控整流导通角的变化，使电流滞后于电压一定的相位，导通角越大，无功功率越大。

（3）交流电弧炉设备：为了保证炉子正常续弧，在回路中串联电感，回路中的串联电感会产生一定的无功功率。

（4）矿热炉等设备：由于工作电压低，电流很大，回路中的电感很小，产生大量的无功功率。

（5）输电线路存在线路电感，当电流流过线路时，电流在电感上产生感性的无功功率，并在线路上产生电压降落。

（6）输电线路存在对地或相间电容，当线路很长，负荷很低或空线运行时，对地及相间电容会产生一定的无功功率，空线会产生容升效应。

（7）在实验室中，对于变压器、电抗器，以及电容器实验时，为了减小电源的容量，往往需要进行补偿。电抗器实验用电容来补偿，而电容器实验用电感补偿。

无功补偿实际上存在感性补偿和容性补偿 2 种方式，在发电侧，为了防止由于空线运行引起的电压升高，往往采用高压并联电抗器进行补偿；在输电线路及配电网络中，往往需要并联电容器或者串联电容器进行补偿。另外，随着电力电子技术的发展，出现了另一种产品，即无功发生器（SVG）本章所讲无功补偿装置，主要指由并联电容器装置组成的无功补偿装置。

15.2.4　无功补偿的基本原理

无功功率主要由负荷侧产生，在电力系统中，负荷中产生的无功功率一般为感性无功功率，所以，一般用容性无功补偿装置进行补偿。但是，为了保证系统的稳定性，无论怎样补偿，要求负荷侧的电流一般呈感性。无功功率一般情况下只需要控制在一定范围内，比如功率因数达到 0.92 以上，不允许出现无功倒送。而无功功率过大会造成以下问题[2]：

（1）占用设备及线路容量：电力设备如发电机、变压器的容量是一定的，当系统功率因数降低时，无功功率过大，相关设备可输送的有功功率减小。

（2）增加输、配电线路的电能损耗：在有功功率一定的情况下，功率因数越低，线路上需要输送的电流越大，线路上的损耗就越大。

（3）线路的电压不稳定：由于线路阻抗一般呈感性，当感性无功功率过大时，负载端的电压下降，影响用电设备的正常运行。

由于以上因素，需要无功补偿。无功补偿的原理如图 15－2 所示，其中，U 为供电电压，I_1 为供电电流，I_2 为补偿后的电流，I_P 为有功电流，I_{q1} 为补前无功电流，I_{q2} 为补后无功电流。

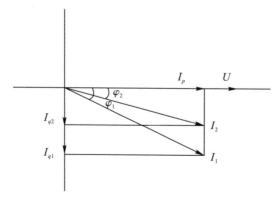

图 15－2　无功补偿的基本原理图

从图 15 - 2 中可以看出,在有功电流保持不变的情况下,由于将无功电流减小,使回路的总电流减小。如果认为电压保持不变,那么,需要的总视在容量减小,这样可以达到降低输送容量,降低线路损耗的目的。

15.2.5　无功补偿的作用

电力系统中,大多数电力负荷和输电设备(例如输电线和变压器)实质上是电感性的,因此,功率因数滞后。对于交流电动机,一般在 0.8 左右,与电动机工作的负荷率有关。对于可控整流设备,其功率因数与工作时的导通角有关。对于一般的电力用户,我国的电力系统要求功率因数达到 0.9 以上,可满足电力系统的要求。

电力系统中,无功功率随着负荷的变化而变化,系统需要一定的无功功率来维持平衡,起到无功支撑的作用,比如调节电压、改善功率因数、降低系统损耗、减少对发电机的无功功率需求,以及提高系统静态稳定性等。以下内容说明无功补偿在电力系统中的主要作用。

1)调节系统电压

电力系统中,由于线路阻抗的存在,当负荷变化时,线路的电压会随着负荷进行波动,安装电容器后,会使得其安装点至发电端的系统电压升高,从而在一定程度上达到稳定电压的目的。安装于主母线上的无功补偿装置将提供较大范围的电压支撑,安装于配电母线上及安装在向用户送电母线上的电容器装置,向较小范围和单个电力用户提供电压支撑。

对于加装电容器后电压的抬升作用,有多种公式可用来估算。对电压抬升的计算,需要确定供电距离、线路参数,准确计算难度较大,一般可用式(15 - 12)计算,接入并联电容器将导致电压持续升高:

$$\frac{\Delta U}{U} \approx \frac{Q}{S_d} \qquad (15 - 12)$$

式中,ΔU 为电压升高,kV;U 为接入电容器前的电压,kV;S_d 为电容器安装处的短路容量,MVA;Q 为电容器的容量,Mvar。

2)增大系统容量

输配电系统装设并联电容器后,减小了发电机、输电线路的容量,从而减少了系统所承载的视在功率,这样可以增加有功功率的输送。

3)降低功率损耗

在一些配电和输电系统中,通过安装并联电容器可以明显地降低损耗。并联电容器装置的装设能减少安装点到发电端流经系统的电流。由于功耗与电流的平方成正比,故电流减小会导致功耗的大大降低。

15.2.6　无功补偿容易混淆的名词和概念

关于无功补偿装置,其中英文名称混用造成了很多概念的混用和不清楚,在这里进行澄清。

1）电容器与电容器单元

电容器无论从 IEC 标准还是国家标准中，均是一个较为广泛的概念，可以是单台电容器（capacitor unit），也可以是多台电容器组成的电容器的组（capacitor bank）。电容器是由 1 个或多个电容器为实现某项功能形成的电容器的组合，包括其中的安装构架。

电容器单元则是指单台电容器，是一个由心子、外壳、出线套管等组成的电容器。

2）电容器装置与无功补偿装置

电容器的应用范围很广，可以实现多种功能。由电容器单元作为主要的功能器件组成的装置，均属于电容器装置或者叫电容器成套装置（capacitor installation），比如储能装置、脉冲功率发生器、并联补偿装置、串联补偿装置等。

无功补偿装置是电容器装置的一种，特指由并联电容器组成的，用于补偿供电系统的无功功率，提高功率因数。

3）关于 SVC 的概念

无功补偿可分为 3 种最基本的补偿方式：第一种为由同步发电机作为功能器件的同步调相机；第二种是由电容器组成的静止无功补偿装置；第三种是由可关断电力电子器件及电抗器组成的静止无功发生器。

以上 3 类设备的主要用途均为无功补偿，所以可以将以上 3 类设备统称为无功补偿设备，英文名称可用 compensation device 表示。其中，同步调相机，英文名称为 synchronous compensator，可缩写成 SC；静止无功发生器，英文名称为 static var generator，可缩写成 SVG，也可简称无功发生器；而静止无功补偿装置，英文名称为 static var compensator，可缩写成 SVC，也可简称无功补偿装置。

静止无功补偿装置（SVC）指以电容器为主要功能器件的补偿装置，S 为"静止"之意，是与同步调相机的旋转相对应而言的。最容易混乱的概念和名词是 SVC，早期 SVC 是以电容器为主要功能元件的设备的总称，目前在很多场合却成为晶闸管控制电抗器调容方式的代名词。但是，由于补偿技术的发展，SVC 的范围也在不断地发展中，SVC 的概念应该是包含了电容器和电抗器为主要功能元件的无功补偿设备。国际大电网会议将 SVC 定义为下面所列的 7 个子类：

（1）机械投切电容器（MSC）；

（2）机械投切电抗器（MSR）；

（3）自饱和电抗器（SR）；

（4）晶闸管控制电抗器（TCR）；

（5）晶闸管投切电容器（TSC）；

（6）晶闸管投切电抗器（TSR）；

（7）自换向或电网换向转换器（SCC/LCC）。

从以上分类来看，SVC 本身的含义很广，包括了所有的以电容器作为功能元件的无功补偿装置，其中机械开关、电子开关以及各种用于调容的电抗器作为调节无功补偿容量的一种手段。所以，SVC 是一个大的概念，在任何一种形式的无功补偿设备上直接冠以 SVC 的名称都是不合适的。

另一个需要澄清的问题是动态无功补偿装置,概念也比较混乱,实际上有自动调容的无功补偿装置均可称为动态无功补偿装置。这里建议在名词应用上,采用以上 7 个类型的中文名称和英文简写,这样才不至于混乱。

15.3　调容方式的选择

无功补偿装置最基本的作用是补偿线路和负荷的无功功率。无功补偿的 2 个基本目标,其一是提高功率因数,其二是降低线路的损耗。

对于提高功率因数的要求,电力公司对用户的功率因数进行严格的考核,考核是按月计费。对于功率因数是按 1 个月的平均功率因数进行考核,如果每个月的功率因数达不到 0.92 或某个值以上,电力公司将采取罚款措施。

电力公司的罚款措施,主要的原因是无功功率不计费,但是无功功率过大会引起线路的损耗,从这个角度考虑,无功补偿装置的另一个主要作用是节能降耗。从节能的角度考虑,无功补偿装置的损耗不能太大,如果补偿装置本身的损耗太大,就失去了节能的意义。

对无功补偿装置的调容方式的选择,一方面要提高功率因数,同时也需要注意各种调容方式的损耗,对于电力用户,如果补偿设备的损耗较大,会增加电能损耗。在实际的工程中,由于系统对于无功功率的需求是变化的,各种负荷的变化规律也不相同。在补偿装置容量调整方式的选择上,首先要考虑各种设备的耗能问题,其次再考虑功率因数的问题。

15.3.1　电容器组的调容原理

早期的无功补偿很简单,将电容器直接接入系统,与负荷并联运行,负荷投入,电容器随之投入,这种补偿方法也叫就地补偿。随着工业技术的发展,大型工业用户负荷增多,大小不同,对于无功补偿装置的要求也随之越来越高。

电力公司的线路补偿,不存在功率因数的问题,无功补偿装置基本上采用机械开关分组投切的方式即可。而工业用户处安装的无功补偿装置,主要的目标是提高功率因数,减小负荷的无功电流,根据具体的负荷变化及无功需求情况,需要对补偿装置的输出容量进行调整。无功补偿的容量调整方式分为如下 4 种类型:

1)机械开关投切电容器(MSC)

这种补偿方式是无功补偿装置的基本方式,也是成本最低、使用量最大的一种补偿方式,只需根据无功容量的需要对补偿容量进行分组,并根据需要进行投入。补偿的容量分为大小不同或相同的多组电容器并联。

电容器在投入时,会产生较大的涌流,所以,除非确认回路有足够的阻尼或者确保电容器有足够的承受相应涌流的能力。一般情况下,用机械开关投切电容器时,必须给电容器串联电抗器,以限制电容器投入时的涌流。但是必须注意,串联电抗器后,必然引起电容器正常运行电压的升高,所以,电抗器电抗值的选取须根据具体情况而定。

2)电力电子开关投切电容器(TSC)

用电力电子器件投切电容器的方式是在机械开关投切的基础上将机械开关用电力

电子器件来替代。电力电子开关成本较高,用于电容器时,一般情况下必须做到过零投切,这样可以省掉串联电抗器,电抗器由于三相不可能同时过零,所以必须分相投切。

省掉串联电抗器后一个最大的问题就是谐波放大,在系统含有较低次谐波的情况下,会将较低次谐波放大。根据系统的具体参数各次谐波放大倍数不同,一般情况下,系统中总是存在一定的 3 次和 5 次谐波,所以,这种应用局限性很大。低压电容器补偿中有部分应用。

电力电子器件另一个主要的问题是损耗大,除本身发热,温度较高外,也会引起其他部件如电容器换相温度升高,所以,出现了电力电子开关与机械开关复合的开关,正常使用时,机械开关导通,投切时,将机械开关先行断开,再对电子开关进行操作。

该类设备实际上很难做到过零投切。如图 15 - 3 所示,为 TSC 过零投切的理想投切过程,这样,要做到过零投切,必要的条件是,电源电压刚好在峰值,电容器的电流过零,同时电容器上的电压等于电源电压且相位一致。实际的工程中很难做到,无论怎样做均有一个暂态的过程,需要检测电容器的剩余电压,使电源的电压和电容器的电压一致,但是电流也不可能平衡,电流仍然有一个突变的过程,只不过变化幅度较小而已。

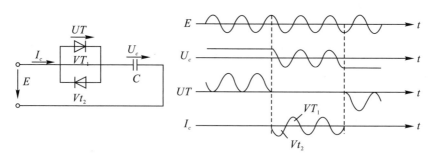

图 15 - 3　TSC 理想的过零投切状态

3)并联晶闸管控制电抗器(TCR)调节电容器无功输出

如图 15 - 4 所示,这种补偿方式以分组电容器为基础,给电容器并联一组电抗支路,这组电抗器通过可控晶闸管控制流过电抗器的电流,从而调整电抗器的等效输出容量,感性无功与电容器组的容性无功相互抵消,从而达到整体装置的无功输出,这种情况下,电容器无须频繁投切,只需调整电抗器的电流即可。

TCR 电抗器一般采用三角形接法,采用空心电抗器,由于 TCR 部分采用晶闸管控制,除了输出无功外,还会产生谐波电流,这样的电容器组一般为滤波器设计,除了滤除来自负荷侧的谐波电流外,还滤除 TCR 部分产生的无功电流。这种方式的特点是晶闸管和电抗器均会产生一定的损耗。

4)并联磁阀电抗器(MCR)调节电容器无功输出

并联磁阀电抗器的基本原理与 TCR 基本相同,也是给电容器并联电抗器,通过调整电抗器的电抗值来调整无功功率,其区别在于电抗器无功功率调整的方式有所差别。

这种采用铁芯的电抗器,电抗器的心柱采用变径的方式使铁芯的截面发生变化。如图 15 - 5 所示,电抗值的调整是通过直流助磁的方式使芯柱铁芯部分饱和,从而使电抗值发生变化,使电抗器的无功输出发生变化,从而调整整个设备的无功输出。

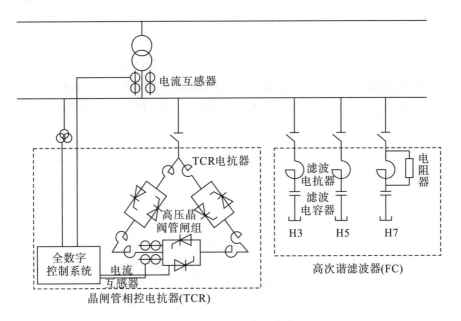

图 15-4　TCR 型补偿装置原理图

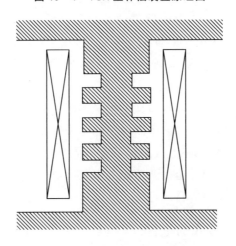

图 15-5　磁阀电抗器铁芯变径示意图

由于有铁芯部分饱和的问题,本身电抗器的损耗比较大,再加上变径部分饱和的问题,所以,这种电抗器的损耗比较大。另外,由于电抗器的磁滞效应,MCR 方式的控制速度较慢,需要通过过励磁的方式等措施提高其控制速度。

15.3.2　无功补偿装置的损耗

(1)同步调相机。其损耗主要来自发电机的励磁、铁芯的磁化损耗、涡流损耗、铜损以及机械摩擦损耗。同步调相机的损耗无疑比较大。

(2)开关投切电容器。在所有的电器设备中,电容器损耗是最小的,其损耗达到其容量的万分之二到三的水平。在机械开关投切电容器中,需要配置串联电抗器,电抗器损耗相对比较大,如果品质因数达到 60 左右,电抗器的损耗为其容量的 1.7%,而电容器的

损耗为 $0.02\%\sim0.03\%$,电抗器损耗仍是电容器的数十倍。好在串联电抗器容量比较小,所以整体的损耗较小。

(3)晶闸管控制电抗器加电容器的补偿方式。除了电容器装置本身的损耗外,增加了晶闸管和电抗器的损耗,原则上电容器部分的损耗没有变化,而晶闸管和相控电抗器的损耗很大,特别是负荷无功需求较小时,系统无须补偿,但是电抗器、电容器均在满负荷运行,补偿装置的损耗达到最大,增加大量的功率损耗,这种设备只适于特定场合使用。比如谐波含量比较大,而滤波器不宜切除,用 TCR 调容的情况下使用。

(4)磁控电抗器加电容器的补偿方式。这种设备损耗更大,除了电容器原有的损耗外,磁控电抗器局部铁芯工作于饱和状态,电抗器会产生很大的铁耗,调节速度也较慢,是一种完全不可取的补偿方式。

(5)晶闸管投切电容器补偿方式。这种补偿方式由于晶闸管技术的限制,高压设备应用很少,主要应用于低压无功补偿装置,由于采用过零投切,电容器没有过渡过程,可省略其中的电抗器,这样可省去电抗器的损耗。但是电力电子设备的损耗仍比较大,和机械开关投切的损耗相当。

(6)静止无功发生装置。这种设备的优点是容性无功和感性无功可双向调节,但是,从损耗的角度而言,首先,是电力电子器件的发热和损耗。由于一个周期内需要几百到上千次的通断运行,其间电力电子器件的损耗很大,在 SVG 中,电力电子器件是一个最大的发热源。其次,其无功功率需要通过电抗器元件送入电网,电抗器本身的损耗要比电容器大得多,所以,SVG 本身的损耗也比较大。

所以,一些电力电子器件的应用,增加了很多的附加损耗,对于功率因数无须每个时刻进行精准的控制,当空载运行时,功率因数很低也没关系;电力考核的是一个月的平均功率因数,且电力部门在输电线路上也配置了大量的补偿装置,以维持无功的平衡,无需在负荷很轻时进行补偿。在倡导全社会节能的今天,这样补偿得不偿失,所以,最经济的补偿方式还是机械开关投切电容器。

15.3.3 补偿装置调容方式的选择

在以上的补偿方式中,目前调相机基本上不再使用,就以上其他的调容方式的选择上,一方面要考虑的是节能问题,补偿方式越简单越好;另一方面就是要考虑对于功率因数的调整能力,这主要与负荷的性质有关。一般考虑以下几个因素:

其一,是主要负荷在一天内调整的频度不高。建议采用最简单的机械开关投切电容器的调容方式,在补偿容量较小时,低压系统也可采用电子开关投切的方式进行投切。

其二,是主要负荷在一天内较为频繁调整。主要负荷持续一定的时间,原则上仍然建议使用机械开关投切电容器,除非过于频繁,机械开关的寿命难以满足要求时,可采用其他的投切或调容方式,也可采用 SVG。

其三,是主要负荷在一天内很频繁调整,且持续时间很短。可采用其他的调容方式,也可采用 SVG 调整。实际上任何一种调容方式都有一定的时间,虽然电子开关没有行程的问题,投切的时间很快,但是测量设备对于波形变化的认知和识别需要有足够的时间,一般情况下至少需要 5 ms,所以一般的调整速度不会低于 5 ms。

在某些情况下,以上所有的补偿和调容方式都无法跟上负荷的调整速度。如大型的剪板机、冲压机等设备,实际的工作时间很短,这就需要用其他的补偿方式补偿。

总之,对于无功补偿装置调容方式的选择,需要同时对功率因数和设备的能耗 2 个方面综合考虑。一般情况下,设备越简单越好。但是,企业为了推销一些产品,往往过度宣传,使用户难以选择。

另外在某些情况下,由于送电距离较长或系统阻抗较大,造成电压随负荷变化范围较大,电压稳定性较差,电压幅值不合格,往往在用电高峰期电压太低,而在低谷时电压较高,在这种情况下,也许要考虑电压稳定的问题。但是由于功率因数的限制,往往并联补偿装置对于电压稳定的作用是有限的,在电压稳定性较差时,需要采取线路阻抗补偿等方式对电压进行补偿。

在某些过度宣传的作用下,对于无功补偿的选择已造成很多困惑。经常有人提出如"SVG 是先进的技术、将会替代电容器补偿"等类似的问题,这里需要说明的是所有的无功补偿设备,不存在先进与落后的问题,只是应用不同而已,从节能的角度考虑,机械开关投切电容器无疑是最先进的无功补偿装置。

15.4　无功补偿装置的主要参数选择

作为以并联电容器为主要功能器件的主要设备,无功补偿装置的电压也就是电容器的电压。电容器的运行电压决定着电容器的无功输出,其无功的输出与电压成平方关系,所以,对于无功补偿设备,最主要的参数是无功补偿装置的电压和容量。

15.4.1　无功补偿装置的电压

无功补偿装置主要安装于输电线路和线路末端,在电力系统中,线路越长,电压波动越大,有时为了保证整条线路的电压,不得不将首端电压升高。所以,在选择电容器的电压时,要考虑以下 3 个主要的因素:

(1)安装点的正常运行电压。如果运行电压较高时,应适当抬高装置的电压。

(2)系统中是否含有谐波。如果谐波含量较高时,会造成电容器过载,必要时可通过提高电容器的电压,降低谐波对电容器的影响。

(3)串联电抗对于电容器的影响。串联电抗后,由于电抗器的电压与电容器电压相位相反,造成电容器的电压升高,如果电抗率为 $k_L(\%)$,则电容器的电压为系统电压的 $1/(1-k_L)$ 倍的额定电压。

15.4.2　无功补偿装置的容量

无功补偿基本上分为 2 级补偿,其一为线路补偿,其补偿容量基本上按变压器容量的 $10\%\sim30\%$ 确定,这部分补偿的设计与计算,在线路设计时容量已经确定,目的主要是调节无功平衡,稳定系统电压;其二为负荷侧补偿,也就是用户侧补偿,这部分补偿根据国家电网公司的相关规定,坚持"谁污染、谁治理"的原则,并出台了相关的奖惩政策,要求电力用户用电的功率因数达到 0.92 以上。这部分补偿的目的是为了减小无功电流，降低线路损耗，需要根据负荷的实际情况进行计算。

补偿容量的计算要根据实际的功率因数和负荷的大小按式(15-13)分析计算：

$$Q_x = P[\tan(\varphi_1) - \tan(\varphi_2)] \qquad (15-13)$$

式中，Q_x 为需要补偿容量，kvar；P 为负荷的有功功率，kW；φ_1 为补偿前的功率因数角；φ_2 为补偿后的功率因数角。

装机容量的选择，原则上是在防止电容器过载的前提下，使功率因数达到相应的要求。一方面，系统电压在波动，同时补偿后，由于电流在减小，电压会有所升高；另一方面，系统多少总会有一些谐波电流，谐波电流原则上会引起电容器电压的升高，对于没有很明确的谐波源的系统，按照国家标准，电压波动以及谐波的影响，要求电容器有承受 1.3 倍过电流的能力；串联电抗器会引起电容器电压的升高，对于每个因素都要进行详细的计算难度较大，况且往往用户不能提供详细的参数和数据。

装机容量的计算，一般情况下，首先根据需补偿的容量计算容抗值，然后根据电容器组的电压计算装机容量，按式(15-14)计算：

$$Q_z = \frac{k^2 \times Q_x}{1 - \dfrac{k_L}{100}} \qquad (15-14)$$

式中，Q_z 为装机容量，kvar；Q_x 为无功需求容量，kvar；k_L 为串联电抗器的电抗率，%；k 为电压系数，该系数仅为考虑系统电压波动及谐波影响造成的电压升高系数，不包含串联电抗引起的电压升高。

电容器组的电压则为：

$$U_c = \frac{k \times U}{1 - \dfrac{k_L}{100}} \qquad (15-15)$$

式中，U 为系统电压，kV；U_c 为电容器的电压，kV；k 为电压系数，该系数仅为考虑系统电压波动及谐波影响造成的电压升高系数，不包含串联电抗引起的电压升高。

15.4.3 串联电抗器参数选择

串联电抗器的主要作用是限制电容器的合闸涌流，一般情况下，选择 1% 的电抗就可将电容器的涌流限制到相当的水平，电抗率过大时，会造成电容器及电抗器的容量和成本同时增加，但是，如果系统中存在少量的谐波，电抗率较低时，可能造成较低次谐波放大。

在系统没有较大的谐波源的情况下，系统一般含有很少量的奇次谐波，偶次谐波几乎为零，除非需要专门对谐波进行治理。一般情况下，无功补偿装置的设计不允许谐波电流流过补偿回路，否则会造成电容器相关元件过载，但是原则上也不能对谐波有较大幅值的放大。各次谐波调谐点对应的电抗率如表 15-1 所示。

表 15 - 1　各次谐波调谐点对应的电抗率

谐波次数	2	3	4	5	6	7	8
电抗率/%	25.00	11.11	6.25	4.00	2.78	2.04	1.56

一般电抗率的配置,如 12% 的电抗率,可能造成 2 次谐波的放大,但是由于系统中很少含有 2 次谐波,或者说谐波含量很低;如 6% 电抗率,可能造成 4 次及以下的谐波放大,具体的放大倍数由系统整体的参数确定,这种情况下,一般认为系统中的 4 次及以下的谐波含量很小。电抗率的选取,一般选在调谐点之间,如 5%,4.5% 的电抗率都是可取的。

15.5　电容器组的基本结构

早期的并联电容器应用是将电容器直接与负荷并联接入电网中,在实际的使用过程中,发现了很多的问题,经过逐步的改进,形成了目前的不同形式的并联无功补偿装置。并联无功补偿装置的结构与系统的电压等级、投切方式、补偿容量、调容方式以及保护等因素有关。

15.5.1　装置的基本接线方式

并联无功补偿装置的基本接线结构有 2 种方式,分别为星形和三角形接线。在电力系统的输配电网络中,由于系统故障等级的原因,高压输配电网络只允许使用星形接线方式,禁止使用三角形的接线方式。

如果采用星形接线,电容器故障时可能只发生单相对地故障,而三角形接线在电容器极间故障时,很可能造成相间短路故障,故障等级较高。所以,在我国的电力系统中,高压无功补偿装置中限制三角形接线方式。但是在低压配电网络中,往往是三角形和星形并用。

15.5.2　电压等级及接地方式

无功补偿装置的电压应用范围很广,其电压的适用范围为 $0.4\sim1000$ kV 交流电力系统。我国的交流输配电系统中,对于 110 kV 电压等级以上采用中性点有效接地系统,110 kV 以下的系统中采用中性点非有效接地或不接地系统。

并联无功补偿接入系统后,以供电变压器为界,一般有 3 个接入点,其一是接入供电侧;其二是接入负荷侧;其三是接入变压器的第三线圈。

1)变压器第三线圈补偿

一般在电力输电线路中,对于电压等级在 110 kV 以上的电网,由于补偿容量的大小、分组以及经济技术指标的限制,采用变压器第三线圈补偿的方式。根据容量和电压等级的实际情况,一般将电压降低到 10 kV 或者 35 kV 等级进行补偿。这种补偿的接地方式需按照第三线圈的电压等级进行配置。

2）电源侧补偿

用户的配电网络中，补偿的配置需根据用户的实际情况进行选择。在一些大型用电户的配电网络中，如电解铝、钢铁等冶炼行业，由于负荷较大，配电系统直接由 110 kV 或 220 kV 供电，由于系统无功需求较大，采用高压侧补偿经济性能较好，且容易实现分组设计，所以，在一些用户工程中往往采用高压补偿。

直流输电的换流站，由于无功需求很大，一般需要补偿的容量达到输电容量的 60% 左右，所以，在直流输电系统中，无功补偿装置的电压往往采取交流侧系统电压补偿，所以补偿电压均比较高。在我国的直流输电系统中，大部分采用 500 kV 交流系统进行变换，补偿装置直接接入 500 kV 交流系统，同时滤除换流过程中产生的谐波。为了减小分组和占地面积，往往采用二调谐或三调谐滤波器。

3）负荷侧补偿

负荷侧一般电压比较低，用电设备在 0.4～10 kV 之间，当补偿侧容量较小时，一般采用低压侧或者叫负荷侧补偿。负荷侧补偿的优点是无功功率在负荷侧直接得到补偿，无功电流不经过变压器，减小了变压器的负荷容量和损耗。另外，由于电压较低，补偿装置容易实现分组补偿。

无论采用哪种补偿方式，补偿装置的接地方式与补偿装置的电压等级有关。对于 110 kV 及以上等级的无功补偿装置，一般采用直接接地的方式补偿；对于 110 kV 等级及以下的系统，采用不接地的方式进行补偿，其接地方式与电力系统相应等级的接地方式相同。

15.5.3 电容器组的接线

对于低压电容器，其本身可为三相电容器，其内部可为三角形接线或者星形接线，所以，电容器组的布置相对比较简单，所有的电容器均为并联接入，不存在串联的问题。

对于高压电容器组，由于系统故障等级的问题，在电力系统中，基本上不使用三相电容器单元，这与我国电网接地方式有关。在我国，高压电容器基本上为单相电容器单元，只有在特殊的情况下才使用三相电容器。

电容器单元最为常用的电压为 3～15 kV 之间，补偿装置接入的电压等级在 10kV 及以下系统中，电容器采用全并联结构。对于 35 kV 及以上系统电容器组，需要对其进行串联连接，而串联连接的电容器组，除了要对其极间电压设计与计算外，同时需注意电容器对壳绝缘的问题。

图 15-6 为一高压电容器塔的标准接线图，整个塔架分为 2 层，即 $N_C=2$，每层串联数为 $N_s=4$ 串，每个串段有 $N_b=2$ 台电容器单元并联，每个框架的电位固定到其上所安装串联段的中间电位，这样，如果装置的电压为 U_n，装置的对壳绝缘水平为 U_L。

则单元的额定电压为：

$$U_{dn} = \frac{U_n}{N_C \times N_s} \tag{15-16}$$

单元的对壳绝缘水平为：

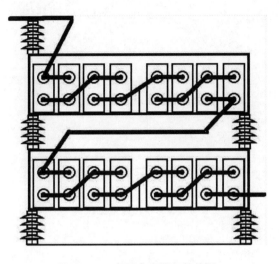

图 15-6　高压电容器组接线图

$$U_{dn} = \frac{2 \times U_L}{N_C \times N_S} \times k \qquad (15-17)$$

对于最上端绝缘子绝缘水平为：

$$U_{Cj} = \frac{2 \times U_L}{N_C \times N_S} \times k \qquad (15-18)$$

对于中间绝缘子,其绝缘水平为：

$$U_{Cj} = \frac{U_L}{N_C} \times k \qquad (14-19)$$

对于最下端的绝缘子,如果电抗器前置,其绝缘水平与最上端的绝缘子的绝缘水平相当;如果电抗器后置,则与电抗器的绝缘水平相当。

15.5.4　电容器组的保护方式

电容器组的结构与很多因素有关,电压等级、补偿容量,保护方式等相互关联,需要采用哪一种结构,须根据具体的实际情况而定。

对于 0.4 kV 的补偿装置,由于电压等级不较低,容量不大,不存在保护方式灵敏度的问题,所以,一般情况下采用较简单的三角形或者星形补偿方式即可。

对于 10 kV 等级及以上的补偿,一般均采用星形接线方式,根据不同的情况,可有多种接线方式选择,各种接线方式适用于不同的情况。接线方式如图 15-7～图 15-13 所示。

1)中性点接地系统不平衡电流保护接线

如图 15-7[3] 所示,电容器采用接地星形,在中性点和地之间接入电流互感器,电容器组各相之间的不平衡将引起从中性点到地之间有电流流动,为用于中性点接地系统的三相不平衡电流保护。这种保护方式对三相不平衡较为敏感,但保护会受到零序电流的影响。由于零序电流的不稳定性,因此零序电流会影响保护的灵敏度的设置,如果补偿容量较大时,保护的灵敏度下降。必要时需在保护回路中配置滤波器以提高灵敏度。

由于我国 110 kV 以下系统均为不接地系统，所以，这种补偿方式不适用于中国的电力系统。

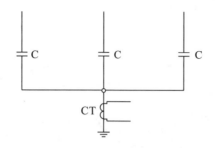

图 15 - 7　中性点电流保护

2）中性点电压保护接线

如图 15 - 8 所示[3]，电力电容器接成不接地星形，在中性点与地之间接入电压互感器，不平衡时，在中性点与地之间将测出电压差。

对于这种保护方式，由于相间电压或三相电流不平衡的影响，会引起中性点电压的自然升高，其灵敏度较低，该保护方式只适用于有效接地系统，需与外部熔断器配合使用。在这种场合使用的电压互感器应按系统电压等级来确定额定参数和相关的数据。由于电容器投切时，中性点的电压将很高，如果互感器的额定电压较低，可能造成其铁芯饱和，造成互感器故障。

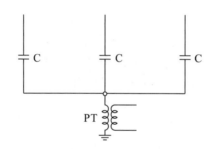

图 15 - 8　中性点电压保护

为了降低成本，也可用电阻分压器和静电继电器来代替电压互感器，以克服投切时的瞬态过电压和饱和问题。无论用哪种方式代替互感器，投切时的中性点电压升高是不可避免的，其电压参数均需按照系统的电压水平来选取；补偿装置的容量也不宜太大，否则保护的灵敏度不足，所以这种保护方式也不适合中国的情况。

3）中性点之间电流不平衡接线

如图 15 - 9 所示[3]，电容器接成 2 个并联的不接地星形，在两星形的中性点之间接入一个电流互感器，两个星形的容量可以不同，电容器组中任何一组的三相电容不平衡将引起电流在中性点之间流动。

该保护不受网络不平衡的影响，谐波对于系统保护的影响也较小，所以，保护的灵敏度高，本方式特别适用于装有内熔丝的场合。由于系统投切电容器时，中性点的电压会比较高，电流互感器绝缘应按系统电压等级水平进行选取。

这种保护方式采用 2 个星形进行保护,投切时需要同时投入,成本较高,但在容量比较大时较为适合。该种方式在国内比较适用。

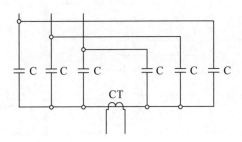

图 15-9　双星形中性点不平衡电流保护

4)相电压不平衡保护接线

如图 15-10 所示[3],电容器接成不接地星形,在三相线到中性点之间均接入电压互感器,它们的二次侧接成开口三角形,电容器组中的相间电容不平衡将引起中性点电压漂移,因此开口三角输出一个信号,这些电压互感器应具有规定的一次对地和一次对二次电压的额定绝缘水平。

一相电容器元件故障时,造成中性点的电压飘移,就会引起三相电压均随之变化,由于三相电压的叠加作用,所以,输出的三角电压幅值大于中性点对地电压的实际值,因此灵敏度得到提高,但是由负荷本身的不平衡也会引起中性点飘移。在保护整定值设置时,须考虑相关的影响因数。这种保护方式在国内应用很广,是一种常用的保护方式。

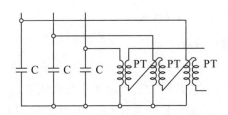

图 15-10　中性点非接地系统三角开口保护

5)差动电压保护接线

如图 15-11 和图 15-12 所示[3],电容器接成星形,在国家标准中分为接地和不接地 2 种情况,对于高压箔式电容器,一般在 10 kV 系统,基本为一个串段,所以这种保护方式一般应用到 35 kV 及以上的电容装置的保护。另外,在中国 110 kV 以下系统为非有效接地,所以,在中国只适用不接地系统,即图 15-8 的结构形式。

这种保护方式对于每相电容器进行保护,将每相电容器分为 2 段,分别接一个互感器,当某相某段电容器发生故障时,从互感器的二次侧得到电压差,通过 2 个互感器二次的电压差进行保护。这一方法适合大容量的电容器组,当其他保护方式的灵敏度不足时,成本相对较高,但保护灵敏度较高。该方法不受相间电压不平衡以及零序等因素的影响。

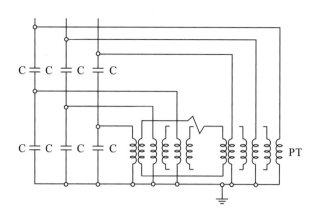

图 15-11 中性点接地系统的差动电压保护

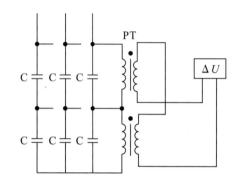

图 15-12 中性点非接地系统的差动电压保护

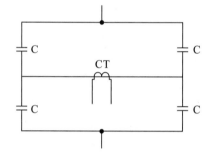

图 15-13 桥差电流保护

6）桥式不平衡电流保护接线

如图 15-13 所示[3]，将每相的电容器接成 2 个臂，在 2 臂的中点或接近中点之间接入电流互感器，臂中任何地方的故障均将引起不平衡电流流过电流互感器。

这一方法适用于高电压、大容量的电容器组，其他的保护方式灵敏度较低时，采用这种保护方式。该方法不受相间电压不平衡等因素的影响，灵敏度较高。可以用在三角形接线或中性点接地或不接地星形连接的电容器组中，在 110 kV 及以上的电容器装置中，大部分采用这种保护方式。这种保护方式由于电容器外壳等电位连接到组架上，电容器对壳的电容电流流入保护回路中，接线时应尽量减小对壳电流造成的不平衡的影响。

15.6 并联补偿装置适用的环境条件

15.6.1 环境温度

并联补偿装置的适用温度，就是电容器适用的温度，也就是其中介质适用的温度，而并联电容器的适用温度，取决于其内部固体介质和液体介质的适用温度。目前电容器中使用的固体介质基本上以聚丙烯薄膜为主。对于聚丙烯薄膜，在一定温度时，电容器薄膜会部分融入绝缘油中，一般情况下，聚丙烯薄膜的工艺处理温度在 80℃ 上下，温度过低时，液体介质流动性比较差。

并联补偿装置的环境温度,也是电容器的环境温度,参照第六章内容。

15.6.2　海拔高度

对于海拔高度,和其他电气设备相同。标准的海拔高度为 1000 m,在不同的海拔高度下,空气及绝缘子沿面的绝缘强度会受到大气压的影响,当海拔高度大于 1000 m 但不超过 4000 m 时,应适当加大绝缘距离。在海拔不超过 1000 m 的地点试验时,其试验电压应按设备的额定耐受电压乘以海拔修正系数 K_a,海拔修正系数按式(15-20)计算:

$$K_a = \mathrm{e}^{q\left(\frac{H-1000}{8150}\right)} \qquad\qquad (15-20)$$

式中,K_a 为海拔修正系数;H 为设备安装地点的海拔高度,m;q 为指数,取值如下:$q=1.0$。

15.6.3　污秽等级

当电容器装置安装在污秽水平较高的地区,在大雾、霜、露等气象条件下,绝缘件表面发生闪络的风险增加,特别是对于较高的 110 kV 及以上的电压等级,除了电容器本身的外绝缘套管外,同时还有整个装置层间的绝缘支撑的问题。由于组间的布置,各层间的电压分布不同,在污秽情况下,会出现放电现象,使其他完好的电容电压升高,一般情况下会造成电容器对壳绝缘失败,应适当加大装置的爬电比距,或者采取其他的措施,加强绝缘距离。

15.6.4　抗风及防风沙能力

对于电压等级较高,即 110 kV 及以上的并联电容器装置,一般采用多串。由于高度较高,加之一般情况下容量较大,迎风面积随之增加,所以在塔架稳定性设计时,风力的影响是不可忽略的因素之一。同时应考虑风沙对瓷质绝缘件、硅橡胶绝缘件表面的侵蚀和破坏作用。

15.6.5　抗震能力

无功补偿装置应具有一定的抗震能力,对于电压等级较高的补偿设备,其稳定性随着高度的增加有所降低,对不同地区、不同装置的抗震能力要求不完全相同,一般会在合同中约定,通常要求水平加速度不小于 0.2 g(安全系数 1.67)。

15.7　补偿装置的绝缘要求

15.7.1　装置的电气间隙要求

电容器装置安装于电力系统,其绝缘水平与所安装系统的绝缘水平相同。装置的一次回路和相关设备,均要求符合国家标准的相关绝缘要求,如表 15-2 所示。

表 15-2　装置应能耐受的电压水平

装置额定电压/kV	一次电路		
	短时工频耐受电压（方均根值）/kV	额定雷电冲击耐受电压（峰值）/kV	额定操作冲击耐受电压（峰值）/kV
6	32	60	—
10	42	75	—
20	65	125	—
35	95	185	—
66	140	325	—
110	200	450	—
220	360	850	—
	395	950	
330	460	1050	850
	510	1175	950
500	630	1425	1050
	680	1550	1175
	740	1675	1175
750	900	1950	1425
1000	1100	2250	—

注：对于同一设备额定电压给出 2 个及以上绝缘水平者，在选用时应考虑到电网结构及过电压水平、过电压保护装置及其性能、可接受的绝缘故障率等。

15.7.2　装置的电气间隙要求

按照 GB50060-2008《3～110 kV 高压配电装置设计规范》，在正常使用条件下，电容器的接线端子导电部分之间、端子带点部分与外壳之间的最小空气间隙应符合表 15-3 的要求。

表 15-3　电容器装置的最小空气间隙

电压等级/kV		6	10	20	35	65
最小间隙距离/mm	户内	100	125	180	300	550
	户外	200	200	300	400	650

15.8　无功补偿装置的结构分类与设备配置

无功补偿装置除电容器组外一般还需配置串联电抗器、放电线圈、避雷器、互感器等,各种设备的配置除了满足相关国家标准的要求外,还必须与补偿装置相适应,满足无功补偿装置的相关要求,其他连接导体,材料、导线颜色、截面均需满足《并联电容器装置设计规范》(GB50227-2008)。

15.8.1　无功补偿装置的结构分类

随着国际化市场以及无功补偿技术进步和发展,无功补偿装置的结构形式已经多样化发展,按一种分类方法难以说明其间的差别,将无功补偿装置按多种和多级方法分类如下。

1)按安装地点

可分为户内和户外 2 种;

2)按基本的外形结构

可将无功补偿装置分为全封闭式、半封闭式和敞开式 3 种最基本的类别。

(1)全封闭式无功补偿装置可进一步分为柜式和箱式,一般应用于 35 kV 及以下等级的电力系统中。对于箱式电容器,实际上的形式也有差别,一种其外形像房子的形状,一般采用金属板复合的材料制成,上面为尖顶,便于雨水流下;另一种是纯粹的金属壳体,强度要求比较高,是俄罗斯等国家喜好的一种结构。

(2)半封闭式结构指部分设备封闭于专用的外壳内部,但其他设备敞开连接,其外先可以是柜体或箱体,如集合式电容器,将单元电容器封闭起来,其他设备敞开连接就属于半封闭结构。

半封闭结构除了将电容器装入一个壳体内外,也可以将串联电抗器、放电线圈装入一个壳体内,但组合到一体的设备中间没有外漏的连接引线。半封闭结构主要从占地面积、电压等级及容量大小综合考虑。

目前,半封闭结构的无功补偿装置的额定电压应用到 6～66 kV 水平,有企业也在尝试将其电压达到更高电压等级

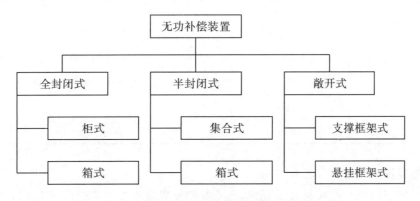

图 15-14　无功补偿装置的分类

（3）敞开式无功补偿装置，应用的电压等级范围更广，基本上不受电压等级的限制。目前在我国高压直流输电项目中，额定电压达到 500 kV、750 kV 和 1000 kV 等级，其主要的特点是一层或多层布置，层间可用绝缘子支撑，所有部件均敞开布置。

15.8.2　电容器配置与性能

电容器是无功补偿装置的核心设备，对于补偿装置的容量、电压以及结构与保护方式的配置在上面的各节中已经说明，这里主要说明的是电容器组的一些性能的配置要求。

1）电容器组的容量偏差

按照国家相关的标准，对于电容器组，其容量的允许偏差要求如下：

（1）对于总容量在 3 Mvar 及以下的电容器组，−5%～+10%；

（2）对于总容量在 3～30 Mvar 的电容器组，0～+10%；

（3）对于总容量在 30 Mvar 以上的电容器组，0～+5%；

（4）三相电容器组中任意两线路端子之间测得的电容的最大值和最小值之比应不超过 1.08。

由于电容器制造技术的进步发展，电容器的容量偏差控制越来越小，在实际的工程应用中，电力公司提出了更高的要求。对一些大型的重点工程，提出单元电容量偏差达到 ±2% 的要求。

2）电容器组的过电压

按照无功补偿装置相关标准的要求，应能按表 15-4 规定的条件运行，其中，1.1 和 1.15 倍的电压因数主要指系统电压调整和波动时可能出现的情况。对于 1.2 和 1.3 倍的过电压，可能的情况是当系统突然甩负荷，而电容器仍在投入状态中，这样根据系统短路容量的不同和补偿容量不同，可能出现的过电压的水平是不同的，也可能出现更高的过电压，特别是对于一些偏远的用户工程，就需要保护或者调整装置快速将补偿装置退出运行，必要时，对于这样的情况，电容器的额定电压需要适当提高。

表 15-4　装置运行允许的过电压水平

型式	电压因数	最大持续时间	说明
工频	1.00	连续	电容器运行任何期间内的最高平均值
工频	1.10	每 24h 中 8h	系统电压的调整和波动
工频	1.15	每 24h 中 30min	系统电压的调整和波动
工频	1.20	5min	轻负载时电压升高
工频	1.30	1min	轻负载时电压升高

3）电容器组的过负荷能力

按照国家和 IEC 相关标准的规定，无功补偿装置应能在方均根值不大于 1.3 倍的额定电流下连续运行，这与电容器的阻抗频率特性有关。电容器的阻抗和频率成反比关系,在系统中含有谐波的情况下,频率越高,阻抗越小。

这样就造成各次谐波的电压和电流的比值不同,在基波电压和谐波电流的共同作用下,可能造成的结果是电流的叠加与额定电流的比值高于电压叠加与额定电压的比值。

4)电容器组的涌流与过电压

电容器在暂态过程中的特点是电压不能发生突变,而电流可以发生突变。这样在系统合闸时,回路中的各个元件将会快速地充电,电容器充电过程将承受很大的涌流,同时会产生一定的过电压。按照国家标准,电容器的暂态过电流不超过电容器额定电流的100 倍。

涌流的大小完全取决于整个回路的参数,包括线路阻抗、变压器的阻抗,以及电容器串联的电抗器阻抗。对于不同电压和容量的系统,线路阻抗以及变压器的阻抗差别很大,同一补偿设备安装到不同的系统,其涌流与过电压的幅值与振荡频率不同,衰减速度也不同,所以,电容器的合闸涌流与过电压实际上是难以计算的。为了限制电容器的合闸涌流,一般补偿装置均串联电抗器。

电容器的分合闸过电压是电力系统中最频繁的过电压,其电压波形为一衰减振荡波形,如图 15-15 所示,给出了电容器合闸过程涌流的典型波形。一般振荡频率不高,主频率在 300~900 Hz 范围之间。其过电压的峰值不超过系统电压峰值 2.0 倍,典型的持续时间为 0.5~3 个工频周期,过电压倍数在 1.3~1.5 之间,过电压的高低主要取决于回路的阻尼特性。

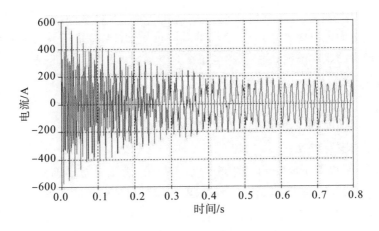

图 15-15 电容器合闸涌流的典型波形

5)电容器的耐爆能量

电容器是储能元件,当一台电容器发生极间短路、极对壳短路时,与之并联的电容器会对其注入能量,因此,必须保证电容器箱壳具有一定的承受爆破的能力。一般要求全膜介质单元电容器的耐受爆破的能力不小于 15 kJ。

一台电容器的容量为 $Q(\text{kvar})$,在其额定电压下的储能为 $Q/\omega(\text{kJ})$,如果一台电容器的外壳耐爆能力为 $W(\text{kJ})$,那么,从耐爆能力的角度考虑,电容器最大可并联的数量可用式(15-20)计算。

$$N_{b\max} = \frac{W \times \omega}{Q} \tag{15-20}$$

这样单组可直接并联的电容器的最大容量为：

$$Q_{\max} = W \times \omega \tag{15-21}$$

如果单台电容器的耐爆容量为 15 kJ，那么，该电容器组可直接并联的电容器容量可达到 4710 kvar。如果考虑 1.1 倍的电压运行，该电容器组可直接并联的电容器容量可达到 3892 kvar。

所以，在国标 GB50227 - 2008 中规定，并联电容装置中直接并联的容量不能大于 3900 kvar，应该是考虑到实际的运行电压的问题。

15.8.3 串联电抗器配置与性能

电容器的合闸涌流对于电容器的损坏是很大的，为了限制合闸涌流需要安装串联电抗器，按照国标 GB/T 11024 描述，限流电抗器的电抗率小于 1%，就单独的限制涌流的角度是可以的，但是就实际工程很难应用。

由于目前的负荷比较复杂，特别是一些变频技术的应用，在很多负荷中或多或少存在一些电力电子器件，这些器件均会产生一些谐波，1% 的电抗率会造成 10 次以下谐波有不同程度的放大，只有在系统中确认不含 10 次以下谐波或者很少时，才能采用 1% 的电抗。

一般的电力系统中，无功补偿多采用 12% 和 6% 的电抗率，其中 12% 的电抗率是考虑在 3 次及以上的谐波频率下，滤波支路的总阻抗呈感性，采用 12% 电抗率时，系统中应不存在或者极少的 2 次谐波；而 6% 的电抗率是考虑在 5 次及以上的谐波频率下，滤波支路的总阻抗呈感性，采用 6% 电抗率时，系统中应不存在或者极少的 5 次以下的谐波电流。

对于电抗器的配置，需明确如下几个关键的参数：

1）电抗器的安装位置

对于 110 kV 以下系统，由于系统中性点不接地，无论电抗器前置或者后置，在某些情况下，中性点的电压均可能比较高，所以，电抗器的对地绝缘水平均与系统的绝缘水平相当。对于 110 kV 及以上系统，前置的电抗器，其对地绝缘水平与系统的绝缘水平相当；后置的电抗器，且电抗器的中性点接地，可以适当降低电抗器的对地绝缘，如果电抗器中性点没有接地，电抗器的对地绝缘水平应与系统保持一致。

2）电抗器的感抗值与电抗率

电抗器的电抗值主要是和电容器的阻抗进行匹配，在电抗器订货时需要明确电抗器的电抗值，使其等于电抗率与电容器容抗值的乘积。也可通过电容装置的额定电压、额定容量以及电抗率进行计算。

3）电抗器的额定电流

由于电抗器与电容器串联，电抗器的额定电流与电容器的额定电流相当。如果系统中含有谐波，或已明确电抗器流过的各次谐波电流，应该给出电抗器流过的基波以及各次谐波的电流值,以便在电抗器进行热容量计算时使用。

4)电抗器的品质因数

采用空心电抗器时,品质因数一般可达到 40～60 之间;采用铁芯电抗时,品质因数可达到 100 以上。

15.8.4　放电装置配置与性能

放电装置是电容器的安全防护装置,主要有 2 种放电装置,其一是单元电容器的内部放电装置,一般为放电电阻;其二是电容器的外部放电装置,一般由放电线圈组成。

放电电阻主要有 2 个作用,其一是在含有内部熔丝的电容器出现 1 根内部熔丝动作后,放掉元件上的残余电荷;其二是当电容器从系统脱离后,在 10 min 内将电容端子上的电压降到 75 V 以下或更低。

放电线圈的主要作用是当电容器组从系统脱离后,放电线圈应能在 5 s 内将装置上进、出线端子上的电压降到 50 V 以下,这样对于放电线圈的直流电阻有一定的要求,放电线圈的直流电阻越小,放电速度越快。对于自动投切的电容器组,在装有放电线圈时,要求电容器在断开电源到再次投入的时间应大于 5 s。这里需要说明的是,当电容器带有残余电荷投入时,可能在电容器两端出现超出电容器承受能力的过电压。

需要进一步说明的是,用电子开关投切电容器也不例外,即使采用了选相投切,电容器也不能快速投切。

同时要考虑的一个问题是放电线圈的热容量,这与放电线圈所连接的电容器组的最大可存储的能量有关。放电线圈的另一个主要的作用是作为测量装置,检测电容器的电压,作为电容器及系统相关保护的测量装置。

放电线圈在选择和订货时,应注意以下几个参数:

1)放电线圈的电压

放电线圈的额定电压与放电线圈跨接到电容器两端的额定电压相当,放电线圈应该能够承受电容器运行期间可能出现的任何一种过电压。

2)放电能量

配置放电线圈的容量必须与配套的电容器的容量相适应,当电容器退出时,有可能恰好在电容器电压的峰值时刻开断,如果系统电压较高,达到 $1.1 U_n$,那么,电容器储存的能量为 $1.21 CU_n^2 \cdot C$,要求放电线圈具有能够快速吸收这个能量的能力,在吸收相关能量的过程中,放电线圈不得损坏或者造成内部线圈的温度较高。在选择放电线圈时,匹配的电容器的容量需小于或等于放电线圈的标称值。

15.9　无功补偿装置的保护

按照《标称电压 1 kV 以上交流电力系统用并联电容器》标准第 3 部分[3]的要求,无功补偿装置需配置相关的保护,对于不同的设备,相关的保护配置需根据具体的设备进行选择,以下为可选择的保护方式。

15.9.1　内部熔丝保护

内部熔丝设置在电容器内部,主要用于对电容器内部元件故障的保护。关于内熔丝的设置、熔断前后的性能等在壳式高压并联电容器一章中已经完整讲述,这里不再多述。本节主要讲述内熔丝电容器的外部接线对于电容器的影响。

全部元件并联连接的电容器,在一个元件击穿后,由于来自并联元件和并联电容器的放电电流以及来自电源的工频电流,使得相应的内熔丝熔断,如果电容器没有与其他电容器串联,这样在固定的母线电压下运行,则在剩余的完好元件上的运行电压不发生变化。

有元件串并联连接的电容器,在一个元件击穿后,所有并联元件将其贮存能量的一部分释放到故障元件内,而工频电流被串联连接的剩余的完好元件所限制,这样,一个故障元件断开之后,电容器在相应降低了的容量下继续运行,这时组中剩余的完好元件承受的电压大约为初始电压的 $mn/[m(n-1)+1]$ 倍下运行,式中 n 为每组中并联元件数,m 为每单元中串联段数,在不接地星形连接情况下,由于中性点位移,电压可能更高[3]。

15.9.2　外部熔断器保护

1)外部熔断器概述[3]

并联电容器用外部熔断器,在国标 GB/T 15166.4 中规定为用来切除电容器单元内部故障,从而使接有该单元的电容器组的其余部分继续运行。对于中性点有效接地系统,外部熔断器还能切除电容器外部套管的闪络故障。

外部熔断器的动作一般决定于工频故障电流和与故障电容器并联的电容器的放电能量,电容器的故障形成通常是其内部的个别元件,从而短路了与故障元件并联的所有元件,使电容器中失去一个串联段。这样,完好串联段承受更高的电压,使完好元件继续击穿,这导致通过电容器的电流增大,从而熔断器动作,将故障电容器从回路中切除。

应注意,特别是纸或纸膜介质电容器,在故障情况下电容器外壳有时可能爆裂,这是由于纸的存在使得初始元件故障时在短路的电极间具有高的电阻,且持续电弧产生气体,使外壳膨胀,在用于保护的熔断器切除电容器之前外壳可能已经爆裂。

全膜介质电容器发生外壳爆裂的概率很小,这是由于熔化的膜通常在电极间形成低电阻短路之故。但是当电容器内部连接断开时,以及当与其并联的电容器内贮存能量过多和/或工频故障电流很大时,由于电弧作用,全膜介质电容器仍有可能发生外壳爆裂。

2)外部熔断器的种类

在电容器全纸或膜纸复合的年代,常用外部熔断器对电容器进行保护。一般情况下每个电容器安装一个外部熔断器,在国内主要使用的是喷射式熔断器(喷逐式熔断器),在有些国家习惯上使用限流熔断器。

目前在我国的无功补偿装置中,对于熔断器的使用越来越少,其主要原因有以下几个方面:其一,在我国 110 kV 以下系统中,采用中性点非有效接地系统,熔断器的作用较小;其二,由于电容器全膜化,全膜电容器外壳爆破的概率减小;其三,由于电容器内部熔丝技术的进步,内部熔丝对于电容器的保护更为有效;其四,不采用外部熔断器,高压无功补偿装置接线结构更为整齐,电容器可卧放安装。

对于电容器用喷射式熔断器,安装有严格的要求,其安装结构以及熔断状态如图15 - 16 所示。

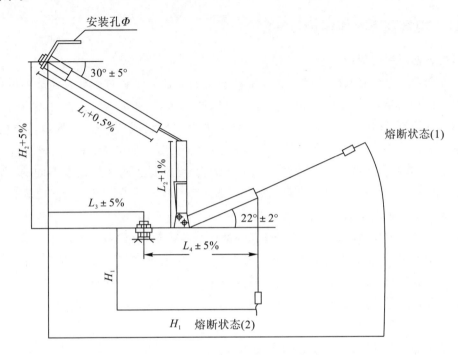

图 15 - 16　喷射式熔断器安装示意图

3)熔断器的额定参数选择[3]

(1)额定电流

熔断器的额定电流一般至少为电容器额定电流的 1.35 倍,但是在瞬态条件下,例如由系统产生的电流或投切电容器组产生的电流,应予以考虑,通常使用额定电流为电容器额定电流 1.65 倍的熔断器。一般情况下,熔断器的电流可选择在 1.35 ~1.65 倍之间。按照国标 GB/T 15166.4 的规定,熔断器额定电流至少为电容器额定电流的1.43倍。

对于一些电容器组,熔断器额定电流可高达电容器额定电流的 1.65 倍,以避免熔断器因投切时的瞬态过程和机械原因而误动作。

(2)额定电压

熔断器的额定电压应不小于电容器额定电压的 1.1 倍。

(3)放电能力

外部熔断器在保护电容器故障情况下能够熔断,同时应保证能够承受瞬态涌流和由外部短路引起的电流下不被熔断。

当一台电容器发生故障时,由于与之并联的电容器会对其放电,这样在放电的过程中熔断器获得的能量过大,有可能使熔断器管和电容器外壳爆裂,熔断器应能承受这个能量。

对全膜电容器,在并联能量限制到 15 kJ 时,额定电压下,相当于并联连接 60 Hz,4650 kvar 电容器或 50 Hz,3900 kvar 电容器。对于全纸和膜纸复合电容器,能量一般限制在 10 kJ,在额定电压下,该限值相当于并联连接 60 Hz,3100 kvar 电容器或 50 Hz,2600 kvar 电容器。这些极限的情况也是熔断器的极限工作情况。

15.9.3 电容器不平衡保护与整定

1)电容器不平衡保护

前面两节中电容器的内部熔丝和外部熔断器的保护均属于对于电容器故障时的一种快速的保护措施,以免事故的扩大。但是在这种情况下,整台电容器组可能运行在一种不均衡的状态,在这种不均衡的状态下长期运行时,可能引起进一步的故障,此时就需要继电保护进一步的动作,驱使系统跳闸,将整个装置退出运行状态。

对于不同的电压等级、不同的容量和接线结构,继电保护的灵敏度是不同的。在所有的保护方式中,检出的信号有 2 种,即电压或电流信号。不平衡保护对于电容器组的保护分为以下 3 种基本的状态。

第一种是电容器故障已被内部熔丝或外部熔断器保护,但是完好电容器或元件上的电压超出承受值,通常允许过电压不超过 1.1 倍的额定电压,整个装置需退出运行。

第二种是当故障未被内部熔丝或熔断器切除时,整个装置需退出运行。

第三种情况是没有采用内部熔丝或外部熔断器保护的电容器组,电容器故障时,整个装置需退出运行。

2)不平衡保护的整定

对于不平衡保护的整定值的设置,应该考虑以下 2 个方面的内容:

首先,为避免由投切或其他瞬态过程引起误动作,不平衡保护继电器应有一定的延时,典型的延时整定为 0.1～1 s[3]。

其次,对于采用外部熔断器保护的电容器组,其不平衡保护应按单台电容器过电压允许值整定。对于采用内部熔丝保护和无熔丝保护的电容器组,其不平衡保护应按电容器内部元件过电压允许值整定。当确定不平衡继电器的整定值时,必须考虑相邻电容器或元件的过电压限值(10%),即过电压低于 10% 时警报,超过 10% 时断路器跳闸[3]。

由于电容器之间通常有电容偏差,故在电容器组内可能存在一个起始不平衡,该不平衡值在保护整定时给予考虑。

15.9.4 过电流保护

电容器过电流有可能在以下几种情况下产生:其一是由于系统电压波动、谐波等引起电容器的过电流;其二是电容器的短路故障引起的过电流;其三是由于电容器组内相间故障和线到地之间故障引起的短路电流;其四是电容器的暂态过程引起的过电流。

电容器的暂态过电流是其必须承受的过电流,这个电流值较大,时间很短,可通过延时保护避免误动。

电容器的组内相间故障以及中性点有效接地线对地故障,过电流值很大,可通过外部熔断器进行保护。

电容器的短路故障引起的过电流,视电容器组的结构以及故障严重程度等情况而定,一般情况下的故障可能被外部熔断器保护,也可能被电容器的不平衡保护。

系统电压波动和谐波引起的过电流,一般过电流的幅值不高,但是持续时间较长,长时间的过电流可能会引起电容器发热而缩短其寿命,按照国家标准,电容器可长期承受的过电流为 1.3 倍的 I_n,为了防止电容器因这种过电流出现故障,应用电流互感器来检测电容回路的过电流,必要时系统跳闸,将装置从系统切除。

电容器过电流保护,主要是考虑由于电压波动或谐波引起的过负荷,也可能对于电容器内部较小的其他故障引起的过电流进行保护,保护通常整定一般在 1.3 和 1.4 倍额定电流范围内,动作延时整定为足以避免电容器投切的暂态过电流引起误动[3]。这个整定值相对较小,对于短路保护,一般过电流整定值为 $3 I_n$ 以上[3]。

15.9.5　过电压保护

由于电力电容器技术的发展和进步,电容器的损耗和温升越来越小,对于电容器,决定性的因素往往是耐受电压,而不是热的极限,因此,必须使用过电压保护来补充基于过电流保护的不足,使用过电压及过电流双重保护[3]。

过电压保护,主要考虑的是电压波动以及系统异常情况下引起的母线电压波动,与过电流保护相比较,谐波对于电压的影响相对较小。这里需要注意的是,过电压保护是指系统电压,并非电容器两端的电压,但是在一些供电末端用户,电压可能波动比较大,在补偿装置的设计时应考虑实际的电压情况,其保护整定值也需要根据实际的电压水平进行保护计算。

15.9.6　欠电压保护

欠压保护指电压为零或不正常的低(如 $0.8U_n$),不正常的电压可能是由系统的一些异常情况引起的,这时用于投切电容器组的断路器应及时开断并且闭锁,直到电压恢复正常水平[3]。

15.9.7　系统重合闸

电容器的重合闸分 2 种情况,主要的是装置是否配置放电线圈。目前的电容器均配有放电电阻,如果电容器组配置放电线圈,则电容器组从网络断开之后,放电线圈在很短的时间内(一般为 5 s)将电容器的剩余电压降到低于 $0.1U_n$ 以下。

如果电容器组没有提供放电线圈,由于放电电阻放电时间较慢,则电容器组从网络断开之后,应延迟到规定的时间间隔之后(通常为 3~10 min)再重新投入。重新投入之前,剩余电压应低于 $0.1U_n$ 以下[3],否则,重合闸时,可能在电容器上产生不可承受的过电压,并使电容器的合闸涌流变大。

15.9.8　投切设备

电容器的投入一般采用真空接触器或断路器投切,真空接触器一般寿命比较长,无论是哪种投切设备,需要注意的一个问题是断路器开断容性电流的能力。用于无功补偿装置的开关设备,额定电流一般留有较大的余度,一般在 1.5 倍左右或更高。

这里需要特别注意的一个问题是开关设备的重燃。开关设备必须保证在切除电容器时不发生重燃,一旦发生重燃,将会有批量的电容器损坏。

一般情况下,认为 SF_6 断路器灭弧性能好,不发生重燃,但在实际的应用中 SF_6 断路器也发生过重燃的问题。

15.9.9 避雷器配置[3]

1)避雷器的作用

避雷器的作用是将可能的过电压限制到不超过被保护设备的绝缘水平,目前应用的主要是氧化锌避雷器(MOV)。MOV 避雷器具有非线性电阻,当电压达到某一水平时,电阻的大小降低几个数量级,从而将瞬态电压限制到要求的保护水平。对于避雷器的配置主要考虑以下 3 个方面:

(1)雷电瞬态

避雷器习惯上是用在电力系统中,连接于相与地之间和/或中性点与地之间,主要作用是对雷电冲击电压进行保护。对于无功补偿装置主要是来自雷电直击或行波。

因为电容器组本身可降低雷电冲击引起的瞬态电压,故这里配置的避雷器不是用来保护电容器,而是对系统的保护。

(2)操作瞬态

对于断路器的操作,系统中会产生过电压。另外,如果断路器重击穿或其他故障,则电容器可能遭受到严重的过电压,在这种情况下,避雷器保护将是最主要的保护设备。

(3)暂时过电压

由于各方面的原因,系统可能出现短时工频(和谐波)过电压,为了保护电容器组,可在每个电容器支路上直接并联避雷器来加以保护。

单相接地故障或在低次调谐滤波器振荡时合闸均可引起暂时的过电压,其特点是持续时间相当长(多个周波)。通常在这些情况下,应对避雷器构件的动态电压和能量负荷进行详细的评估。

2)避雷器的额定电压

避雷器的额定电压是与运行和保护特性相关的基准参数,其决定通过避雷器的电流水平,这一状况通常仅允许几分钟的持续时间。

选择避雷器额定值是在保护水平和暂时过电压能力之间进行折中。增加避雷器的额定电压,耐受过电压能力增大,但是保护的安全系数降低。

通常设备的连续运行电压应不超过 MOV 避雷器额定电压的 80%,过电压的持续时间和频繁度可能要求连续运行电压低于避雷器额定电压的 80%。

3)能量吸收

为了合理选择 MOV 避雷器,应检查在放电期间积累的最大能量。对于雷电负荷,直接根据雷电电荷的估计值和避雷器电压特性进行评估。

参考文献

[1] 靳龙章,丁毓山.电网无功补偿实用技术[M].北京:中国水利出版社,2008.

[2] 江宁,王春宁,董其国.无功电压与优化技术问答[M].北京:中国电力出版社,2006.

[3] 杨一民,刘菁,左强林,等.标称电压 1 000 V 以上交流电力系统用并联电容器[S].GB/T 11024.1-2010.北京:中国标准出版社,2011.

第16章 调谐滤波器

人们对于谐波的认识、治理和研究相对较晚,但是发展比较快。目前市场上有 2 种滤波器,一种是以电容器和电抗器为主要元件的调谐滤波器,另一种是以电力电子器件为主要器件的有源滤波器,对于高电压、大容量的滤波器主要以调谐滤波器为主。本章主要讲述调谐滤波器,对于有源滤波器(APF)在其他章节中讲述。

对于调谐滤波器,其结构形式与设备的配置,与并联无功补偿装置的要求基本相同,相关设备的配置参考第 15 章的内容既可,但在电容器与电抗器的参数选择与配置需考虑谐波的影响。调谐滤波器与并联无功补偿装置的最大区别在于滤波器中会流过大量的谐波电流,而并联补偿装置中的谐波电流会比较小。

16.1 谐波的认知和发展

随着电力输配电技术的发展和进步,人们逐步对于波形畸变问题有了认识,并进行了相关的研究工作。从电力工业发展历史来看,电力系统波形畸变问题早在 20 世纪 20 年代就被一些专家所关注,并有相应的论著发表。

1945 年有了谐波的经典论文《付氏分析作为谐波计算的基础》。20 世纪 70 年代初,美国的 Kimbark 教授从 HVDC 的研究出发,理论性、权威性地分析了电力系统谐波问题。

IEEE 也成立了电力系统谐波工作组,并于 1986 年开始每 2 年召开一次世界性的关于谐波的会议,1985 年,国际上第一本由新西兰著名教授 J. ARR I LAMA 等合写的"电力系统谐波"专著出版。

我国对于谐波的研究相对较晚。1988 年,我国电力专家和教授吴竞昌、孙树勤等人合作编著了《电力系统谐波》,此书至今仍为普遍需求的读本。1993 年我国国家技术监督局正式颁布了《电能质量-公用电网谐波》国家标准。

随着现代工业技术的发展和进步,一方面电力用户对用电质量要求越来越高,另一方面电力用户的非线性负荷的种类越来越多,特别是现代电力电子技术的应用,满足了工业加工和制造技术发展的需要,但是给电网注入了越来越多的谐波,严重影响了电能质量,给电力系统也带来很多新的问题,关于谐波的相关问题仍在不断的发展和研究中。

随着谐波问题研究工作的深入,谐波问题逐渐被认识,从其产生的原因,计算分析方法、危害与影响的机理、测量与仿真标准的制定、综合治理的实施等方面进行了大量的探索研究。

谐波的危害是很大的,严重时,造成很多设备无法运行。比如一些设备的控制系统失灵,设备发热、损坏等;对于一些旋转设备,可能造成旋转力矩的变化,也可造成照明设备闪变、电脑屏幕抖动,造成视力疲劳。

随着对谐波问题的不断探索和研究,人们发现,谐波作为电工学科的一个分支技术是一个较为复杂的问题,是一个多学科相互渗透和交叉的学科领域,涉及电力系统及其运行,潮流分析、信号分析与处理,通信技术,电力电子学,电机学、电磁兼容性以及质量管理和控制等多个方面。关于谐波的相关问题,还需大量的研究工作。

16.2　谐波与滤波器基础

随着发电、输电以及配电技术的发展,用户用电设备对于电能质量要求的提高,电能质量问题的矛盾越来越突出,其中最普遍和最主要的一个问题就是谐波问题。本章主要论述的是谐波及其治理问题,这里将介绍谐波相关的基础概念及谐波分析。

16.2.1　谐波基础

1)谐波

一系列周期性变化的畸变的波形,可以通过一系列的正弦交流波形迭加而成。这一系列的交流波形除基波分量之外,称为谐波。谐波可分为分次谐波和高次谐波,分次谐波频率为低于基波频率的正弦交流波,其频率为 f/n,谐波次数为 $1/n$;高次谐波为频率高于基波频率的正弦交流波,其频率为基波频率的整数倍,谐波次数为大于 1 的一系列的整数。

分次谐波一般只在系统出现低频谐振等情况下出现,由负荷的非线性特性而产生的谐波为高次谐波。在电力系统谐波分析过程中,可以通过傅立叶级数分解得到一系列的高次谐波。

我国电力系统的标称频率(也称为工业频率,简称工频)为 50 Hz,美国等一些国家的基波为 60 Hz,我国的谐波标准中,对于谐波电流限值的最高规范次数为 25 次。一般情况下,奇数次谐波的含量比相邻的偶数次波含量大。

对于一般的非线性负荷产生的谐波为整数次谐波,在有些特殊情况下或有些特殊负荷下,可能会产生一些非整数次高次谐波,这个谐波称为间谐波。

2)短时间的谐波

由于有些负荷的工作特性是间歇性的,或者一些对于短时间的冲击电流,例如,变压器空载合闸的励磁涌流,按周期函数分解,将包含短时间的谐波和间谐波电流,称为短时间的谐波电流或快速变化谐波电流,应与电力系统稳态和准稳态谐波区别开来。

3)陷波

在换流装置工作时,由于三相整流装置工作时三相轮换工作,在换相时的冲击会导致电压波形出现明显的缺口,这个电压的缺口称为陷波或称换相缺口。波形图如图 16 - 1 所示,在每个周期内会出现 6 个明显的缺口。

4)谐波含有率

对于某次谐波电压或电流分量的大小,为了更为明确地表述谐波的含量,常以该次

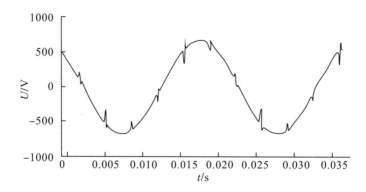

图 16 - 1　三相换流装置含陷波的波形图

谐波含量的有效值与基波有效值的百分比表示,这个百分比称为谐波的含有率,含有率用 $HR_h(\%)$ 来表示。

各次谐波电流 I_h 与基波电流 I_1 之比的百分数称为谐波电流的含有率,用 HRI_h 表示。

各次谐波电压 U_h 与基波电压 U_1 之比的百分数称为谐波电压的含有率,用 HRU_h 表示。

谐波电流含有率与谐波电压含有率分别用式(16 - 1)、式(16 - 2)表示:

$$HRI_h = \frac{I_h}{I_1} \times 100\% \qquad (16 - 1)$$

$$HRU_h = \frac{U_h}{U_1} \times 100\% \qquad (16 - 2)$$

5)谐波总畸变率

因谐波引起的畸变波形偏离正弦波形的程度,它等于各次谐波有效值的平方和的平方根值与基波有效值的百分比,以总谐波畸变率 THD 表示。

谐波电流总谐波畸变率用 THD_I 表示,谐波电压的总畸变率用 THD_u 表示,计算公式分别用式(16 - 3)、式(16 - 4)表示。

$$THD_1 = \frac{\sqrt{\sum_{h=2}^{m} I_h^2}}{I_1} \times 100\% \qquad (16 - 3)$$

$$THD_u = \frac{\sqrt{\sum_{h=2}^{m} U_h^2}}{U_1} \times 100\% \qquad (16 - 4)$$

6)总需求畸变率

在有些国家的标准中,增加了一个概念,称为谐波总需求畸变率,简称 TDD 。这个概念主要用来补偿总电流畸变率 THD_i 的不足。在某些情况下,当基波电流很小时,实际的谐波电流值也不是很大,但是 THD_i 的计算值可能很大,往往有一定的误导性,而此时系统受到谐波的危害并不大。例如,许多变频调速装置的输入电流在轻载时的 THD 值很高,但其幅值也会很小。

为了解决这个问题,将 THD_i 中所采用的基波电流改为负载最大电流,称为总需求畸变率,简称 TDD_i。TDD_i 值用式(16-5)计算。

$$THD_i = \frac{\sqrt{\sum_{h=2}^{m} I_h^2}}{I_L} \times 100\% \qquad (16-5)$$

式中,I_L 为最大负荷时的基波电流。

7)谐波的相序

对于一个周期性畸变的电压波形,无论波形多么复杂,通过傅立叶分解,都可以将其分解为基波和一系列谐波的迭加。由于谐波的产生是在工频交流电压与非线性负荷的共同作用下产生的,所以,波形的畸变是有规律的。对于三相交流输电系统,谐波的相序为次数是 3k+1 的谐波均为正序分量,三相电压谐波的相序都与基波的相序相同,即第 1,第 4,第 7,第 10 等次谐波都为正序性谐波;次数为 3k+2 的谐波均为负序分量,三相电压谐波的相序都与基波的相序相反,即第 2,第 5,第 8,第 11 等次谐波都为负序性谐波;次数为 3k+3 的谐波均为零序分量,三相电压谐波都有相同的相位,即第 3,第 6,第 9,第 12 等次谐波都为零序性谐波。

8)谐波含量

谐波对于电压和电流波形的影响很大,对于系统相关设备的影响也是很大的,在实际的工程应用中,各种负荷产生的波形各不相同,各次谐波对于不同的设备其影响也不同。谐波的影响评估是一个很复杂的问题,比如对于一台电容器,虽然谐波电流也会增加电容器附加损耗,引起发热,但是,谐波电压迭加后的峰值的大小对于电容器的影响是至关重要的。对于一台空心电抗器,谐波电流的影响会更大。

对于这些问题的评估很难。为了方便评估,一般的处理方法是将基波与各次谐波进行迭加,无论是电压还是电流,均通过平方和开方的方式进行迭加,即总谐波电压含量与总谐波电流含量,公式如下:

$$U = \sqrt{\sum_{h=1}^{m} U_h^2} \qquad (16-6)$$

$$I = \sqrt{\sum_{h=1}^{m} I_h^2} \qquad (16-7)$$

对于其中的 m 值,一般可计算到 25 次。在直流输电的相关标准中将 m 值取到 50 次。

9)多源谐波的迭加

对于有两个谐波源的情况,已知每个谐波源各次谐波的电流值,并已知各谐波的相位角差,对于两个谐波源的各次谐波电流的总电流按式(16-8)进行计算。

$$I_h = \sqrt{I_{h1}^2 + I_{h2}^2 + 2 \cdot I_{h2}^2 \cdot \cos\theta_h} \qquad (16-8)$$

式中,I_{h1} 为谐波源 1 的第 h 次电流,A;I_{h2} 为谐波源 2 的第 h 次电流,A;θ_h 为谐波源 1 和谐波源 2 的第 h 次电流的相位角差,A。

当两个相位角差不明确时,可按式(16-9)进行计算。

$$I_h = \sqrt{I_{h1}^2 + I_{h2}^2 + K_h I_{n1}^2 I_{h2}^2} \qquad (16-9)$$

式中,k_h 为谐波电流迭加系数,可从表 16-1 中查得。

表 16 - 1　谐波迭加系数

h	3	5	7	11	13	9 次,大于 13 次以及偶次
k_h	1.62	1.28	0.72	0.18	0.08	0

10）谐波源

谐波源指主要产生谐波的设备,对于目前的发电设备,电源的波形是比较标准的,基本上不存在波形畸变,但是由于系统阻抗的存在,当负荷为非线性负荷时,将产生一个畸变的负荷电流,这些畸变的电流会在系统阻抗上产生压降,从而改变系统各点的电压波形,使电压波形产生畸变。这些非线性的负荷就是谐波源。

在电力系统中,主要的谐波源有变压器、电弧炉、中频炉、整流或变频电源等。

16.2.2　调谐滤波器基础

对于谐波的治理,目前有 2 种基本的方法,其一是通过调谐滤波器对谐波进行治理,其二是通过有源滤波器对谐波进行治理。由于本书的主要目的是讲述电力电容器及其应用,关于有源滤波器的相关问题在其他章节已简单概述,在这里主要讲述调谐滤波器。

1）调谐滤波器原理

电力系统中,由非线性负荷产生谐波电流,所以,由负荷产生的谐波具有电流源的性质。调谐滤波器的基本原理是通过与负荷并联的滤波支路在某个或某些频率下产生一个低阻抗通道,使谐波电流通过滤波支路回到负荷侧,这样就可以减少流入系统的谐波电流,从而也减小了谐波对于电压波形的影响。如图 16 - 2 所示。

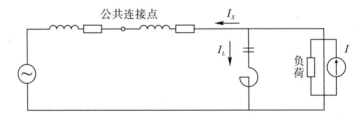

图 16 - 2　调谐滤波器原理图

2）调谐滤波器的类型

调谐滤波器最基本的元件为电容和电感,其基本原理是利用电容和电感的阻抗频率特性不同,通过串并联组成具有不同阻频特性的滤波器。通过电容电感组合,可组成滤波器的种类很多,如高通滤波器、低通滤波器、带通滤波器等各种滤波器。在电力系统的滤波器主要有单调谐滤波器、高通滤波器、C 型滤波器以及多调谐滤波器,其原理如图16 -3 所示。

对于一个滤波工程,考虑到成本等各方面的因数,往往要通过多个不同类型的滤波支路并联完成,以达到相应的滤波效果。

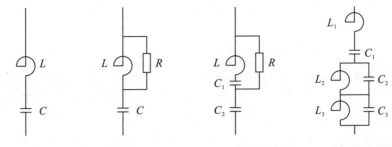

(a) 单调谐滤波器　　(b) 高通滤波器　　(c) C型高通滤波器　　(d) 多调谐滤波器

图 16-3　调谐滤波器的种类

3) 单调谐滤波器

单调谐滤波器由一个电容和一个电感组成滤波支路,由于电容器的容抗与频率成反比,而电抗器的感抗与频率成正比,这样单调谐支路的阻抗频率特性有一个阻抗最低点。

单调谐滤波器的阻抗频率函数如式(16-10)所示,阻抗频率如图 16-4 所示。

$$Z_d(f) = j2\pi fL \frac{1}{j2\pi fC} \tag{16-10}$$

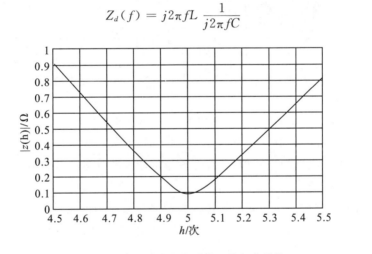

图 16-4　单调谐滤波支路的阻抗频率特性

4) 高通滤波器

高通滤波支路是在单调谐支路的电抗器上并联一个电阻器,当频率较高时,由于电抗值会很大,这样通过并联电阻器,使电抗器与电阻器的并联阻抗适当减小,从而使滤波器的高频阻抗降低,这样对于高次谐波具有一定的滤波效果。

对于电阻的配置需与滤波支路的阻抗相匹配,电阻太小时,对于较高次谐波的滤波效果较好。电阻耗能很大,电阻值太大时,电阻的能耗降低,但是滤波效果较差。

加装电阻器后,还存在一个问题,由于电抗器并联了电阻器,改变了其等效的串联感抗,调谐点随之变化,也会影响滤波器的调谐点,这样需要将电抗值适当增大,使调谐点回到应有的位置。电阻值越小,对于电抗器的影响越大。

对于高通滤波器的电抗值的计算比较复杂,无法用一个公式准确计算,这里需要用数值分析的方法进行回归计算。图 16-5 给出了不同电阻值下的高通滤波器的阻抗频率特性曲线。

$$Z_g(f) = \frac{j2\pi fLR}{j2\pi fL + R} + \frac{1}{j2\pi fC} \qquad (16-11)$$

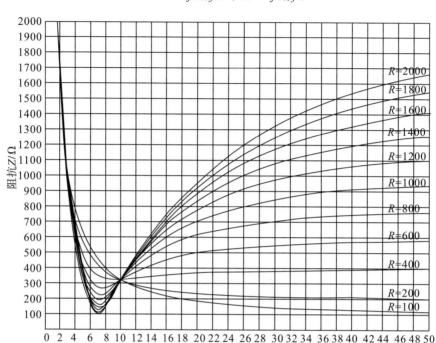

图 16-5 高通滤波器的阻抗频率特性

从图 16-5 的曲线来看,电阻小到一定水平时,电抗器失去作用,阻频特性曲线接近于一个电容器的特性曲线;电阻值过大时,其特性曲线接近单调谐的阻抗频率曲线。

5)C 型高通滤波器

高通滤波器存在的一个主要的问题是当调谐的截止频率相对较低时,如 2 次或 3 次支路,截止频率离基波较近,电抗值也较大,这时电阻能量消耗很大,电阻温度较高。

为了降低电阻的能耗,又保证滤波效果,在高通支路的电抗器上串联一台电容器,这样,可在保证滤波效果的同时,大大降低电阻器的能量损耗,电阻器的容量也会减少。

对于 C 型滤波器,其阻抗频率函数如式(16-12),阻抗频率特性如图 16-6 所示,与高通的特性相当,其能量消耗的影响因素比较多,如截止频率、容抗的大小等。

$$Z_c(f) = \frac{j\left(2\pi fL - \dfrac{1}{2\pi fC_1}\right)R}{j\left(2\pi fL - \dfrac{1}{2\pi fC_1}\right) + R} + \frac{1}{j2\pi fC_2} \qquad (16-12)$$

6)多调谐滤波器

多调谐滤波器在一般的项目中应用不多,但是在高压和特高压直流输电项目中,一般采用两调谐或者三调谐滤波器,主要的原因是在直流输电项目中,电压等级高,补偿容量很大,采用多调谐滤波器会减少高压电容塔的数量,减少占地面积,从而降低工程成本。

对于多调谐滤波器的设计,难度较大,主要是各参数的配合问题,其中 C_1 和 L_1 为其

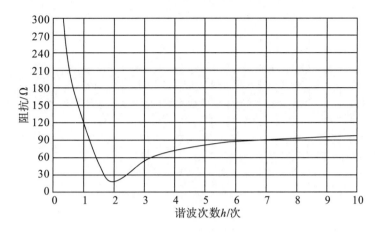

图 16-6　C 型滤波器的阻抗频率特性

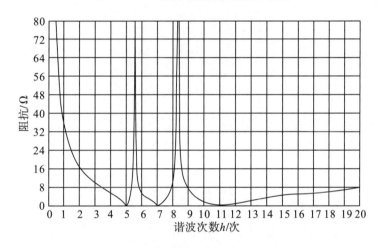

图 16-7　三调谐滤波器的阻抗频率特性

主设备,工频电压主要由 C_1 和 L_1 承担,C_2 和 L_2、C_3 和 L_3 可分别在某个非整数倍频率下并联调谐,呈现一个高阻抗,从而使整个回路呈现高阻抗的回路。图 16-7 所示为三调谐滤波器的阻抗频率特性。

　　对于三调谐滤波器,C_2 和 L_2、C_3 和 L_3 分别并联,并联回路的阻抗频率特性如图 16-8 所示。调谐点之前,呈感性阻抗,频率越低,阻抗越小;在调谐点之后,呈容性阻抗,频率越高,阻抗越小。对于整个回路,这个并联回路的电压以调谐频率附近的谐波为主,所以,对于 C_2、L_2、C_3、L_3,其上的基波电压很低,但是谐波电压很高。在电容器和电抗器参数的选择时,需充分考虑其影响,并留有余度。如图 16-9 给出了某三调谐滤波器各元件的电压及电流计算波形。

7)滤波器的综合阻频特性

　　对于一个滤波器的设计,关键的是根据系统的谐波含量等参数,一方面需要考虑国家标准的限值,另一方面也需要关注谐波对于用户相关设备的影响。合理地设置不同的滤波支路,达到理想的滤波效果,解决用户的实际问题和困扰,设计与实践经验是一个很关键的因素。

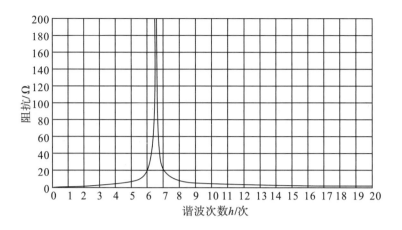

图 16-8　LC 并联回路的阻抗频率特性

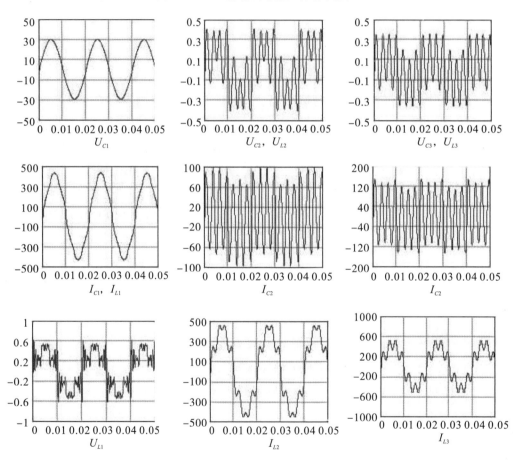

图 16-9　三调谐滤波器各元件的电压与电流特性

　　滤波器滤波效果取决于安装滤波器后的整体的阻频特性,计算剩余的谐波电流和公共连接点谐波电压以及用户问题的解决程度。这里需要关注的是包括系统阻抗在内的综合的阻频特性,如图 16-10 为滤波器的综合阻频特性。

　　是否能够达到相应的滤波效果,对于有些情况,如中频炉,整流回路往往是二极管整

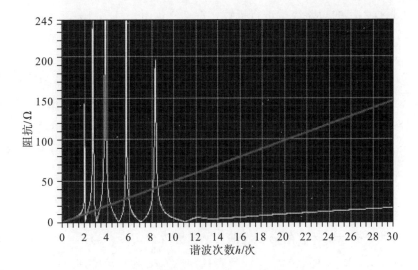

图 16 - 10   滤波器综合阻频特性与系统阻抗的比较

流,功率因数很高,这样实际的无功容量小,但是谐波含量却很大,在这种情况下,滤波器的设计难度较大,很可能达不到相应的效果。

在滤波支路设计时,还应注意的一个问题就是谐波放大的问题,这需要特别注意,设计时要防止某次谐波放大,达不到最终的滤波效果。

16.2.3   国家标准限值

根据国家相关标准,对于滤波器设计相关的限值有以下几类。

1)谐波电压限值

对于不同电压等级的公用电网,各个用户的谐波电流注入公共连接点时,公共连接点的谐波电压和电压总谐波畸变率的要求如表 16 - 2 所示。

表 16 - 2   公用电网谐波电压(相电压)限值

电网标称电压/kV	电压总谐波畸变率/%	各次谐波电压含有率/%	
		奇次	偶次
0.38	5.0	4.0	2.0
6	4.0	3.2	1.6
10			
35	3.0	2.4	1.2
66			
110	2.0	1.6	0.8

2)谐波电流允许值

公共连接点的全部用户向该点注入的谐波电流分量(方均根值)不应超过表 16 - 3 中规定的允许值。当公共连接点处的最小短路容量不同于基准短路容量时,表中的谐波电流允许值可根据实际的短路容量进行折算。折算公式用式(16-13)表示：

$$I_h = \frac{Sk_1}{Sk_2} \times I_{hp} \qquad (16-13)$$

式中，Sk_1 为公共连接点的最小短路容量，MVA；Sk_2 为基准短路容量，MVA；I_{hp} 为允许表中的第 h 次谐波电流允许值，A；I_h 为短路容量 Sk_1 时的第 h 次谐波电流允许值。

同一公共连接点的每个用户向电网注入的谐波电流允许值按此用户在该点的协议容量与其公共连接点的供电设备容量之比进行分配，在公共连接点处第 i 个用户的第 h 次谐波电流允许值(I_{hi})按式(16-14)进行计算。

$$I_{hi} = I_h \cdot \left(\frac{S_i}{S_t}\right)^{\frac{1}{\alpha}} \qquad (16-14)$$

式中，I_h 为按式(16-13)计算的第 h 次谐波电流允许值，A；S_i 为第 i 个用户的用电协议容量，MVA；S_t 为公共连接点的供电设备容量，MVA；α 为相位叠加系数。

表 16-3　注入公共连接点的谐波电流允许值

标准电压/kV	基准短路容量/MVA	谐波次数及谐波电流允许值/A																							
		2	3	4	5	6	7	8	9	10	11	12	13	14	15	16	17	18	19	20	21	22	23	24	25
0.38	10	78	62	39	62	26	44	19	21	16	28	13	24	11	12	9.7	18	8.6	16	7.8	8.9	7.1	14	6.5	12
6	100	43	34	21	34	14	24	11	8.5	16	7.1	13	6.1	6.8	5.3	10	4.7	9.0	4.3	4.9	3.9	7.4	3.6	6.8
10	100	26	20	13	20	8.5	15	6.4	6.8	5.1	9.3	4.3	7.9	3.7	4.1	3.2	6.0	2.8	5.4	2.6	2.9	2.3	4.5	2.1	4.1
35	250	15	12	7.7	12	5.1	8.8	3.8	4.1	3.1	5.6	2.6	4.7	2.2	2.5	1.9	3.6	1.7	3.2	1.5	1.8	1.4	2.7	1.3	2.5
66	500	16	13	8.1	13	5.4	9.3	4.1	4.3	3.3	5.9	2.7	5.0	2.3	2.6	2.0	3.8	1.8	3.4	1.6	1.9	1.5	2.8	1.4	2.6
110	750	12	9.6	6.0	9.6	4.0	6.8	3.0	3.2	2.4	4.3	2.0	3.7	1.7	1.9	1.5	2.8	1.3	2.5	1.2	1.4	1.1	2.1	1.0	1.9

在国家标准中，规定了 0.38～110 kV 的基准短路容量对应的谐波电流值，对于 220 kV 系统基准短路容量取 2000 MVA，电流限值可参考 110 kV 等级进行适当折算。

16.3　调谐滤波器的设计条件

调谐滤波器的设计，在设计前应该关注滤波器即将安装系统的各方面的条件，如环境条件、电源及供配电系统要求、负载特性、谐波水平以及用户的困惑或要求。

由于调谐滤波器从结构型式上与以电容器为主要功能元件的无功补偿装置基本相同，所以在 IEC 和国家标准中，只有并联电容器和无功补偿装置或者并联电容器装置的整体要求，将滤波电容器和滤波器作为其中一部分进行了说明。实际上在滤波器的设计中，除了考虑谐波对相关设备的影响外，其他与并联电容器及并联电容器装置并无太大区别，所以在滤波器的相关设计中，首先需要执行的是并联电容器及并联电容器装置的相关标准，按其相关的要求进行滤波器的设计。

16.3.1　基本的环境条件

对于滤波器的环境条件,应该按照国家关于并联电容器及装置的相关条件执行,这些内容参考第 6 章及第 15 章中的相关要求。

16.3.2　电源及供配电系统

1)系统参数

在进行滤波器设计前,对于系统的实际情况进行全面的了解,主要的内容包括滤波装置预接入点的系统接线及运行方式,各种方式下电网短路容量,变压器、输配电线路、补偿电容器和电抗器及限流电抗器等设备的相关参数。

2)系统运行电压

在滤波器设计前,应对系统的整体状况进行调研,包括对滤波装置拟接入系统的运行电压的水平。电压波动及闪变、频率变化范围、电压的不平衡、电压的谐波水平以及负荷的性质等,以便在滤波器的设计时应予以充分的考虑。

3)负载情况

设计时,需要对负载进行全面的了解。需要了解包括负载的种类、数量及容量、功率及功率因数的变化情况,包括变化的范围、频率和速度;谐波源的性质及种类、谐波特征和各次谐波含量。

4)用户的要求

由于谐波问题可能已经给用户造成了一些困惑,在滤波器设计时,解决用户的困惑成为首要的目标,其次需要按国家相关标准进行滤波器设计。

16.4　滤波器支路的选择及配置

滤波器的类型很多,在电力滤波器方面,最常用的调谐滤波器有 3 种最基本的类型,在高压直流输电系统中,也使用二调谐或三调谐滤波器。

单调谐滤波器是最简单实用的滤波电路,其优点是在调谐频率点阻抗几乎为零,在此频率下滤波效果显著。缺点是在低于调谐频率的某些频率与网络形成高阻抗的并联谐振,低次单调谐滤波器基波有功功率损耗较大。

二阶高通滤波器对于调谐频率点以及高于此频率的其他频率有较好的滤波效果,一般适合于 4 次及以上更高次谐波电流的滤波。二阶高通滤波器基波有功损耗较小,其并联电阻装置的谐波有功损耗较大。

电弧炉、电焊机、循环换流器等负荷不仅产生整数次谐波电流,而且产生间谐波电流,高品质因数的单调谐滤波器可能会使间谐波放大,低品质因数的单调谐滤波器基波有功损耗大。因此,在要求高阻尼且调谐频率低于、等于 4 次的谐波滤波器常选用 C 型高通滤波器,并联电阻器几乎不消耗基波有功功率。

对于一个实际工程,滤波器的配置往往有十多个滤波支路的组合。对于具体的滤波器的设计,实际上要熟练掌握和了解各种滤波支路的特性,根据系统谐波电流的大小,合理地配置滤波支路。一般情况下支路数越少,成本越低。对于支路数合理地配置需要丰富的实际经验。

对于滤波器的配置,首先要确定无功补偿的容量,同时根据系统实际的谐波电流的大小合理地分配支路的无功输出容量,如果实际的无功需求较少,可能造成的结果是滤波器整体阻抗较大,实际的滤波效果较差,必要时也需要适当地增加无功补偿容量。特别是在无功需求很少,而谐波含量较大的情况下,对于滤波器的支路设置、容量分配及支路的参数必须进行多次的设计和调整,在这种情况下,就是经验十分丰富的设计人员也很难一次设计成功。

16.5　调谐滤波器仿真计算

16.5.1　仿真目的

滤波器的设计与计算,数据量很大,一般需要进行以下几方面的计算。①可计算网络阻抗的幅频特性和相频特性;②计算流入系统和各滤波支路的谐波电流;③并计算公共连接点或者关注点的谐波电压,由此评价滤波装置的性能及滤波效果;④并计算滤波器各元件的电压、电流和功率等参数,作为滤波器元件选择的依据。

16.5.2　仿真电路

滤波装置接入系统后,仿真分析计算的配电网络等效电路如图 16 - 11 所示。

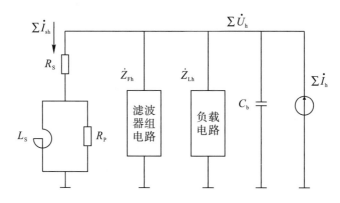

图 16 - 11　仿真等效电路图

图 16 - 11 中的相关参数说明如下:

R_S、L_S、R_P 为系统阻抗参数;$\dot{Z}_{Fh}$ 为滤波装置 h 次谐波阻抗,针对滤波装置不同的组合方式,$\dot{Z}_{Fh}$ 有不同的值;$\dot{Z}_{Lh}$ 为负载 h 次谐波阻抗;C_b 为配电电缆电容参数;$\sum \dot{I}_h$ 为配电网内非线性负载的谐波电流发生量;$\sum \dot{I}_{sh}$ 为非线性负载注入系统的谐波电流;$\sum \dot{U}_h$ 为非线性负载注入系统的谐波电流所产生的谐波电压。

16.5.3　仿真计算

通过对图 16–11 网络的分析计算,由于整个分析计算过程比较复杂,对于基波以及每个谐波需单独计算,计算量很大,如果达不到相应的效果,需重新进行计算,一般情况下需要利用软件分析计算。图 16–12 所示为陕西省电网节能与电能质量技术学会开发的一款滤波器分析计算软件。

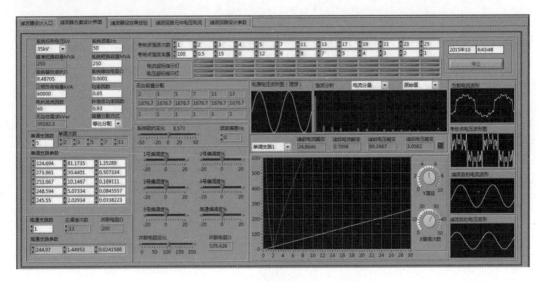

图 16–12　滤波器设计软件主界面

需要对以下 4 类参数进行计算、分析和评估:

1)流入系统各次谐波电流

对流入系统各次谐波电流与国家标准中允许谐波电流值进行比较,检查公共连接点的谐波电流是否达到国家标准值。

2)流入各滤波支路的电流

对流入各滤波支路的各次谐波电流进行计算。该系列的电流是计算滤波器各个 R、L、C 元件的各次谐波电压、谐波电流的基础数据。

3)滤波后的各次谐波电压与总畸变率

计算滤波前后公共连接点,以及用户关注的有问题的部位各次谐波电压值及总畸变率,由此分析对于公共连接点的电压是否达到国家标准要求,同时需要关注用户相关问题及困惑的解决程度。

4)滤波器各元件参数计算

通过流入滤波支路的电流,计算各个滤波器的各 R、L、C 的基波电流、各次谐波电流、电压、功率及损耗等参数。这里需要说明的是,谐波电流、谐波电压对于每个元件的影响是不同的,即使是同一类元件,选用的结构不同,可能的影响也是不同的,这就需要对于各种元件有足够的认知,选择合理的参数。

16.5.4 滤波装置元件参数计算与校核

1）电容器组参数计算与校核

对于电容器组，支路中的过电压和过电流以及过容量必须进行校核，以保证电容器安全运行。

电容器的电压采用式（16-15）进行校验

$$K_u U_{CN} \geqslant U_{C1,\max} + \sum_{h \geqslant 2} U_{Ch,0.95} \tag{16-15}$$

式中，K_u 为电容器的电压因数；U_{CN} 为电容器的额定电压；$U_{C1,\max}$ 为加在电容器两端的基波电压的最大值（即在最高运行电压时计算的 U_{C1} 值）；U_{Ch} 为加在电容器两端 h 次谐波电压的 95% 概率大值。

电容器的过电流采用式（16-16）进行校核：

$$1.3 I_{CN} \geqslant (I_{C1,\max}^2 + \sum_{h \geqslant 2} I_{Ch,0.95}^2)^{\frac{1}{2}} \tag{16-16}$$

式中，I_{CN} 为电容器的额定电流；$I_{C1,\max}$ 为流过电容器的基波电流的最大值（即在最高运行电压时流过电容的电流值）；$I_{C1,\max}=2\pi f_1 C U_{c_1,\max}$；$I_{Ch,0.95}$ 为流过电容器的 h 次谐波电流的 95% 概率大值，$I_{Ch,0.95}=2\pi f_1 Ch U_{Ch,0.95}^{\frac{1}{2}}$，为基波频率。

电容器过容量校核

$$1.21 U_{CN} \geqslant (U_{C1,\max}^2 + \sum_{h \geqslant 2} h U_{Ch,0.95}^2)^{\frac{1}{2}} \tag{16-17}$$

2）电抗器的电压电流参数

对于串联电抗器，运行电压最大值为系统的最高运行电压，对于电抗器主要关注其谐波电流的影响，其额定电流按公式（16-18）进行核算。

$$I_{LN} \geqslant (I_{L1,\max}^2 + \sum_{h \geqslant 2} I_{Lh,0.95}^2)^{\frac{1}{2}} \tag{16-18}$$

式中，I_{LN} 为流过电抗器的额定电流；$I_{L1,\max}$ 为流过电抗器的基波电流最大值，$I_{L1,\max}=I_{C1,\max}=2\pi f_1 C U_{C1,\max}$；$I_{Lh,0.95}$ 为流过电抗器的 h 次谐波电流 95% 概率大值。对于单调谐滤波器，$I_{Lh,0.95}=I_{Ch,0.95}$；对于二阶高通滤波器和 C 型高通滤波器，$I_{Lh,0.95}$ 由仿真结果进一步计算得到。

3）电阻器的电流和功率计算

对于电阻器，运行电压最大值为系统的最高运行电压，电抗器主要关注其谐波电流的影响，其额定电流按公式（16-19）进行核算。

额定电流核算

$$I_{RN} \geqslant (I_{R1,\max}^2 + \sum_{h \geqslant 2} I_{Rh,0.95}^2)^{\frac{1}{2}} \tag{16-19}$$

式中：I_{RN} 为流过电阻器的额定电流；$I_{RN,\max}$ 为流过电阻器基波电流的最大值，$I_{Rh,0.95}$ 为流过电阻器次谐波电流的 95% 概率大值。

额定功率按公式（16-20）核算：

额定功率

$$P_{PN} \geqslant I_{RN}^2 R \tag{16-20}$$

16.6　滤波成套装置的设计

对于滤波成套装置的整体设计、安装以及保护等,除了要考虑谐波对于各设备的电气参数的影响外,其余均按 15 章的相关要求进行设计。

滤波成套装置的设计,关键的是电容器与滤波电抗器参数的选择,对于滤波电容器,由于谐波电压的叠加作用,可能造成电容器电压过高,影响其寿命,电容器的电压应根据实际情况进行设计计算,在保证调谐效果的同时,适当调整电容器的电压和容量。

对于滤波电抗器来说,关键是谐波电流引起的振动和噪声,设计时应充分考虑谐波电流的影响,否则将会造成电抗器噪声很大。

对于滤波器,其投入和切除是有顺序的,否则可能造成某次谐波放大,造成正在运行的滤波器过载。滤波器投入时,应从低次滤波器开始,由低次向高次依次投入;当滤波器支路切除时,应从由高次向低次依次切除。

16.7　滤波器的调试、运行与维护

16.7.1　滤波装置的调试

1)调试条件

滤波器安装完成后,需对滤波效果进行调试,滤波器的调试通常在使用现场进行。在现场调试时,应注意以下几个方面:

(1)设备已完成相关的现场试验。

(2)谐波源设备已正常运行。

(3)系统有多种运行方式时,应在各种方式下测试和调试。

2)调试内容

(1)一、二次回路的联动试验。

(2)电容器、电抗器测试与验证。

(3)中央信号盘测试试验。

(4)保护电路调试整定。

(5)开关装置的操作及闭锁。

(6)监测信号回路的传输特性。

16.7.2　运行及维护

对于滤波器的运行与维护,应符合以下规定:

1) 一般规定

(1)滤波装置应有专人负责,保持良好的运行状态。

(2)每班至少巡视一次,发现异常情况及时处理。

(3)制定运行记录表格,按表填写各项数据。建立完善的运行档案。

(4)有条件时采用智能仪表,监测滤波装置的运行状况,将有关数据输入计算机。

（5）每年必须进行常规交接试验。

2）特殊情况处理

（1）谐波源增加的情况

滤波装置的设计是针对特定的谐波源，当系统中谐波源负荷增加时，将会导致滤波器过负荷，也可能导致谐振。这种情况应及时和滤波装置的制造厂联系，给出解决措施。

（2）供电系统发生变化

变压器容量改变，滤波装置接入点改变，系统短路容量改变时，均应与制造厂家协商，以便验证滤波装置的性能，调节相关参数。

（3）滤波性能降低

长期运行电抗器和电容器的参数会发生变化，一般会适当地偏感调谐，微小的变化不会影响滤波效果，如果参数变化较大时，可能导致谐振频率偏移，降低滤波作用。

这种情况应及时和滤波装置的制造厂联系，重新调节参数。

第17章 串联补偿装置与串联电容器

17.1 串联补偿技术的发展

在输电线路中,为了改善电力系统传输的稳定性,提高电力系统的输送能力以及电压水平,将电容器串联在高压电网输配电线路上,用电容器的容抗补偿输电线路的感抗,从而等效地缩短了输电线路长度,提高了线路的稳定性。将电容器串入输电线路的技术称为串联补偿技术。

串联补偿技术分为固定串联补偿(FSC)和可控串联补偿(TCSC)。随着世界各国电力供电系统的发展和完善,世界各国已有大量的串联补偿装置投运于世界各地,积累了大量的运行经验:1928 年美国的纽约电网 33 kV 供电系统固定串补投运,1950 年世界上第一个电压为 220 kV 的串联补偿站在瑞典 Aleter 变电站建成投运:1964 年位于瑞典 Hlavero 的 380 kV 电网首次引入了串联补偿技术,1968 年美国太平洋公司开始在母线电压为 500 kV 的远距离输电电网中采用串联补偿技术:1989 年第一个电压等级为 800 kV 的串联补偿站在巴西国家电网投运。

串补技术发展至今已有超过 70 年的历史,在许多国家的电力系统中都得到了广泛的应用。串补装置与建造传统变电站相比,具有投资小,占地面积小,工程量少等特点。常规串联补偿装置的工程造价通常不到建造一条相应的输电线路总造价的 10%,因此在我国,串补作为提高输电线路输送能力的主要措施越来越受到各方的关注。

我国早在 60 年代,研制了第一套固定式串联补偿装置,由于各方面的原因,串联补偿技术一直处于停滞状态,随着国家电网的发展和完善,串联补偿随之得到了发展。2004 年,中国电科院完成了国家电网公司国产化示范工程——"甘肃碧成 220 kV 交流输电线路可控串联补偿示范工程",并投运成功。随着我国大区电网互联技术的发展,我国高压的串补工程得到快速发展,如 2007 年投运的伊冯 500 kV 可控串补工程,2008 年山西省浑源 500 kV 串补工程,以及 2011 年建成的 1000 kV 晋东南—南阳—荆门特高压串补工程。

与此同时,由于我国地域辽阔,在一些边远地区,送电容量不大,配电网的供电电压很不稳定,供电质量很差,需要配置一些串联补偿装置。原西安电力电容器研究所曾在 2005 年前后,与东北电力公司阜新供电公司合作研制了我国第一套 66 kV 串联补偿装置。国家电网公司也在一些地方配电网公开招标,大量的项目投入运行。

另外,在某些工业供电系统中,如矿热炉,工作电压低,一般在 100~400 V 之间,工作电流一般在几万到十几万安培之间,利用其变压器的调压线圈和变压器内部的特殊结构,在其调压回路中串入电力电容器,可大大提高变压器供电效率,提高产能,降低回路损耗,提高功率因数。

17.2 串联补偿的原理及作用

串联补偿最基本的原理是补偿系统的阻抗造成的电压降,除此之外,串联补偿的作用还体现在提高极限输出功率和系统稳定性,改善功率分布等。

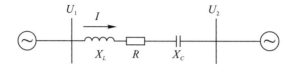

图 17 - 1 串联补偿原理图

1)提高静态稳定性

静态稳定是指稳定运行的同步发电机,当受电网或原动机方面某些微小扰动时,能在这种干扰消失后,继续保持原来稳定运行状态的能力。

对于如图 17 - 1 所示的二机供电系统,略去输电线路的电阻后,根据输电线路的功率角关系,线路输送的功率可用式(17 - 1)来表示:

$$P = \frac{U_1 U_2}{X_L} \sin\delta \tag{17-1}$$

式中,P 为输送功率;U_1、U_2 为线路始、末端电压;X_L 为线路感抗;δ 为 U_1 和 U_2 之间夹角。当 δ 为 90°时,达到了系统的极限输出功率 P_m,其极限输出功率用式(17 - 2)表示。

$$P_m = \frac{U_1 U_2}{X_L} \tag{17-2}$$

当采用串联补偿后,功率角关系和极限输出功率则分别用式(17 - 3)、式(17 - 4)来表示。

$$P_m = \frac{U_1 U_2}{X_L - X_C} \sin\delta \tag{17-3}$$

$$P_m = \frac{U_1 U_2}{X_L - X_C} \tag{17-4}$$

从式 17 - 4 可看出,对于输电线路,串联补偿后,如果补偿度为 50%,极限输出功率就可增加 1 倍,因此,增加串联补偿后,可使极限输出功率有较大幅度的增加。

系统出现干扰时,或系统故障导致故障线路切除,而剩余线路的输送功率增加需要加大功率角 δ,以维持所需的输送功率时,将使系统趋于不稳定状态。如图 17 - 2 所示,若干扰使功率角 δ 增大到 a' 点,电磁功率 P_{em} 和电磁转矩 T_{em} 增大,迫使电机减速,功率角 δ 变小,电机回到 a 点;若功率角增大到 b 点,系统将失去稳定。串入电容后,功角关系发生变化,极限功率变大,系统出现干扰时,功率角 δ 变化范围变小,提高了系统的稳定裕度。

2)提高动态稳定性

在系统发生短路故障时,送受端电压会降低,从式(17 - 2)看到电压降低使输送功率

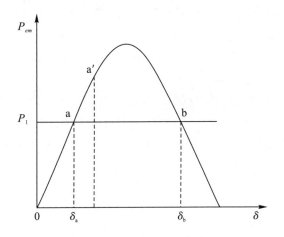

图 17 - 2 功率角特性曲线

下降,发电机由于转子存储着能量,在功率突然下降后此能量将使转子加速,而加速会使输电的功率角 δ 加大。如果原动机输入能量不能立即切断,加速能量会在增大期间聚积,如果故障经过一段时间被切除,送端电压恢复,δ 由于转子惯性仍增大,此时输送功率将超过故障前,因而形成减速能量,当减速能量消耗掉加速能量。发电机停止加速,功率角将逐渐恢复到原有的 δ 值,如果减速能量到功率角为初值 δ 仍不能平衡加速能量,系统将失去稳定。

如果有串联补偿,切除故障后输送功率应该大于没有串补时输送的功率(抑制转子加速)。减速能量更快聚积,在 δ 较小时达到平衡,进入减幅摇摆,逐渐趋于平衡。

在确定输电线路实际输送容量时,决定性的条件往往是各种故障和切换操作时的动态稳定极限。在有串补装置的输电线路上,当发生短路故障时,往往造成串联电容器两端出现较大的过电压。为保护电容器,一般会将其迅速旁路,与此同时会增大故障线路的电抗。串补装置的补偿作用得不到利用,对动态稳定和故障消除后的静态稳定是不利的。所以,在输电线路中,一般要求故障切除后,串联补偿装置能尽快投入运行,以提高动态稳定极限。

3)提高末端电压

在输电距离较长,线路传输负荷较大的情况下,线路受电端的电压将明显降低,线路损耗增大,传输能力下降。

忽略电压降的横向分量,线路电压损失可用式(17-5)来表示:

$$\Delta U = \frac{PR + QX_L}{U} \qquad (17-5)$$

加装串补装置之后,线路的电压损失可用式(17-6)来表示:

$$\Delta U = \frac{PR + Q(X_L - X_C)}{U} \qquad (17-6)$$

式(17-5)减去式(17-6)得电压降的减少部分:

$$\Delta U'' = \frac{QX_C}{U} \qquad (17-7)$$

式中，P、Q 为线路末端的有功和无功功率；R、X_L 为线路电阻和电抗；U 为线路末端电压；X_C 为串补装置容抗。

由式(17-7)可见，变动 X_C 可以得到所要求的电压改善度。

4)改善功率分布

以不同电压等级和导线截面组成的闭合电网中，电网的功率分布将按电网元件的参数自然分布。此时，功率的自然分布不符合线路有功功率损耗为最小的条件，各导线的电流密度不相等。为了达到不均一闭合电网的经济功率分布，用串联电容器来补偿线路的部分电抗，是比较合理的措施。

如图 17-3 所示，R_1、X_1 和 R_2、X_2 为 2 条不同截面的线路，2 条线路间的电流与阻抗按反比分配。

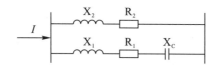

图 17-3　不均一闭合回路原理图

电流分配

$$\frac{I_1}{I_2} = \frac{Z_2}{Z_1} \tag{17-8}$$

式中：$I_1 + I_2 = I$。

因为在不均一电网中，$X_1/R_1 \neq Z_2/R_2$，所以式(17-8)所示的电流分配不与线路电阻成反比。这不符合经济分布的条件。为了满足经济分布条件，可在 X/R 较大的一条线路中串联电容器来抵消部分线路电抗，以达到两条线路 X/R 比值相等，从而使电流分布符合有功功率损耗最小的条件。

假定 $X_1/R_1 > X_2/R_2$，则可在电抗为 X_1 的线路中接入容抗为 X_C 的串联电容器，使

$$\frac{X_1 - X_C}{R_1} = \frac{X_2}{R_2} \tag{17-9}$$

由此得出串联电容器的容抗为：

$$X_C = X_1 - X_2 \frac{R_1}{R_2} \tag{17-10}$$

17.3　串联补偿装置的性能与基本参数

17.3.1　串联补偿装置的可靠性与可用率

对于串联补偿的设计，是一个复杂的过程，首先要进行一系列的调研工作，如对于线路的整体网络构架、目前的负荷波动情况、主要大型负荷的性质、最大可能出现的负荷以及未来负荷、线路的形式及参数等进行调查研究，在此基础上确定系统基本的性能和参数，并规范串联补偿装置运行的基本性能，其中包括串补装置的可用率和可靠性指标。对于可用率与可靠性进行规范，首先需要明确如下几个基本的概念：

1）强迫停运

由于串补装置配置的相关设备及部件故障，而导致串补装置失去主要功能造成的停运。

2）计划停运

进行预防性维护，以确保串补装置的连续可靠运行所必需的停运。

3）停运时间

从串补装置退出运行的时刻起至再投入运行的时刻所经过的时间。停运时间只包括以下因素造成的停运时间，其他人为或非人为因素造成的时间，均不能计算在内。

（1）确定停运原因或确定必须对哪个设备或单元进行维修或更换所需的时间；

（2）系统运行人员/技术人员将设备断开并接地进行维修准备工作所需的时间；

（3）维修结束后断开设备接地并重新投入所需的时间。

对于串联补偿装置的可靠性，一般用 3 个基本的指标进行规范，即年可用率、年强迫停运次数以及使用寿命。年可用率指由于串联补偿装置本身的因素造成的停运，即由于强迫停运造成的时间，计划停运或者系统其他因素造成的停运不计算在内。串补装置的年可用率一般在 99％以上，每年强迫停运次数一般不应超过 1 次，使用寿命的规范一般在 25～30 年之间。

17.3.2　串联补偿装置的基本参数

串联补偿装置串联接入电力系统中，其设备的基本性能主要决定于系统运行负荷的变化以及线路的基本参数。几个与串联补偿相关的参数如下：

1）系统额定电压

系统额定电压指串联补偿装置拟安装在系统的额定电压。串补装置安装到系统后，装置整体绝缘水平等需要与拟安装的系统相互适应，以保证系统安全运行。

2）串联补偿装置的额定电流

串联补偿装置的额定电流指在其寿命期限内，在其安装点位置上，由于负荷等因素引起的流经串补装置的最大电流。负荷电流与负荷的性质有关，负荷电流包括了负荷的工频电流、谐波电流以及负荷正常工作状态下出现的一些非正弦分量的暂态电流。但是，串补装置的额定电流主要指工频电流，在额定电流选取时，需要适当地给出一定的裕度。

对于串联补偿而言，串补装置应能承受来自系统负荷正常工作时的所有电流及电流变化。但是，串联补偿装置的承受能力是有限的，如果系统发生故障时，来自系统的故障电流超过承受极限时，串联补偿装置需及时进行保护，超出相关限值并不能及时恢复时，串补装置可及时退出运行，保证设备安全。

3）串联补偿装置的额定阻抗

串联补偿装置的补偿核心器件是串联电容器组，装置的额定阻抗就是串入三相交流输配电线路的每相电容器组的容抗值。

串补装置的额定阻抗取决于拟安装线路的线路感抗和串补装置的补偿度，而线路的补偿度的确定与线路的电感、电阻、负荷以及电压波动情况等因素有关,并与串补设计时拟解决的主要问题有关。

4)串联补偿装置的额定电压

串补装置的额定电压与系统电压无关,其额定电压指串联补偿装置的额定阻抗与额定电流的乘积。

5)串联补偿装置的保护水平

串补装置正常运行时,其运行电流一般情况下低于其额定电流,其运行电压往往低于额定电压。当系统出现一些操作或其他情况时,电容器上可能出现一些短时或瞬时的过电压,这种电压是电容器组能够承受的短时电压,但是当系统出现相间或对地短路时,电容器上将会出现很高的过电压,这样必须通过避雷器等相关保护设备将电容器组的电压限制在一定的电压范围内;如果故障在有限的时间内还不能排除,装置将自动启动旁路设备,将电容器组旁路。

在国家标准 GB/T6115.1 中,关于串补装置的过电压保护水平和电容器的极限过电压给出明确的定义。串联补偿装置的保护水平指在电力系统发生故障时,出现在保护装置上的工频过电压的最大峰值。串补装置的保护水平也可以根据作用在电容器组实际的峰值电压或根据作用在电容器上的额定电压峰值为基准的标幺值来表示。串补装置的保护水平一般用字母表示。

电容器极限电压用过电压保护装置动作前瞬间和动作期间出现在电容器单元端子之间的工频电压的最高峰值除以 $\sqrt{2}$ 来表示,电容器极限电压一般用 U_{lim} 表示。

17.3.3 串联补偿装置的补偿度

串补装置的补偿度指串补装置容抗与输电线路的正序感抗比值的百分数,如式(17-11)所示。

$$k_C = 100 \frac{X_C}{X_L} \qquad (17-11)$$

式中,X_C 为串补装置容抗;X_L 为输电线路的正序感抗。

在高压输电线路上,选择较大的补偿度可以提高线路的输送能力。实际选择时,还需考虑运行条件、经济性以及安装地点等因素。

补偿度增加,可使极限输送容量增加。但是,在电压不变,导线截面不变的情况下,由于输送功率增加,线路的功率损耗成比例增加,当补偿度大于一定值时,电容器容量将急剧增大,给运行经济性带来影响。图 17-4 给出了某线路模型补偿度、线路输送功率增量及电容器容量的关系。由图可以看出,当补偿度大于某一值后,电容器容量将急剧增加,这显然是不经济的。

串联补偿度 k 视串联补偿装置应用场合不同而取值不同。一般在高压或超高压输电线路中,k 的取值范围小于 50%;在中低压配电网系统中,k 的取值范围为 100%~400%。

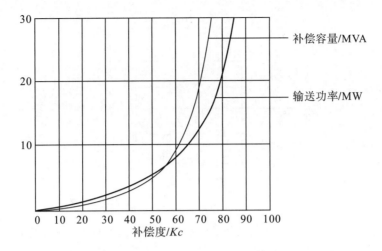

图 17 - 4　补偿度与功率增量及电容器容量趋势线

17.3.4　串联补偿装置的安装地点

在高压输电线路上,串补装置补偿度的选择应与安装点配合。对于反映阻抗和电流相位的继电保护,为了确保其动作的正确性,补偿度与安装地点之间应满足以下条件:

$$k_C < \frac{S}{L} \text{ 或 } k_C < \frac{S}{L} < 1 - k_C \qquad (17-12)$$

式中,L 为线路长度;S 为安装点至线路一端的距离。

当补偿度>0.5 时,可将串联电容器分设于 2 处,此时补偿度与其安装点之间应满足以下条件:

$$k_{C1} < \frac{S_1}{L} \quad k_C < 1 - \frac{S_1}{L} \qquad (17-13)$$

和

$$k_C < \frac{S_2}{L} \quad k_{C2} = k_C - k_{C1} < 1 - \frac{S}{L} \qquad (17-14)$$

上述条件可写为:

$$k_{C1} < \frac{S_1}{L} < 1 - k_C \qquad (17-15)$$

$$k_C < \frac{S_2}{L} < (1 - k_C + k_{C1}) \qquad (17-16)$$

式中,S_1、S_2 为串补第一、第二设置地点与线路某一端的距离。

17.4　串联补偿装置的构成与设备配置

17.4.1　串联补偿装置构成

串联补偿装置的构成如图 17 - 5 所示。

图中:C 为串联电容器;JX 为保护间隙;PL 为旁路开关;LH 为电流互感器;R 为阻

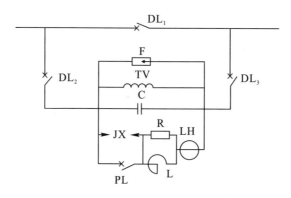

图 17-5　串联补偿装置构成原理图

尼电阻；L 为阻尼电抗；TV 为放电装置；F 为氧化锌避雷器；DL_1 为线路开关；DL_2、DL_3 为串联补偿装置隔离开关。

17.4.2　串联电容器

串联电力电容器通常以铝箔作为极板，采用绕卷式扁平元件。根据每台电容器的电压和容量要求，将一定数量的元件串并联，通过夹板、紧箍和外包封构成心子后装入金属箱壳内，经过真空干燥和浸渍处理后，加以密封，就构成一定容量的电容器。

1）串联电容器组接线

常用串联电容器组接线方式如图 17-6 所示。

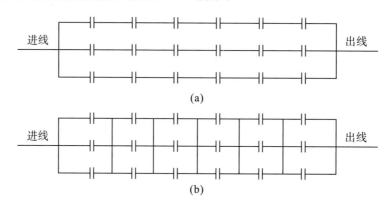

图 17-6　串联电容器组接线方式

按图 17-6(a)方式接线时，当有一台电容器内部有击穿短路时，与故障电容器串联的其他电容器将产生过载。按图 17-6(b)方式接线时，若电容器内部元件有内熔丝保护，当有一台电容器内部有元件击穿时，内熔丝动作，对各台电容器的影响较小，仍可继续运行，只是全站补偿度稍有降低。

由此可见，图 17-6(b)的接线方式比图 17-6(a)更为可取。但当电容器并联台数较多时，需考虑单台电容器的耐爆能量、极对壳耐压水平等因素。

2）单台耐爆能量

采用电容器先并后串方式连接时，需考虑某台电容器及对壳绝缘击穿时击穿点所承受的放电能量。

$$E = \frac{1}{2}C(gy\sqrt{2}U_C)^2 \quad (J) \tag{17-17}$$

式中,C 为串联电容,μF;U_C 为电容电压,kV;gy 为过压倍数。

从单台电容器的通流能力和所能承受的放电能量确定回路内部接线。

3)电容器极对壳耐压水平

除去从放电能量方面考虑外,电容器主接线方式需考虑单元电容器极对壳的耐压水平。如图 17-7 所示,当系统发生短路故障时,通过电容器的短路电流在每台电容器均形成一定的电压降。A 与 A'直接相连,使平台与 A 点电位相同,由于电容器为金属外壳,因此,电容器外壳与安装平台具有相同电位,在图 17-7 中,因而 B 与 B'的电位差等于各台电容器上的压降和,电容器极对壳承受的电压为极间电压乘以串联数。

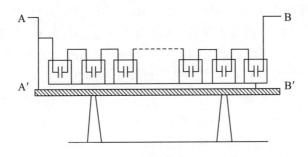

图 17-7　串联电容器接线示意图

如果电容器极对壳耐压为 U_{ny} kV,按图 17-7 的方式,串联台数不得超过 $n = \dfrac{U_{ny}}{kU}$。

在大型串补站内,电容器的串联数可多达数十台,并联回路也可多达数十台,常将这些电容器分装在几个绝缘平台上。如图 17-8 所示,其中绝缘平台电位固定在电容器串联的中点上。

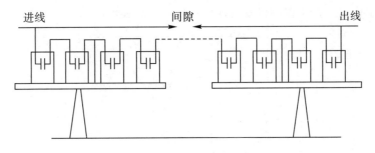

图 17-8　串联电容器接线示意图

17.4.3　保护间隙

采用放电间隙是限制电容器过电压、保护氧化锌避雷器的重要手段。放电间隙与电容器并联,当电容器上过电压超过氧化锌避雷器的钳制电压,达到间隙动作残压,间隙被击穿,电容器被间隙电弧所短接,线路恢复感性状态,可使电容器及氧化锌避雷器免于遭受过电压的危害。

为了提高保护间隙击穿电压的稳定性,可采用带分压电路的可控触发间隙。如图16-9所示。

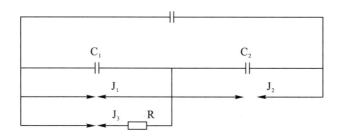

图 17-9　带分压电路的可控触发间隙原理图

J_1、J_2 是主保护间隙,J_3 是可控点火间隙,C_1、C_2 组成分压器,R 是间隙 J_3 的限流电阻。假定主保护间隙的整定电压值为 U_0,J_3 的击穿电压整定值为 50% U_0,J_1 和 J_2 的击穿电压整定值为 70% U_0。当电容器 C 上的电压等于 U_0 时,由于分压器的作用,J_1、J_2 和所受的电压为 50% U_0,J_3 首先击穿。J_3 击穿后,通过 R 对 C_2 充电,所以,J_2 上的电压很快上升,上升的时间常数差不多等于 $2RC_2$。当 J_2 上的电压达到 70% U_0 后,J_2 击穿。J_2 击穿后,电容器上的电压全部加在 J_1 上,使 J_1 击穿。J_1 击穿后,电容器 C 被短接,J_3 熄弧。所以,整个保护间隙击穿电压的分散性和偏移仅取决于间隙 J_3。由于 J_3 是密封的,可以避免周围环境对击穿电压的影响,又有限流电阻 R 起限流作用,使间隙不易烧损,容易满足击穿电压稳定的要求。

17.4.4　避雷器

1)保护水平

串联电容器组发生严重过电压时,氧化锌避雷器瞬时实现过电压保护。避雷器的设计限制是在短时间内吸收的总能量。如果超过避雷器的通流能力,则强制间隙击穿,将其和电容器组旁路。避雷器的伏安特性用式(17-18)表示:

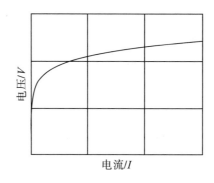

图 17-10　避雷器 V-I 特性

$$i = ku^\alpha \tag{17-18}$$

式中,u 为避雷器电压;i 为避雷器电流;α 为常数;k 为常数。

设 U_{LIM} 是电容器组流过最大故障电流时产生的电压,这种故障下流过避雷器的峰值电流规定为最高保护水平。它有时也称为配合电流 I_{CC}。U_{LIM} 的标幺值 U_{Lu} 和 I_{CC} 的标幺值 I_{Cu} 构成避雷器伏安特性上的一个点。这些标幺值的基值为电容器组的相关额定参数：

$$U_{Lu} = \frac{U_{LIM}}{X_N I_N} \qquad (17-19)$$

$$I_{Cu} = \frac{I_{CC}}{I_N} \qquad (17-20)$$

式中：U_{LIM} 为保护水平，峰值电压的 $1/\sqrt{2}$，kV；X_N 为电容器组基波容抗；I_N 为电容器组额定持续电流(方均根值)，kA；U_{Lu} 为保护水平(标幺值，通常为 $1.8\sim2.5$)；I_{Cu} 为避雷器最大故障电流均方根值的标幺值。

避雷器总是接在回路里，其从零电流转换到很高的旁路电流是瞬时的，且仅在避雷器两端每周波电压超过伏安特性拐点时才产生，在拐点以下时，避雷器电流几乎为零。

故障时，避雷器每半个周波仅导通脉冲电流，如图 17-11 所示。

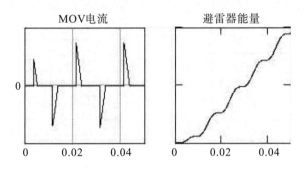

图 17-11　避雷器导通电流及吸收能量特性

2)避雷器通流能力

避雷器的通流能力是影响串联电容器组造价的重要因素之一。当避雷器吸收的能量接近它产生永久性损坏的水平时，就应将其旁路。

内部故障是指串补线路上的故障；而外部故障是指邻近线路、平行线路，或远离串补线路的任何设备上的故障。

避雷器通流能力应能耐受正常故障切除时间内发生的最严重故障。

17.4.5　阻尼回路

串联电容器由于系统短路等故障而出现过电压时，间隙会通过点火系统或者自动放电，由于间隙放电时，相当于给电容器短路放电，放电电流很大，这是包括电容器在内的相关电器设备动、热稳定性所不允许的。

为了减小放电电流，给间隙串联一个由电抗和电阻并联的回路给电容器放电，将这个回路叫阻尼回路。如图 17-12 中(a)所示，其中 G 为放电间隙，当间隙击穿后，除来自系统的大部分电流流过间隙外，由于间隙动作时电容器上存储着大量的静电荷，这些静电荷就会通过间隙 G 以及阻尼电感 L 和阻尼电阻 R 组成的回路给电容器放电。回路的放电电流也就是电容器的放电电流波形如图 17-12 中的(b)所示，阻尼电感 L 主要用于限制电容器的放电电流，由于阻尼电感 L 很小，一般在 0.5 mH 左右，振荡放电的频率很高,阻尼电阻 R 主要用于吸收放电能量,使振荡波形快速衰减。

具体的回路参数设计需根据补偿回路的具体情况而定,根据相关标准,电容器能够承受的暂态电流的峰值为电容器额定电流的 100 倍,所以阻尼回路设计时,其放电的极限峰值电流至少限定在这个范围内。

在限制电容器放电电流的同时,电抗器和电阻器同时会受到冲击电流的影响,图17-13 中的(a)和(b)所示分别为阻尼电路,阻尼电感、电阻的冲击电流波形。对于阻尼电感和阻尼电阻来说,除了比较大的冲击电流外,同时承受了来自系统的大部分电流,这就需要阻尼电阻和阻尼电感具有承受这种冲击电流的能力,同时需要对阻尼电阻在此过程中可能获得的最大能量进行核算,其中包括稳态电流以及电容放电电流流过电阻时电阻获得的最大能量。

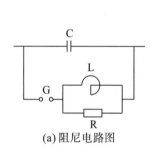

(a) 阻尼电路图

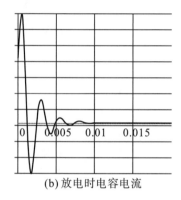

(b) 放电时电容电流

图 17 - 2　串联电容器组间隙放电回路与放电波形

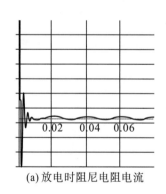

(a) 放电时阻尼电阻电流

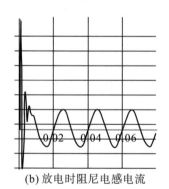

(b) 放电时阻尼电感电流

图 17 - 3　阻尼电阻和阻尼电感的电流波形

17.5　串联补偿装置的运行与保护

17.5.1　串联补偿装置各元件的配合关系

(1) 避雷器是串联补偿电容器的主保护。串联补偿装置所在线路上出现较大故障电流时,串联电容器上将出现较高的过电压,避雷器可利用其自身电压-电流的强非线性特性将电容器电压限制在设计值以下,从而确保电容器的安全运行。

（2）火花间隙是避雷器和串联补偿电容器的后备保护，当避雷器分担的电流超过其启动电流整定值或避雷器吸收的能量超过其启动能耗时，控制系统会触发间隙，旁路掉避雷器及串联补偿电容器。

（3）旁路断路器是系统检修和调度的必要装置，串补站控制系统在触发火花间隙的同时命令旁路断路器合闸，为间隙灭弧及去游离提供必要条件。

（4）阻尼装置可限制电容器放电电流，防止串联补偿电容器、间隙、旁路断路器在放电过程中被损坏。

17.5.2　串联补偿装置过电压

串补装置虽可提高线路的输送能力，但也影响了系统及装设串补装置的输电线路沿线的电压特性。如线路电流的无功分量为感性，该电流将在线路电感上产生一定的电压降，而在电容器上产生一定的电压升；如线路电流的无功分量为容性，该电流将在线路电感上产生一定的电压升，而在电容器上产生一定的电压降。电容器在一般情况下可以改善系统的电压分布特性，但串补度较高、线路负荷较重时，可能使沿线电压超过额定的允许值。线路高抗与串补的相对位置不同时，输电线路某些地点的运行电压可能超过运行要求。例如，线路故障时，如果高抗安装在串补装置的线路侧，则线路侧电压将可能升高到超出高抗允许的长期运行电压，此时需考虑线路高抗安装在串补的母线侧以避免系统运行电压超标的问题。

在输电线路装设了串联电容补偿装置后，线路断路器出现非全相操作时，带电相电压将通过相间电容耦合到断开相。对于已装设并联电抗器的线路，如新增加的电容器容抗与已安装的高压并联电抗器的感抗之间参数配合不当，则可能引发电气谐振，从而在断开相上出现较高的工频谐振过电压。因此，在系统研究工作中，要对串联电容器参数进行多方案比选以避免工频谐振过电压的产生。

17.5.3　对潜供电流的影响

线路发生单相接地故障时，线路两端故障相的断路器相继跳开后，由于健全相的静电耦合和电磁耦合，弧道中仍将流过一定的感应电流（即潜供电流），该电流如过大，将难以自熄，从而影响断路器的自动重合闸。在超高压输电线路上装设串联电容补偿装置后，单相接地故障中，如串补装置中的旁路断路器和火花间隙均未动作，电容器上的残余电荷可能通过短路点及高抗组成的回路放电，从而在稳态的潜供电流上叠加一个相当大的暂态分量。该暂态分量衰减较慢，可能影响潜供电流自灭，对单相重合闸不利；单相瞬时故障消失后，恢复电压上也将叠加电容器的残压，恢复电压有所升高，影响单相重合闸的成功。单相接地后旁路开关动作短接串联电容，潜供电流中将无此低频放电暂态分量。

17.5.4　次同步振荡

次同步振荡是指发生在串联补偿线路端的发电机扭转振动现象。线路电抗以及发电机变压器漏抗之和 X 与电容电抗 X_C 的共振频率称为自然频率 f_n。

$$f_n = f \sqrt{\frac{X_C}{X}} \tag{17-21}$$

式中，f 为工频 $50\ Hz$；X、X_C 为工频的系统电抗与串联电容容抗。

输电线中，频率为 f_n 的电流在发电机定子上产生速率为 ω_n 的旋转磁场，叠加在同步磁场（$\omega = 2\pi f$）上，发电机转子以同步转速旋转，在转子上产生 $(f_n - f)$ 的电流。$(f_n - f)$ 分量电流与定子电流间产生 $(f - f_n)$ 的转矩。如果转子轴系存在这个 $(f - f_n)$ 频率的扭振频率，那么，通过发电机转子—定子相互作用，$(f - f_n)$ 频率电流将被放大，转子在此频率下发生扭振，有可能破坏转子轴系的机械结构，造成重大机组损坏事故。由于 f_n 一般低于工频 f，所以称为次同步振荡。

17.5.5　次同步振荡的抑制

1）可控串补（TCSC）对次同步振荡的抑制

可控串补原理如图 17-14 所示。图中，C 为串联电容；L 为电感线圈；V 为反并联的晶闸管阀；B 为旁路断路器。

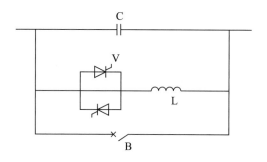

图 17-14　可控串补原理图

晶闸管的导通角受到控制器的控制，由于导通角的变化使电感 L 上的电感电流 I_L 发生变化，I_L 和电容电流 I_{C0} 组成新的电容电流 I_C，它在 C 上产生的电压 U_C 与 I_{C0} 所产生的电压 U_{C0} 不同。这样就从 I_L 的变化引起了 U_C 的变化，相应的容抗 X_C 与没有 I_L 时的 X_{C0} 也不相同，使串联电容的等值容抗在动态情况下连续调节。

发生次同步振荡时，线路电流里面包含工频电流和低频电流 $I(\omega_n)$，工频电流受 $I(\omega_n)$ 的调制带有低频分量。它使每半个周波的波长或长或短，脱离了原来正确的过零点位置，如图 17-15 所示。TCSC 可以在工频电容电压 V_C 应过零的部位发生触发脉冲，使晶闸管导通，从而改变了低频延长周期的情况，使系统恢复到正常的电流频率，也就抑制了次同步谐振的发生，这种方法较普遍被 TCSC 所采用。

可控串补可以改变线路电抗从而实现抑制低频振荡和次同步振荡的功能，同时也可以改变网络中的功率潮流，使电网运行更为经济合理。在所有的应用领域中，可控串补与固定串补都有共同的或互补的作用。因此，可控串补往往与固定串补在同一个系统或同一条线路上采用。其中，固定串补承担提高输电容量的一部分以及暂态稳定初始状态的改善，而可控串补则满足动态和参数变化更快的要求。这样既可降低总的投资，又不

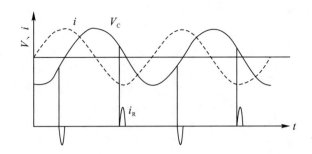

图 17 - 15　TCSC 抑制后的次同步谐振时的电压电流波形

增加运行的复杂性。

2)阻塞滤波器对次同步振荡的抑制作用

阻塞滤波器相当于一个带阻滤波器。其阻抗可分解为实部和虚部,实部相当于电阻,反映阻尼能力。品质因数越高,阻塞效果越好,但受外界因素影响而脱谐时,容易远离谐振点。

阻塞滤波器(BF)电路结构如图 17 - 16 所示,每一相由多阶扭振模态抑制电路和一个补偿电抗器串联构成,每一阶模态抑制电路是一个由电容与电抗、电阻构成的并联谐振电路。对于存在 SSR 风险的发电机组,将其主变压器高压侧绕组中性点解开,接入 BF 各相电路。

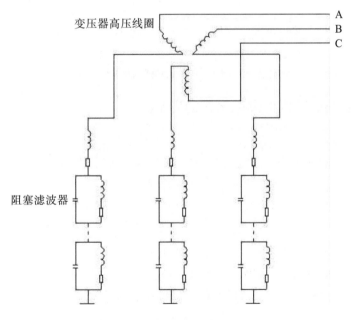

图 17 - 16　阻塞滤波器电路结构

可见,阻塞滤波器(BF)是一个频域非线性阻抗,其并联谐振频率一般略高于需抑制的扭振互补频率,即在扭振互补频率上表现为一个高电抗值和高电阻值的阻抗,能在该频率附近抵消电网中串联补偿电容的作用,从而提高对应扭振模态的电气阻尼和降低系统扰动引起的暂态扭矩。BF 整体在工频附近表现为数值很小的阻抗,基本上不影响工频特性。BF 的阻抗频率特性如图 17 - 17 所示。

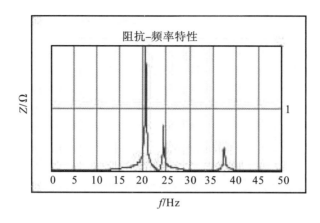

图 17 - 17　BF 阻抗-频率特性

阻塞滤波器(BF)配置原则:

(1)按需阻尼的发电机组大轴的固有谐振模式个数,确定阻塞滤波器串联级数;

(2)由发电机低于工频的自然扭振频率 f_d,推算出系统互补的次同步频率 $f_n = f_0 - f_d$;

(3)每一级 LC 并联回路,谐振于次同步频率;

(4)滤波器合适的品质因素;

(5)滤波器应能承受正常运行时工频电流及系统故障时的短路电流以及次同步谐振电流;

(6)由扰动确定 FC 的电压和容量,并在大的扰动条件下进行校核。

17.5.6　串联补偿装置对继电保护的影响

串联补偿装置对继电保护的影响因素为:串补装置的补偿度、串补装置的安装点和分布情况、保护间隙的性能以及继电保护装置本身的工作特性等。

1)对电流保护的影响

在保护区内发生短路故障时,如果短路电流值足以使保护间隙击穿,则串补装置实际上并不影响继电保护的工作。即使保护间隙不击穿,因串联电容器的存在,使短路电流增大,继电保护灵敏度也增大,因此不会发生拒动的现象。但为了避免在保护间隙不击穿时区外短路和系统摇摆时继电保护无选择性动作,就需要提高电流的启动值,如图 17 -18 所示,自 I_a 提高到 I'_a。这样将使区内短路时的灵敏度降低(与没有串补时相比)。在这种情况下,因为串联电容器对与具有较大阻抗的零序网络影响较小,所以零序电流速断保护具有较好的工作条件。

2)对距离保护的影响

高压输电线路的串联电容补偿可以大大缩短线路电气距离,提高输电线的输送功率,对提高电力系统运行的稳定性有很大作用。然而,它对于距离保护装置的工作将产生不利影响。其影响主要与串联电容的安装位置和补偿度有关。

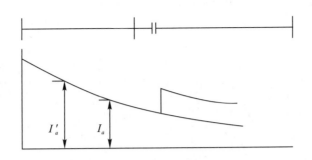

图 17 - 18　串补装置对电流保护的影响

距离保护反映保护安装点到故障点线路的正序阻抗。在装有串补装置的线路上,阻抗继电器有可能受串联容抗的影响而发生不正确的动作。

为了保证保护动作的选择性,保护定值按以下公式选择

$$Z_{zd} = K_k(Z_L - jX_C) \qquad (17-22)$$

式中:K_k 为可靠系数,0.8~0.85;Z_L 为保护线路阻抗;X_C 为串补容抗。

按式(17-23)整定,当串联电容器被旁路后,保护范围随着补偿度的增加会大幅缩短。以图 17-19 为例,按阻抗平面说明各种不正确动作情况。

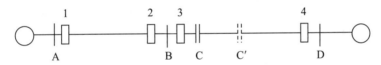

图 17 - 19　串补装置对距离保护的影响

(1)在保护装置正方向故障时拒绝动作。在没有串补装置时,保护装置短路阻抗特性如图 17-20 中的 BD 虚线所示。当在 C 点装设串补装置后,短路阻抗特性如图中 CD 实线所示,所以在 C 点附近发生故障,由于电容器的补偿作用,保护装置将拒绝动作。如果串补装置向线路中点移置时,在补偿度<0.5时,可避免拒绝动作现象,如图 17-20 中的 C' 点。

(2)保护装置正方向区外故障时的无选择性动作。如图 17-21 所示,在装有串补装置的线路中,当保护范围外 D 点发生故障时,将出现保护装置 3 的无选择性动作。同样,对于保护装置 1,在区外 C 点附近发生故障时,由于串联电容的补偿作用,将落入保护动作区,如图 17-21 所示,导致保护 1 无选择性动作。

在 B 点附近发生故障时,保护 4 也会发生无选择性动作,如图 17-22 所示。缩小阻抗整定值可以避免这种区外故障时的无选择性动作,但在保护间隙击穿或串补电容器退出运行时,将使保护范围缩小。改变串补电容的安装位置和适当地选择补偿度(<0,5),就可以避免与补偿线路相邻的线路上的保护(例如保护 1)的无选择性动作。但是,改变串补的安装地点,对补偿线路两端保护装置的无选择性动作是不起作用的。

(3)反方向故障时误动作。在 C 点附近发生故障时,由于串联电容的补偿作用,使保护 2 落入动作范围内,如图 17-23 所示,发生误动作。如果改变串补安装位置或调整补偿度,可以避免这种误动作。

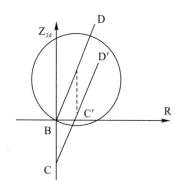

图 17-20　保护装置短路阻抗特性

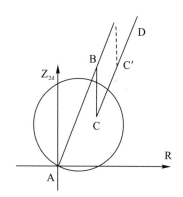

图 17-21　保护装置正方向区外
故障时的无选择性动作

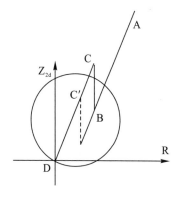

图 17-22　在 B 点附近发生
故障时无选择性动作

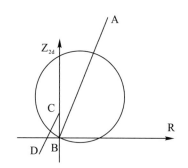

图 17-23　保护装置反方向
故障时误动作

为了防止有串联补偿的情况下距离保护不能正确动作,除了上述适当地选择串补安装地点及补偿度、改变阻抗保护整定值外,还可考虑以下措施:

(1)防止正方向无选择性动作。对于串补装置装设在线路中点到末端间,或装设在相邻线路的情况,利用直线型或椭圆型阻抗特性来限制方向阻抗特性的动作范围;

(2)防止反方向故障误动作。利用串补装置两侧的方向阻抗保护装置构成的闭锁,来防止反向故障时的误动。

(3)采用纵联差动保护作为区内故障全线速动保护。

17.6　高压串联电容器单元

17.6.1　用途

高压串联电容器主要用于频率为 50 Hz 或 60 Hz,系统电压在 1 kV 及以上的交流电力系统中。串联于输配电线路中,有提高功率因数,稳定系统电压,提高线路的输送能力等作用。

由于串联电容器串接到系统中,运行过程中,其运行状态取决于线路的负荷电流,如果出现单相接地及相间短路等情况时,由于故障电流流过电容器,其上会出现很高的过电压,这就需要配置专门的保护装置,以限制电容器上产生的过电压及过负荷。这与并联电容器不同,其相关的性能取决于线路本身的保护水平,而串联电容器的相关性能主要取决于保护装置本身的保护水平。

17.6.2　正常使用条件

串联电容器组应适于在规定的电流、电压、额定频率和规定的故障过程以及下列条件下运行:

1)一般使用条件

(1)海拔不超过 1000 m;

(2)室内和室外的环境温度不超过购买方规定的范围;

(3)覆冰厚度不超过 19 mm(如适用);

(4)风速不大于 35.6 m/s;

(5)当地震的水平加速度(如适用)和垂直加速度同时作用在设备的支持绝缘子基础时,水平加速度不应超过 0.2 g,垂直加速度不应超过 0.16 g,在此场合对加速度值的要求是固定的;

(6)积雪的厚度不应超过支持绝缘子地基平台的高度(典型的最大积雪高度为 1 m);

(7)太阳辐射应不大于 1000 W/m。

2)环境空气温度类别

串联电容器的环境温度类别基本上和并联电容器相同,由于地域较广,南北环境差异较大,运行环境无法按一个标准的等级进行规范。电容器适用的环境温度类别分为多个类别,每一类别用一个数字后跟一个字母来表示。数字表示电容器可以运行的最低环境空气温度,而字母代表温度变化范围的上限,温度类别中覆盖的温度范围为 $-50 \sim +55\,℃$。

国家标准中给出电容器可以投入运行的最低环境空气温度的 5 个优选值,分别为 $+5\,℃$,$-5\,℃$,$-25\,℃$,$-40\,℃$,$-50\,℃$。

电容器最高运行温度上限的表示方式,共分为 4 个基本的级别,分别用 A、B、C、D 来表示,其环境温度规范与并联电容器相同,如第 6 章表 6-4 所示。

如果电容器影响空气温度,则应加强通风或另选电容器,以保持表 6-4 中的极限值。在这样的装置中冷却空气温度应不超过表 6-4 的温度极限值加 5℃。

标准中也给出了标准的标注方法为最低运行温度/温度范围上限,如:$-25/C$,$-40/D$。

3)非正常使用条件

对于超出正常使用条件的情况,在设计中应特别考虑,如下列条件:

(1)超出正常使用条件的其他使用条件;

(2)暴露于具有强烈腐蚀和导电尘埃中;

(3)暴露于盐雾、破坏性气体或蒸汽中;

（4）昆虫繁多；

（5）大量鸟类；

（6）要求超常绝缘或绝缘子具有加大爬电距离的条件。

17.6.3 技术要求

1）额定电压与容量

串联电容器串联安装于输配电线路，以补偿线路的阻抗，额定电压往往取决于系统可能出现的最大负荷，同时与串补成套装置的相关保护设备的保护水平有关，串联电容器的容量则取决于其阻抗与流过电容器的电流，串补装置的对地绝缘基本上由串补平台承担，在电容器及电容器组的对壳耐受电压水平的设计时，只考虑承担电容器端子对平台的绝缘水平。但是对于 10 kV 系统，电容器的承受水平足够，也可不需平台，电容器外壳直接接地。

2）电容量

电容量是电容器的另外一个关键指标，在实际产品的制造过程中，由于各种原因，电容量总是有偏差的。随着电容器制造技术和设备水平的提高，产品电容量的实际偏差越来越小，目前标准要求值为$-5\%\sim+5\%$，在有些项目中要求更高。如果为三相电容器，三相单元中在任何两个线路端子之间测得的最大电容与最小电容之比应不超过 1.08。

3）电容器介质损耗

电容器的介质损耗也是电容器最重要的技术指标之一，一般用介质损耗角正切值 $\tan\delta$ 表示。在额定电压 U_n 下，20℃时，对膜纸复合介质要求 $\tan\delta\leqslant 0.0012$，对于全膜介质要求 $\tan\delta\leqslant 0.0003$。

4）电容器的过电压

在电容器运行过程中，系统会出现各种过电压，对于串联补偿装置，这些过电压主要指平台对地的过电压。电容器平台应该承受的过电压及承受时间如第 15 章表 15-4 所示。需要说明的是表中给出的高于 $1.15\,U_n$ 的过电压是以在电容器寿命内发生不超过200 次为前提确定的。

5）电容器的保护水平电压 U_{PL} 与极限电压 U_{lim}

由于电力系统故障或电网的其他不正常条件会使作用在串联电容器上的电压超过其允许值，这些过电压的限制主要靠保护装置完成，对于保护装置的要求其速度要很快，一般要求必须在半个周波内完成保护动作。串联电容器必须与保护装置相互配合，由保护装置所限制的可能出现在电容器上的稳态电压，即电容器的极限电压。

串联电容器有 4 种常见的保护方式，一般采用多种并用进行保护。

（1）单一火花间隙保护，国家标准中称其为 K1 型保护方式；

（2）由 2 个不同设置的单一火花间隙组成的双间隙系统，称其为 K2 型保护方式；

（3）非线性电阻器保护，国家标准中称其为 M1 型保护方式；

（4）带有旁路间隙的非线性电阻器，国家标准中称其为 M1 型保护方式。

K 型过电压保护装置的特点是当由于系统故障引起线路电流过大时，间隙就会发生火花放电,电弧将一直持续到线路被开断或者旁路开关闭合时,在间隙燃弧期间电容器上承受的电压,峰值将不大于保护水平电压 U_{PL},但是电容器在间隙每次动作时,将会承受到一次短暂的放电过程,这个放电过程必须通过一定的阻抗放电,防止由于短路放电对电容器造成损伤。

M 型过电压保护装置的特点是非线性电阻器永久性地跨接在电容器的端子之间,当电容器组在正常的负荷电流下运行时,仅有非常小的电流通过非线性电阻器,当出现过电压时,M 型保护装置将快速动作,将过电压限制在一定的水平。

在线路发生外部故障的场合,一般情况下,一旦故障被切除,串联电容器就会自动地被再次接入。甚至在故障期间串联电容器仍能起到一定的补偿作用。由于这个原因,在许多情况下 M 型保护装置所选取的 U_{PL} 值可以低于 K 型过电压保护装置的 U_{PL} 值。另外,当被补偿线路本身短路时,线路末端的断路器将被打开。

非线性电阻器应能耐受在过负荷状态下和出现系统摇摆时,以及由此引起的最大的线路故障电流产生的热应力。

一旦其线路保护失灵,则外部故障将长时间存在,这时非线性电阻器将处于过热状态。另外,在被补偿线路上的短路会产生很大的电流,要按照这个电流来决定非线性电阻器的参数是不经济的。在这种情况下,为了保护非线性电阻器,可以用一个开关或一个强制触发的火花间隙进行旁路。

电容器的保护水平指在电力系统发生故障期间出现在过电压保护装置上的工频电压的最大峰值,而电容器单元的极限电压 $U_{\lim}$,指过电压保护装置动作前瞬间和动作期间出现在电容器单元端子之间的工频电压的最高峰值除以 $\sqrt{2}$,所以 U_{PL} 为峰值,而 $U_{\lim}$ 为方均根值,电容器端子间的试验电压则取决于过电压保护装置的类型和它们的保护水平电压 U_{PL},二者的关系如式(17 - 23)所示。

$$U_{\lim} = \frac{U_{pL}}{(s \times \sqrt{2})} \tag{17-23}$$

式中,s 为所作用的电容器单元的串联数。

6) 串联电容器端子间的电压试验

串联电容器端子间的电压与并联电容器有所不同,并联电容器端子间的电压取决于系统的电压水平和保护水平,串联电容器端子间的电压取决于串补装置的保护水平,装置的保护水平 U_{PL},也就是系统故障状态时,电容器端子间可能出现的最高电压的峰值,在国家标准中,电容器的极间耐受电压的水平往往以直流电压来规范,要求无论是采用 K 型过电压保护装置,还是 M 型过电压保护装置,电容器单元应经受 $1.7\,U_{\lim}$ 直流试验电压,同时要求极间试验电压值应不低于 $4.3\,U_n$ 直流试验电压,试验的持续时间为 10 s。

需要说明的是对于整体的电容器组,其极间电压的耐受水平实际上是 $1.2\,U_{PL}$,同时,其极间试验电压值应不低于 $4.3\,U_n$ 的直流电压,串联电容器的极间电压耐受值一般情况高于并联电容器,虽然标准要求为直流电压,但是在实际的直流试验效率过低,往往用交流电压来进行试验,并经常用额定电压进行规范。一般情况下,电容器的极间电压为 $2.2\sim3.5\,U_n$ 之间,具体与系统、串联电容器组,以及保护装置的参数有关。

7)串联电容器对壳绝缘水平

对于串联电容器,往往需要安装到绝缘平台上,来自系统的相过电压由系统的保护水平来确定,同时由串补装置的绝缘平台来承担。串联电容器对壳的绝缘水平取决于其端子对平台的绝缘水平,最终还是取决于串补装置的保护电压。

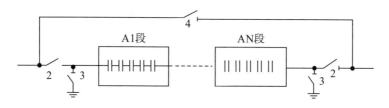

图 17 - 24　串联补偿装置基本原理图

图 17 - 24 所示为串联补偿装置基本原理图,其中 2 为隔离开关,3 为接地开关。4 为旁路开关。对于每相电容器组,可以分为多段串联,每段可由 s 台电容器串并联,电容器总的串联数用 s 表示,在某些位置处需要将电容器的外壳与平台连接,相对于平台电位连接的串联数用 n 表示。对于每个单台串联电容器,根据其可能出现的最大的对壳电压来核算,其极对壳电压试验由以下 2 个条件决定,在 2 个式子中取较大者。

$$U_S \geqslant U_{PL} \cdot \frac{n}{s} \qquad (17 - 24)$$

$$U_S \geqslant 2.5 \cdot U_n \cdot n \qquad (17 - 25)$$

式中,U_S 为对壳电压;U_{PL} 为电容器保护水平电压;U_n 为电容器额定电压;s 为电容器总的串联数;n 为相对于平台电位直接的串联数。

8)电力系统中的电流

串联电容器装置串入电力系统线路中,必须承受来自系统的各种电流。对于正常的负荷电流以及一定幅度内的电流摇摆,电容器是可以承受的,对于来自系统的一些故障电流,如单相接地电流或者相间短路电流,由于幅值很高,并在电容器上产生很高的过电压,是其难以承受的,必须通过保护装置限制流过电容器的电流,从而限制其两端的过电压。但是保护装置的能力是有限的,即使有了 M 型及 K 型保护装置的限制,电容器还必须承受各种电流带来的不利影响。

电容器承受这些电流除带来的热效应外,还必须考虑这些电流在电容器上造成的电压降落的作用,这个电压降落造成电容器工作场强的提高。

国家标准中给出电力系统故障时,在保护装置的作用下,可能出现的流过电容器的各种电流,将这些电流分为运行中的连续负荷电流、故障电流和摇摆电流 3 种,并给出典型的幅值和时间级别。

系统摇摆电流,主要指系统故障时相应的一个暂态过程,时间数量级为秒。故障电流指故障过程中达到稳态的电流,时间数量级为分。连续负荷电流指负荷正常工作时的电流,这个电流也包括谐波电流,可能是连续存在的。

电力系统故障状态下的电流波形如图 17 - 25 所示。

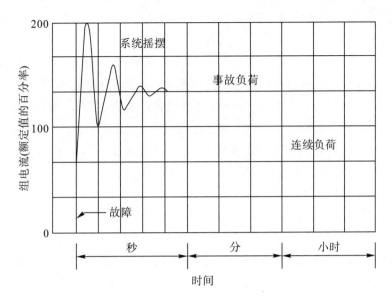

图 17-25　电力系统故障状态下的电流

9）串联电容器组耐受过负荷的能力

串联电容器与并联电容器不同，并联电容器的过负荷主要由系统电压变化引起，而串联电容器的过负荷主要由系统负荷变化引起，由于串联电容器组串联接入输电线路，其功率输出受系统电流影响较大，正常工作时，电流波动范围很宽，有时会出现一些过电流，同时也会使电容器的端电压升高。国家标准中给出了电容器应该承受过电流的幅值和时间，如表 17-1 所示。

表 17-1　电容器承受过电流的幅值和时间

电流	持续时间	典型的范围/（p.u.）	最常见的值/（p.u.）
额定电流	连续	1.0	1.0
1.1 倍额定电流	每 12 h 中 8 h	1.1	1.1
紧急情况负荷/ I_{EL}	30 min	1.2～1.6	1.35～1.50
摇摆	1～10 s	1.7～2.5	1.7～2.0

30 min 紧急情况过负荷是最一般的规定，可以合理地要求电容器在其额定寿命期间，能耐受住总数达 300 次这样的过负荷。在有些场合紧急情况过负荷可能超过表中的规定，如持续时间 10 min 或 4 h，过电流倍数也不同，在电容器设计中应慎重考虑。

10）串联电容器的放电电阻

每一个电容器单元或并联的单元组都应具有使电容器的剩余电压从 $\sqrt{2}\,U_n$ 降到 75 V 或更低的放电器件。电容器单元或并联的单元组的最长放电时间为 10 min。在电容器单元或并联单元组与放电器件（外部放电器件）之间不得有开关、熔断器或任何其他隔离装置。

为了满足线路和串联电容器组自动重合的要求,放电回路必须具备使电容器从等于 U_{pL} 的电压水平放电所要求的足够的载流能力和能量吸收能力。

对于电容器单元,指其内部的放电电阻,对于多串段电容器,特别是装有内部熔丝的电容器,每个串段至少装设一个放电电阻。内部放电电阻一方面要在规定时间内将电容器的电压放电到规定值,另一方面,放电电阻会增加电容器的损耗,所以,放电电阻值要尽量大一些,以避免放电电阻会造成电容器的损耗增加,同时使电容器的温升提高。

在某些情况下,电容器可能通过旁路开关放电。旁路开关放电时必须加装阻尼回路,以限制短路电流,电容器的能量会被阻尼回路吸收。

11)电容器热稳定试验

被试电容器单元应置于两台具有相同额定值或者是 2 台与试品相同的陪试单元之间,也可是用 2 台内部装有电阻器的模拟电容器来作为陪试单元,电阻器的损耗应调节到使模拟电容器的箱壳温度等于或高于被试电容器的箱壳温度单元的温度应在"等同"点处测量,该处必须不受另一单元的直接热辐射,其单元间的间距应等于或小于使用时安装间距。

整个组合应置于烘箱中的静止空气之中,并根据电容器在运行现场的安装说明将电容器放在对热最为不利的部位,环境空气温度应保持在表 17-2 所示的相应温度(允许温差±20℃),应采用热时间常数约为 1h 的温度计进行测量。

这个温度计应加入屏蔽,使其受到的来自被试电容器单元和陪试单元的热辐射减到最少。

表 17-2 热稳定试验中的环境空气温度

符号	温度/℃
A	40
B	45
C	50
D	55

被试电容器应经受基本正弦波交流电压,历时不少于 48 h。在整个试验过程中电压值应保持恒定。试验电压值可根据实测电容使电容器的容量等于 1.44 倍 Q_n 规定的计算求得。试验值 1.44 Q_n 与电容器的过电流为 1 In,8 h 的过电流承受能力相对应。如果这个 8 h 过电流倍数增大了,那么系数 1.44 应按平方倍增大。

在最后 6 h 内最少应测量 4 次箱壳温度,在整个 6 h 内,电容器温升的增加不大于 1 K 时,认为其达到了热稳定状态。如果在 48 小时内,最后 6 h 内电容器的温度变化升高超过 1K,则应延长实验时间,直至最后 6 h 内的连续 4 次测量结果的温升增高小于 1 K。

在试验前和试验后应测量电容器的电容量,两次测量值应校正到同一介质温度,2 次测量值之差应小于相当于一个元件击穿或一根内熔丝动作所引起的变化量。

即使没有任何元件击穿或内部熔丝动作,介质的内部变化也会产生微量的电容变化。在实际的测量和试验中,注意在试验过程中的电压波动、频率和环境空气温度等的差异,以免造成误判。

在实际的试验中,对用于 60 Hz 系统的电容器单元可以用 50 Hz 来进行试验。反之亦然,但是需要根据频率进行折算。要求试验的容量达到相应的容量值,这就需要适当升高或降低试验电压。

17.6.4　冷工作状态试验

串联电容器在运行过程中,可能存在的现象是在轻负荷运行时,电容器的电压和电流均很小,可能处于最低的运行温度,这种情况下发生系统故障时,电容器将会在最冷态的运行条件下,突然进入最重的工作状态。

冷工作状态试验的目的是证明电容器组中的电容器,当其一直处于最低环境空气温度的情况下能耐受住由过电流引起的达到保护水平的过电压。

冷工作状态试验可以在试制的标准单元上进行,也可以在特殊单元上进行。在试验的准备阶段,应将试验单元放入冷冻箱中,将单元冷冻到内部的介质温度等于或低于其温度类别中的最低温度。应在从冷冻箱中取出后的 10 min 内在单元上施加电压 U_{EL}(在 2 个端子之间),历时 30 s。此后,在不开断电压的情况下施加 $1.1\,U_{lim}$(但不低于 2.25 U_N)的过电压,历时 5~10 个周波。此后,在不开断电压的情况下保持过电压 U_{EL},历时 1.5~2 min。此后,应施加另一次相同的过电压周期,如此周而复始直到施加了紧跟之后的 50 个 $1.1\,U_{lim}$ 工频过电压周期,如图 17-26 所示。在最后一次 $1.1\,U_{lim}$ 过电压周期之后,电压 $1.1\,U_{lim}$ 应保持 30 min。U_{EL} 的值可以是 $1.2\,U_N$ 或随着系统故障发生的与最大 30 min 过负荷条件相应的电压,两者中取较大者。

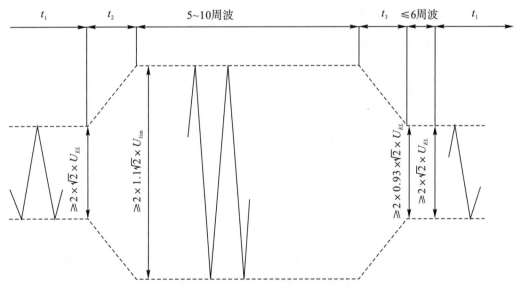

图 17-26　过电压周期的幅值和时间限制

17.6.5 放电电流试验

本试验的目的是检验电容器在系统故障时包括各种保护装置动作,以及旁路开关动作造成的电容器的放电电流,这种电流包括两种情况下的放电电流。

第一种情况是用来证明单元能耐受住在系统发生故障的情况下,回路在某种状态下将阻尼回路旁路,造成电容器两端直接短路的情况下的电流,这种情况实际上很少发生。另外,这个实验也是对于电容器内部相关部件的一种极端的情况,电容器应能承受这种情况下由于短路电流产生的各种应力或热过程。

对于这个试验,标准要求应将电容器单元充电到直流 $\sqrt{2}U_{lim}$ 的电压,然后通过靠近试品的阻抗尽可能低地回路放电,放电次数 1 次。

第二种情况是用来证明单元能够耐受住由间隙动作或旁路开关闭合所产生的放电电流,这个电流主要取决于电容器组及保护装置阻尼回路的设计参数与搭配。

对于这个试验,应在同一个电容器单元上进行,将电容器单元充电到 $1.6\,U_{lim}$ 的直流电压也就是 $1.1\sqrt{2}U_{lim}$,并在这个电压下进行放电试验,放电回路应串入阻抗,并应满足下列条件:

(1)放电电流的峰值应不低于由间隙导通或旁路开关闭合引起的电流的 110%;

(2)放电电流的 I^2t 应至少比由间隙导通或旁路开关闭合引起的 I^2t 大 10%。

这种放电应在小于 20 s 的时间间隔内重复进行,重复次数为 10 次。在最后一次放电试验之间后的 10 min 内,单元应经受标准规定的端子间的电压试验。

在上述的 2 个试验过程中电容器不应该发生任何异常情况,试验前后应测量电容器的电容量,以判断电容器内部是否有元件击穿或熔丝动作,试验过程中,不应发生任何元件击穿或内部熔丝动作现象。

17.6.6 内部熔丝试验

内部熔丝是串联电容器最基本的保护方式,与元件串联连接,一旦元件发生故障,则用此熔丝来断开故障元件。因此,熔丝的电流与电压的范围取决于电容器的设计,在有些情况下也与内熔丝电容器接入的电容器组有关。

串联电容器的运行工况与并联电容器运行状况有所不同,并联电容器极间运行电压取决于系统电压,相对稳定,而串联电容器的运行电压取决于负荷电流的变化。由于负荷的变化范围很大,所以串联电容器的运行电压变化也较大。

1)内部熔丝的设计要求

(1)内部熔丝的熔断原则

内部熔丝设置主要目的是当一个元件发生击穿故障时,内部熔丝应在最短的时间内熔断,将故障元件隔离。内部熔丝的熔断应该按以下几个原则设计:

①串联电容器组耐受过负荷的能力规定的 I_{EL} 和摇摆电流下,内熔丝不得熔断;

②电容器放电电流试验时,内部熔丝不应熔断;

③电容器元件击穿时,与完好元件串联的内部熔丝不应熔断;

④电容器元件击穿时,与故障元件串联的内部熔丝应该熔断。

对于同组并联的电容器发生故障时,由于高压串联电容器一般采用多串段结构,有些故障内部熔丝是可以承受的;对于有些较为严重故障,如对壳击穿等故障,主要靠保护装置进行旁路,使电容器快速脱离网络。

(2)内部熔丝的熔断特性

内部熔丝的熔断,要求在元件击穿的故障电流下快速熔断,在一定的故障电流下,时间一般在毫秒级的时间内熔断,这就要求内部熔丝在短时间内获得足够大的能量,同时要求元件故障时,流过内部熔丝故障电流快速上升,并且幅值足够大。

所以,内部熔丝的设计,不但取决于其熔断特性,同时取决于电容器内部元件的容量、元件并联数、内部熔丝以及二者的连接回路的设计及相关参数的控制。相关控制要求如下:

①元件容量足够,这里主要是元件的电容量及额定电压;

②元件的并联数足够,完好元件对于故障元件的放电能量足够;

③内熔丝的熔体有一定的电阻;

④两者连接回路的电感和电阻足够小。

(3)内熔丝熔断后的隔离能力

内部熔丝熔断将故障元件隔离后,完好的元件将继续运行,这时熔丝熔断后的电容器及其断口必须像完好电容器一样,承受来自系统的各种稳态以及暂态过程,其中还包括由于个别元件隔离带来的电压不平衡造成的影响。

国家标准以及 IEC 标准要求,电容器在个别内熔丝熔断后,电容器应该承受以下条款:

①动作后,熔丝装置应能承受全元件电压,加上由于熔丝动作导致的任何不平衡电压,以及在电容器寿命期间内正常受到的任何短时瞬态过电压。

②在整个电容器寿命期间,熔丝应能连续负担等于或大于单元最大允许电流除以并联熔丝数的电流。

③连接在未损坏元件上的熔丝应能承受由于元件击穿引起的放电电流。

④熔丝应能承受隔离试验的下限电压和上限电压下短路故障下产生的放电电流。

⑤熔丝应能承受由于对平台闪络或可变电阻器故障而产生的高幅值、高频率的放电电流。

2)内部熔丝试验

(1)例行试验

内部熔丝装于电容器内部,对于电容器的试验,只能进行例行的耐受能力试验。对于熔断试验,属于破坏性试验,只能在型式试验或内部熔丝试验来进行,所以,国家标准规定,带有内部熔丝的电容器应能承受一次短路放电试验。

试验电压为直流 $1.7U_n$,通过尽可能靠近电容器的、电路中不带任何外加阻抗的间隙进行试验。

为了便于试验,允许用峰值为 $1.7U_n$ 的交流电压进行试验,在电容器电流过零瞬间断开电源,然后对电容器直接放电。这种方法回路简单,试验速度快,需选相切除电源。

放电试验前后应检测电容量,并判断是否有熔丝动作。原则上在短路放电过程中,不允许有熔丝熔断。

如果购买方允许有熔丝熔断,则端子间电压试验应在内熔丝短路放电试验之后进行。

(2)型式试验要求

内部熔丝标准虽然为单独的标准,但是,其型式试验应该和电容器的其他试验同时完成。标准中也明确规定,内部熔丝应能承受 GB/T6115.1 的电容器单元的全部型式试验和耐久性试验。

熔丝的隔离试验应在一台完整的电容器单元上,或在两单元上进行。由制造厂选择用两单元做试验时,一单元在下限电压下试验,另一单元在上限电压下试验。

(3)型式试验方法与试验程序

内部熔丝的型式试验的试验方法是在规定的电压下,人为使元件击穿,要求被击穿的元件的熔丝能够正确动作,完好元件的内熔丝能够保持一个完好的状态。这个试验在国家标准中称为隔离试验。

内熔丝的隔离试验电压分为在 $0.5\ U_n$ 的下限电压和 $1.1\ U_{lim}$ 的上限电压下进行。如果用直流电压进行试验,则取其峰值进行试验,上述电压应为相应交流试验电压的 $\sqrt{2}$ 倍。

如果用交流电压进行试验,则对于上限电压试验,可以在电流过零时立即使元件击穿;如果在下限电压下的试验,在相同的电压下,可在适当的相位触发,使元件击穿。

对于实验结果的判定,具体采用以下程序进行检验,以证明熔丝具有良好的熔断性能:

第一步,在隔离试验后测量电容量,通过电容量的变化,证明熔丝已经断开。

第二步,对电容器单元进行检查。首先,电容器外壳应无由于内熔丝试验而产生显著的变形;然后,打开外壳,检查电容器内部的变化。检查内容如下:

①故障元件的内部熔丝已经正常熔断;

②完好元件的内熔丝没有显著的变形或熔断;

③由于内熔丝熔断而使少量的浸渍变黑是允许的,不影响电容器质量;

④在击穿的元件与其熔断了的熔丝间隙之间施加 $3.5\ U_e$(U_e 为元件电压)的直流电压,历时 10 s。在试验过程中,不允许熔丝间隙或熔丝的任何部分与单元的其余部分之间有击穿或放电现象。注意,试验时,元件和熔丝不应从试验单元中取出,试验期间间隙应处于浸渍剂中。这一试验也可以用单元交流试验来代替,用交流电压试验时,无须打开外壳,试验电压需进行核算,使得击穿元件和被其熔断了的熔丝间隙之间的电压达到 $3.5\ U_e/2$ 的交流电压。

3)内部熔丝隔离试验方法

国家标准中,关于人为元件击穿的方法,给出了可供选择的五种试验方法,试验时,可选择其中之一种或其他的方法。

无论是交流试验还是直流试验,试验时应记录电容器的电压和电流,以证明熔丝确已断开。对于直流试验,击穿后应将试验电压保持至少 30s,以防止由于断开电源而使熔丝熔断。

为了检验熔丝的限流性能,在上限电压下试验时,熔断了的熔丝两端的电压降,除过渡过程外,应不超过 30%。如果电压降超过 30%,则应采取措施,使得由试验系统得到的并联贮存能量和工频故障电流与运行条件相当。

在上限电压下试验时,有 1 根另外接在完好元件上的熔丝损坏是允许的,或者与故障元件直接并联的元件的数量的 1/10 根熔丝熔断是允许的。

4)内熔丝试验预故障方法

(1)预热电容器法

在施加下限交流试验电压前将电容器单元置于烘箱内预热,预热温度在 $100\sim150$℃之间,具体的温度可根据实际情况选择,以求在较短的时间内得到第一次击穿。

这种试验方法有很大的不确定性,可能的问题是难以得到一个击穿元件,也可能几个元件同时损坏,造成实验结果难以判断。另外温度较高,必要时可以采取相应的保护措施,在单元上装设一个带阀门的溢流管等。在上限电压试验时,可采用较低的预热温度。

(2)机械刺穿元件法

用人为机械刺穿的方法使元件击穿,预先在外壳上钻好洞,将钉子预先固定在洞口处,试验时,人为将钉子打入元件内,使元件击穿。试验电压可以是直流或交流,这种方法更适合在直流电压下试验。采用交流电压试验时,刺穿的时间选择难度较大,很难保证击穿在接近峰值的瞬间发生。

这种试验方法的缺点在于,其一有时可能有 2 个元件被刺穿;其二试验时,可能造成元件通过钉子对外壳放电。解决方法是可以将要刺穿的元件与外壳等电位。

(3)电击穿元件方法一

在试验单元的一些元件中,每只都装一个插于介质层间的插片,每一插片分别连接到一个单独的端子上。为使这样设置的元件击穿,在此改装元件的插片与任一极板之间施加足够幅值的冲击电压,试验电压可以是直流电压或交流电压。在采用交流电压下试验时,同样需要在接近峰值电压的瞬间触发冲击。

(4)电击穿元件方法二

在试验单元的一些元件中,每只都装一根与 2 个附加插片连接的短的易熔金属丝并插于介质层,每一插片分别连接到一个单独的绝缘端子上。为使装有这一易熔金属丝的元件击穿,用另外的充电到足够电压的电容器对金属丝放电,使其烧断。

试验电压可以是直流或交流,在采用交流电压试验时,应在接近峰值电压的瞬间触发充电电容器放电,使金属丝烧断。

(5)电击穿元件(第三种方法)

在试验样品制造时,将单元中一个元件或几个元件的极间部分绝缘层的一小部分去掉,使电容器的某个或某些元件出现小的介质缺陷,例如将膜-纸-膜介质去掉纸介质的一小部分,如 $10\sim20\ cm^2$ 大小,使该小部分的介质只剩 2 层薄膜。

第18章 脉冲电容器及其应用

脉冲电容器最基本的功能是储存静电荷和能量,并能在瞬间将储存能量很快地释放出来。电容器快速释放电荷的能力,是其他的储能设备难以达到的特性,脉冲电容器就是利用了这个最基本的功能和特性,将大量的电荷存入电容器中,并按一定的要求和规律进行放电。

18.1 脉冲电容器应用前景

脉冲电容器应用范围十分广泛,常常用于高电压试验技术、高能物理、激光技术、地质探矿及火箭技术等领域。不同的领域充放电的实际要求是不同的,因此,电容器的设计要求也不同。近年来,随着军工、核技术等方面的广泛应用,通过脉冲来模拟相关的试验,因此,脉冲功率技术的发展给脉冲电容器提供了发展的机遇,同时为脉冲电容器提出了更高的技术要求,即大容量、低电感以及高储能比。

脉冲电容器在高压实验设备方面的应用主要包括冲击电压发生器、冲击电流发生器,以及大功率的方波发生器、一些模拟振荡回路、断路器的合成试验回路等。对于在一些工频电源无法实现的短时大功率试验,可用脉冲电容器进行相关的模拟试验研究。

脉冲电容器的另一个主要应用前景依赖于大能量脉冲功率技术的发展,目前美国、法国、俄罗斯、中国、德国和其他一些国家都在积极进行核反应方面的研究,建造了大量用于核武器效应模拟、高新技术武器的强流高压高功率脉冲装置,需要大量的高储能比、低电感的脉冲电容器,如美国的 TEMP 装置、PIMBS(physics international bremsstrahlung source)装置、PIMBS-II、PBFA-Z 装置、Z 装置升级版 ZR 装置、ZX 装置,装置储能在 5~20 MJ 之间。这些装置使用了大量的高储能密度、低电感快放电高压脉冲电容器。

在一些电力电子设备中,如变频设备,其中的直流支撑电容器,国外一些公司称其为DC-link 电容器,该类电容器实际上也是一种脉冲电容器,其工作中需要不断地、连续性地充放电,相对而言,其充放电的速度较慢,电容量很大。其放电的速度取决于所带负荷的阻抗,其工作性质以直流为主,通过放电形成一定的电压波动,称之为纹波。

另外,脉冲功率装置在食品与医疗器械消毒、金属表面处理、材料改性、环保、医学、辐射加工、纳米材料制备等民用领域也被广泛地使用。

18.2 脉冲电容器的分类

脉冲电容器应用很广,不同的工业应用,不同的放电回路和参数,对于电容器的要求均有所不同,在电容器设计场强、内部及外部回路的电感,放电过程对电容器的冲击、机械力等均有所不同,不像电力系统电容器的应用有统一的技术规范,从功能上考虑,很难对脉冲电容器进行分类。

在现行的部颁标准 JB/T8168《脉冲电容器及直流电容器》中,按用途将脉冲电容器分为 3 类:

(1)冲击电压、冲击电流、冲击分压及其他非连续脉冲装置用电容器;

(2)振荡电路、连续脉冲装置用电容器;

(3)直流高压设备及整流滤波装置用电容器。这种分类方式很难覆盖或规范相关的电容器,且随着脉冲电容器的发展,该分类方法逐渐失去其科学性,况且将脉冲电容器与直流电容器一并进行规范已不合时宜了。

从脉冲电容器内部元件电极的结构分类,可以将其分为箔式脉冲电容器和金属化膜脉冲电容器 2 大类。箔式电容器指其内部的元件由塑料薄膜和铝箔卷绕而成;而金属化膜电容器指在塑料薄膜上蒸镀很薄的金属镀层后,元件由金属化后的薄膜卷绕而成。

就这 2 种电容器而言,金属化薄膜的优点有二,其一在于其自愈性能,即在于当元件被击穿后,其击穿点周围的镀层可在击穿能量下"气化",恢复其绝缘性能;其二在于金属化元件卷绕很紧,金属化元件的储能密度就相对较好,但是由于金属化镀层很薄,在冲击放电时,有可能造成镀层边沿的腐蚀现象,所以,金属化脉冲电容器对其金属化镀层的要求很高。箔式电容器,由于其元件采用铝箔作为极板,所以其放电性能相对较好,但是在提高储能密度上有较大的难度。

18.3　脉冲电容器的充放电过程

脉冲电容器的工作特点就是间断或连续地充放电的过程,在这个充放电过程中,电容器上的电压不断变化,其耐受的电压在某个时段可能是直流电压,而在某个时段则是一个交流振荡波。振荡波的频率、衰减率以及电容器在这个过程中吸收的热量均有所不同,这样,不同的应用对于电容器的要求是不同的,所以,首先要研究电容器的充放电过程。

电容器充放电过程的等效电路图如图 18-1 所示,其中,K_1、K_2 分别为充电控制开关和放电控制开关,U 为直流电源,R_1 为充电电阻,R_2 为放电电阻,L 为放电回路的电感,

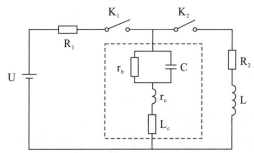

图 18-1　电容器充放电等效电路图

虚框内为脉冲电容器的等效回路,C 为电容器的电容量,r_b 为等效并联电阻,主要代表极间介质的电导损耗和极化损耗,r_c 代表电容器内部的回路等效电阻,L_c 为电容器内部等效串联电感,包括了元件及内部回路的电感,把这个电感也称为电容器的固有电感。以下对电容器的充、放电过程以此电路图为基础进行分析研究。

18.3.1　脉冲电容器充电过程

如图 18-1 中,当开关 K_2 打开,开关 K_1 闭合时,电源 U 就会通过电阻 R_1 给电容器 C 充电。在充电过程研究中,由于 r_b 一般较大,r_b、r_c 以及 L_c 对于充电过程的影响很小,所以,在充电过程的研究中,可将以上几个参数省略。这个充电过程可用一阶微分方程表示如下。

$$CR_1 \frac{\mathrm{d}[U_c(t)]}{\mathrm{d}t} + U_c(t) = U \tag{18-1}$$

这个微分方程,根据初始条件解得电容器的电压和充电电流方程为:

$$U_c(t) = U(1 - \mathrm{e}^{-\frac{1}{R_1 c}}) \tag{18-2}$$

$$I_c(t) = \frac{U}{R} \mathrm{e}^{-\frac{1}{R_1 c}} \tag{18-3}$$

这个充电过程的充电速度,取决于一个常数,即 R_1 和 C 的乘积,这个乘积就是充电回路的时间常数,一般用来 τ 表示。当电阻 R_1 用欧姆表示,电容 C 用法拉表示时,时间常数的单位为 s,公式如下:

$$\tau = R_1 \cdot C$$

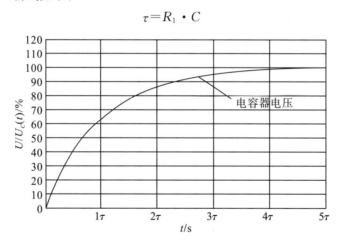

图 18-2　电容器充电电压与充电时间常数的关系曲线

充电过程的电压和电流变化曲线如图 18-2 所示,其时间轴用放电时间常数 τ 表示。理论上,电容器的电压越高,充电电流越小,这样电容器的电压永远达不到充电电压 U。当充电时间达到 5τ 时,电容器的电压可达到电源电压的 99.33%;当充电时间达到 10τ 时,电容器的电压达到 99.995%,接近电源电压。

一般情况下,电容器在充电过程中产生的热量很少,其吸收的能量主要是极间介质的电导损耗,介质的极化损耗很少,与电容器的电压有关,而回路 r_b 吸收的热量与充电电流有关。电容器在充电过程中吸收的热量一般很小,如果在某些连续快速充放电的过程中,电容器的损耗不得不计算时,可用下式进行分析计算。

$$W = \int_0^t \frac{U_C(t)^2}{r_b} \mathrm{d}t + \int_0^t I_C(t)^2 r_c \mathrm{d}t \tag{18-4}$$

18.3.2　脉冲电容器放电过程

电容器的放电过程的分析比充电过程复杂。在图 18-1 中,电容器充好电后,断开充电开关 K_1,闭合放电开关 K_2 时,电容器的放电过程开始,其放电过程可通过二阶微分方程表示。为了方便分析,计算时暂时省略了电容器的并联等效电阻 r_b,其放电过程的微分方程为:

$$(L + L_C)C \frac{\mathrm{d}^2[U_C(t)]}{\mathrm{d}t^2} + C(R_2 + r_c) \frac{\mathrm{d}[U_C(t)]}{t} + U_C(t) = 0 \tag{18-5}$$

在实际的工程中,电容器的放电过程一般分为 2 种情况,一种为阻尼放电,波形不允许有振荡波的出现,这种回路中一般没有串联电感 L,但是电容器和回路的固有电感 L_C 是存在的;另一种情况要求频率和衰减率有一个衰减振荡条件,要达到条件就必须满足振荡条件。放电回路的振荡条件为:

$$R_2 + r_c < 2\sqrt{\frac{L + L_C}{C}} \tag{18-6}$$

为了简化算式,将有功回路的电阻 $R_2 + r_c$ 用一个电阻 R_z 表示,电感 $L + L_C$ 用 L_z 来表示,这样,在振荡放电时,放电回路的振荡方程可用微分方程的通解来表示:

$$U_C(t) = C_1 e^{a_1 t} C_2 e^{a_2 t} \tag{18-7}$$

其中:

$$a_1 = -\frac{R_z}{L_z} + \sqrt{\left(\frac{R_z}{L_z}\right)^2 - \frac{4}{L_z C}}\Big/2$$

$$a_2 = -\frac{R_z}{L_z} - \sqrt{\left(\frac{R_z}{L_z}\right)^2 - \frac{4}{L_z C}}\Big/2$$

根据放电的初始放电条件,可以计算出系数 C_1 和 C_2 的值。对于上述回路,如果放电时,电容器的电压充到 U,则 C_1 和 C_2 的值分别为

$$C_1 = \frac{\left(-\dfrac{R_z}{L_z} + \sqrt{\left(\dfrac{R_z}{L_z}\right)^2 - \dfrac{4}{L_z C}}\right)U}{-2\sqrt{\left(\dfrac{R_z}{L_z}\right)^2 - \dfrac{4}{L_z C}}} \tag{18-8}$$

$$C_2 = \frac{\left(-\dfrac{R_z}{L_z} - \sqrt{\left(\dfrac{R_z}{L_z}\right)^2 - \dfrac{4}{L_z C}}\right)U}{-2\sqrt{\left(\dfrac{R_z}{L_z}\right)^2 - \dfrac{4}{L_z C}}} \tag{18-9}$$

电容器的放电电流可通过求导的方式得到,即

$$i(t) = C \frac{\mathrm{d}[U_C(t)]}{\mathrm{d}t} \tag{18-10}$$

振荡放电的电容器电压和放电电流波形如图 18-3 所示,这种放电波形为一个衰减

振荡的过程。

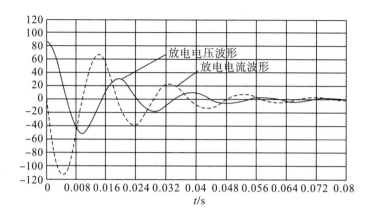

图 18‑3　振荡放电的电容器电压和放电电流波形图

18.3.3　放电时的衰减振荡波形

振荡频率是衰减振荡的关键指标，其频率可用下式进行分析计算：

$$f = \frac{4\pi}{\sqrt{\left(\dfrac{R_Z}{L_Z}\right)^2 - \dfrac{4}{L_Z C}}} \tag{18-11}$$

波形的衰减率为电容器电压的某一峰值电压与其前一个同符号的峰值电压的比值进行计算，实际上在上述振荡波形中，任何一个时间点 t 的电压与 $t-T$ 的电压比值都是相同的。

放电过程中，电容器会吸收一定的能量，特别是当外回路的电阻 R_2 和电感 L 很小时，回路的放电电流很大。电容器在放电过程中会吸收较大的能量，其吸收能量的计算公式与放电过程相同，需通过积分的形式进行计算。

18.3.4　脉冲电容器连续充放电过程

脉冲电容器的放电，很多情况下是一个间断的放电过程，2 次放电的间断时间可以得到适当的间歇。特别对于电容器内部发热的问题，间歇的时间可以充分散热，但是，对于有些场合，比如在电力电子回路中的直流支撑电容器，其充放电是一个连续的过程，对于连续的充放电，充电过程相对也比较快，电容器会受到连续的热效应、连续的机械应力等。

18.4　脉冲电容器的使用条件与性能

由于应用的复杂性，对于脉冲电容器的性能很难形成统一的规范，对每一种放电过程，电容器承受的电流冲击以及热效应、机械效应均有所不同，同时对于电容器的要求也有所不同，需要关注以下几个方面的能力。

18.4.1　脉冲电容器使用条件

1）放电波形与振荡频率

在脉冲电容器的使用环境中,作为一个电源往往要实现一个要求的电压或电流波形,这里要关注的是实现一个波形,比如电容器放电的电压波形。如图 18 - 4 所示,对于一个冲击电压发生器,其输出的电压波形为一个雷电冲击波形,而电容器的放电波形为一个阻尼放电的波形,大多数情况下,其波形为一衰减振荡的波形。

对于衰减振荡,其关键的一个指标是振荡频率,放电频率越高,电容器放电过程中受到的冲击较大,特别是对于金属化电容器,镀层的冲击较大,容易造成边沿的电腐蚀,形成树枝状的放电痕迹。在脉冲电容器的应用中,振荡频率范围很广,可从几赫兹到数百兆赫的数量级。

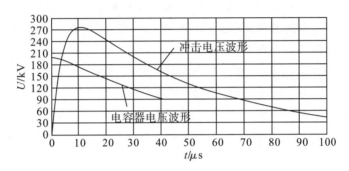

图 18 - 4　冲击电压波形与其电容器放电波形图

2）放电衰减率和反峰电压率

放电衰减率指放电时形成的衰减振荡波中同符号的先后 2 个相继振荡振幅之比值;反峰电压率指放电时形成的振荡波中,电压波的第一个反符号振幅与前一个振幅之比的百分数。

3）放电过程的连续性与重复率

脉冲电容器的应用环境不同,其放电的过程也不同。在有些应用环境中,每次充放电都是一个独立的过程,比如冲击电压发生器、冲击电流发生器等,而在有些应用工况,要求是一个连续的放电过程,产生一系列连续的放电过程。

重复率指电容器在单位时间内的充放电次数,可用次/s 或次/min 来表示。对于连续放电或者间断性的放电,都应该规范其重复率,通过规范放电的重复率,可以计算电容器充放电过程中吸收的热量,并根据散热条件,可以计算电容器运行过程中的温升。

18.4.2　脉冲电容器主要性能

1）脉冲电容器的固有电感

对于脉冲电容器,在其放电频率较低的放电过程中,需要的电感值比较大,外回路需要串联专门的电感,这种工况下使用的电容器,对于电感值没有要求。

对于放电频率很高、放电速度很快的大能量放电过程类似于短路放电,这种电容器根据放电回路的特点和参数,就会对电感有较高的要求,特别是对于脉冲功率装置中使用的电容器,电感要求达到几个纳亨(nH)。

2)脉冲电容器的储能比

脉冲电容器的储能比,指单位体积内存储的能量。电容器内部存储的能量可用下式进行计算:

$$W = \frac{CU^2}{2} \tag{18-12}$$

就电容器所使用介质的材料,有一个关键的参数,即材料的储能因子,用下式表示:

$$\beta = \varepsilon E^2 \tag{18-13}$$

从储能因子计算公式分析可知,要提高储能比,其一是提高脉冲电容器的工作场强,其二是所使用介质的介电常数,这是提高储能比的基本途径,但是储能比最终取决于所能存储的能量和电容器的实际体积。对于箔式电容器其最终的体积与极板厚度、元件布置、压紧系数、外包封等因素有关,对电容器的加工工艺及装备的要求均比较高。对于金属化电容器,一般情况下元件为圆柱形,元件的卷绕紧度较高,极板也较薄,储能因子较高,但是圆柱形元件的叠放空间较大,需要合理地设计和布局。

3)脉冲电容器的耐受电压

脉冲电容器的应用环境与电力系统使用的电容器不同,在行业标准 JB/T8168 中,对于不同用途的脉冲电容器的端子间的短时直流耐受电压值,给出了不同的规范值,如表 18-1 所示,试验时间为 1 min。在标准中也充分考虑了相关的工作条件,但是,由于脉冲电容器工作的复杂性,标准中不能完全规范所有的电容器,随着脉冲电容器应用的不断发展,标准中相关的规范值只能作为参考,实际工作中可根据工作条件适当调整。

表 18-1 脉冲电容器极间耐受电压

电容器	试验电压	电容器	试验电压
冲击分压用电容器	$1.0\,U_N$	冲击电流用电容器	$1.3\,U_N$
		振荡电路用电容器	
冲击电压用电容器	$1.2\,U_N$	连续脉冲用电容器	$1.4\,U_N$
直流高压用电容器		整流滤波用电容器	

4)脉冲电容器的耐久性试验

耐久性试验,依据标准 JB/T8168 进行,标准中对于不同用途的电容器进行了规范。如 18-2 表中所示,基本上按本身所需要承受的波形或冲击进行试验,表中数值只能作为参考,在实际的指标确定时,需要考虑电容器在冲击电流或电压下的热效应、机械应力效应等各方面的问题。

表 18 - 2　脉冲电容器的耐久性试验规范

用途	工作条件	耐久试验(不低于)
冲击电压	在额定电压下,按规定的波形或电路参数充放电	充放电 10000 次
冲击电流		
冲击分压	承受峰值等于额定电压的规定波形的冲击波	充放次数 10000 次
振荡电路	在额定电压下,按规定的衰减率作衰减振荡放电	充放电 10000 次
延续脉冲	在额定电压下,按规定的波形或电路参数作连续充放电	充放电次数或延续时间由买方与制造厂协商确定
直流高压	在额定电压下连续运行	长周期的断续运行(例如,每 24 h 中运行 8 h),总运行周期数由购买方与制造厂协商确定
整流滤波	一般在叠加有交流分量的直流电压下工作,脉冲电压的峰值不超过额定电压 U_N,交流分量的振幅不超过 0.15 U_N $\sqrt{50/f}$,其中 f 为交流分量的频率,Hz	

注:若需特殊要求的电容器,由购买方与制造厂协商确定

18.5　脉冲电容器的结构与设计

18.5.1　脉冲电容器外形结构

脉冲电容器结构因其使用的工作条件不同而不同,主要取决于以下几个要素:其一是最高峰值电压,可从数百伏到几百千伏;其二是工作峰值电流,跨度从几安培到几十千安;其三是单台的储能;其四为电容器内部使用的介质结构,如果是箔式电容器,其元件为压扁的立方体结构,适合于压装、打包成方形心子;如果是金属化膜介质结构,元件则为圆柱形,适合圆柱形结构。另外,影响脉冲电容器结构的另一个因数是放电回路的性能和布置结构。在相关因素的影响下,脉冲电容器的结构形式很多,主要的结构形式如图 18 - 5 所示。

由图 18 - 5 可知,脉冲电容器的各种结构差别很大,图中只是列出了一些典型的有代表性外形结构,各种结构的差别分叙如下:

(a)套管型脉冲电容器。主要适用于电压等级较高、电容量相对较小的产品,其外绝缘套管可以是玻璃钢或其他绝缘材料,也可是瓷套管,内部一般为箔式元件串并联组成,并联数一般相对较少。

(b)方形绝缘外壳脉冲电容器。主要适用于电压等级较高、电容量相对较大的应用,其外壳由玻璃钢或其他绝缘材料制成,内部一般为箔式元件或金属化元件串并联组成。图中结构是一个特殊设计的开关复合结构,目的是减小外回路的电感,是一种用于脉冲功率放电中的低电感设计。

(c)方型金属外壳脉冲电容器。主要适用于电压等级较高、电容量相对较大的应用

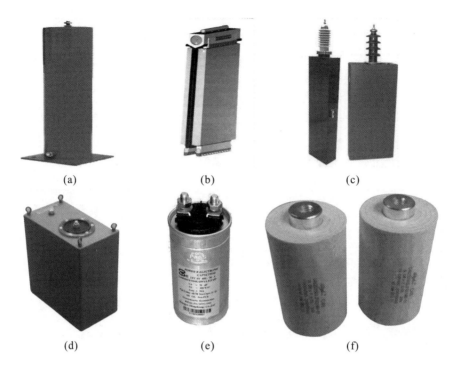

(a)　　　　　　　(b)　　　　　　　(c)

(d)　　　　　　　(e)　　　　　　　(f)

图 18 - 5　脉冲电容器的外形结构

场合,外壳由薄钢板制成,内部一般为箔式元件或金属化元件串并联组成,有专门的引出套管。套管的结构视放电电流的大小而不同,一种是通过金属法兰装配式套管,适用于大电流放电,这种套管机械强度高,具有较强的承受由放电引起的机械应力的能力。另一种结构借用了现有的并联电容器的机械压接或锡焊套管,用于放电电流相对较小、机械强度相对较低的脉冲电容器。

(d)(e)(f)均为低电压脉冲电容器的几种典型的结构,内部元件多为金属化膜制成的元件,其中(d)主要适用于电压等级较低、电容量很大的应用,其外壳由金属薄板制成,这种出线结构具有较强的承受由放电引起的机械应力的能力。(e)(f)均为金属化元件的标准的电容器结构,电压较低,放电电流适中,外壳为绝缘或者金属薄板制成。

18.5.2　脉冲电容器内部结构

与其他电容器相同,脉冲电容器的内部结构主要由元件、引线以及外包封等组成,其设计与其他电容器不同,工作特点是脉冲放电,元件、引线以及心子的结构设计需要关注的是冲击电流引起的发热效应和机械应力。对于某些电容器还需要严格控制各部分的电感。

脉冲电容器元件有 2 种基本的结构,一种情况为金属化元件结构;另一种为箔式元件结构,箔式脉冲电容器不设置内部熔丝。以下就两种元件结构分别进行分析。

1)箔式脉冲电容器元件

箔式电容器的元件有 2 种基本的元件结构,即缩箔插引线片和突箔 2 种基本的结构形式。缩箔插引线片是箔式电容器通用的一种传统的元件结构形式,其极板利用率高,生产工艺简单。

由于元件是一种卷绕式的结构,引线片插入后,所有的电流均沿极板的绕向流向引线片,这样,元件的电感会明显增大,由于部分电流流入引线片的路径很长,所以,对于插引线片结构的脉冲电容器元件,首先采取的措施是插入多个引线片,并错开布置,一方面可以减小元件的电感,另一方面可以减小电流的路径。同时,引线片错开布置也可以防止局部压紧系数过高的问题。

随着并联电力电容器技术的发展,出现了另一种元件结构,即铝箔突出结构,这种结构的特点是铝箔一边凸出、另一边缩箔,2 张铝箔分别向 2 个方向突出,在元件的端部形成自然的引线,这样,元件内部任何一点的电流只流向元件端部,使元件的电感大大减小,同时,电流的路径大大减小,其极板损耗降低,而抗机械应力的能力大大加强,所以,对于脉冲电容器,其铝箔突出结构是一个最佳的选择。

2)箔式脉冲电容器的介质材料

箔式电容器的介质结构一般采用固体介质和液体介质组合的复合介质。电容器的主介质固体介质一般有电容器纸、聚丙烯薄膜、聚酯膜等,液体介质一般有二芳基乙烷、苄基甲苯等。

从介质的选取上,根据电容器的储能因子(εE^2)对于介质的要求,一方面需要采用介电常数较高的电介质,另一方面要求介质的耐电强度较高,故可采用介电系数较大的介质,如高密度电容器纸、高介电系数的聚酯薄膜和苄基甲苯类绝缘油。

3)箔式脉冲电容器的极板材料

箔式脉冲电容器的电极与其他电容器相同,通常采用铝箔作为其极板,纯度不低于99.7%。早期的铝箔厚度为 7 μm,随着铝箔加工工艺水平的提高,目前铝箔厚度有4.5 μm、5 μm、6 μm。铝箔的厚度也是影响储能比的重要指标,在不影响电容器其他指标的情况下,一般可以选取较薄的铝箔作为极板。

4)金属化脉冲电容器元件

近年来对金属化脉冲电容器的研究比较多,其元件的加工、卷绕等加工工艺与其他电容器没有任何的差异,但是,其金属化镀层的设计与加工是一个关键的要素,特别是一些快速或者高频的脉冲放电,其关键的指标是放电电流的变化率,即 di/dt 的大小。

金属化容器的优点在于其自愈性能,当介质发生击穿后,周围的镀层在击穿放电能量下发生自愈,绝缘恢复,损失容量极小;但是,脉冲电容器需要快速放电,这时,由于其镀层很薄,有一定的阻抗,放电时造成极板上有一定的电压分布,会造成电压分布不均匀,从而造成介质击穿以及边沿的腐蚀放电,这是金属化脉冲电容器的缺点。有关资料研究显示,金属化膜与铝箔复合卷绕会影响自愈效果。

对于脉冲电容器,当发生冲击放电时,由于冲击放电时的 du/dt 或者 di/dt 很大,容抗很小,镀层的方阻对于电压分布有一定的影响。其实铝箔突出的箔式电容器也有同样的问题,只不过箔式电容器的铝箔的厚度是金属化镀层厚度的数百倍,而金属化镀层则很薄,厚度的不均匀度很难控制。

放电时,由于电流均流向两端的喷金层,所以,脉冲电容器的镀层需要更加深入地研究,开发自愈性能好、抗冲击性能优良的金属化膜。对于高频或快速放电的金属化膜脉冲电容器,减小元件的长度不失为一个好的方法,但是内串结构以及安全膜不宜使用。

另外,金属化元件由于电极从两端引出,电流的路径较短,所以固有电感不成问题。

5)脉冲电容器的心子与整体设计

整体的元件设计可参考壳式并联电容器的相关章节。对于低电感脉冲电容器,由于箔式电容器也可采用铝箔突出解决问题,所以无论是金属化膜电容器还是箔式脉冲电容器,元件的电感基本不成问题,但是,对于整个心子乃至整台电容器,需要适当地控制,方能很好地控制电感。

图 18-6 给出了 2 种箔式低电感脉冲电容器的心子结构,元件的排布方法上需要掌握几个原则,以最大限度地减小回路电感:其一,放电电流流过的回路距离最短;其二,回路围成的空间尺寸最小;其三,回路尽量形成一个扁平化的导电带。

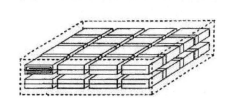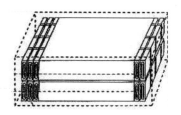

图 18-6　脉冲电容器心子结构

心子的引线,同样也要遵从上述相关规律,引线尽量使用扁铜带,长度尽量短,但要留一定的余度,设计结构同时考虑在冲击电流下引起的引线的电动力,防止由于电动力引起焊点等部位的损坏,合理的固定是有必要的。

金属外壳的电容器引出线穿过钢板也会产生一定的电感,特别是两端引线的电容器,尽量采用非导磁的绝缘材料作为外壳。

金属化膜脉冲电容器,由于心子为圆形结构,如果为单元件的电容器,外壳基本上也为圆形。对于多个元件的低电感电容器,与箔式电容器控制电感的方法基本相同。

18.6　大型脉冲功率装置对脉冲电容器的需求

脉冲电容器已经经过了几十年的发展历史,随着技术的进步,将以产生短时高电压或大电流的方法叫作脉冲功率技术。这是一个大的概念,产生脉冲功率有很多种方法,其中通过电容器储能是最容易实现的方法,应用很广泛。

脉冲电容器的应用很多,包括我们常见的冲击电压发生器、冲击电流发生器、开关合成回路以及军工、核聚变实验研究等方面的脉冲放电回路,均属于脉冲功率技术。这里无法对每一种脉冲电容器的要求进行罗列,只列出了一些要求比较高的大功率脉冲电容器的相关参数。

俄罗斯和美国为了进行约束聚变的研究,建造了一系列脉冲功率装置。最近,美国、俄罗斯又提出了新的技术方案,计划建造超大型脉冲功率装置。俄罗斯大电流所(HCEI)研制出用于高功率 Z 箍缩的短脉冲 LTDZ 模块,它采用 80 只脉冲电容器,构成 40 路并联放电装置,其中使用塑壳电容器,单元电容器的电压为 100 kV,电容量为 40

nF,固有电感为 25 nH,等效串联电阻为 270 mΩ。并基于此计划建造用于约束聚变装置,项目需要电容器 3000 只,单元电容器的电压为 50 kV,电容量为 2.8 μF,固有电感只有 5 nH。

美国 Saturn 装置的设计方案共有 24 路,每一路需要 40 级串联,每一级初级储能为 24 只环形排列,每只电容器是最大输出电流 30 kA 的快脉冲电容器,电感和电容分别为 25 nH 和 11 nF,电容器需求量总计 23040 只。

另外,俄罗斯研制了与开关结为一体的快放电电容器,设计指标 2.8 μF,50 kV,2 nH,最大峰值放电电流为 1 MA,目前达到指标:2.8 μF,100 kV,20 nH,放电电流 500 kA。俄罗斯 HECI 还研制出了一系列可用于 X - pinch 和纳米材料制备的同轴低电感开关一体化电容器,并基于此研制了大量脉冲功率装置,很多装置都已经进入产业化阶段。

美国某公司根据 X 射线模拟源的目标 X - 1 计划,包含了 4 种方案,均采用低感高压电容器储能,装置具体参数如表 18 - 3 所示。

表 18 - 3　美国采用低感高压电容器储能装置的 4 种方案

方案	Fast LTD	Slow Marx	Faster Marx	Very fast Marx
储能	49 MJ	72 MJ	55 MJ	67 MJ
电容模块数	64 组	60 组	96 组	256 组
电容器数量	40320 台	4800 台	9216 台	22272 台
单元电容器电压	100kV	100kV	90kV	100kV
单元电容量	600 nF	3 μF	1.5 μF	600 nF
单元固有电感	50 nH	—	—	—

从上面的介绍可以看出,脉冲功率装置的初级储能主要采用电容器,其技术水平直接决定脉冲功率装置的技术途径、造价和复杂程度。要实现快脉冲放电的初级储能,除要求具有高储能密度、长寿命外,还特别要求具有低电感(小于 10 nH)、大输出电流(单只电容器希望达到 1 MA)。每只电容器储能 11 kJ,电感 20 nH,容量 2.2 μF,特征放电时间 370 ns,希望储能密度达到 340 kJ/m³,每只电容器储能 11 kJ,电感 2 nH,容量 2.2 μF,特征放电时间 100 ns。

第 19 章　中频电容器及其应用

感应加热技术是利用交变磁场中的导体内产生的涡流和磁滞损失产生热量,使需加工的工件自行发热的一种加热技术,主要用于金属淬火、锻造熔炼、锻造毛坯加热、钢管弯曲、金属表面热处理、焊接等。根据各种工件的加热特点,往往需要较高的频率。

感应加热装置用电容器也称电热电容器,是电力电容器的一种特殊应用和种类,一般用于 0.15~50 kHz 的中频感应加热设备中,起提高回路效率和无功补偿的作用。

19.1　感应加热技术概述

19.1.1　感应加热原理

感应加热技术用于磁导率较高的金属材料的加工,利用电磁感应原理,在工件内产生磁场,使工件在磁场下产生涡流损耗和磁滞损耗,使工件内部发热,从而达到给工件加热的作用。

图 19-1 中,根据电磁感应定律,感应加热电源向感应线圈中通入交变电流,即在线圈中产生同频率的交流磁通;当感应圈中有金属工件时,磁通会在工件中感应出电势及感生电流;感生电流在工件内部会产生焦耳热。用此原理进行的加热叫感应加热。如图 19-2 所示。

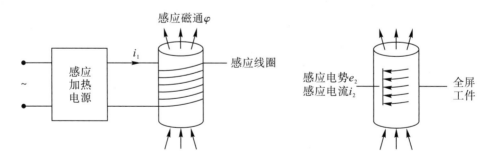

图 19-1　感应加热系统原理图　　　　　图 19-2　感应工件发热原理

设在感应圈中通入正弦交流电,此时将在线圈中产生随时间 t 按正弦规律变化的磁通:

$$\varphi = \Phi_m \sin\omega t \tag{19-1}$$

式中,Φ_m 为磁通的幅值,与感应电流有关,电流越大,磁通量越大;ω 为加热电源的角频率,$\omega = 2\pi f$,f 为加热电源的频率。

则感应电势为:

$$e_2 = \frac{\mathrm{d}\varphi}{\mathrm{d}t} = -\Phi_m \omega \cos\omega t = -\Phi_m \omega \sin\left(\omega t - \frac{\pi}{2}\right) \tag{19-2}$$

其中,感应电势之幅值:

$$E_m = \Phi_m \omega = 2\pi\Phi_m f \tag{19-3}$$

从式(19-2)中可以看出,为提高感应加热的效率,需要提高磁感应电势。提高磁感应电势有 2 条途径,其一是提高电源的频率,其二是提高回路的感应电流。

感应加热技术,应用了电磁感应的 3 个效应,即集肤效应、邻近效应和圆环效应。当交流电通过导体时,沿导体截面上的电流分布不是均匀的,最大的电流密度出现在导体的表面层,这种电流集聚的现象称为集肤效应;而当 2 根通有交流电的导体距离很近时,导体中的电流分布会彼此影响而有所变化,若两导体中电流方向相反,则最大的电流密度出现在两导体的内侧,反之若导体中电流方向相同,则最大电流出现在导体外侧,这种现象就称作邻近效应;而交流电通过圆环形线圈时,最大的电流密度出现在线圈导体的内侧,这种现象称作圆环效应。

感应加热技术有一个最基本的技术指标即电流透入深度,当工件(导体)处于交变磁场中时,工件中感应的交变涡流由于集肤效应,由导体表面至中心按指数规律衰减,当衰减到其最大值的 0.368(1/e)时,此处与表面的距离称为电流透入深度。感应加热技术就是综合利用 3 种效应,并结合材料的电阻率与相对磁导率,合理控制透入深度,使工件的加热过程得到控制,使需要加热的部位得到所需能量,满足工件的工艺要求。

19.1.2　感应加热装置的频率

中频感应加热设备的频率是一个重要指标,它影响到感应加热装置的出功和加热速度,自诞生到现在,已经经历了一百多年的发展,形成了比较成熟的技术。随着现代电力电子技术的发展,感应加热技术在各种频率下都有广泛的应用。

电磁感应加热方式及不同频率所适应的加工零件,根据设备输出的交变电流的频率高低不同,可分为 5 类,即低频感应加热、中频感应加热、超音频感应加热、高频感应加热和超高频感应加热。

(1)低频感应加热

频率范围为工频 50～1 kHz,常用的频率多为工频,相对加热深度较深,加热厚度较大,为 10～20 mm,主要用于对大工件的整体加热、退火、回火和表面淬火等。

(2)中频感应加热

频率范围在 1～20 kHz,典型值是 8 kHz 左右加热深度 3～10 mm,多用于较大工件、大直径轴类、大直径厚壁管材、大模数齿轮等工件的加热、退火、回火、调质和表面淬火及较小直径的棒材红冲、锻压等。

(3)超音频感应加热

频率范围一般在 20～40 kHz,加热厚度为 2～3 mm,用于中等直径工件深层加热、退火、回火、调质,以及较大直径的薄壁管材加热、焊接、热装配,中等齿轮淬火等。

(4)高频感应加热

频率范围在 40～200 kHz,常用 40～80 kHz。加热深度、厚度为 1～2 mm,多用于小型工件的深层加热、红冲、锻压、退火、回火、调质,表面淬火,中等直径的管材加热和焊接、热装配,小齿轮淬火等。

(5)超高频感应加热

频率相对较高,在 200 kHz 以上。加热深度、厚度最小,为 0.1～1 mm。多用于局部极小部位或极细的棒材淬火、焊接,小型工件的表面淬火等。就感应加热装置本身而言,频率越高,加热深度越浅,一般需要的能量越小,对于其应用的电容器,主要应用频率在 0.15～50 kHz 范围内,这与加热所需的功率有关。

19.1.3　感应加热装置的应用前景

电磁感应加热技术主要应用于对金属和石墨等材料的加热。其最大的特点是加热速度快,工件会在极短的时间(多以秒计)内急剧升温,如果需要,可使任何金属材料达到熔点,石墨达到升华。总结起来,感应加热方式具有以下特点:

(1)加热速度快,减少工件氧化、脱碳,提高工件质量;

(2)工件加热长度、速度、温度等可精确控制;

(3)工件按需要加热、心表温度控制精度高,节能高效;

(4)生产操作简单、自动化程度高。

由于感应加热技术诸多的优点,将会有更多的应用前景。

19.1.4　感应加热装置用中频电容器的作用

在感应加热系统中,其回路产生的无功功率,主要来自工件的电感和回路的电感,为了提高供电效率,需要对回路进行补偿,特别是对于大功率、高频率的感应加热装置,回路中会产生较大的无功功率、对于无功功率的补偿,根据需要可选取 2 种补偿方式,即串联补偿方式和并联补偿方式;感应加热装置习惯上将这 2 种补偿方式称为 LC 串联谐振和 LC 并联谐振,其电路如图 19 - 3 和图 19 - 4 所示,其中 E 为变频电源,L_1 为回路的电感,L_2 为感应装置的电感,R 为感应工件涡流回路以及磁滞回路的等效电阻。

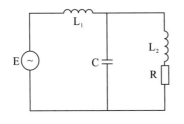
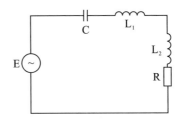

图 19 - 3　并联谐振回路　　　　图 19 - 4　串联谐振回路

无论是哪一种谐振回路,均须达到接近电源频率的 LC 谐振状态。对于并联谐振回路,电容与工件的电感 L_2 在电源频率下谐振,目的是减小变频电源的输出电流和容量;对于串联谐振回路,电容与工件电感 L_2 和回路电感 L_1 谐振,提高等效电阻 R 上的电压,目的是减小变频电源的输出电压和容量。

就补偿或者谐振的原理而言,对于大容量、高频率的加热回路,串联谐振回路更加实用,对于频率较低的回路,容量又不很大更加适合并联谐振回路。这种补偿回路的电容器常与感应线圈组成谐振回路,因此它又常被称为谐振电容。另外,在并联式逆变器中,电容器是逆变晶闸管关断的必需元件,已经触发导通的逆变器由电容器两端的电压强迫关断,完成从导通到关断的工作过程,所以有时又称为换流电容器。

中频感应加热电容器,主要用于可控或可调的交流电力系统中,用来改善感应加热装置回路的无功功率,减小变频电源的输出容量,是相关频段电磁感应加热系统不可或缺的主要元器件之一。

19.2　中频电容器性能及参数

19.2.1　中频电容器的性能

感应加热装置的供电系统采用变频电源供电,其供电特性符合变频电源的特征,工频供电系统中存在特征次谐波,同时,由于感应加热系统采用中频电容器补偿,所以,功率因数很高,但是谐波含量较大。对于中频补偿回路,电容器安装于感应装置的中频侧,工频侧的谐波与其无关。对于中频电容器,与其他的并联和串联电容器的不同点主要来自频率的变化,中频电容器的所有性能特点均与其工作频率有关。电容器的主要性能特点如下:

1)中频电容器的频率

中频感应装置的频率很高,可达到 200 kHz 以上,但是,对于频率较高的系统,容量比较小,回路无须补偿。中频电容器一般工作在 0.15～50 kHz 之间。

2)中频电容器的电流与容量

中频电容器的元件结构与并联电容器基本相同,但是其工作电流很大,容量也很大,其电流和容量分别用式(19-4)和式(19-5)表示:

$$I = 2\pi fCU \tag{19-4}$$

式中,I 为电流,A;f 为频率,Hz;C 为电容,μF;U 为电压,V。

$$Q = 2\pi f CU^2 \tag{19-5}$$

式中,Q 为容量,kvar;f 为频率,Hz;C 为电容,μF;U 为电压,V。

所以,对于相同电容量,相同电压的电容器,其工作电流和容量均与频率成正比,所以,中频电容器的容量要比常规的并联电容器容量大。

3)中频电容器的损耗

中频电容器的损耗要比其他工频电容器的损耗大得多,主要原因在于其工作频率高,无功容量密度大。电容器的损耗分为 2 部分,其一为内部的介质损耗,而介质损耗包括介质的电导损耗和极化损耗,极化损耗随频率增加而增加,而电导损耗与频率无关;其二为内部导体的损耗,导体的损耗包括了极板以及引线的损耗,电导损耗与导体中流过的电流正相关。

从总体损耗分析考虑:按介质损耗角角度,随着频率的提高,其损耗角正切值有所减小;就能量损失的角度,随着频率的增加,无功容量密度变大,因此电容器总的损耗是增加的;就单位体积损耗而言,增加幅度很大,所以,中频电容器损耗引起的发热,需要采取特别的冷却措施来使其达到较低温升下的热平衡。

导体中的另一种损耗是涡流损耗,特别是一些磁导材料,由于导磁率高,磁通很容易集中到这些材料中,涡流损耗随着频率增加而增加,所以,在中频电容器中,为了防止外壳发热,一般采用铝板作为电容器的外壳。

19.2.2　主要技术参数与环境要求

1)中频电容器的技术参数

额定电压:0.25~3.6 kV;

额定频率:0.15~50 kHz;

额定容量:(单台)100~15000 kvar;

额定电流:(单台)最大 5000 A;

电容偏差:−5%~+10%;

固体介质:电工聚丙烯薄膜;

浸渍剂:M/DBT,PEPE 或 PXE 等;

电极板:电工铝箔;

外壳材料:铝合金板;

冷却方式:单电极水冷,双电极水冷,强迫风冷,空气自冷。

2)中频电容器的使用条件

海拔高度不超过 1000 m,户内安装;

安装场所无剧烈机械振动、无有害气体及蒸汽、无导电性及爆炸性尘埃;

冷却水进水温度不超过 30℃,对于 1000 kvar 以下的电容器水流量不低于 4 L/min,1000 kvar 及以上的不低于 6 L/min;

风冷式电热电容器,电容器间最小间隙应不小于 50 mm,风速不小于 4 m/s;

空气自冷式电容器,电容器间最小间隙应不小于 100 mm;

电容器周围空气温度不超过 50℃;

长期过电压(24 h 中不超过 4 h)不超过 $1.1 U_n$,长期过电流(包括谐波电流)不超过 $1.35 I_n$。

19.3　中频电容器的结构

结构描述:与其他电力电容器结构基本相同,包括外壳、心子以及出线套管等。对于水冷式电容器,另一个主要差别是增加了水冷设施。

中频电容器以(粗化)聚丙烯薄膜及高性能液体做复合介质,高纯铝箔作电极板,绝缘套铜螺杆或冷却水管作引出端子,铝合金板作外壳,水冷式电容器内配水冷管。外壳多为长方体箱式结构。

中频电容器主要由心子和外壳组成。心子由数组元件串并联构成,心子的一侧(双极水冷式电容器两侧)焊有冷却水管(风冷及空气自冷式产品除外);外壳由铝合金板弯折焊接制成,两侧壁焊有供吊运、安装的支架,箱盖上装有进出水管和绝缘套管,铜接线端子。油箱内除心子外充满性能优良的绝缘液体。

19.3.1　中频电容器的外部结构

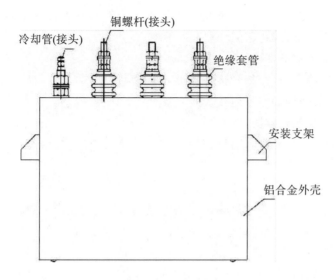

图 19-5　单极水冷式中频电容器外形简图

19.3.2　中频电容器的心子结构

中频电容器的内部结构如图 19-6 所示。

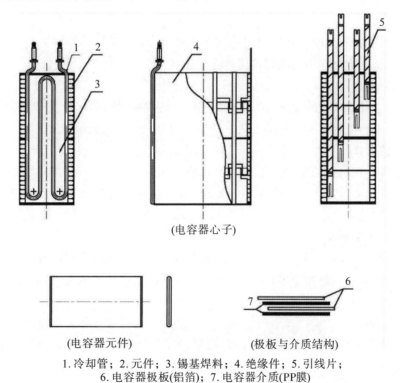

(电容器心子)

(电容器元件)　　　　　　　(极板与介质结构)

1.冷却管；2.元件；3.锡基焊料；4.绝缘件；5.引线片；
6.电容器极板(铝箔)；7.电容器介质(PP膜)

图 19-6　中频电容器内部结构图

19.3.3　中频电容器的冷却方式

中频电容器,按冷却方式可分为单极水冷式电容器、双极水冷式电容器、强迫风冷式电容器和空气自冷式电容器,它们分别有如下特点:

1)单极水冷式电热电容器

电容器单极水冷引出,冷却管接头作电容器公共引出端,另一极为分组的绝缘套铜螺杆,公共端分为对壳绝缘与不绝缘 2 种类型。

2)双极水冷式电热电容器

电容器采用双极水冷结构,两极都用冷却水管接头引出,其中至少一极有绝缘套管对外壳绝缘。

3)风冷式电热电容器

风冷式电热电容器,去除了电热电容器常见的冷却水管,用强迫风冷替代水冷作电容器冷却。

4)空气自冷式电热电容器

电容器可在规定的环境条件下直接安装使用,无须水冷及强迫风冷。

19.4　中频电容器的设计

中频电容器工作在较高的频率(中频),工作电流大,发热量大。如何减少电容器的发热,提高散热效率是设计重点。

1)固体介质材料

目前中频电容器的固体介质材料选用聚丙烯膜,无论是浸渍性能还是介质损耗、频率特性都有很好的表现,中频电容器固体介质已经全膜化。

2)液体介质材料

M/DBT 及 PEPE 的低黏度、良好的渗透性、优秀的电气性能及与 PP 膜良好的相容性,使其成为电力电容器主要浸渍剂之一,已在中频电容器中得到广泛应用。

3)极板的选择

中频电容器用电工铝箔作电极板。考虑到中频电容器电流大的特点,铝箔厚度、宽度选择都有特殊要求。为了既满足厚度要求,又使其有好的卷绕性,设计高频率电容器时,可采用双层甚至是多层铝箔叠加作为极板卷绕元件。

4)元件宽度的选择

根据电容器工作频率的不同应作不同选择,以满足引出电流密度要求。一般地,频率越高,元件的宽度应越小。但在中频的低频段,可以采用较宽的元件,以提高极板的有效宽度占比,从而提高经济技术性能。

5)元件的引出

中频电容器工作电流大,元件卷绕时插引线片引出已不能满足载流量要求,因此中频电容器都采用凸极式无感卷绕元件,然后端面涂锡基合金引出。

6)元件电压的选取

中频电容器用冷却管作电极引出时,心子内部元件串联连接不方便,因此在工艺条件及工艺水平许可时,元件设计电压可适当提高,以避免采用元件串联式结构。

7)引线载流密度的选择

中频电容器,固体介质聚丙烯薄膜自身有功损耗低,对于中频电容器介质损耗已不再是电容器有功损耗主要来源,取而代之的是焊接引出及引出线的欧姆电阻损耗,因此设计有效合理的引出方式及引线的线径很重要。

8)冷却方式的选择

根据电容器的无功当量,应设计不同的冷却方式。一般对于较高频率的产品,宜采用水冷式散热,无功当量越大的电容器,冷却管的换热长度应越长。对于低频、中频电容器,也可设计强迫风冷甚至是空气自冷方式散热。

9)外壳材料的选择

高频率下,铁磁性材料发热更为严重,因此不宜选钢板作中频电容器外壳。目前,中频电容器已基本采用铝合金板作外壳材料。

10)装配式引出端子

中频电容器,因额定电压不高,硅橡胶密封装配式引出端子,有很好的性价比,在中频电容器中得到广泛应用。

19.5　常用中频电容器型号规格

常见中频电容器的规格型号及参数如表 19 - 1 所示.

表 19 - 1　常见中频电容器的规格型号及参数

序号	产品型号	额定电压 /kV	额定容量 /kvar	额定频率 /kHz	外形尺寸/ (mm×mm×mm)
1	RFM0.375 - 1000 - 1S	0.375	1000	1.0	440×205×560
2	RFM0.375 - 1000 - 8S	0.375	1000	8	440×142×220
3	RFM0.75 - 180 - 1S	0.75	180	1	180×142×180
4	RFM0.75 - 1000 - 0.5S	0.75	1000	0.5	440×165×400
5	RFM0.75 - 1000 - 1S	0.75	1000	1.0	330×165×375
6	RFM0.75 - 1000 - 4S	0.75	1000	4.0	336×142×220
7	RFM0.75 - 1000 - 8S	0.75	1000	8.0	336×142×220
8	RFM0.75 - 2000 - 1S	0.75	2000	1.0	390×205×420
9	RFM1.2 - 1400 - 0.7S	1.2	1400	0.7	440×165×290
10	RFM1.2 - 2000 - 0.5S	1.2	2000	0.5	440×205×435
11	RFM1.2 - 2000 - 0.7S	1.2	2000	0.7	440×165×420
12	RFM1.2 - 2000 - 1S	1.2	2000	1.0	440×165×360
13	RFM1.6 - 2000 - 0.5S	1.6	2000	0.5	390×205×430
14	RFM1.6 - 2000 - 1S	1.6	2000	1.0	336×205×360

续表

序号	产品型号	额定电压 /kV	额定容量 /kvar	额定频率 /kHz	外形尺寸/ (mm×mm×mm)
15	RFM1.6-4000-0.5S	1.6	4000	0.5	440×205×605
16	RFM1.7-1500-0.25S	1.7	1500	0.25	390×205×615
17	RAM1.7-3000-0.25S	1.7	3000	0.25	440×285×585
18	RAM1.7-3000-0.25AF	1.7	3000	0.25	440×285×585
19	RFM1.8-3000-1S	1.8	3000	1.0	440×165×440
20	RAM2.5-2000-0.15AF	2.5	2000	0.15	440×205×730
21	RAM2.5-4800-1S	2.5	4800	1.0	369×182×545
22	RAM2.5-6000-0.3S	2.5	6000	0.3	559×203×787
23	RAM2.8-2500-0.15AF	2.8	2500	0.15	440×205×830
24	RAM2.86-5525-0.25S	2.86	5525	0.25	559×203×787
25	RAM3.0-6000-0.3S	3.0	6000	0.3	559×191×787
26	RAM3.0-7200-0.5S	3.0	7200	0.5	559×191×787
27	RAM3.2-4000-0.7S	3.2	4000	0.7	343×175×615
28	RAM3.6-2500-0.15AF	3.6	2500	0.15	440×230×830
29	RAM3.6-3000-0.15AF	3.6	3000	0.15	440×230×830
30	RAM3.8-8333-0.5S	3.8	8333	0.5	559×203×711

19.6 中频电容器安装、运行和维护

中频电容器的特点是工作频率高、电压低、电流大,单台无功容量大,电导损耗高,发热量大。因此,对其在运行中的冷却和散热问题必须足够重视。

对于水冷式电容器,在投运时必须先通水再通电,退出时必须先断电再断水。在其运行过程中,如出现停水或水流量低于要求时,当冷却水出水温度大于40℃时,均应立即将电容器退出运行,查出故障原因并排除故障后,方可按规定程序再次投入运行。电容器所用的冷却水应为干净的软水,水的硬度不大于10°,pH值应为6~9,总的固体含量应不超过0.25 g/L。如果几台水冷式电容器的冷却水管是串联的,则要求最后一台电容器的冷却水管出水口的温度不超过40℃。对双极水冷式电容器,串联两极水管时,串联管必须有足够的绝缘长度,以免极间绝缘破坏。冬天,电容器停运时,要及时排尽滞留在冷却管中的积水,以防冷却水管被冻裂。

对于强迫风冷式电容器,安装时应在电容器间留有不小于 50 mm 的间距,电容器间的冷却风速不低于 4 m/s,出风口温度不大于45℃。

对于空气自冷式电容器,安装时应在电容器间留有不小于 100 mm 的间隙,环境温度不能超过其温度类别的上限温度。要注意空气流通,多层叠装时,不要超过 2 层。

第 20 章　电容式电压互感器

电容式电压互感器是电力电容器的一种应用产品,是通过电容器串联形成分压器,再通过电磁单元实现隔离、变换和阻抗补偿等,以达到比较高的精度等级。有效地解决了高电压等级的电磁式电压互感器成本高、设计难度大的问题,目前广泛用于 35～1000 kV 电力系统中。

20.1　电容式电压互感器概述

国外的电容式电压互感器(capacitor valtage transformer,简称 CVT)的历史比我国早约 20 年,我国的第一台 110 kV 和 220 kV 电容式电压互感器是在 1964 年由西安电力电容器厂研发的。与电磁式电压互感器比较,110 kV 以上的 CVT 无论从成本和性能上均具有一定的优势,到目前为止,在我国电网 110 kV 及以上的系统中,基本均采用 CVT,在有些较低的电压等级如 35 kV 也有部分应用。目前电容式电压互感器已经应用到 35～1000 kV 电力系统。

早期的 CVT 采用分体结构,分压器与电磁装置分别安装,经过了多年的发展,到 90 年代初,逐步改型,采用一体化结构,减少了占地面积。

CVT 的电容分压器除作为分压器使用外,还可用于电力系统的载波通讯。早期的电力系统的载波通讯主要靠耦合电容器和电容式电压互感器,随着光纤、无线通信以及网络技术的发展,目前在新建的项目中,很少使用 CVT 的载波通讯功能。

随着电力电容器技术的进步,CVT 的电容分压器也随之发展,固体和液体介质都得到发展,电容分压器的尺寸和体积大大减小。

在过去的几十年里,电力部门对 CVT 的负载能力的要求不断上升,其带载能力也不断发展,容量从早期的 100 VA 发展到 500 VA,但是随着微机测量和控制保护技术的发展,大容量带载能力的互感器在电力系统的新建项目中很少使用了。

在过去的几十年里,CVT 的另一个重要的发展是其暂态特性的进步。早期的 CVT 采用电阻型阻尼器,其功率在 400～600 W 不等,由于电阻耗能较大,阻尼器外挂到电磁装置外部,能量需求比较大,互感器的尺寸也比较大;后来发展了谐振型阻尼装置,正常运行时耗能较小,这也为互感器一体化设计提供了条件;到 90 年代初,开发了速饱和型阻尼器,体积更小,正常运行时的耗能也更小。

CVT 与电磁式电压互感器相比,在 110～220 kV 系统,用量已占绝对优势,在 330 kV 以上,全部使用 CVT,35～66 kV 系统中,CVT 价格和成本并不占优势,但考虑到从根本上避免电磁式电压互感器与系统产生的铁磁谐振问题,也有部分采用。

目前电容式电压互感器市场竞争激烈,除了国内的主要生产企业外,欧洲和日本等企业以合资的方式进入了中国市场。

20.2　CVT 的用途与原理

20.2.1　CVT 用途

电容式电压互感器(CVT)安装于电力系统的线对地之间,主要用于电力系统的电压测量,使高压系统与二次系统隔离,并为系统的电能计量和继电保护提供测量信号。CVT 的另一个主要的功能是在电力系统的载波通讯中作为载波通道。

20.2.2　CVT 工作原理

CVT 的工作原理如图 20-1 所示,主要由电容分压器和电磁装置 2 部分组成。电磁装置部分主要由中间变压器和补偿电抗器 2 部分组成,基本的工作原理是先通过分压器的分压电容 C_1 和 C_2 将系统电压降低到 10 kV 左右,再通过中间电压变压器 T 将电压降至测量及继电保护装置需要的电压,如常用电压为 $100/\sqrt{3}$ V 和 $100(100/3)$ V,其中 L 为补偿电抗器,用以补偿电容器的容抗,Z_f 为互感器的补偿阻抗。

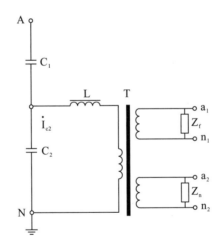

图 20-1　电容式电压互感器原理图

图 20-1 中,A、N 为线路侧高低压端子,a_1、n_1、a_2、n_2 为二次端子,L 为补偿电抗器,T 为中间电压变压器,Z_n 为阻尼装置,Z_f 为二次负载。

用戴维南定理将电容式电压互感器等效到中间电压侧。图 20-2 为 CVT 的等效原理图,从等效图分析来看,要使互感器的误差达到最佳,则回路的内阻抗最小,即要达到如下条件,这是 CVT 最基本的条件。

$$\omega L = \frac{1}{\omega(C_1 + C_2)} \tag{20-1}$$

图 20-2(a)中,L 为补偿电抗与变压器一、二次绕组漏电感之和,R 为等效电容的有功损耗等效电阻,电抗器直流电阻,一、二次绕组直流电阻之和。

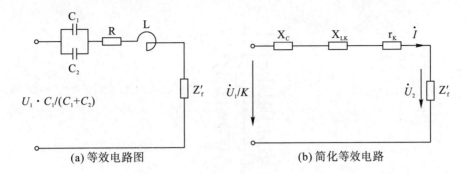

(a) 等效电路图　　　　　　　　(b) 简化等效电路

图 20 - 2　电容式电压互感器等效原理图

将图 20 - 2(a)进一步简化得到图 20 - 2(b)中简化等效电路图,其中:

$$X_C = \frac{1}{j\omega(C_1 + C_2)} \tag{20-2}$$

$$X_{LK} = j\omega(L_L + L_{KT}) \tag{20-3}$$

$$r_K = r_C + r_L + r_{LT} \tag{20-4}$$

回路电压方程如式(20 - 5):

$$\dot{U}_2 = \frac{\dot{U}_1}{K - [r_K + j(X_K - X_C)]\dot{I}} \tag{20-5}$$

由电压方程可得到 CVT 的向量图如图 20 - 3 所示,正是由于 CVT 回路电抗器的补偿效果,使 CVT 具有较大的带载能力和较高的测量精度。此式是 CVT 理论分析及误差计算的基础。

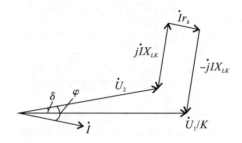

图 20 - 3　CVT 向量图

20.3　CVT 基本结构

电容式电压互感器的结构分为 2 大部分,其一为电容分压器,其二为电磁装置。早期的 CVT 两部分分别安装于 2 个支柱上,阻尼器为外部器件,3 部分通过外部连线电气相连。随着技术的发展和进步,CVT 采用叠装结构,将电容分压器叠装到电磁装置上部,形成了一个整体结构,安装维护方便,占地面积减少。其结构如图 20 - 4 所示。

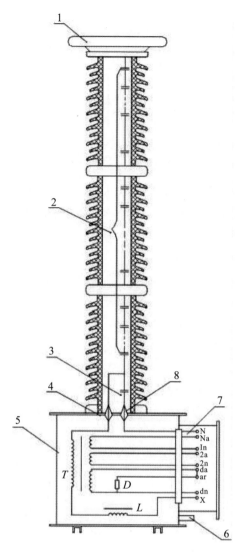

1.均压环；2.电容分压器的高压电容C_1；3.电容分压器的中压电容C_2；
4.中压套管；5.电磁单元；6.接地端子；7.二次出线端子盒；8.低压套管

图 20－4　电容式电压互感器的结构示意图

20.3.1　电容分压器

电容分压器部分是 CVT 的主绝缘设备，由于分压器为电容元件串联而成，在交流电力系统中有自然均匀电压的作用，对于 CVT，电压等级的提高很容易做到，所以，CVT 和电磁式电压互感器相比，电压等级越高，成本和价格的优势更大。还有一个优点是 CVT 可以分成多节，方便运输和安装。由于各节的自动均压作用，中间连接法兰通常无须采取防晕措施，电压较高时只需在互感器顶端安装防晕环即可。

由于电容器纸为正温度系数，薄膜为负温度系数，考虑到 CVT 的剩余阻抗对于误差特性的影响，目前用于 CVT 的电容分压器仍采用膜纸复合结构，通常采用两膜一纸或两膜三纸的固体介质结构,并采用绝缘油作为浸渍剂。

有企业尝试生产干式结构的分压器,用全膜介质充 SF_6 气体介质制作;也有产品在系统中运行,但这种结构似乎没有更多的优势,市场上还没有批量使用。

CVT 的电容分压器部分采用一节或多节串联,110 kV 及以下为 1 节,220 kV 一般为 2 节,330 kV 为 3 节,500 kV 基本上为 3 节结构,对于 800 kV 及 1000 kV,采用 4 节或更多的节数。如图 20-4 所示,对于多节的分压器,上面几节均为电容 C_1 的主要部分,下节电容分为 2 部分,上部分为 C_1 的一部分,下部分为 C_2,从 C_1 和 C_2 的连接处引出分压端子,C_2 的下端引出低压端子。这 2 个端子由电容器的下部引出,并与其下部的电磁装置相连接。

在每节电容器内部,除电容器心子外,其上部设置膨胀器,以补偿温度变化时相关部件和绝缘油体积的变化。膨胀器分为内油式和外油式 2 种结构。

对于电容分压器部分更为详细的介绍,参考第 11 章关于耦合电容器与电容分压器的相关内容。

20.3.2 电磁装置

电磁装置部分包括了中间变压器、补偿电抗器、阻尼器及低压出线端子等部件,补偿电抗器与中间变压器的一次线圈相连,阻尼器接入中间变压器的二次侧,一般接入精度等级较低的线圈上。

电磁装置的一次电压一般在 10 kV 左右,二次电压一般为 $100/\sqrt{3}$ 或者为 100 V,二次总的负荷在 100~500 VA,随着测量保护技术的发展,二次电压要求很低,二次负荷也大幅度减小。

1)中间变压器

中间变压器包括铁芯、1 个一次线圈与多个二次线圈,铁芯材料采用优质硅钢片。为了保证互感器的精度,工作磁密较低。

早期的铁芯多为三柱叠片结构,随着机械加工技术的进步,也有扁环形卷铁芯结构。扁环形的结构分为 2 种,一种是将铁芯加工成型后,机械切开成两部分,将线圈与铁芯套入并加以固定,这样铁芯有明显的接缝,加工面要求非常高,否则影响误差特性;另一种结构是将铁芯卷绕后切开,然后,将铁芯片按顺序叠套入线圈内部,一层或几层错开叠装位置,这样铁芯没有明显的接缝,接缝系数小。

线圈分一次线圈和二次线圈,考虑到精度调整的问题,一般匝电势较低约为 1 V 上同时绕制了下。一次线圈采用较细的漆包圆铜线绕制,多组调节线圈,在误差调整时使用,可以补偿分压器变比的差异。一次线圈层数较多,层间及端部均需加垫绝缘材料。二次线圈的测量线圈采用截面较大的纸包扁铜线绕制,保护线圈精度较低,截面可以选得细一些。

2)补偿电抗器

补偿电抗器用于补偿电容分压器的容性阻抗,减小回路阻抗对误差的影响,同时提高互感器带载能力。

电抗器和变压器的一次线圈串联,一般电流较小,线圈一般采用漆包线进行绕制,并设置多个调节线圈。目前补偿电抗器的铁芯多采用卷铁芯,为了提高线性度,铁芯留有一定的缝隙,铁芯工作磁密很低。

3)阻尼器

CVT 由电容分压器和中间变压器等部件组成,由于变压器励磁阻抗的非线性,在一次侧突然加电压或二次侧短路又突然消除的过渡过程中,过电压使中间变压器铁芯饱和,激磁回路阻抗下降,很容易激发铁磁谐振。为了消除铁磁谐振,在变压器的二次侧加装阻尼装置,用于快速消除谐振,使互感器回到正常的工作状态。

阻尼器技术也在不断地发展和进步中,早期的阻尼器为纯电阻阻尼器,一般为 $400\sim600$ W 的电阻,正常运行时消耗的能量比较大,同时,变压器要提供更多的二次负载,影响变压器的工作特性。

20 世纪 80 年代初研发了谐振型阻尼器。阻尼器的结构如图 20-5(b)所示,由电容器、电抗器以及电阻器组成,其工作原理是将电容器和电抗器在工频下调谐,使其在工频电压下达到并联谐振状态,这样,工频电流很小,一般为几百毫安。当互感器发生铁磁谐振时,互感器一般会产生分频谐振,谐振频率很低,在谐振频率下电容器的电流会小于电抗器的电流,电阻电流增大,从而吸收谐振能量,起到阻尼铁磁谐振的作用。这种阻尼器的电容量一般在 $250\ \mu F$ 左右,电阻只有几个欧姆。

到了 20 世纪 90 年代初期,开发了速饱和电抗阻尼器,这种阻尼器由电抗器和串联电阻组成,如图 20-5(c)所示。电抗器的铁芯采用坡莫合金或非晶合金的铁磁材料制成,其特点是饱和速度快。在正常工作时,电抗器的电抗值很大,当发生铁磁谐振时,一方面由于电压升高使铁芯快速饱和,另一方面铁磁谐振的分次谐波分量更容易使铁芯饱和,这样电阻可以吸收更大的能量。这种阻尼器体积小,结构简单,对于铁磁谐振的抑制效果有时还需配置避雷器。与避雷器共同作用,方有较好的抑制效果。

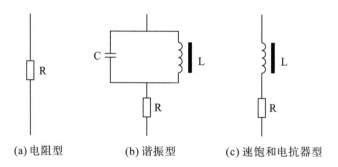

(a)电阻型　　　　(b)谐振型　　　　(c)速饱和电抗器型

图 20-5　CVT 用阻尼器的基本类型

20.4　CVT 主要技术性能

CVT 是一种电压测量装置,安装于电力系统的线路对地之间。CVT 的电压主要由电容分压器承担,电容分压器的一些主要的性能和要求在第 11 章中有明确规定,这里主要讲述电磁装置部分以及 CVT 的综合技术性能。

20.4.1　CVT 电压额定值

在国家标准 GB 20840.1－2010 中,对于互感器的一次额定电压和二次额定电压给出了专门的规定,并分别用 U_{pr} 和 U_{sr} 表示互感器的一次电压和二次电压,习惯中也用 U_{1n} 和 U_{2n} 标示。

互感器作为电压测量装置,与其他设备的额定电压表示方法有所不同,必须以实际的电压表示其额定电压,这样表示比较方便。

CVT 由于其特殊的结构,均为单相互感器,接入系统的相对地之间,所以其一次电压的表示方法以系统的标称电压除以 $\sqrt{3}$ 来表示,如 $110\sqrt{3}$ kV;二次电压的表示方法也以实际的电压来表示,对于测量级的线圈一般为 $100/\sqrt{3}$ V,对于保护级的电压一般为 100 V 或 100/3 V 来表示。

20.4.2　CVT 的绝缘水平

根据我国电网的绝缘配合,交流电力系统的绝缘水平如表 20－1 所示[1]。

表 20－1　交流电力系统的绝缘水平

系统标称电压(方均根值)/kV	设备最高电压 U_m（方均根值)/kV	额定雷电冲击耐受电压(峰值)/kV	额定操作冲击耐受电压(峰值)/kV	额定短时工频耐受电压(干试与湿试)(方均根值)/kV
35	40.5	185	—	80/95
66	72.5	325	—	140
		350	—	160
110	126	450	—	185/200
220	252	850	—	360
		950	—	395
330	363	1050	850	460
		1175	950	510
500	550	1425	1050	630
		1550	1175	680
		1675	—	740

注:对同一设备最高电压给出两个绝缘水平者,在选用时应考虑电网结构及过电压水平、过电压保护装置的配置及其性能、可接受的绝缘故障等。

斜线下的数据为外绝缘的干耐受电压。

20.4.3 电磁单元的绝缘水平

对于电磁单元,其整体的绝缘水平应与电力系统的绝缘水平相适应。对于工频及雷电冲击电压水平,应按电容分压器的比例进行折算,折算用式(20-6)。

$$U_L{'} = \frac{C_1}{C_1 + C_2}U_L K \qquad (20-6)$$

式中,U_L 为互感器整体的绝缘水平;$U_L{'}$ 为电磁单元的绝缘水平;C_1、C_2 为 2 个分压臂的电容量;K 为电压不均匀系数,一般可取 1.05。

但在实际试验时,由于电抗器与中间电压变压器一次线圈串联,正常运行时,电抗器的运行电压往往取决于变压器所带负载的大小。以下分述实际的试验问题。

1)中间电压变压器

中间电压变压器的雷电冲击和操作冲击电压试验,可通过互感器整体进行试验,但是对于工频耐受电压试验,其工频耐受电压施加到高压线圈的 2 个端子之间,由于电压太高,可能造成变压器铁芯饱和,可能烧毁变压器,所以,工频耐受电压必须单独进行试验。

对于中间变压器的绝缘水平试验,为了防止变压器铁芯饱和,一般采用多倍频进行试验,试验时,电压施加于高压端子,低压端子接地,二次线圈也可将其中一个端子接地进行试验。

2)补偿电抗器

由于电抗器与中间变压器的一次线圈串联,正常工作时,电抗器的端电压随着负载的大小而变化,在异常情况下,当变压器出现饱和状态或者二次短路时,电抗器两端子之间的电压会比较高,所以,电抗器的绝缘水平基本上和变压器相当。

3)低压端子的绝缘水平

按标准规定,电磁装置的低压端子的工频耐受电压水平为 4 kV。

20.4.4 二次绕组及负荷能力

互感器一般有多个绕组,其中有一个剩余电压绕组,其余为测量绕组。剩余绕组用于系统中的三相电压不平衡保护,在实际使用中,将三相的剩余绕组接成三角开口,测量开口的剩余电压,正常运行时,三角开口的电压一般包含少量的工频零序电压分量,但更多的是 3 的倍数次谐波,这是由于 3 的倍数次谐波本身就属于零序分量,一般情况下偶次谐波含量比较小,所以,互感器三角开口测量的电压以 3 次、9 次谐波为主,也会有其他谐波的不平衡分量。三角开口测量的波形很杂乱,正常运行时,其电压的有效值一般小于 5 V。当系统出现故障时,零序分量大幅增加,从而对系统进行保护。其他绕组作为电压测量使用,也可为系统其他的保护提供信号。

互感器测量绕组的二次电压一般为 $100/\sqrt{3}$,对于保护绕组,对于中性点有效接地系统剩余绕组的电压一般为 100 V,对于中性点非有效接地系统,其二次电压一般为 $100/3$ V。

在目前的 IEC 及国家标准 GB 20840.1-2010 中,对于测量绕组与剩余电压绕组的正常的负荷能力有不同的规定,同时也规定了各绕组的热负荷能力。在正常运行情况下,互感器的二次负荷很小,随着微机保护技术的发展,二次实际的负荷有下降的趋势。热负荷是互感器二次线圈能力的体现,也是在某种异常情况下可能出现的负载的增大。在热负荷下,互感器不应出现故障,相应的温升应在可承受的范围内,但是不必保证测量的精度。标准中对于相关的优先值规范如下:

1)测量绕组额定输出

国家标准 GB 20840.1-2010 中对于测量绕组的负荷的优先值进行了规范,并把负荷分为 2 类:

第一类负荷的功率因数为 1,额定输出标准值分别为 1 VA、2.5 VA、5 VA 以及 10 VA。对于此类负荷,在准确度试验时,要求负荷变化范围在 0%～100% 额定负荷下进行试验。

第二类负荷的功率因数为 0.8(滞后),额定输出标准值分别为 10 VA、25 VA 及 50 VA。对于此类负荷,在准确度试验时,要求负荷变化范围在 25%～100% 额定负荷下进行试验。

2)测量绕组的热极限输出

国家标准中 GB 20840.1-2010 规定,热极限输出的优先值为 25 VA、50 VA、100 VA 及其十进制倍数。极限热负荷是在额定二次电压下的负荷,其功率因数可为 1,并应注意以下几个方面:

(1)在这种状态下,误差可能超过限值。

(2)有多个二次绕组时,每个绕组的热极限输出值应分别标出。

(3)额定热极限输出是对单个绕组规定和试验的,而其他绕组开路。

3)剩余电压绕组的输出值

剩余绕组的额定负荷与热极限负荷的优先值与测量绕组相同,但是,剩余绕组的极限热负荷相应的值是在其系统相应的电压因数和持续时间下规定,这与系统的接地方式相关。

20.4.5　CVT 的电压因数标准值

额定电压因数取决于系统接地方式,表 20-2 列出了各种接地方式所对应的额定电压因数及其在最高运行电压下的允许持续时间。

表 20-2　电压互感器的电压因数标准值

额定电压因数	额定持续时间	中性点接地方式
1.2	连续运行	中性点有效接地系统
1.5	30s	
1.2	连续运行	中性点非有效接地系统
1.9	30s	

20.4.6 CVT 的准确级次

1）CVT 准确级次的适用频率范围

对测量用准确级，额定频率范围为额定频率的 99％～101％；

对保护用准确级，额定频率范围为额定频率的 96％～102％。

2）绕组的准确级次

CVT 的测量线圈的准确级次共分为 0.2 级、0.5 级、1.0 级、3.0 级 4 个级次；在规定频率及规定温度范围内，测量线圈的准确级次及相应的误差限值如表 20-3 所示。

表 20-3　电压互感器的测量线圈准确级次以及误差限值

准确级	电压误差（比值差）±％	相位差	
		±（'）	±crad
0.2	0.2	10	0.3
0.5	0.5	20	0.6
1.0	1.0	40	1.2
3.0	3.0	不确定	不确定

3）CVT 保护线圈的准确级次

保护用电容式电压互感器的标准准确级为 3P 和 6P2 个级次，在规定频率及规定温度范围内，电压在 2％和 5％额定电压和额定电压乘以额定电压因数（1.2、1.5 或 1.9）的电压下，保护线圈的准确级次及相应的误差限值如表 20-4 所示。

表 20-4　电压互感器保护线圈的准确级次以及误差限值

准确级	试验电压	电压误差（比值差）±％	相位差	
			±（'）	±crad
3P	$0.02\,U_n$	6	240	7.0
	$0.05～1.5\,U_n$ 或 $1.9\,U_n$	3	120	3.5
6P	$0.02\,U_n$	12	480	14
	$0.05～1.5\,U_n$ 或 $1.9\,U_n$	6	240	7

20.4.7 短路承受能力

CVT 在额定电压励磁下应能够承受二次绕组外部短路造成的机械、电和热的效应而无损伤。

CVT 应在其高压端子与地之间施加电压，在其中 1 个二次端子之间进行短路试验 1 次，持续时间为 1 s。在短路期间，CVT 一次端子所施加的相对地电压的方均根值应不低于额定一次电压。

如果互感器配置有熔断器,熔断器也应随之进行试验。

短路试验后,CVT 的温度回归到环境后,互感器应满足下列几个要求:

(1)互感器的外观无任何的可见损伤;

(2)电容分压器的电容值应无明显变化;

(3)试验后的误差允许有所偏移,但偏移量不超过相应准确级误差限值的一半,同时也要满足相应准确级的要求;

(4)互感器能够承受相应的例行绝缘试验;

(5)电磁单元中与一次和二次绕组表面接触的绝缘无明显的劣化现象。

20.4.8　CVT 高频特性分析

由于 CVT 可以兼作电力线载波回路的耦合电容器用,故对高频特性有严格要求,以免影响载波频带宽度或使频带移动,产生附加耦合衰减。国家标准对高频特性的规定如下:

(1)在载波频率范围内,实测电容对额定电容的相对偏差应不大于 $-20\%\sim+50\%$,等值串联电阻不超过 40 Ω。

(2)在载波频率范围内,电容分压器的低电压端子的杂散电容和杂散电导的数值应分别不超过 200 pF 和 20 μS。

(3)载波频率范围内 CVT 的杂散电容和杂散电导值,由制造方和购买方商定。一般参考值为:杂散电容不大于 $300+0.05\ C_r$pF,C_r 为额定电容,杂散电导不大于 50 μS。

20.5　CVT 误差特性分析

测量系统的电压是 CVT 最基本的功能,CVT 的误差是各元件综合的带载能力的体现,CVT 主要由电容分压器和电磁单元两部分组成,所以 CVT 整体的误差包括电容分压器误差和电磁单元部分的误差。

20.5.1　电容器分压器的误差

对于电压分压器,其制造过程中的比值误差比较大,由于中间变压器的线圈具有调节功能,所以,其比值误差本身不是问题,但其相关的 C_1 和 C_2 以及 C_1 和 C_2 的损耗值,将会影响 CVT 整体的误差特性。

分压器的电容器损耗分为串联损耗和并联损耗,介质极化损耗与电容器电导损耗均属于并联损耗,电容器元件的引线等的损耗均为串联损耗。并联损耗和串联损耗对于 CVT 最终误差的影响是不同的,CVT 等效电路图 20-2(a)中的 C_1 和 C_2 并联的部分也可以用图 20-6 更为详细地说明。电容分压器部分对于 CVT 整体误差性能的影响主要体现在以下几个方面:

1)电容器分压器的等效阻抗

分压器的电容量越小,C_1 和 C_2 的等效阻抗越大,与补偿电抗器合成的阻抗也会比较大,直流电阻也会比较大,对于误差的影响也就比较大。

2)分压器变比误差

分压比的误差一般比较大,但是其误差可通过中间变压器的变比调整而使 CVT 整体的误差达到标准值,但是,这种变比的调整会影响回路包括负载阻抗标幺值的变化,会使互感器的各部分实际阻抗发生变化,从而影响互感器的误差特性。

3)C_1 和 C_2 损耗平衡度

C_1 和 C_2 各阻抗的不平衡也会对误差有较大的影响,这就要求 C_1 和 C_2 的材料、结构的一致性较好,即 X_{C1}、X_{C2}、r_{b1}、r_{b2}、r_{c1}、r_{c2} 比例一致。各阻抗比例一致性较差时,会造成角比差一致性较差。

20.5.2 电磁装置误差

电磁单元的误差主要取决于中间变压器的性能,中间变压器的性能取决于其铁芯和线圈的性能,也就是变压器的励磁性能。从等效回路的角度分析,误差往往取决于变压器的

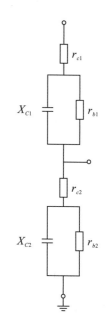

图 20-6 分压器等效电路

激磁阻抗和短路阻抗的大小,短路阻抗中,漏电抗部分往往不够补偿电容器的容抗,还需串联电抗器进行补偿。对于 CVT,单独对电容分压器和电磁单元的误差进行分析很难分析清楚,实际上 2 部分是互相影响的。

20.5.3 CVT 整体误差分析

CVT 的整体误差是最基本的性能指标,体现在一定带载能力下对电压信号的测量精度,从等效回路来分析,主要是其内部阻抗与负载阻抗的匹配问题。分压器和中间变压器主要体现的是其带负载的能力,正是由于分压器、变压器以及补偿电抗器的相互补偿作用,从而可以使与电容器、变压器相关的参数和体积选得更小,使 CVT 的整体性能得到优化,这也是 CVT 原理的绝妙之处。

对于整台 CVT 而言,最基本的参数就是电容分压器的电容量、变压器及补偿电抗器的阻抗特性等。由于整体的性能很难用一个公式分析,这里通过一个实例,用数值分析计算的方法说明其关系。

如一台 CVT 的额定电压为 $110/\sqrt{3}$ kV,二次电压为 $100/\sqrt{3}$ kV,标称中间电压为 $22/\sqrt{3}$ kV,整体分压器的总电容为 $0.02\ \mu\text{F}$,标称负荷为 100 VA,负荷功率因数为 0.8,为了计算方便,这里只设一个二次线圈。

在实例计算中,电容器的损耗、变压器的励磁和短路阻抗、补偿电抗器的感抗和直流电阻等均通过经验参数进行设置。这里需说明的是并未考虑变压器相关参数的非线性特征,均按线性参数进行处理,相关的计算特性如下:

1)CVT 电容量与误差的关系曲线

CVT 分压器主电容的变化,除其本身的阻抗变化外,补偿电抗器的阻抗也随之变化,在

本计算中其他参数不变,主要是电容分压器阻抗和补偿电抗器阻抗随电容量的变化而变化。图 20-7 为主电容与互感器误差带宽的关系曲线。其中负荷变化范围为 0~100%。对于 CVT 而言,电压等级越高,电容量可以越小,主要取决于 C_1+C_2 的值的大小。

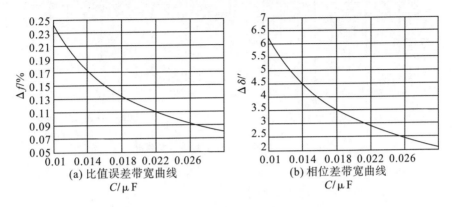

图 20-7　主电容量与误差带宽的关系曲线

2) 负载大小与误差的关系

CVT 的误差与其带负载能力关系很大,其他参数不变时,当负载大小变化时,误差的变化曲线如图 20-8 所示。

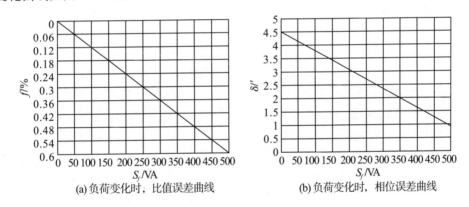

图 20-8　负载大小与误差的关系曲线

3) 中间电压与误差的关系

CVT 中间电压,也就是分压器的中间端子电压以及中间变压器一次电压的选取,在实际运行时,特别是负载较大时,即就是变比为标准变比,实际的电压高于标称电压。一般情况下,如果 C_1 和 C_2 元件结构完全相同,C_2 元件的工作场强要高于 C_1 元件的工作场强。

关于中间电压的选取,要考虑的关键是电压变化时引起的内部阻抗的变化。实际的工程中,电压在 8~20 kV 之间,中间电压过低,整个回路的电流比较大,电压过高时,回路阻抗可能较大,各部分绝缘问题也比较突出。

图 20-9 中给出了上述计算模型中中间电压与误差的关系,其中(a)为中间电压与比值误差的关系,(b)为中间电压与相位误差的关系,实际上均可达到要求,所以中间电压的选取主要考虑的是工艺问题。

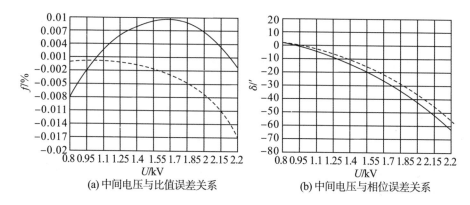

(a) 中间电压与比值误差关系　　　　(b) 中间电压与相位误差关系

图 20 - 9　中间电压与误差的关系曲线

4）系统频率变化对误差的影响

在 CVT 运行时，系统的频率可能发生变化。由于 CVT 由电容分压器、变压器、补偿电抗几部分组成，所以，和电磁互感器相比，CVT 的频率特性相对较差。

当频率增大时，容抗减小，而变压器漏感抗和补偿电抗的感抗增大，回路的阻抗会发生变化。根据我国相关标准，一般系统频率允许在 49.5～50.5 Hz 范围内变化，所以在这个范围内，频率由低向高变化时，回路阻抗特性可能由容性向感性转换。频率对于比值差和相位差的影响一般可用公式（20 - 7）、公式（20 - 8）2 式进行计算[2]。

$$\Delta f(\omega) = \left(\frac{\omega}{\omega_n} - \frac{\omega_n}{\omega} \right) \frac{S_n \sqrt{1 - \cos\varphi^2}}{\omega_n (C_1 + C_2)(KU_2)^2} \times 100 \tag{20 - 7}$$

$$\Delta\delta(\omega) = \left(\frac{\omega}{\omega_n} - \frac{\omega_n}{\omega} \right) \frac{S_n \cos\varphi}{\omega_n (C_1 + C_2)(KU_2)^2} \times 3438 \tag{20 - 8}$$

式中，$\Delta f(\omega)$ 为比值误差偏移量，%；$\Delta\delta(\omega)$ 为相位误差的偏移量，分；ω_n 为额定角频率；ω 为计算角频率；S_n 为负载额定容量；$\cos\varphi$ 为负荷功率因数；KU_2 为中压侧的电压。

以上 2 式的计算公式简化了回路电阻的影响，实际上是一个简化的计算。如果对上述的 110kV 互感器进行数值分析和计算，其关系曲线如图 20 - 10 所示，为 CVT 频率误差曲线，其中（a）中实线为比值误差曲线，虚线为 50 Hz 时的比值误差，其间差值为比值偏差值。（b）中实线为相位角误差曲线，虚线为 50 Hz 时的相位误差，其间差值则为相位

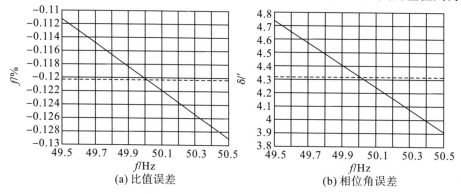

(a) 比值误差　　　　　　　　(b) 相位角误差

图 20 - 10　频率与误差的关系曲线

偏差值。

5）温度变化对误差的影响

对于 CVT，电容分压器电容 C_1 和 C_2 的电容随温度变化而变化，在运行温度范围内电容量的变化与其温度系数有关，电容器纸的温度系数为正温度系数，而薄膜的温度系数为负的温度系数。为了提高其温度特性，电容分压器的温度系数的大小取决于介质搭配，一般温度系数受介质中的水分影响比较大，所以，介质必须充分干燥处理。干燥处理后浸油的分压器，其电容温度特性在一定的温度范围内为接近直线的一条曲线，一般可等效为一条直线，并将这条直线的斜率称为电容器的温度系数 α_c。电容温度系数一般可达到 10^{-4} 数量级。温度变化对于误差的影响主要考虑电容分压器阻抗变化引起的误差偏移。通过对电路的简化和推导，温度变化对于 CVT 误差的影响可用（20-9）（20-10）两式进行计算[2]。

$$\Delta f(t) = a_c \Delta t \frac{S_n \sqrt{1-\cos\varphi^2}}{\omega_n (C_1 + C_2)(KU_2)^2} \times 100 \tag{20-9}$$

$$\delta f(t) = a_c \Delta t \frac{S_n \cos\varphi}{\omega_n (C_1 + C_2)(KU_2)^2} \times 3438 \tag{20-10}$$

式中，$\Delta f(t)$ 为比值误差偏移量，%；$\Delta\delta(t)$ 为相位误差的偏移量，分；ω_n 为额定角频率；S_n 为负载额定容量；$\cos\varphi$ 为负荷功率因数；KU_2 为中压侧的电压。

温度对于 CVT 误差的影响与频率的影响一样，推导过程也相同。如果对同样的 110 kV 互感器进行数值分析和计算，其关系曲线如图 20-11 所示，是电容温度系数为 2×10^{-4} 时 CVT 温度误差曲线，其中（a）中实线为比值误差曲线，虚线为 20℃时的比值误差，其间差值则为比值偏差值。（b）中实线为温度相位角误差曲线，虚线为 20℃时的相位误差，其间差值则为相位偏差值。需说明的是根据介质搭配不同，温度系数可能为负值，曲线方向可能相反。

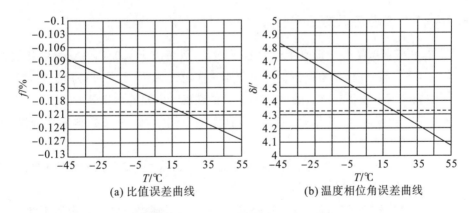

（a）比值误差曲线　　　　　　（b）温度相位角误差曲线

图 20-11　CVT 温度与误差的关系曲线

6）杂散电容对于误差的影响

随着电压等级的提高，CVT 高度随之增高，高压引线、周边物体及附近线路是否有运行电压等都会改变 CVT 的电容分压器有效分压比，也就是邻近效应随电压等级的提高而增强。通常影响 CVT 电容分压器电容值的杂散电容包括电容分压器本体对地的杂散电容以及高压端对本体的杂散电容。试验结果表明,在 750 kV 及以上电压等级下,高压引线(指现场试验的引线,引线与分压器形成的夹角不同杂散电容亦不同)电容分压器本体的杂散电容对 CVT 误差的影响量大于 $1×10^{-3}$。

20.6 CVT 的铁磁谐振

CVT 回路中含有电容和非线性电感(中间电压变压器激磁电感),在一次电压突变(分、合闸)或二次电流突变(二次对地短路又突然消除短路)等电冲击的情况下会产生铁磁谐振,并伴随出现有危害的过电压和过电流。

CVT 的铁磁谐振,会导致中间变压器和补偿电抗器产生过电压,可能会引起绕组击穿;电容分压器 C_2 元件承受过电压,可能导致元件绝缘损伤,在系统运行中,可能会引起继电器的误动作。

20.6.1 国家标准要求

国家标准 GB 20840.1‐2010 中,要求互感器进行铁磁谐振试验。在试验室中一次侧的电压突变难以模拟,只能用二次侧短路并突然消除短路的方法进行试验,所以标准规定以下两条。

(1)在电压 $0.8 U_{pr}$、$1.0 U_{pr}$、$1.2 U_{pr}$ 而负荷实际为零的情况下,CVT 的二次侧短路后又突然消除短路,其二次电压峰值应在额定频率的 0.5s 之内恢复到与短路前的正常值相差不大于 10%。

(2)在电压因数的最高值即 $1.5 U_{pr}$(用于中性点有效接地系统)或 $1.9 U_{pr}$(用于中性点非有效接地系统)而负荷实际为零的情况下,其二次侧短路又突然消除短路,其铁磁谐振持续时间应不超过 2 s。

20.6.2 CVT 铁磁谐振的基本特点

CVT 的铁磁谐振是一个很复杂的暂态过程,一般情况下只能通过试验获得其相关的特性。在 CVT 设计时,阻尼装置的设计很难一次设计成功,需通过试验进行调整。但是互感器的铁磁谐振还是有特点的,对于 CVT 的铁磁谐振具有以下特性:

(1)CVT 的内阻越大,特别是回路中的直流电阻越大,铁磁谐振越容易抑制,但是 CVT 的误差性能和带载能力越差。

(2)CVT 中间电压变压器的磁密越低,铁芯越不易饱和,发生铁磁谐振的可能性越小,即使发生铁磁谐振,越容易抑制。

(3)就二次短路的试验方法,发生短路的时间不同,铁磁谐振特性会有所不同。

(4)CVT 的铁磁谐振为分频谐振,一般为 1/5 次、1/7 次或更低频率的谐振。

20.6.3 CVT 铁磁谐振的仿真研究

CVT 铁磁谐振的研究中,在实验室试验中要总结相关的规律,有很多的不可控因素,一个波形的再现性很差。为了更好地研究铁磁谐振现象,可以通过电磁暂态仿真计算的方法对 CVT 铁磁谐振进行研究,仿真分析与计算的最大优点是对于每个状态均可再现。CVT 铁磁谐振的仿真计算的关键在于对变压器的非线性特性进行模拟,在于其回路的阻抗参数以及变压器工作磁密的选取。

1)仿真模型

用 $TYD110/\sqrt{3}-0.02$ 型 CVT 作为模型,即系统电压为 110 kV,额定电容为 0.02 μF,中间电压为 12.7 kV 的 CVT 进行仿真研究,仿真模型如图 20-12 所示,其中(a)为仿真计算电路,(b)为中间变压器的磁化曲线,变压器额定磁密为 0.66 T。相关的仿真结果如下。

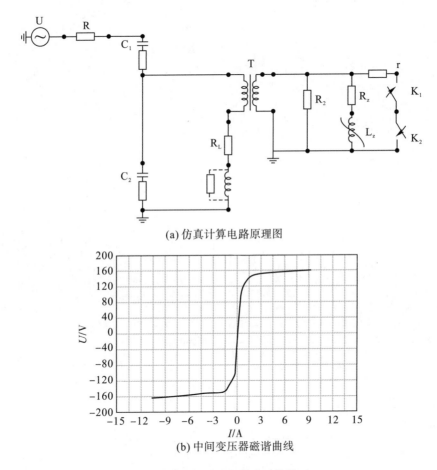

(a)仿真计算电路原理图

(b)中间变压器磁谐曲线

图 20-12　铁磁谐振仿真计算模型

2)不同电压系数下的铁磁谐振现象

为了研究说明不同电压下的铁磁谐振现象,在 CVT 不带任何阻尼和通过 10 Ω 的纯电阻的情况下,电压从 0.2~1.9 倍的额定电压下进行模拟研究,仿真计算结果如图 20-13 所示。其中(a1)~(a7)均为 10 Ω 的纯电阻阻尼,(b1)~(b7)均为不带任何阻尼、电压依次为 0.2,0.4,0.8,1.0,1.2,1.5,1.9 倍的额定电压。

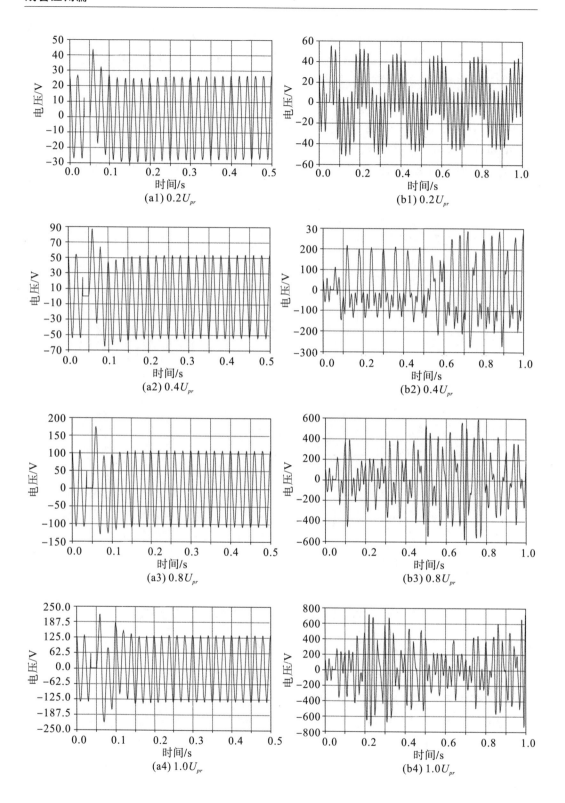

(a1) $0.2U_{pr}$

(b1) $0.2U_{pr}$

(a2) $0.4U_{pr}$

(b2) $0.4U_{pr}$

(a3) $0.8U_{pr}$

(b3) $0.8U_{pr}$

(a4) $1.0U_{pr}$

(b4) $1.0U_{pr}$

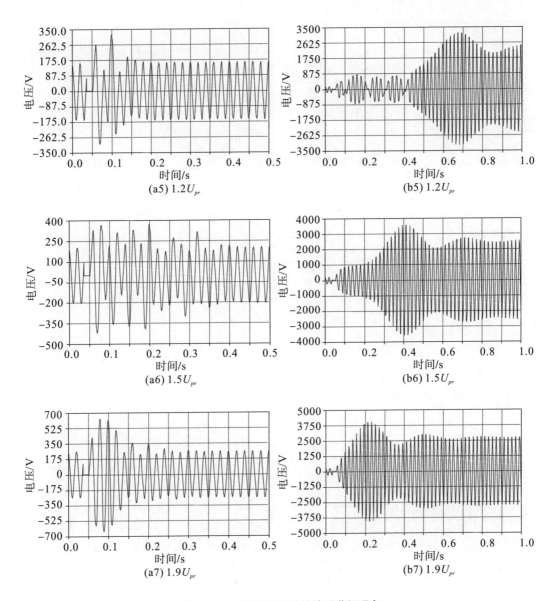

图 20 - 13　不同电压下的铁磁谐振现象

由于电阻阻尼后,无法观察振荡频率,从(b1)～(b7)的波形分析看,在 0.2 倍的额定电压下,为一个稳定的 1/9 次谐振,在 0.4～1.0 的电压下的波形似乎有多个分次谐振频率叠加,而在 1.0 倍的额定电压以上,变压器处于深度饱和状态,谐振有一个较为慢速的发展过程,最终形成一个很低频率与工频等成分共同谐振的现象。

3)不同相位的仿真研究

在仿真研究中,CVT 短路后恢复正常状态的时间不同,铁磁谐振的现象也会有差异。控制短路相位,各波形的延时均为 10 ms,分别在额定电压和 0.2 倍的额定电压下进行了仿真计算,在仿真过程中不带任何的阻尼装置。仿真结果如图 20 - 14 所示,为不同短路相位下的铁磁谐振现象。

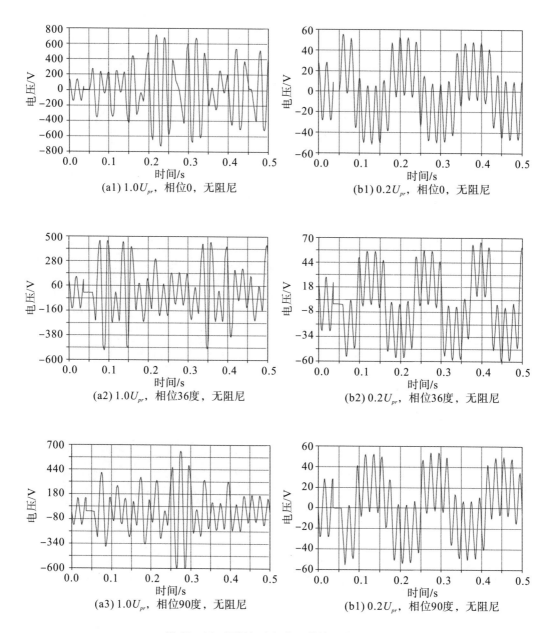

图 20-14 不同短路相位下的铁磁谐振现象

从以上仿真波形分析来看,在 0.2 倍的额定电压下进行仿真计算结果,在 0°、36°和 90°短路时,谐振的频率基本稳定在 1/9 工频频率,除相位有差异外,波形基本一致,但 36°相位下,幅值比其他 2 个波形的幅值要高一些。在额定电压下进行试验时,所有波形的谐振状态为多个频率谐振的状态,波形规律性比较差。

综上所述作者认为,短路相位对于 CVT 的谐振状态是有影响的,不同的短路相位下,互感器处于不同的谐振状态。由于回路较为复杂,谐振状态也在不停地变化中,再加上互感器个体的差异,很难说明在哪个阶段短路时,谐振更严重。

4）阻尼器的作用与效果

为了研究阻尼器的作用，采用目前最常用的速饱和电抗型阻尼装置进行了仿真研究，仿真电压分别在 $0.8\,U_{pr}$，$1.0\,U_{pr}$，$1.2\,U_{pr}$ 以及 $1.5\,U_{pr}$ 下进行了模拟的仿真研究。在仿真过程中保持电抗器的饱和特性不变，改变串联电阻的值，串联电阻分别在 $0.2\,\Omega$、$9\,\Omega$、$12\,\Omega$、$19\,\Omega$，这些阻值包含了线圈的直流电阻在内。仿真结果如图 20-15 所示，为不同阻尼装置下的铁磁谐振现象。

从图 20-15 的各图波形的分析比较来看，对于速饱和阻尼器的抑制效果，总结如下：

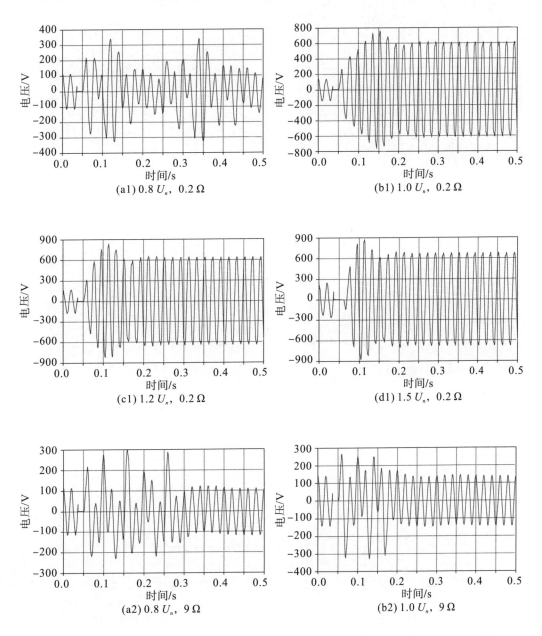

(a1) $0.8\,U_n$, $0.2\,\Omega$

(b1) $1.0\,U_n$, $0.2\,\Omega$

(c1) $1.2\,U_n$, $0.2\,\Omega$

(d1) $1.5\,U_n$, $0.2\,\Omega$

(a2) $0.8\,U_n$, $9\,\Omega$

(b2) $1.0\,U_n$, $9\,\Omega$

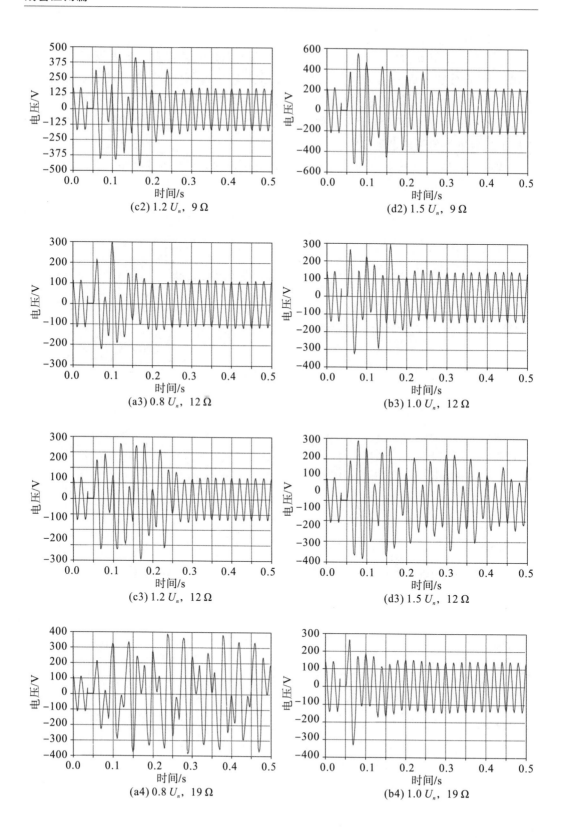

(c2) 1.2 U_n, 9 Ω

(d2) 1.5 U_n, 9 Ω

(a3) 0.8 U_n, 12 Ω

(b3) 1.0 U_n, 12 Ω

(c3) 1.2 U_n, 12 Ω

(d3) 1.5 U_n, 12 Ω

(a4) 0.8 U_n, 19 Ω

(b4) 1.0 U_n, 19 Ω

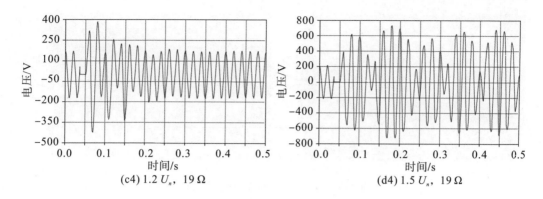

图 20 - 15　不同阻尼装置下的铁磁谐振现象

速饱和阻尼器的电阻不宜过小,从图(a1)、(b1)、(c1)、(d1)的效果来看,串联电阻的取值不宜过小,电阻过小时,激发铁磁谐振后,由于阻尼器铁芯饱和,阻抗太小,会进一步加剧铁磁谐振现象。

速饱和阻尼器的电阻不宜过大,从图(a4)、(b4)、(c4)、(d4)电阻不能太大,电阻太大时,消耗的阻尼能量是有限的,不能很好地阻尼铁磁谐振。

从图 20 - 15 中的整体效果来看,速饱和阻尼器的电阻的选择难度较大,不能太大也不能太小。当然,在选择过程中与速饱和电抗器的 VA 特性的配合也是很重要的,并需兼顾不同电压下的效果。在实际的工程研究中,不同的互感器,对于阻尼装置的要求也会有差异。串联电阻值一般在 5~10 Ω 中选取。

20.7　CVT 暂态响应

CVT 的暂态响应,是 CVT 对于一次电压发生突变的反应速度和能力。由于 CVT 由电容器、变压器、补偿电抗器等部件组成,电容器、电抗器为储能器件,电容器的最大特点是电压不能突变,而对于电抗器,其电流是不能突变的。变压器的铁芯中的磁通量也是不能突变的,这些元件在系统突然断电或者突然合闸时均有一个暂态的过程,对于系统的突然断电需要相应的时间响应。

国家及 IEC 标准给出了暂态响相应过程的示意图如图 20 - 16 所示。图中一次电压在 t 时刻突然断电,一次电压和二次电压分别用 $U_1(t)$ 和 $U_2(t)$ 表示,图中一次电压突然失电,这个失电的过程可能是系统短路或者系统突然跳闸造成。

在这种情况下,CVT 进入一个暂态的过程,在互感器的二次侧,必然存在 2 个电压分量,其一为非周期分量,另一个分量为周期性分量。在系统突然失电后,二次侧的暂态电压实际上是其内部残余能量的放电和振荡过程,在这个过程中,CVT 的能量逐步会被互感器内部电阻吸收掉。持续时间的长短取决于内部参数以及一些杂散参数的大小,可能时间很长,也可能很短,在这种情况下,由于速饱和阻尼器串联电阻的存在,阻尼器也会吸收一定的能量,从而缩短这个暂态的过程,这是 CVT 阻尼器的另一个作用。但 CVT 阻尼器的主要作用是抑制铁磁谐振,对于暂态响应过程的作用为辅助作用,无须特别设计。

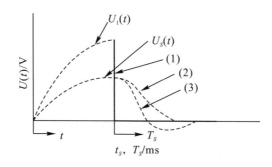

图 20-16 CVT 的暂态响应示意图

图 20-16 中,(1)为一次电压的失电时刻;(2)为二次电压 $U_s(t)$ 的非周期性衰减;(3)为二次电压 $U_s(t)$ 周期性衰减。

CVT 暂态响应性能,会影响系统相关保护速度的时间,是 CVT 的另一个主要的性能指标。国家及 IEC 标准对于 CVT 的暂态响应性能有明确的规定,对于不同的保护级别,暂态响应的要求是不同的。不同保护级别的时间和幅值规定如表 20-5 所示。

表 20-5 暂态响应级的标准值

时间 T_s /ms	比值 $\dfrac{\|U_s(t)\|}{\sqrt{2} \cdot U_s} \cdot 100\%$		
	分级		
	3PT1 6PT1	3PT2 6PT2	3PT3 6PT3
10	–	≤25	≤4
20	≤10	≤10	≤2
40	<10	≤2	≤2
60	<10	≤0.6	≤2
90	<10	≤0.2	≤2

对于某一规定的级,其二次电压 $U_s(t)$ 的暂态响应可能是非周期性衰减或周期性衰减,并可采用可靠的阻尼装置。对电容式电压互感器的 3PT3 和 6PT3 暂态响应级需采用阻尼装置。经制造方与用户协商,可采用其他的比值和时间 T_s 值。

20.8 CVT 传递过电压[3]

电力系统的正常运行中会存在各种过电压,如大气过电压、操作过电压以及发生不对称接地故障过电压等,这些过电压有些来自外部的影响,有些由电力系统自己产生。这些过电压均可能通过静电和电磁耦合的方式传递到系统的另一部分,例如在相邻输电线路之间、变压器或互感器绕组之间会产生过电压传递现象,将高压侧的过电压传递到低压侧,损害低压侧的电器设备,影响电气设备的安全运行。以下对传递过电压的相关问题做简单说明。

20.8.1　国家标准要求

国家标准 GB 20840.1 - 2010 及 IEC 标准已对 CVT 的过电压传递性能做出了明确规定,要求由一次传递至二次端子的过电压应不超过表 20 - 6 所列限值,其中 A 型冲击波要求适用于空气绝缘变电站中的 CVT,代表放电间隙闪络和开关操作引起的电压振荡,而 B 型冲击波要求适用于安装在气体绝缘金属封闭变电站(GIS)中的 CVT,代表开关操作时产生的陡波前冲击波。

表 20 - 6　传递过电压限值

冲击波类型	A	B
施加电压(U_P)峰值	$1.6\dfrac{\sqrt{2}U_m}{\sqrt{3}}$	$1.6\dfrac{\sqrt{2}U_m}{\sqrt{3}}$
波形参数: ——常规波前时间/T_1 ——半峰值时间/T_2 ——波前时间/T_1 ——波尾时间/T_2	0.50 μs±20% ≥50 μs — —	— — 10 ns±20% >100 ns
传递过电压峰值的限值/U_s	1.6 kV	1.6 kV

另外,IEC 标准也给出了相应的参考波形如图 20 - 17 所示,其中(a)为 A 型冲击波的代表波形,(b)为 B 型冲击波的代表波形。

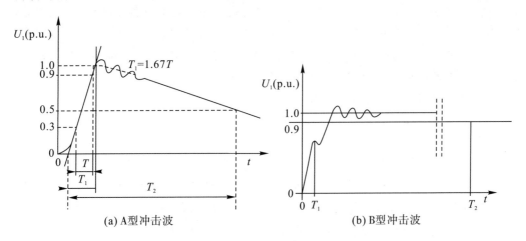

图 20 - 17　传递过电压标准波形

20.8.2　CVT 过电压传递分析

CVT 的结构相对比较复杂,其原理如图 20 - 18 所示,CVT 主要由电容分压器 C_1、

C_2,中间变压器 T,补偿电抗器 L,阻尼器 Z_z 以及保护间隙组成。Z_f 为感性负载。从原理图中可以看出,CVT 的结构比较复杂,电容分压器、中间变压器、补偿电抗器、放电间隙、阻尼器以及负载都可能对传递过电压造成一定的影响。为了对其传递过电压进行深入研究,必须从各个部件入手进行个别分析。

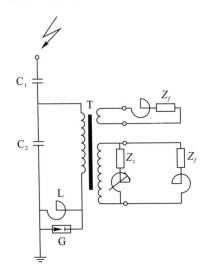

图 20 - 18 CVT 过电压传递原理图

1)电容分压器的过电压传递分析

电容分压器一般由电容器元件串联而成,$110/\sqrt{3}$ kV 的电容分压器一般有 80~180 左右个元件,电容量一般在 0.03~0.2 μF 之间,元件一般由膜纸复合介质或全膜介质绕卷而成,元件之间的连接一般由铜带或铝箔引出并连接。电容分压器的容量比较大,杂散电容的影响较小。另外,电容器元件之间的引线存在一定的电感和电阻,对过电压的传递影响较大。电容器的介质损耗和介质电导的电导损耗对其传递特性有一定的影响。

对于 GIS 用 CVT 的分压器,由于电容器装入金属壳体内,增大了电容器部分对地电容,内部元件及引线等与常规的 CVT 的参数相同。

2)中间变压器的传递过电压分析

中间变压器的传递过电压主要取决于变压器的结构及线圈的布置,国内外的变压器的线圈布置基本相同。线圈布置如图 20 - 19 所示,图中变压器的铁芯 6 一般为三柱式,高压线圈 2 一般放置在最外边,在其最外层加入高压屏蔽 1,在高压线圈内部分别是辅助二次线圈 3、二次线圈 4 和主二次测量线圈 5。高压线圈一般为数十层绕制,二次线圈一般为 1~2 层,3 个二次线圈之间用电工纸板绝缘,高压线圈和低压线圈之间留有油隙,各绕组之间存在杂散电容。所以,变压器的过电压传递不但有电磁耦合,还有绕组之间通过电容耦合作用。

对于变压器的电容耦合作用,等效电路如图 20 - 20 所示。其中由于高压绕组的首端在最外边,由里到外数十层绕制,所以对于辅助二次线圈的电容 C_{12} 主要是高压线圈最里一层绕组对辅助二次的分布电容,高压线圈对地电容主要分布于其首端。由于二次各线圈由外向里分布,2 个主绕组不存在直接对高压线圈的电容,只是相邻的 2 个线圈之间存

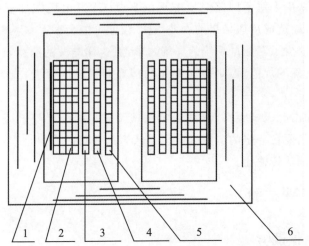

1.高压屏蔽圈；2.高压线圈；3.辅助二次线圈；4.二次线圈；5.主二次测量线圈；6.变压器铁心

图 20 - 19　变压器线圈布置图

在电容 C_{23}、C_{34}，通过实测各线圈之间的电容一般在 750～1100 pF 之间，线圈对地电容在 100～150 pF，通过各级分压后，传递过电压应较小。变压器一次线圈的层数很多，耦合到二次线圈的作用应该较小。通过模拟计算，当高压线圈为 3 层时，传递到二次的三个电压分别为 33.69％，28.29％，25.72％。当高压线圈为 5 层时，传递到二次的三个电压分别为 24.77％，20.81％，18.91％。当高压线圈为 6 层时，传递到二次的三个电压分别为 18.16％，15.25％，13.86％。所以对于数十层高压绕组传递后，通过层间电容耦合传递的过电压很小。

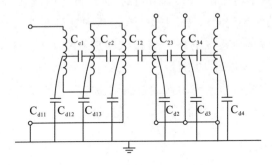

图 20 - 20　变压器线圈的等效图

变压器传递过电压的另一个途径就是电磁传递。由于电磁传播的影响因素主要是漏电感和损耗的影响，实际上不同频率时变压器的漏电感不同，很难准确地模拟。

20.8.3　CVT 传递过电压试验的问题

CVT 的过电压传递问题，由于电压为冲击波，A 型冲击波的波前时间比标准雷电冲击波还要短，B 型冲击波的波前和波长时间更短。

对于这样的快速波形，IEC 标准及国家标准只是很简单地规范了试验要求，笔者认为缺少了必要的对测试回路和测试方法的一些规范，其中存在两个最基本的问题。

其一,标准中缺少了对于回路必要的规范要求,CVT 电压施加于电容器的两端,任何回路的改变都可能造成传递结果的误差,这个误差可能会很大。

其二,标准中缺少了对测量系统的详细要求,对这样陡波的测量,要准确测量就必须对测量系统提出明确的规范,否则传递电压的精确测量难度很大,或者说测量误差可能很大。

这个试验和冲击电压试验不同,冲击电压试验只是一个耐受电压试验,每次试验电压可能均不相同,只要在一定的范围内就可以认为是合格的。但是本项试验需要对传递电压精确测量,并确认传输比。

20.9 CVT 特殊试验

20.9.1 铁磁谐振试验

CVT 的铁磁谐振试验应在完整的 CVT 上进行,如果实验室实验条件不能满足要求时,也可采用等效电路进行试验。在等效回路上试验时,必须使用 CVT 本体的电容器进行试验。

试验应采用二次端子短路的方法,切除短路可用断路器进行试验,也可用熔丝进行试验。如采用熔丝进行试验时,则短路的持续时间可小于 0.1 s。

试验时,CVT 的二次侧不得带有除录波设备以外的其他负荷,且录波设备的输入阻抗应足够大,由录波设备给互感器二次侧造成的负荷不得超过 1 VA。

试验电源的内阻,包括保护电阻的阻抗应尽量小,在 CVT 二次侧短路期间,电源电压的降落不得超过短路前电压的 10%,并应保持为实际正弦波。

试验时,通过录波装置记录电源电压、二次电压和短路电流。

对应于中性点有效接地系统的铁磁谐振试验应在 $0.8\,U_{pr}$、$1.0\,U_{pr}$、$1.2\,U_{pr}$ 及 $1.5\,U_{pr}$ 的每个一次电压下至少进行 10 次。

对应于中性点非有效接地系统的铁磁谐振试验应在 $0.8\,U_{pr}$、$1.0\,U_{pr}$、$1.2\,U_{pr}$ 及 $1.9\,U_{pr}$ 的每个一次电压下至少进行 10 次。

20.9.2 暂态特性试验

暂态响应试验是针对保护用互感器或者有保护线圈的 CVT 进行的试验,试验可在整台互感器上进行,也可以在等效回路上进行试验。在用等效回路进行试验时,一般应用 CVT 本体的电容器进行试验。

在整体试验时,试验电压为 U_{pr},在等效回路上进行试验时,试验电压应等于分压器中间电压,即 $C_1\times U_{pr}/(C_1+C_2)$。

实验过程中应在 100% 和 25% 或 0% 的额定负荷下分别进行试验,等效电路法的 CVT 暂态响应试验电路图如图 20-21 所示。

对于暂态响应试验,负荷的功率因数对于 CVT 的暂态响应性能及测试结果均有较大的影响,所以试验时,试验负荷功率因数应按设计规定的负荷的功率因数加载负荷。

暂态响应试验应分别在一次电压峰值时进行两次试验,在一次电压过零值时进行两次试验。试验中偏离电压峰值和过零值的相位角不得超过±20°,否则,将视为无效试验。

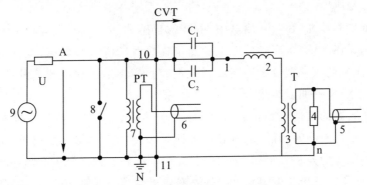

1-为中压端子;　2-为补偿电感;　3-为中间变压器;　4-为负荷ZB;　5-为二次电压记录;
6-为一次电压记录;　7-为电压测量互感器;　8-为短路装置;　9-为电源;　10-为高压端子;　11-为低压端子

图 20 - 21　等效电路法的 CVT 暂态响应试验电路图

20.9.3　高频特性试验

高频特性试验是检验高频下电容器对于高频载波信号的传输能力,测量应在耦合电容器的叠柱上进行。

高频电容和等值串联电阻值的测量方法,可以从电桥法、置换法等各种高频方法中选取方便的一种。图 20 - 22 所示为常用的电桥测量法的试验原理图,它能够使所求之参量等效串联电容 C_s 和等效串联电阻 R_s 直接读出。

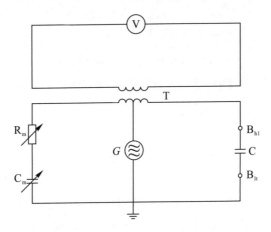

图 20 - 22　测量耦合电容器的高频电容和等值串联电阻用的电桥法线路图

如果所用电桥不能直读,所得到的数据为等效并联数据,就需要把关联数据换算到等效的串联电容和等效串联电阻,计算公式如下。

$$C_S = C_m \left(1 + \frac{1}{(\omega C_p R_p)^2} \right) \tag{20-11}$$

$$R_s = \frac{R_p}{(1 + \omega^2 C_p^2 R_p^2)} \tag{20-12}$$

图 20-22 中，C 为被试耦合电容器；C_m 为可调测量电容器；R_s 为耦合电容器的等值串联电阻；R_m 为可调测量电阻器；C_s 为耦合电容器的高频电容；G 为高频发生器；T 为混合式（差动）变压器。

由于测量频率较高，在实际测试中，引线的自感和互感以及电容对于测试结果会有比较大的影响。在测试时，应尽可能减少测量连接线的电容和电感，也就是尽量减小引线的长度，同样尽量减少耦合电容器的对地电容。应特别注意将测量设备加以屏蔽，如果需要，对连接线也要加以屏蔽。

如果测量装置的杂散电容和电感产生了显著的影响，则在计算结果时应予以去除。

由于引入不可控制的杂散成分，在电容测量中可能产生很大的误差，所以在实验时采用两只互相绝缘的笼子，每只笼子均用 6 或 8 根铜条制成。笼子必须能将被试电容器罩起来，并且必须在整个长度上与绝缘外壳密切接触。上部笼子的一端必须和线路端子连接起来，而下部笼子的一端必须和低电压端子连接起来，测量电桥必须用两根尽可能短的导线连接到笼子的另外两端上，如图 20-23 所示。

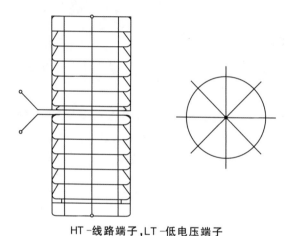

HT -线路端子，LT -低电压端子

图 20-23　测量耦合电容器的高频电容和等值电阻用电路的接线图

参考文献

[1] 高祖绵，魏朝晖，肖耀荣，等. 互感器 第 1 部分：通用技术要求：GB 20840.1-2010 [S]. 北京：中国标准出版社，2011.

[2] 电机工程手册编委会. 电机工程手册第 25 篇[M]. 北京：机械工业出版社，1977.

[3] 郭天兴，徐杰，王璇，等. 电容式电压互感器触底过电压[J]. 2008,29(1):23-30.

第 21 章 SVG 与 APF 装置

随着国民经济的迅速发展,电力供需矛盾逐步加深,用户对电能质量的要求不断提高,不仅要求供电连续可靠,而且要求电网电压频率稳定、畸变率小;随着电力电子装置等非线性、冲击性、不平衡负荷接入电网,电网电能质量进一步严重恶化。

谐波污染使得电能在发电、传输、利用各个环节利用率降低,并使得电力设备过热、绝缘老化,缩短使用寿命,严重时还会引起电力系统局部的串联谐振或并联谐振,造成设备的损坏或烧毁[1]。感性或容性阻抗的存在会在电力系统网络中产生或者消耗一定的无功功率,导致系统功率因数低下,进而降低电力系统的稳定性和输电能力,并增大了输配电设备容量。

综上所述,抑制谐波污染与提高功率因数是提高供电质量的 2 个重要课题。本章将全面介绍主流的用于提高电网功率因数的静止无功发生器 SVG(static var generator)和用于抑制谐波污染的有源电力滤波器 APF(active power filter)。

21.1 SVG 概述

电压幅值和频率是衡量电能质量的 2 个重要指标。为确保电力系统正常运行,电网电压幅值和频率务必要稳定在一定范围以内[2]。频率的控制与有功功率密切相关,而对电压幅值进行控制的有效手段之一即是对无功功率进行补偿。

无功功率补偿主要有以下 4 种方式:

1)同步电机(发电机/电动机)

同步发电机在发出有功功率的同时可向负荷提供一定的无功功率,同步电动机在过励磁的情况下也能发出一定的无功来满足负荷的需要。同步电机虽然可以为系统提供一定的无功功率,但如果系统所需无功功率均由同步电机提供,则会造成同步电机、变压器或其他电气设备容量增加,系统线路总电流增大,设备和线路损耗增大。

2)同步调相机

同步调相机通过控制同步电机的励磁,使其工作在欠励磁或过励磁状态,从而使得其从电网中吸收或发出无功功率。同步调相机可以为电网提供一定的电压支撑功能,不但可以补偿固定的无功功率,还可以对变化的无功功率进行动态补偿。同步调相机维护较为复杂,动态响应速度慢,损耗和噪声较大,目前已很少使用。近年来,我国国家电网公司在若干直流特高压输电工程换流站启动了具有优异暂态响应特性的大型调相机(单台容量 30 万 kvar)示范工程,用以解决电压支撑和换相问题。

3)静止无功补偿器

SVC 有多种无功补偿方案,主要包含晶闸管投切电容器 TSC(thyristor switching

capacitor)与晶闸管控制电抗器 TCR(thyristor controlled reactor)2 种典型方式。TSC 采用了传统的无功补偿装置,其无功补偿功率一般较大,成本低廉,结构简单,运行可靠。随着电力系统技术的发展,对系统无功功率进行动态补偿的需求愈来愈大。TSC 由于不能进行连续动态无功补偿,一般就与 TCR 组合应用。通过对并联电抗器的控制可以补偿输电线路的容性电流,吸收超前无功功率,达到连续调节系统无功功率的目的。

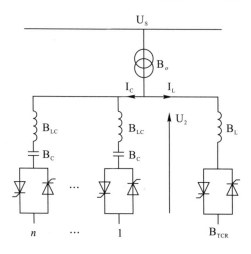

图 21-1　SVC 无功补偿装置原理图

TSC 支路通常串联有一个电抗器,电抗器与电容器构成调谐滤波器(或防止电容器谐波放大的失谐滤波器),以便抑制来自 TCR 支路和其他非线性负荷产生的谐波。

SVC 是目前应用较多的无功补偿装置,技术比较成熟,如图 21-1 所示。然而,由于其自身的响应速度慢、谐波含量高、无法有效应对电压闪变等电压瞬时质量问题,迫切需要一种更为先进、有效的无功补偿方式解决以上问题,静止无功发生器应运而生。

4)静止无功发生器 SVG(static var generator)

静止无功发生器(SVG)是指采用全控型电力电子器件进行动态无功补偿的装置。SVG 早在 20 世纪 70 年代提出,1980 年日本研制出 20MVA 采用强迫换相晶闸管桥式电路的 SVG,1991 年日本研制出采用 GTO 的 80 MVA SVG,1994 年美国研制出采用 GTO 的 100 MVA SVG。与传统以 TCR、TSC 为代表的 SVC 相比,SVG 的调节速度更快,运行范围更宽;SVG 使用的电抗器和电容器元件远小于 SVC 中的电抗器与电容器,大大降低了装置的体积与成本[3]。

按照电压等级不同,可分为高压 SVG 与低压 SVG;按照直流储能元件不同,可分为电流型 SVG 与电压型 SVG;按照相数不同,可分为单相 SVG 与三相 SVG;按照拓扑结构不同,可以分为桥式 SVG 与链式 SVG。

图 21-2 即为 2 种典型 SVG 拓扑结构图。图(a)为低压系统用电压型桥式 SVG,图(b)为高压系统用链式 SVG[4]。链式 SVG 采用多个 H 桥模块级联而成,每相由多个低压 H 桥模块串联组成单相高压变流器,然后三相变流器通过三角形或星形接法构成三相高压 SVG,图(b)为星形连接结构。星型结构使用的模块数少,但存在中点电位偏移问题;三角形结构使用模块数较多,控制上三相完全独立,模块故障冗余容易处理。

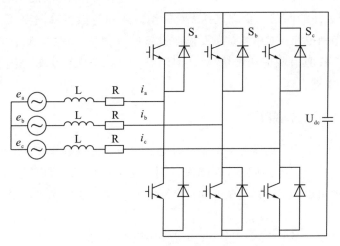

(a) 低压系统用电压型桥式SVG电路

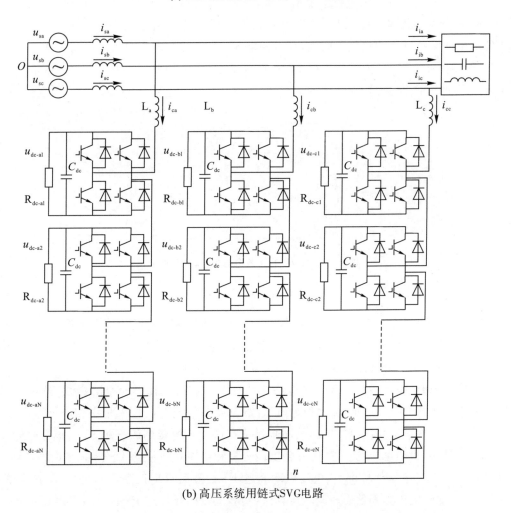

(b) 高压系统用链式SVG电路

图 21 - 2　2 种典型 SVG 拓扑结构图

提高功率因数对电网安全、优质、经济运行起到了重要作用,因此无功补偿成了电力部门与用户共同关注的问题。合理选择无功补偿方式和补偿容量,能有效提高系统的电压稳定性,保证电网电压的质量,提高发输电设备的利用率,有效降低有功网损,减少发电费用。由于 SVG 具有响应速度快,可实时动态补偿系统无功功率等优点,是今后无功补偿装置的重要发展方向。

21.2 SVG 的基本原理

SVG 的基本原理是将电压源变流器电路通过电抗器并联在电网上,通过控制变流器电路,使其等效为一个与电网同步,但幅值可调的交流电压源。调节等效电源相对于电网电压的大小,就可以使 SVG 吸收或者发出满足要求的无功电流,实现动态无功补偿的目的[5]。

忽略 SVG 本身的损耗,SVG 的等效电路如图 21 - 3 所示。其中 U_s 为电网电压,U_1 为 SVG 输出的电压,U_L 为电抗器上的电压。SVG 输出的电流如式(21 - 1)所示,因此通过改变 SVG 交流侧输出电压 U_1 的幅值和相位,就可以改变电抗器上的电压,进而控制 SVG 从电网吸收电流的相位和幅值,也就控制了 SVG 吸收无功功率的性质和大小。表 21 - 1 给出了 SVG 的 3 种运行工况:①SVG 空载运行,不吸收无功功率;②SVG 容性运行,吸收容性无功功率;③SVG 感性运行,吸收感性无功功率。

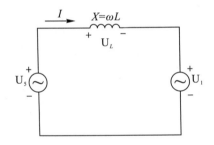

图 21 - 3　SVG 的等效电路(不考虑损耗)

$$I = \frac{U_s - U_1}{j\omega L} \tag{21 - 1}$$

SVG 的总体控制方案包括 2 部分:一部分为无功指令电流的生成,一部分为无功指令电流的跟踪。无功电流指令实际上就是要补偿的负荷无功电流瞬时值或无功电流波形,这可以通过基于瞬时无功功率理论的无功检测来实现。

无功指令电流的跟踪与 SVG 的电路拓扑有关,本章以图 21 - 2 (b)链式 SVG 为例进行说明。如图 21 - 4 所示,无功指令电流跟踪的实现步骤为:①采集三相电网线电压,经过不平衡锁相算法得出电网电压的同步相位 θ;②将检测得到的三相 SVG 电流经过正负序分离算法,得出电流的正序 d-q 轴反馈分量和负序 d-q 轴反馈分量;③正序 d 轴电流参考值由直流电压外环产生,电流内环经过 PI 运算后得出正序 d-q 轴电压参考值;④负序 d-q 轴电流参考值由相间均压算法得到,电流内环经过 PI 运算后得出负序 d-q 轴电压参考值;⑤通过 2r/3s 变换,得到三相基波电压指令,再经过均压算法得到各子模块调制波;⑥通过载波移相调制(CPS - SPWM)算法得到每个子模块的 PWM 驱动信号,通过 IGBT 驱动电路使得 SVG 输出逼近于无功指令电流的无功补偿电流。

表 21 - 1　SVG 的三种基本运行模式

运行模式	波形	说明
空载	(a) $U_1 = U_s$	如果 $U_1 = U_s$,SVG 不起任何补偿作用
感性	(b) $U_1 < U_s$	如果 $U_1 < U_s$,SVG 输出的无功电流滞后电网电压,SVG 等效为一个可调电感
容性	(c) $U_1 < U_s$	如果 $U_1 > U_s$,SVG 输出的无功电流超前电网电压,SVG 等效为一个可调电容

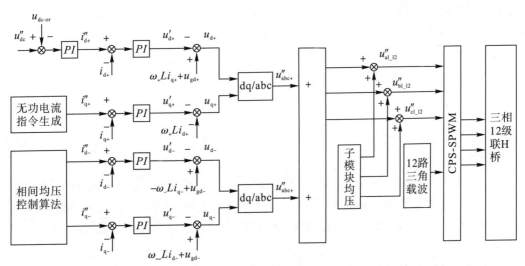

图 21 - 4　链式 SVG 总体控制方案

根据正序无功电流指令生成方式的不同,SVG 主要有 4 种运行模式,即恒无功功率模式、恒功率因数模式、无功自动补偿模式和交流稳压模式。

21.3 SVG 选型设计(结构)

SVG 装置主要由两部分构成:主回路与控制系统。下面以高压领域应用较为广泛的链式结构 SVG 为例进行详细说明。链式 SVG 主回路主要包含模块化功率单元和连接电抗器两部分。

21.3.1 模块化功率单元设计

功率单元采用模块化结构,所有模块可以互换,易于移动、拆装和现场维修,其等效原理图如图 21-5 所示。每个模块由 4 个全控型开关器件、4 个反并联二极管、直流电容、取能及驱动电路组成。

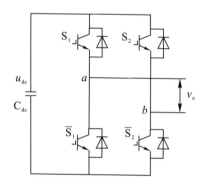

图 21-5 模块化功率单元等效电路图

1)直流侧电容器的选择

链式 SVG 直流侧电容器主要用来缓冲交流输出与直流侧之间的能量交换。实际系统运行过程中,电容器的充放电过程会引起链式 SVG 直流侧电容电压的波动和较大的电容电流纹波,因此,电容器通常选取电压高、电流大、寿命长的直流薄膜电容器。

电容器的电容量直接影响着 SVG 系统的补偿性能,主要表现在以下几个方面:

直流侧电容电压的波动程度与电容值成反比,具体的关系如式(21-2)所示。

$$u_{dc}(t) = U_{dc} + \frac{mI\cos(2\omega t)}{4\omega C} \tag{21-2}$$

式中,U_{dc} 为电容电压直流分量;m 为链式 SVG 稳态运行调制度;I 为稳态运行时交流输出电流峰值。

对输出的谐波电压的影响。当采用 PWM 方法进行调制时,输出电压中的最低次谐波为与载波有关的开关频率谐波,但由于直流侧电容上的电压为 2 倍工频的谐波,因此导致了输出电压的低频谐波。且电容电压波动范围越大,输出电压中的低次谐波分量也就越大。

电容值的大小与系统的开环响应时间成正相关,且几乎为线性关系。二者之间的定量关系如式(21-3)所示。式中,X_L 为连接电感的感抗,X_C 为系统的等效容抗。

$$T = \left(1 + \frac{X_L}{X_C}\right)\frac{X_L}{\omega_s R} \tag{21-3}$$

上述分析表明,宜选择较大的电容值以便将直流侧电容电压波动限制在规定的范围内,但是太大的取值会带来装置成本和体积的增加,同时影响装置的动态响应性能。式(21-2)给出了链式 SVG 采用载波移相时直流侧电容电压的表达式,可以看出,当 SVG 输出电流增大时,直流侧电容电压的二倍频波动增大,会在一定程度上影响模块取能电源设计、交流输出电压、电流谐波。因此,必须综合考虑系统技术经济性,以确定电容器的最优取值。

2)功率模块选型

IGBT 是由 MOSFET 和 GTR 组合而成的复合器件,兼具 MOSFET 响应速度快、热温度性能好、输入阻抗高、驱动电路好和 GTR 载流量大、阻断电压高、导通压降低等优点,广泛应用于各种变流器中,也是目前 SVG 应用最为广泛的全控型开关器件。功率模块选型需要考虑的几个关键指标:集射极间耐压、通流能力、饱和压降、开关频率及开关损耗。

21.3.2　连接电抗器设计

连接电抗器是链式 SVG 与电网进行功率交换的媒介。电抗器的电感值对系统性能的影响主要体现在以下几个方面:

(1)连接 SVG 变流器与电网,隔离电网电动势与 SVG 变流器逆变输出的交流电压。

(2)抑制 SVG 网侧谐波电流。谐波电流的幅值与连接电感成反比,电感值越大越有利于降低输出电流的总谐波畸变率(THD)。

(3)电感值的大小影响调制比以及直流侧电压的大小。无功电流相同的时候,电感值越大,电感上产生的压降越大,SVG 的输出交流电压也随之变大,故而需要的调制比增大或者直流侧电压提高,反之亦然。因此,电感值不宜过大。

(4)影响系统的开环响应时间,二者的定量关系如式(21-3)所示。该式表明电感对系统的开环响应时间影响相对较小,对输出电流值很敏感。

(5)在控制系统中起到阻尼的作用,较大的电感有利于控制系统的稳定性。

综上所述,较大的电抗器有利于滤除高频开关产生的谐波和抵抗电网电压的冲击性变化,但不利于控制装置的体积与成本,同时其动态响应速度较慢;较小的电抗器有利于提高装置的开环响应速度,但不利于抑制谐波。综合考虑各种因素,目前连接电抗器设计时主要依据稳态输出功率、电流跟踪速度和谐波抑制要求 3 个条件,经验选择公式如下:

$$\frac{(2U_{dc} - 3U_m)U_m T_s}{2U_{dc}\Delta i_{\max}} \leqslant L \leqslant \frac{2U_{dc}}{3I_m\omega} \tag{21-4}$$

式中,U_m 为电网相电压峰值;U_{dc} 为直流侧电压;I_m 为补偿电流峰值;$\Delta i_{\max}$ 为允许谐波电流波动值。

21.3.3　SVG 控制系统设计

SVG 控制器作为信息收集处理、逻辑分析判断、指令运算输出的承担者,在整个系统中扮演系统神经中枢的角色,其性能的好坏直接决定了整个系统能否工作以及运行的性能,因此控制器的设计是整个 SVG 系统设计的核心工作之一。为实现无功补偿的目的与功能要求,SVG 控制系统需要实现以下功能:

1)信号采集与处理

系统的控制经常采用闭环反馈控制来实现,因为负反馈能够使控制稳定且精度高,因此需要对被控量进行采集;同时,系统的核心控制算法往往需要使用到系统工作中产生的实时物理参数,如电压、电流、温度、压力等,因此也需要对这些与控制算法相关的信号进行采集;另外,系统运行状况的表征参数也需要采集,目的是显示系统的工作状态和工作环境的状况,方便工作人员评估系统的健康状况,或者根据参数的信息对系统的故障进行诊断。信号的采集一般是通过传感器获取,如电压电流霍尔传感器、温度传感器等。接下来对传感器获得的信号进行调理,经过调理之后传送给相关器件进行分析处理。一般而言,SVG 装置需要采集的信号有电网电压、负荷电流、SVG 输出的补偿电流、SVG 直流侧电压以及温度信号等。

2)逻辑分析与运算

这一过程常在 DSP、FPGA 等微处理器中完成。微处理器通过对采集的信号进行分析,判断系统的工作状态,选择合适的控制模式和策略,从而得到相应的控制指令并且输出给相关部件;如果检测和分析后,判断出系统发生故障,则进行故障处理。对于链式 SVG,系统根据负载的情况可能工作在无功补偿模式、谐波治理模式、抑制三相不平衡或者抵御无功冲击等多个工作模式,系统的指令为无功电流以及谐波电流,通过电流检测算法、dq 前馈解耦控制算法获得,并且在 DSP 芯片中完成。将 DSP 中生成的指令电流传送给 FPGA,并且与 FPGA 中生成的移相三角载波进行比较得到 CPS-PWM 波,即系统地输出指令。对于电力电子装置而言,系统的最终指令一般为控制功率开关管的 PWM 波。

3)PWM 指令输出与驱动

主控芯片运算后产生的 PWM 信号功率较小,一般不能直接作用于 IGBT 开关器件,需要经过光纤、导线等传输到驱动电路,经过电气隔离和驱动放大后才能施加到 IGBT 的栅极进而控制 IGBT 的通断。

4)同步检测与控制

电力电子装置的控制需要与电网电压严格同步。一般而言,电力电子装置都是以电网电压的实时相位作为标准进行变换和控制,以使 SVG 系统保持与电力系统同步。锁相环是获取电网电压实时相位的常用手段,首先检测当前时刻三相电压瞬时值,对三相电压进行坐标变换,利用软件锁相原理可以准确获取电网电压的同步相位。同步相位将作为 SVG 控制运算的基础。

5)故障诊断与容错

作为一个完整的系统,还应当包含故障诊断与容错功能,以应对不确定因素给系统正常工作带来的致命性冲击。主要包含 4 个层面:一是快速预测即将发生的故障,并且确定是否已经发生故障;二是快速准确定位故障发生点和故障的类型;三是分析、评估故障的类型和危害程度,确定合适有效的决策进行故障控制,如调整参数、改变运行模式或者直接停止运行;四是记录和输出故障指示,以迅速告知工作人员存在的危险和故障的信息,便于工作人员进行故障排查和积累经验。

基于以上 SVG 控制系统的功能要求,SVG 控制器具有如下主要特点:

(1)信息量大

低压桥式 SVG 功率和器件相对较少,控制器采集的物理量主要是三相电网电压、电网电流、负载电流、SVG 输出的补偿电流、SVG 正负直流母线电压和温度共计 14 路信号,控制输出 6 路(二电平)或 12 路(三电平)PWM 信号,相应的信号调理和转换电路数目少,实现比较容易。但是,链式 SVG 功率单元多,开关器件多,需要采集和控制的物理量也多。对于每相 N 个功率单元串联的三相链式 SVG 而言,需要采集的信号除三相电网电压、电网电流、负载电流、SVG 输出的补偿电流之外,还需采集 3N 路直流电压信号和 3N 路温度信号;输出的物理量为 12N 路 PWM 信号,还有各种其他运行逻辑控制和显示信号输出。因此,链式 SVG 对存储空间和微处理器的处理性能要求较高。

(2)结构庞大

控制器采集和控制的物理量增多之后,相应的信号调理与转换电路也对应增多。将控制器上述的所有功能放在一个控制电路板上实现已变得十分困难,因此,SVG 系统的控制器一般是由多个控制板组成,它们分别承担不同的功能。例如,主控板、直流信号采样板、交流信号采样板、转接驱动板以及连接母板,分别完成信号处理、信息采集、功率放大、故障综合、继电输出与电源供电等任务。

(3)逻辑复杂

复杂的控制器被分成多个组件之后,每个组件分别承担一定的功能,起到了结构清晰的效果,但是每个组件之间的逻辑关系与协调通信问题就凸现了出来。如何定义各个组件的功能及其联系、如何协调各个组件之间的同步工作成为控制器设计的主要难点。

(4)重复性强

虽然控制器采集和控制的物理量很多,其结构复杂,但也是有规可循的。控制器的主要功能和任务依然不变,只要将这些任务进行合理划分,使控制器的组件协调有序工作即可。由于主电路中功率单元的串联使得很多物理量的采集、调理和控制等十分相似,相应的硬件处理电路一模一样,即控制器重复性强,也有利于生产与维护。

(5)扩展性好

链式 SVG 属于模块化结构,这种结构的最大优势便是易扩展,对应的控制器也应当具备方便扩展的能力。

针对 SVG 控制器的上述特点,要求控制器应当满足以下要求:

(1)主控芯片具备较强的运算能力和较快的运算速度

能在较短时间内(经常为半导体开关器件的开关周期)完成大量的信息处理,一般选择数字信号处理器(DSP)和现场可编程逻辑器件(FPGA)作为系统的主控芯片,同时工作。

(2)具备充足的存储空间。

除了主控芯片自带的存储空间之外,一般需要扩展额外的备用存储空间。

(3)具备充足的外设资源

控制器与主电路之间交换的信息量很多,因而耗费的外设端口数目很多,因此控制器需要有充足的外设资源。

(4)满足实时性的要求

电力电子装置属于实时性很强的系统,控制器的动作周期经常为一个开关周期,即毫秒级甚至微秒级,在这段时间内需要完成信号采集和转换、控制算法的数字化运算、PWM 波的生成与输出等一系列任务。

(5)满足多样性的要求

所设计的通用控制器应当尽可能满足各种系统的需要,包括不同的工作方式、不同的控制方法和不同的使用环境。

(6)满足易扩展的要求

所设计的通用控制器应当方便实现 SVG 系统的扩展,以充分发挥其易扩展的优势。

(7)具备较强的容错能力

链式 SVG 属于串联结构,因此系统的可靠性较低,同时系统采集和控制的物理量大,运行规律复杂,工作过程中故障的概率较大,为了提高可靠性和连续运行时间,就要求控制器具备较强的容错能力。

(8)具备较强的抗干扰能力

链式 SVG 常用于高压大容量电力电子装置,也就是说控制器工作在强电磁环境,其工作易受到强烈的电磁干扰,故控制器应当具备较强的抗干扰能力。

21.4　SVG 应用

自 1980 年世界首台 SVG 样机在日本投运以来,SVG 在全世界范围内的应用得到快速发展。世界首台 SVG 样机由日本关西电力和三菱电机于 1980 年共同研制成功,容量为 20Mvar,主电路采用基于晶闸管强制换相的三相桥六重化结构电压型逆变器。关西电力和三菱电机在此基础上继续研究,于 1991 年在日本犬山开关站投运共同研制的基于 GTO 的八重化 SVG,容量达到 ±80Mvar,并首次实现了自励式启动。1993 年在日本新信浓电站投运的 ±50Mvar SVG 由东京电力公司与东芝公司共同研制,主电路采用了基于 GTO 的三相桥四重化结构。1996 年,美国 EPRI、田纳西电力局和西屋电气公司在 Sullivan 变电站投运 ±100Mvar SVG,主电路采用基于 GTO 的三相桥八重化结构。Alstom 公司分别于 1999 年和 2003 年研制了基于 GTO 的单相桥串联多重化结构的 SVG,容量分别为 ±75Mvar 和 ±150Mvar。

我国在 SVG 研究方面起步较晚,直到进入 90 年代以后,一些高等院校和科研机构才开始进行 SVG 的研究,但是通过几十年的不断发展,目前理论研究和实践应用都取得了长足的进步。我国首台容量为 20Mvar 的 SVG 于 1999 年 3 月在河南省洛阳市朝阳变电站投入运行,由清华大学与河南省电力局共同研制完成,主电路采用基于 GTO 的三单相桥四重化结构方案。2006 年,上海电力公司、许继集团和清华大学联合研制成功基于

IGCT 器件的 50Mvar 链式 SVG,并在上海西郊变电站投入运行。南方电网东莞变电站加装的 35kV/200Mvar SVG 装置,主电路采用基于 IEGT 的双三角连接链式结构,是目前国际上容量最大、直挂电压等级最高、串联级数最多的 SVG 装置。

SVG 主要用于电力输配电系统的无功补偿、交流电压支撑、电能质量控制等,其典型应用场合简述如下:

1)交流输电系统

在交流输电系统的中枢点装设 SVG 装置可以稳定中枢点电压和抑制系统功率振荡,有利于电力系统的稳定运行;在输电线路的中点装设 SVG 装置,可以起到支撑线路电压、提高线路输电功率的作用。

2)区域配电网和工业配电网

区域配电网和工业配电网存在大量感性负荷,包括大型电焊机、大型木材加工厂、重型粉碎机、矿井提升机、港口大型起重机等,造成区域电网自然功率因数低,线路压降增大,用电设备的运行条件恶化,网络电力损耗增加,同时也降低了输变电设备的供电能力及用电设备的出力。应用 SVG 可对电网进行综合无功补偿,提高配电网的功率因数与电压质量,达到节能降耗和优质用电的目的。

3)地铁供电网络/电气化铁路供电网络

地铁供电网络白天功率因数约 0.9,但夜间功率因数只有 0.3 左右,日平均功率因数约 0.78,无功波动较大。由于电缆的充电影响,使得地铁系统夜晚处于无功倒送状态,母线电压升高,危害用电设备及系统的稳定性。SVG 可准确对地铁供电网络进行无功补偿,在稳定母线电压的同时,提高功率因数,彻底解决无功倒送问题。

4)新能源发电系统

随着新能源发电技术的广泛使用,风力发电装机容量及太阳能装机容量在电网中所占比例越来越高,对电网的影响也越来越大。由于新能源发电系统的间歇性与随机性,对电力系统的有功无功功率都会带来一定影响,从而引起电网电压波动。此外,电力系统的低电压故障又会影响到风电场的并网状态,进而影响到风机的安全运行。因此,国家标准明令规定风电场必须配置无功电压调节系统。当发生低电压故障时,SVG 可以动态调节无功的大小,稳定母线电压,减小风机的无功出力,提高新能源发电接入区域电网的稳定性。

5)冶金/港口/矿山等行业

冶金行业中的电弧炉及轧机,矿山及港口负荷是一系列非线性及快速无规律变化负荷,无功冲击大、三相负荷不平衡、谐波污染严重,导致电网电压闪变、三相电压不平衡、电压波形畸变、功率因数低下。SVG 能够快速检测和动态补偿三相不平衡的无功功率,提高供电系统的功率因数,抑制电网电压不平衡,最大程度抑制电网电压闪变,稳定母线电压,提高设备的工作效率。

21.5　APF 概述

近年来,随着电力电子技术的进步,特别是功率半导体器件与控制技术的高速发展,电力电子装置越来越多地应用于各行各业,在节约能源、提高生产效率和产品质量等方面起着非常重要的作用,成为实现自动化生产的重要基础建设。然而,随着这些电力电子装置的广泛应用,其强非线性的特点却将大量谐波注入电网,造成电能质量下降,引起电网污染。

国际上公认的谐波定义为:"谐波是一个周期电气量的正弦波分量,其频率为基波频率的整倍数。"在一定的供电系统条件下,一些用电负荷会出现非基波频率整数倍的周期性电流的波动,为延续谐波概念,又不失其一般性,将其称为分数谐波,或称为间谐波。频率低于工频的间谐波又称为次谐波。在实际应用中,人们将它们包含在谐波问题的研究范围之内。近年来,电力谐波概念进一步得到扩展,它的应用已经超出了上述规定的界限,而泛指电力系统中电压和电流非正弦性的波形畸变。

电力谐波、功率因数低下和电磁干扰被称为威胁电力系统的 3 大电力公害。电力谐波的危害主要有以下 6 个方面:

(1)占用输配电设备容量,并产生额外的谐波损耗,降低电能使用效率;

(2)引起旋转电机和变压器的附加损耗和发热,产生机械振动、噪声和谐波过电压,缩短使用寿命[6];

(3)易引起输配电系统中各电气测量仪表计量的不准确,且会引起继电保护、熔断器等保护装置的误动作或拒动作;

(4)可能诱发电力系统潜在的谐振现象,严重时会使某次谐波电流瞬间放大数倍,对电力系统中的设备造成严重伤害;

(5)严重时可能引发电网电压畸变,从而威胁电网中所有用电设备的正常运行;

(6)对通信系统产生干扰,使通信质量下降,严重的可以导致信息丢失、通信设备中断等严重后果。

针对上述谐波电流造成的电能质量问题,人们在不同时期采取了不同的手段进行治理。首先,从受到谐波影响的设备或系统出发,提高其抗谐波干扰的能力;其次,从谐波源本身出发,使谐波源不产生谐波或降低谐波源产生的谐波;三是被动治理,即外加滤波器,避免谐波源产生的谐波电流注入电网,或者防止来自电力系统其他谐波源的谐波电流流入重要用户。电力滤波器分为调谐滤波器和有源滤波器 2 种,有些场合也将调谐滤波器称为无源滤波器。

调谐滤波器主要由滤波电容器、电抗器和电阻器组合而成,与谐波源并联,除主要起滤波作用外,还兼具一部分无功补偿的需要。通常情况下,调谐滤波器并联于电网与谐波源负荷之间,并由电感和电容按特定方式组合构成针对某次谐波电流成分的谐振电路,该谐振电路在该次谐波频率下呈现一个低阻抗,从而分流谐波源的谐波电流,减小了流入电网的谐波电流,降低了谐波源对公共电网的污染。

调谐滤波器具有结构简单、原理清晰等优点,但同时也具有以下缺点:

(1)对电网频率、LC 参数的偏差比较敏感。当实际参数偏离设计参数时,滤波器处于失谐状态,滤波效果显著下降,甚至可能进入谐波放大区间,一般需偏感调谐。

(2)滤波效果严重依赖电网参数。当电网短路容量较大或电网等值阻抗较小时,难以获得理想的滤波效果。

　　随着电力电子技术的飞速发展和半导体开关器件的不断进步,有源电力滤波器(APF)在 20 世纪 80 年代从实验室走向了实际应用。APF 集中了先进的控制算法和半导体器件,从谐波滤除效果、控制方法的灵活性及装置本身的体积成本等方面都表现出了强大优势。尤其是近年随着电力电子技术的日趋完善,电力电子相关器件的成本逐年下降,APF 的应用潜力巨大,也代表着电能质量治理装置未来发展的趋势与方向。随着研究的不断深入与细化,APF 出现了多种拓扑和连接方式,包括串联型、串联混合型、并联型、并联混合型等。下面介绍串联型和并联型这两种典型结构的 APF。

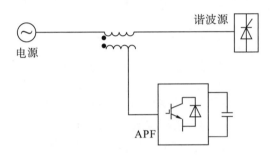

图 21-6　串联型有源电力滤波器

　　图 21-6 所示为串联型 APF。串联型 APF 经耦合变压器接入电网,等效为一个受控电压源,主要用于补偿电压型谐波源产生的谐波对电网的影响或电源侧电压谐波对用户敏感负荷的影响。串联型 APF 流过正常负荷电流,因此损耗较大。电力系统中的谐波主要由用户中的非线性负荷所产生,而绝大多数大功率非线性负荷为电流型谐波源,因此串联型有源滤波器应用较少。

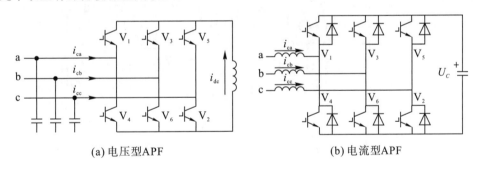

(a) 电压型APF　　　　　　　　　(b) 电流型APF

图 21-7　并联型有源电力滤波器

　　图 21-7 所示为并联型 APF,根据直流侧储能元件的不同,可分为电压型 APF 如图 21-7(a)所示和电流型 APF 如图 21-7(b)所示 2 种。并联型 APF 与谐波源负荷并联接入电网,通过控制使得并联型 APF 表现为一个可控的谐波电流源,向电网注入与负荷谐波电流大小相等、方向相反的电流分量,从而抵消谐波源注入电网的谐波电流,达到滤波的目的。电压型 APF 具有效率高、投资少、可多台并联扩容、经济性好等优点,目前实用装置基本上多采用电压型 APF。

　　图 21-8 所示为串-并联型 APF,也称为统一电能质量调节器 UPQC(unified power

quality controller),它由串联型 APF 和并联型 APF 组合而成,直流侧电容器共用。串联型 APF 起到补偿电网电压谐波、消除电网电压不平衡、抑制电压波动等作用;并联型 APF 起到补偿用户谐波电流、三相负荷不平衡、负荷无功和稳定变流器直流侧电压的作用。如果直流侧加上储能装置,UPQC 还可以实现短时间不间断供电、补偿电网电压暂降的功能,是一种理想的电能质量综合治理装备。

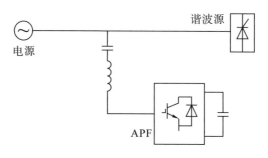

图 21-8 串-并联型有源电力滤波器

图 21-9 所示为混合型滤波器,它是有源滤波器和调谐滤波器的组合结构。并联的 LC 调谐滤波部分消除了大量的低次谐波,因而有源滤波器部分的容量可以做到很小(一般约为负荷容量的 5%),这样大大减少有源滤波器的体积和成本。但是这种滤波器主要补偿 LC 调谐的特定次谐波。

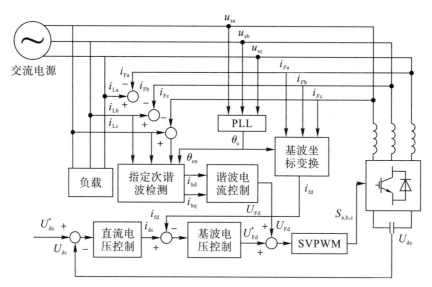

图 21-9 混合型有源电力滤波器

以上为 4 种典型的 APF 电路结构。比较而言,并联型 APF 只流过补偿电流,可以多台并联使用以提供更大的补偿电流,适用于补偿用户谐波源的大多数应用场合;串联型 APF 通过向电网电压中叠加一个瞬时电压,补偿电网谐波电压和三相不平衡电压,使用户侧电压维持一个理想正弦波,对电压敏感性负荷尤为适用。基于性能与应用场合不同,各种大容量、低损耗的高性价比的 APF 组合也会不断推出。本章主要介绍并联电压型三相有源滤波器 APF。

21.6　APF 基本原理

有源电力滤波器既可补偿负荷谐波,也可补偿负荷无功电流,实现谐波与无功功率的统一补偿。与 SVG 一样,通过控制可以使 APF 等效为一个电流源,注入电网中的电流既包括与负荷谐波电流大小相等、相位相反的谐波电流,也包含负荷的无功电流分量。这样,APF 注入电网的电流与负荷电流抵消之后,电网中的电流就只是负荷中的有功电流了。

图 21-10 所示为典型的三相三线并联型 APF 的系统结构框图。

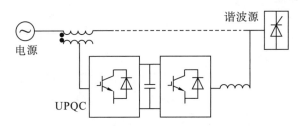

图 21-10　三相三线并联型 APF 系统原理图

图 21-11 为并联型 APF 控制框图,该控制系统主要由 3 个控制闭环构成:直流母线电压外环、基本电流内环与谐波电流控制环。一般而言,APF 的控制主要包括谐波电流检测、谐波电流跟踪补偿控制、电网电压锁相、直流母线电压控制和调制控制策略等,谐波电流检测和谐波电流跟踪补偿控制是控制的核心部分。

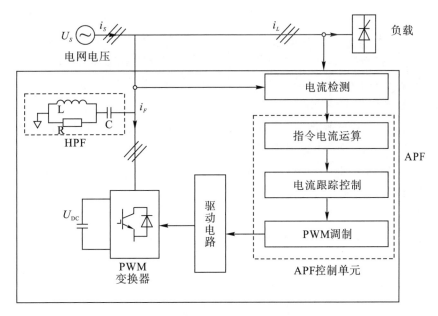

图 21-11　并联 APF 控制框图

如图 21-11 所示,APF 主要由电流检测、调理电路、指令电流运算、电流跟踪控制、驱动电路、主电路和辅助电路组成,其中,电压电流检测和调理电路用以采集 APF 控制所需的电压电流信号,指令电流运算单元根据 APF 的补偿目标得出所需补偿的电流指令信号,其核心作用是准确实时地检测出补偿对象的谐波电流分量,电流跟踪控制单元的作用是根据指令信号与实际补偿电流之间的误差,得出控制主电路开关器件的脉冲信号,保证 APF 的输出电流跟踪指令电流信号的变化。

图 21-11 中,U_S 为公用电网电压,i_S 为流入公用电网的电流,i_L 为所需补偿的非线性负荷电流,i_F 为 APF 输出的补偿电流。与 APF 并联的调谐高通滤波器(HPF)用以滤除开关频率附近的谐波电流。通过检测负荷电流中的谐波和无功分量得到 APF 的补偿电流指令。

21.6.1　谐波电流检测

就谐波治理和无功补偿装置而言,实现对谐波和基波无功分量快速而准确的检测是十分重要的。目前提出的谐波和基波无功的检测方法主要有基波分量提取法、基于 Fryze 时域分析的有功电流检测法、基于频域分析的 FFT 检测法、基于自适应干扰对消原理的自适应检测法及小波变换等。这些算法要么计算时间长、实时性差,要么不能同时分离出无功电流和谐波电流,或不适用于负荷频繁变化的场合。随着三相电路瞬时无功功率理论的发展,基于瞬时无功功率理论的检测法以其良好的实时性、准确性及可以同时检测谐波和基波无功电流的优点,在 APF 中得到了广泛的应用。

21.6.2　谐波电流跟踪补偿控制

1)滞环电流控制[8]

滞环电流控制中没有外加的调制信号,电流反馈控制和调制集于一体,可以获得很宽的电流频带宽度,具有硬件实现容易、电流动态响应速度快、电流跟踪误差小、鲁棒性强的特点。滞环控制的缺点是开关频率不固定,滤波器设计困难,当 APF 直流侧电压不够高和交流侧电流太小时控制效果不理想。滞环控制变频率的缺点促使人们寻求改进的方法,主要思路是将滞环控制的优点与恒频控制的优点结合起来,通过实时改变滞环宽度的方法降低最高开关频率,维持平均开关频率基本恒定。定周期比较法严格讲也是滞环控制,控制器以固定采样频率比较实际电流和给定电流,根据比较的结果驱动开关器件。虽然限制了最高开关频率,但实际的开关频率不固定,且由于在采样周期内电流误差失控,因此补偿电流跟随误差不固定。

2)三角载波控制

这种方式将实际电流与指令电流的偏差经放大器后,与三角载波比较,这样组成的控制系统是基于把电流误差控制为最小来设计的。与滞环控制相比,电路较为复杂、跟随误差较大、且电流响应较慢,但其开关频率固定。

3)矢量控制技术

该电流控制方式将 $\alpha-\beta$ 平面的电流电压矢量分为 6 大区域,通过识别电流跟踪误差矢量,选择合适的开关矢量使得电流跟踪误差最小甚至为零,从而实现特定波形电流生成的目的。随着微处理器性能日益增强,电力电子装置的控制系统逐步数字化,特别是具有高速运算能力的数字信号处理器(DSP)的应用,APF 基本上实现了全数字化控制。

4) 无差拍控制

无差拍控制是一种通过状态的数字瞬时反馈,并利用微处理器实时计算电压矢量,使得受控电流在下一个调制周期结束时完全跟踪参考值的性能优良的 PWM 方式。但其固有的计算延时导致动态响应误差,影响了电流跟踪性能。为了解决延时误差,有学者提出了在无差拍控制中结合参考电流预测控制的思想,即在调制周期中,控制算法根据前面的采样或计算值,结合给定的电流矢量变化率和负载情况等变量,插入参考电流的预测值,使电流跟踪误差矢量趋于零。

5) 单周脉宽控制

单周脉宽控制的基本思想是在脉宽调制的每个周期内强迫开关输出量的平均值正比于补偿给定信号,其实现电路如图 21-12 所示。I_f 与 I_g 分别为反馈电流和指令电流,I_f 经过一个开关周期的积分后,再与 I_g 比较,输出脉冲,积分电路每个开关周期均从零开始。该方法由于使开关量在每个周期的平均值都等于目标值,因而没有超调,失真小,但输出稳态精度不高。

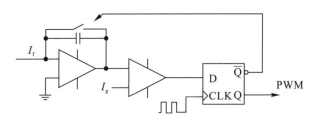

图 21-12　单周脉宽控制原理图

6) PI 控制[9]

比例积分(PI)控制以概念清晰,结构简单,易于操作及鲁棒性好的特点,成为迄今为止最通用的控制方法。PI 控制的精度取决于比例项和积分项,这 2 项越大控制精度越高,积分项可以提高低频段增益,理论上对直流分量的增益为无穷大,可以对直流信号进行无静差控制。但是,APF 的指令是包含基波分量和基波整数倍次的谐波信号,所以 PI 控制电流环不能对电流指令做到零静差跟踪。

对于三相 APF 的电流 PI 控制,可以通过坐标变换将基波无功电流指令和谐波指令分别放在基波 d-q 同步旋转坐标系和各次谐波同步坐标系下进行控制,在 d-q 坐标系中原正弦指令变成直流量,可以实现逆变器的零静差调节,提高补偿精度,但是这种做法实现起来相当复杂。

7) 重复控制[10]

重复控制的基本思想源于控制理论中的内模原理,将作用于系统的外部输入信号(含指令信号和扰动信号)的动力学特性的数学模型植入控制环内以构成高精度的反馈控制系统。积分控制就是内模原理的一个应用,含有积分环节的反馈控制系统能对直流指令信号(或扰动信号)进行零静差的跟踪(或抑制)。有源电力滤波器需跟踪的指令信号为各次谐波电流,在重复信号发生器作用下,控制器实际上进行着一种逐周期的积分控制,通过对波形误差的逐周期补偿,稳态时可以实现对谐波电流无静差控制效果。重复控制结构简单、实现容易,对控制速度要求不高,具有良好的稳态性能。但是重复控制的动态响应性能较差,故常常采用重复控制与比例控制相结合的复合重复控制。

8)现代控制与智能控制

在现代控制理论和策略应用方面,一些新的控制方式如参考自适应控制、滑模变结构控制、神经网络控制等也逐渐进入电力电子电路包括有源滤波器的控制领域。常规控制效果依赖于模型的精确性,而且电路参数具有非线性和时变性,因此,为了克服电路参数时变和不准确性带来的问题,可以利用在线辨识参数来实现参数自适应控制,亦可以采用滑模变结构控制,因为它对参数变化不敏感,鲁棒性较强。理论上,在精确的数学模型下,基于现代控制理论的控制器可以获得很优良的性能指标,但是由于变流器的数学模型为非线性时变耦合的多阶系统,基于线性系统的现代控制算法很难获得完全理想的控制效果。

21.7　APF 选型设计(结构)

APF 装置主要由两部分构成:主回路与控制系统。下面以应用较为广泛的三相并联电压型 APF 为例进行详细说明。APF 主回路主要包含开关器件、直流侧电容、输出滤波电抗几部分。

21.7.1　开关器件选型

现代电力电子器件正向大功率、易驱动和高频化方向发展。目前,APF 的主电路所采用的全控型电力电子器件多为 IGBT。近几年出现的新型电力电子器件——集成门极换流晶闸管 IGCT(intergrated gate commutated thyristors),也有望用于 APF 的主电路。在功率开关器件的选型中,主要考虑以下 3 个方面:

(1)依据 APF 的设计电压等级确定器件的电压等级;

(2)依据 APF 的设计额定电流确定器件的电流等级;

(3)依据补偿输出控制算法的要求确定器件工作的开关频率。

为了选用合适的 IGBT 模块用于 APF,有 2 个技术细节需要权衡,一是根据 IGBT 的过电流动作数值以确定峰值电流,二是科学的热设计以保证结温峰值永远小于最大结温额定值,使底板温度保持低于过热动作数值。

IGBT 选型主要是考虑器件的电压等级和电流等级的选择。器件电压的选择决定于 APF 直流母线电压 U_{dc},一般选取 IGBT 耐压为 U_{dc} 的 1.5 倍左右即可满足要求。器件的电流决定于 APF 最大补偿电流值,考虑一定的安全裕度与动态响应特性,通常所选取 IGBT 的额定电流需大于最大补偿电流值的 2 倍以上。器件的工作频率由实际补偿对象和具体补偿要求来确定。

此外,IGBT 器件的制造工艺和水平还在不断进步,IGBT 的性能也在不断提升中,新一代 IGBT 器件往往具有更低的通态压降和更短的开通关断时间,这对提高 APF 装置的性能和效率很有帮助。因此,APF 装置应及时更新或选用新一代 IGBT 器件。

21.7.2　直流侧电容器的选择

直流侧电容器是 APF 进行能量交换时的储能元件,具有稳定直流侧电压的作用,常称为直流支撑电容器(DC link capacitor)。其电容量对有源电力滤波器的输出波形有很大的影响,电容器的电气环境也较为复杂。直流支撑电容器的选择主要是确定电容器的类型、额定电压和电容量。

直流支撑电容器应该首选直流薄膜电容器。薄膜电容器具有寿命长、电压高和耐受纹波电流大的特点,但是单位电容量的体积较大。在需要印制板安装的场合,往往选用体积较小、容量大的铝电解电容器,但是,电解电容器的电压低、耐受纹波电流和寿命有限。

由于有源滤波器的输出谐波电压和基波电压之间可能存在不同的相位差,因此在设计直流侧电容器的耐压时,必须考虑有源滤波器的最大输出电压峰值。APF 补偿电流中的谐波及无功电流会造成的能量脉动,开关损耗以及交流侧滤波电感储能亦会引起能量脉动,其中尤其以无功电流造成的能量脉动最为明显,这些因素导致控制系统很难将主电路直流母线电压控制在某一恒定值,直流母线电压随补偿电流和逆变器工作模式的变化而改变,在允许的给定范围内波动。

为了减小直流母线电压的波动,直流支撑电容器必须有一定的容量要求。当直流母线电压一定时,电容值越小,直流母线电压波动越大,影响有源电力滤波器的补偿效果;电容值越大,则直流母线电压波动越小,但是电容器体积和造价都会增加。因此,需要综合考虑 2 方面因素,在直流母线电压波动满足要求下进行电容值的选取。

设直流母线电压 U_{dc} 的最大允许波动电压为 $\Delta U_{dc\max}$,定义电压波动率为:

$$\lambda = \frac{\Delta U_{dc\max}}{U_{dc}} \tag{21-5}$$

则直流母线电压最大值和最小值为:

$$U_{dc\max} = (1+\lambda)U_{dc} \tag{21-6}$$

$$U_{dc\min} = (1-\lambda)U_{dc} \tag{21-7}$$

对于非线性负载,其谐波和无功电流所产生的瞬时功率不为零,但一个周期的平均值为零。当 APF 对谐波和无功电流进行补偿时,APF 和负载之间有能量交换,需要直流母线电容提供缓冲能量交换。如果忽略 APF 系统存在的损耗,这一缓冲单元只是周期性地吸收和释放能量,不需要电源提供能量。而当谐波和无功电流得到补偿时,电源只向负载提供有功电流,即提供负载消耗的能量,而不再和负载交换能量。

为了简化分析,特作以下假设:

(1)APF 的开关频率很高,因此由于开关频率引起的直流母线电流对电压波动的影响可以忽略不计;

(2)考虑能量平衡关系时,不考虑滤波电感中的储能;

(3)稳态时,直流母线电压波动幅值与直流母线电压值相比非常小;

(4)APF 自身损耗忽略不计。

根据流过 APF 三相交流瞬时功率等于直流母线电容上的瞬时功率,可以得到电容下限值为:

$$C \geqslant C_{\min} = \frac{S_c T}{\lambda(1+\lambda)U_{dc}^2} \tag{21-8}$$

式中,C 为直流电容值;T 为直流母线电压控制周期;S_c 为 APF 额定补偿容量。

因此,确定了装置的补偿容量和允许的直流母线电压波动值后,就可根据上式确定母线电容的容量。需要注意的是,上式计算出的电容量是在理想条件下得到的,实际选取母线电容的容量时必须留有一定的裕度。

21.7.3 输出滤波电抗器的选择

在三相并联型 APF 的产品设计中,输出滤波电抗器的设计对 APF 的性能优劣有着重要的影响。输出电抗器的取值不仅影响电流环的动静态响应,而且制约着装置的输出功率、功率因数和直流电压。输出电抗器的作用包括以下几点:

(1)隔离电网电动势和 APF 逆变输出的交流侧电压;

(2)通过逆变器交流侧电压或电流的幅值、相位的 PWM 控制,实现电压型逆变器的功率四象限运行;

(3)使逆变器输出良好的电流波形,同时向电网输出无功功率;

(4)滤除交流侧谐波电流,使系统获得一定的阻尼特性,确保整个系统的稳定。

输出电抗器的设计应遵循以下 2 条原则:

(1)补偿电流的纹波电流幅值限制在规定范围内,电感值越大,电流的纹波越小,但补偿电流变化率越小,电流跟踪能力就越弱;

(2)补偿电流能跟踪指令电流最大变化率,电感值越小,电流变化率越大,有源电力滤波器的动态响应速度越快,但电流变化越剧烈,电流的纹波就越大。

在设计与器件选型过程中应当兼顾上述两方面的要求,进行适当取值。输出电抗取值可以参考如下经验公式:

$$\frac{2U_{dc}}{3I_m\omega} \geqslant L \geqslant \frac{(2U_{dc}-3E_m)E_m T_S}{2U_{dc}\Delta i_{\max}} \tag{21-9}$$

式中,E_m 为电网相电动势峰值;I_m 为交流侧相电流峰值;T_S 为 PWM 控制周期;$\Delta i_{\max}$ 为最大允许谐波电流脉动量;U_{dc} 为直流母线电压。

要使上式成立,必须满足以下约束条件:

$$\frac{\Delta i_{\max}}{I_m} \geqslant \frac{3(2U_{dc}-3E_m)E_m T_s\omega}{4U_{dc}^2} \tag{21-10}$$

21.8 APF 的应用

自 1971 年以来,日本的 Sasaki & Machida 提出有源电力滤波器原始模型及基本原理,由于在当时采用线性放大器作为产生补偿电流的器件,大功率情况下器件的功耗过大,使其不能真正实际中应用。到 1976 年美国西屋电气公司的 L. Gyugi 提出采用 PWM 控制的有源电力滤波器,才确定了主电路的基本拓扑结构和控制方法。尽管如此,由于缺少大功率可关断器件,有源电力滤波器的发展仍处于实验室研究阶段。

1982 年世界上第一台 800kVA 并联电流源型 APF 投入运行。电力系统有源滤波器这一新型技术,终于从理论逐步走向实际应用。经过 30 多年的发展,其技术已日益成熟。目前大部分国际知名的电气公司,如东芝、富士电机、三菱电机、艾默生和西屋电气等都有相应的产品。国内在有源电力滤波器的研究方面起步较晚,直到 20 世纪 80 年代末才有论文发表。90 年代以来一些科研机构和高等院校开始进行有源电力滤波器的研究,如西安交通大学、清华大学、华中科技大学、湖南大学、哈尔滨工业大学、浙江大学等高校陆续推出科研样机,国内电气公司也相继推出了自己的有源电力滤波器产品。

有源滤波器主要应用于以下场合:

1)轨道交通牵引系统

电动机车所需的牵引负荷、车站、车辆段、控制中心所需的动力电等,城市轨道交通供电系统中的谐波源主要分为 2 类:牵引整流逆变装置所产生的 11 次、13 次等高次谐波;站用变电站中大量非线性负荷造成的 3 次、5 次、7 次谐波和负序电流污染。而且由此造成的谐波污染具有沿线分布广、谐波干扰影响面积大的特征。

2)冶金、石化、化工等行业

炼钢企业中大量使用中频炉加热设备、变频驱动设备。电弧炉、中频炉在正常生产时对电网造成高次谐波、电压闪变、电压波动、三相不平衡。轧钢企业中的轧钢机、打磨机、电机拖动设备以及石化企业中的变频调速装置在运行过程中会产生 5 次、7 次、11 次、13 次特征谐波。工业用电弧炉在熔炼过程中,电弧的伏安特性有着明显的非线性,而且由于电弧的不稳定,还会引起大量频谱不规则的谐波电流,通常表现为 2~5 次谐波。

3)楼宇办公电子设备和家用电器

这些设备的典型特征是单机功率小但是数量众多、用电随机性大、产生谐波的装置多种多样,造成了大量谐波电流注入公共电网中,增加了系统的不稳定性,严重危害电网的安全运行,因此造成的谐波污染问题也日益引起大家的关注。

随着低压配电领域 APF 的广泛应用与技术的日趋成熟,应用于中、高压电网的大容量 APF 成为日后 APF 的发展方向与趋势。

参考文献

[1] 王兆安,刘进军,王跃,等. 谐波抑制和无功功率补偿[M].北京:机械工业出版社,2016.

[2] 曲涛,任元,林海雪,等.电能质量 公用电网谐波[S].GB/T 14549-1993.北京:中国标准出版社,1994.

[3] Hao Yi, Fang Zhuo, Yan'jun Zhang, et al. Design of Hybrid Compensators for Power Quality Improvement of Oilfield Drilling Electrical System[J]. Journal of Energy and Power Engineering, 2012,6(10):1706-1713.

[4] 刘文华,宋强,滕乐天. 基于链式逆变器的 50MVA 静止同步补偿器的直流侧电压平衡控制[J]. 中国电机工程学报. 2004,24(4):145-150.

[5] 罗安. 电网谐波治理和无功补偿技术及装备[M]. 北京:中国电力出版社,2006.

[6] Akagi H,Isozaki K. A Hybrid Active Filter for a Three - Phase 12 - Pulse Diode Rectifier Used as the Front End of a Medium-Voltage Motor Drive[J]. IEEE Transactions on Power Electronics,2012,27(1):69 - 77.

[7] 同向前,伍文俊,任碧莹. 电压源换流器在电力系统中的应用[M]. 北京:机械工业出版社,2012.

[8] 徐永海,刘晓博. 考虑指令电流的变环宽准恒频电流滞环控制方法[J]. 电工技术学报,2012,27(6):90 - 95.

[9] Vidal A,Freijedo F D,Yepes A G,et al. Assessment and Optimization of the Transient Response of Proportional - Resonant Current Controllers for Distributed Power Generation Systems[J]. IEEE Transactions on Industrial Electronics,2013,60(4):1367 - 1383.

[10] Zhong C,Yingpeng L,Miao C. Control and Performance of a Cascaded Shunt Active Power Filter for Aircraft Electric Power System[J]. IEEE Transactions on Industrial Electronics,2012,59(9):3614 - 3623.

第22章 直流输电系统中的电力电容器

22.1 高压直流输电系统简介

22.1.1 高压直流输电概述

人们对于电的认识和应用是从直流开始的,早期的发电机为直流发电机,但并无输电的概念。随着电力技术的发展,高压输送电力技术的需要,逐步形成了交流发电、变电、输配电的高压交流输电系统。

随着交流输送电技术的发展,电力网的容量越来越大、电网结构也越来越复杂,鉴于世界各地的大停电事故的发生,电网安全和稳定成为人们担忧的问题。另外,由于电力资源与用电负荷的严重不平衡,远距离输送电力的需要,促进了直流输电技术的发展。

随着电网技术的进步,形成了以交流电网为主的交直流并存的输送电网络,直流输电在其中起着至关重要的作用,最主要的作用是电网互联,既可以使电网互联,又可以在局部故障时使得电网相互隔离,起到稳定电网的作用。直流输电另一个作用是大功率电力输送,如三峡外送工程,将三峡水电输送到广东和上海等负荷中心。

直流输电的特点是输电线路数量少,在输电线路上不会产生感抗压降,输送距离长、输送容量大,由于直流输电可以提高整个电网的安全稳定性,使得高压直流输电技术得以快速的发展和应用。

从 20 世纪 50 年代起,高压直流输电就有了发展和应用,当时瑞典及苏联等国家相继投入了电压为 100 kV 和 200 kV、输送容量为 $10\sim20$ MW 的高压直流输电线路。在中国,直流输电的建设始于 80 年代,当时依靠国产设备建设了舟山群岛的跨海直流输电工程,其电压为 ±100 kV,容量为 50 MW,到了 1983 年国家建设 ±500 kV 的葛洲坝—上海直流输电工程,其输送容量最大为 1200 MW。从 90 年代中期到现在,随着三峡工程的建设以及"西电东送"的需求,我国直流输电和直流联网工程建设迅速发展,±800 kV 输电工程已广泛投产应用,±1100 kV 输电也在 2019 年投产运行。我国幅员辽阔,能源资源分布不均匀,"西电东送""特高压治霾"是国家当前的既定方针。因此,直流高压输电的发展潜力是巨大的,预期在 2020 年之后,还将有多个重大的直流输电工程投入建设。

随着电力电子技术的发展,特别是可关断元件 GTO、IGBT 电子元件技术的进步,相关的器件也应用到直流输电系统中,在变换装置的内部具有强制换相的辅助电路的换流器,称为强制换相式的自励式换流器。自励式直流输电通过脉冲宽度调制(PWM)来产生交流电源,自励式直流输电技术也得到应用和发展。这种自励式换流技术也称为柔性直流输电技术,与传统直流输电的差别主要是传统直流输电两侧换流和逆变一一对应,两侧必须有交流电源支持;柔性直流输电的整流侧与传统直流输电几乎没有差异,而逆变侧不需要交流电源的支持,可直接连接负荷,并可以同时连接多个逆变器直接给负荷供电。

柔性直流输电技术也在不断地发展。1990 年,加拿大 McGill 大学的 Boon-Teck Ooi 等首次提出使用 PWM 技术控制 VSC 进行直流输电的概念。1997 年,ABB 公司在瑞典中部 Hallsion 和 Grangesberg 之间建成首条柔直工业试验工程。我国 2011 年建成第一条柔性直流输电工程南汇直流工程,至今已建成近十个柔性直流输电工程,电压等级和容量也不断攀升。2018 年,南方电网公司 800 kV 柔性直流工程开始建设。

本章的内容以传统直流输电技术为主,主要叙述直流输电中各种电容器的结构及应用,同时简述了柔性直流输电中的直流支撑电容器及技术要求。

22.1.2　换流站的工作原理

换流站最基本的设备由换流变压器、换流器、平波电抗器组成。图 22-1 所示为两端直流输电系统,其中 e_a、e_b、e_c 为换流变压器提供的三相交流电源,L_s 为电源电感,L_d 为减小直流侧电压电流脉动的平波电抗器,$K_1 \sim K_6$ 为起换流作用的晶闸管阀。改变晶闸管的触发角,可以调节直流侧的电压和输送功率。与交流系统不同,输送容量较小时,直流侧的电压无须在额定电压下运行,换流器是换流站的核心部分。

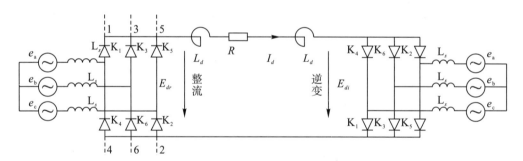

图 22-1　两端直流输电系统原理图

直流输电系统中,可通过整流器的延迟触发角 α 和逆变器的超前触发角 β 来实现对直流电压、电流和有功功率的控制。正常情况下能保证稳定地输出,事故情况下,能对发生事故的交流系统迅速提供备用功率并可实现功率潮流的迅速反转。此外,由于调节控制迅速,直流线路短路时,短路电流峰值一般只有其额定电流的 1.7~2 倍。

22.1.3　直流输电系统的结构形式

传统高压直流输电系统基本的方式有 4 种:分别为单极单线直流输电、单极双线直流输电、双极直流输电、背靠背直流输电,如图 22-2、图 22-3、图 22-4 以及图 22-5 所示。其中单极单线直流输电需要通过大地回流,背靠背直流输电实际上没有直流线路,主要起到交流电网互联的作用,提高电网的安全稳定性。

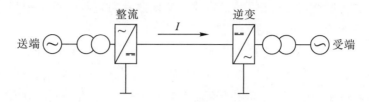

图 22 - 2　单极单线直流输电

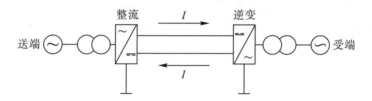

图 22 - 3　单极两线直流输电

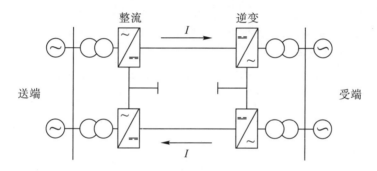

图 22 - 4　双极直流输电

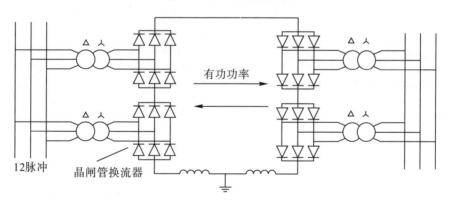

图 22 - 5　"背靠背"直流输电方式

22.1.4　直流输电特点

高压直流输电有其特有的优点,同时也具有其不足之处。

1)高压直流输电的优点

（1）直流输电线路的造价低

由于三相交流线路要用三根导线,而直流输电线路只需要 2 根（正、负极）导线,若使用大地或海水作为回路,甚至只要一根导线。如果两者的线路建设费相等,则直流输电线所输送的功率约为交流输电的 1.5 倍或更多。

另外,直流电缆比交流电缆的价格便宜。这是由于电缆的直流耐压强度大大高于交流耐压强度。通常油浸纸绝缘电缆,直流的容许工作电压约为交流容许工作电压的 3 倍。例如,交流 35 kV 的电缆可适用于直流 100 kV 左右。因此,即使短距离的跨海电缆输电,采用直流输电的实例也不少。

(2)提高电网的安全稳定性

直流输电的一个主要作用是连接电网,也可以连接两个不同频率的电网系统。正常供电时,使电网互联,提高整个电网的安全稳定性能。这也是背靠背直流输电的首要任务。

(3)没有充电电流

由于电容的隔直作用,在直流系统运行时,不存在一个较大的对地电流,不会由于对地电流引起电压的容升效应,也无须装设大容量的并联电抗器,当采用长距离的海底电缆时这点具有特别重要的意义,也可以说这种情况下只采用直流输电。

(4)可以限制短路电流

随着电网互联的需要和发展,电网的容量越来越大,系统故障时,短路电流也很大。采用直流联网,可限制系统的短路电流,也可显著地限制短路容量的增大。

2)高压直流输电的缺点

(1)换流站造价高

换流站一般分为直流场和交流场,与交流输电系统相比,需要额外地增加直流场设备、增加换流设备。换流设备的造价很高。另外,换流变压器也比常规的交流变压器造价高得多。

(2)产生大量的无功功率

直流输电线路本身虽不消耗无功功率,但是换流站在换流过程中产生了大量的无功功率。换流站的无功功率取决于整流过程中导通角 α,实际上与需要输送的功率的大小有关。一般情况下它所消耗的无功功率为直流功率的 $40\% \sim 60\%$,需要大量的无功补偿。

(3)产生大量的谐波

换流装置在换流过程中,给交流系统产生大量的谐波,其谐波电流具有三相整流设备的特征次谐波,需要在交流侧安装大量的滤波装置。在直流侧,由于输送容量很大,直流电压纹波较大,所以,在直流侧选装平波电抗器及直流滤波器,以改善直流电压的水平。

22.2　高压直流输电系统中的电容器种类

22.2.1　高压直流输电系统的构成

高压直流输电系统由换流站和直流输电线路组成,换流站可分为直流场和交流场。

典型的直流输电系统系统如图22-6所示。

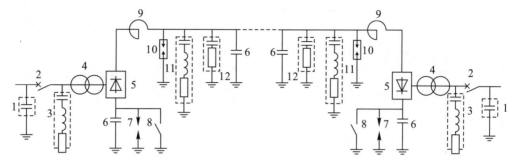

1.无功功率补偿装置；2.交流断路器；3.交流滤波器；4.换流变压器；5.换流装置；6.过电压吸收电容；7.保护间隙；8.隔离开关；9.直流平波电抗器；10.避雷器；11.直流滤波器；12.线路用阻尼器

图22-6 直流输电系统的构成(单极)

高压直流输电系统的换流站,以整流变和换流器为分界点,将整个系统分为直流场设备、交流场设备以及换流阀厅。高压直流输电换流站的主要设备简介如下:

1)换流器

换流器主体由晶闸管阀构成,其作用是进行交流与直流之间的能量转换。晶闸管阀组由多个晶闸管元件串、并联组成,单个元件晶闸管的电压为8kV左右,单管电流达4000A以上,一般采用光触发技术触发晶闸管,整个阀体装于全屏蔽的阀厅内,以防止对周围的电磁辐射与干扰。

2)换流变压器

换流变压器的基本结构与普通电力变压器相同,但由于换流过程中含有大量的谐波和冲击电流,要求变压器具有较大的短路阻抗以限制短路电流。此外,在绝缘结构上要采用能耐受直流与交流相叠加的场强以及极性反转时的电气应力,所以其绝缘结构是比较复杂的。

3)直流平波电抗器

换流站直流场往往需要配置限流电抗器,与直流滤波器结合,消除直流电压上的纹波,改善直流电压的质量。它又称为平波电抗器。

4)滤波装置

换流站里,在交、直流侧都配有滤波装置。交流侧滤波器主要功能是进行无功补偿的同时,滤除交流系统的谐波,防止换流站对交流电力系统造成污染;直流侧的滤波器主要用来消除系统的纹波,改善直流侧直流电压的水平。交流侧滤波器一般装在换流变压器的交流侧,滤除高压母线上来自换流站的谐波。对直流侧一般可采用较简单的一阶或二阶高通滤波器与直流平波电抗器来改善直流电压。换流站滤波器容量很大,在换流站中占有较大的面积。

5)直流避雷器

它是直流输电系统绝缘配合的基础,其保护水平决定了设备的绝缘水平。和交流系统不同,直流系统中的电压、电流无自然经过零值的时刻,所以直流避雷器的工作条件及灭弧方式与交流避雷器有较大的差别,目前均采用氧化锌无间隙避雷器。

6）控制保护设备

直流输电的控制系统可以按不同参数来实现调节,如定电流控制、定电压控制、定功率控制、定熄弧角控制等。目前直流输电的控制保护系统已全部依靠计算机来实现。

7）直流开关成套装置

直流电压输电,不像交流输电会出现自然电流过零,对于直流断路器,开断直流电流难度较大,一般的处理方法是给断路器配置一个振荡回路,使电流出现过零点,并通过交流断路器开断电流。

关于直流输电线路以及直流高压系统的过电压与绝缘配合等问题,本书限于篇幅,不再逐一介绍。

22.2.2　高压直流输电系统中的电容器种类

在换流站中配置了大量的不同用途的电容器或电容器装置,图 22-7 所示为换流站电容器配置示意图,品种或用途分为 10 多种。其中交流场电容器设备包括 4 种,阀厅内使用的电容器 2 种,在直流场使用的电容器 8 种。以下简介电容器的用途和作用。

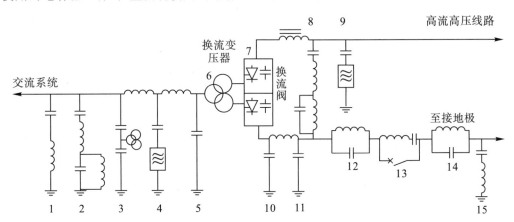

1. 并联电容器;2. 交流滤波电容器;3. 电容式电压互感器;4. 塔架式交流 PLC 滤波电容器;5. 套管式交流 PLC 滤波电容器;6. 阀阻尼电容器;7. 阀均压电容器;8. 直流滤波电容器;9. 直流 PLC 滤波电容器;10. 中性母线 PLC 滤波电容器;11. 中性母线冲击电容器;12. 工频阻断电容器;13. 直流断路器用电容器;14. 阻断回路电容器;15. 注流回路电容器

图 22-7　换流站电容器配置原理图

1）交流滤波电容器及并联电容器

这种设备用于换流站的交流测。换流设备在运行中,不仅产生大量的无功功率,同时产生大量的谐波,换流阀的整流回路相当于三相整流设备,相当于 6 脉可控整流设备,其特征次谐波次数为 6k±1 次。由于阀体导通角通过控制系统调整,但是关断为自然关断,所以在系统中也会有一些偶次谐波存在。直流输电的相关标准中,对于谐波的处理比一般的交流输电系统要求高一些,对于谐波的治理范围考虑到 2~50 次谐波。

由于直流输电产生的无功功率较大,根据运行状态的不同,产生的无功功率高达输送容量的 40%~60%,所以在直流输电交流场的设备中,滤波器及无功补偿装置占据了很大的份额,也是占地面积最大的设备。由于容量较大,交流场的滤波器一般直挂在高压交流输电线路上,滤波器也多为二调谐或三调谐滤波器。

2)交流 PLC 滤波电容器

由于阀厅的晶闸管阀组等设备需要通过控制和保护信号进行控制和保护,为了防止信号之间相互干扰,保证阀组等设备正常运行,在交流侧需安装 PLC 滤波器,滤除交流母线上的电力载波信号。PLC(电力线载波)频率范围内 30~500kHz,防止交流线路上的载波信号影响晶闸管等设备的运行,同时也防止阀厅内相关控制信号传输到交流电力输电线路,影响载波信号的正常运行。交流线路上的载波通信会引起噪声干扰。

3)电容式电压互感器

在换流站的交流场,安装有电容式电压互感器(CVT),监视和测量交流电力系统中的电压,为交流侧功率计量和保护提供信号,同时也为换流器控制系统提供电压信号,一般其二次负荷很小。由于换流站安全和系统保护的需要,对 CVT 的暂态响应性能有较高的要求。

4)换流阀阻尼电容器

为了抑制晶闸管关断时因反向恢复电压产生的换向过冲,每个换流阀晶闸管元件均配有阻尼吸收回路。阻尼吸收回路由电容器与电阻器串联而成,与晶闸管并联。其中的电容器称为阻尼电容器,又叫阻尼吸收电容器。由于该电容器起到均匀晶闸管电压的作用,也叫晶闸管均压阻尼电容器。

由于每只晶闸管至少需要配置 1 个阻尼回路,所以在超高压和特高压直流输电工程中的需求量很大。这种电容器长期承受电流冲击,并且安装运行于换流站的核心设备换流器中,因而对其运行可靠性的要求是很高的。

5)换流阀均压电容器

换流阀中,均压电容器与每一个阀组件相并联,使换流阀的各组件间电压分布均匀,起到均压作用,又叫冲击均压电容器。其额定电压远高于阻尼电容器,但在换流阀中需要的数量较少。

这种电容器与阻尼电容器一样长期承受电流冲击,并且安装运行于换流站的核心设备换流器中,因而对其运行可靠性的要求是很高的。

6)直流滤波电容器

直流滤波器由电容器、电抗器、电阻器共同组成,并与平波电抗器等设备配合,用于改善直流线路的直流电压水平,降低线路噪声。这里虽然称其为直流滤波器,但其作用、性质以及系统设计与计算方法与交流滤波器不同,其主要目的是改善直流侧的电压。

需要说明的是,在直流输电中,交流侧会产生大量的谐波电流,而直流侧的波形畸变主要为电压纹波,交流测的谐波电流与一般三相整流设备的特征次谐波相同,主要为 $2k\pm1$ 次特征次谐波。对于直流侧电压纹波,主要为 $2k$ 次成分,其治理方法与交流测不同。直流滤波器需与平波电抗器结合,对电压纹波进行综合治理。

在换流站直流场,直流滤波器连接于每极高压母线与中性母线之间,每极安装 2 组双调谐滤波器。早期的直流工程曾装设有源滤波器,对于这样的波形有源滤波器实际上效果会很差,目前均改为无源滤波器。

7)直流 PLC 滤波电容器

直流 PLC 滤波电容器用于滤除直流母线上 PLC 频率范围 30~500kHz 的谐波,防止阀厅内相关的高频信号混入直流输电系统,对直流线路及临近的交流线路上的载波通信和无线电通信造成噪声干扰。

该类电容器称作直流 RI 滤波电容器或直流 PLC 滤波电容器。早期的直流输电工程曾装有用于载波通信的直流耦合电容器,由于通信技术的发展,电力载波通讯在交流系统已很少使用,近些年的直流输电工程中未见应用。

8)中性母线冲击电容器

该类电容器连接于中性母线与地之间,吸收因雷电冲击或其他故障时的过电压,且可为直流侧以 3 的倍频的电流为主要成分的电流提供低阻抗通道。

9)中性母线 PLC 滤波电容器

该类电容器连接于中性母线与地之间,用于滤除中性母线上 PLC 频率范围内(30~500kHz)的高频信号,防止来自换流器的高频信号对临近的交流线路上的载波通信造成噪声干扰。

10)直流断路器用电容器

该类电容器作为中性母线上直流断路器的配套设备,与交流断路器上的均压电容器作用不同。在直流断路器开断时,通过该电容器和电感的充放电形成正弦交流电流,使流经断路器的电流出现过零点,这样就可利用交流断路器开断直流电流。直流系统正常运行的条件下,电容器上的电压接近于零。

11)工频阻断滤波电容器

该类电容器与电抗器组成工频并联谐振电容器,串联于中性母线上,用于限制直流回路上感应或耦合产生的工频电流,保证直流系统的安全运行。

12)阻断回路电容器

该类电容器与电感并联组成阻断滤波器,串联连接于接地极线的两端,用于阻止 PLC 频率范围的调谐信号进入接地极线外部,阻断滤波器与主流回路电容器构成接地极监视装置,用于对接地极线进行故障监视,确保接地极线正常工作。

13)注流回路电容器

该类电容器连接于换流站侧的接地极与地之间,用于向接地极线注入 PLC 频率范围的调谐信号。与阻断滤波器构成接地极监视装置,用于对接地极线进行故障监视,确保接地极线正常工作。

22.2.3 直流输电系统谐波特征与滤波器配置

高压直流输电分为单极和双极直流输电,对于整流侧的交流系统而言,单极直流输电相当于三相 6 脉整流设备,在交流侧产生特征次谐波为 $6k\pm1$,双极直流输电相当 12 脉整流,在交流侧产生特征次谐波为 $12k\pm1$ 次谐波。但是对于 12 脉,也会有一定的 5 次及 7 次谐波,也会存在一些其他的非特征次谐波。

对于直流侧,直流电压往往含有纹波,这些纹波以交流工频频率作为基波频率进行分析时,相当于工频交流波形的一些偶次谐波;对于单极直流输电,相当于 6k 次谐波;对于双极直流输电系统,相当于 12k 次谐波。但是直流侧的谐波与交流侧的谐波性质完全不同,治理的方法也完全不同。交流测的谐波通过滤波器就可以直接治理,但是直流侧的谐波必须通过平波电抗器和直流滤波器相互配合才能完成。

逆变器的交流测,其特征次谐波与整流测相同,但是实际上产生的机理和性质有所不同,直流侧的纹波电压会被带入,所以在逆变器的交流测,也会有直流侧相应的偶次谐波和一些非特征次谐波。

换流站在换流过程中在交流侧产生大量的无功功率,一般整流侧产生的无功功率为直流功率的 30%~50%,逆变器侧产生的无功功率为 40%~60%。滤波器除了要滤除交流测的谐波外,同时需要为系统提供大量的无功功率。

这里以我国最早的 ±500 kV 直流输电工程三峡—常州直流工程为例说明,该工程也是三峡向华东送电的第一个直流工程,总设计送电功率为 3000 MW,输送距离 840 km。

该工程三峡侧为送电端,换流站为龙泉站,常州侧为受电端,换流站为郑平站,2 个站的交流侧滤波器与无功补偿的总体配置如表 22-1、表 22-2 所示,滤波器配置采用双调谐滤波器。

送电与受电端两侧换流站的直流滤波器完全相同,每站每极均设置 2 组直流滤波器,调谐次数分别为 12/24,12/36,具体的参数如表 22-3 所示。

表 22-1 龙泉站(整流站)滤波器及补偿参数

交流滤波支路参数	滤波器分组类型		
	HP11/13	HP24/36	HP3
$C_1/\mu F$	1.617	1.617	1.363
L_1/mH	43.82	7.25	929.39
$C_2/\mu F$	57.80	9.701	10.902
L_2/mH	1.226	1.209	—
R_1/Ω	2000	500	1800
调谐频率/Hz	550/650	1200/1800	150
无功装机容量/Mvar	140	140	118
分组数	3	3	2
总支路数	8		
无功总装机容量/Mvar	1076		

表 22 - 2 政平侧(逆变站)滤波器及补偿参数

交流滤波支路参数	滤波器分组类型	
	HP12/24	并联电容器
$C_1/\mu F$	2.786	2.419
L_1/mH	13.0	2.0
$C_2/\mu F$	5.119	—
L_2/mH	7.07	—
R_1/Ω	300	—
调谐频率/Hz	583/1200	—
无功装机容量/Mvar	220	190
分组数	5	4
总支路数	9	
无功总装机容量/Mvar	1860	

表 22 - 3 两侧直流滤波器参数

直流滤波支路参数	滤波器分组类型	
	12/24	24/36
$C_1/\mu F$	2	2
L_1/mH	11.71	6.46
$C_2/\mu F$	9.047	3.752
L_2/mH	5.84	11.35
电抗器 Q 值	100	100
调谐频率/Hz	600/1200	1200/1800
分组数	4	4
总支路数	8	

高压直流输电工程中,从滤波器的分析和配置,两侧直流侧的滤波器配置基本相同,以其最基本的特征次谐波为主,最高次数为 36 次。对于两端的交流侧的滤波器,配置有所不同,一般逆变侧的滤波器的装机容量要大于整流侧,每侧装机容量约为整个输电容量的 50% 以上,与具体的设计参数有关。国内部分直流工程的交流滤波器的配置如表22-4 所示。

表 22 - 4　国内部分工程交流测滤波器与补偿配置

工程	额定电压/kV	输送功率/MW	投运时间	换流站	总装机/Mvar	调谐次数	组数	装机容量/Mvar
天广	±500	1800	2000	天生桥	1203	12/24	4	142
						3/36	2	141
						SC	3	117.764
				广北	1545	12/24	4	149
						3/36	2	153
						SC	5	128.736
三常	±500	3000	2002	龙泉	2417	HP11/13	3	365
						HP24/36	3	290
						HP3	2	226
				政平	2965	HP12/24	5	361
						SC	4	290
三广	±500	3000	2003	荆州江陵	2333	HP11/13	3	365
						HP24/36	3	290
						HP3	1	287
						SC	4	294
				惠州鹅城	3430	HP11/13	3	365.412
						HP24/36	3	290
						SC	6	244
贵广	±500	3000	2004	安顺	2497	HP11/13	3	271.932
						HP3/24/36	4	202.608
						SC	4	217.728
				肇庆	3094	HP11/13	4	279.720
						HP3/24/36	4	220.320
						SC	5	218.880
灵宝背靠背	±120	360	2005	西北侧	432	HP12/24	3	66.506
						HP3	1	53.914
						SC	3	59.810
				华中侧	424	HP12/24	3	68.443
						HP3	2	54.648
						SC	2	54.706

续表

工程	额定电压/kV	输送功率/MW	投运时间	换流站	总装机/Mvar	调谐次数	组数	装机容量/Mvar
三沪	±500	3000	2006	宜都	3070	HP11/13	3	402.624
						HP24/36	3	319.488
						HP3	2	298.740
						SC	1	306.540
				华新	4065	HP12/24	5	480.6
						SC	4	415.74
						SC	2	83.52
云广	±800	5000	2009 单极	楚雄	3255	11/24	4	116.28
						13/36	4	116.950
						HP3	2	253.361
						SC	3	259.358
						SC	4	259.358
			2010 双极	穗东	3686	11/24	4	327.420
						13/36	3	322.848
						SC	5	100.660
						SC	3	301.824
向上	±800	6400	2010 单极	复龙	3855	HP11/13	4	181.800
						HP24/36	4	148.750
						HP3	1	132.790
						SC	5	480.150
				奉贤	7006	HP12/24	8	468.288
						SC	7	465.660
三沪 II回	±500	3000	2011	荆门	1231	HP11/13	3	155.376
						HP24/36	3	117.708
						HP3	2	101.384
						SC	2	104.832
				枫泾	1099	HP12/24	5	120.310
						SC	4	124.544

续表

工程	额定电压/kV	输送功率/MW	投运时间	换流站	总装机/Mvar	调谐次数	组数	装机容量/Mvar
宁东山东	±660	4000	2010	银川东	1237	HP11/13	3	105.792
						HP24/36	3	79.360
						HP3	1	76.800
						SC	7	86.352
				青岛	3500	HP12	3	131.904
						HP24/36	3	117.216
						HP3	1	95.616
						SC	7	379.392

从以上直流工程滤波器的配置分析可知,直流输电系统中,无论是整流侧还是逆变侧,交流侧的滤波器以整流装置的 p·2k±1 特征次谐波为主,两侧均需考虑直流侧 p·2k 次谐波的影响。对于 p·2k 的交流滤波器的配置,逆变侧的装机容量相对要大一些,滤波支路多为多调谐滤波器,与其他一般的滤波器基本没有区别,对于直流侧的滤波器主要是 p·2k 次谐波。

22.3　直流输电用交流滤波器

直流输电的交流滤波器的最大特点是补偿容量大,往往配置多组滤波支路和多组并补支路,滤波支路多采用多调谐滤波器。高通滤波器以及 C 型滤波器。为了改善滤波器的频率阻抗特性,多调谐滤波器一般均配有电阻器。从系统设计的出发点考虑,整流侧与逆变侧的设计是有差别的,计算方法也不同。由于本书的其他章节对于交流滤波器有比较全面的介绍,这里主要针对直流输电的特点,对于直流输电用交流滤波器的主体结构、特点进行说明。

22.3.1　交流滤波支路的型式

根据高压直流换流站常用调谐滤波器的类型,按其频率阻抗特性可以分为 4 种基本的类型,即单调高通滤波器、二调谐滤波器、三调谐滤波器、C 型调谐滤波器。各种滤波器基本的接线原理如图 22-8 所示。

图 22-8 中,(a)为单调高通滤波器,这种滤波器结构简单,阻频特性好,且维护要求低。(b)为双调谐滤波器,其主要优点是可以滤除 2 个频率的谐波,与单调谐相比,滤波通道的阻抗稍大,由于直流输电的无功容量足够大,完全能满足滤波要求;只需要 1 个电容塔,成本降低。另一个最大的优点是占地面积小,所以,在直流输电系统中应用最多。对于双调谐滤波器,需要注意的主要问题是 C_2 和 L_2 的电流和电压以各种谐波为主,基波分量较低,在电容器参数的选择上,必须考虑热容量的余度。

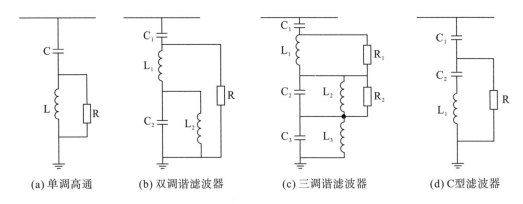

|(a) 单调高通|(b) 双调谐滤波器|(c) 三调谐滤波器|(d) C型滤波器|

图 22-8　直流输电用滤波器原理图

图 22-8 中，(c)为三调谐滤波器，与双调谐相比，相应的优点和缺点均更为突出。其主要优点是可以滤除 3 个频率的谐波。对于直流输电，3 个谐波只需要一个电容塔，成本更低，占地面积更小，所以，在直流输电系统也有一定的应用。同样的问题是 C_2 和 L_2、C_3 和 L_3 的电流和电压以各种谐波为主，基波成分相对较低，在电容器参数的选择上，必须考虑热容量的余度。

图 22-8 中，(d)为 C 型滤波器，主要用于滤波频率较低的滤波器，相当于高通滤波器，但频率较低时，电阻器的损耗很大。采用 C 型滤波回路，可以大大降低电阻器的功率。

22.3.2　滤波支路的结构特点

直流输电工程的重要度高，直流输电滤波器一般单组容量大、直挂在高压交流系统中，电压等级高，安全要求比较高，滤波器安全保护的等级也高。

1)电容塔的结构

交流滤波器的高压电容器组，由于电压等级高、容量大，多采用多调谐滤波器，回路结构比较复杂。有的系统中也会配置一些单调谐的支路和无功补偿的支路，但是无论滤波支路怎样配置，主要承担系统工频电压的主体塔架的结构型式基本相同。这里的主体塔架指无功补偿装置和单调谐滤波器(高通)的电容器塔、多调谐滤波器中的 C_1 部分。

由于电压等级比较高，从结构上，一般采用多层绝缘结构，层间中间采用绝缘子支撑，每层电容器也采用先并后串结构，这样可适当减少整体的层数。每层的串联数为偶数，层架电位固定在整层电容器中间的电位。

主电容塔从电气连接上接成"H"形桥式接线结构，将整个电容器分成了 4 个桥臂，布置结构有双塔结构和单塔结构。双塔结构将上面 2 个桥臂与下面 2 个桥臂分别接成电容塔，如图 22-9～图 22-11 所示，占地面积大，电压等级太高时，可以适当降低电容塔的结构，提高整体塔架的机械稳定性和抗震等性能；单塔结构将 4 个桥臂整个装于 1 个塔架上，如图 22-14 所示，架构简单，占地面积小。

图 22-9 中，系统电压等级为 500 kV，单相额定电压为 386.08 kV，容量为 124928 kvar，双塔共 13 层支架式布置，电容器双排侧卧，共 64 串 4 并，"H"形接线。在塔架电容器接近中间电位处连接电流互感器，接成桥差不平衡电流保护方式。

图 22-9 500 kV 高压交流滤波电容器双塔结构

图 22-10 500 kV 高压并联电容器双塔结构

图 22-10 中,系统电压等级为 500 kV,单相额定电压为 375.3 kV,容量为 82816 kvar,双塔共 16 层支架式布置,电容器双排平卧,共 64 串 2 并,"H"形接线。在塔架电容器接近中间电位处连接电流互感器,接成桥差不平衡电流保护方式。

图 22-11 750 kV 高压交流滤波电容器双塔结构

图 22-11 中,系统电压等级为 750 kV,单相额定电压为 598.83 kV,容量为 160208 kvar,双塔共 17 层支架式布置,电容器双排侧卧,共 68 串 4 并,"H"形接线。在塔架电容器接近中间电位处连接电流互感器,接成串联双桥差不平衡电流保护方式。

图 22-12   500 kV 高压交流滤波电容器单塔结构

图 22-12 中,系统电压等级为 500 kV,单相额定电压为 453.6 kV,容量为 86064 kvar,单塔共 11 层支架式布置,电容器双排侧卧,共 44 串 4 并,"H"形接线。在塔架电容器接近中间电位处连接电流互感器,接成桥差不平衡电流保护方式。

图 22-13   双调谐交流滤波器 C_2、C_3 结构

图 22-13 中,单相电容器组额定电压为 80.69 kV,容量为 8352 kvar,单塔共 3 层支架式布置,电容器双排侧卧,共 6 串 4 并。

图 22-14 为高压直流滤波电容器组单塔悬吊式结构,电容器组额定电压为 1228 kV,容量为 569088 kvar,电容器装置为 32 层单塔悬吊式布置,电容器为双排平卧排列,每层内布置 4 个串联段,前排和后排各为 1 并,共 128 串 2 并,形成"H"形接线。在电容器装置适当电位处连接电流互感器,接成桥差不平衡电流保护方式。

2）主塔电容器保护

由于直流输电换流站整体的安全要求很高,对于交流侧的滤波器,一般采用两级断

图 22 - 14　高压直流滤波电容器组悬吊式结构

路器保护,无论是滤波器支路还是并补支路,每个支路都配置一台断路器,同时将这些支路再分成多组,每组再配置一台断路器作为下一级保护。多数情况下分为 3 组。

除电容器的内部熔丝保护外,整个装置采用桥式差流保护,在两电容器串间接近中间电位处连接不平衡保护的电流互感器,从而形成“H”形桥的 4 个桥臂。对于这样的高电压、大容量的电容器组,只有桥式保护方式才能具有较高的灵敏度,可以达到对于每个元件故障进行保护。

对于这样的桥差电流保护,由于单台电容器的电容量有偏差,4 个桥臂的电容量必须配平,保证正常运行时,不平衡电流尽量小,这样可保证保护的灵敏度。同时要注意,回路中每个电容器的极对壳电容对桥差电流信号的影响,为了架构简单,桥臂电容共用一个组架,层间用绝缘子绝缘,两个桥臂的极对壳电流只能混入一个桥臂,这样可能影响桥差电流,在整体设计时,应合理接线,各桥臂均匀分布,减小对保护信号的影响,提高保护的灵敏度。

对于直流输电的交流滤波器电容器的保护,按以下 3 种情况进行保护整定:

(1)报警。

当电容器内部熔丝有动作时,承受最高电压的电容器元件仍可以安全运行,并且故障不继续扩大;

(2)延迟 2 h 跳闸

承受最高电压的电容器元件可以安全运行 2 h,在此期间内故障不继续扩大;

（3）立即跳闸

避免电容器元件发生雪崩式击穿和群爆，不平衡保护还应保护运行中的电容器不发生由于外部绝缘损坏而导致的电容器外壳破裂。

3）多调谐滤波器的 C_2 和 C_3 保护

对于多调谐滤波支路的 C_2 和 C_3 电容器，由于其电流和电压以谐波为主，而谐波属于不稳定的分量，变化很大。对于这部分电容器的参数设计，电压幅值不是主要因素，而谐波电流造成的温度变化是主要的因素，系统设计时，应给电容器留有足够的余度。

对于 C_2 和 C_3 电容器，由于实际的运行电压较低，一般采用无熔丝电容器技术。电容器组可设置成简单的组架结构，如图 22-15 所示。

22.3.3　交流滤波电容器的相关参数

对于直流输电中的交流滤波电容器单元一般采用全膜油浸式双套管引线结构，基本上为户外安装。除多调谐回路中的设计余度很大的 C_2 和 C_3 可采用无熔丝结构的电容器外，其他的电容器单元均需采用内部熔丝保护。

直流输电系统谐波很大，运行时电容器可能存在噪声，电容器单元一般需采取降噪措施。电容器单元的噪声值（声压级）不应超出 55 dB。

换流站交流电容器要求的抗涌流能力高，短路放电的试验电压达 2.8 倍甚至更高，这增加了内熔丝的设计难度。对于直流输电并补及滤波器用的电容器除个别指标要求比较高外，其他应按照并联电容器及直流输电相关电容器标准执行，这里不再多述。

22.4　直流输电用直流滤波器与中性母线电容器

高压直流输电的直流滤波器的最大特点是电容器上的主体电压为高压直流电压，直流电压下的整体电压分布以及电容器内部的电压分布是直流电容器的主要问题。

直流滤波器主要为双调谐和三调谐滤波器，从滤波器整体的性能考虑，需要和平波电抗器结合，改善直流侧的电压。由于结构形式上和交流滤波器没有根本的区别，这里主要针对直流滤波器以及电容器的相关问题进行说明。

直流中性母线电容器各有其特殊的用途，虽然与直流滤波电容器不同，但有很多相似之处，所以，对于中性母线上的电容器不再单独列出。本节的内容以直流滤波器为主，中性母线上的电容器可参考直流滤波器的相关要求进行设计。

22.4.1　直流滤波器的主体结构

对于直流滤波电容器，电压等级高，电容器的主体结构由多级电容器串联组成，电容塔主体结构采用 H 或 Ⅱ 型结构。从安装方式上分析，有支撑式和悬挂式 2 种结构，典型的实物图如图 22-14、图 22-15、图 22-16 所示。需要说明的是，在直流电压下没有千乏数的概念，直流工程中，按一定的电压和电容量进行折算。表 22-5 中给出了部分直流输电用直流滤波器的配置及结构参数。

图 22-15 为高压直流滤波电容器组双塔支撑式结构，电容器组额定电压为

图 22 - 15　高压直流滤波器组支撑式结构

1228 kV,容量为 569088 kvar,电容器装置为 32 层单塔悬吊式布置,电容器为双排平卧排列,每层内布置 4 个串联段,前排和后排各为 1 并,共 128 串 2 并,形成"H"形接线。在电容器装置适当电位处连接电流互感器,接成桥差不平衡电流保护方式。

图 22 - 16　高压直流滤波器组三塔支撑式结构

图 22-16 为高压直流滤波电容器组三塔支撑式结构,电容器组额定电压分别为 1320 kV、1385 kV,容量分别为 437913 kvar、210920 kvar,电容器组为双支路三塔品字型 30 层支架式布置,电容器双排平卧,每层内布置 4 个串联段,每座塔前排和后排各为 1 并,形成"H"形接线。在每个塔电容器接近中间电位处连接电流互感器,接成桥差电流保护方式。

从整个直流滤波器的结构分析,单元的电压更低,串联数更多,整个塔架的结构更为复杂,高度更高。对于塔架的机械强度和抗震性能需进行核算。

表 22-5　部分直流工程直流滤波器配置及结构参数

工程名称	换流站	调谐次数	U_{DC} /kV	U_{NB} /kV	C_N /μF	单元连接	结构形式	单元参数	
								U_n/kV	C_n/μF
贵广	安顺	12/24/36	515	711.3	1.6	52 串 2 并	26 层塔式 4 组	13.679	41.6
	肇庆	12/24/36	515	711.3	1.6	52 串 2 并	26 层塔式 4 组	13.679	41.6
三常	龙泉	12/24	515	753	2	81 串 2 并	21 层悬挂式 1 组	9.299	81
		12/36	515	753.2	2		21 层悬挂式 1 组		
	政平	12/24	515	751.7	2	81 串 2 并	21 层悬挂式 1 组	9.299	81
		12/36	515	751.9	2		21 层悬挂式 1 组		
三广	江陵	12/24	515	753	2	81 串 2 并	21 层悬挂式 1 组	9.299	81
		12/36	515	753.2	2		21 层悬挂式 1 组		
	鹅城	12/24	515	751.7	2	81 串 2 并	21 层悬挂式 1 组	9.299	81
		12/36	515	751.9	2		21 层悬挂式 1 组		
三上	宜都	6/12	511.25	836	0.7	42 串 2 并	21 层单塔式 1 组	19.905	14.7
		24/36	511.25	751	3.2	52 串 2 并	26 层双塔并联 1 组	14.442	41.6
	华新	6/12	511.25	836	0.7	42 串 2 并	21 层单塔式 1 组	19.905	14.7
		24/36	511.25	751	3.2	52 串 2 并	26 层双塔并联 1 组	14.442	41.6

22.4.2　直流滤波装置的电压分布

对于高压直流输电的直流滤波器,首先要关注的一个问题是电压分布。在直流电压下,滤波支路的各个元件的电压、电流以及功率与交流电压下完全不同。图 22-17 所示为直流滤波器最常用的两个回路的原理图,其电压的分布有以下规律:

1)直流电压分布

如图 22-17 所示,在直流电压下,由于电感在直流电压下的感抗为零,而电容器在直流电压下的阻抗很大,完全取决于电容器内部介质的导电性能以及相关的泄漏电流的大小。由于 C_2 和 C_3 均并联电抗器,电容器的电压完全降落在滤波器主电容 C_1 上,在这里电容器的内部并联电阻的大小和一致性尤为重要。

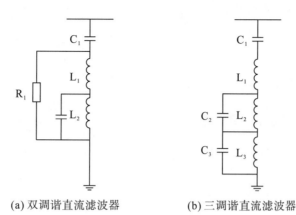

(a) 双调谐直流滤波器　　　　　(b) 三调谐直流滤波器

图 22 - 17　直流滤波器原理图

R_1 为电容器内部每个串段必须设置的并联电阻,并联电阻值大小的选取也是一个关键的问题,电阻值过小,很容易造成电容器内部发热,电容器的介质温度升高,给电容器的安全运行带来风险;电阻值过大,电容器的电压分布会受到外界环境的影响,如污秽、下雨天等环境时,很可能造成整台塔架层间电压分布很差,每层为多串时,每层各电容器上的电压也会不均匀。

电容器内部的并联电阻值不可能很小,至少在兆欧级的水平,所以电容器以及层间的电压分布不均匀是必然的,天气与环境的影响也会很大。必须对外部环境进行评估,分析天气和环境情况对电容器的影响程度,必要时可采取外部均压措施。

过去的其他直流电容器,如直流耦合电容器大面积事故,增加串联数,降低单台电容器各层间的电压是较为有效的措施,电容器留有一定的余度也是有必要的。

C_2 和 C_3 电容器基本上和交流侧滤波器相对应的电容器没有差别,且正常运行时,没有工频电流和电压的影响,直流电流和电压均很小,运行条件与交流下相比有所改善,正常运行时,只考虑谐波的影响即可。

电抗器和电阻器的情况也相同,缺少工频影响,运行条件有所改善,正常运行时,只考虑谐波的影响即可。

2）谐波下的电压分布

谐波环境下,与交流滤波器基本相同,但是,直流输电直流侧谐波的性质是不同的,实际上是一个电压源,其电流也为整流后的电流,本身的谐波电流很小,但是为了改善电压的水平,与平波电抗器配合,流经滤波器的电流与滤波器、平波电抗器以及直流等效负载阻抗有关。

谐波环境下,C_1、L_1 的谐波电流和电压保持系统正常水平,但是 C_2 和 C_3 由于有并联电抗器的存在,其谐波电流远大于 C_1 中的电流,谐波电压的水平相对也比较高。

3）直流的暂态过程

对于直流状态下的暂态过程主要来自合闸的冲击涌流,合闸过程中,电容器会通过比较涌流,电抗器的电压将会出现很高的幅值,这个过程中,滤波器的相关元件与正常运行时的反差非常大。特别是 C_1 和 L_1,C_1 正常运行时的电流很小,但是合闸过程中的涌流很大；L_2 正常运行时，基本上没有直流电压，只有一些谐波电压，幅值也不高，但是合闸时的暂态电压却很高。所以，和交流滤波器的相关技术参数比较，其暂态的通流能力和电压水平的要求不能降低。对于 C_1 和 L_1，唯一有利的条件是电容器、电抗器正常运行时的电流小，损耗和发热量较小。

22.4.3　直流电容器的相关问题

直流电压下，对电容器的要求更高，这点在直流输电的电容器运行事故中得到证实。由于直流电的电场方向不变，在直流电场下很容易出现一些问题，这在电容器的基本性能的章节中已经说明，不再多述。直流电容器应注意以下几点：

（1）直流电压下，电容器内部电压分布不像交流下有元件的电容量，交流下虽然也会有杂散电容或者说对壳电容的影响，但元件的电容量大得多。而在直流电压下，取决于元件极间的绝缘电阻和心子各部位对外壳的绝缘电阻分布，极间和杂散绝缘电阻的差异相对较小，每个串段必须并联均压电阻。

（2）由于电场方向不变，液体介质中的杂质如纤维等容易搭桥，形成"小桥"效应，形成微弱的泄漏电流，这些电流在某些情况之下可能是很小的不断发生的冲击电流，幅值很小，但是却有"滴水穿石"之效，所以直流电压下，对于相关参数的设计要更为仔细，关注电容器内部一些细节工艺，对于工艺的要求可能会更高。

（3）电容器内部的金属部件，如元件角部、元件引线、电阻等，容易出现一些微弱的放电，长期作用可能造成一些小的故障，也有可能逐步发展成为较大故障。目前在直流滤波电容器中类似的现象不多，但在直流套管型耦合电容器中出现过很多的现象，如引线片出现很多微小的穿孔、元件角部位置出现绝缘材料放电痕迹、局部颜色变深等问题。

22.4.4　直流滤波器的相关技术参数

1）高压塔电容器组额定电压

对于直流滤波器的高压电容器组额定电压的选取，如式（22-1）的额定电压 U_{Nb} 的计算公式，要充分考虑各种因素的影响，首先是直流电压的选择。由于直流电压下电容器内部以及整组电压分布不均匀，相关标准给出了 2 个系数，对于户内和户外使用的滤波电容器组给出了不同的系数。

其次是谐波叠加的问题。标准中将 1～50 次谐波电压的峰值代数叠加，在实际的工程中，对于多次谐波的叠加，不可能是每个谐波电压峰值的代数叠加，这里包含了可能存在的基波的成分在内，实际上是给直流电容器留了更大的余度，保证设备安全。

$$U_{Nb} = kU_{DC} + \sqrt{2}\sum_{i=1}^{50}U_i \qquad (22-1)$$

式中，U_{DC} 为最大连续直流电压；U_i 为第 i 次谐波电压（rms）值；i 为谐波次数，$i=1\sim50$；k 为电压分布不均匀系数，$k=1.2\sim1.3$（户外），$k=1.05\sim1.1$（户内）。

标准中给出了另一种电压的选择方法，即按系统操作过电压水平除以 2.6 来选取，如式（22-2）所示，最终选取其中两者中的最大值。

$$U_{Nb} = \frac{U_{SIWL}}{2.6} \qquad (22-2)$$

2）低压电容器组额定电压

这里的低压电容器,主要指多调谐电容器的 C_2 和 C_3 部分的电容器组的额定电压。标准中规定的计算方法有 3 个,并在这 3 个计算值中取其较大者。

第一种方法为各次电压的代数相加,如式（22-3）所示,将工频在内的各次电压有效值代数叠加。作为电容器组的额定电压。

$$U_{Nb} = \sum_{i=1}^{50} U_i \qquad (22-3)$$

第二种方法是操作冲击电压水平除以 4.3 进行选取,其操作冲击电压水平可根据回路进行计算。

$$U_{Nb} = \frac{U_{SIWL}}{4.3} \qquad (22-4)$$

第三种计算方法是通过包括可能存在的各频率容量的代数和来进行计算。

$$U_{Nb} = \sqrt{\frac{\sum_{i=1}^{50} Q_i}{\omega_0 C}} \qquad (22-5)$$

式（21-3）～（21-5）中,U_i 为第 i 次谐波（rms）值;U_{SIWL} 为操作冲击耐受水平;Q_i 是在 i 次谐波下,电容器产生的输出容量;ω_0 为换流站交流侧的基波角频率;C 为电容器的电容量。

这里需注意的是,对于直流滤波器主电容塔电容器组（C_1）的电压以直流电压为主,其额定电压为直流电压叠加谐波电压峰值,C_2 及 C_3 的电压以各次谐波电压为主,其电压的计算和折算是以有效值为目标进行计算的。

3）电流额定值

直流输电用直流滤波器中的电流,以各次谐波电流为主,实际上 C_2 和 C_3 中的谐波电流要比 C_1 中的谐波电流大得多,但是,由于 C_1 的电压以直流电压为主,所以,对于 C_1 的电流的叠加以谐波方均根值的代数和叠加,而对于 C_2 和 C_3 电流的叠加以算术平方和开方的方式叠加。具体见式（22-6）、式（22-7）2 个计算公式。

对于 C_1 部分,其电流的计算用式（22-6）计算。

$$I_{C_{1Nb}} = \sum_{i=1}^{50} I_i \qquad (22-6)$$

对于 C_2 及 C_3 电容器组的额定电流用式（22-7）计算:

$$I_{C_{2Nb}} = \sqrt{\sum_{i=1}^{50} I_i^2} \qquad (22-7)$$

以上 2 式中,I_i 为 i 次谐波电流（方均根值）

4）电容器单元电压额定值

电容器单元的额定电流、额定电压、额定容量以及电容值等详细的参数,可根据具体的电容器整体塔架的布置进行设计和计算。这里需注意的是高压塔的电容,也就是其中

C_1 的电压分布的问题,在单元电压计算时可适当留有余度,其他按串、并联的公式计算既可,这里不再多述。

22.4.5 直流电容器组及保护

直流电容器组的设计,与交流电容器组的设计不尽相同,对于整体结构的设计,应充分考虑直流下可能存在的各种问题,除了满足其他的有关要求外,还应注意以下几个方面:

1)防污秽问题

由于直流电压的作用,电场方向一致,绝缘子表面更易积聚灰尘,碰着下雨天,很易造成污秽放电。层间绝缘子及单元套管表面污秽会直接影响层间电压分配。

选取直流绝缘子更应注重防污性能,应适当增大伞径和爬电距离以及干弧距离表面电阻,需要增加绝缘子的爬电比距和净距。

适当增加层数,降低单元及层间电压也是一个较有效的措施。

2)机械稳定性问题

目前的电容器组多采用单塔结构布置,由于电压等级高、高度较高,对机械强度的要求很高,需要进行抗震计算。必要时可采用悬吊式结构,提高抗震性能。

电容器组的电气结构与交流滤波器基本相同,没有了基波电流,对于电容器的保护整定的计算也很困难,不平衡电流只能根据谐波电流来整定,直流滤波器的不平衡保护只能对一些较大故障的情况进行保护,电容器内部元件的故障是难以发现的。

22.4.6 直流中性母线电容器

同交流输电系统一样,直流输电系统也会遭受由于雷击、操作、故障或其他原因产生的各种波形的过电压。对于直流输电系统的双极线路,均已装设有过电压保护装置进行限制,从而保证直流输电系统设备在故障期间及故障后的安全。对于直流系统双极中性线区域,在直流线路发生故障后,中性线区域同样会出现相当高的过电压,需要装设冲击电容器及避雷器作为保护。实际在中性母线上,由于过电压的问题,也造成过多起事故。

另外,在换流过程中,通过感应或耦合的阀厅或邻近线路的高频信号、工频以及一些谐波信号出现在中性母线上,当系统单极运行时,这些电流信号会通过中性母线流入接地极,同时也会影响换流变压器的正常运行。所以,在直流输电的中性母线上,应配置不同用途的电容器。

如图 22-18 所示,为中性母线常用电容器设备配置,包括了各种用途的电容器,这些电容器通过配置不同参数的电抗器而组成不同的回路,在中性母线上起着不同的作用。总的来说,起到了改善波形的作用,所以这些电容器也属于直流滤波电容器。根据各参数配置的不同,其电压和电流不同,有些类似直流滤波器的 C_1,有些类似 C_2 和 C_3,具体的参数须看具体的系统设计和配置。在直流工程的设计中,会给出相应的参数。

如图 22-18 中的 C_{11}、C_{12} 和 L_1 组成一个 π 型滤波回路,这样由于 L_1 的阻高频作用,来自阀厅的高频通信讯号会通过 C_{11} 流入大地,而 L_1 则相当于阻波器的功能,C_{12} 也可以

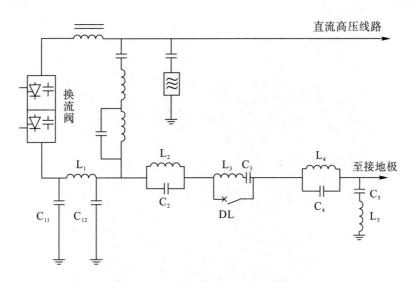

图 22 - 18　中性母线电容器的配置形式

吸收来自系统的冲击电压和电流以及一些故障电流。所以,在直流输电系统中,将 C_{11} 称为中性母线 PLC 滤波电容器,把 C_{12} 称为中性母线冲击电容器,C_{11} 和 C_{12} 的电压除了直流分量外,还有一些谐波及高频的电压和电流分量。

图 22 - 18 中电抗器 C_2 和 L_2 组成工频并联谐振回路,形成工频高阻抗回路,用于限制直流回路上感应或耦合产生的工频电流,减少工频的电流流入接地极,将这种电容器叫工频阻断滤波电容器。

如图 22 - 18 所示,直流断路器 DL 的作用是改变高压直流输电的运行模式,在单极运行与双极运行状态之间转换。由于直流电流没有过零点,直流断路器灭弧是一个比较大的难题,为了使断路器能够断开直流电流,在断路器两端并联了 1 个由电抗器 C_3 和 L_3 组成的串联谐振回路,当断路器开断时,C_3 和 L_3 回路产生振荡,通过振荡回路使断路器电流过零,从而提高断路器灭弧能力,所以,将这种电容器称为直流断路器电容器。

如图 22 - 18 所示,电容器 C_4 与电感 L_4 并联组成阻断滤波器,串联连接于接地极线的两端,用于阻止向地极注入载波频率的信号进入中性母线,造成信号衰减,阻断滤波器与注流回路电容器构成接地极监视装置,用于对接地极线进行故障监视,确保接地极线正常工作。

如图 22 - 18 所示,连接于换流站侧的接地极与地之间的电容 C_5 和 L_5,用于向接地极线注入载波信号,频率一般在 10 多 kHz,并与阻断滤波器构成接地极监视装置,用于对接地极极线进行故障监视,确保接地极线正常工作。

对于中性母线的设备,需要根据系统的具体情况进行计算,往往没有统一的规范,需要在直流输电系统设计时完成,电容器的相关参数也需要根据要求进行配置。相关的产品的实物图如图 22 - 19～图 22 - 25 所示。

电容器组额定电压为 165 kV,容量为 15610 kvar,电容器组为 6 层积木式布置,电容器双排平卧,每层内布置 2 个串联段,共 12 串 4 并。

图 22 - 19　低压直流滤波电容器组支撑式结构

图 22 - 20　中性母线电容器组

图 22 - 21　50 Hz 阻断电容器组

图 22 - 22　100 Hz 阻断电容器组

图 22 - 23　直流断路器用电容器组

图 22 - 24　注流回路电容器

图 22 - 25　接地极阻断回路电容器

22.5　直流输电 PLC 滤波电容器装置

　　高压直流输电换流站的载波频率范围内的噪声干扰主要由以下原因引起:其一是换流阀的导通和关断引起的干扰,这些干扰会通过各种方式传导到交直流线路;其二是导体表面的电晕放电引起的干扰;其三是其他局部的放电现象,如绝缘子表面污秽放电等。

　　由于换流阀导通和关断时的电压突变,换流器产生的谐波除了低频分量外,还含有大量的高频分量。高频分量中,频率小于 20 kHz 的谐波对电气设备的影响比较大,主要表现为设备的附加损耗,影响设备的运行温度及寿命。频率大于 20 kHz 的高频分量,其频带与 30 ~ 500 kHz 的电力线载波频率相重合,这些高频噪声会影响通信设备的正常运行。如果其频率达到辐射噪声的频率范围 0.5 ~ 1000 MHz,属于无线电干扰(RI)的频率范围,将会对无线电通信造成干扰。直流输电系统的投运必须将相关频段的噪声降低到允许范围内。为了满足直流输电系统对载波通信(PLC)干扰和无线电(RI)干扰的要求,在直流换流站的交流侧和直流侧需要分别加装交流 PLC 噪声滤波器和直流 PLC 噪声滤波器。

22.5.1　PLC 噪声滤波器原理

　　直流输电中,由于换流阀的导通和关断产生的高频信号,与整个回路的阻抗、换流阀的阻尼回路等各方面的因素有关。同时,在整流侧和换流侧各自的交流和直流侧产生的情况是不同的,性质也不同,但是由于频率很高,其传输的方式和途径是多样的,直流输电各个部位的 PLC 以及 RI 范围内的干扰信号,PLC 滤波器回路的设计是比较复杂的。

　　直流输电系统的 PLC 滤波器的设计,有串联阻抗和并联阻抗 2 部分。如图 22 - 26 所示,对于并联阻抗相对比较简单,如图 22 - 26 中的 C_2,其目的是将一些高频的电流信号分流,使其不再流入系统。串联阻抗以阻波为主,主要的功能元件以其中的阻波电抗器 L_1 和 L_2 为主,对于系统的串联元件,一方面,要让正常的供电电流流过,一般工频阻抗很小,但是在高频下阻抗比较大;另一方面,当系统故障时,故障电流流过阻波电抗器,可能会产生很高的过电压,并有可能与系统的其他元件产生低频振荡,所以,需要在电抗器上配置各种保护措施,如避雷器、阻尼回路等,以保护电抗器。

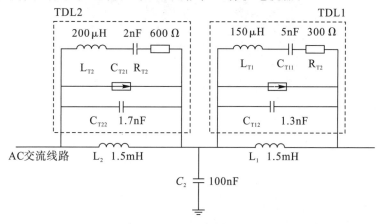

图 22 - 26　直流输电交流滤波器元件结构图

由于本书主要讲述各种电容器,这里关于滤波回路不再多述。以下就 PLC 滤波器用电容器的相关内容进行说明。

22.5.2　直流输电用交流 PLC 滤波电容器

1) HVDC 交流 PLC 滤波电容器基本结构

直流输电交流侧的 PLC 滤波器,与其他交流系统比较,主要的区别在于直流输电系统的谐波比较大。虽然直流输电系统配置了大量的滤波装置,一方面总的谐波水平仍高于一般交流系统,另一方面也存在滤波器投入量的大小等问题。总而言之,谐波量比其他交流系统要大一些。另外,由于换流阀产生的高频干扰信号电压和系统电压相比很小,虽然电容器中会流过高频电流,但对于电容器的影响不大。

交流 PLC 滤波器的结构与直流输电谐波滤波器的高压塔的结构基本相同,实物图片如图 22 - 27 所示,但由于电容量较小,电容器设计场强较低,不配置单元保护,整体结构比较简单。

图 22 - 27　直流输电系统 500kV 交流 PLC 电容器

单相电容器组额定电压为 417.6kV,容量为 5480kvar,单塔共 10 层支架式布置,电容器双排平卧,共 40 串 1 并。

2) PLC 交流滤波电容器参数

直流输电项目中,对于各种设备的设计均为个性化设计,根据系统总的设计确定各种设备参数,PLC 电容器也不例外。这里给出某直流工程 500kV 交流 PLC 滤波电容器的部分技术参数作为参考,电容量为 100nF,并增加了各次谐波电压含量以及可听噪声计算的谐波电压。具体如表 22 - 6 所示。

表 22 - 6　典型直流工程 500kV 交流 PLC 滤波电容器参数

1	频率		
1.1	工频额定频率	Hz	50
1.2	PLC 频率范围	kHz	30～500
2	电容量		
2.1	20 ℃ 时的额定电容	nF	100
2.2	额定频率下的电容偏差	%	−5/+10
2.3	环境温度从-10℃ 到+40℃ 温变化时的最大电容变化范围	%	5
3	电压		
3.1	设备最高工频电压 U_m,相对地	kV	$550/\sqrt{3}$
3.2	电容器组两端的额定电压 U_{Nb},相对地	kV	386.4
	主要谐波电压的含量	n/kV	7/ 16.9 5/ 14.9 15/ 9.4 6/ 6.7 3/ 4.8
3.3	雷电冲击耐受水平		
	—高压端对地	kV	1550
	—电容器端子间	kV	1550
	—低压端对地	kV	20
3.4	操作冲击耐受水平		
	—高压端对地	kV	1175
	—电容器端子间	kV	1175
	—低压端对地	kV	NA
4	额定电流	A	13.4
5	最小爬距	mm	
6	可听噪声要求		
6.1	声功率水平	dB(A)	由生产商提供
6.2	用于可听噪声计算的电压,包括谐波	n/kV	1 / 318 3/ 4.0 5/ 4.0 11 / 3.2 13 / 3.2

22.5.3　直流输电用直流 PLC/RI 滤波电容器

1）HVDC 直流 PLC/RI 滤波电容器基本结构

直流输电直流侧的 PLC 滤波器,相对于交流 PLC 滤波器,容量更小,难度更大一些,和直流输电的直流常规滤波器一样,首先存在的就是电压分布的问题,不但考虑整体的电压分布,还要考虑电容器单元内部的电压分布问题。其次要考虑的就是污秽和直流电压下电容器内部放电的特殊问题。这个问题在本章的 22.4 中有比较全面的叙述,这里不再多讲。再次便是谐波问题。由于直流侧的纹波具有电压源的性质,电容器的电容量会比较小,同时也需要通过回路中的阻抗进行限制,否则电容器上可能会有很大的载波频率范围内的电流,所以一般电容量均比较小。

2）直流 RI 滤波电容器的结构

由于电容量较小,直流 RI 滤波电容器采用套管式结构,如图 22-28 所示。由于污秽的问题,在天气不良的情况下,会出现一些放电现象,造成电容器套管被长期的小的放电由内向外逐渐“浊蚀”的现象,使套管上出现明显的“蚀洞”,最终使套管开裂并漏油燃烧的现象。各地出现了多起类似事故。电容器内部相关部件也有很明显的放电痕迹,经过多项研究工作,也提出一些改进的意见。

图22-28　800 kV 瓷套式直流极性 PLC 电容器

在实际的工程中,由于 PLC 滤波电容器的电容量比较大,整体采用组架式结构,电容器也采用壳式电容器单元。而用于 RI 滤波的电容量比较小,仍采用套管结构。直流电容器的设计,除防止内部放电及必要的均压措施外,对于套管型 RI 电容器,降低单节电容器的电压,增大串联数是一个比较实用的措施。

3) 直流 PLC 滤波电容器的结构

由于直流 PLC 电容器电容量比较大,一般采用组架式结构,实物图如图 22-29 所示。

图 22-29　500 kV 铁壳式直流极性 PLC 电容器

4) 直流 PLC/RI 电容器的参数

由于直流输电用 PLC 或 RI 电容器的参数需根据具体的系统进行设计,每个工程的设计各有差异,这里只给出个别工程的技术要求仅供参考。如表 22-7、表 22-8 所示。

表 22-7　某 500 kV 高压直流 RI 耦合电容器性能要求表

序号	项目		单位	性能
(1)	安装位置			户外
(2)	额定电容	25℃	nF	10
(3)	最大持续直流电压(MCOV)		kV	515
(4)	总谐波电压(几何和)		kV	72
	主要谐波			
	$n=2$		kV	22.6
	$n=3$		kV	3.3
	$n=6$		kV	67.8
	$n=12$		kV	1.4
	$n=24$		kV	0.3
	$n=48$		kV	0.5
(5)	频率范围		kHz	0.05～500
(6)	0.05～2.5 kHz 之间的总谐波电流		A	1.9(几何和) 3.3(算术和)

续表

序号	项目	单位	性能
(7)	2.5～500 kHz 之间的高频谐波电流	A	—
(8)	500 kV 直流电压下的均压电流	mA	≥1
(9)	绝缘介质		PP 膜、合成油
(10)	绝缘水平（高压对地）	kV	1425/1175

表 22-8 某 800 kV 高压直流 RI 耦合电容器性能要求表

编号	项目		单位	性能
1	频率			
1.1	额定频率		Hz	—
1.2	频率调谐范围		kHz	30～300
2	电容值			
2.1	额定电容(C_N)20 ℃		nF	2.8
2.2	调谐频率下的电容值偏差		%	−5/+10
2.3	环境温度从最低到最高，电容器参数变化范围		%	5
3	电压			
3.1	电容器组最大持续运行电压端—端		kV	1228
3.2	最高直流电压		kV	816
3.3	最小爬电距离		mm	—
3.4	雷电波耐受水平（LIWL）	高压端对地以及电容器两端	kV	1950
		低压端对地	kV	125
3.5	操作波耐受水平（SIWL）	高压端对地以及电容器两端	kV	1620
3.6	长时直流耐受试验电压		kV	1224
3.7	10 s 短时直流耐受试验电压		kV	$2.6U_N$
4	噪声要求			
4.1	最大噪声水平		dB	＜60
4.2	噪声计算用谐波次数 n/电压		次/kV	6/66 2/31 12/24 33/19 36/15 3/8 48/7

22.6　换流装置用电力电容器

22.6.1　换流装置电容器的种类

在直流输电系统中,核心设备是换流装置,由于高压直流输电的电压高,容量大,换流装置采用多个晶闸管串、并联组成。在换流装置的晶闸管阀组上,采用了 2 种电容器,一种为换流阀阻尼电容器,另一种则为换流阀均压电容器。

直流输电的换流阀由多个换流阀组件组成换流阀的桥臂,每个组件如图 22－30 所示,由多个晶闸管串联及相关电阻、电容及电抗组成,其中的电阻 R_d、R,电容 C 以及饱和电抗器 L 组成了晶闸管的保护电路,其主要目的有 2 个:其一是限制晶闸管导通和关断时地过冲,即控制晶闸管的 di/dt 和 du/dt;其二是确保从工频至瞬态陡前波电压时晶闸管级的电压均匀分布。其中,由 R、C 组成的回路叫阻尼吸收回路,电容 C 叫阻尼电容器,也可叫阀均压电容器。电容 C_d 的作用是在串联的阀组件之间均匀它们之间的电压。

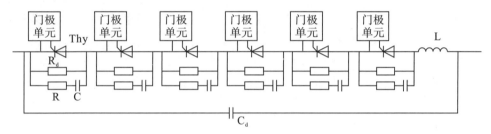

图 22－30　换流器阀组件原理图

22.6.2　换流装置电容器的应用环境

由于换流阀整体安装在阀厅内,无论是对于阻尼电容器还是均压电容器,环境恶劣,但安全性能要求很高,主要表现在以下 4 个方面:

1)环境温度高

换流装置在换流过程中的损耗比较大,整个阀组的温度比较高,一般情况下采用水冷系统降低阀组的温度。水冷系统的出水温度可达 60℃上下,所以,电容器的运行温度一般高于 60℃的水平。

2)冲击电流大

在阀组运行期间,每个工频周期内,每个阀组要导通两次,在导通的过程中,必然产生冲击电流。为了减少直流侧的冲击,并吸收冲击能量,回路中设置阻尼回路,这样电容器在每个周期内需承受 2 次这样的冲击电流。

3)体积小

由于电容器安装于阀组上,数量比较大,所以,要求体积越小越好。

4)安全性能高

对于直流输电系统,阀组是直流输电的核心,投资大,安全性能要求很高,所以,安装电容器的安全等级和寿命要求均比较高。如图 22－31 所示。

图 22-31　直流输电中换流阀组

22.6.3　换流装置用电容器的电压电流

换流阀阻尼电容器的工作条件比较复杂,随着晶闸管的导通和关闭,换流装置用电容器在每个周波内要承受两次充放电的过程,每个周波内承受两次充放电电流的冲击。按照某工程换流阀的设计参数,其电容器的电容量为 $1.5~\mu F$,串联电阻为 $40~\Omega$。对电容器的放电过程进行了简单的模拟,电容器的电压波形和电流波形如图 22-32 和图 22-33 所示。

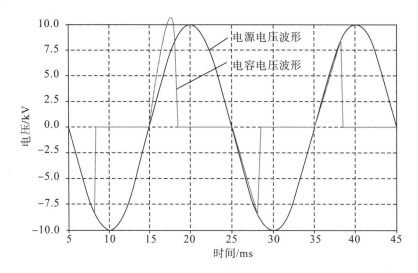

图 22-32　阻尼电容器电压波形

从图中可知,电容器在每个周期都会承受 2 次放电电流的冲击,放电电流的倍数也很高,在电容器的设计中,需要充分考虑放电电流对电容器的影响。

换流阀组件电容器如图 22-30 中的 C_d 也要承受类似的过程,但 C_d 在放电过程中,会受到饱和电抗器的保护,放电的过冲会比较小,具体与电抗器的配置有关。

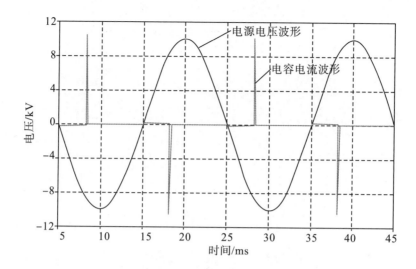

图 22 - 33　阻尼电容器电流波形

22.6.4　换流装置用电容器的性能参数

高压直流输电阀阻尼回路电容器和组件均压电容器的主要区别在于电压等级不同，阻尼电容器并联到每个晶闸管上，其额定电压取决于晶闸管的电压，而晶闸管组件的电压取决于晶闸管的串联数量。

1）阀阻尼电容器

阻尼电容器的电压、晶闸管的电压水平一般在 $5\sim 8$ kV，电容量一般为 $1.4\sim 2$ μF，采用干式金属化膜自愈式电容器，由于体积要求较小，安全等级高。每个工程设计的特殊性，对电容器的基本性能要求和参数是不同的，阻尼回路电阻值不同，电容器所受到的冲击电流是不同的。某工程用阻尼电容器的参数如表 22 - 9 所示。

表 22 - 9　某直流工程用阻尼电容器的参数

序号	参数	要求值
1	电容值/μF	1.6
2	额定电压(50/60 Hz)/kV	5.1
3	峰值电压/kV	6.4
4	额定电流/A	≥40
5	最小空气距离/mm	≥30
6	最小爬电距离/mm	≥50

2）阀组件均压电容器

阀组件均压电容器并联于阀组件的两端，一般由多个电压等级较高的箔式电容器组成，电容量比较小，一般在 $4.5\sim 5$ nF 之间。某工程阀组件均压电容器的要求如表 22 - 10 所示，仅供参考。

表 22 - 10　某直流工程用阻尼电容器的参数

序号	参数	要求值
1	电容值	4.0 nF
2	额定电压	63 kV
3	峰值电压	95 kV
4	额定电流	≥1 A
5	最小空气距离	≥550 mm
6	最小爬电距离	≥790 mm

22.7　柔性直流输电中的直流支撑电容器

22.7.1　概述

柔性直流输电的逆变侧通过 PMW 调制,将直流电压直接变换成三相交流电压,对于交流电压的调制,有两电平、三电平以及多电平的调制方式,目前,在高压柔性直流输电中,多采用多电平的调制方式。

如图 22 - 34 所示为高压柔性直流输电的多电平调制的原理图,逆变侧需要多个模块串、并联,以达到相应的电压和电流的需求。在逆变过程中,需要通过直流支撑电容器对电压进行支撑,每个模块至少需要一台支撑电容器。在柔性直流输电项目中,这种模块的数量是很大的。比如一个柔性直流输电项目,如果其直流侧的电压为 ±350 kV,如果电容器单元的直流电压为 2.2 kV,一个柔性逆变站需 6 个模组,那么,这个逆变站对于模块的需求计算如下:

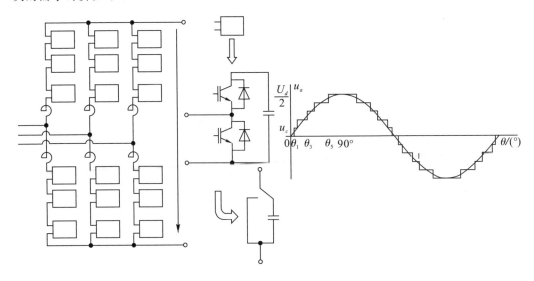

图 22 - 34　柔性直流输电多电平调制原理图

$$N=(350×2)/2.2×1.08×6≈2004（个）$$

这样,这个站对于电容器的需求至少为 2004 台。如一个模块安装 2 台电容器,则电容器的需求量则为 4008 台。

为了保证电容器对于电压的支撑作用,电容器的电容量很大,一般在数 mF 的量级,根据电力电子设备的电压水平,其额定直流电压等级一般在 2～3 kV 的水平。

22.7.2　直流支撑电容器的基本结构

直流支撑电容器,又称 DC - Link 电容器。在柔性直流输电系统中,DC - Link 电容器是电压源换流器直流侧储能元件,为换流站提供直流电压支撑;同时可缓冲系统故障时引起的直流侧电压波动,减少直流侧电压纹波。

两电平柔性直流输电系统换流器在运行过程中从 DC 侧得到有效值和峰值很高的脉冲电流的同时,会在直流侧产生脉冲电压,所以需要选择 DC - Link 电容器来连接。一方面,吸收变流器的高脉冲电流,防止在 DC 侧产生高脉冲电压,使变流器直流端的电压波动处在可接受的范围;另一方面,也防止变流器受到 DC 端的电压过冲和瞬时过电压的影响。

直流支撑电容器结构如图 22 - 35 所示,为方形立方体结构,电容器一般有多个出线头。电容器内部一般采用金属化薄膜电容器元件串、并联组成,纯干式结构。由于换流站给予电容器的尺寸较小,元件一般采用压扁型的金属化膜电容器,以提高电容器的体积利用率。

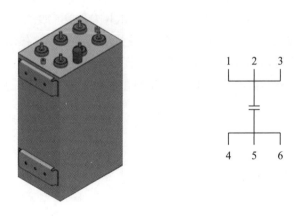

图 22 - 35　直流支撑电容器结构及外形图

22.7.3　直流支撑电容器的安装方式

直流支撑电容器的安装方式如图 22 - 36 所示,每个电容器和电力电子设备单独形成一个子模块,再将各子模块根据需要进行串、并联连接,最终形成三相逆变器。

由于电力电子设备的温度比较高,一般采用水冷方式给电力电子设备降温,同时改善了电容器的运行环境温度。

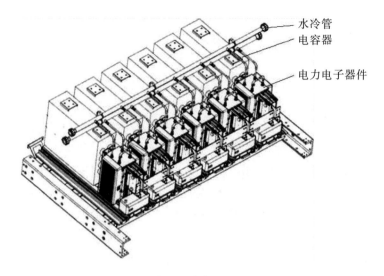

水冷管
电容器

电力电子器件

图 22-36　直流支撑电容器安装示意图

22.7.4　直流支撑电容器的性能要求

直流支撑电容器工作条件和环境复杂,工作过程中需不断地进行快速的充放电。在柔性直流系统运行过程中,子模块直流电压波动要求在±10%范围之内,所以,电容器的电容量很大,一般为几毫伏到 10 多 mF,其电容量主要决定于逆变器容量。另外,在快速充放电过程中,为了防止电压振荡放电,要求电容器的固有电感很小。

子模块电容器额定电压取值取决于开关器件(IGBT)额定电压,如 3300 V 的开关器件(IGBT),电容器额定电压为 2100 V,实际运行于 1600 V 左右;4500 V 的开关器件(IGBT),电容器额定电压为 2800 V,实际运行于 2200 V 左右。

关于 DC-Link 电容器的其他要求,这里给出了某工程中对于一台 2800 V 直流支撑电容器的基本要求如下:

1)环境要求

(1)户内使用;

(2)最高工作环境温度:+50 ℃;

(3)最低工作环境温度:-25 ℃;

(4)电容器热点温度最大值:+85 ℃;

(5)最大日温差: 25 K;

(6)平均相对湿度:<95%。

2)存储条件

(1)环境温度:5~50℃;

(2)环境湿度:35%~70%;

(3)大气压力:70~106 kPa。

3)基本电气参数

(1)额定直流电压:2800 V;

(2)额定容值:8000 μF;

(3)容值偏差:−5%～+5%;

(4)交流绝缘电压:2000 V;

(5)额定电压下电容器的存储能量:31360 W·s;

(6)长期有效电流值:750 A;

(7)交流过电流能力:910 A、12 s/d,1050 A、6 s/d;

(8)电容器自电感值:≤55 nH;

(9)等效串联电阻:≤0.17 mΩ;

(10)最高峰值电压:3400 V;

(11)最高浪涌电压峰值:4200 V;

(12)自持放电时间常数:≥2.78 h;

(13)电容器介质损耗因数:≤$9×10^{-4}$;

(14)端子间直流试验电压:4200 V,10 s(出厂试验);

(15)端子间直流试验电压:4200 V,60 s(型式试验);

(16)端子与外壳间试验电压:5000 V。

4)耐冲击性能

(1)可重复峰值电流:32 kA;

(2)浪涌电流峰值:800 kA;

(3)最大浪涌电压变化率:100 V/μs。

5)其他要求

(1)防爆要求:设计方案应采取有效的防爆措施,防止故障时引起箱壳爆裂,并伤及其他设备。

(2)压力检测要求:在电容发生过压力故障时,故障以开关量信号报出,信号电压为15 V。